高等学校电子信息类专业系列教材

电磁场与电磁波

主　编　徐美芳　苏新彦
副主编　姚爱琴　戚俊成
薄晓宁　董剑龙

西安电子科技大学出版社

内 容 简 介

本书介绍了电磁场与电磁波的基本概念、基本规律、工程应用和计算方法，保持了电磁场与电磁波基础理论的系统性和完整性，工程应用与仿真特色鲜明。全书共分9章，内容包括：矢量分析、静电场与恒定电场、恒定磁场分析、静态场边值问题的解、时变电磁场、平面电磁波、导行电磁波、电磁波的辐射以及电磁场与电磁波实验。

本书可作为高等学校电子信息类的电子信息工程、通信工程、光电信息科学与工程及相近专业的教材，也可供相关领域的科研和工程技术人员参考。

图书在版编目(CIP)数据

电磁场与电磁波/徐美芳　苏新彦主编．—西安：西安电子科技大学出版社，2022.3(2023.8 重印)

ISBN 978-7-5606-6363-0

Ⅰ.①电…　Ⅱ.①徐…　②苏…　Ⅲ.①电磁场　②电磁波　Ⅳ.①O441.4

中国版本图书馆 CIP 数据核字(2022)第 025148 号

策　　划　曹　攀
责任编辑　曹　攀　刘小莉
出版发行　西安电子科技大学出版社(西安市太白南路2号)
电　　话　(029)88202421　88201467　　邮　　编　710071
网　　址　www.xduph.com　　电子邮箱　xdupfxb001@163.com
经　　销　新华书店
印刷单位　咸阳华盛印务有限责任公司
版　　次　2022年3月第1版　2023年8月第3次印刷
开　　本　787毫米×1092毫米　1/16　印张 23
字　　数　546千字
印　　数　2001～3000册
定　　价　54.00元

ISBN 978-7-5606-6363-0/O

XDUP 6665001-3

前　言

电磁场与电磁波是电子信息工程、通信工程、光电信息科学与工程及相近专业很重要的专业基础课程之一，它是电子、通信、微波及生物医学等诸多学科的理论基础，为一些实际的电磁场与电磁波工程问题提供了解决方案。

本书符合高等学校“电磁场与电磁波”课程教学基本要求，充分体现了普通院校教育的特点，注重电磁理论与仿真、工程应用相结合，在基础理论后嵌入实验项目，对进一步巩固和拓展所学基础理论中的相关知识点非常有用。内容编排上符合学生的认知规律，知识点与例题、习题融合，深入浅出，循序渐进。本书加强实验实践教学，通过实验实践学习激发学生的学习兴趣，通过工程应用实例使学生认识到学习相关知识点的必要性，有利于培养学生的工程意识。

全书共分 9 章，其中第 1 章由苏新彦编写，第 2 章、第 5 章和第 6 章由徐美芳编写，第 3 章由戚俊成编写，第 4 章和第 8 章由薄晓宁编写，第 7 章由姚爱琴编写，第 9 章和附录由董剑龙编写，全书由徐美芳完成统稿。在本书的编写过程中，得到了中北大学信息与通信工程学院微波课程组老师们的大力支持和帮助；西安电子科技大学出版社的曹攀老师，其出色的编辑能力和启发性的建议使本书增色不少，在此一并表示最诚挚的感谢。此外，本书的出版还获得了中北大学教材建设立项支持。

由于编者水平有限，书中难免有不当之处，恳请读者指出或提出修正意见，请发到以下邮箱：20050657@nuc.edu.cn。

编　者

2021 年 10 月

目　录

第 1 章　矢 量 分 析

矢量分析是研究电磁场在空间的分布和变化规律的基本数学工具之一。本章主要内容思维导图如下：

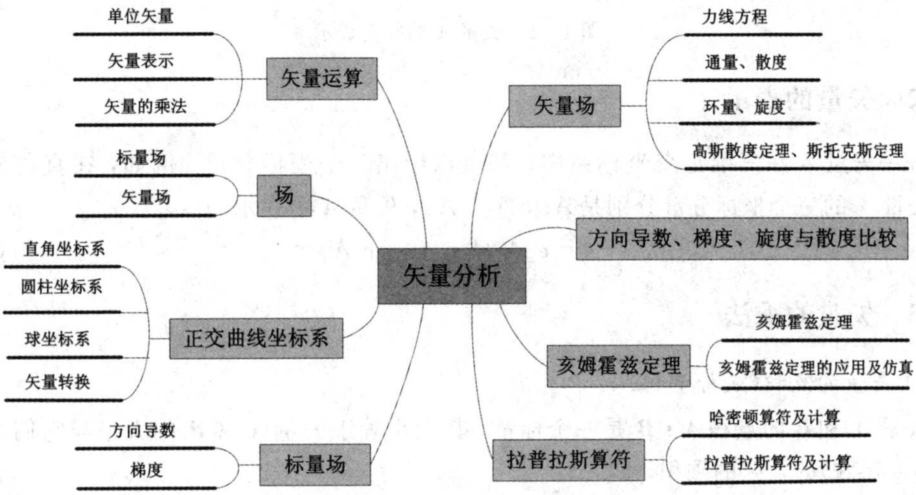

学 习 目 标

· 通过学习三种常用正交坐标系，能够在三种坐标系中分析任意矢量场并对微分量表示及运算。

· 通过学习方向导数、梯度，能够分析任意标量场并进行数学建模。

· 通过学习通量、环量、散度和旋度，能够分析任意矢量场并进行数学建模。

· 通过学习哈密顿算符及拉普拉斯算符在三种常用坐标系中的表示，能够对梯度、散度和旋度进行数学运算。

· 通过学习散度定理、斯托克斯定理，能够实现积分变换和正确表述场量意义。

· 通过学习亥姆霍兹定理及应用，能够分析任意矢量场并为工程应用提供方案。

1.1　矢 量 运 算

1.1.1　单位矢量

矢量有大小和方向，其几何表示如图 1－1 所示，矢量 $\boldsymbol{A}$ 可以写成：

$$\boldsymbol{A}=\boldsymbol{e}_A A \tag{1-1}$$

式中，A 是矢量 $\boldsymbol{A}$ 的大小(也称为模)，$\boldsymbol{e}_A$ 表示矢量 $\boldsymbol{A}$ 的方向，大小是1，也称为矢量 $\boldsymbol{A}$ 的单位矢量，可表示为

$$\boldsymbol{e}_A=\frac{\boldsymbol{A}}{A} \tag{1-2}$$

图1-1 矢量 $\boldsymbol{A}$ 的几何表示

1.1.2 矢量的表示

任一矢量 $\boldsymbol{A}$ 在三维正交坐标系中，都可以给出三个坐标分量。例如，在直角坐标系中，矢量 $\boldsymbol{A}$ 的三个坐标分量分别是 A_x，A_y，A_z，矢量 $\boldsymbol{A}$ 可表示为

$$\boldsymbol{A}=\boldsymbol{e}_xA_x+\boldsymbol{e}_yA_y+\boldsymbol{e}_zA_z \tag{1-3}$$

1.1.3 矢量的乘法

1) 矢量的点积(或标量积)

矢量 $\boldsymbol{A}$ 和 $\boldsymbol{B}$ 的点积 $\boldsymbol{A}\cdot\boldsymbol{B}$ 是一个标量，其大小等于矢量 $\boldsymbol{A}$ 和 $\boldsymbol{B}$ 的大小与它们之间夹角 $\theta(0\leqslant\theta\leqslant\pi)$ 的余弦的乘积，即

$$\boldsymbol{A}\cdot\boldsymbol{B}=AB\cos\theta \tag{1-4}$$

2) 矢量的叉积(或矢量积)

矢量 $\boldsymbol{A}$ 和 $\boldsymbol{B}$ 的叉积 $\boldsymbol{A}\times\boldsymbol{B}$ 是一个矢量，其大小等于矢量 $\boldsymbol{A}$ 和 $\boldsymbol{B}$ 的大小与它们之间夹角 $\theta(0\leqslant\theta\leqslant\pi)$ 的正弦的乘积，即

$$\boldsymbol{A}\times\boldsymbol{B}=|AB\sin\theta|\boldsymbol{e}_n \tag{1-5}$$

其方向为矢量 $\boldsymbol{A}$ 和 $\boldsymbol{B}$ 所在平面的法向 $\boldsymbol{e}_n$。

3) 标量三重积

矢量 $\boldsymbol{A}$ 与矢量 $\boldsymbol{B}\times\boldsymbol{C}$ 的标量积 $\boldsymbol{A}\cdot(\boldsymbol{B}\times\boldsymbol{C})$ 称为标量三重积，运算公式为

$$\boldsymbol{A}\cdot(\boldsymbol{B}\times\boldsymbol{C})=\boldsymbol{B}\cdot(\boldsymbol{C}\times\boldsymbol{A})=\boldsymbol{C}\cdot(\boldsymbol{A}\times\boldsymbol{B}) \tag{1-6}$$

4) 矢量三重积

矢量 $\boldsymbol{A}$ 与矢量 $\boldsymbol{B}\times\boldsymbol{C}$ 的矢量积 $\boldsymbol{A}\times(\boldsymbol{B}\times\boldsymbol{C})$ 称为矢量三重积，运算公式为

$$\boldsymbol{A}\times(\boldsymbol{B}\times\boldsymbol{C})=(\boldsymbol{A}\cdot\boldsymbol{C})\boldsymbol{B}-(\boldsymbol{A}\cdot\boldsymbol{B})\boldsymbol{C} \tag{1-7}$$

1.2 场的概念

1.2.1 场

“场”是指某种物理量在空间的分布，是物理量的无穷集合。每当我们说到“场”，往往

是一种连续而弥漫遍布的感觉。有些场我们能感受到，有些场我们感受不到，不管能否感受到，物理场都是存在的。例如，我们能感受到周围环境温度变化，说明温度场存在；我们能观察到周边地域高度变化，说明高度场存在；带电粒子在静电场中运动做功，说明电位场存在；我们能感受到火药爆破时冲击波存在，说明压力场存在；在江河中，各处水域存在水流速的某种分布，说明存在流速场；在地球周围各点，存在对各种物体的引力，我们说地球周围存在引力场，或者说地面上有重力场；在电荷周围任一点，存在对电荷的作用力，说明电荷周围有电场；磁悬浮列车运行就是利用磁力作为牵引力和浮力，说明列车周围存在电磁场；在医学领域的核磁共振成像，就是采用静磁场和射频磁场使人体组织成像，用于疾病检测、诊断和治疗监测的，等等。

1.2.2　标量场和矢量场

只有大小没有方向且其数值不随坐标系的变换而变换的物理量在空间的分布是标量场，既有大小又有方向且满足平行四边形加法原则的物理量在空间的分布是矢量场。例如，温度场、高度场和电位场是标量场，压力场、流速场、重力场、电场和磁场都是矢量场。

若某种物理量还随时间变化，在数学上，表示场的该物理量可用空间和时间坐标变量的多元函数来描述。例如，温度场可用 $T(x, y, z, t)$表示，高度场可用 $H(x, y, z, t)$表示，电位场可用 $\varphi(x, y, z, t)$表示，压力场可用 $\boldsymbol{F}(x, y, z, t)$表示，流速场可用$\boldsymbol{v}(x, y, z, t)$表示，重力场可用 $\boldsymbol{G}(x, y, z, t)$表示，电场可用 $\boldsymbol{E}(x, y, z, t)$表示，磁场可用 $\boldsymbol{B}(x, y, z, t)$表示，等等，这些都是随时间变化的场，它们被称为时变场。不随时间变化，只与空间坐标有关的场称为静态场。例如，静电场可表示为 $\boldsymbol{E}(x, y, z)$。

如何描绘空间任一点 P 的位置和场量呢？下面举例说明，如图 1-2 所示。

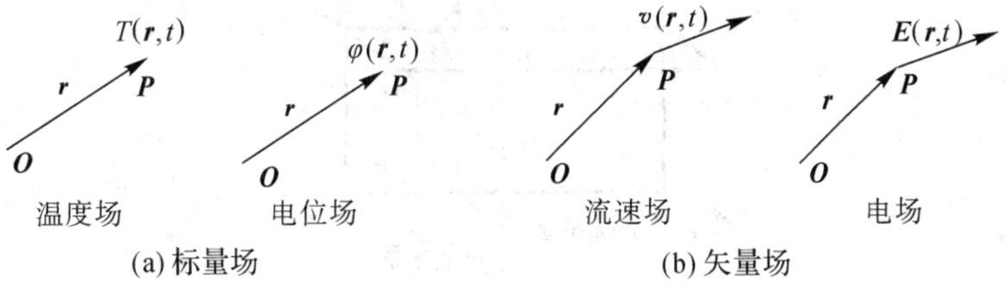

图 1-2　P 点位置和场量表示

图 1-2 中，P 点的场量表示如下：

温度场用 $T(\boldsymbol{r}, t)$表示，说明 t 时刻在 P 点(位置矢量为 $\boldsymbol{r}$)处的温度场；

电位场用 $\varphi(\boldsymbol{r}, t)$表示，说明 t 时刻在 P 点(位置矢量为 $\boldsymbol{r}$)处的电位场；

流速场用$\boldsymbol{v}(\boldsymbol{r}, t)$表示，说明 t 时刻在 P 点(位置矢量为 $\boldsymbol{r}$)处的流速场，方向为 $\boldsymbol{e}_v$；

电场用 $\boldsymbol{E}(\boldsymbol{r}, t)$表示，说明 t 时刻在 P 点(位置矢量为 $\boldsymbol{r}$)处的电场，方向为 $\boldsymbol{e}_E$。

1.3　正交曲线坐标系

三维空间坐标系有三个独立的坐标变量 u_1、u_2 和 u_3，当 u_1、u_2 和 u_3 均为常数时，分别代表三组曲面(或平面)，称为坐标面。若三组坐标面在空间某一点正交，则坐标面的交线(一般是曲线)也在空间某点正交，这种坐标系叫做正交曲线坐标系。为了方便分析某一物理量在空间的分布和变化规律，通常选择正交曲线坐标系。在电磁场理论中，最常用的正交曲线坐标系有直角坐标系、圆柱坐标系和球坐标系。在这三种坐标系中，u_1、u_2、u_3 分别对应 x、y、z，ρ、ϕ、z，r、θ、ϕ。在分析实际问题时，具体采用哪种坐标系，一般需要根据几何结构选择合适的坐标系。

空间任一点 M 沿坐标面的三条交线方向的单位矢量，称为坐标单位矢量，它的模等于1，方向为各坐标变量增加的方向。一个正交曲线坐标系中的坐标单位矢量相互正交，并满足右手螺旋法则。下面分析矢量场在三种常用坐标系中的表示方法。

1.3.1 直角坐标系

直角坐标系中的三个坐标变量分别是 x，y，z，各变量的定义域为

$$-\infty<x<\infty, -\infty<y<\infty, -\infty<z<\infty$$

如图 1-3 所示的直角坐标系中，任意点 $M(x_1, y_1, z_1)$是三个平面 $x=x_1$，$y=y_1$，$z=z_1$ 的交点，过点 $M(x_1, y_1, z_1)$的坐标单位矢量记为$(\boldsymbol{e}_x, \boldsymbol{e}_y, \boldsymbol{e}_z)$，它们相互正交，且遵循右手螺旋法则，数学表达式为

$$\boldsymbol{e}_x\times\boldsymbol{e}_y=\boldsymbol{e}_z \tag{1-8a}$$

$$\boldsymbol{e}_y\times\boldsymbol{e}_z=\boldsymbol{e}_x \tag{1-8b}$$

$$\boldsymbol{e}_z\times\boldsymbol{e}_x=\boldsymbol{e}_y \tag{1-8c}$$

$\boldsymbol{e}_x$，$\boldsymbol{e}_y$，$\boldsymbol{e}_z$ 是常矢量，其方向不随 M 点位置的变化而变化，这是直角坐标系的一个很重要的特征。

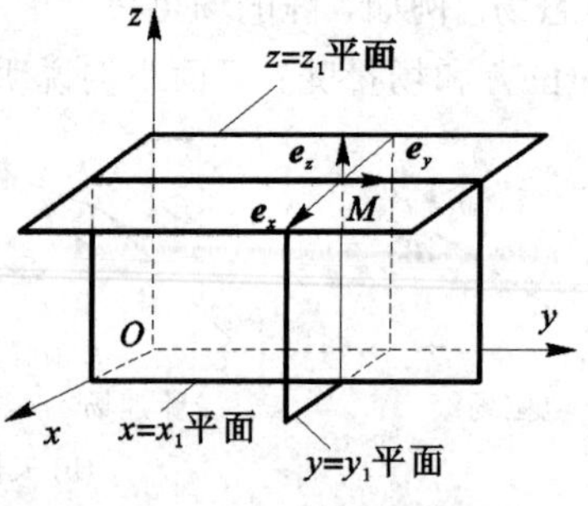

图 1-3 直角坐标系

1. 直角坐标系中的矢量场表示

直角坐标系中，在 M 点的任一矢量 $\boldsymbol{A}$ 可表示为

$$\boldsymbol{A}=\boldsymbol{e}_xA_x+\boldsymbol{e}_yA_y+\boldsymbol{e}_zA_z \tag{1-9}$$

式中 A_x，A_y，A_z 分别是 $\boldsymbol{A}$ 在 $\boldsymbol{e}_x$，$\boldsymbol{e}_y$，$\boldsymbol{e}_z$ 方向上的投影。

2. 直角坐标系中的长度元

假设任意点 M 的位置矢量为 $\boldsymbol{r}$，则

$$\boldsymbol{r}=\boldsymbol{e}_xx+\boldsymbol{e}_yy+\boldsymbol{e}_zz \tag{1-10}$$

图 1-4 中，由点 $M(x, y, z)$沿 $\boldsymbol{e}_x$，$\boldsymbol{e}_y$，$\boldsymbol{e}_z$ 方向分别取微分长度元 $\mathrm{d}x$，$\mathrm{d}y$，$\mathrm{d}z$，过 M 点的长度元 $\mathrm{d}\boldsymbol{l}$ 可表示为

$$d\boldsymbol{l}=\boldsymbol{e}_x dx+\boldsymbol{e}_y dy+\boldsymbol{e}_z dz \tag{1-11}$$

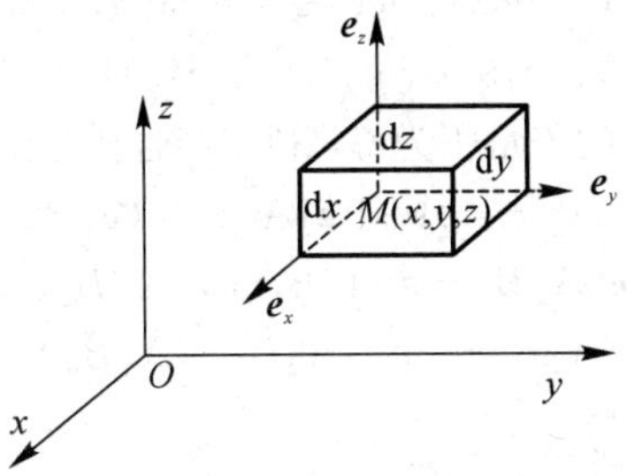

图 1-4　直角坐标系中的单位矢量、长度元、面积元和体积元

3. 直角坐标系中的面积元

图 1-4 中，由 x、$x+dx$、y、$y+dy$、z、$z+dz$ 这六个面组成一个闭合的直角六面体，对应的各个面称为微分面积元(简称面积元)，对应的面积元矢量 $d\boldsymbol{S}$ 表示为

沿 x 方向的面积元：

$$d\boldsymbol{S}_x=\boldsymbol{e}_x dl_y dl_z=\boldsymbol{e}_x dy dz \tag{1-12a}$$

沿 $-x$ 方向的面积元：

$$-d\boldsymbol{S}_x=-\boldsymbol{e}_x dl_y dl_z=-\boldsymbol{e}_x dy dz \tag{1-12b}$$

沿 y 方向的面积元：

$$d\boldsymbol{S}_y=\boldsymbol{e}_y dl_x dl_z=\boldsymbol{e}_y dx dz \tag{1-13a}$$

沿 $-y$ 方向的面积元：

$$-d\boldsymbol{S}_y=-\boldsymbol{e}_y dl_x dl_z=-\boldsymbol{e}_y dx dz \tag{1-13b}$$

沿 z 方向的面积元：

$$d\boldsymbol{S}_z=\boldsymbol{e}_z dl_x dl_y=\boldsymbol{e}_z dx dy \tag{1-14a}$$

沿 $-z$ 方向的面积元：

$$-d\boldsymbol{S}_z=-\boldsymbol{e}_z dl_x dl_y=-\boldsymbol{e}_z dx dy \tag{1-14b}$$

闭合直角六面体的面积元矢量和为

$$\boldsymbol{e}_x dy dz+\boldsymbol{e}_y dx dz+\boldsymbol{e}_z dx dy+(-\boldsymbol{e}_x dy dz-\boldsymbol{e}_y dx dz-\boldsymbol{e}_z dx dy)=0 \tag{1-15}$$

4. 直角坐标系中的体积元

图 1-4 中，由 x、$x+dx$、y、$y+dy$、z、$z+dz$ 这六个面组成一个闭合的直角六面体，其体积也为微分量，称为体积元，它是标量，用 dV 表示，那么有

$$dV=dx dy dz \tag{1-16}$$

5. 直角坐标系中的矢量运算

任意两个矢量 $\boldsymbol{A}$ 和 $\boldsymbol{B}$，它们分别为

$$\boldsymbol{A}=\boldsymbol{e}_x A_x+\boldsymbol{e}_y A_y+\boldsymbol{e}_z A_z \tag{1-17a}$$

$$\boldsymbol{B}=\boldsymbol{e}_x B_x+\boldsymbol{e}_y B_y+\boldsymbol{e}_z B_z \tag{1-17b}$$

如图 1-5 所示，$\boldsymbol{A}$ 和 $\boldsymbol{B}$ 的矢量和为

$$\begin{aligned}\boldsymbol{A}+\boldsymbol{B}&=(\boldsymbol{e}_x A_x+\boldsymbol{e}_y A_y+\boldsymbol{e}_z A_z)+(\boldsymbol{e}_x B_x+\boldsymbol{e}_y B_y+\boldsymbol{e}_z B_z)\\&=\boldsymbol{e}_x(A_x+B_x)+\boldsymbol{e}_y(A_y+B_y)+\boldsymbol{e}_z(A_z+B_z)\end{aligned} \tag{1-18}$$

如图 1-6 所示，$\boldsymbol{A}$ 和 $\boldsymbol{B}$ 的矢量差为

$$\begin{aligned}\boldsymbol{A}-\boldsymbol{B} &=(\boldsymbol{e}_xA_x+\boldsymbol{e}_yA_y+\boldsymbol{e}_zA_z)-(\boldsymbol{e}_xB_x+\boldsymbol{e}_yB_y+\boldsymbol{e}_zB_z)\\ &=\boldsymbol{e}_x(A_x-B_x)+\boldsymbol{e}_y(A_y-B_y)+\boldsymbol{e}_z(A_z-B_z)\end{aligned}\tag{1-19}$$

如图 1-7 所示，设 $\boldsymbol{A}$ 和 $\boldsymbol{B}$ 的矢量积为 $\boldsymbol{C}$，利用结合律方法计算矢量 $\boldsymbol{A}$ 和 $\boldsymbol{B}$ 的矢量积，则

$$\begin{aligned}\boldsymbol{C} &=\boldsymbol{A}\times\boldsymbol{B}=(\boldsymbol{e}_xA_x+\boldsymbol{e}_yA_y+\boldsymbol{e}_zA_z)\times(\boldsymbol{e}_xB_x+\boldsymbol{e}_yB_y+\boldsymbol{e}_zB_z)\\ &=\boldsymbol{e}_zA_xB_y-\boldsymbol{e}_yA_xB_z-\boldsymbol{e}_zA_yB_x+\boldsymbol{e}_xA_yB_z+\boldsymbol{e}_yA_zB_x-\boldsymbol{e}_xA_zB_y\\ &=\boldsymbol{e}_x(A_yB_z-A_zB_y)+\boldsymbol{e}_y(A_zB_x-A_xB_z)+\boldsymbol{e}_z(A_xB_y-A_yB_x)\end{aligned}\tag{1-20}$$

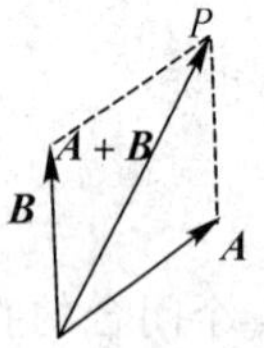

图 1-5　矢量加法

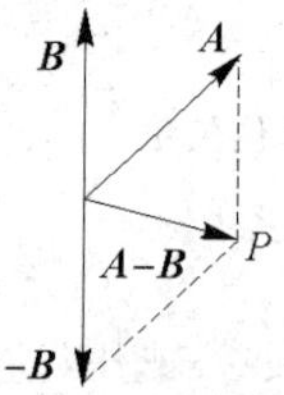

图 1-6　矢量减法

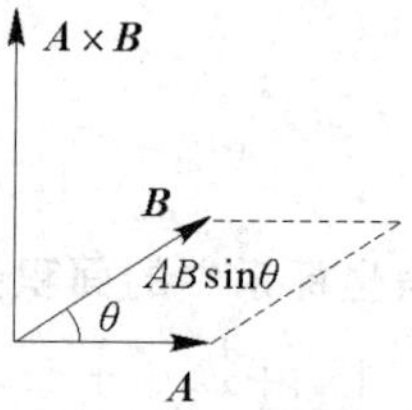

图 1-7　矢量乘法

利用矩阵方法计算 $\boldsymbol{A}$ 和 $\boldsymbol{B}$ 的矢量积，则

$$\begin{aligned}\boldsymbol{C} &=\boldsymbol{A}\times\boldsymbol{B}=(\boldsymbol{e}_xA_x+\boldsymbol{e}_yA_y+\boldsymbol{e}_zA_z)\times(\boldsymbol{e}_xB_x+\boldsymbol{e}_yB_y+\boldsymbol{e}_zB_z)\\ &=\begin{vmatrix}\boldsymbol{e}_x & \boldsymbol{e}_y & \boldsymbol{e}_z\\ A_x & A_y & A_z\\ B_x & B_y & B_z\end{vmatrix}\\ &=\boldsymbol{e}_x(A_yB_z-A_zB_y)+\boldsymbol{e}_y(A_zB_x-A_xB_z)+\boldsymbol{e}_z(A_xB_y-A_yB_x)\end{aligned}\tag{1-21}$$

计算两个矢量 $\boldsymbol{A}$ 和 $\boldsymbol{B}$ 的标量积，利用结合律方法计算，则

$$\begin{aligned}\boldsymbol{A}\cdot\boldsymbol{B} &=(\boldsymbol{e}_xA_x+\boldsymbol{e}_yA_y+\boldsymbol{e}_zA_z)\cdot(\boldsymbol{e}_xB_x+\boldsymbol{e}_yB_y+\boldsymbol{e}_zB_z)\\ &=A_xB_x+A_yB_y+A_zB_z\end{aligned}\tag{1-22}$$

1.3.2　圆柱坐标系

圆柱坐标系中的三个坐标变量分别是 ρ，ϕ，z，各变量的定义域为

$$0\leqslant\rho<\infty,\ 0\leqslant\phi\leqslant2\pi,\ -\infty<z<\infty$$

如图 1-8 所示的圆柱坐标系中，任意点 $M(\rho_1,\ \phi_1,\ z_1)$是以下三个面的交点：

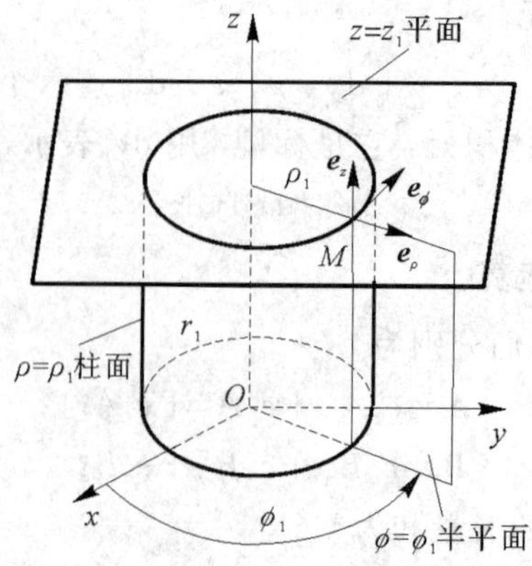

图 1-8　圆柱坐标系

(1) 当 $\rho=\rho_1$ 时，这是以 z 轴为轴线，以 ρ_1 为半径的圆柱面。ρ_1 是 M 点到 z 轴的垂直距离。

(2) 当 $\phi=\phi_1$ 时，这是以 ϕ 轴为界的半平面。ϕ_1 是 xOz 平面与通过 M 点的半平面之间的夹角。

(3) 当 $z=z_1$ 时，这是与 z 轴垂直的平面。z_1 是点 M 到 xOy 平面的垂直距离。

过空间任意点 $M(\rho,\ \phi,\ z)$ 的坐标单位矢量记为 $\boldsymbol{e}_\rho$，$\boldsymbol{e}_\phi$，$\boldsymbol{e}_z$，它们相互正交，且遵循右手螺旋法则，数学表达式为

$$\boldsymbol{e}_\rho \times \boldsymbol{e}_\phi = \boldsymbol{e}_z \tag{1-23a}$$

$$\boldsymbol{e}_\phi \times \boldsymbol{e}_z = \boldsymbol{e}_\rho \tag{1-23b}$$

$$\boldsymbol{e}_z \times \boldsymbol{e}_\rho = \boldsymbol{e}_\phi \tag{1-23c}$$

在圆柱坐标系中，除 $\boldsymbol{e}_z$ 外，$\boldsymbol{e}_\rho$、$\boldsymbol{e}_\phi$ 的方向都随 M 点位置的变化而变化，但三者始终保持正交关系。

1. 圆柱坐标系中的矢量场表示

圆柱坐标系中，在 M 点的任一矢量 $\boldsymbol{A}$ 可表示为

$$\boldsymbol{A} = \boldsymbol{e}_\rho A_\rho + \boldsymbol{e}_\phi A_\phi + \boldsymbol{e}_z A_z \tag{1-24}$$

式中 A_ρ，A_ϕ，A_z 分别是 $\boldsymbol{A}$ 在 $\boldsymbol{e}_\rho$，$\boldsymbol{e}_\phi$，$\boldsymbol{e}_z$ 方向上的投影。

2. 圆柱坐标系中的长度元

如图 1-9 所示，在点 $M(\rho,\ \phi,\ z)$ 处沿 $\boldsymbol{e}_\rho$，$\boldsymbol{e}_\phi$，$\boldsymbol{e}_z$ 方向的长度元分别为

$$\mathrm{d}\boldsymbol{l}_\rho = \boldsymbol{e}_\rho \mathrm{d}\rho \tag{1-25a}$$

$$\mathrm{d}\boldsymbol{l}_\phi = \boldsymbol{e}_\phi \rho \mathrm{d}\phi \tag{1-25b}$$

$$\mathrm{d}\boldsymbol{l}_z = \boldsymbol{e}_z \mathrm{d}z \tag{1-25c}$$

过任意点的长度元 $\mathrm{d}\boldsymbol{l}$ 可表示为

$$\mathrm{d}\boldsymbol{l} = \boldsymbol{e}_\rho \mathrm{d}\rho + \boldsymbol{e}_\phi \rho \mathrm{d}\phi + \boldsymbol{e}_z \mathrm{d}z \tag{1-26}$$

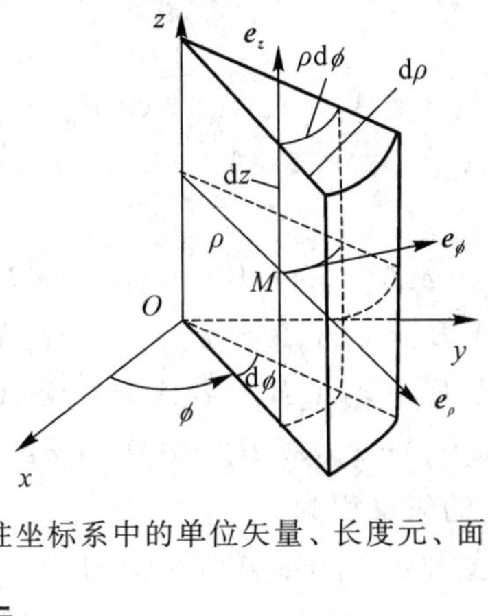

图 1-9　圆柱坐标系中的单位矢量、长度元、面积元和体积元

3. 圆柱坐标系中的面积元

图 1-9 中，由 ρ、$\rho+\mathrm{d}\rho$、ϕ、$\phi+\mathrm{d}\phi$、z、$z+\mathrm{d}z$ 这六个面组成的闭合六面体，对应面积元表示为

沿 $\boldsymbol{e}_\rho$ 方向的面积元：

$$\mathrm{d}\boldsymbol{S}_\rho = \boldsymbol{e}_\rho \mathrm{d}l_\phi \cdot \mathrm{d}l_z = \boldsymbol{e}_\rho \rho \mathrm{d}\phi \mathrm{d}z \tag{1-27a}$$

沿 $-\boldsymbol{e}_\rho$ 方向的面积元：

$$-\mathrm{d}\boldsymbol{S}_\rho=-\boldsymbol{e}_\rho \mathrm{d}l_\phi \cdot \mathrm{d}l_z=-\boldsymbol{e}_\rho\rho\mathrm{d}\phi\mathrm{d}z \tag{1-27b}$$

沿 $\boldsymbol{e}_\phi$ 方向的面积元：

$$\mathrm{d}\boldsymbol{S}_\phi=\boldsymbol{e}_\phi \mathrm{d}l_\rho \cdot \mathrm{d}l_z=\boldsymbol{e}_\phi\mathrm{d}\rho\mathrm{d}z \tag{1-28a}$$

沿 $-\boldsymbol{e}_\phi$ 方向的面积元：

$$-\mathrm{d}\boldsymbol{S}_\phi=-\boldsymbol{e}_\phi \mathrm{d}l_\rho \cdot \mathrm{d}l_z=-\boldsymbol{e}_\phi\mathrm{d}\rho\mathrm{d}z \tag{1-28b}$$

沿 $\boldsymbol{e}_z$ 方向的面积元：

$$\mathrm{d}\boldsymbol{S}_z=\boldsymbol{e}_z \mathrm{d}l_\phi \cdot \mathrm{d}l_\rho=\boldsymbol{e}_z\rho\mathrm{d}\phi\mathrm{d}\rho \tag{1-29a}$$

沿 $-\boldsymbol{e}_z$ 方向的面积元：

$$-\mathrm{d}\boldsymbol{S}_z=-\boldsymbol{e}_z \mathrm{d}l_\phi \cdot \mathrm{d}l_\rho=-\boldsymbol{e}_z\rho\mathrm{d}\phi\mathrm{d}\rho \tag{1-29b}$$

可见组成闭合六面体的面积元矢量和等于 0。

4. 圆柱坐标系中的体积元

图 1-9 中，由 ρ、$\rho+\mathrm{d}\rho$、ϕ、$\phi+\mathrm{d}\phi$、z、$z+\mathrm{d}z$ 这六个面组成的闭合六面体的体积为

$$\mathrm{d}V=\mathrm{d}l_\rho\mathrm{d}l_\phi\mathrm{d}l_z=\rho\mathrm{d}\rho\mathrm{d}\phi\mathrm{d}z \tag{1-30}$$

5. 圆柱坐标系中的矢量运算

圆柱坐标系中若给定某点 $M(\rho, \phi, z)$ 处或某一 ϕ 为常数的平面内的任意两个矢量 $\boldsymbol{A}$ 和 $\boldsymbol{B}$，它们分别为

$$\boldsymbol{A}=\boldsymbol{e}_\rho A_\rho+\boldsymbol{e}_\phi A_\phi+\boldsymbol{e}_z A_z \tag{1-31a}$$

$$\boldsymbol{B}=\boldsymbol{e}_\rho B_\rho+\boldsymbol{e}_\phi B_\phi+\boldsymbol{e}_z B_z \tag{1-31b}$$

则矢量 $\boldsymbol{A}$ 和 $\boldsymbol{B}$ 可做下列运算：

$\boldsymbol{A}$ 和 $\boldsymbol{B}$ 的矢量和为

$$\begin{aligned}\boldsymbol{A}+\boldsymbol{B}&=(\boldsymbol{e}_\rho A_\rho+\boldsymbol{e}_\phi A_\phi+\boldsymbol{e}_z A_z)+(\boldsymbol{e}_\rho B_\rho+\boldsymbol{e}_\phi B_\phi+\boldsymbol{e}_z B_z)\\&=\boldsymbol{e}_\rho(A_\rho+B_\rho)+\boldsymbol{e}_\phi(A_\phi+B_\phi)+\boldsymbol{e}_z(A_z+B_z)\end{aligned} \tag{1-32}$$

$\boldsymbol{A}$ 和 $\boldsymbol{B}$ 的矢量差为

$$\begin{aligned}\boldsymbol{A}-\boldsymbol{B}&=(\boldsymbol{e}_\rho A_\rho+\boldsymbol{e}_\phi A_\phi+\boldsymbol{e}_z A_z)-(\boldsymbol{e}_\rho B_\rho+\boldsymbol{e}_\phi B_\phi+\boldsymbol{e}_z B_z)\\&=\boldsymbol{e}_\rho(A_\rho-B_\rho)+\boldsymbol{e}_\phi(A_\phi-B_\phi)+\boldsymbol{e}_z(A_z-B_z)\end{aligned} \tag{1-33}$$

$\boldsymbol{A}$ 和 $\boldsymbol{B}$ 的矢量积为

$$\begin{aligned}\boldsymbol{A}\times\boldsymbol{B}&=(\boldsymbol{e}_\rho A_\rho+\boldsymbol{e}_\phi A_\phi+\boldsymbol{e}_z A_z)\times(\boldsymbol{e}_\rho B_\rho+\boldsymbol{e}_\phi B_\phi+\boldsymbol{e}_z B_z)\\&=\boldsymbol{e}_z A_\rho B_\phi-\boldsymbol{e}_\phi A_\rho B_z-\boldsymbol{e}_z A_\phi B_\rho+\boldsymbol{e}_\rho A_\phi B_z+\boldsymbol{e}_\phi A_z B_\rho-\boldsymbol{e}_\rho A_z B_\phi\\&=\boldsymbol{e}_\rho A_\phi B_z-\boldsymbol{e}_\rho A_z B_\phi+\boldsymbol{e}_\phi A_z B_\rho-\boldsymbol{e}_\phi A_\rho B_z+\boldsymbol{e}_z A_\rho B_\phi-\boldsymbol{e}_z A_\phi B_\rho\\&=\boldsymbol{e}_\rho(A_\phi B_z-A_z B_\phi)+\boldsymbol{e}_\phi(A_z B_\rho-A_\rho B_z)+\boldsymbol{e}_z(A_\rho B_\phi-A_\phi B_\rho)\end{aligned} \tag{1-34}$$

利用矩阵方法计算 $\boldsymbol{A}$ 和 $\boldsymbol{B}$ 的矢量积为

$$\begin{aligned}\boldsymbol{A}\times\boldsymbol{B}&=(\boldsymbol{e}_\rho A_\rho+\boldsymbol{e}_\phi A_\phi+\boldsymbol{e}_z A_z)\times(\boldsymbol{e}_\rho B_\rho+\boldsymbol{e}_\phi B_\phi+\boldsymbol{e}_z B_z)\\&=\begin{vmatrix}\boldsymbol{e}_\rho & \boldsymbol{e}_\phi & \boldsymbol{e}_z\\ A_\rho & A_\phi & A_z\\ B_\rho & B_\phi & B_z\end{vmatrix}\\&=\boldsymbol{e}_\rho(A_\phi B_z-A_z B_\phi)+\boldsymbol{e}_\phi(A_z B_\rho-A_\rho B_z)+\boldsymbol{e}_z(A_\rho B_\phi-A_\phi B_\rho)\end{aligned} \tag{1-35}$$

A 和 **B** 的标量积为

$$\begin{aligned}\boldsymbol{A}\cdot\boldsymbol{B}&=(\boldsymbol{e}_\rho A_\rho+\boldsymbol{e}_\phi A_\phi+\boldsymbol{e}_z A_z)\cdot(\boldsymbol{e}_\rho B_\rho+\boldsymbol{e}_\phi B_\phi+\boldsymbol{e}_z B_z)\\&=(A_\rho\cdot B_\rho)+(A_\phi\cdot B_\phi)+(A_z\cdot B_z)\end{aligned}\tag{1-36}$$

1.3.3 球坐标系

球坐标系中的三个坐标变量分别是 r，θ，ϕ。同圆柱坐标系一样都有一变量 ϕ。各变量的定义域为

$$0\leqslant r<\infty,\ 0\leqslant\theta\leqslant\pi,\ 0\leqslant\phi\leqslant 2\pi$$

如图 1-10 所示的球坐标系中，点 $M(r_1, \theta_1, \phi_1)$由下述三个面的交点所确定：

(1) $r=r_1$，是以原点为中心，以 r_1 为半径的球面，且 r_1 是 M 点到原点的直线距离；

(2) $\theta=\theta_1$，是以原点为顶点，以 z 轴为轴线的圆锥面，θ_1 是正向 z 轴与连线 OM 之间的夹角；

(3) $\phi=\phi_1$，是以 z 轴为界的半平面。ϕ_1 是 xOz 平面与通过 M 点的半平面之间的夹角，ϕ 称为方位角。

过空间任意点 $M(r, \theta, \phi)$的坐标单位矢量记为 $\boldsymbol{e}_r$，$\boldsymbol{e}_\theta$，$\boldsymbol{e}_\phi$，它们相互正交，而且遵循右手螺旋法则，数学表达式为

$$\boldsymbol{e}_r\times\boldsymbol{e}_\theta=\boldsymbol{e}_\phi\tag{1-37a}$$

$$\boldsymbol{e}_\phi\times\boldsymbol{e}_r=\boldsymbol{e}_\theta\tag{1-37b}$$

$$\boldsymbol{e}_\theta\times\boldsymbol{e}_\phi=\boldsymbol{e}_r\tag{1-37c}$$

在球坐标系中，$\boldsymbol{e}_r$，$\boldsymbol{e}_\theta$，$\boldsymbol{e}_\phi$ 的方向都因 M 点位置的变化而变化，但三者之间始终保持正交关系。

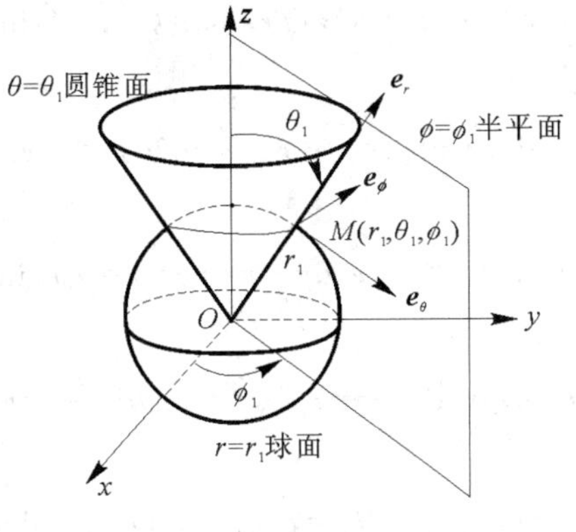

图 1-10 球坐标系

1. 球坐标系中的矢量场表示

球坐标系中，在 M 点的任一矢量 **A** 可表示为

$$\boldsymbol{A}=\boldsymbol{e}_r A_r+\boldsymbol{e}_\theta A_\theta+\boldsymbol{e}_\phi A_\phi\tag{1-38}$$

式中 A_r，A_θ，A_ϕ 分别是 **A** 在 $\boldsymbol{e}_r$，$\boldsymbol{e}_\theta$，$\boldsymbol{e}_\phi$ 方向上的投影。

2. 球坐标系中的长度元

如图 1-11 所示，在点 $M(r, \theta, \phi)$处沿 $\boldsymbol{e}_r$，$\boldsymbol{e}_\theta$，$\boldsymbol{e}_\phi$ 方向的长度元分别为

$$d\boldsymbol{l}_r=\boldsymbol{e}_r dr \tag{1-39a}$$

$$d\boldsymbol{l}_\theta=\boldsymbol{e}_\theta r d\theta \tag{1-39b}$$

$$d\boldsymbol{l}_\phi=\boldsymbol{e}_\phi r\sin\theta d\phi \tag{1-39c}$$

过任意点的长度元 $d\boldsymbol{l}$ 可表示为

$$d\boldsymbol{l}=\boldsymbol{e}_r dr+\boldsymbol{e}_\theta r d\theta+\boldsymbol{e}_\phi r\sin\theta d\phi \tag{1-40}$$

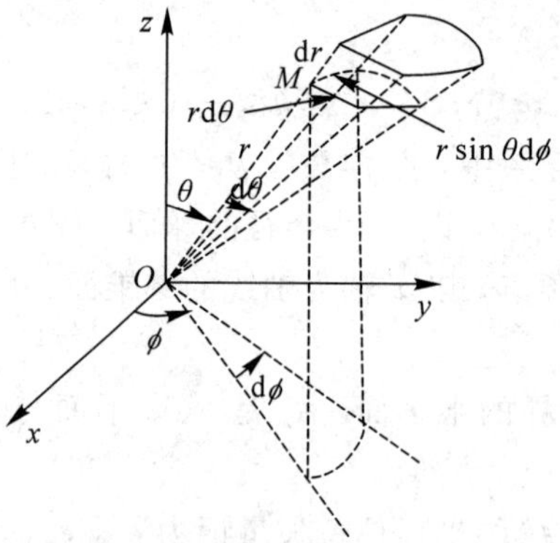

图 1-11　球坐标系中的长度元、面积元和体积元

3. 球坐标系中的面积元

图 1-11 中，由 r、$r+dr$、θ、$\theta+d\theta$、ϕ、$\phi+d\phi$ 这六个面组成的闭合六面体，对应的面积元表示为

沿 $\boldsymbol{e}_r$ 方向的面积元：

$$d\boldsymbol{S}_r=\boldsymbol{e}_r dl_\theta \cdot dl_\phi=\boldsymbol{e}_r r d\theta r\sin\theta d\phi=\boldsymbol{e}_r r^2\sin\theta d\theta d\phi \tag{1-41a}$$

沿 $-\boldsymbol{e}_r$ 方向的面积元：

$$-d\boldsymbol{S}_r=-\boldsymbol{e}_r dl_\theta \cdot dl_\phi=-\boldsymbol{e}_r r d\theta r\sin\theta d\phi=-\boldsymbol{e}_r r^2\sin\theta d\theta d\phi \tag{1-41b}$$

沿 $\boldsymbol{e}_\theta$ 方向的面积元：

$$d\boldsymbol{S}_\theta=\boldsymbol{e}_\theta dl_r \cdot dl_\phi=\boldsymbol{e}_\theta dr \cdot r\sin\theta d\phi=\boldsymbol{e}_\theta r\sin\theta dr d\phi \tag{1-42a}$$

沿 $-\boldsymbol{e}_\theta$ 方向的面积元：

$$-d\boldsymbol{S}_\theta=-\boldsymbol{e}_\theta dl_r \cdot dl_\phi=-\boldsymbol{e}_\theta dr \cdot r\sin\theta d\phi=-\boldsymbol{e}_\theta r\sin\theta dr d\phi \tag{1-42b}$$

沿 $\boldsymbol{e}_\phi$ 方向的面积元：

$$d\boldsymbol{S}_\phi=\boldsymbol{e}_\phi dl_r \cdot dl_\theta=\boldsymbol{e}_\phi dr \cdot r d\theta=\boldsymbol{e}_\phi r dr d\theta \tag{1-43a}$$

沿 $-\boldsymbol{e}_\phi$ 方向的面积元：

$$-d\boldsymbol{S}_\phi=-\boldsymbol{e}_\phi dl_r \cdot dl_\theta=-\boldsymbol{e}_\phi dr \cdot r d\theta=-\boldsymbol{e}_\phi r dr d\theta \tag{1-43b}$$

可见组成闭合六面体的面积元矢量和等于 0。

4. 球坐标系中的体积元

图 1-11 中，由 r、$r+dr$、θ、$\theta+d\theta$、ϕ、$\phi+d\phi$ 这六个面组成的闭合六面体，对应的体积元为

$$dV=dl_r \cdot dl_\theta \cdot dl_\phi=dr \cdot r d\theta \cdot r\sin\theta d\phi=r^2\sin\theta dr d\theta d\phi \tag{1-44}$$

5. 球坐标系中的矢量运算

球坐标系中若给定某点处任意两个矢量 $\boldsymbol{A}$ 和 $\boldsymbol{B}$，它们分别为

$$\boldsymbol{A}=\boldsymbol{e}_rA_r+\boldsymbol{e}_\theta A_\theta+\boldsymbol{e}_\phi A_\phi \tag{1-45a}$$

$$\boldsymbol{B}=\boldsymbol{e}_rB_r+\boldsymbol{e}_\theta B_\theta+\boldsymbol{e}_\phi B_\phi \tag{1-45b}$$

则矢量 $\boldsymbol{A}$ 和 $\boldsymbol{B}$ 可做下列运算：

$\boldsymbol{A}$ 和 $\boldsymbol{B}$ 的矢量和为

$$\begin{aligned}\boldsymbol{A}+\boldsymbol{B}&=(\boldsymbol{e}_rA_r+\boldsymbol{e}_\theta A_\theta+\boldsymbol{e}_\phi A_\phi)+(\boldsymbol{e}_rB_r+\boldsymbol{e}_\theta B_\theta+\boldsymbol{e}_\phi B_\phi)\\&=\boldsymbol{e}_r(A_r+B_r)+\boldsymbol{e}_\theta(A_\theta+B_\theta)+\boldsymbol{e}_\phi(A_\phi+B_\phi)\end{aligned} \tag{1-46}$$

$\boldsymbol{A}$ 和 $\boldsymbol{B}$ 的矢量差为

$$\begin{aligned}\boldsymbol{A}-\boldsymbol{B}&=(\boldsymbol{e}_rA_r+\boldsymbol{e}_\theta A_\theta+\boldsymbol{e}_\phi A_\phi)-(\boldsymbol{e}_rB_r+\boldsymbol{e}_\theta B_\theta+\boldsymbol{e}_\phi B_\phi)\\&=\boldsymbol{e}_r(A_r-B_r)+\boldsymbol{e}_\theta(A_\theta-B_\theta)+\boldsymbol{e}_\phi(A_\phi-B_\phi)\end{aligned} \tag{1-47}$$

$\boldsymbol{A}$ 和 $\boldsymbol{B}$ 的矢量积为

$$\begin{aligned}\boldsymbol{A}\times\boldsymbol{B}&=(\boldsymbol{e}_rA_r+\boldsymbol{e}_\theta A_\theta+\boldsymbol{e}_\phi A_\phi)\times(\boldsymbol{e}_rB_r+\boldsymbol{e}_\theta B_\theta+\boldsymbol{e}_\phi B_\phi)\\&=\boldsymbol{e}_\phi A_rB_\theta-\boldsymbol{e}_\theta A_rB_\phi-\boldsymbol{e}_\phi A_\theta B_r+\boldsymbol{e}_rA_\theta B_\phi+\boldsymbol{e}_\theta A_\phi B_r-\boldsymbol{e}_rA_\phi B_\theta\\&=\boldsymbol{e}_rA_\theta B_\phi-\boldsymbol{e}_rA_\phi B_\theta+\boldsymbol{e}_\theta A_\phi B_r-\boldsymbol{e}_\theta A_rB_\phi+\boldsymbol{e}_\phi A_rB_\theta-\boldsymbol{e}_\phi A_\theta B_r\\&=\boldsymbol{e}_r(A_\theta B_\phi-A_\phi B_\theta)+\boldsymbol{e}_\theta(A_\phi B_r-A_rB_\phi)+\boldsymbol{e}_\phi(A_rB_\theta-A_\theta B_r)\end{aligned} \tag{1-48}$$

$\boldsymbol{A}$ 和 $\boldsymbol{B}$ 的矢量积利用矩阵方法计算如下：

$$\begin{aligned}\boldsymbol{A}\times\boldsymbol{B}&=(\boldsymbol{e}_rA_r+\boldsymbol{e}_\theta A_\theta+\boldsymbol{e}_\phi A_\phi)\times(\boldsymbol{e}_rB_r+\boldsymbol{e}_\theta B_\theta+\boldsymbol{e}_\phi B_\phi)=\begin{vmatrix}\boldsymbol{e}_r&\boldsymbol{e}_\theta&\boldsymbol{e}_\phi\\A_r&A_\theta&A_\phi\\B_r&B_\theta&B_\phi\end{vmatrix}\\&=\boldsymbol{e}_r(A_\theta B_\phi-A_\phi B_\theta)+\boldsymbol{e}_\theta(A_\phi B_r-A_rB_\phi)+\boldsymbol{e}_\phi(A_rB_\theta-A_\theta B_r)\end{aligned} \tag{1-49}$$

$\boldsymbol{A}$ 和 $\boldsymbol{B}$ 的标量积为

$$\begin{aligned}\boldsymbol{A}\cdot\boldsymbol{B}&=(\boldsymbol{e}_rA_r+\boldsymbol{e}_\theta A_\theta+\boldsymbol{e}_\phi A_\phi)\cdot(\boldsymbol{e}_rB_r+\boldsymbol{e}_\theta B_\theta+\boldsymbol{e}_\phi B_\phi)\\&=(A_r\cdot B_r)+(A_\theta\cdot B_\theta)+(A_\phi\cdot B_\phi)\end{aligned} \tag{1-50}$$

1.3.4　三种坐标系中的坐标单位矢量之间的关系

1. 直角坐标系和圆柱坐标系中的坐标单位矢量之间的关系

直角坐标系和圆柱坐标系中都有一个变量 z，因而有同一单位矢量 $\boldsymbol{e}_z$，两种坐标系中单位矢量及其关系如图 1-12 所示。两种坐标系中坐标单位矢量之间的转换关系见表 1-1。

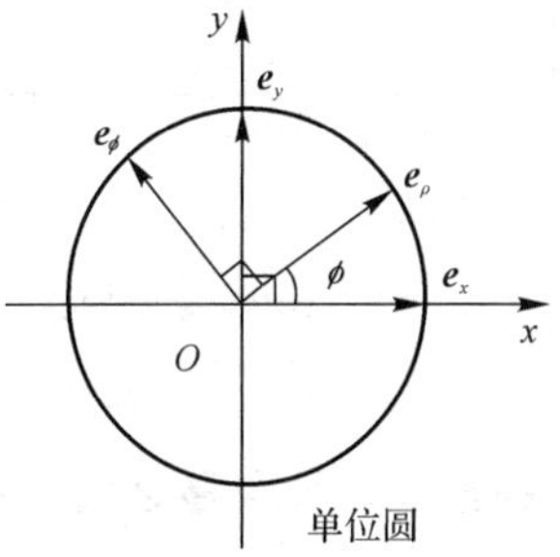

图 1-12　直角坐标系和圆柱坐标系中的坐标单位矢量及其关系

表 1-1　直角坐标系和圆柱坐标系中的坐标单位矢量之间的转换关系

圆柱坐标系 \ 直角坐标系	e_x	e_y	e_z
e_ρ	$\cos\phi$	$\sin\phi$	0
e_ϕ	$-\sin\phi$	$\cos\phi$	0
e_z	0	0	1

例如，已知圆柱坐标系中单位矢量 e_ρ，e_ϕ，求直角坐标系中单位矢量 e_x，e_y，可用下式表示：

$$e_x = e_\rho\cos\phi - e_\phi\sin\phi \qquad (1-51a)$$

$$e_y = e_\rho\sin\phi + e_\phi\cos\phi \qquad (1-51b)$$

反之，求 e_ρ，e_ϕ 可用下式表示：

$$e_\rho = e_x\cos\phi + e_y\sin\phi \qquad (1-52a)$$

$$e_\phi = -e_x\sin\phi + e_y\cos\phi \qquad (1-52b)$$

2. 圆柱坐标系和球坐标系中的坐标单位矢量之间的关系

圆柱坐标系和球坐标系中都有一个变量 ϕ，因而有同一单位矢量 e_ϕ，两种坐标系中单位矢量及其关系如图 1-13 所示。两种坐标系中坐标单位矢量之间的转换关系见表 1-2。

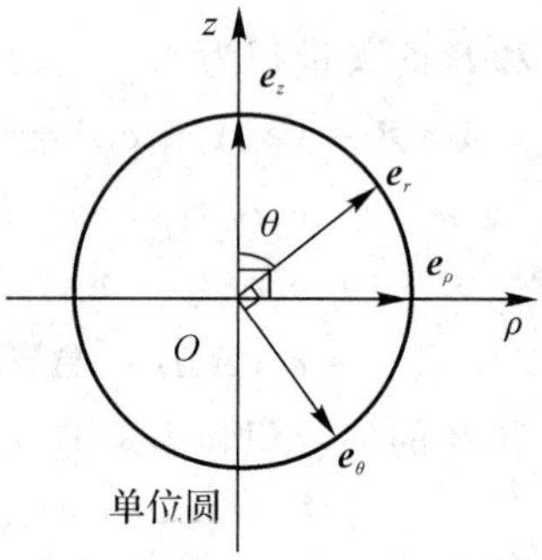

图 1-13　圆柱坐标系和球坐标系中的坐标单位矢量及其关系

表 1-2　圆柱坐标系和球坐标系中的坐标单位矢量之间的转换关系

球坐标系 \ 圆柱坐标系	e_ρ	e_ϕ	e_z
e_r	$\sin\theta$	0	$\cos\theta$
e_θ	$\cos\theta$	0	$-\sin\theta$
e_ϕ	0	1	0

例如，求 e_ρ 或 e_r，可用下式表示：

$$e_\rho = e_r\sin\theta + e_\theta\cos\theta \qquad (1-53a)$$

$$e_r = e_\rho\sin\theta + e_z\cos\theta \qquad (1-53b)$$

3. 直角坐标系和球坐标系中的坐标单位矢量之间的关系

在直角坐标系和球坐标系中，过空间任一点 M 单位矢量之间的相互转换关系见表 1-3。

表 1-3　直角坐标系和球坐标系中的坐标单位矢量之间的转换关系

球坐标系＼直角坐标系	$\boldsymbol{e}_x$	$\boldsymbol{e}_y$	$\boldsymbol{e}_z$
$\boldsymbol{e}_r$	$\sin\theta\cos\phi$	$\sin\theta\sin\phi$	$\cos\theta$
$\boldsymbol{e}_\theta$	$\cos\theta\cos\phi$	$\cos\theta\sin\phi$	$-\sin\theta$
$\boldsymbol{e}_\phi$	$-\sin\phi$	$\cos\phi$	0

例如，求 $\boldsymbol{e}_x$ 或 $\boldsymbol{e}_r$，可用下式表示：

$$\boldsymbol{e}_x=\boldsymbol{e}_r\sin\theta\cos\phi+\boldsymbol{e}_\theta\cos\theta\cos\phi-\boldsymbol{e}_\varphi\sin\phi \tag{1-54a}$$

$$\boldsymbol{e}_r=\boldsymbol{e}_x\sin\theta\cos\phi+\boldsymbol{e}_y\sin\theta\sin\phi+\boldsymbol{e}_z\cos\theta \tag{1-54b}$$

1.4　标量场的方向导数和梯度

场是物理量的无穷集合，场是由场源产生的，也就是说只要场存在场源必然存在，反过来说，只要场源存在场必然存在，场和场源之间存在因果关系。例如，震动场是由震源产生的，温度场是由热源产生的，静电场是由电荷产生的，磁场是由电流产生的。

场在空间的分布形式不但取决于产生它的场源，还与它周围的物质环境密切相关。例如，某一处震动场，不仅与震源大小有关，还与震源位置有关，震动波传输与周围环境有关；炉膛中的温度分布，不仅取决于火力大小及分布，还与炉膛的结构、材料特性以及周围环境有关；带电体周围的电场分布，不仅与带电体的电荷分布和电量有关，还与周围的物质特性有关。

为了研究场源和场量的变化，以及分析场、场源及环境的关系，需要建立微分方程。对于标量场用微分方程分析在某点沿某一方向的变化率及最大变化率和方向，也就是研究标量场在空间的分布和变化规律，需要引进等值面、方向导数和梯度的概念。

1.4.1　标量场的等值面

在研究标量场时，常利用等值面来形象、直观地描述物理量在空间的分布状况。

在直角坐标系中，假设一标量场 u 在空间任意点 M 的标量函数为 u，它可表示为

$$u=u(x,\ y,\ z) \tag{1-55}$$

$u(x,\ y,\ z)$是坐标变量 x，y，z 的连续可微函数，则

$$u(x,\ y,\ z)=C \tag{1-56}$$

其中 C 为任意常数。随着常数 C 的取值不同，可得到一簇曲面。在每一个曲面上的各点，虽然坐标 x，y，z 值不同，但函数值均相等。这样的曲面称为标量场 u 的等值面。式(1-56)为等值面方程。

标量场上的任一点只在一个等值面上。例如，温度场中的等值面，就是由温度相同的点所组成的等温面，等温面上位置点不同，但温度相同；高楼地基可看成是一等高面，就

是高度场中由高度相同的点所组成的等高面，等高面上位置点不同，但高度相同；电位场中的等值面，就是由电位相同的点所组成的等位面。

当常数 C 取一系列不同的数值时，由等值面方程可得到一簇不同的等值面，这簇等值面就像切片一样充满了整个标量场所在的空间，且相互平行，如图 1-14 所示。

若某一标量场仅是两个坐标变量的函数，则该场称为平面标量场。例如：

$$u(x, y)=C(C\text{ 为任意常数}) \tag{1-57}$$

式(1-57)为等值线方程，它的几何形状往往是一簇等值线，且互不相交。例如，地形图上的等高线，如图 1-15 所示；气象图上的等压线，如图 1-16 所示。

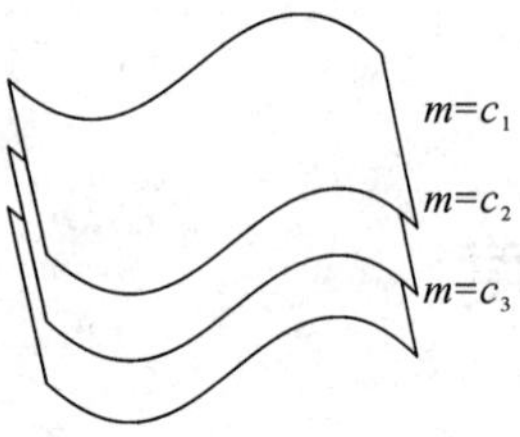

图 1-14　等值面簇

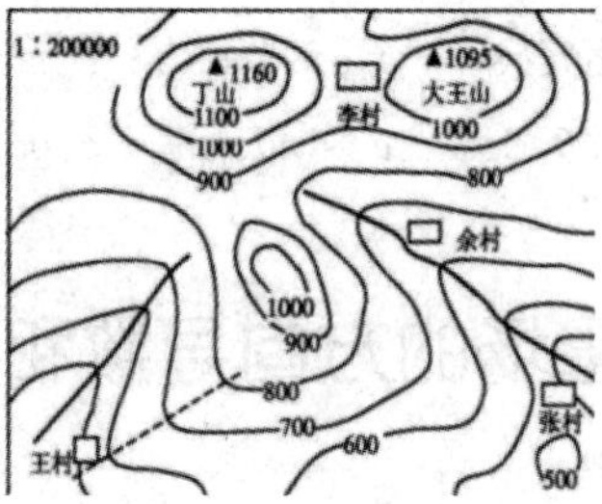

图 1-15　等高线

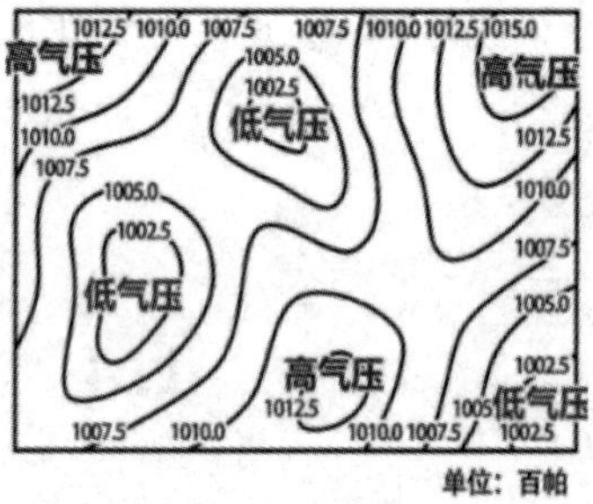

图 1-16　等压线

1.4.2　标量场的方向导数

标量场的等值面或等值线只描述了标量场的空间分布情况，若要分析标量场中任一点所在区域内沿各个方向上的变化规律，需要引入方向导数的概念。

1. 方向导数的概念

如图 1-17 所示，在标量场 $u=u(M)$ 中任取一点 M_0，过 M_0 点引出一条射线 $\boldsymbol{l}$，在 $\boldsymbol{l}$ 上靠近 M_0 取一动点 M，设 $\overline{M_0M}=\Delta l$，则

$$\left.\frac{\partial u}{\partial l}\right|_{M_0}=\lim_{\Delta l\to 0}\frac{u(M)-u(M_0)}{\Delta l} \tag{1-58}$$

式(1-58)称为函数 $u(M)$ 在点 M_0 处沿 $\boldsymbol{l}$ 方向的方向导数。

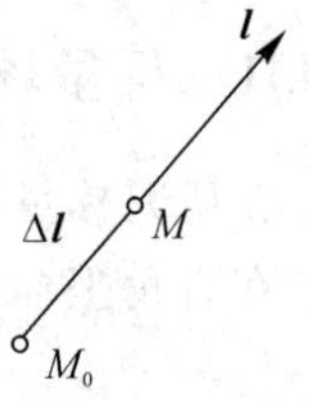

图 1-17　方向导数

(1) 若 $\dfrac{\partial u}{\partial l}>0$，则函数 $u(M)$ 沿 $\boldsymbol{l}$ 方向是增加的；

(2) 若 $\dfrac{\partial u}{\partial l}<0$，则函数 $u(M)$ 沿 $\boldsymbol{l}$ 方向是减小的；

(3) 若 $\dfrac{\partial u}{\partial l}=0$，则函数 $u(M)$ 沿 $\boldsymbol{l}$ 方向无变化。

在直角坐标系中，偏导数 $\dfrac{\partial u}{\partial x}$、$\dfrac{\partial u}{\partial y}$、$\dfrac{\partial u}{\partial z}$ 就是函数 $u(M)$ 沿三个坐标轴方向的方向导数。

2. 方向导数的计算

在直角坐标系中，设函数 $u=u(x, y, z)$ 在点 $M_0(x_0, y_0, z_0)$ 处连续可微，沿射线 $\boldsymbol{l}$

上 M_0 点附近取一动点 $M(x_0+\Delta x, y_0+\Delta y, z_0+\Delta z)$，函数 $u(M)$ 从 M_0 点至 M 点的增量为 Δu，M_0 点至 M 点的距离为 Δl，则

$$\Delta u = u(M) - u(M_0) = \frac{\partial u}{\partial x}\Delta x + \frac{\partial u}{\partial y}\Delta y + \frac{\partial u}{\partial z}\Delta z \tag{1-59}$$

其中

$$\Delta \boldsymbol{l} = \boldsymbol{e}_x \Delta x + \boldsymbol{e}_y \Delta y + \boldsymbol{e}_z \Delta z \tag{1-60}$$

设 $\Delta \boldsymbol{l}$ 与 x，y，z 轴的夹角分别为 α，β，γ，则

$$\Delta x = \Delta \boldsymbol{l} \cdot \boldsymbol{e}_x = \Delta l \cos\alpha \tag{1-61}$$

$$\Delta y = \Delta \boldsymbol{l} \cdot \boldsymbol{e}_y = \Delta l \cos\beta \tag{1-62}$$

$$\Delta z = \Delta \boldsymbol{l} \cdot \boldsymbol{e}_z = \Delta l \cos\gamma \tag{1-63}$$

式中 $\cos\alpha$，$\cos\beta$，$\cos\gamma$ 称为 $\boldsymbol{l}$ 的方向余弦。由方向导数定义式(1-58)及式(1-59)，略去下标 M_0 可得到任意点 $M(x, y, z)$ 沿 $\boldsymbol{l}$ 方向的方向导数表达式为

$$\frac{\partial u}{\partial l} = \frac{\partial u}{\partial x}\cos\alpha + \frac{\partial u}{\partial y}\cos\beta + \frac{\partial u}{\partial z}\cos\gamma \tag{1-64}$$

例 1-1　求函数 $u=\sqrt{x^2+y^2+z^2}$ 在点 $M(1, 0, 1)$ 处沿 $\boldsymbol{l}=\boldsymbol{e}_x+2\boldsymbol{e}_y+2\boldsymbol{e}_z$ 方向的方向导数。

解：根据已知条件可得

$$\frac{\partial u}{\partial x} = \frac{x}{\sqrt{x^2+y^2+z^2}}, \quad \frac{\partial u}{\partial y} = \frac{y}{\sqrt{x^2+y^2+z^2}}, \quad \frac{\partial u}{\partial z} = \frac{z}{\sqrt{x^2+y^2+z^2}}$$

在点 $M(1, 0, 1)$ 处有

$$\frac{\partial u}{\partial x} = \frac{1}{\sqrt{2}}, \quad \frac{\partial u}{\partial y} = 0, \quad \frac{\partial u}{\partial z} = \frac{1}{\sqrt{2}}$$

$\boldsymbol{l}$ 的方向余弦为

$$\cos\alpha = \frac{1}{\sqrt{1^2+2^2+2^2}} = \frac{1}{3}, \quad \cos\beta = \frac{2}{\sqrt{1^2+2^2+2^2}} = \frac{2}{3}, \quad \cos\gamma = \frac{2}{\sqrt{1^2+2^2+2^2}} = \frac{2}{3}$$

由式(1-64)得，函数 u 在点 $M(1, 0, 1)$ 处沿 $\boldsymbol{l}=\boldsymbol{e}_x+2\boldsymbol{e}_y+2\boldsymbol{e}_z$ 方向的方向导数为

$$\frac{\partial u}{\partial l} = \frac{1}{\sqrt{2}} \times \frac{1}{3} + 0 \times \frac{2}{3} + \frac{1}{\sqrt{2}} \times \frac{2}{3} = \frac{1}{\sqrt{2}}$$

1.4.3　标量场的梯度

1. 梯度的概念

方向导数解析了标量函数 $u(M)$ 在给定点沿某个方向上的变化率大小问题，但从给定点出发有无穷多个方向，不同方向的变化率不同，那么函数 $u(M)$ 沿哪个方向的变化率最大？最大的变化率是多少？为了解决这个问题，在此引入梯度的概念。

由式(1-59)可知

$$\Delta u = \frac{\partial u}{\partial x}\Delta x + \frac{\partial u}{\partial y}\Delta y + \frac{\partial u}{\partial z}\Delta z$$

标量函数 Δu 可用两个矢量函数 $\Delta \boldsymbol{l}$ 和 $\boldsymbol{G}$ 的标量积表示，它们分别为

$$\Delta \boldsymbol{l} = \boldsymbol{e}_l \Delta l = \boldsymbol{e}_x \Delta x + \boldsymbol{e}_y \Delta y + \boldsymbol{e}_z \Delta z$$

$$\boldsymbol{G}=\boldsymbol{e}_x\frac{\partial u}{\partial x}+\boldsymbol{e}_y\frac{\partial u}{\partial y}+\boldsymbol{e}_z\frac{\partial u}{\partial z} \tag{1-65}$$

则

$$\Delta u=\boldsymbol{G}\cdot\Delta\boldsymbol{l}$$

$$\frac{\partial u}{\partial l}=\lim_{\Delta l\to 0}\frac{\boldsymbol{G}\cdot\Delta\boldsymbol{l}}{\Delta l}=\boldsymbol{G}\cdot\boldsymbol{e}_l=|\boldsymbol{G}|\cdot\cos(\boldsymbol{G},\Delta\boldsymbol{l}) \tag{1-66}$$

上述表明，$\boldsymbol{G}$ 仅是与函数 $u(x, y, z)$ 有关的矢量函数，$\boldsymbol{G}$ 在 $\boldsymbol{l}$ 方向上的投影等于函数 $u(x, y, z)$ 在该方向上的方向导数，当 $\boldsymbol{l}$ 与 $\boldsymbol{G}$ 同一方向时，$\cos(\boldsymbol{G}, \Delta\boldsymbol{l})=1$，此时方向导数取得最大值，其值为

$$\left.\frac{\partial u}{\partial l}\right|_{\max}=|\boldsymbol{G}| \tag{1-67}$$

可见，$\boldsymbol{G}$ 的方向就是函数 $u(x, y, z)$ 最大变化率的方向，$\boldsymbol{G}$ 的模就是函数 $u(x, y, z)$ 最大变化率的数值。这里 $\boldsymbol{G}$ 称为函数 $u(x, y, z)$ 在给定点处的梯度(gradient)，$\boldsymbol{G}$ 简称为梯度，可表示为

$$\mathrm{grad}u=\boldsymbol{G} \tag{1-68}$$

梯度是由标量场中场量分布所决定的，与选取的坐标系无关，式(1-65)可写成

$$\boldsymbol{G}=\boldsymbol{e}_x\frac{\partial u}{\partial x}+\boldsymbol{e}_y\frac{\partial u}{\partial y}+\boldsymbol{e}_z\frac{\partial u}{\partial z}=\left(\boldsymbol{e}_x\frac{\partial}{\partial x}+\boldsymbol{e}_y\frac{\partial}{\partial y}+\boldsymbol{e}_z\frac{\partial}{\partial z}\right)u \tag{1-69}$$

2. 梯度的性质

如图 1-18 所示，对于任一标量场函数 u 的梯度，有如下性质：

(1) 标量函数 u 的梯度是一个矢量函数。在给定点，梯度的方向就是函数 u 变化率最大的方向，它的模为函数 u 在该点的最大变化率的数值。

(2) 标量函数 u 在给定点沿任意 $\boldsymbol{l}$ 方向的方向导数，等于 u 的梯度在 $\boldsymbol{l}$ 方向上的投影，即

$$\frac{\partial u}{\partial l}=\mathrm{grad}u\cdot\boldsymbol{e}_l \tag{1-70}$$

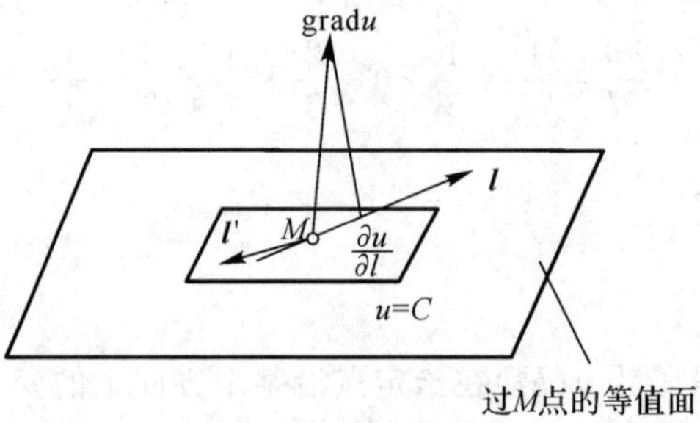

图 1-18　梯度性质

(3) 在标量场中，任一点 M 处的梯度垂直于过该点的等值面，且指向函数 $u(M)$ 增大的方向。假设过点 M 的等值曲面为 $u=C$，在该曲面上取任一矢量 $\boldsymbol{l}'$，则函数 $u(M)$ 沿 $\boldsymbol{l}'$ 的增量 $\Delta u=0$，方向导数也为 0，则

$$\frac{\partial u}{\partial l'}=\lim_{\Delta l'\to 0}\frac{\Delta u}{\Delta l'}=\boldsymbol{G}\cdot\boldsymbol{e}_{l'}=0$$

即 $\boldsymbol{G}\perp \boldsymbol{l}'$，也就是说 $\boldsymbol{G}$ 垂直过射点的等值面 C。函数 $u(x, y, z)$ 沿梯度 $\boldsymbol{G}$ 方向的方向导数为

$$\left.\frac{\partial u}{\partial l}\right|_G=\boldsymbol{G}\cdot\boldsymbol{e}_l=\boldsymbol{G}\cdot\boldsymbol{e}_G=|\boldsymbol{G}|=\sqrt{\left(\frac{\partial u}{\partial x}\right)^2+\left(\frac{\partial u}{\partial y}\right)^2+\left(\frac{\partial u}{\partial z}\right)^2}>0 \tag{1-71}$$

可见沿 $\boldsymbol{G}$ 方向上 $\Delta u>0$，即梯度 $\boldsymbol{G}$ 方向则是函数 u 增大的方向。

3. 梯度运算

梯度的定义与选取的坐标系无关,但在不同坐标系中梯度有不同的表达式。下面介绍不同坐标系中的梯度运算。

1) 直角坐标系中的梯度运算

在式(1-69)中，$\boldsymbol{G}=\left(\boldsymbol{e}_x\frac{\partial}{\partial x}+\boldsymbol{e}_y\frac{\partial}{\partial y}+\boldsymbol{e}_z\frac{\partial}{\partial z}\right)u$，令 $\nabla=\boldsymbol{e}_x\frac{\partial}{\partial x}+\boldsymbol{e}_y\frac{\partial}{\partial y}+\boldsymbol{e}_z\frac{\partial}{\partial z}$，则式(1-69)可写成

$$\boldsymbol{G}=\nabla u \tag{1-72}$$

∇称为哈密顿(Hamilton)算符，也叫那普勒(nabla)算子，它是一个矢量性微分算子。

算子∇作用于标量函数 u 形成一矢量函数。在直角坐标系中，有

$$\nabla u=\left(\boldsymbol{e}_x\frac{\partial}{\partial x}+\boldsymbol{e}_y\frac{\partial}{\partial y}+\boldsymbol{e}_z\frac{\partial}{\partial z}\right)u=\boldsymbol{e}_x\frac{\partial u}{\partial x}+\boldsymbol{e}_y\frac{\partial u}{\partial y}+\boldsymbol{e}_z\frac{\partial u}{\partial z} \tag{1-73}$$

回顾式(1-69)，则标量函数 u 的梯度 grad$u$ 可以写成

$$\mathrm{grad}\,u=\nabla u \tag{1-74}$$

2) 圆柱坐标系中的梯度运算

在圆柱坐标系中，有

$$\mathrm{d}\boldsymbol{l}=\boldsymbol{e}_\rho\mathrm{d}\rho+\boldsymbol{e}_\phi\rho\mathrm{d}\phi+\boldsymbol{e}_z\mathrm{d}z$$

$$\begin{aligned}\mathrm{d}u&=\boldsymbol{e}_\rho\frac{\partial u}{\partial\rho}\mathrm{d}\rho+\boldsymbol{e}_\phi\frac{\partial u}{\partial\phi}\mathrm{d}\phi+\boldsymbol{e}_z\frac{\partial u}{\partial z}\mathrm{d}z\\&=\left(\boldsymbol{e}_\rho\frac{\partial u}{\partial\rho}+\boldsymbol{e}_\phi\frac{1}{\rho}\frac{\partial u}{\partial\phi}+\boldsymbol{e}_z\frac{\partial u}{\partial z}\right)\cdot\mathrm{d}\boldsymbol{l}\\&=\nabla u\cdot\mathrm{d}\boldsymbol{l}\end{aligned} \tag{1-75}$$

故在圆柱坐标系中，有

$$\mathrm{grad}\,u=\nabla u=\boldsymbol{e}_\rho\frac{\partial u}{\partial\rho}+\boldsymbol{e}_\phi\frac{1}{\rho}\frac{\partial u}{\partial\phi}+\boldsymbol{e}_z\frac{\partial u}{\partial z} \tag{1-76}$$

则有

$$\nabla=\boldsymbol{e}_\rho\frac{\partial}{\partial\rho}+\boldsymbol{e}_\phi\frac{1}{\rho}\frac{\partial}{\partial\phi}+\boldsymbol{e}_z\frac{\partial}{\partial z} \tag{1-77}$$

3) 球坐标系中的梯度运算

由圆柱坐标系中的梯度计算方法可推出球坐标系中的梯度计算方法。

在球坐标系中，有

$$\mathrm{grad}\,u=\nabla u=\boldsymbol{e}_r\frac{\partial u}{\partial r}+\boldsymbol{e}_\theta\frac{1}{r}\frac{\partial u}{\partial\theta}+\boldsymbol{e}_\phi\frac{1}{r\sin\theta}\frac{\partial u}{\partial\phi} \tag{1-78}$$

$$\nabla=\boldsymbol{e}_r\frac{\partial}{\partial r}+\boldsymbol{e}_\theta\frac{1}{r}\frac{\partial}{\partial\theta}+\boldsymbol{e}_\phi\frac{1}{r\sin\theta}\frac{\partial}{\partial\phi} \tag{1-79}$$

例 1-2　求某标量场 $u=xy^2+yz^3$ 在点 $M(2, -1, 1)$ 处的梯度，以及在 $\boldsymbol{l}=2\boldsymbol{e}_x+2\boldsymbol{e}_y-\boldsymbol{e}_z$ 方向上的方向导数。

解：利用式(1-73)可得

$$\nabla u=\boldsymbol{e}_x\frac{\partial u}{\partial x}+\boldsymbol{e}_y\frac{\partial u}{\partial y}+\boldsymbol{e}_z\frac{\partial u}{\partial z}=\boldsymbol{e}_x y^2+\boldsymbol{e}_y(2xy+z^3)+\boldsymbol{e}_z 3yz^2$$

点 $M(2, -1, 1)$ 处的梯度为

$$\nabla u=\boldsymbol{e}_x-3\boldsymbol{e}_y-3\boldsymbol{e}_z$$

$\boldsymbol{l}=2\boldsymbol{e}_x+2\boldsymbol{e}_y-\boldsymbol{e}_z$ 的单位矢量为

$$\boldsymbol{e}_l=\frac{2}{3}\boldsymbol{e}_x+\frac{2}{3}\boldsymbol{e}_y-\frac{1}{3}\boldsymbol{e}_z$$

则 u 在 $\boldsymbol{l}$ 方向上的方向导数为

$$\left.\frac{\partial u}{\partial l}\right|_M=\mathrm{grad}u\cdot\boldsymbol{e}_l=(\boldsymbol{e}_x-3\boldsymbol{e}_y-3\boldsymbol{e}_z)\cdot\left(\frac{2}{3}\boldsymbol{e}_x+\frac{2}{3}\boldsymbol{e}_y-\frac{1}{3}\boldsymbol{e}_z\right)=-\frac{1}{3}$$

例 1-3　静电场强度 $\boldsymbol{E}$ 可从标量电位 φ 的梯度导出，即 $\boldsymbol{E}=-\nabla\varphi$，试确定点(1, 1, 0)处的 $\boldsymbol{E}$，假设：

(1) $\varphi=\varphi_0\mathrm{e}^{-x}\sin\dfrac{\pi y}{4}$；

(2) $\varphi=\varphi_0 r\cos\theta$。

解：(1) 由式(1-73)可得

$$\nabla\varphi=\left(-\boldsymbol{e}_x\sin\frac{\pi y}{4}+\boldsymbol{e}_y\frac{\pi}{4}\cdot\cos\frac{\pi y}{4}\right)\varphi_0\mathrm{e}^{-x}$$

$$\boldsymbol{E}(1, 1, 0)=\left(\boldsymbol{e}_x-\boldsymbol{e}_y\frac{\pi}{4}\right)\frac{\varphi_0}{\mathrm{e}\sqrt{2}}$$

(2) 由式(1-78)可得

$$\boldsymbol{E}=-\left(\boldsymbol{e}_r\frac{\partial}{\partial r}+\boldsymbol{e}_\theta\frac{1}{r}\frac{\partial}{\partial\theta}+\boldsymbol{e}_\varphi\frac{1}{r\sin\theta}\frac{\partial}{\partial\phi}\right)\varphi_0 r\cos\theta=-(\boldsymbol{e}_r\cos\theta-\boldsymbol{e}_\theta\sin\theta)\varphi_0$$

$$\cos\theta=\left.\frac{z}{\sqrt{x^2+y^2+z^2}}\right|_{(1,\,1,\,0)}=0$$

$$\sin\theta=\left.\frac{\sqrt{x^2+y^2}}{\sqrt{x^2+y^2+z^2}}\right|_{(1,\,1,\,0)}=1$$

$$\boldsymbol{E}=-(\boldsymbol{e}_r\cos\theta-\boldsymbol{e}_\theta\sin\theta)\varphi_0=\boldsymbol{e}_\theta\varphi_0$$

1.5　矢量场的通量、散度和散度定理

我们知道，场是物理量的无穷集合，分为标量场和矢量场。针对标量场可通过求方向导数和梯度进行分析，那么对于矢量场如何分析？为了形象和直观地描述矢量场在空间的分布情况或沿空间坐标的变化情况，通常用其力线(或称为场线、流线)描绘。但力线画法都是定性的，没有一个规范，因此为了规范描述矢量场沿空间坐标的变化规律，需要引入力线方程。

力线方程解决了规范描述矢量场在空间的分布情况，我们知道，场不是无缘无故产生

的，必有产生该矢量场场源，但矢量场是如何产生的？矢量场与场源又是什么关系？因此需要分析矢量场在空间的分布及变化规律和产生矢量场的场源特性。

本节主要内容包括力线方程、矢量场的通量及散度、散度定理。

1.5.1 力线方程

力线是一簇空间有向曲线，矢量场较强处力线稠密，矢量场较弱处力线稀疏，力线上的切线方向代表该处矢量场的方向。例如电场用电力线表示电场方向，疏密表示电场的强弱；磁场中磁力线表示磁场方向，疏密表示磁场强弱。下面通过建立力线方程来分析矢量场在空间的分布情况。

如图 1-19 所示，设空间有一矢量场 $\boldsymbol{F}(\boldsymbol{r}, t)$，其中点 P 处的切线方向即为场量 $\boldsymbol{F}(\boldsymbol{r}, t)$ 的方向。

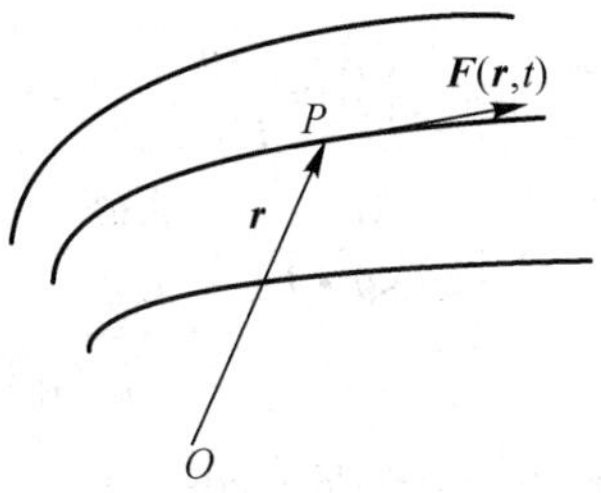

图 1-19 力线图

在直角坐标系中，设点 P 位置矢量 $\boldsymbol{r}$ 为

$$\boldsymbol{r}=\boldsymbol{e}_x x+\boldsymbol{e}_y y+\boldsymbol{e}_z z$$

设点 P 处切线微分方程为

$$\mathrm{d}\boldsymbol{l}=\boldsymbol{e}_x \mathrm{d}x+\boldsymbol{e}_y \mathrm{d}y+\boldsymbol{e}_z \mathrm{d}z$$

设点 P 的场量 $\boldsymbol{F}(\boldsymbol{r}, t)=\boldsymbol{e}_x F_x+\boldsymbol{e}_y F_y+\boldsymbol{e}_z F_z$，因为 $\mathrm{d}\boldsymbol{l}/\!/\boldsymbol{F}$，所以有

$$\mathrm{d}\boldsymbol{l}\times\boldsymbol{F}(\boldsymbol{r}, t)=0 \tag{1-80}$$

$$\begin{aligned}\mathrm{d}\boldsymbol{l}\times\boldsymbol{F}(\boldsymbol{r}, t)&=\begin{vmatrix}\boldsymbol{e}_x & \boldsymbol{e}_y & \boldsymbol{e}_z\\ \mathrm{d}x & \mathrm{d}y & \mathrm{d}z\\ F_x & F_y & F_z\end{vmatrix}\\&=\boldsymbol{e}_x(\mathrm{d}yF_z-\mathrm{d}zF_y)+\boldsymbol{e}_y(\mathrm{d}zF_x-\mathrm{d}xF_z)+\boldsymbol{e}_z(\mathrm{d}xF_y-\mathrm{d}yF_x)\\&=0\end{aligned}$$

得

$$\begin{cases}\mathrm{d}yF_z-\mathrm{d}zF_y=0\\ \mathrm{d}zF_x-\mathrm{d}xF_z=0\\ \mathrm{d}xF_y-\mathrm{d}yF_x=0\end{cases}$$

$$\frac{\mathrm{d}y}{\mathrm{d}z}=\frac{F_y}{F_z},\ \frac{\mathrm{d}z}{\mathrm{d}x}=\frac{F_z}{F_x},\ \frac{\mathrm{d}x}{\mathrm{d}y}=\frac{F_x}{F_y}$$

场量 $\boldsymbol{F}(\boldsymbol{r}, t)$在点 P 的力线方程为

$$\frac{\mathrm{d}x}{F_x}=\frac{\mathrm{d}y}{F_y}=\frac{\mathrm{d}z}{F_z} \tag{1-81}$$

同理可推出圆柱坐标系和球坐标系中的力线方程：

圆柱坐标系中的力线方程为

$$\frac{d\rho}{F_\rho}=\frac{r d\phi}{F_\phi}=\frac{dz}{F_z} \tag{1-82}$$

球坐标系中的力线方程为

$$\frac{dr}{F_r}=\frac{r d\theta}{F_\theta}=\frac{r\sin\theta d\phi}{F_\phi} \tag{1-83}$$

根据力线方程可规范描绘矢量场$\boldsymbol{F}(\boldsymbol{r}, t)$的大小和方向，根据各处力线的疏密程度可判断各处场量的大小。

例 1-4　静电场中，假设电场$\boldsymbol{E}=-(\boldsymbol{e}_r\cos\theta-\boldsymbol{e}_\theta)U_0$，其中$U_0$是常数，求电力线微分方程。

解：根据题意得知，该电场仅是关于r，θ的函数，将电场$\boldsymbol{E}$中r，θ方向分量E_r和E_θ代入式(1-83)得

$$\frac{dr}{E_r}=\frac{r d\theta}{E_\theta}$$

$$\frac{dr}{-\cos\theta\cdot U_0}=\frac{r d\theta}{U_0}$$

整理得

$$\frac{1}{r}dr+d\theta\cdot\cos\theta=0$$

对上式两边积分，得电力线微分方程：

$$r=Ce^{-\sin\theta}$$

式中C是任意常数。根据上式可画出电力线曲线，如图1-20所示。

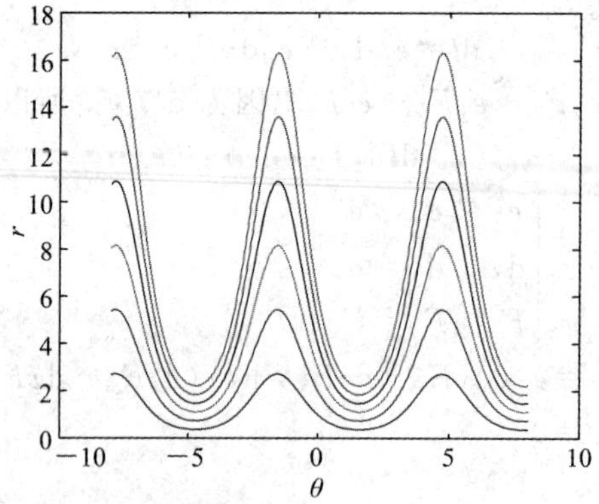

图 1-20　电力线曲线图

例 1-5　若某表面电流密度矢量场为$\boldsymbol{J}_S(r)=y\boldsymbol{e}_x+x\boldsymbol{e}_y$，求该电流场的力线方程。

解：根据题意得知直角坐标系下，电流密度矢量场仅是关于x，y的函数，利用力线方程式(1-81)得

$$\frac{dx}{y}=\frac{dy}{x}$$

化简得

$$x dx=y dy$$

对上式两边积分得

$$x^2-y^2=C$$

式中 C 为不同的常数，当 $C=0$，±1，±2，… 时的方程为

$$x^2-y^2=0,\ x^2-y^2=\pm1,\ x^2-y^2=\pm2,\ \cdots$$

根据上式所绘的电流密度场如图 1-21 所示。

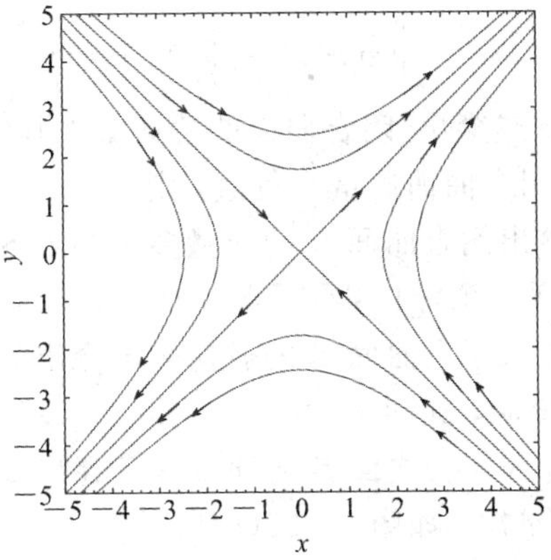

图 1-21　电流密度曲线图

1.5.2　矢量场的通量及散度

1. 矢量场的通量

在矢量场 $\boldsymbol{A}$ 中，任取一个微分面元 $\mathrm{d}\boldsymbol{S}$，则面积元矢量为

$$\mathrm{d}\boldsymbol{S}=\boldsymbol{n}\mathrm{d}S \tag{1-84}$$

式中 $\boldsymbol{n}$ 是面积元 $\mathrm{d}\boldsymbol{S}$ 法线方向的单位矢量。面积元矢量有两种情况，一种如图 1-22 所示，在闭合曲线 C 围成的开曲面 S 上，任取一微分面元 $\mathrm{d}\boldsymbol{S}$，$\boldsymbol{n}$ 方向符合右手螺旋法则；另一种是在某一闭合曲面上，某处任取一微分面元 $\mathrm{d}\boldsymbol{S}$，$\boldsymbol{n}$ 就是该点外法线方向。如图 1-23 所示是由六个微分面积元组成的闭合曲面，该闭合曲面仍然可看成是微分面元。如图 1-24 所示，场中所取的面积元 $\mathrm{d}\boldsymbol{S}$ 是微分量，穿过面积元上各点 $\boldsymbol{A}$ 看成相同，$\boldsymbol{A}$ 和 $\mathrm{d}\boldsymbol{S}$ 的标量积为

$$\boldsymbol{A}\cdot\mathrm{d}\boldsymbol{S}=A\cos\theta\mathrm{d}S \tag{1-85}$$

式(1-85)称为 $\boldsymbol{A}$ 穿过 $\mathrm{d}\boldsymbol{S}$ 的通量，它是一个标量，通量用 $\mathrm{d}\Phi$ 表示，有

$$\mathrm{d}\Phi=\boldsymbol{A}\cdot\mathrm{d}\boldsymbol{S}=A\cos\theta\mathrm{d}S \tag{1-86}$$

式中 θ 是 $\boldsymbol{A}$ 与 $\mathrm{d}\boldsymbol{S}$ 之间的夹角，$\mathrm{d}\Phi$ 的正、负取决于面积元法线矢量方向的选取。

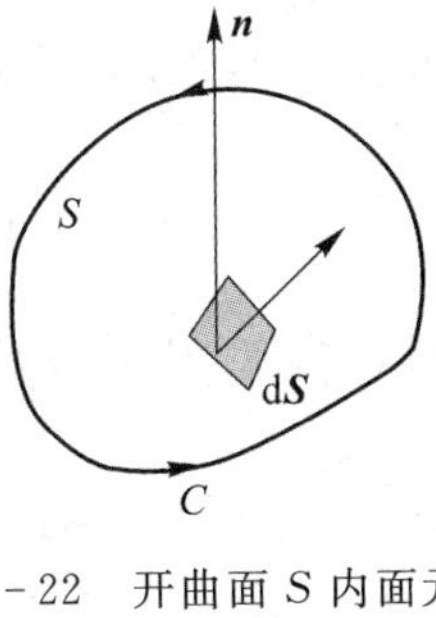

图 1-22　开曲面 S 内面元 $\mathrm{d}\boldsymbol{S}$

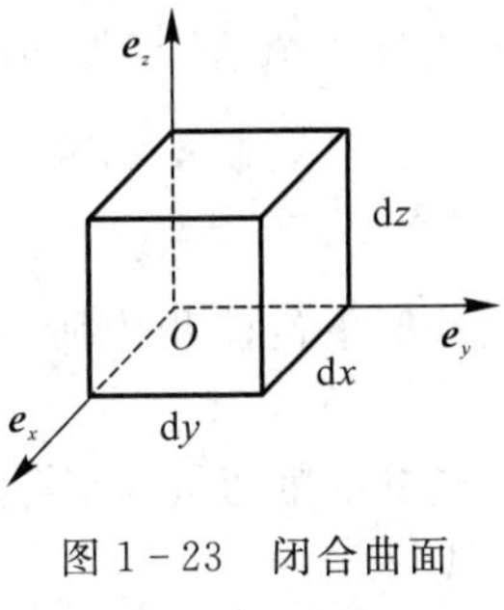

图 1-23　闭合曲面

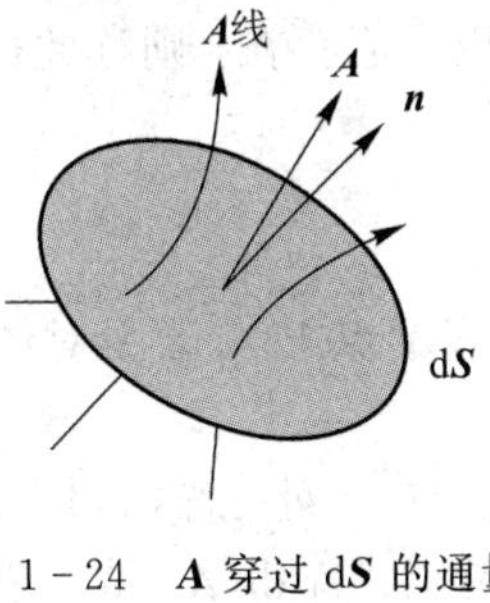

图 1-24　$\boldsymbol{A}$ 穿过 $\mathrm{d}\boldsymbol{S}$ 的通量

将曲面 S 内穿过各面积元的通量 $\mathrm{d}\Phi$ 相加，得到 $\boldsymbol{A}$ 穿过整个曲面 $\boldsymbol{S}$ 的通量，即

$$\Phi=\int_S \boldsymbol{A}\cdot\mathrm{d}\boldsymbol{S}=\int_S A\cos\theta\,\mathrm{d}S \tag{1-87}$$

通量也可看成是穿过曲面 S 的力线总数，力线也叫通量线。$\boldsymbol{A}$ 可称为通量面密度矢量，它的模 A 等于单位面积上垂直穿过的力线总数。

如果 S 是一闭合曲面，穿出闭合曲面 S 的总通量为

$$\Phi=\oint_S \boldsymbol{A}\cdot\mathrm{d}\boldsymbol{S}=\oint_S A\cos\theta\,\mathrm{d}S \tag{1-88}$$

由此可通过矢量场穿入(或穿出)闭合曲面的总通量来判定矢量场是否有源，假设穿出闭合曲面通量为正值，穿入闭合曲面通量为负值，则：

(1) 当 $\Phi>0$ 时，表明穿出闭合曲面 S 的通量多于穿入 S 的通量，说明 S 内必有产生通量的源，称为正源，称为通量源，也叫标量源，如图 1-25(a)所示。

(2) 当 $\Phi<0$ 时，表明穿入闭合曲面 S 的通量多于穿出 S 的通量，说明 S 内有吸收通量的源，称为负源，是负通量源，如图 1-25(b)所示。

(3) 当 $\Phi=0$ 时，表明穿入闭合曲面 S 的通量等于穿出 S 的通量，这时 S 内的正源和负源相等，说明 S 内无净通量源，如图 1-25(c)所示。

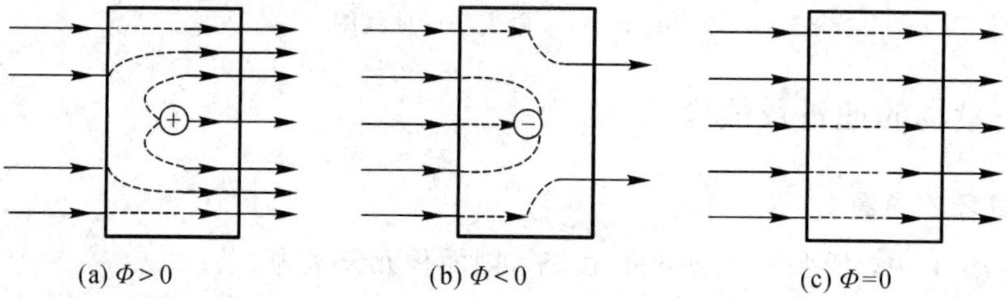

图 1-25 通量源图

2. 矢量场的散度

矢量场穿过闭合曲面的通量只能说明整个曲面(较大范围)组成体积内源的总体分布情况，但不能说明体积内每点的场源分布状况。为了分析矢量场在每点的场源分布情况及场沿空间坐标的变化规律，下面引入散度的概念。

设有一矢量场 $\boldsymbol{A}$，在场 $\boldsymbol{A}$ 中过点 M 有一闭合曲面 S，S 所包围体积为 ΔV，当 ΔV 收缩在点 M 时，取如下极限：

$$\lim_{\Delta V\to 0}\frac{\oint_S \boldsymbol{A}\cdot\mathrm{d}\boldsymbol{S}}{\Delta V} \tag{1-89}$$

若此极限值存在，则称此极限值为矢量场 $\boldsymbol{A}$ 在 M 点处的散度(divergence)，记作 $\mathrm{div}\boldsymbol{A}$，即

$$\mathrm{div}\boldsymbol{A}=\lim_{\Delta V\to 0}\frac{\oint_S \boldsymbol{A}\cdot\mathrm{d}\boldsymbol{S}}{\Delta V} \tag{1-90}$$

$\mathrm{div}\boldsymbol{A}$ 表示点 M 处通量对体积的变化率，单位体积内所穿出的通量，可称为“通量源体密度”。

在点 M 处，若 $\mathrm{div}\boldsymbol{A}>0$，表明该点有产生通量的正源；若 $\mathrm{div}\boldsymbol{A}<0$，表明该点有产生通量的负源；若 $\mathrm{div}\boldsymbol{A}=0$，表明该点无源。

虽然散度的定义与选取的坐标系无关，但在不同的坐标系中散度的计算有不同的表达式。下面推导在三种坐标系中的散度表达式。

1）直角坐标系中的散度表达式

如图 1-26 所示，在直角坐标系中，以点 $M(x, y, z)$ 为顶点作一个平行六面体，三边分别为 Δx，Δy，Δz，六个面分别与三个坐标面平行，组成的立方体看成一体积元，$\Delta V = \Delta x \Delta y \Delta z$。

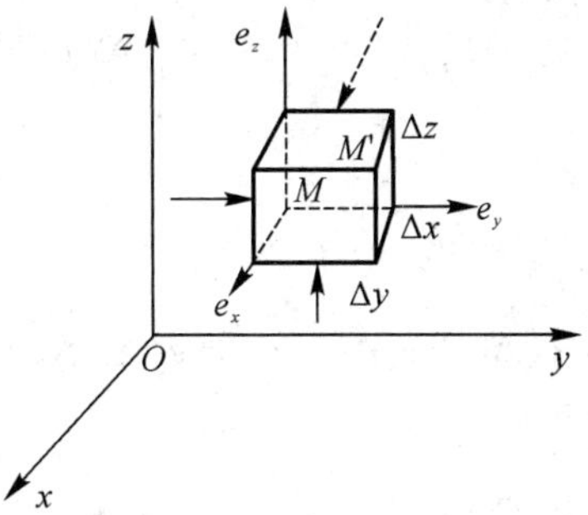

图 1-26　直角坐标系中闭合面

设过点 $M(x, y, z)$（面 $x=x$，$y=y$，$z=z$ 上任一点）处的矢量表示为

$$\boldsymbol{A} = \boldsymbol{e}_x A_x + \boldsymbol{e}_y A_y + \boldsymbol{e}_z A_z$$

过点 M'（面 $x=x+\Delta x$，$y=y+\Delta y$，$z=z+\Delta z$ 上任一点）处的矢量表示为

$$\boldsymbol{A} = \boldsymbol{e}_x\left(A_x + \frac{\partial A_x}{\partial x}\Delta x\right) + \boldsymbol{e}_y\left(A_y + \frac{\partial A_y}{\partial y}\Delta y\right) + \boldsymbol{e}_z\left(A_z + \frac{\partial A_z}{\partial z}\Delta z\right)$$

式中：

$\dfrac{\partial A_x}{\partial x}\Delta x$ 表示点 $M(x, y, z)$ 的矢量 $\boldsymbol{A}$ 的分量 A_x 在经过 Δx 后的变化量；

$\dfrac{\partial A_y}{\partial y}\Delta y$ 表示点 $M(x, y, z)$ 的矢量 $\boldsymbol{A}$ 的分量 A_y 在经过 Δy 后的变化量；

$\dfrac{\partial A_z}{\partial z}\Delta z$ 表示点 $M(x, y, z)$ 的矢量 $\boldsymbol{A}$ 的分量 A_z 在经过 Δz 后的变化量；

则有：

当 $\Delta x \to 0$ 时，在面 $x+\Delta x$ 的矢量 $\boldsymbol{A}$ 的 $\boldsymbol{e}_x$ 方向的分量：$A_x + \dfrac{\partial A_x}{\partial x}\Delta x$；

当 $\Delta y \to 0$ 时，在面 $y+\Delta y$ 的矢量 $\boldsymbol{A}$ 的 $\boldsymbol{e}_y$ 方向的分量：$A_y + \dfrac{\partial A_y}{\partial y}\Delta y$；

当 $\Delta z \to 0$ 时，在面 $z+\Delta z$ 的矢量 $\boldsymbol{A}$ 的 $\boldsymbol{e}_z$ 方向的分量：$A_z + \dfrac{\partial A_z}{\partial z}\Delta z$。

现分别计算从六个表面穿出的 $\boldsymbol{A}$ 的净通量。

从 $\boldsymbol{e}_x$ 方向面积元穿出的通量：

$$\begin{aligned}\Phi_x &= \boldsymbol{A} \cdot \mathrm{d}\boldsymbol{S}_x = \left[\boldsymbol{e}_x\left(A_x + \frac{\partial A_x}{\partial x}\Delta x\right) + \boldsymbol{e}_y\left(A_y + \frac{\partial A_y}{\partial y}\Delta y\right) + \boldsymbol{e}_z\left(A_z + \frac{\partial A_z}{\partial z}\Delta z\right)\right] \cdot (\boldsymbol{e}_x \Delta y \Delta z) \\ &= \left(A_x + \frac{\partial A_x}{\partial x}\Delta x\right)\Delta y \Delta z\end{aligned}$$

从 $-\boldsymbol{e}_x$ 方向面积元穿出的通量：

$$\Phi_{-x}=\boldsymbol{A}\cdot \mathrm{d}\boldsymbol{S}_{-x}=(\boldsymbol{e}_xA_x+\boldsymbol{e}_yA_y+\boldsymbol{e}_zA_z)\cdot(-\boldsymbol{e}_x\Delta y\Delta z)=-A_x\Delta y\Delta z$$

从以上两个面积元穿出的通量和：

$$\Phi_x+\Phi_{-x}=\left(A_x+\frac{\partial A_x}{\partial x}\Delta x\right)\Delta y\Delta z-A_x\Delta y\Delta z=\frac{\partial A_x}{\partial x}\Delta x\Delta y\Delta z$$

从 $\boldsymbol{e}_y$ 方向面积元穿出的通量：

$$\begin{aligned}\Phi_y&=\boldsymbol{A}\cdot \mathrm{d}\boldsymbol{S}_y=\left[\boldsymbol{e}_x\left(A_x+\frac{\partial A_x}{\partial x}\Delta x\right)+\boldsymbol{e}_y\left(A_y+\frac{\partial A_y}{\partial y}\Delta y\right)+\boldsymbol{e}_z\left(A_z+\frac{\partial A_z}{\partial z}\Delta z\right)\right]\cdot(\boldsymbol{e}_y\Delta x\Delta z)\\&=\left(A_y+\frac{\partial A_y}{\partial y}\Delta y\right)\Delta x\Delta z\end{aligned}$$

从 $-\boldsymbol{e}_y$ 方向面积元穿出的通量：

$$\Phi_{-y}=\boldsymbol{A}\cdot \mathrm{d}\boldsymbol{S}_{-y}=(\boldsymbol{e}_xA_x+\boldsymbol{e}_yA_y+\boldsymbol{e}_zA_z)\cdot(-\boldsymbol{e}_y\Delta x\Delta z)=-A_y\Delta x\Delta z$$

从以上两个面积元穿出的通量和：

$$\Phi_y+\Phi_{-y}=\left(A_y+\frac{\partial A_y}{\partial y}\Delta y\right)\Delta x\Delta z+-A_y\Delta x\Delta z=\frac{\partial A_y}{\partial y}\Delta x\Delta y\Delta z$$

从 $\boldsymbol{e}_z$ 方向面积元穿出的通量：

$$\begin{aligned}\Phi_z&=\boldsymbol{A}\cdot \mathrm{d}\boldsymbol{S}_z=\left[\boldsymbol{e}_x\left(A_x+\frac{\partial A_x}{\partial x}\Delta x\right)+\boldsymbol{e}_y\left(A_y+\frac{\partial A_y}{\partial y}\Delta y\right)+\boldsymbol{e}_z\left(A_z+\frac{\partial A_z}{\partial z}\Delta z\right)\right]\cdot(\boldsymbol{e}_z\Delta x\Delta y)\\&=\left(A_z+\frac{\partial A_z}{\partial z}\Delta z\right)\Delta x\Delta y\end{aligned}$$

从 $-\boldsymbol{e}_z$ 方向面积元穿出的通量：

$$\Phi_{-z}=\boldsymbol{A}\cdot \mathrm{d}\boldsymbol{S}_{-z}=(\boldsymbol{e}_xA_x+\boldsymbol{e}_yA_y+\boldsymbol{e}_zA_z)\cdot(-\boldsymbol{e}_z\Delta x\Delta y)=-A_z\Delta x\Delta y$$

从以上两个面积元穿出的通量和：

$$\Phi_z+\Phi_{-z}=\left(A_z+\frac{\partial A_z}{\partial z}\Delta z\right)\Delta x\Delta y-A_z\Delta x\Delta y=\frac{\partial A_z}{\partial z}\Delta x\Delta y\Delta z$$

因此，矢量 $\boldsymbol{A}$ 从闭合面 S 穿出的总通量为

$$\begin{aligned}\Phi&=\oint_S\boldsymbol{A}\cdot \mathrm{d}\boldsymbol{S}=\Delta\Phi_x+\Delta\Phi_{-x}+\Delta\Phi_y+\Delta\Phi_{-y}+\Delta\Phi_z+\Delta\Phi_{-z}\\&=\frac{\partial A_x}{\partial x}\Delta x\Delta y\Delta z+\frac{\partial A_y}{\partial y}\Delta x\Delta y\Delta z+\frac{\partial A_z}{\partial z}\Delta x\Delta y\Delta z\\&=\left(\frac{\partial A_x}{\partial x}+\frac{\partial A_y}{\partial y}+\frac{\partial A_z}{\partial z}\right)\Delta x\Delta y\Delta z\end{aligned}$$

令 $\Delta V=\Delta x\Delta y\Delta z\to 0$，则

$$\lim_{\Delta V\to 0}\frac{\oint_S\boldsymbol{A}\cdot \mathrm{d}\boldsymbol{S}}{\Delta V}=\frac{\partial A_x}{\partial x}+\frac{\partial A_y}{\partial y}+\frac{\partial A_z}{\partial z}$$

即 $\boldsymbol{A}$ 的散度表达式为

$$\mathrm{div}\boldsymbol{A}=\lim_{\Delta V\to 0}\frac{\oint_S\boldsymbol{A}\cdot \mathrm{d}\boldsymbol{S}}{\Delta V}=\frac{\partial A_x}{\partial x}+\frac{\partial A_y}{\partial y}+\frac{\partial A_z}{\partial z}\tag{1-91}$$

由式(1-91)可知，一个矢量函数的散度是一个标量函数。

在直角坐标系中，场中任一点的矢量场 $\boldsymbol{A}$ 的散度等于 $\boldsymbol{A}$ 在 x，y，z 方向分量 A_x，A_y，A_z 分别对 x，y，z 的偏导数之和。式(1-91)可写成

$$\mathrm{div}\boldsymbol{A}=\left(\boldsymbol{e}_x\frac{\partial}{\partial x}+\boldsymbol{e}_y\frac{\partial}{\partial y}+\boldsymbol{e}_z\frac{\partial}{\partial z}\right)\cdot(\boldsymbol{e}_xA_x+\boldsymbol{e}_yA_y+\boldsymbol{e}_zA_z)=\nabla\cdot\boldsymbol{A}$$

$$\nabla\cdot\boldsymbol{A}=\frac{\partial A_x}{\partial x}+\frac{\partial A_y}{\partial y}+\frac{\partial A_z}{\partial z}\tag{1-92}$$

2) 圆柱坐标系中的散度表达式

在圆柱坐标系中，div$\boldsymbol{A}$ 可用圆柱坐标系中的"∇"算符与 $\boldsymbol{A}$ 矢量的标量积来计算：

$$\begin{aligned}\mathrm{div}\boldsymbol{A}&=\nabla\cdot\boldsymbol{A}=\left(\boldsymbol{e}_\rho\frac{\partial}{\partial\rho}+\boldsymbol{e}_\phi\frac{1}{\rho}\frac{\partial}{\partial\phi}+\boldsymbol{e}_z\frac{\partial}{\partial z}\right)\cdot(\boldsymbol{e}_\rho A_\rho+\boldsymbol{e}_\phi A_\phi+\boldsymbol{e}_zA_z)\\&=\boldsymbol{e}_\rho\cdot\left(\boldsymbol{e}_\rho\frac{\partial A_\rho}{\partial\rho}+\boldsymbol{e}_\phi\frac{\partial A_\phi}{\partial\rho}+\boldsymbol{e}_z\frac{\partial A_z}{\partial\rho}\right)+\boldsymbol{e}_\phi\frac{1}{\rho}\cdot\left(\boldsymbol{e}_\rho\frac{\partial A_\rho}{\partial\phi}+A_\rho\frac{\partial\boldsymbol{e}_\rho}{\partial\phi}+\boldsymbol{e}_\phi\frac{\partial A_\phi}{\partial\phi}+\right.\\&\quad\left.A_\phi\frac{\partial\boldsymbol{e}_\phi}{\partial\phi}+\boldsymbol{e}_z\frac{\partial A_z}{\partial\phi}\right)+\boldsymbol{e}_z\cdot\left(\boldsymbol{e}_\rho\frac{\partial A_\rho}{\partial z}+\boldsymbol{e}_\phi\frac{\partial A_\phi}{\partial z}+\boldsymbol{e}_z\frac{\partial A_z}{\partial z}\right)\\&=\frac{\partial A_\rho}{\partial\rho}+\frac{A_\rho}{\rho}+\frac{1}{\rho}\frac{\partial A_\phi}{\partial\phi}+\frac{\partial A_z}{\partial z}\\&=\frac{1}{\rho}\frac{\partial(\rho A_\rho)}{\partial\rho}+\frac{1}{\rho}\frac{\partial A_\phi}{\partial\phi}+\frac{\partial A_z}{\partial z}\end{aligned}$$

上式中用到：$\boldsymbol{e}_\rho=\boldsymbol{e}_x\cos\phi+\boldsymbol{e}_y\sin\phi$，$\boldsymbol{e}_\phi=-\boldsymbol{e}_x\sin\phi+\boldsymbol{e}_y\cos\phi$，即 $\dfrac{\partial\boldsymbol{e}_\rho}{\partial\phi}=\boldsymbol{e}_\phi$，$\dfrac{\partial\boldsymbol{e}_\phi}{\partial\phi}=-\boldsymbol{e}_\rho$，故

$$\nabla\cdot\boldsymbol{A}=\frac{1}{\rho}\frac{\partial(\rho A_\rho)}{\partial\rho}+\frac{1}{\rho}\frac{\partial A_\phi}{\partial\phi}+\frac{\partial A_z}{\partial z}\tag{1-93}$$

3) 球坐标系中的散度表达式

同圆柱坐标系中的散度表达式方法可得球坐标系中的散度方程：

$$\nabla\cdot\boldsymbol{A}=\frac{1}{r^2}\frac{\partial}{\partial r}(r^2A_r)+\frac{1}{r\sin\theta}\frac{\partial}{\partial\theta}(\sin\theta A_\theta)+\frac{1}{r\sin\theta}\frac{\partial A_\phi}{\partial\phi}\tag{1-94}$$

3. 散度的相关公式

已知矢量 $\boldsymbol{A}$，$\boldsymbol{B}$，$\boldsymbol{C}$，散度的相关公式如下：

(1) $\nabla\cdot\boldsymbol{C}=0$，其中 $\boldsymbol{C}$ 为常矢量。

(2) $\nabla\cdot k\boldsymbol{A}=k\,\nabla\cdot\boldsymbol{A}$，其中 k 为常数。

(3) $\nabla\cdot(\boldsymbol{A}\pm\boldsymbol{B})=\nabla\cdot\boldsymbol{A}\pm\nabla\cdot\boldsymbol{B}$。

(4) $\nabla\cdot(\mu\boldsymbol{A})=\mu\,\nabla\cdot\boldsymbol{A}+\boldsymbol{A}\cdot\nabla\mu$，其中 μ 为标量函数。

1.5.3 高斯散度定理

由散度的定义式可知，空间一矢量场 $\boldsymbol{A}$ 穿过任意闭合曲面 S 的通量，等于该闭合曲面所包含体积中矢量场的散度的体积分，即

$$\int_V\nabla\cdot\boldsymbol{A}\,\mathrm{d}V=\oint_S\boldsymbol{A}\cdot\mathrm{d}\boldsymbol{S}\tag{1-95}$$

式(1-95)称为高斯散度定理，简称散度定理。

下面证明这个定理成立。如图 1-27 所示，设在矢量场 $\boldsymbol{A}$ 中，任取一闭合曲面 S，体积为 V。把体积 V 分成若干个体积元 ΔV_1，ΔV_2，…，ΔV_n，每个体积元分别由闭合曲面 ΔS_1，ΔS_2，…，ΔS_n 构成，对于任意体积元 ΔV_i，对应闭合曲面为 ΔS_i，由散度定义式(1-91)得到：

$$\nabla\cdot\boldsymbol{A}=\lim_{\Delta V_i\to 0}\frac{\oint_{\Delta S_i}\boldsymbol{A}\cdot\mathrm{d}\boldsymbol{S}}{\Delta V_i}$$

故下式成立：

$$\oint_{\Delta S_i}\boldsymbol{A}\cdot\mathrm{d}\boldsymbol{S}=(\nabla\cdot\boldsymbol{A})\Delta V_i\quad(i=1,2,\cdots,n)$$

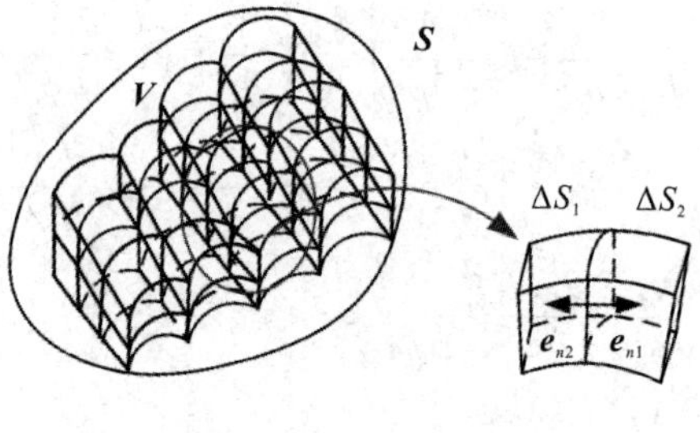

图 1-27　体积剖分图

如图 1-27 左图中部分被放大的图，构成体积元 ΔV_1 的闭合曲面 ΔS_1 和构成体积元 ΔV_2 的闭合曲面 ΔS_2 有一个公共表面，如图 1-27 右图所示。公共表面对于 ΔS_1 而言，法线方向为 $\boldsymbol{e}_{n1}$，对于 ΔS_2 而言，法线方向为 $\boldsymbol{e}_{n2}$，该公共表面上的通量对闭合曲面 ΔS_1 和 ΔS_2 是等值异号的，求和时就互相抵消了。由此可知，穿过体积元 ΔV_i 和 ΔV_j 的通量之和就等于构成它们的外表面上的通量。以此类推，当体积 V 是由 n 个小体积元组成时，穿出体积 V 的通量应等于限定它的闭合面 S 上的通量，即

$$\Phi=\sum_{i=1}^{n}\oint_{\Delta S_i}\boldsymbol{A}\cdot\mathrm{d}\boldsymbol{S}=\oint_S\boldsymbol{A}\cdot\mathrm{d}\boldsymbol{S}$$

在体积 V 上，另有

$$\begin{aligned}\oint_S\boldsymbol{A}\cdot\mathrm{d}\boldsymbol{S}&=(\nabla\cdot\boldsymbol{A})\Delta V_1+(\nabla\cdot\boldsymbol{A})\Delta V_2+\cdots+(\nabla\cdot\boldsymbol{A})\Delta V_n\\&=\sum_{i=1}^{n}(\nabla\cdot\boldsymbol{A})\Delta V_i\end{aligned}$$

故

$$\oint_S\boldsymbol{A}\cdot\mathrm{d}\boldsymbol{S}=\int_V\nabla\cdot\boldsymbol{A}\,\mathrm{d}V$$

由此证明高斯散度定理成立。

例 1-6　已知矢量场 $\boldsymbol{A}=x^2\boldsymbol{e}_x+xy\boldsymbol{e}_y+yz\boldsymbol{e}_z$，以边长为 1 组成一个立方体，其中一个顶点在坐标原点上，如图 1-28 所示，求穿过六面体内的总通量，并验证高斯散度定理成立。

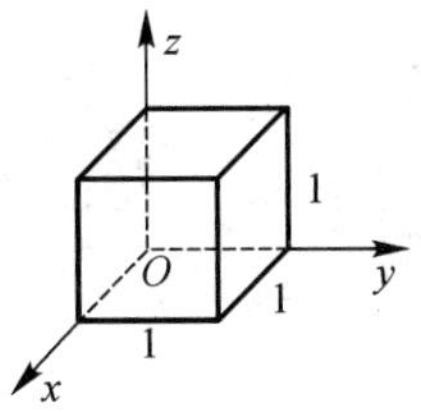

图 1-28 单位长的立方体

解：矢量场 **A** 穿过六面体的总通量为

$$\oint_S \boldsymbol{A}\cdot d\boldsymbol{S}=\int_{S_{前}}\boldsymbol{A}\cdot d\boldsymbol{S}+\int_{S_{后}}\boldsymbol{A}\cdot d\boldsymbol{S}+\int_{S_{左}}\boldsymbol{A}\cdot d\boldsymbol{S}+\int_{S_{右}}\boldsymbol{A}\cdot d\boldsymbol{S}+\int_{S_{上}}\boldsymbol{A}\cdot d\boldsymbol{S}+\int_{S_{下}}\boldsymbol{A}\cdot d\boldsymbol{S}$$

$$=\int_{S_{前}}\boldsymbol{A}\cdot\boldsymbol{e}_x dydz\bigg|_{x=1}+\int_{S_{后}}\boldsymbol{A}\cdot(-\boldsymbol{e}_x dydz)\bigg|_{x=0}+\int_{S_{左}}\boldsymbol{A}\cdot(-\boldsymbol{e}_y dxdz)\bigg|_{y=0}+$$

$$\int_{S_{右}}\boldsymbol{A}\cdot\boldsymbol{e}_y dxdz\bigg|_{y=1}+\int_{S_{上}}\boldsymbol{A}\cdot\boldsymbol{e}_z dxdy\bigg|_{z=1}+\int_{S_{下}}\boldsymbol{A}\cdot(-\boldsymbol{e}_z dxdy)\bigg|_{z=0}$$

$$=\int_0^1\int_0^1 x^2 dydz\bigg|_{x=1}-\int_0^1\int_0^1 x^2 ydydz\bigg|_{x=0}-\int_0^1\int_0^1 xydxdz\bigg|_{y=0}+$$

$$\int_0^1\int_0^1 xydydz\bigg|_{y=1}+\int_0^1\int_0^1 yzdxdy\bigg|_{z=1}-\int_0^1\int_0^1 yzdxdy\bigg|_{z=0}$$

$$=1-0-0+\frac{1}{2}+\frac{1}{2}-0=2$$

矢量场 **A** 的散度为

$$\nabla\cdot\boldsymbol{A}=\frac{\partial}{\partial x}x^2+\frac{\partial}{\partial y}xy+\frac{\partial}{\partial z}yz=2x+x+y=3x+y$$

上式两边体积分：

$$\int_V\nabla\cdot\boldsymbol{A}dV=\int_0^1\int_0^1\int_0^1(3x+y)dxdydz=\int_0^1\int_0^1(3x+y)dxdy\int_0^1 dz$$

$$=\int_0^1 3xdx\int_0^1 dy+\int_0^1 dx\int_0^1 ydy=\frac{3}{2}+\frac{1}{2}=2$$

故 $\oint_S \boldsymbol{A}\cdot d\boldsymbol{S}=\int_V\nabla\cdot\boldsymbol{A}dV$，验证了高斯散度定理成立。

1.6 矢量场的环量、旋度和斯托克斯定理

矢量场的场源有两类，一类是标量场源，另一类是矢量场源。前一节用通量与散度描述了场与标量场源的关系，下面为了分析场与矢量场源的关系，引入环量与旋度的概念。

1.6.1 矢量场的环量

不是所有的矢量场都由通量源激发，存在另一类不同于通量源的矢量场源，它所激发的矢量场的力线是闭合的，它对于任何闭合曲面的通量为零，但在场所定义的空间中闭合路径的积分不为零。例如：如图 1-29 所示流速场。

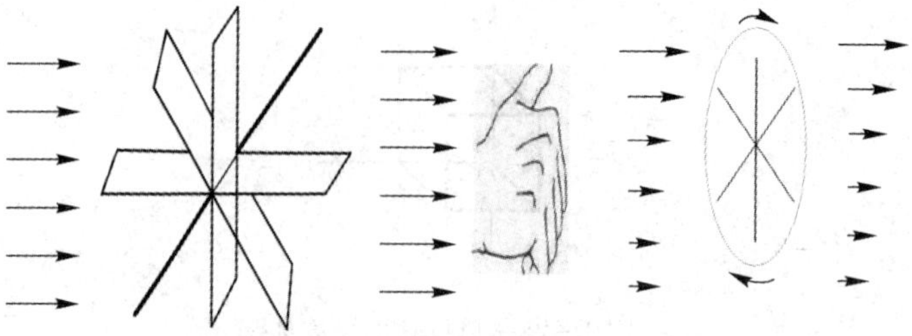

图 1-29 流速场

如图 1-30 所示，设某一矢量场 $\boldsymbol{A}$ 沿任一闭合路径的线积分为

$$\Gamma=\oint_C \boldsymbol{A}\cdot \mathrm{d}\boldsymbol{l}=\oint_C A\cos\theta\,\mathrm{d}l \tag{1-96}$$

定义为该矢量沿此闭合路径的环量，也称环流量或旋涡量。式中，$\mathrm{d}\boldsymbol{l}$ 是该点路径上的切向长度元矢量，θ 为该点处 $\boldsymbol{A}$ 与 $\mathrm{d}\boldsymbol{l}$ 的夹角，Γ 环量是一个代数量，它的大小和正负不仅与矢量场 $\boldsymbol{A}$ 的分布有关，而且与所取的积分环绕方向有关。

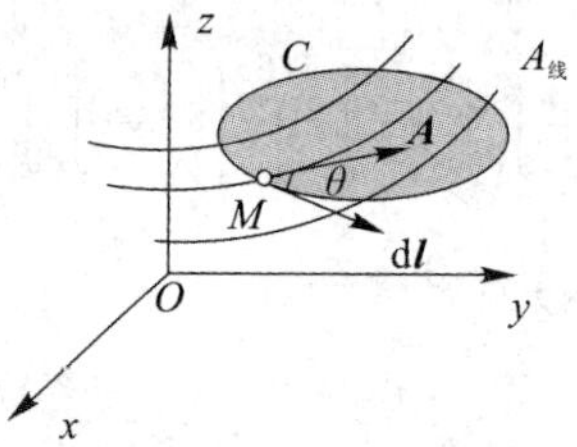

图 1-30 矢量场的环量

环量的物理意义随矢量场性质和路径的不同而不同。例如，若 $\boldsymbol{A}$ 表示磁场，则其环量将是闭合路径包围的电流（若 $\boldsymbol{A}$ 表示静态磁场，其环量将是传导电流；若 $\boldsymbol{A}$ 表示时变磁场，其环量将是位移电流，即时变电场产生的感应电流，如图 1-31 所示）；若 $\boldsymbol{A}$ 表示作用力，则其环量将是作用力沿闭合路径 C 移动一周所做的功；若 $\boldsymbol{A}$ 表示电场，则其环量将是围绕闭合路径的电位。

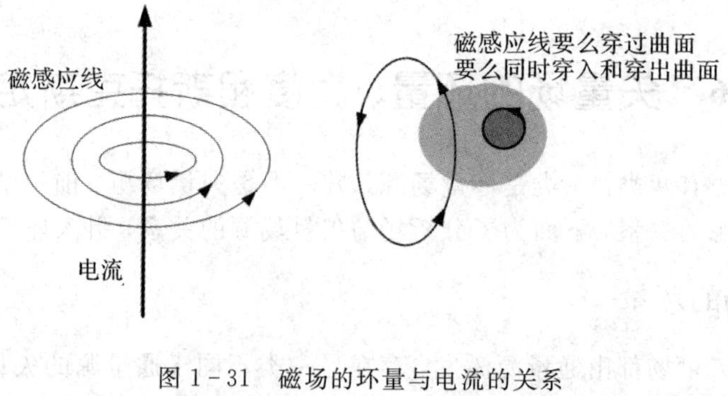

图 1-31 磁场的环量与电流的关系

如果某一矢量场的环量不等于 0，那么必有产生这种场的矢量场源，该场源称为旋涡源；如果某一矢量场的环量恒等于 0，那么这种场不会有旋涡源，该场称为保守场（或无旋场），例如，静电场和重力场就是这种无旋涡源的保守场。因此用式（1-96）求矢量场的环

量，可以判定场的特性。

1.6.2　矢量场的旋度

环量概念解决了矢量场是否有旋涡源问题，但旋涡源如何描述？矢量场 $\boldsymbol{A}$ 在任一点 M 处的环量面密度及性质又是怎样？由此引入旋度的概念。

任取一闭合曲线 C，构成面积元 ΔS，面积元内任取一点 M，此时 C 方向与 ΔS 的法线方向 $\boldsymbol{n}$ 成右手螺旋关系，如图 1-32 所示。将矢量场 $\boldsymbol{A}$ 沿闭合路径 C 线积分，并将 ΔS 无限趋近于 0，此时 $\boldsymbol{n}$ 方向始终不变，求极限：

$$\lim_{\Delta S\to 0}\frac{\oint_C \boldsymbol{A}\cdot \mathrm{d}\boldsymbol{l}}{\Delta S}=\mathrm{rot}_n\boldsymbol{A} \tag{1-97}$$

称式(1-97)为矢量场 $\boldsymbol{A}$ 在 M 点处沿方向 $\boldsymbol{n}$ 的环量面密度(或环量强度)，记为 $\mathrm{rot}_n\boldsymbol{A}$。不难看出，$\mathrm{rot}_n\boldsymbol{A}$ 的大小与选取的闭合曲线 C 构成的面积元 ΔS 的法线方向 $\boldsymbol{n}$ 有关，沿不同方向 $\boldsymbol{n}$ 的环量面密度 $\mathrm{rot}_n\boldsymbol{A}$ 的值一般是不同的。例如，若 $\boldsymbol{A}$ 表示磁场，当某点处的面积元方向与电流方向重合，则 $\boldsymbol{A}$ 的环量面密度有最大值；当该面积元方向与电流方向存在一个夹角，则 $\boldsymbol{A}$ 的环量面密度总是小于最大值；当该面积元方向与电流方向垂直，则 $\boldsymbol{A}$ 的环流面密度等于 0。为此，将矢量场 $\boldsymbol{A}$ 在 M 点处的环量面密度最大值称为矢量场 $\boldsymbol{A}$ 的旋度，记为 $\mathrm{rot}\boldsymbol{A}$，则

$$\mathrm{rot}\boldsymbol{A}=\boldsymbol{e}_n\left(\lim_{\Delta S\to 0}\frac{\oint_C \boldsymbol{A}\cdot \mathrm{d}\boldsymbol{l}}{\Delta S}\right) \tag{1-98}$$

由式(1-98)可知，矢量场 $\boldsymbol{A}$ 的旋度是一个矢量，其大小为矢量 $\boldsymbol{A}$ 在给定点处的最大环量面密度，方向 $\boldsymbol{e}_n$ 为取得环量面密度最大值时的闭合曲线构成面积元 ΔS 的法线单位方向。显然，任一方向 $\boldsymbol{n}$ 上的环量面密度 $\mathrm{rot}_n\boldsymbol{A}$ 是旋度 $\mathrm{rot}\boldsymbol{A}$ 在该方向上的投影，即 $\mathrm{rot}_n\boldsymbol{A}=\mathrm{rot}\boldsymbol{A}\cdot\boldsymbol{e}_n$。例如，在恒定磁场中，磁场强度 $\boldsymbol{H}$ 在 M 点处的旋度就是该点的电流密度 $\boldsymbol{J}$。上述极限与所取面积元的形状无关，如图 1-33 所示。可见矢量场的旋度和散度一样，都可以描述矢量场在空间的变化情况。

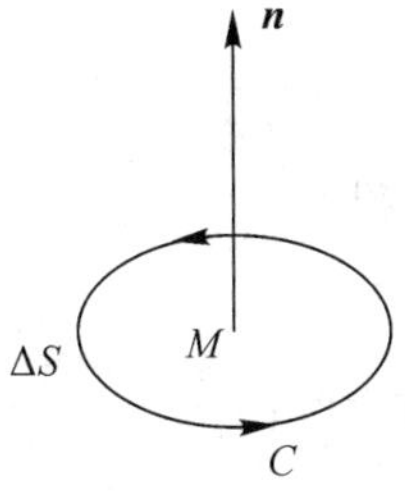

图 1-32　方向关系的规定

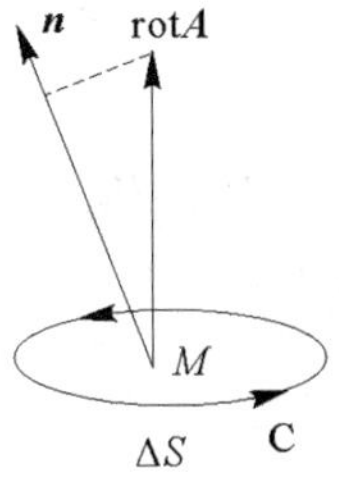

图 1-33　rot**A** 在面积元矢量上投影

1. 旋度表达式

1) 直角坐标系中的旋度表达式

如图 1-34 所示，在 yOz 平面上，以点 M 为顶点，取一矩形面积元 ΔS，方向为 $\boldsymbol{e}_x$，大小为 $\Delta S_x=\Delta y\Delta z$。设有一矢量场 $\boldsymbol{A}$，在 $M(y,z)$ 点处 $\boldsymbol{A}=\boldsymbol{e}_xA_x+\boldsymbol{e}_yA_y+\boldsymbol{e}_zA_z$，则 $\boldsymbol{A}$ 沿回路 1234 的线积分为

$$\oint_C \boldsymbol{A}\cdot \mathrm{d}\boldsymbol{l}=\int_1 \boldsymbol{A}\cdot \boldsymbol{e}_y \mathrm{d}y+\int_2 \boldsymbol{A}\cdot \boldsymbol{e}_z \mathrm{d}z+\int_3 \boldsymbol{A}\cdot(-\boldsymbol{e}_y \mathrm{d}y)+\int_4 \boldsymbol{A}\cdot(-\boldsymbol{e}_z \mathrm{d}z)$$

$$=\int_y^{y+\Delta y}[\boldsymbol{A}]_{\text{在}z\text{处}}\cdot \boldsymbol{e}_y \mathrm{d}y+\int_z^{z+\Delta z}[\boldsymbol{A}]_{\text{在}y+\Delta y\text{处}}\cdot \boldsymbol{e}_y \mathrm{d}y+\int_{y+\Delta y}^{y}[\boldsymbol{A}]_{\text{在}z+\Delta z\text{处}}\cdot \boldsymbol{e}_y \mathrm{d}y+\int_{z+\Delta z}^{z}[\boldsymbol{A}]_{\text{在}y\text{处}}\cdot \boldsymbol{e}_y \mathrm{d}y$$

$$=[A_y\Delta y]_{\text{在}z\text{处}}+[A_z\Delta z]_{\text{在}y+\Delta y\text{处}}-[A_y\Delta y]_{\text{在}z+\Delta z\text{处}}-[A_z\Delta z]_{\text{在}y\text{处}}$$

$$=\{[A_z\Delta z]_{\text{在}y+\Delta y\text{处}}-[A_z\Delta z]_{\text{在}y\text{处}}\}-\{[A_y\Delta y]_{\text{在}z+\Delta z\text{处}}-[A_y\Delta y]_{\text{在}z\text{处}}\}$$

$$=\left(\frac{\partial A_z}{\partial y}-\frac{\partial A_y}{\partial z}\right)\Delta y\Delta z$$

于是可得 rot$\boldsymbol{A}$ 在 ΔS_x 上的投影，即 rot$\boldsymbol{A}$ 在 $\boldsymbol{e}_x$ 方向上的投影$\mathrm{rot}_x A$ 为

$$\mathrm{rot}_x A=\lim_{\Delta S_x\to 0}\frac{\oint_C \boldsymbol{A}\cdot \mathrm{d}\boldsymbol{l}}{\Delta S_x}=\frac{\partial A_z}{\partial y}-\frac{\partial A_y}{\partial z}\tag{1-99}$$

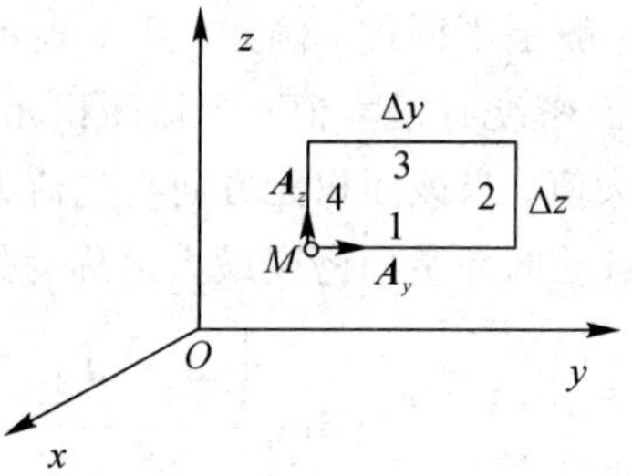

图 1-34　在直角坐标系中求 rot$\boldsymbol{A}$

推导类似，rot$\boldsymbol{A}$ 在 $\boldsymbol{e}_y$ 方向上的投影$\mathrm{rot}_y A$ 为

$$\mathrm{rot}_y A=\lim_{\Delta S_y\to 0}\frac{\oint_C \boldsymbol{A}\cdot \mathrm{d}\boldsymbol{l}}{\Delta S_y}=\frac{\partial A_x}{\partial z}-\frac{\partial A_z}{\partial x}\tag{1-100}$$

rot$\boldsymbol{A}$ 在 $\boldsymbol{e}_z$ 方向上的投影$\mathrm{rot}_z A$ 为

$$\mathrm{rot}_z A=\lim_{\Delta S_z\to 0}\frac{\oint_C \boldsymbol{A}\cdot \mathrm{d}\boldsymbol{l}}{\Delta S_z}=\frac{\partial A_y}{\partial x}-\frac{\partial A_x}{\partial y}\tag{1-101}$$

将式(1-99)、式(1-100)和式(1-101)代入式(1-98)得

$$\begin{aligned}\mathrm{rot}\boldsymbol{A}&=\boldsymbol{e}_x\mathrm{rot}_x A+\boldsymbol{e}_y\mathrm{rot}_y A+\boldsymbol{e}_z\mathrm{rot}_z A\\&=\boldsymbol{e}_x\left(\frac{\partial A_z}{\partial y}-\frac{\partial A_y}{\partial z}\right)+\boldsymbol{e}_y\left(\frac{\partial A_x}{\partial z}-\frac{\partial A_z}{\partial x}\right)+\boldsymbol{e}_z\left(\frac{\partial A_y}{\partial x}-\frac{\partial A_x}{\partial y}\right)\\&=\left(\boldsymbol{e}_x\frac{\partial}{\partial x}+\boldsymbol{e}_y\frac{\partial}{\partial y}+\boldsymbol{e}_z\frac{\partial}{\partial z}\right)\times(\boldsymbol{e}_x A_x+\boldsymbol{e}_y A_y+\boldsymbol{e}_z A_z)\\&=\nabla\times\boldsymbol{A}\end{aligned}\tag{1-102}$$

式(1-102)也可写成矩阵形式：

$$\nabla\times\boldsymbol{A}=\begin{vmatrix}\boldsymbol{e}_x & \boldsymbol{e}_y & \boldsymbol{e}_z\\ \dfrac{\partial}{\partial x} & \dfrac{\partial}{\partial y} & \dfrac{\partial}{\partial z}\\ A_x & A_y & A_z\end{vmatrix}\tag{1-103}$$

式中"∇"也是一阶矢量微分算子，用∇表示旋度与散度不一样，旋度是矢量积，散度是标量积，且∇表示不一样，注意单位矢量对坐标变量的微分。不同坐标系中矢量场 **A** 的旋度也用∇×**A** 表示不一样。

2）圆柱坐标系中的旋度表达式

$$\nabla\times\boldsymbol{A}=\boldsymbol{e}_\rho\frac{1}{\rho}\left[\frac{\partial A_z}{\partial\phi}-\frac{\partial(\rho A_\phi)}{\partial z}\right]+\boldsymbol{e}_\phi\left(\frac{\partial A_\rho}{\partial z}-\frac{\partial A_z}{\partial\rho}\right)+\boldsymbol{e}_z\frac{1}{\rho}\left[\frac{\partial}{\partial\rho}(\rho A_\phi)-\frac{\partial A_\rho}{\partial\phi}\right] \tag{1-104}$$

$$\nabla\times\boldsymbol{A}=\begin{vmatrix}\dfrac{\boldsymbol{e}_\rho}{\rho} & \boldsymbol{e}_\phi & \dfrac{\boldsymbol{e}_z}{\rho}\\ \dfrac{\partial}{\partial\rho} & \dfrac{\partial}{\partial\phi} & \dfrac{\partial}{\partial z}\\ A_\rho & \rho A_\phi & A_z\end{vmatrix} \tag{1-105}$$

3）球坐标系中的旋度表达式

$$\nabla\times\boldsymbol{A}=\boldsymbol{e}_r\frac{1}{r\sin\theta}\left[\frac{\partial}{\partial\theta}(A_\phi\sin\theta)-\frac{\partial A_\theta}{\partial\phi}\right]+\boldsymbol{e}_\theta\frac{1}{r}\left[\frac{1}{\sin\theta}\frac{\partial A_r}{\partial\phi}-\frac{\partial}{\partial r}(rA_\phi)\right]+$$
$$\boldsymbol{e}_\phi\frac{1}{r}\left[\frac{\partial}{\partial r}(rA_\theta)-\frac{\partial A_r}{\partial\theta}\right] \tag{1-106}$$

$$\nabla\times\boldsymbol{A}=\begin{vmatrix}\dfrac{\boldsymbol{e}_r}{r^2\sin\theta} & \dfrac{\boldsymbol{e}_\theta}{r\sin\theta} & \dfrac{\boldsymbol{e}_\phi}{r}\\ \dfrac{\partial}{\partial r} & \dfrac{\partial}{\partial\theta} & \dfrac{\partial}{\partial\phi}\\ A_r & rA_\theta & r\sin\theta A_\phi\end{vmatrix} \tag{1-107}$$

2. 旋度性质

（1）一个矢量的旋度的散度恒等于 0，即

$$\nabla\cdot\nabla\times\boldsymbol{A}=0 \tag{1-108}$$

下面在直角坐标系中证明式(1－108)成立。

$$\mathrm{div}(\mathrm{rot}\boldsymbol{A})=\nabla\cdot\nabla\times\boldsymbol{A}=\left(\boldsymbol{e}_x\frac{\partial}{\partial x}+\boldsymbol{e}_y\frac{\partial}{\partial y}+\boldsymbol{e}_z\frac{\partial}{\partial z}\right)\cdot\left[\boldsymbol{e}_x\left(\frac{\partial A_z}{\partial y}-\frac{\partial A_y}{\partial z}\right)+\boldsymbol{e}_y\left(\frac{\partial A_x}{\partial z}-\frac{\partial A_z}{\partial x}\right)+\right.$$
$$\left.\boldsymbol{e}_z\left(\frac{\partial A_y}{\partial x}-\frac{\partial A_x}{\partial y}\right)\right]$$
$$=\frac{\partial}{\partial x}\left(\frac{\partial A_z}{\partial y}-\frac{\partial A_y}{\partial z}\right)+\frac{\partial}{\partial y}\left(\frac{\partial A_x}{\partial z}-\frac{\partial A_z}{\partial x}\right)+\frac{\partial}{\partial z}\left(\frac{\partial A_y}{\partial x}-\frac{\partial A_x}{\partial y}\right)=0$$

旋度和散度的定义都与坐标系无关，故式(1－108)成立。

（2）若∇·**B**＝0，可将 **B** 表示为矢量 **A** 的旋度，则

$$\boldsymbol{B}=\nabla\times\boldsymbol{A} \tag{1-109}$$

$$\nabla\cdot\boldsymbol{B}=\nabla\cdot\nabla\times\boldsymbol{A}=0 \tag{1-110}$$

（3）一个标量函数梯度的旋度恒为 0，即

$$\nabla\times\nabla u=0 \tag{1-111}$$

下面在直角坐标系中证明式(1－111)成立。

对∇u 求旋度得

$$\begin{aligned}\mathrm{rot}(\mathrm{grad}u)&=\nabla\times\nabla u\\&=\left(\boldsymbol{e}_x\frac{\partial}{\partial x}+\boldsymbol{e}_y\frac{\partial}{\partial y}+\boldsymbol{e}_z\frac{\partial}{\partial z}\right)\times\left(\boldsymbol{e}_x\frac{\partial u}{\partial x}+\boldsymbol{e}_y\frac{\partial u}{\partial y}+\boldsymbol{e}_z\frac{\partial u}{\partial z}\right)\\&=\boldsymbol{e}_z\frac{\partial}{\partial x}\frac{\partial u}{\partial y}-\boldsymbol{e}_y\frac{\partial}{\partial x}\frac{\partial u}{\partial z}-\boldsymbol{e}_z\frac{\partial}{\partial y}\frac{\partial u}{\partial x}+\boldsymbol{e}_x\frac{\partial}{\partial y}\frac{\partial u}{\partial z}+\boldsymbol{e}_y\frac{\partial}{\partial z}\frac{\partial u}{\partial x}-\boldsymbol{e}_x\frac{\partial}{\partial z}\frac{\partial u}{\partial y}\\&=\boldsymbol{e}_x\left(\frac{\partial}{\partial y}\frac{\partial u}{\partial z}-\frac{\partial}{\partial z}\frac{\partial u}{\partial y}\right)+\boldsymbol{e}_y\left(\frac{\partial}{\partial z}\frac{\partial u}{\partial x}-\frac{\partial}{\partial x}\frac{\partial u}{\partial z}\right)+\boldsymbol{e}_z\left(\frac{\partial}{\partial x}\frac{\partial u}{\partial y}-\frac{\partial}{\partial y}\frac{\partial u}{\partial x}\right)\\&=0\end{aligned}$$

因此，对于旋度为 0 的矢量场，可把该矢量表示为某一标量函数的梯度。例如，在静电场中，根据$\nabla\times\boldsymbol{E}=0$ 及$\nabla\times\nabla u=0$，可引入 $\boldsymbol{E}=-\nabla\varphi$ 的标量电位函数 φ 来描述静电场的分布。

例 1-7　如图 1-35 所示，C 由抛物线 $y^2=x$ 上点 $O(0,0)$ 和点 $D(2,\sqrt{2})$ 组成的一段曲线和平行 x，y 轴两段直线段组成，试求 $\boldsymbol{A}=\boldsymbol{e}_x x^2+\boldsymbol{e}_y y^2+\boldsymbol{e}_z z^2$ 沿 xOy 平面上闭合路径 C 的线积分和 $\boldsymbol{A}$ 的旋度。

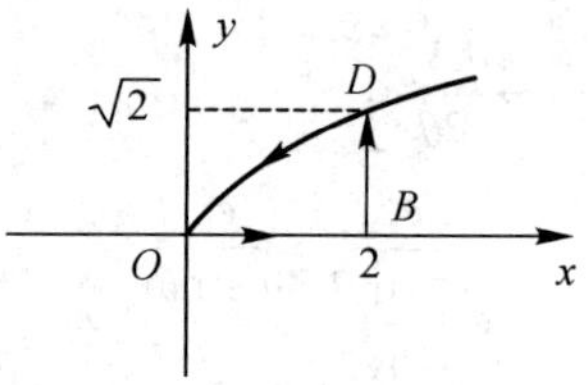

图 1-35　计算$\oint_C \boldsymbol{A}\cdot \mathrm{d}\boldsymbol{l}$ 的闭合路径

解: 闭合回路 C 在 xOy 平面上，曲面方向是 $\boldsymbol{e}_z$，故 $\mathrm{d}z=0$。

$$\boldsymbol{A}\cdot\mathrm{d}\boldsymbol{l}=(\boldsymbol{e}_x x^2+\boldsymbol{e}_y y^2+\boldsymbol{e}_z z^2)\cdot(\boldsymbol{e}_x\mathrm{d}x+\boldsymbol{e}_y\mathrm{d}y)=x^2\mathrm{d}x+y^2\mathrm{d}y$$

$$\oint_C\boldsymbol{A}\cdot\mathrm{d}\boldsymbol{l}=\int_O^B(x^2\mathrm{d}x+y^2\mathrm{d}y)+\int_B^D(x^2\mathrm{d}x+y^2\mathrm{d}y)+\int_D^O(x^2\mathrm{d}x+y^2\mathrm{d}y)$$

路径 $O\to B$ 上，$y=0$，$\mathrm{d}y=0$；

路径 $B\to D$ 上，$x=2$，$\mathrm{d}x=0$，y 由 $0\to\sqrt{2}$；

路径 $D\to O$ 上，x 由 $2\to 0$，y 由$\sqrt{2}\to 0$；

故

$$\begin{aligned}\oint_C\boldsymbol{A}\cdot\mathrm{d}\boldsymbol{l}&=\int_0^2 x^2\mathrm{d}x+\int_0^{\sqrt{2}}y^2\mathrm{d}y+\int_2^0 x^2\mathrm{d}x+\int_{\sqrt{2}}^0 y^2\mathrm{d}y\\&=\frac{x^3}{3}\Big|_0^2+\frac{y^3}{3}\Big|_0^{\sqrt{2}}+\frac{x^3}{3}\Big|_2^0+\frac{y^3}{3}\Big|_{\sqrt{2}}^0=0\end{aligned}$$

$\boldsymbol{A}$ 的旋度为

$$\nabla\times\boldsymbol{A}=\begin{vmatrix}\boldsymbol{e}_x&\boldsymbol{e}_y&\boldsymbol{e}_z\\\frac{\partial}{\partial x}&\frac{\partial}{\partial y}&\frac{\partial}{\partial z}\\x^2&y^2&z^2\end{vmatrix}=\boldsymbol{e}_x\left(\frac{\partial z^2}{\partial y}-\frac{\partial y^2}{\partial z}\right)+\boldsymbol{e}_y\left(\frac{\partial x^2}{\partial z}-\frac{\partial z^2}{\partial x}\right)+\boldsymbol{e}_z\left(\frac{\partial y^2}{\partial x}-\frac{\partial x^2}{\partial y}\right)=0$$

3. 矢量场的旋度和散度的意义

由旋度和散度概念可知，矢量场的旋度是一个矢量函数，矢量场的散度是一个标量函数。旋度表示场中各点的场与旋涡源的关系，散度表示场中各点的场与通量源的关系。

矢量场所在的空间中，若场的旋度处处等于零，则称这种场为无旋场，但该场的散度必然不为零，例如静电场；矢量场所在的空间中，若场的散度处处为零，则称这种场为无散场，但该场的旋度必然不为零，例如磁场。

总之矢量场的场源有两种，一种是通量源，另一种是旋涡源。矢量场的两种场源可能同时存在，也可能只存在一种场源。只要矢量场存在，场源必然存在，反之亦然。因此在一定区域内，一个矢量场可由它的散度和旋度及边界条件唯一确定，那么在研究矢量场的特性时，可从求散度和求旋度两方面入手，也可以从求矢量场的通量和环量入手，建立矢量场的微分方程或积分方程，这就是矢量场数学建模过程。

1.6.3 斯托克斯定理

矢量场中有

$$\oint_C \boldsymbol{A} \cdot \mathrm{d}\boldsymbol{l} = \int_S \mathrm{rot}\boldsymbol{A} \cdot \mathrm{d}\boldsymbol{S} \tag{1-112}$$

式(1-112)称为斯托克斯定理。其中 S 是闭合回路 C 所围成的面积。下面证明式(1-112)成立。

在矢量场 $\boldsymbol{A}$ 中，任取一个开曲面 S，它的闭合曲线为 C，把 S 分成若干面积元，也就产生若干小回路，这里规定小回路与大回路 C 的方向一致，如图 1-36 所示。矢量场 $\boldsymbol{A}$ 分别对小闭环求环量，并将所有环量求和，可以看出，相邻小回路在公共边上的那部分积分互相抵消，因此沿所有小回路积分的总和等于大回路 C 的积分。

$$\oint_C \boldsymbol{A} \cdot \mathrm{d}\boldsymbol{l} = \oint_{C_1} \boldsymbol{A} \cdot \mathrm{d}\boldsymbol{l} + \oint_{C_2} \boldsymbol{A} \cdot \mathrm{d}\boldsymbol{l} + \cdots + \oint_{C_N} \boldsymbol{A} \cdot \mathrm{d}\boldsymbol{l}$$

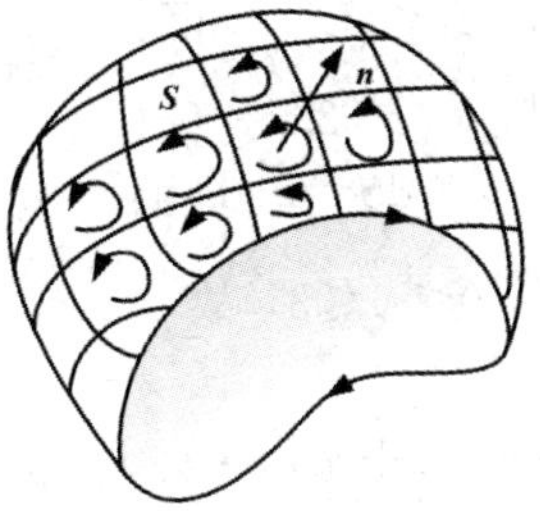

图 1-36　曲面 S 剖分图

对于每一个小回路的积分由式(1-98)得

$$\oint_{C_1} \boldsymbol{A} \cdot \mathrm{d}\boldsymbol{l} = \mathrm{rot}_n \boldsymbol{A} \mathrm{d}\boldsymbol{S}_1 = \mathrm{rot}\boldsymbol{A} \cdot \boldsymbol{A} \mathrm{d}\boldsymbol{S}_1$$

$$\oint_{C_2} \boldsymbol{A} \cdot \mathrm{d}\boldsymbol{l} = \mathrm{rot}_n \boldsymbol{A} \mathrm{d}\boldsymbol{S}_2 = \mathrm{rot}\boldsymbol{A} \cdot \boldsymbol{A} \mathrm{d}\boldsymbol{S}_2$$

$$\vdots$$

$$\oint_{C_N} \boldsymbol{A} \cdot \mathrm{d}\boldsymbol{l} = \mathrm{rot}_n \boldsymbol{A} \mathrm{d}\boldsymbol{S}_N = \mathrm{rot}\boldsymbol{A} \cdot \mathrm{d}\boldsymbol{S}_N$$

$$\oint_C \boldsymbol{A}\cdot \mathrm{d}\boldsymbol{l}=\mathrm{rot}\boldsymbol{A}\cdot \mathrm{d}\boldsymbol{S}_1+\mathrm{rot}\boldsymbol{A}\cdot \mathrm{d}\boldsymbol{S}_2+\cdots+\mathrm{rot}\boldsymbol{A}\cdot \mathrm{d}\boldsymbol{S}_N=\int_S \mathrm{rot}\boldsymbol{A}\cdot \mathrm{d}\boldsymbol{S}$$

故 $\oint_C \boldsymbol{A}\cdot \mathrm{d}\boldsymbol{l}=\int_S \mathrm{rot}\boldsymbol{A}\cdot \mathrm{d}\boldsymbol{S}$，验证了斯托克斯定理成立。

例 1-8 已知 $\boldsymbol{F}=\boldsymbol{e}_x xy-\boldsymbol{e}_y 2x$，计算如图 1-37 所示的第一象限半径为 3 的 $\frac{1}{4}$ 圆的线积分，并验证斯托克斯定理。

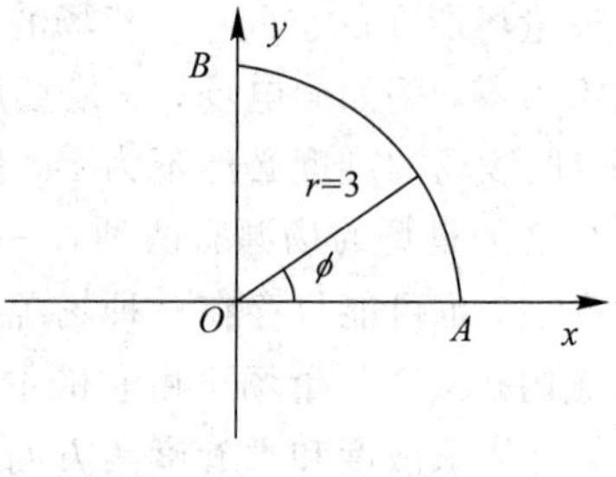

图 1-37 $\frac{1}{4}$圆的线积分

解： 在直角坐标系中，由于 $\boldsymbol{F}$ 在 xOy 平面上，故 $\mathrm{d}z=0$。

$$\boldsymbol{F}\cdot \mathrm{d}\boldsymbol{l}=xy\mathrm{d}x-2x\mathrm{d}y$$

$\frac{1}{4}$圆的方程为

$$x^2+y^2=9 \quad (0\leqslant x\leqslant 3,\ 0\leqslant y\leqslant 3)$$

$$\oint_C \boldsymbol{F}\cdot \mathrm{d}\boldsymbol{l}=\int_O^A \boldsymbol{F}\cdot \mathrm{d}\boldsymbol{l}+\int_A^B \boldsymbol{F}\cdot \mathrm{d}\boldsymbol{l}+\int_B^O \boldsymbol{F}\cdot \mathrm{d}\boldsymbol{l}$$

在 $O\to A$ 路径上有 $y=0$，在 $B\to O$ 路径上有 $x=0$，即 $\boldsymbol{F}\cdot \mathrm{d}\boldsymbol{l}$ 在这两部分线积分中均为 0，所以有

$$\begin{aligned}\oint_C \boldsymbol{F}\cdot \mathrm{d}\boldsymbol{l}&=\int_A^B \boldsymbol{F}\cdot \mathrm{d}\boldsymbol{l}=\int_A^B (xy\mathrm{d}x-2x\mathrm{d}y)=\int_3^0 x\sqrt{9-x^2}\,\mathrm{d}x-2\int_0^3 \sqrt{9-y^2}\,\mathrm{d}y\\&=\left[-\frac{1}{3}(9-x^2)^{\frac{3}{2}}\right]\Big|_3^0-\left(y\sqrt{9-y^2}+9\arcsin\frac{y}{3}\right)\Big|_0^3=-9\left(1+\frac{\pi}{2}\right)\end{aligned}$$

用公式 $\int_S(\nabla\times\boldsymbol{F})\cdot \mathrm{d}\boldsymbol{S}$ 计算 $\nabla\times\boldsymbol{F}$ 的面积分，由于

$$\nabla\times\boldsymbol{F}=\begin{vmatrix}\boldsymbol{e}_x & \boldsymbol{e}_y & \boldsymbol{e}_z\\ \dfrac{\partial}{\partial x} & \dfrac{\partial}{\partial y} & \dfrac{\partial}{\partial z}\\ xy & -2x & 0\end{vmatrix}=-(2+x)\boldsymbol{e}_z$$

$$\mathrm{d}\boldsymbol{S}=\boldsymbol{e}_z\mathrm{d}x\mathrm{d}y$$

S 为$\frac{1}{4}$圆面积，即 $0\leqslant x\leqslant\sqrt{9-y^2}$，$0\leqslant y\leqslant 3$，故

$$\begin{aligned}\int_S(\nabla\times\boldsymbol{F})\cdot \mathrm{d}\boldsymbol{S}&=\int_0^3\int_0^{\sqrt{9-y^2}}[-\boldsymbol{e}_z(2+x)]\cdot\boldsymbol{e}_z\mathrm{d}x\mathrm{d}y=\int_0^3\int_0^{\sqrt{9-y^2}}[-(2+x)\mathrm{d}x]\mathrm{d}y\\&=-\left(y\sqrt{9-y^2}+9\arcsin\frac{y}{3}+\frac{9}{2}y-\frac{y^3}{6}\right)\Big|_0^3=-9\left(1+\frac{\pi}{2}\right)\end{aligned}$$

因此

$$\oint_C \boldsymbol{F}\cdot \mathrm{d}\boldsymbol{l}=\int_S(\nabla\times\boldsymbol{F})\cdot \mathrm{d}\boldsymbol{S}=-9\left(1+\frac{\pi}{2}\right)$$

由此验证了斯托克斯定理成立。

1.7 方向导数、梯度、旋度、散度的比较

(1) 已知标量函数 u、方向 $\boldsymbol{l}$ 和矢量函数 $\boldsymbol{A}$，则对应的 u 的方向导数、u 的梯度、$\boldsymbol{A}$ 的

旋度、$\boldsymbol{A}$ 的散度见表1-4。

表1-4 方向导数、梯度、旋度、散度的比较

场量 \ 微分	$\frac{\partial u}{\partial l}$	∇u	$\nabla \cdot \boldsymbol{A}$	$\nabla \times \boldsymbol{A}$
标量函数 u	实数	矢量函数	—	—
矢量函数 $\boldsymbol{A}$	—	—	标量函数	矢量函数

(2) 标量函数的梯度是用来描述空间任意点场的最大变化率和方向；矢量函数的散度是用来描述空间任意点，矢量场与产生该场的通量源关系；矢量函数的旋度是用来描述空间任意点处，矢量场与产生该场的漩涡源关系。

(3) 梯度、散度、旋度都是用来描述场在空间各点的特性，只有当场函数具有一阶偏微分时，这三个度才有意义。

(4) 任何场都有产生该场的源，矢量场的源有两种，一种是通量源，另一种是旋涡源。这两种源可能同时存在，也可能只有其中一种。

若一个矢量场的散度处处为零，则该矢量场就不存在通量源，该场称为无通量源场；若一个矢量场的旋度处处为零，则该矢量场就不存在漩涡源，该场称为无旋场。

对于一个非零的矢量场，必存在产生这种场的源，也就是一个场(非零)不可能既是无旋场，又是无散场。

(5) 有通量源的场简称为有源场，在"源区"该矢量场的散度不为零，而在非"源区"该矢量场的散度为零；存在漩涡源的场称为有旋场，在"源区"该矢量场的旋度不为零，而在非"源区"该矢量场的旋度为零。

1.8 亥姆霍兹定理

前面概述了矢量场的概念和运算方法，其中对标量场求梯度和对矢量场求散度、旋度，这都是对场性质分析的重要方法。一个标量场的特性可用梯度来表明，一个矢量场性质可由它的散度和旋度来表明。下面介绍场量的分析方法。

1.8.1 标量场分析

假设有一标量场 $u(\boldsymbol{r})$，对该标量场求梯度，记$\nabla u(\boldsymbol{r})=\boldsymbol{F}(\boldsymbol{r})$，则

$$\nabla \times \nabla u=\nabla \times \boldsymbol{F}(\boldsymbol{r})=0 \tag{1-113}$$

由式(1-113)可见 $\boldsymbol{F}(\boldsymbol{r})$是一无旋涡源的矢量场(即无环量的矢量场)，这一性质称为保守性，矢量场 $\boldsymbol{F}(\boldsymbol{r})$为保守场，此标量场 $u(\boldsymbol{r})$称为位场或势场。例如物体重力场就是保守性的一种矢量场，任一点处的标量场 w 是该点重力场内物体位能，表达式为$\nabla w=\boldsymbol{F}(\boldsymbol{r})$，则重力沿闭合路径所做功恒等于0，即$\oint_C \nabla w(\boldsymbol{r}) \cdot \mathrm{d}\boldsymbol{l}=0$。如图1-38所示，$\nabla w(\boldsymbol{r})$在闭合回路 C 上的环流量为

$$\oint_C \nabla w(\boldsymbol{r}) \cdot \mathrm{d}\boldsymbol{l} = \oint_{p_1c_1p_2} \nabla w \cdot \mathrm{d}\boldsymbol{l} + \oint_{p_2c_2p_1} \nabla w \cdot \mathrm{d}\boldsymbol{l} = 0$$

则

$$\int_{p_1c_1p_2} \nabla w \cdot \mathrm{d}\boldsymbol{l} = -\int_{p_2c_2p_1} \nabla w \cdot \mathrm{d}\boldsymbol{l} = \int_{p_1c_2p_2} \nabla w \cdot \mathrm{d}\boldsymbol{l}$$

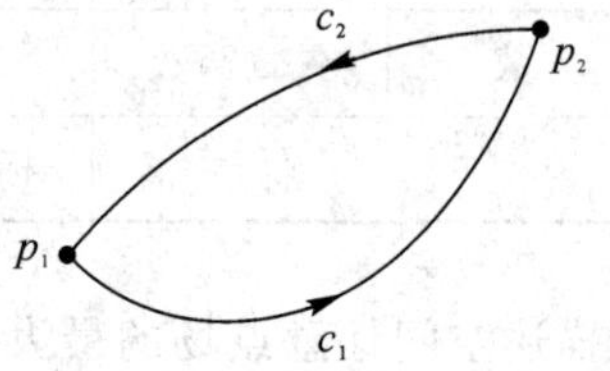

图 1-38 $\int \nabla w \cdot \mathrm{d}\boldsymbol{l}$ 的不同积分路径

可见积分与路径无关，仅与始点 p_1 和终点 p_2 的位置有关。

$$\int_{p_1}^{p_2} \nabla w \cdot \mathrm{d}\boldsymbol{l} = \int_{p_1}^{p_2} \frac{\mathrm{d}w}{\mathrm{d}l} \cdot \mathrm{d}\boldsymbol{l} = w(p_2) - w(p_1) \tag{1-114}$$

若选定 $p_1(x_1, y_1, z_1)$为固定点，$p_2(x, y, z)$为任意动点，则由式(1-114)可得

$$w(x, y, z) = \int_{p_1}^{p_2} \nabla w \cdot \mathrm{d}\boldsymbol{l} + w(x_1, y_1, z_1) \tag{1-115}$$

或写为

$$w(x, y, z) = \int_{p_1}^{p_2} \nabla w \cdot \mathrm{d}\boldsymbol{l} + C \tag{1-116}$$

式中 C 为任意常数，C 值取决于固定点的选择。

对于任意标量场 $u(\boldsymbol{r})$，在任一点 $p(x, y, z)$表示为

$$u(x, y, z) = \int_{p_1}^{p_2} \nabla u \cdot \mathrm{d}\boldsymbol{l} + C \tag{1-117}$$

1.8.2 矢量场分析

假设有一矢量场 $\boldsymbol{F}(\boldsymbol{r})$，其中它的环量为 0，即

$$\oint_C \boldsymbol{F}(\boldsymbol{r}) \cdot \mathrm{d}\boldsymbol{l} = 0$$

根据斯托斯克定理有

$$\int_S \nabla \times \boldsymbol{F}(\boldsymbol{r}) \cdot \mathrm{d}\boldsymbol{S} = 0$$

则

$$\nabla \times \boldsymbol{F}(\boldsymbol{r}) = 0 \tag{1-118}$$

由式(1-118)可见 $\boldsymbol{F}(\boldsymbol{r})$是一个无旋涡源的场，$\boldsymbol{F}(\boldsymbol{r})$称为无旋场。

假设有一矢量场 $\boldsymbol{F}(\boldsymbol{r})$，其中它的环量不为 0，即

$$\oint_C \boldsymbol{F}(\boldsymbol{r}) \cdot \mathrm{d}\boldsymbol{l} \neq 0$$

则

$$\int_S \nabla \times \boldsymbol{F}(\boldsymbol{r}) \cdot \mathrm{d}\boldsymbol{s} \neq 0$$

$$\nabla \times \boldsymbol{F}(\boldsymbol{r}) \neq 0 \tag{1-119}$$

式(1-119)表明 $\boldsymbol{F}(\boldsymbol{r})$是有旋涡源的场，即是有矢量性场源的场。

还有一种情况是矢量场的散度处处为0，称为无散场，表示为

$$\nabla \cdot \boldsymbol{F}(\boldsymbol{r}) = 0 \tag{1-120}$$

对一矢量场而言，若为无旋场，则散度不能为零；若为无散场，则旋度也不能为零。因为任一矢量场都必须有“源”，场和“源”是同时存在的。把“源”看成是场的起因，那么场的散度必然对应一种源(称为通量源或发散源)，是一标量性场源；矢量场的旋度必然对应另一种源(称为旋涡源)，是矢量性场源。总之，对任一无旋场，其散度一定不能为零，否则该场不存在。同样，一个无散场，其旋度也一定不能为零。也就是说，如果矢量场存在，那么至少有一种场源存在。由此，对于任意矢量场可分解成两个矢量场，一部分无旋度，一部分无散度。例如：

$$\boldsymbol{F}(\boldsymbol{r}) = \boldsymbol{F}_1(\boldsymbol{r}) + \boldsymbol{F}_2(\boldsymbol{r})$$

若 $\boldsymbol{F}_1(\boldsymbol{r}) = -\nabla u$，$\boldsymbol{F}_2(\boldsymbol{r}) = \nabla \times \boldsymbol{A}(r)$，可见 $\boldsymbol{F}_1(\boldsymbol{r})$是无旋场，$\boldsymbol{F}_2(\boldsymbol{r})$是无散场，则有

$$\boldsymbol{F}(\boldsymbol{r}) = -\nabla u + \nabla \times \boldsymbol{A}(r)$$

可见任意矢量场可看成是由某一标量场的梯度负值和某一矢量场的旋度合成场。

1.8.3 亥姆霍兹定理

矢量场 $\boldsymbol{F}(\boldsymbol{r})$可能既有散度，又有旋度，该矢量场可由一个无旋场分量和一个无散场分量之和表示，即

$$\boldsymbol{F}(\boldsymbol{r}) = \boldsymbol{F}_1(r) + \boldsymbol{F}_2(r) \tag{1-121}$$

式中 $\boldsymbol{F}_1(\boldsymbol{r})$为无旋度分量，其散度不为零，也就是说 $\boldsymbol{F}_1(\boldsymbol{r})$是有通量源而无旋涡源场，设通量源为 $\rho(\boldsymbol{r})$；$\boldsymbol{F}_2(\boldsymbol{r})$为无散度分量，其旋度不为零，也就是说 $\boldsymbol{F}_2(\boldsymbol{r})$是无通量源而有旋涡源场，设旋涡源为 $\boldsymbol{J}(\boldsymbol{r})$。对式(1-121)两边分别求散度和旋度得

$$\nabla \cdot \boldsymbol{F}(\boldsymbol{r}) = \nabla \cdot [\boldsymbol{F}_1(\boldsymbol{r}) + \boldsymbol{F}_2(\boldsymbol{r})] = \nabla \cdot \boldsymbol{F}_1(\boldsymbol{r}) = \rho(r) \tag{1-122}$$

$$\nabla \times \boldsymbol{F}(\boldsymbol{r}) = \nabla \times [\boldsymbol{F}_1(\boldsymbol{r}) + \boldsymbol{F}_2(\boldsymbol{r})] = \nabla \times \boldsymbol{F}_2(\boldsymbol{r}) = \boldsymbol{J}(\boldsymbol{r}) \tag{1-123}$$

由此可见，当场“源”在空间分布确定时，产生矢量场唯一确定，这一规律称为亥姆霍兹定理。特别说明的是，只有在一定区域，函数 $\boldsymbol{F}(\boldsymbol{r})$连续可微分时，$\nabla \cdot \boldsymbol{F}(\boldsymbol{r})$和$\nabla \times \boldsymbol{F}(\boldsymbol{r})$才有意义。若在某一区域内 $\boldsymbol{F}(\boldsymbol{r})$不连续、不可微分，则不能用散度和旋度来分析场的性质。

亥姆霍兹定理告诉我们，研究一个矢量场，从研究矢量场散度和旋度两方面入手，若矢量场的散度微分和旋度微分确定，这个矢量场的场源确定，那么该矢量场唯一确定。亥姆霍兹定理给我们研究矢量场指明了方法，为矢量场的数学建模提供了模型。

*1.8.4 亥姆霍兹定理的应用及仿真

对电场和磁场分析和建模，可以推广应用到任意矢量场分析。下面举例说明亥姆霍兹定理指导实际工程问题分析、建模方法的具体应用。

(1) 基于亥姆霍兹定理的海面风浪引起地震波建模。

在地球物理学中，地震波是指从震源产生并向各个方向辐射的弹性波。按弹性波的传

播方式可将其分为三类，分别是纵波(P 波)、横波(S 波)和面波(L 波)，其中除面波外均属于体波。地震发生时，急速的破裂和剧烈的运动在震源区内的介质中发生，这种强烈的扰动便是波源。因为地球内部介质是连续的，所以这种波动一方面向地球内部传播，一方面向地球表层传播，形成了在连续介质中完整的弹性波传播体系。海面风浪看成地震波的噪声源，当平面波从海水入射向海内介质时，界面存在反射和透射，海水中存在压力波，假设 p 为声波压力，ρ_c 为海水密度，ω 为声波角频率，c 为声速，基于经典压力声学的亥姆霍兹方程建模为

$$\nabla \cdot \left(-\frac{1}{\rho_c}\nabla p\right)-\frac{\omega^2 p}{\rho_c \cdot c^2}=0 \qquad (1-124)$$

解微分方程式(1-124)，可求出压力 p 与声波角频率 ω 及海水密度 ρ_c、声速 c 关系式。式(1-124)是利用求散度方法，对压力 p 进行建模的，是亥姆霍兹定理指导实际工程问题分析、建模方法的具体应用。

(2) 基于亥姆霍兹定理的 CT 电阻层析成像建模。

目前 CT 的电阻层析成像建模科技前沿技术，基于 CT 技术的电阻层析成像(简称 ERT)、电容层析成像等无损检测领域，都可以用求散度或求旋度方法建模，研究场的分布情况。下面介绍 ERT 中电导率按照亥姆霍兹定理思想的数学建模及仿真图。

CT 是将一束 X 射线投射到待测物体，当 X 射线源相对待测物体旋转，得到不同角度物体片层信息的投影像，通过对片层信息数据分析和重建，将得到物体内部各层的图像。CT 成像速度快、精度高，在医学诊断领域及工业无损检测领域得到广泛应用。但 CT 设备复杂、价格昂贵，不便于连续检测，并且大剂量 X 射线对人体会有一定损害，因此在传统 CT 技术基础上，研究出可视化检测技术，如磁共振成像技术、超声技术等。

随着医学及工业对可视化检测过程中的安全性、便携性需求，电学层析成像技术(Electrical Tomography，ET)受到快速发展。ET 是在场边界处向场内施加激励，然后利用获取的电学信息，计算出场内的介质分布信息，进而实现对场内介质的可视化测量。其中，利用不同介质具有不同的电容率信息进行重建的技术被称为电容层析成像(Electrical Capacitance Tomography，ECT)，利用磁导率信息进行重建的技术被称为电磁层析成像(Electro-magnetic Tomography，EMT)，利用电阻抗信息进行重建的技术被称为电阻抗层析成像(Electrical Impedance Tomography，EIT)，若不考虑电阻抗中的虚部信息，只利用电阻/电导率信息进行重建的技术称为电阻层析成像(Electrical Resistance Tomography，ERT)。

ERT 技术的依据是导体内部的电导率信息通过测量其表面的阻抗信息来获得。向待测场域注入激励电流，场域边界的电位会随着场域内介质分布的变化而变化，测量场域边界的电位信息，再通过反演计算，实现对场域内部的电导率分布的重建，如图 1-39 所示。其中，均匀场域指待测范围内电导率分布处处相等的场域，扰动场域指待测范围内具有两种或以上电导率不同的介质，并将与初始均匀场域中电导率不同的介质称为扰动介质。激励电流通过一对位置相邻的电极被注入待观测场域，然后测量其余各相邻电极对之间的电压，如图 1-40(a)。依次进行电流注入和电压测量，直到每个相邻的电极对都作为激励电极对被注入电流为止，如图 1-40(b)。根据这些测量值，利用反演重建算法，即可得到场域内近似的电导率分布。

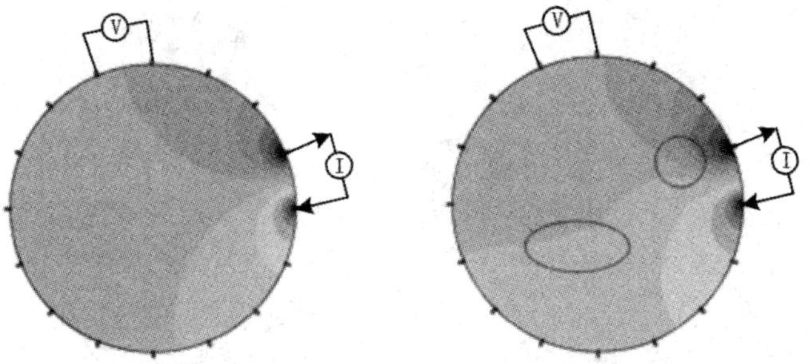

(a) 均匀场域　(b) 扰动场域

图 1-39　ERT 重建原理

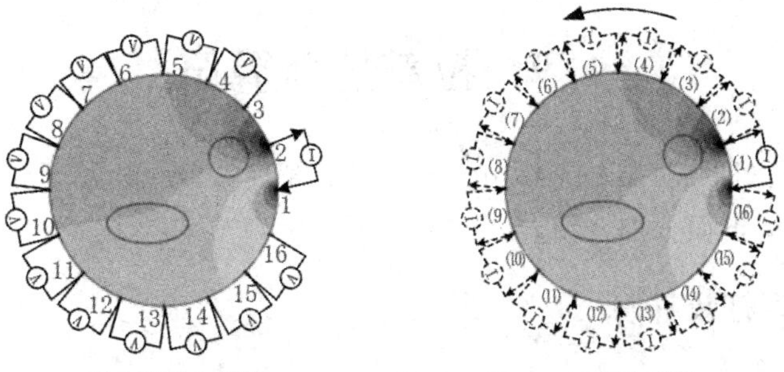

(a) 单次激励和测量　(b) 依次激励

图 1-40　电极相邻激励相邻测量模式

ERT 的数学模型可表示为

$$
\begin{cases}
\nabla \cdot [\sigma(x,\ y)\nabla\varphi(x,\ y)]=0 & (x,\ y)\in\Omega \\
\sigma\dfrac{\partial\varphi(x,\ y)}{\partial \boldsymbol{n}}=J(x,\ y) & (x,\ y)\in\partial\Omega \\
\varphi(x,\ y)=f(x,\ y) & (x,\ y)\in\partial\Omega
\end{cases}
\tag{1-125}
$$

式(1-125)中，$\partial\Omega$ 表示场域 Ω 的边界，$\sigma(x,\ y)$表示场域 Ω 内$(x,\ y)$点处的电导率，φ 表示电位，J 表示流入场域 Ω 的电流密度函数，$\boldsymbol{n}$ 表示场域 Ω 的外法向单位向量，f 表示已知的边界电位。图 1-41 是第 1 对电极激励时场域电位分布仿真图，图 1-42 是相邻激励模式下场域内等电位线仿真图。

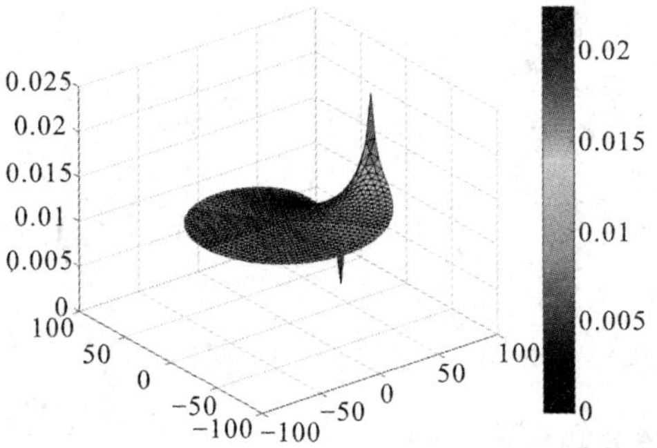

图 1-41　第 1 对电极激励时场域电位分布仿真图

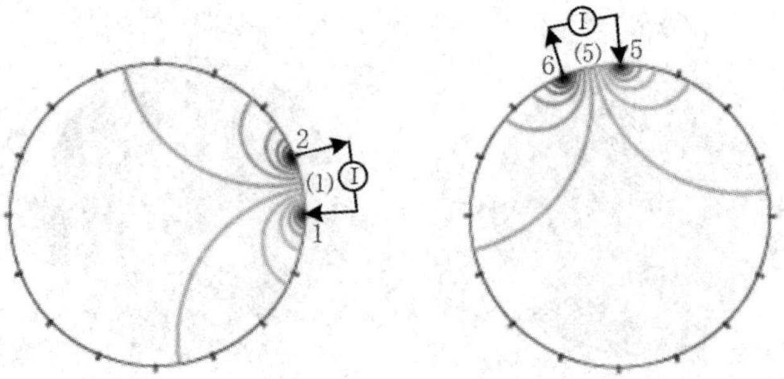

(a) 第1对电极激励　　(b) 第5对电极激励

图 1-42　相邻激励模式下场域内等电位线仿真图

1.9　拉普拉斯算符

拉普拉斯算符也称为拉普拉斯微分算子，以下简称拉普拉斯算子。在不同坐标下拉普拉斯算子表示不同，下面分别介绍。

1.9.1　哈密顿算符及计算

在三种坐标系中，前面章节中求梯度、散度和旋度时，哈密顿(Hamilton)算符的表达式已经介入，哈密顿算符的表达式如下：

1. 直角坐标系中的哈密顿算符

哈密顿算符的表达式为

$$\nabla=\boldsymbol{e}_x\frac{\partial}{\partial x}+\boldsymbol{e}_y\frac{\partial}{\partial y}+\boldsymbol{e}_z\frac{\partial}{\partial z} \tag{1-126}$$

对标量函数 u 求梯度表达式：

$$\nabla u=\left(\boldsymbol{e}_x\frac{\partial}{\partial x}+\boldsymbol{e}_y\frac{\partial}{\partial y}+\boldsymbol{e}_z\frac{\partial}{\partial z}\right)u=\boldsymbol{e}_x\frac{\partial u}{\partial x}+\boldsymbol{e}_y\frac{\partial u}{\partial y}+\boldsymbol{e}_z\frac{\partial u}{\partial z} \tag{1-127}$$

对矢量函数 $\boldsymbol{A}$ 求散度表达式：

$$\nabla\cdot\boldsymbol{A}=\left(\boldsymbol{e}_x\frac{\partial}{\partial x}+\boldsymbol{e}_y\frac{\partial}{\partial y}+\boldsymbol{e}_z\frac{\partial}{\partial z}\right)\cdot(\boldsymbol{e}_xA_x+\boldsymbol{e}_yA_y+\boldsymbol{e}_zA_z)=\frac{\partial A_x}{\partial x}+\frac{\partial A_y}{\partial y}+\frac{\partial A_z}{\partial z} \tag{1-128}$$

对矢量函数 $\boldsymbol{A}$ 求旋度表达式：

$$\nabla\times\boldsymbol{A}=\left(\boldsymbol{e}_x\frac{\partial}{\partial x}+\boldsymbol{e}_y\frac{\partial}{\partial y}+\boldsymbol{e}_z\frac{\partial}{\partial z}\right)\times(\boldsymbol{e}_xA_x+\boldsymbol{e}_yA_y+\boldsymbol{e}_zA_z)=\begin{vmatrix}\boldsymbol{e}_x & \boldsymbol{e}_y & \boldsymbol{e}_z\\ \dfrac{\partial}{\partial x} & \dfrac{\partial}{\partial y} & \dfrac{\partial}{\partial z}\\ A_x & A_y & A_z\end{vmatrix} \tag{1-129}$$

2. 圆柱坐标系中的哈密顿算符

哈密顿算符的表达式为

$$\nabla = \boldsymbol{e}_\rho \frac{\partial}{\partial \rho} + \boldsymbol{e}_\phi \frac{1}{\rho}\frac{\partial}{\partial \phi} + \boldsymbol{e}_z \frac{\partial}{\partial z} \tag{1-130}$$

对标量函数 u 求梯度表达式：

$$\nabla u = \left(\boldsymbol{e}_\rho \frac{\partial}{\partial \rho} + \boldsymbol{e}_\phi \frac{1}{\rho}\frac{\partial}{\partial \phi} + \boldsymbol{e}_z \frac{\partial}{\partial z}\right) u = \boldsymbol{e}_\rho \frac{\partial u}{\partial \rho} + \boldsymbol{e}_\phi \frac{1}{\rho}\frac{\partial u}{\partial \phi} + \boldsymbol{e}_z \frac{\partial u}{\partial z} \tag{1-131}$$

对矢量函数 **A** 求散度表达式：

$$\nabla \cdot \boldsymbol{A} = \left(\boldsymbol{e}_\rho \frac{\partial}{\partial \rho} + \boldsymbol{e}_\phi \frac{1}{\rho}\frac{\partial}{\partial \phi} + \boldsymbol{e}_z \frac{\partial}{\partial z}\right) \cdot (\boldsymbol{e}_\rho A_\rho + \boldsymbol{e}_\phi A_\phi + \boldsymbol{e}_z A_z) = \frac{1}{\rho}\frac{\partial(\rho A_\rho)}{\partial \rho} + \frac{1}{\rho}\frac{\partial A_\phi}{\partial \phi} + \frac{\partial A_z}{\partial z} \tag{1-132}$$

对矢量函数 **A** 求旋度表达式：

$$\nabla \times \boldsymbol{A} = \left(\boldsymbol{e}_\rho \frac{\partial}{\partial r} + \boldsymbol{e}_\phi \frac{1}{\rho}\frac{\partial}{\partial \phi} + \boldsymbol{e}_z \frac{\partial}{\partial z}\right) \times (\boldsymbol{e}_\rho A_\rho + \boldsymbol{e}_\phi A_\phi + \boldsymbol{e}_z A_z) = \begin{vmatrix} \dfrac{\boldsymbol{e}_\rho}{\rho} & \boldsymbol{e}_\phi & \dfrac{\boldsymbol{e}_z}{\rho} \\ \dfrac{\partial}{\partial \rho} & \dfrac{\partial}{\partial \phi} & \dfrac{\partial}{\partial z} \\ A_\rho & \rho A_\phi & A_z \end{vmatrix} \tag{1-133}$$

3. 球坐标系中的哈密顿算符

哈密顿算符的表达式为

$$\nabla = \boldsymbol{e}_r \frac{\partial}{\partial r} + \boldsymbol{e}_\theta \frac{1}{r}\frac{\partial}{\partial \theta} + \boldsymbol{e}_\phi \frac{1}{r\sin\theta}\frac{\partial}{\partial \phi} \tag{1-134}$$

对标量函数 u 求梯度表达式：

$$\nabla u = \left(\boldsymbol{e}_r \frac{\partial}{\partial r} + \boldsymbol{e}_\theta \frac{1}{r}\frac{\partial}{\partial \theta} + \boldsymbol{e}_\phi \frac{1}{r\sin\theta}\frac{\partial}{\partial \phi}\right) u = \boldsymbol{e}_r \frac{\partial u}{\partial r} + \boldsymbol{e}_\theta \frac{1}{r}\frac{\partial u}{\partial \theta} + \boldsymbol{e}_\phi \frac{1}{r\sin\theta}\frac{\partial u}{\partial \phi} \tag{1-135}$$

对矢量函数 **A** 求散度表达式：

$$\begin{aligned} \nabla \cdot \boldsymbol{A} &= \left(\boldsymbol{e}_r \frac{\partial}{\partial r} + \boldsymbol{e}_\theta \frac{1}{r}\frac{\partial}{\partial \theta} + \boldsymbol{e}_\varphi \frac{1}{r\sin\theta}\frac{\partial}{\partial \phi}\right) \cdot (\boldsymbol{e}_r A_r + \boldsymbol{e}_\theta A_\theta + \boldsymbol{e}_\phi A_\phi) \\ &= \frac{1}{r^2}\frac{\partial}{\partial r}(r^2 A_r) + \frac{1}{r\sin\theta}\frac{\partial}{\partial \theta}(\sin\theta A_\theta) + \frac{1}{r\sin\theta}\frac{\partial A_\phi}{\partial \phi} \end{aligned} \tag{1-136}$$

对矢量函数 **A** 求旋度表达式：

$$\nabla \times \boldsymbol{A} = \left(\boldsymbol{e}_r \frac{\partial}{\partial r} + \boldsymbol{e}_\theta \frac{1}{r}\frac{\partial}{\partial \theta} + \boldsymbol{e}_\varphi \frac{1}{r\sin\theta}\frac{\partial}{\partial \phi}\right) \times (\boldsymbol{e}_r A_r + \boldsymbol{e}_\theta A_\theta + \boldsymbol{e}_\phi A_\phi) = \begin{vmatrix} \dfrac{\boldsymbol{e}_r}{r^2\sin\theta} & \dfrac{\boldsymbol{e}_\theta}{r\sin\theta} & \dfrac{\boldsymbol{e}_\phi}{r} \\ \dfrac{\partial}{\partial r} & \dfrac{\partial}{\partial \theta} & \dfrac{\partial}{\partial \phi} \\ A_r & rA_\theta & r\sin\theta A_\phi \end{vmatrix} \tag{1-137}$$

1.9.2 拉普拉斯算符及计算

第 1.9.1 节给出了哈密顿算符表达式，下面引出拉普拉斯算符表达式及计算。在不同坐标系中，对一个标量 ψ 的非齐次二阶偏微分方程 $\nabla^2\psi = -\dfrac{\rho}{\varepsilon_0}$，称为关于 ψ 的泊松方程；

若 $\rho=0$，则有$\nabla^2\psi=0$，称为关于 ψ 的拉普拉斯方程。式中∇^2是二阶微分算子，称为拉普拉斯算符，其中$\nabla^2\psi=\nabla\cdot\nabla\psi$，下面给出不同坐标系中$\nabla^2\psi$ 的运算。

1. 直角坐标中$\nabla^2\psi$ 的运算

$$\nabla^2\psi=\nabla\cdot\nabla\psi=\left(\boldsymbol{e}_x\frac{\partial}{\partial x}+\boldsymbol{e}_y\frac{\partial}{\partial y}+\boldsymbol{e}_z\frac{\partial}{\partial z}\right)\cdot\left(\boldsymbol{e}_x\frac{\partial}{\partial x}+\boldsymbol{e}_y\frac{\partial}{\partial y}+\boldsymbol{e}_z\frac{\partial}{\partial z}\right)\psi$$
$$=\left(\frac{\partial^2}{\partial x^2}+\frac{\partial^2}{\partial y^2}+\frac{\partial^2}{\partial z^2}\right)\psi=\frac{\partial^2\psi}{\partial x^2}+\frac{\partial^2\psi}{\partial y^2}+\frac{\partial^2\psi}{\partial z^2} \tag{1-138}$$

2. 圆柱坐标系中$\nabla^2\psi$ 的运算

$$\nabla^2\psi=\frac{1}{\rho}\frac{\partial}{\partial\rho}\left(\rho\frac{\partial\psi}{\partial\rho}\right)+\frac{1}{\rho^2}\left(\frac{\partial^2\psi}{\partial\phi^2}\right)+\frac{\partial^2\psi}{\partial z^2} \tag{1-139}$$

3. 球坐标系中$\nabla^2\psi$ 的运算

$$\nabla^2\psi=\frac{1}{r^2}\frac{\partial}{\partial r}\left(r^2\frac{\partial\psi}{\partial r}\right)+\frac{1}{r^2\sin\theta}\frac{\partial}{\partial\theta}\left(\sin\theta\frac{\partial\psi}{\partial\theta}\right)+\frac{1}{r^2\sin^2\theta}\frac{\partial^2\psi}{\partial\phi^2} \tag{1-140}$$

本章小结

1. 场

场是指某种物理量在空间的分布，是物理量的无穷集合。具有标量特征的物理量在空间的分布是标量场，具有矢量特征的物理量在空间的分布是矢量场，随时间变化场称为时变场，不随时间变化场称为静态场。

2. 直角坐标系中的矢量、长度元、面积元、体积元的表示

（1）任意矢量场 $\boldsymbol{A}$：

$$\boldsymbol{A}=\boldsymbol{e}_xA_x+\boldsymbol{e}_yA_y+\boldsymbol{e}_zA_z$$

（2）任意方向长度元 $\mathrm{d}\boldsymbol{l}$：

$$\mathrm{d}\boldsymbol{l}=\boldsymbol{e}_x\mathrm{d}x+\boldsymbol{e}_y\mathrm{d}y+\boldsymbol{e}_z\mathrm{d}z$$

（3）各向面积元 $\mathrm{d}\boldsymbol{S}$：

$$\mathrm{d}\boldsymbol{S}_x=\boldsymbol{e}_x\mathrm{d}l_y\mathrm{d}l_z=\boldsymbol{e}_x\mathrm{d}y\mathrm{d}z$$
$$\mathrm{d}\boldsymbol{S}_y=\boldsymbol{e}_y\mathrm{d}l_x\mathrm{d}l_z=\boldsymbol{e}_y\mathrm{d}x\mathrm{d}z$$
$$\mathrm{d}\boldsymbol{S}_z=\boldsymbol{e}_z\mathrm{d}l_x\mathrm{d}l_y=\boldsymbol{e}_z\mathrm{d}x\mathrm{d}y$$

（4）体积元 $\mathrm{d}V$：

$$\mathrm{d}V=\mathrm{d}x\mathrm{d}y\mathrm{d}z$$

3. 圆柱坐标系中矢量、长度元、面积元、体积元的表示

（1）任意矢量场 $\boldsymbol{A}$：

$$\boldsymbol{A}=\boldsymbol{e}_\rho A_\rho+\boldsymbol{e}_\phi A_\phi+\boldsymbol{e}_zA_z$$

（2）任意方向长度元 $\mathrm{d}\boldsymbol{l}$：

$$\mathrm{d}\boldsymbol{l}=\boldsymbol{e}_\rho\mathrm{d}\rho+\boldsymbol{e}_\phi\rho\mathrm{d}\phi+\boldsymbol{e}_z\mathrm{d}z$$

（3）各向面积元 $\mathrm{d}\boldsymbol{S}$：

$$\mathrm{d}\boldsymbol{S}_\rho=\boldsymbol{e}_\rho\mathrm{d}l_\phi\cdot\mathrm{d}l_z=\boldsymbol{e}_\rho\rho\mathrm{d}\phi\mathrm{d}z$$

$$d\boldsymbol{S}_\phi=\boldsymbol{e}_\phi dl_\rho \cdot dl_z=\boldsymbol{e}_\phi d\rho dz$$
$$d\boldsymbol{S}_z=\boldsymbol{e}_z dl_\phi \cdot dl_\rho=\boldsymbol{e}_z\rho d\phi d\rho$$

(4) 体积元 dV：

$$dV=dl_\rho dl_\phi dl_z=\rho d\rho d\phi dz$$

4. 球坐标系中矢量、长度元、面积元、体积元的表示

(1) 任意矢量场 $\boldsymbol{A}$：

$$\boldsymbol{A}=\boldsymbol{e}_r A_r+\boldsymbol{e}_\theta A_\theta+\boldsymbol{e}_\phi A_\phi$$

(2) 任意方向长度元 $d\boldsymbol{l}$：

$$d\boldsymbol{l}=\boldsymbol{e}_r dr+\boldsymbol{e}_\theta r d\theta+\boldsymbol{e}_\phi r\sin\theta d\phi$$

(3) 各向面积元 $d\boldsymbol{S}$：

$$d\boldsymbol{S}_r=\boldsymbol{e}_r dl_\theta \cdot dl_\phi=\boldsymbol{e}_r r d\theta r\sin\theta d\phi=\boldsymbol{e}_r r^2\sin\theta d\theta d\phi$$
$$d\boldsymbol{S}_\theta=\boldsymbol{e}_\theta dl_r \cdot dl_\phi=\boldsymbol{e}_\theta dr \cdot r\sin\theta d\phi=\boldsymbol{e}_\theta r\sin\theta dr d\phi$$
$$d\boldsymbol{S}_\phi=\boldsymbol{e}_\phi dl_r \cdot dl_\theta=\boldsymbol{e}_\phi dr \cdot r d\theta=\boldsymbol{e}_\phi r dr d\theta$$

(4) 体积元 dV：

$$dV=dl_r \cdot dl_\theta \cdot dl_\phi=dr \cdot r d\theta \cdot r\sin\theta d\phi=r^2\sin\theta dr d\theta d\phi$$

5. 场量运算

在直角坐标系中，矢量 $\boldsymbol{A}$ 可表示为

$$\boldsymbol{A}=\boldsymbol{e}_x A_x+\boldsymbol{e}_y A_y+\boldsymbol{e}_z A_z$$

式中 $\boldsymbol{e}_x$，$\boldsymbol{e}_y$，$\boldsymbol{e}_z$ 分别是 x，y，z 轴上的单位矢量，A_x，A_y，A_z 分别是 $\boldsymbol{A}$ 在三个方向上的投影。矢量 $\boldsymbol{A}$ 的模是一个标量，即

$$A=(A_x^2+A_y^2+A_z^2)^{\frac{1}{2}}$$

矢量可以进行加减，已知任两个矢量 $\boldsymbol{A}$ 和 $\boldsymbol{B}$，其中 $\boldsymbol{A}=\boldsymbol{e}_x A_x+\boldsymbol{e}_y A_y+\boldsymbol{e}_z A_z$，$\boldsymbol{B}=\boldsymbol{e}_x B_x+\boldsymbol{e}_y B_y+\boldsymbol{e}_z B_z$，则有

$$\boldsymbol{A}+\boldsymbol{B}=\boldsymbol{e}_x(A_x+B_x)+\boldsymbol{e}_y(A_y+B_y)+\boldsymbol{e}_z(A_z+B_z)$$
$$\boldsymbol{A}-\boldsymbol{B}=\boldsymbol{e}_x(A_x-B_x)+\boldsymbol{e}_y(A_y-B_y)+\boldsymbol{e}_z(A_z-B_z)$$

标量积为

$$\boldsymbol{A}\cdot\boldsymbol{B}=AB\cos\theta=A_xB_x+A_yB_y+A_zB_z$$

标量积服从交换律和分配律，即

$$\boldsymbol{A}\cdot\boldsymbol{B}=\boldsymbol{B}\cdot\boldsymbol{A}$$
$$\boldsymbol{A}\cdot(\boldsymbol{B}+\boldsymbol{C})=\boldsymbol{A}\cdot\boldsymbol{B}+\boldsymbol{A}\cdot\boldsymbol{C}$$

矢量积为

$$\boldsymbol{A}\times\boldsymbol{B}=\boldsymbol{e}_n\left|AB\sin\theta\right|$$

矢量积遵守分配律，即

$$\boldsymbol{A}\times(\boldsymbol{B}+\boldsymbol{C})=\boldsymbol{A}\times\boldsymbol{B}+\boldsymbol{A}\times\boldsymbol{C}$$

但矢量积不服从交换律，即

$$\boldsymbol{A}\times\boldsymbol{B}=-\boldsymbol{B}\times\boldsymbol{A}$$

6. 标量场中的等值面

在标量场 u 中，相同 u 值的点构成等值面。等值面方程为

$$u(x, y, z)=C \quad (C\text{ 为任意常数})$$

为了分析 u 值在场中各个方向上的变化规律，引入了方向导数。方向导数在直角坐标系中的计算公式为

$$\frac{\partial u}{\partial l}=\frac{\partial u}{\partial x}\cos\alpha+\frac{\partial u}{\partial y}\cos\beta+\frac{\partial u}{\partial z}\cos\gamma$$

在等值面的法线方向上，u 值变化很快，在 u 增加的方向上取等值面的单位法向矢量 $\boldsymbol{n}$，则 $\frac{\partial u}{\partial l_n}$ 是 u 的最大变化率。梯度就是一个与 $\boldsymbol{n}$ 平行、大小等于 u 的最大变化率的矢量。u 值在其他方向的变化率为 $\frac{\partial u}{\partial l}=\nabla u \cdot \boldsymbol{e}_l$，标量场的梯度有 $\oint_C \nabla u \cdot \boldsymbol{e}_l=0$，所以梯度场 ∇u 称为保守场。

7. 力线方程

力线是一簇空间有向曲线，矢量场较强处力线稠密，矢量场较弱处力线稀疏，力线上的切线方向代表该处矢量场的方向，为了能够定量绘出力线图，引入力线微分方程。

三种坐标系中力线方程如下：

(1) 直角坐标系中力线微分方程：

$$\frac{\mathrm{d}x}{F_x}=\frac{\mathrm{d}y}{F_y}=\frac{\mathrm{d}z}{F_z}$$

(2) 圆柱坐标系中力线微分方程：

$$\frac{\mathrm{d}\rho}{F_\rho}=\frac{r\,\mathrm{d}\phi}{F_\phi}=\frac{\mathrm{d}z}{F_z}$$

(3) 球坐标系中力线微分方程：

$$\frac{\mathrm{d}r}{F_r}=\frac{r\,\mathrm{d}\theta}{F_\theta}=\frac{r\sin\theta\,\mathrm{d}\phi}{F_\phi}$$

8. 矢量场的通量

矢量 $\boldsymbol{A}$ 沿闭合面的通量定义为

$$\Phi=\oint_S \boldsymbol{A}\cdot \mathrm{d}\boldsymbol{S}$$

矢量 $\boldsymbol{A}$ 的散度

$$\mathrm{div}\boldsymbol{A}=\lim_{\Delta V\to 0}\frac{\oint_S \boldsymbol{A}\cdot \mathrm{d}\boldsymbol{S}}{\Delta V}$$

矢量 $\boldsymbol{A}$ 的散度表示该点通量体密度。

在直角坐标系中，有

$$\mathrm{div}\boldsymbol{A}=\frac{\partial A_x}{\partial x}+\frac{\partial A_y}{\partial y}+\frac{\partial A_z}{\partial z}=\nabla\cdot\boldsymbol{A}$$

在矢量分析中重要定理——高斯散度定理：

$$\int_V \nabla\cdot\boldsymbol{A}\,\mathrm{d}V=\oint_S \boldsymbol{A}\cdot \mathrm{d}\boldsymbol{S}$$

9. 矢量场的环量

矢量 $\boldsymbol{A}$ 沿闭合路径的线积分 $\oint_C \boldsymbol{A}\cdot \mathrm{d}\boldsymbol{l}$ 称为 $\boldsymbol{A}$ 的环量。$\boldsymbol{A}$ 的旋度是这样一个矢量，它在

该点的一个面积元上的投影为

$$\lim_{\Delta S\to 0}\frac{\oint_C \boldsymbol{A}\cdot \mathrm{d}\boldsymbol{l}}{\Delta S}=\mathrm{rot}_n\boldsymbol{A}$$

$$\mathrm{rot}\boldsymbol{A}=\boldsymbol{e}_x\left(\frac{\partial A_z}{\partial y}-\frac{\partial A_y}{\partial z}\right)+\boldsymbol{e}_y\left(\frac{\partial A_x}{\partial z}-\frac{\partial A_z}{\partial x}\right)+\boldsymbol{e}_z\left(\frac{\partial A_y}{\partial x}-\frac{\partial A_x}{\partial y}\right)=\nabla\times\boldsymbol{A}$$

在矢量分析中另一重要定理——斯托克斯定理：

$$\oint_C \boldsymbol{A}\cdot \mathrm{d}\boldsymbol{l}=\int_S(\nabla\times\boldsymbol{A})\cdot \mathrm{d}\boldsymbol{S}$$

10. 算符∇

(1) 一阶微分算子表示。

在直角坐标系中，有

$$\nabla=\boldsymbol{e}_x\frac{\partial}{\partial x}+\boldsymbol{e}_y\frac{\partial}{\partial y}+\boldsymbol{e}_z\frac{\partial}{\partial z}$$

在圆柱坐标系中，有

$$\nabla=\boldsymbol{e}_\rho\frac{\partial}{\partial \rho}+\boldsymbol{e}_\phi\frac{1}{\rho}\frac{\partial}{\partial \phi}+\boldsymbol{e}_z\frac{\partial}{\partial z}$$

在球坐标系中，有

$$\nabla=\boldsymbol{e}_r\frac{\partial}{\partial r}+\boldsymbol{e}_\theta\frac{1}{r}\frac{\partial}{\partial \theta}+\boldsymbol{e}_\phi\frac{1}{r\sin\theta}\frac{\partial}{\partial \phi}$$

∇u 可以看作∇和 u 相乘，是一个矢量；$\nabla\cdot\boldsymbol{A}$ 可以看作两矢量的标量积，是一个标量；$\nabla\times\boldsymbol{A}$ 可以看作两矢量的矢量积，是一个矢量。

(2) 二阶微分算子表示。

直角坐标中 $\nabla^2\psi$ 的运算：

$$\nabla^2\psi=\frac{\partial^2\psi}{\partial x^2}+\frac{\partial^2\psi}{\partial y^2}+\frac{\partial^2\psi}{\partial z^2}$$

圆柱坐标系中 $\nabla^2\psi$ 的运算：

$$\nabla^2\psi=\frac{1}{\rho}\frac{\partial}{\partial \rho}\left(\rho\frac{\partial\psi}{\partial\rho}\right)+\frac{1}{\rho^2}\left(\frac{\partial^2\psi}{\partial\phi^2}\right)+\frac{\partial^2\psi}{\partial z^2}$$

球坐标系中 $\nabla^2\psi$ 的运算：

$$\nabla^2\psi=\frac{1}{r^2}\frac{\partial}{\partial r}\left(r^2\frac{\partial\psi}{\partial r}\right)+\frac{1}{r^2\sin\theta}\frac{\partial}{\partial\theta}\left(\sin\theta\frac{\partial\psi}{\partial\theta}\right)+\frac{1}{r^2\sin^2\theta}\frac{\partial^2\psi}{\partial\phi^2}$$

11. 亥姆霍兹定理

研究一个矢量场时需要从研究矢量的散度和旋度两个方面去研究，如果该矢量的散度和旋度微分方程已确定，这个矢量场场源确定，这个矢量场唯一确定，这一规律称为亥姆霍兹定理。

思考题1

1-1　直角坐标系中长度元、面积元和体积元该如何表示？

1-2　圆柱坐标系中长度元、面积元和体积元该如何表示？

1-3　球坐标系中长度元、面积元和体积元该如何表示？

1-4　如果 $\boldsymbol{A}\cdot\boldsymbol{B}=\boldsymbol{A}\cdot\boldsymbol{C}$，是否意味着 $\boldsymbol{B}=\boldsymbol{C}$？为什么？

1-5　如果 $\boldsymbol{A}\times\boldsymbol{B}=\boldsymbol{A}\times\boldsymbol{C}$，是否意味着 $\boldsymbol{B}=\boldsymbol{C}$？为什么？

1-6　什么是力线？三坐标系中的力线方程表达式是什么？

1-7　标量场的方向导数和梯度的意义是什么，它们之间的关系是什么？

1-8　什么是矢量场的通量？通量值为正、负或零分别表示什么意义？

1-9　什么是矢量场的环流？环流值为正、负或零分别表示什么意义？

1-10　散度定理公式是什么？作用是什么？

1-11　斯托克斯定理是什么？作用是什么？

1-12　矢量场 $\boldsymbol{F}$ 能够表示为一个矢量函数的旋度，这个矢量场具有什么特性？

1-13　矢量场 $\boldsymbol{F}$ 能够表示为一个标量函数的梯度，这个矢量场具有什么特性？

1-14　亥姆霍兹定理内容及物理意义是什么？

1-15　分析矢量场常用方法是什么？

习　题　1

1-1　已知三个矢量 $\boldsymbol{A}$，$\boldsymbol{B}$，$\boldsymbol{C}$ 分别为 $\boldsymbol{A}=\boldsymbol{e}_x+2\boldsymbol{e}_y-3\boldsymbol{e}_z$，$\boldsymbol{B}=-4\boldsymbol{e}_y+\boldsymbol{e}_z$，$\boldsymbol{C}=5\boldsymbol{e}_x-2\boldsymbol{e}_z$，求：

(1) $\boldsymbol{A}+\boldsymbol{B}$；

(2) $|\boldsymbol{A}-\boldsymbol{B}|$；

(3) $\boldsymbol{A}\cdot\boldsymbol{B}$；

(4) $\boldsymbol{A}\times\boldsymbol{C}$；

(5) $\boldsymbol{A}\cdot(\boldsymbol{B}\times\boldsymbol{C})$ 和 $(\boldsymbol{A}\times\boldsymbol{B})\cdot\boldsymbol{C}$。

1-2　已知两个矢量 $\boldsymbol{A}$，$\boldsymbol{B}$ 分别为 $\boldsymbol{A}=\boldsymbol{e}_x+2\boldsymbol{e}_y+3\boldsymbol{e}_z$，$\boldsymbol{B}=4\boldsymbol{e}_x-5\boldsymbol{e}_y+6\boldsymbol{e}_z$，求它们的夹角和 $\boldsymbol{A}$ 在 $\boldsymbol{B}$ 上的分量。

1-3　一个三角形的三个顶点分别为 $P_1(0, 1, -2)$，$P_2(4, 1, 3)$，$P_3(6, 2, 5)$。

(1) 判断 $\Delta P_1P_2P_3$ 是否为一直角三角形；

(2) 求 $\Delta P_1P_2P_3$ 的面积。

1-4　在圆柱坐标系中一点的位置由 $\left(4, \dfrac{2\pi}{3}, 3\right)$ 定出，求该点在

(1) 直角坐标系中的坐标；

(2) 球坐标系中的坐标。

1-5　用球坐标系表示的场 $\boldsymbol{E}=\boldsymbol{e}_r\dfrac{25}{r^2}$，求：

(1) 在直角坐标系中点 $(-3, 4, -5)$ 处的 $|\boldsymbol{E}|$ 和 E_x；

(2) $\boldsymbol{E}$ 与矢量 $\boldsymbol{B}=2\boldsymbol{e}_x-2\boldsymbol{e}_y+\boldsymbol{e}_z$ 构成的夹角。

1-6　求函数 $\varphi=x^2yz$ 的梯度及 φ 在点 $M(2, 3, 1)$ 处沿一个指定方向的方向导数，此方向的单位矢量为 $\boldsymbol{e}_l=\dfrac{3}{\sqrt{50}}\boldsymbol{e}_x+\dfrac{4}{\sqrt{50}}\boldsymbol{e}_y+\dfrac{5}{\sqrt{50}}\boldsymbol{e}_z$。

1-7　计算下面标量场的梯度 ∇u。

(1) $u=x^2y^3z^4$；

(2) $u=3x^2-2y^2+3z^2$。

1-8 计算$\nabla\cdot\boldsymbol{A}$在给定点的值。

(1) $\boldsymbol{A}=x^3\boldsymbol{e}_x+y^3\boldsymbol{e}_y+z^3\boldsymbol{e}_z$ 在点$M(1, 0, -1)$处；

(2) $\boldsymbol{A}=4x\boldsymbol{e}_x-2xy\boldsymbol{e}_y+z^2\boldsymbol{e}_z$ 在点$M(1, 1, 3)$处；

(3) $\boldsymbol{A}=xyz\boldsymbol{r}$ 在点$M(1, 3, 2)$处，其中$\boldsymbol{r}=x\boldsymbol{e}_x+y\boldsymbol{e}_y+z\boldsymbol{e}_z$。

1-9 在由$\rho=5$，$z=0$，$z=4$围成的圆柱形区城，求矢量$\boldsymbol{A}=\rho^2\boldsymbol{e}_\rho+2z\boldsymbol{e}_z$的散度，并验证散度定理。

1-10 已知矢量$\boldsymbol{A}=x^2\boldsymbol{e}_x-(xy)^2\boldsymbol{e}_y+24x^2y^2z^3\boldsymbol{e}_z$，求：

(1)矢量$\boldsymbol{A}$的散度；

(2) $\nabla\cdot\boldsymbol{A}$对中心在原点的单位立方体的积分；

(3) $\boldsymbol{A}$对此立方体表面的积分，并验证散度定理。

1-11 求下列矢量的旋度：

(1) $\boldsymbol{A}=x^2\boldsymbol{e}_x+y^2\boldsymbol{e}_y+z^2\boldsymbol{e}_z$；

(2) $\boldsymbol{A}=yz\boldsymbol{e}_x+xz\boldsymbol{e}_y+xy\boldsymbol{e}_z$。

1-12 求矢量$\boldsymbol{A}=x\boldsymbol{e}_x+x^2\boldsymbol{e}_y+y^2z\boldsymbol{e}_z$沿$xOy$平面上的一个边长为2的正方形回路的线积分，此正方形的两个边分别与x轴和y轴重合；再求$\nabla\times\boldsymbol{A}$对此回路所包围的表面积分，验证斯托克斯定理。

1-13 有两个矢量$\boldsymbol{A}$和$\boldsymbol{B}$，分别为

$$\boldsymbol{A}=\boldsymbol{e}_\rho z^2\sin\phi+\boldsymbol{e}_\varphi z^2\cos\phi+\boldsymbol{e}_z 2z\rho\sin\phi$$

$$\boldsymbol{B}=(3y^2-2x)\boldsymbol{e}_x+x^2\boldsymbol{e}_y+2z\boldsymbol{e}_z$$

请问哪个矢量可以由一个标量的梯度表示？

1-14 求矢量$\boldsymbol{A}=x\boldsymbol{e}_x+x^2\boldsymbol{e}_y+y_2z\boldsymbol{e}_z$的力线微分方程。

1-15 在直角坐标系中，试证明标量场f的梯度的旋度为0，矢量场$\boldsymbol{F}$旋度的散度为0。

1-16 在球坐标系中，试证明电场强度$\boldsymbol{E}=\boldsymbol{e}_r\dfrac{1}{r^2}$是无旋场。

第 2 章　静电场与恒定电场

静电场是指相对于观察者静止且不随时间变化的电荷产生的场；恒定电场是指在恒定电流区域由分布不随时间变化的电荷产生的场。静电场和恒定电场都称为静态电场。本章以库仑定律为基础，分析静态电场的基本场矢量和基本方程，讨论静态电场的性质和求解方法，以及它的边界条件、能量、静电力和静电比拟法等基本问题。本章主要内容思维导图如下：

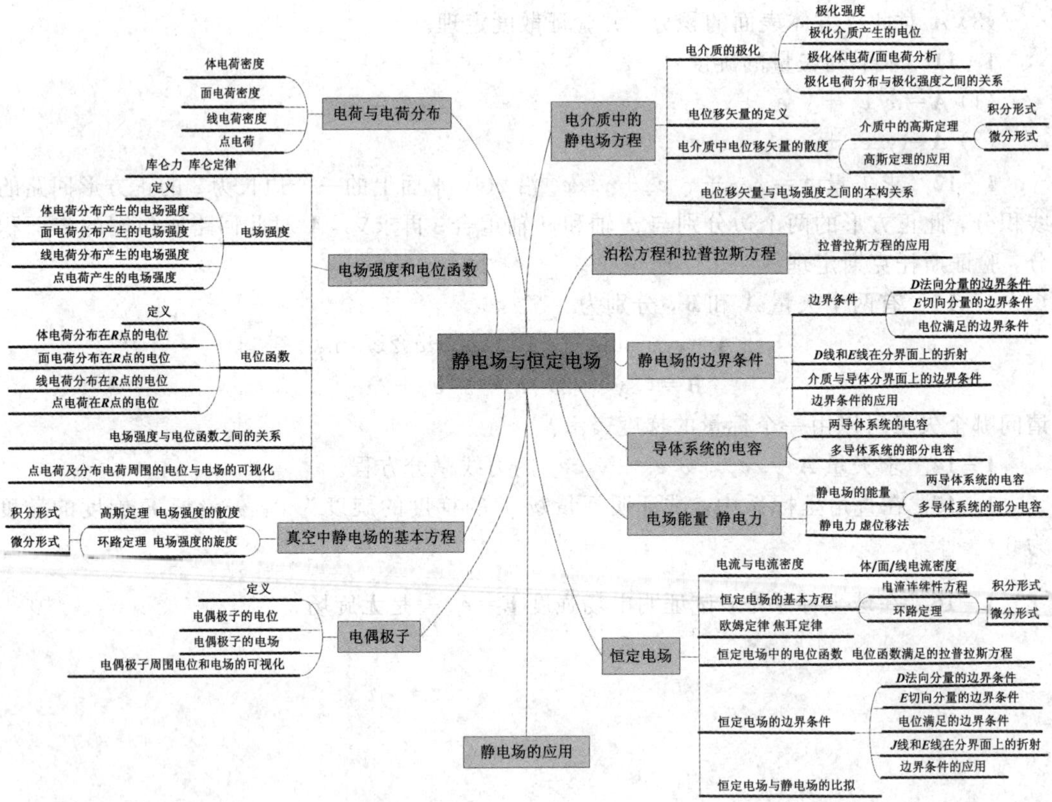

学习目标

· 通过学习不同电荷分布模型及其数学表示，建立静电场的基本概念，并学会运用矢量分析计算点电荷系统或具有简单几何对称性的分布电荷系统的电场强度。

· 通过学习电位函数、静电场的基本方程和边界条件，能够根据电位与静电场的关系，结合高斯定理解决简单的静电体系的场的求解问题。

· 通过学习电偶极子模型及其周围的场与电位分布，能够分析电介质的极化现象、介质在极化过程中与电场的相互作用、介质极化后极化电荷的分布与极化强度的关系，以及线性各向同性介质中极化强度与电场强度的关系。

· 通过学习带电系统建立过程中的静电储能，能够分析空间中场分布的静电储能，并结合虚位移法计算电场力。

· 通过学习不同电流分布模型及其数学表示，建立恒定电场的基本概念，学会各种电流密度的计算方法，结合欧姆定律或拉普拉斯方程，以及边界条件解决简单的恒定电场的求解问题。

· 通过学习静电场的应用，能够对实际工程应用中的静电场问题提供初步解决方案。

2.1　电荷与电荷分布

电荷是产生静电场的源，电荷分布决定了对应静电场的分布。在微观上，电荷是一个个带电小微粒，以离散的形式分布在空间中，但在工程或宏观电磁理论中，不考虑电荷在微观尺度的离散性，而将电荷看成在空间中是连续分布的。根据电荷分布区域的具体情况，可以用体电荷密度 ρ、面电荷密度 ρ_S 和线电荷密度 ρ_l 来描述电荷在空间体积、曲面和曲线中的分布。

2.1.1　体电荷密度

当大量带电粒子密集地出现在某空间体积内时，可以假定电荷以连续分布的形式充满于该体积中。基于这种假设，我们用电荷体密度(即体电荷密度)来描述电荷在空间中的分布，体电荷密度定义为

$$\rho(\boldsymbol{r})=\lim_{\Delta V\to 0}\frac{\Delta q}{\Delta V} \tag{2-1}$$

$\rho(\boldsymbol{r})$的单位为 $\mathrm{C/m^3}$。$\rho(\boldsymbol{r})$是一个空间位置的连续函数，描述了电荷在空间中的分布情况，构成一个标量场。

若在电荷分布的空间内以 $\boldsymbol{r}$ 为中心取一足够小的体积元 ΔV，则该体积元内总电荷量 Δq 为 $\rho(\boldsymbol{r})\Delta V$。要计算某一体积内的电荷总量，可应用体积分的方法求得

$$q=\int_V \rho(\boldsymbol{r})\mathrm{d}V \tag{2-2}$$

2.1.2　面电荷密度

在处理工程电磁场问题时，有些情况下可以认为电荷分布在某一几何曲面上，称为面电荷。相应地，我们定义面电荷密度 $\rho_S(\boldsymbol{r})$为

$$\rho_S(\boldsymbol{r})=\lim_{\Delta S\to 0}\frac{\Delta q}{\Delta S} \tag{2-3}$$

$\rho_S(\boldsymbol{r})$的单位为 $\mathrm{C/m^2}$。

当已知 $\rho_S(\boldsymbol{r})$的分布后，要计算某一面积内的电荷总量，可应用面积分的方法求得

$$q=\int_S \rho_S(\boldsymbol{r})\mathrm{d}S \tag{2-4}$$

2.1.3　线电荷密度

若电荷分布在某一几何曲线上，定义线电荷密度 $\rho_l(\boldsymbol{r})$为

$$\rho_l(\boldsymbol{r})=\lim_{\Delta l\to 0}\frac{\Delta q}{\Delta l} \tag{2-5}$$

$\rho_l(\boldsymbol{r})$的单位为 C/m。

当已知 $\rho_l(\boldsymbol{r})$的分布后，任意曲线上的电荷总量，可以用相应的线积分表示为

$$q=\int_l \rho_l(\boldsymbol{r})\,\mathrm{d}l \tag{2-6}$$

2.1.4　点电荷

点电荷是电磁场理论中的一个理想模型，对于总电量为 q 的电荷集中在很小区域 V 的情况，当不分析和计算该电荷所在的小区域中的电场，而仅需要分析和计算电场的区域距离电荷区很远，即场点(即电场的区域中某点，为观测点)距源点(即电荷区域中某点，为源电荷所在点)的距离远大于电荷所在的源区的线度时，小体积 V 中的电荷可看作位于该区域中心，电量为 q 的点电荷。位于 $\boldsymbol{r}'$点、电量为 q 的点电荷的电荷密度可用 δ 函数表示为

$$\rho(\boldsymbol{r})=q\delta(\boldsymbol{r}-\boldsymbol{r}') \tag{2-7}$$

2.2　电场强度和电位函数

电场强度 $\boldsymbol{E}$ 和电位 φ 是研究静电场最基本的两个物理量。下面通过静电场的基本实验定律——库仑定律导出点电荷在场点产生的电场强度，从而推广到分布电荷在场强度情况。除了电场强度之外，下面还引入了电位函数对静电场的分布进行描述。

2.2.1　库仑定律

1785 年，法国物理学家库仑通过实验总结出了真空(自由空间)中两静止点电荷之间的相互作用力所遵循的规律，即库仑定律。如图 2-1 所示，两点电荷 q_1，q_2 相隔距离为 R 时，q_2 受到 q_1 的作用力为

$$\boldsymbol{F}_{12}=\boldsymbol{e}_R\frac{q_1q_2}{4\pi\varepsilon_0R^2}=\frac{q_1q_2}{4\pi\varepsilon_0R^3}\boldsymbol{R} \tag{2-8}$$

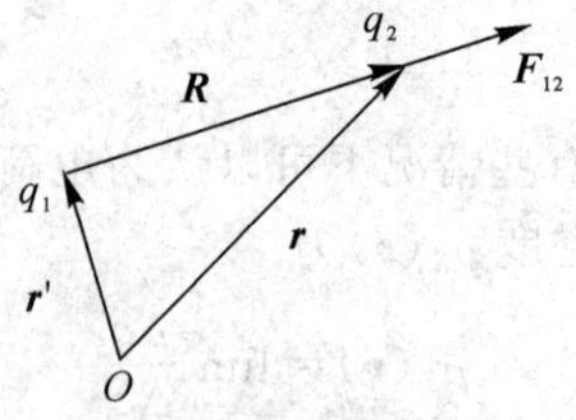

图 2-1　真空中两个点电荷间的作用力

为了方便，我们把场点的位置用不带撇号的坐标(x，y，z)表示，或用位置矢量 $\boldsymbol{r}$ 表示；源点的位置用带撇号的坐标(x'，y'，z')表示，或用位置矢量 $\boldsymbol{r}'$表示，如图 2-1 所示。

式中 $\boldsymbol{R}=\boldsymbol{r}-\boldsymbol{r}'$，$\boldsymbol{r}'$为源电荷 q_1 所在点(即源点)的位置矢量，$\boldsymbol{r}$ 为试验电荷 q_2 所在点(即场点)的位置矢量，$\boldsymbol{e}_R=\dfrac{\boldsymbol{R}}{R}$为从 q_1 指向 q_2 的单位矢量，$\varepsilon_0=\dfrac{1}{4\pi\times 9\times 10^9}\approx 8.854\times 10^{-12}$ F/m 称为真空中的介电常数或电容率。

2.2.2　电场强度

由库仑定律可知，当一个点电荷放在另一个点电荷的周围时，该点电荷要受到库仑力的作用，这种库仑力在空间各点的值都是确定的，所以可以利用单位正电荷(试验电荷)在电场中所受到的电场力，即电场强度，来反映电场的分布情况。

设在静止的源电荷周围空间内某点处一个静止的试验电荷 q 受到的静电力为 $\boldsymbol{F}$，则该点的电场强度 $\boldsymbol{E}$ 定义为

$$\boldsymbol{E}=\lim_{q\to 0}\frac{\boldsymbol{F}}{q} \tag{2-9}$$

式中 $\boldsymbol{F}$ 的单位为 N，q 的单位为 C，电场强度的单位为 N/C(或 V/m)。取极限 $q\to 0$ 是为了使引入静止试验电荷时不致影响源电荷的状态。

根据库仑定律和电场强度的定义，真空中点电荷 q 在距离 R 处所激发的电场强度 $\boldsymbol{E}$ 为

$$\boldsymbol{E}=\boldsymbol{e}_R\frac{q}{4\pi\varepsilon_0 R^2}=\frac{q}{4\pi\varepsilon_0 R^3}\boldsymbol{R} \tag{2-10}$$

式中 $R=|\boldsymbol{r}-\boldsymbol{r}'|$，根据$\nabla\dfrac{1}{R}=\boldsymbol{e}_R\dfrac{\partial}{\partial R}\left(\dfrac{1}{R}\right)=-\boldsymbol{e}_R\dfrac{1}{R^2}=-\dfrac{\boldsymbol{R}}{R^3}$，式(2-10)也可用算符$\nabla$改写为

$$\boldsymbol{E}(\boldsymbol{r})=-\frac{q}{4\pi\varepsilon_0}\nabla\left(\frac{1}{R}\right)=-\frac{q}{4\pi\varepsilon_0}\nabla\left(\frac{1}{|\boldsymbol{r}-\boldsymbol{r}'|}\right)=\frac{q}{4\pi\varepsilon_0}\left(\frac{\boldsymbol{r}-\boldsymbol{r}'}{|\boldsymbol{r}-\boldsymbol{r}'|^3}\right) \tag{2-11}$$

由式(2-10)可知，点电荷所产生的电场强度与该点电荷的电量成正比。对于由 n 个点电荷所产生的总电场强度，可以根据叠加原理得到，即

$$\boldsymbol{E}(\boldsymbol{r})=\sum_{i=1}^{n}\boldsymbol{e}_{R_i}\frac{q_i}{4\pi\varepsilon_0 R_i^2}=-\sum_{i=1}^{n}\frac{q_i}{4\pi\varepsilon_0}\nabla\frac{1}{R_i} \tag{2-12}$$

式中 R_i 是 q_i 到场点的距离，$\boldsymbol{e}_{R_i}$ 是沿 $\boldsymbol{R}=\boldsymbol{r}-\boldsymbol{r}_i'$方向的单位矢量。

对于真空中连续分布电荷的电场强度，可通过矢量积分实现。已知分布电荷的源函数分别为 $\rho(\boldsymbol{r}')$、$\rho_S(\boldsymbol{r}')$和 $\rho_l(\boldsymbol{r}')$，它们在场点 $P(\boldsymbol{r})$处产生的电场强度为

$$\boldsymbol{E}(\boldsymbol{r})=\frac{1}{4\pi\varepsilon_0}\int_V\rho(\boldsymbol{r}')\frac{\boldsymbol{R}}{R^3}\mathrm{d}V'=-\frac{1}{4\pi\varepsilon_0}\int_V\rho(\boldsymbol{r}')\nabla\left(\frac{1}{R}\right)\mathrm{d}V' \tag{2-13a}$$

$$\boldsymbol{E}(\boldsymbol{r})=\frac{1}{4\pi\varepsilon_0}\int_S\rho_S(\boldsymbol{r}')\frac{\boldsymbol{R}}{R^3}\mathrm{d}S'=-\frac{1}{4\pi\varepsilon_0}\int_S\rho_S(\boldsymbol{r}')\nabla\left(\frac{1}{R}\right)\mathrm{d}S' \tag{2-13b}$$

$$\boldsymbol{E}(\boldsymbol{r})=\frac{1}{4\pi\varepsilon_0}\int_l\rho_l(\boldsymbol{r}')\frac{\boldsymbol{R}}{R^3}\mathrm{d}l'=-\frac{1}{4\pi\varepsilon_0}\int_l\rho_l(\boldsymbol{r}')\nabla\left(\frac{1}{R}\right)\mathrm{d}l' \tag{2-13c}$$

例 2-1　自由空间中某有限长直线 l 上均匀分布着线电荷密度为ρ_l 的线电荷。试求该直线外任意一点 P 处的电场强度。

解： 取坐标系如图 2-2 所示，令线电荷与 z 轴相重合，原点位于线电荷的中点。

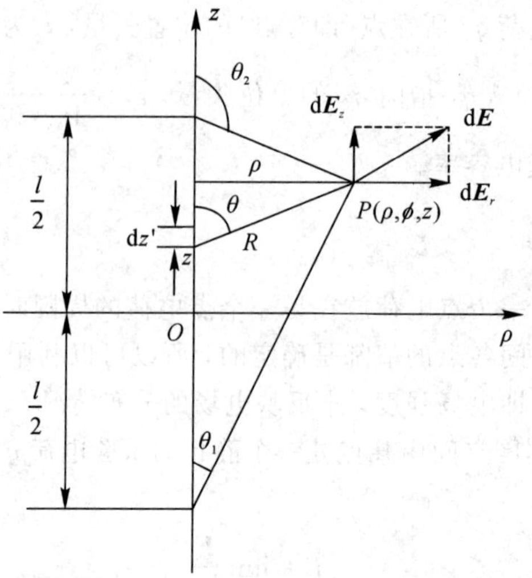

图 2-2 有限长均匀带电直线的电场

显然电荷分布及其电场均具有轴对称性，可以仅在 ϕ 为常数的平面内计算电场。这样场点的位置矢量为 $\boldsymbol{r}=\boldsymbol{e}_\rho\rho+\boldsymbol{e}_z z$；点源 $\rho_l\mathrm{d}l'$的位置矢量为 $\boldsymbol{e}_z z'$。故 $\boldsymbol{R}=\boldsymbol{e}_\rho\rho+\boldsymbol{e}_z(z-z')$，$\mathrm{d}q=\rho_l\mathrm{d}z'$，因此点源 $\mathrm{d}q$ 产生的电场 $\mathrm{d}\boldsymbol{E}(\boldsymbol{r})$为

$$\mathrm{d}\boldsymbol{E}(\boldsymbol{r})=\frac{1}{4\pi\varepsilon_0}\frac{\rho_l\mathrm{d}z'[\boldsymbol{e}_\rho\rho+\boldsymbol{e}_z(z-z')]}{[\rho^2+(z-z')^2]^{\frac{3}{2}}}$$

$\mathrm{d}\boldsymbol{E}(\boldsymbol{r})$可以分解为 $\mathrm{d}\boldsymbol{E}(\boldsymbol{r})=\boldsymbol{e}_\rho\mathrm{d}E_\rho+\boldsymbol{e}_z\mathrm{d}E_z$，矢量积分公式分解为两个标量积分，它们分别为

$$E_\rho(\boldsymbol{r})=\frac{1}{4\pi\varepsilon_0}\int_{-\frac{l}{2}}^{\frac{l}{2}}\frac{\rho_l\mathrm{d}z'\rho}{[\rho^2+(z-z')^2]^{\frac{3}{2}}}=\frac{\rho_l}{4\pi\varepsilon_0\rho}\left\{\frac{z+\frac{l}{2}}{\left[\rho^2+\left(z+\frac{l}{2}\right)^2\right]^{\frac{1}{2}}}-\frac{z-\frac{l}{2}}{\left[\rho^2+\left(z-\frac{l}{2}\right)^2\right]^{\frac{1}{2}}}\right\}$$

因为

$$\cos\theta_1=\frac{z+\frac{l}{2}}{\left[\rho^2+\left(z+\frac{l}{2}\right)^2\right]^{\frac{1}{2}}},\ \cos\theta_2=\frac{z-\frac{l}{2}}{\left[\rho^2+\left(z-\frac{l}{2}\right)^2\right]^{\frac{1}{2}}}$$

所以

$$E_\rho(\boldsymbol{r})=\frac{\rho_l}{4\pi\varepsilon_0\rho}(\cos\theta_1-\cos\theta_2)$$

同理

$$E_z(\boldsymbol{r})=\frac{1}{4\pi\varepsilon_0}\int_{-\frac{l}{2}}^{\frac{l}{2}}\frac{\rho_l\mathrm{d}z'(z-z')}{[\rho^2+(z-z')^2]^{\frac{3}{2}}}=\frac{\rho_l}{4\pi\varepsilon_0\rho}(\sin\theta_2-\sin\theta_1)$$

对无限长的带电直线而言，在 $z=-\infty$情况下有 $\theta_1=0$；在 $z=\infty$情况下有 $\theta_2=\pi$，P 点所产生的电场强度为

$$E_\rho(\boldsymbol{r})=\frac{\rho_l}{2\pi\varepsilon_0\rho},\ E_z(\boldsymbol{r})=0$$

2.2.3 电位函数

为了简化一些复杂计算，这里定义一个标量场，即电位函数，又称标量电位，简称电位。静电场中任意一点的电位定义为将单位正电荷从电场中的 P 点沿任意路径移至零电位参考点 Q 时，静电力所做的功，其电位函数定义为

$$\varphi(r)=\int_P^Q \boldsymbol{E}\cdot \mathrm{d}\boldsymbol{l} \tag{2-14}$$

式中 P 是待求电位的场点，Q 是电位的参考点。

空间 A、B 两点之间的电位差称为电压，可以写为

$$\varphi_B-\varphi_A=\int_B^A \boldsymbol{E}\cdot \mathrm{d}\boldsymbol{l} \tag{2-15}$$

对于真空中点电荷 q 所产生的静电场，可由式(2-14)计算出其在 R 点的电位函数(选择无穷远处为零电位参考点)：

$$\varphi=\int_R^\infty \boldsymbol{E}\cdot \mathrm{d}\boldsymbol{l}=\int_R^\infty \frac{q}{4\pi\varepsilon_0 R^2}\boldsymbol{e}_R\cdot \mathrm{d}\boldsymbol{l}=\frac{q}{4\pi\varepsilon_0}\int_R^\infty \frac{\mathrm{d}R}{R^2}=\frac{q}{4\pi\varepsilon_0 R} \tag{2-16}$$

同理，对有限区域内的分布电荷，如体电荷分布、面电荷分布和线电荷分布，其电位函数可以通过积分得到，即

$$\varphi(r)=\frac{1}{4\pi\varepsilon_0}\int_V \frac{\rho(\boldsymbol{r}')\mathrm{d}V'}{R} \tag{2-17a}$$

$$\varphi(r)=\frac{1}{4\pi\varepsilon_0}\int_S \frac{\rho_S(\boldsymbol{r}')\mathrm{d}S'}{R} \tag{2-17b}$$

$$\varphi(r)=\frac{1}{4\pi\varepsilon_0}\int_l \frac{\rho_l(\boldsymbol{r}')\mathrm{d}l'}{R} \tag{2-17c}$$

式中 $R=|\boldsymbol{r}-\boldsymbol{r}'|$，$\boldsymbol{r}$ 为场点的位置矢量，$\boldsymbol{r}'$为源点的位置矢量。

2.2.4 电场强度与电位函数之间的关系

由式(2-13a)可知，积分是对源点 r'进行的，而算符∇是对场点作用的，故可将∇移到积分号外，即

$$\boldsymbol{E}(\boldsymbol{r})=-\frac{1}{4\pi\varepsilon_0}\int_V \rho(\boldsymbol{r}')\nabla\left(\frac{1}{R}\right)\mathrm{d}V'=-\nabla\left[\frac{1}{4\pi\varepsilon_0}\int_V \frac{\rho(\boldsymbol{r}')}{R}\mathrm{d}V'\right]$$

将上式右端表达式与式(2-17a)比较可得

$$\boldsymbol{E}(\boldsymbol{r})=-\nabla\varphi(r) \tag{2-18}$$

该式表明，电场强度可由一个标量位函数的负梯度表示。

2.2.5 电荷及分布电荷周围的电位和电场的可视化

已经知道，电荷及电荷分布周围的电场是一个矢量场，而电位是一个标量场。因此，在 MATLAB 平台上可先计算电位，再用 gradient 计算其梯度得到电场，并利用 quiver3 函数在 xyz 空间进行 3D 可视化展示。

(1) 正点电荷周围的电位和电场的可视化。

```
e0=1e-9/(36*pi);                          % 介电常数ε0
q=1.6*10e-19;                             % 正点电荷的电量
```

```
x=linspace(-1, 1, 8);                              % x轴范围，从-1到1，划分成8个点
[X, Y, Z]=meshgrid(x);                             % 在xyz坐标系内，构建一个立体网格
R=(X.^2+Y.^2+Z.^2).^0.5;                           % 计算点电荷到场点的距离
U=q/4/pi/e0./R;                                    % 计算电位
p=patch(isosurface(X, Y, Z, U));                   % 计算等势面所对应的面元和顶点，并绘制
set(p, 'FaceColor', 'white', 'EdgeColor', 'black'); % 对等势面进行修饰，面元为白色，边沿为黑色
hold on;                                           % 叠加绘制模式
[Ex, Ey, Ez]=gradient(-U);                         % 计算电场强度
AE=sqrt(Ex.^2+Ey.^2+Ez.^2);                        % 计算电场强度的大小
Ex=Ex./AE; Ey=Ey./AE; Ez=Ez./AE;                   % 计算电场强度的方向
quiver3(X, Y, Z, Ex, Ey, Ez, 0.1, 'b-');           % 绘制矢量场强
view(3)                                            % 默认为三维视角
axis equal;                                        % 等比例显示
```

3D可视化程序运行结果如图2-3所示。

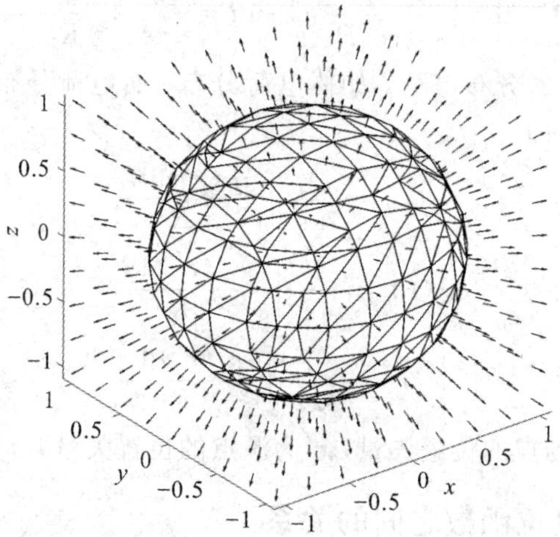

图2-3　正点电荷周围电位与电场的3D显示

下面的代码描述了点电荷在 xOy 平面内的等势线和电场矢量的2D可视化展示。

```
e0=1e-9/(36*pi);                                   % 介电常数ε0
q=1.6*10e-19;                                      % 正点电荷的电量
[X, Y]=meshgrid(-4: 0.3: 4, -4: 0.3: 4);           % 设置坐标网点
R=(X.^2+Y.^2).^0.5;                                % 点电荷到场点的距离
U=q/4/pi/e0./R;                                    % 计算电势
surfl(X, Y, U);                                    % 画电势图
Vmin=min(min(U));                                  % U矩阵最小的元素
Vmax=max(max(U));                                  % U矩阵最大的元素
CV=linspace(Vmin, Vmax, 50);                       % 产生50个电位值
contour(X, Y, U, CV);                              % 画等位线，等位线条数为CV元素的值
hold on;                                           % 在等位线的基础上，画电场图
plot(-0.1, -0.1, 'ro', -0.1, -0.1, 'r+', 'markersize', 5); % 画点电荷
[Ex, Ey]=gradient(-U);                             % 电势的负梯度，即电场强度
AE=sqrt(Ex.^2+Ey.^2);                              % 求电场强度的大小
```

```
Ex=Ex./AE; Ey=Ey./AE;                          % 求单位场强
quiver(X, Y, Ex, Ey, 0.5, 'g-');               % 绘制2D矢量场强，电场图
hold off
```

程序运行结果如图 2-4 所示。

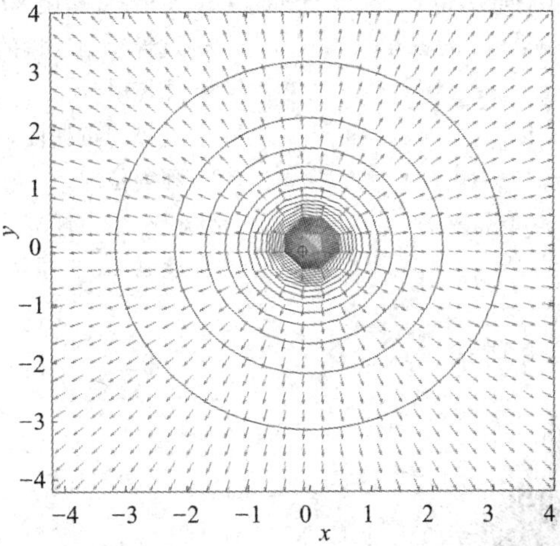

图 2-4　正点电荷周围电位与电场的 2D 显示

(2) 线正电荷分布周围的电位和电场的可视化。

根据例 2-1 的结果结合式(2-14)，可得到线电荷密度为 ρ_l 的无限长带电直导线(线电荷分布的情况)周围电位分布表达式为

$$\varphi=-\frac{\rho_l}{2\pi\varepsilon_0}\ln r+C=-\frac{\rho_l}{4\pi\varepsilon_0}\ln(x^2+y^2)+C$$

式中 C 是与电势参考点相关的常数。

大家关心的是描绘等势线和电场线，电位函数中的系数$\frac{\rho_l}{4\pi\varepsilon_0}$并不影响电场线的形状和分布，故可以忽略该系数，下面设置 $C=0$。

```
[X, Y, Z]=meshgrid(-4:0.4:4, -4:0.4:4, -4:0.4:4);  % 设置绘制区域的网格
x=zeros(1, length(X));                              % 设置线电荷与z轴重合
y=zeros(1, length(Y));                              % 设置线电荷与z轴重合
z=linspace(-4, 4, length(Z));                       % 设置线电荷与z轴重合，线电荷的长度
U=-log(X.^2+Y.^2);                                  % 计算电势
p=patch(isosurface(X, Y, Z, U));                    % 计算等势面所对应的面元和顶点，并绘制
set(p, 'FaceColor', 'red', 'EdgeColor', 'none');    % 对等势面进行修饰，面元红色，边沿黑色
hold on;                                            % 叠加绘制模式
p=patch(isosurface(X, Y, Z, U, -1.5));              % 计算等势面并绘制
set(p, 'FaceColor', 'red', 'EdgeColor', 'none');    % 对等势面进行修饰，面元红色，边沿黑色
plot3(x, y, z, 'LineWidth', 5);                     % 画线电荷，其线粗为5
[Ex, Ey, Ez]=gradient(-U);                          % 电势的负梯度，即电场强度
AE=sqrt(Ex.^2+Ey.^2+Ez.^2);                         % 计算电场强度大小
Ex=Ex./AE; Ey=Ey./AE; Ez=Ez./AE;                    % 计算电场强度的方向
quiver3(X, Y, Z, Ex, Ey, Ez, 0.5, 'k-');            % 绘制矢量场强
```

```
view(3)                                        % 默认为三维视角
axis equal;                                    % 等比例显示
hold off                                       % 关闭叠加绘制模式
```

3D 可视化程序运行结果如图 2-5 所示。

下面的代码描述了线电荷分布在 xOz 平面内的等势线和电场矢量的 2D 可视化展示。

```
[X, Y]=meshgrid(-3: 0.4: 3, -3: 0.4: 3);       % 设置绘制区域的网格
U=-log(X.^2+Y.^2);                             % 计算电势
[Ex, Ey]=gradient(-U);                         % 电势的负梯度，即电场强度
contour(X, Y, U);                              % 画等位线
hold on;
quiver(X, Y, Ex, Ey);                          % 绘制 2D 矢量场强，电场图
axis equal;
```

程序运行结果如图 2-6 所示。

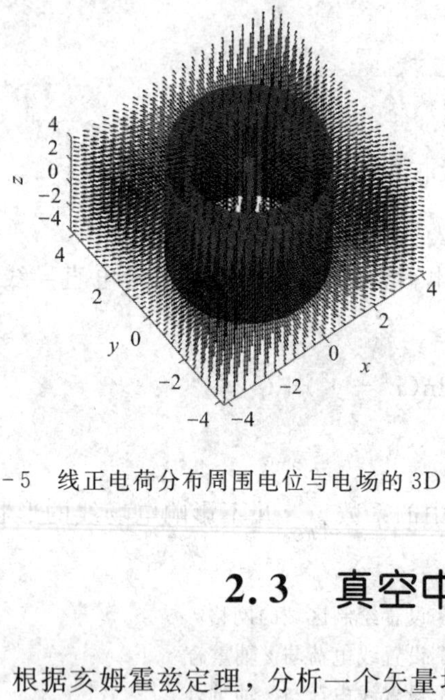

图 2-5　线正电荷分布周围电位与电场的 3D 显示

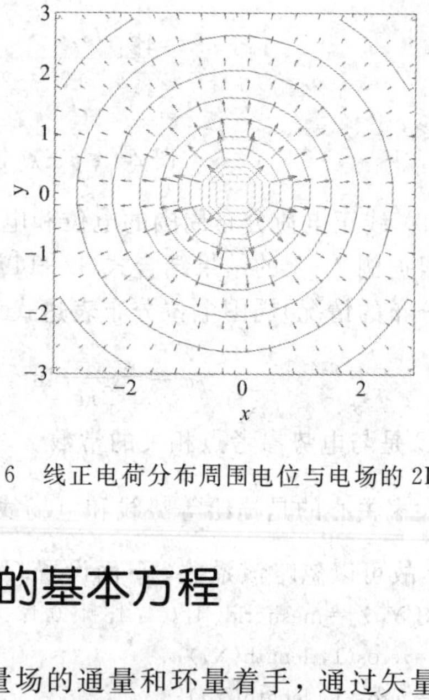

图 2-6　线正电荷分布周围电位与电场的 2D 显示

2.3　真空中静电场的基本方程

根据亥姆霍兹定理，分析一个矢量场，可从矢量场的通量和环量着手，通过矢量场基本方程的积分形式研究矢量场的基本性质；也可从矢量场的散度和旋度着手，通过矢量场基本方程的微分形式研究矢量场的基本性质。下面研究真空中静电场的基本方程——高斯定理和环路定理。

2.3.1　电场强度的通量与散度

真空中，位于坐标原点的点电荷 q 产生的电场为

$$\boldsymbol{E}(\boldsymbol{r})=\boldsymbol{e}_r\frac{q}{4\pi\varepsilon_0 r^2} \tag{2-19}$$

该电场对中心位于坐标原点，半径为 r 的球面的通量为

$$\oint_S \boldsymbol{E}(r)\cdot \mathrm{d}\boldsymbol{S}=\frac{q}{4\pi\varepsilon_0}\oint_S\frac{\boldsymbol{e}_r\cdot \mathrm{d}\boldsymbol{S}}{r^2}=\frac{q}{4\pi\varepsilon_0}\oint_S \mathrm{d}\Omega \tag{2-20}$$

式中 $\mathrm{d}\Omega$ 是 $\mathrm{d}S$ 对点电荷 q 所张的立体角，Ω 是积分面 S 对点电荷 q 所张的立体角，如图 2-7 所示。

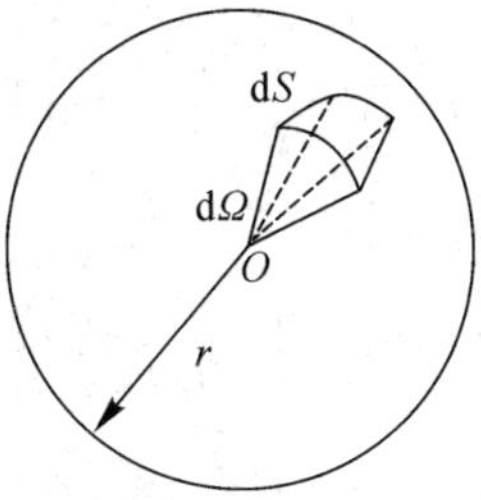

图 2-7　球面上面元对球心的立体角

如果 S 是封闭曲面，显然，当点电荷 q 位于封闭曲面 S 内时，封闭曲面 S 对点电荷 q 所张立体角为 4π，而当点电荷 q 位于封闭曲面 S 外时，封闭曲面 S 对点电荷 q 所张立体角为 0，则式(2-20)简化为

$$\oint_S \boldsymbol{E}(r)\cdot \mathrm{d}\boldsymbol{S}=\frac{q}{\varepsilon_0} \tag{2-21}$$

此外，如果静电场是由多个点电荷产生的，则根据叠加原理可得

$$\oint_S \boldsymbol{E}(r)\cdot \mathrm{d}\boldsymbol{S}=\frac{\sum q}{\varepsilon_0}=\frac{Q}{\varepsilon_0} \tag{2-22}$$

式中 Q 是封闭面内区域中的总电荷量，为

$$Q=\int_V \rho(r)\mathrm{d}V \tag{2-23}$$

式中对电荷密度体积分的体积 V 为封闭曲面 S 所包围的体积。式(2-21)或式(2-22)为真空中高斯定理的积分形式，表明电场强度穿过任一闭合曲面的通量等于闭合曲面所包围体积中所有电荷的带电量 Q 与 ε_0 之比。

利用散度定理，结合式(2-22)和式(2-23)，得

$$\oint_S \boldsymbol{E}(r)\cdot \mathrm{d}\boldsymbol{S}=\int_V \nabla\cdot \boldsymbol{E}(r)\mathrm{d}V=\frac{\int_V \rho(r)\mathrm{d}V}{\varepsilon_0} \tag{2-24}$$

因为 S 是任意的闭合曲面，高斯定理的微分形式为

$$\nabla\cdot \boldsymbol{E}(r)=\frac{\rho(r)}{\varepsilon_0} \tag{2-25}$$

该式表明，对真空中的静电场而言，其电场强度在任一点处的散度等于该点处的电荷体密度 ρ 与 ε_0 之比。

例 2-2　真空中有电荷按体密度 $\rho(\boldsymbol{r})=\dfrac{r}{a}$ 分布于一个半径为 a 的球形区域内，求：

(1) 带电球内外的电场强度；

(2) 带电球体产生的电位。

解： (1)由于电荷分布具有球对称性，故电场强度仅有径向分量 E_r，同时它具有球对称性。作一个与带电体同心、半径为 r 的高斯球面，根据高斯定理的积分形式，则电场强度穿过该封闭球面的通量为

$$\oint_S \boldsymbol{E}(r)\cdot \mathrm{d}\boldsymbol{S}=4\pi r^2 E_r=\frac{Q}{\varepsilon_0}$$

当 $r<a$ 时，球面内的电荷为

$$Q=\int_V \rho(r)\mathrm{d}V=\int_0^r \frac{r}{a}\cdot 4\pi r^2\mathrm{d}r=\frac{\pi r^4}{a}$$

当 $r\geqslant a$ 时，球面内的电荷为

$$Q=\int_V \rho(r)\mathrm{d}V=\int_0^a \frac{r}{a}\cdot 4\pi r^2\mathrm{d}r=\pi a^3$$

因此

$$\boldsymbol{E}(r)=\begin{cases}\boldsymbol{e}_r\dfrac{r^2}{4\varepsilon_0 a} & r<a\\[2ex] \boldsymbol{e}_r\dfrac{a^3}{4\varepsilon_0 r^2} & r\geqslant a\end{cases}$$

电场强度的大小与半径的关系如图 2-8 所示。

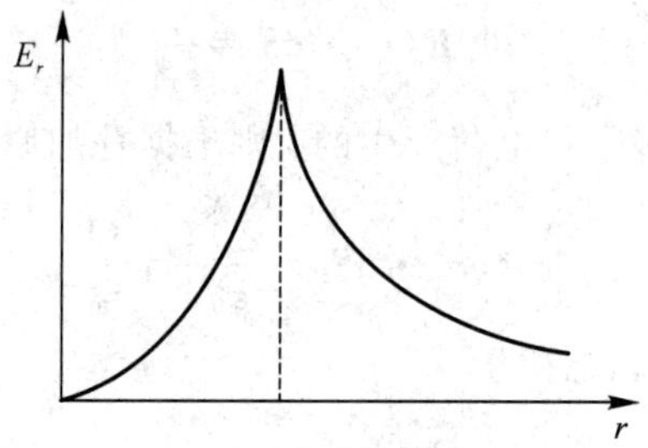

图 2-8　例 2-2 的电场强度分布

(2) 根据式(2-16)，当 $r\geqslant a$ 时，球体外的电位为

$$\varphi=\int_r^\infty \boldsymbol{E}(r)\cdot \mathrm{d}\boldsymbol{l}=\int_r^\infty \frac{a^3}{4\varepsilon_0 r^2}\mathrm{d}r=\frac{a^3}{4\varepsilon_0 r}$$

当 $r<a$ 时，球体内的电位为

$$\varphi=\int_r^a \boldsymbol{E}(r)\cdot \mathrm{d}\boldsymbol{l}+\int_a^\infty \boldsymbol{E}(r)\cdot \mathrm{d}\boldsymbol{l}=\int_r^a \frac{r^2}{4\varepsilon_0 a}\mathrm{d}r+\int_a^\infty \frac{a^3}{4\varepsilon_0 r^2}\mathrm{d}r=\frac{a^2}{3\varepsilon_0}-\frac{r^3}{12\varepsilon_0 a}$$

例 2-3　已知半径为 a 的球内、外电场分布为

$$\boldsymbol{E}(r)=\begin{cases}\boldsymbol{e}_r E_0\left(\dfrac{r}{a}\right) & r<a\\[2ex] \boldsymbol{e}_r E_0\left(\dfrac{a}{r^2}\right) & r\geqslant a\end{cases}$$

求电荷体密度。

解： 由高斯定理的微分形式 $\nabla\cdot\boldsymbol{E}(r)=\dfrac{\rho}{\varepsilon_0}$，得电荷体密度为

$$\rho=\varepsilon_0\nabla\cdot\boldsymbol{E}(r)$$

用球坐标系中的散度公式

$$\nabla\cdot\boldsymbol{E}(r)=\frac{1}{r^2}\frac{\partial}{\partial r}(r^2E_r)+\frac{1}{r\sin\theta}\frac{\partial}{\partial\theta}(\sin\theta E_\theta)+\frac{1}{r\sin\theta}\frac{\partial E_\phi}{\partial\phi}$$

可得

$$\rho=\begin{cases}\dfrac{3\varepsilon_0 E_0}{a} & r<a\\ 0 & r\geqslant a\end{cases}$$

2.3.2　电场强度的环量与旋度

真空中，位于坐标原点的点电荷 q 产生的电场中，如图 2-9 所示，电场强度 $\boldsymbol{E}(\boldsymbol{r})$ 从 A 点(位置矢量为 $\boldsymbol{R}_A$)沿曲线到 B 点(位置矢量为 $\boldsymbol{R}_B$)的线积分为

$$\int_{R_A}^{R_B}\boldsymbol{E}(\boldsymbol{r})\cdot \mathrm{d}\boldsymbol{l}=\frac{q}{4\pi\varepsilon_0}\int_{R_A}^{R_B}\frac{\boldsymbol{e}_r\cdot \mathrm{d}\boldsymbol{l}}{R^2}=\frac{q}{4\pi\varepsilon_0}\int_{R_A}^{R_B}\frac{\mathrm{d}R}{R^2}=\frac{q}{4\pi\varepsilon_0}\left(\frac{1}{R_A}-\frac{1}{R_B}\right) \tag{2-26}$$

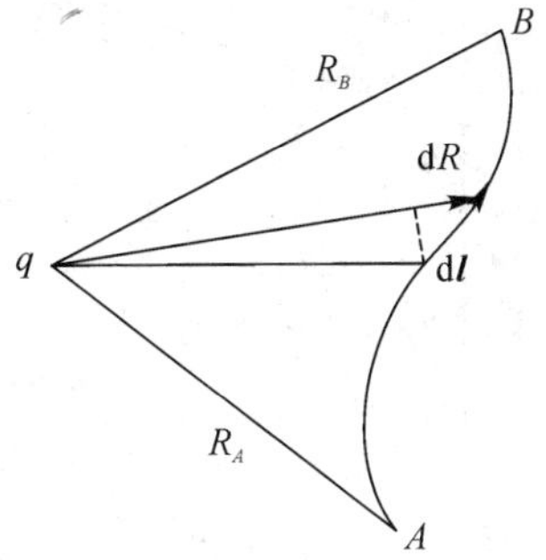

图 2-9　电场强度的线积分

显然，上述积分结果仅取决于积分线起点、终点到 q 的距离的大小，与积分路径无关。因此，对于沿闭合曲线的线积分(环量)而言，起点 A 和终点 B 重合，积分结果必然为零，即

$$\oint_C \boldsymbol{E}\cdot \mathrm{d}\boldsymbol{l}=0 \tag{2-27}$$

上式为真空中静电场满足的环路定理的积分形式，根据电场强度的叠加性，多个点电荷或连续分布的电荷的电场强度都满足上式，即电荷产生的静电场的闭合回路线积分为零。

利用斯托克斯定理，式(2-27)可以写成

$$\oint_C \boldsymbol{E}\cdot \mathrm{d}\boldsymbol{l}=\int_S \nabla\times\boldsymbol{E}\cdot \mathrm{d}\boldsymbol{S}=0 \tag{2-28}$$

由于上式中回路 C 及其所限定的面积 S 是任意的，故有

$$\nabla\times\boldsymbol{E}=0 \tag{2-29}$$

上式为真空中静电场满足的环路定理的微分形式，表明静电场的旋度处处为零。该结论对于多个点电荷或连续分布的电荷所产生的静电场而言仍然成立。即静电场是电场强度的旋度处处为零的无旋场(保守场)。由亥姆霍兹定理可知，电场强度可用一个标量函数的负梯度表示，这个标量函数就是静电场的电位函数。$\boldsymbol{E}$ 和 φ 之间满足关系式 $\boldsymbol{E}=-\nabla\varphi$，这与式(2-18)吻合。

2.4 电偶极子

电偶极子是由等值异号、相距很近($l \ll r$)的两个点电荷(q，$-q$)所组成的电荷系统，如图 2-10 所示。真空中电偶极子的电场和电位可用来分析电介质的极化问题。电偶极子可以通过电偶极矩 $\boldsymbol{p}$ 来描述，即

$$\boldsymbol{p}=q\boldsymbol{l} \tag{2-30}$$

式中电偶极矩的大小 p 等于电荷量 q 乘以电荷间距 l，而方向则由负电荷指向正电荷。

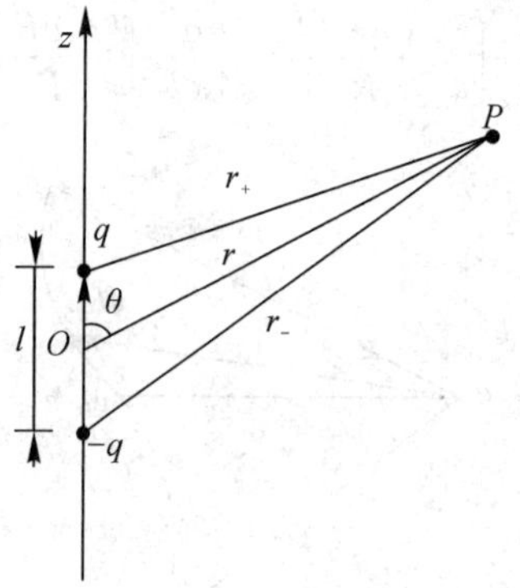

图 2-10　电偶极子

2.4.1 电偶极子的电位函数

取电偶极子的轴和 z 轴重合，电偶极子的中心在坐标原点。根据式(2-16)可以给出电偶极子在空间任意点 P 处的电位函数(无穷远处为零电位参考点)为

$$\varphi=\frac{q}{4\pi\varepsilon_0}\left(\frac{1}{r_+}-\frac{1}{r_-}\right) \tag{2-31}$$

在观察点远离电偶极子的情况下($r \gg l$)，考虑到电偶极子的电荷间距很小，则

$$\frac{1}{r_+}=\left[r^2+\left(\frac{l}{2}\right)^2-rl\cos\theta\right]^{-\frac{1}{2}}\approx\frac{1}{r}\left(1+\frac{l}{2r}\cos\theta\right) \tag{2-32a}$$

$$\frac{1}{r_-}=\left[r^2+\left(\frac{l}{2}\right)^2+rl\cos\theta\right]^{-\frac{1}{2}}\approx\frac{1}{r}\left(1-\frac{l}{2r}\cos\theta\right) \tag{2-32b}$$

将式(2-32a)和式(2-32b)代入式(2-31)中，电偶极子的电位函数表达式简化为

$$\varphi=\frac{ql\cos\theta}{4\pi\varepsilon_0 r^2} \tag{2-33}$$

利用电偶极矩，上式可表达为

$$\varphi=\frac{\boldsymbol{p}\cdot\boldsymbol{e}_r}{4\pi\varepsilon_0 r^2} \tag{2-34}$$

上式相比点电荷 q 的电位 φ 随距离 r 成反比的变化规律而言，电偶极子产生的电位 φ 随距离 r^2 衰减，其衰减更快。考虑到电偶极子是由等值异号、相距很近的两个点电荷所组成，而两电荷各自产生的电位相互抵消，上述结论则不难理解。

2.4.2　电偶极子的电场强度

将式(2-33)代入 $\boldsymbol{E}=-\nabla\varphi$ 可以计算出电偶极子的电场强度，即

$$\boldsymbol{E}=-\nabla\varphi=\boldsymbol{e}_r\frac{ql\cos\theta}{2\pi\varepsilon_0 r^3}+\boldsymbol{e}_\theta\frac{ql\sin\theta}{4\pi\varepsilon_0 r^3} \tag{2-35}$$

式中电场强度仅描述远离电偶极子区域中静电场的分布($r\gg l$)。相比点电荷 q 的电场强度 E 的大小随距离 r^2 成反比的变化规律，电偶极子的电场强度 E 的大小随距离 r^3 衰减，其衰减速度快于点电荷电场强度大小随距离的变化；电偶极子的电场强度 E 仅有 r 和 θ 方向的分量，也具有轴对称性。

2.4.3　电偶极子周围电场和电位的可视化

单个点电荷的电场和电位之间的关系已熟知，电偶极子是由两个等量异号、相距很近的点电荷系统构成，它的电场和电位都满足叠加原理。故可通过电位大小叠加，利用 isosurface 函数绘制等势面，再用 gradient 计算其梯度得到电场，并利用 quiver3 函数在 xyz 空间进行 3D 可视化展示。

```
x=(-1: 0.25: 1); y=(-1: 0.25: 1); z=(-1: 0.25: 1);   % 设置坐标范围
a=sqrt(2);                                           % 设置正负电荷的坐标
[X, Y, Z]=meshgrid(x, y, z);                         % 设置绘制区域的网格
R1=sqrt((X-a).^2+Y.^2+Z.^2);                         % 计算正点电荷到场点的距离
R2=sqrt((X+a).^2+Y.^2+Z.^2);                         % 计算负点电荷到场点的距离
U=1./R1-1./R2;                                       % 计算电压
p=patch(isosurface(X, Y, Z, U, 0));                  % 计算等势面为 0 所对应的面元和顶点，并绘制
set(p, 'FaceColor', 'none', 'EdgeColor', 'black');   % 对等势面进行修饰，面元无色，边沿为黑色
hold on;                                             % 叠加绘制模式
p=patch(isosurface(X, Y, Z, U, 0.8));                % 计算等势面 0.8 所对应的面元和顶点，并绘制
set(p, 'FaceColor', 'none', 'EdgeColor', 'black');   % 对等势面进行修饰
p=patch(isosurface(X, Y, Z, U, -0.8));               % 计算等势面-0.8 所对应的面元和顶点，并绘制
set(p, 'FaceColor', 'none', 'EdgeColor', 'black');   % 对等势面进行修饰
[Ex, Ey, Ez]=gradient(-U);                           % 计算电场强度
AE=sqrt(Ex.^2+Ey.^2+Ez.^2);                          % 计算电场强度的大小
Ex=Ex./AE; Ey=Ey./AE; Ez=Ez./AE;                     % 计算电场强度的方向
quiver3(X, Y, Z, Ex, Ey, Ez, 0.4, 'b-');             % 绘制矢量场强
plot3(a, 0, 0, 'ko', a, 0, 0, 'r+');                 % 用红色圈表示正电荷位置
plot3(-a, 0, 0, 'ko', -a, 0, 0, 'r-');               % 用红色圈表示负电荷位置
view(3)                                              % 默认为三维视角
axis equal;
```

3D 可视化程序运行结果如图 2-11 所示。

下面的代码描述了电偶极子(两个点电荷构成的系统)在 xOy 平面内的等势线和电场矢量的 2D 可视化展示。

```
x=(-1: 0.25: 1); y=(-1: 0.25: 1);
a=sqrt(2);
```

```
[X, Y]=meshgrid(x, y);
R1=sqrt((X-a).^2+Y.^2);              % 计算正点电荷到场点的距离
R2=sqrt((X+a).^2+Y.^2);              % 计算负点电荷到场点的距离
U=1./R1-1./R2;                       % 计算电压
[Ex, Ey]=gradient(-U);               % 计算电场强度
AE=sqrt(Ex.^2+Ey.^2);                % 计算电场强度的大小
Ex=Ex./AE; Ey=Ey./AE;                % 计算电场强度的方向
contour(X, Y, U, 10);                % 绘制等势面，共 10 条
hold on;
quiver(X, Y, Ex, Ey, 0.2);           % 绘制矢量场强
plot(a, 0, 'ko', a, 0, 'r+');        % 用黑色圈+表示正电荷位置
plot(-a, 0, 'ko', -a, 0, 'r-');      % 用黑色圈-表示负电荷位置
```

2D 可视化程序运行结果如图 2-12 所示。

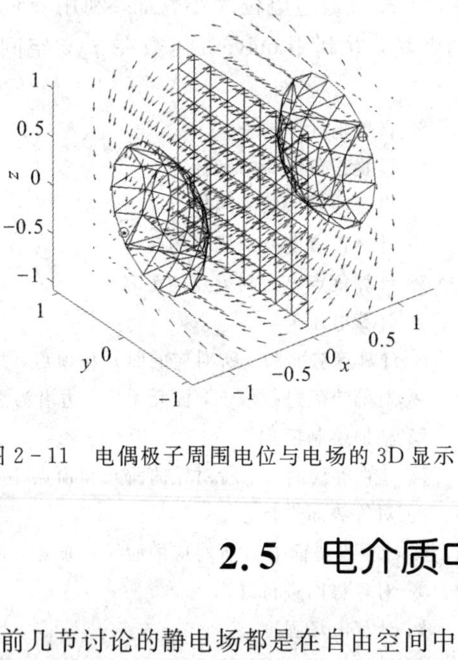

图 2-11　电偶极子周围电位与电场的 3D 显示

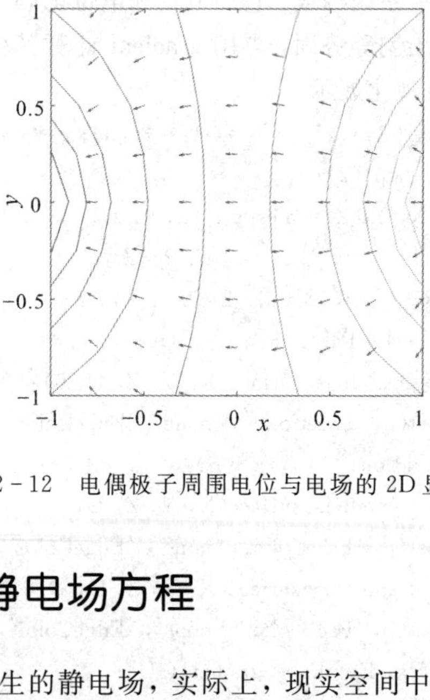

图 2-12　电偶极子周围电位与电场的 2D 显示

2.5　电介质中的静电场方程

前几节讨论的静电场都是在自由空间中电荷产生的静电场，实际上，现实空间中是存在物质的。根据物质的电特性，可将其分为导电物质(简称为导体)和绝缘物质(简称为电介质)两类。导体内部有大量的能自由运动的电荷，在外电场的作用下，这些自由电荷可以作宏观运动形成电流。介质中没有可自由运动的电荷，或者自由电荷非常少以至于可以忽略。在电场的作用下，介质内的带电粒子会发生微观的位移，使分子产生极化。下面将重点讨论介质中的静电场的特点和规律。

2.5.1　电介质的极化　极化强度

众所周知，物质是由分子组成的，分子又是由原子组成的，而每个原子由带正电的原子核与绕其旋转的并带负电的电子组成。按组成介质的分子中的正负电荷中心是否重合，介质分子分为两类：一类是正负电荷中心重合的无极性分子；另一类是正负电荷中心不重合而形成电偶极子的有极性分子。由于热运动，不同电偶极子的电矩方向是不规则的。在

没有外电场作用的情况下，无论哪一类分子，从电介质部分宏观体积来看，它们所有分子的等效偶极子的总电矩矢量都为 0。在外电场作用下，电介质中的非极性分子的正负电荷中心发生相对位移，极性分子的电矩发生转向，这时它们的等效偶极子电矩的矢量和不再为 0，这种情况称为电介质的极化，如图 2-13 所示。

极化的结果是电介质内总电矩不再为 0 的偶极子产生的一个附加电场。或者从电荷产生电场的角度看，可以认为是在电介质内部和表面形成了产生附加电场的等效电荷分布。由于这种电荷实质上是被束缚在偶极子中的，故称为束缚电荷(或极化电荷)。极化电荷在产生电场效应方面和自由电荷是一样的，但极化电荷产生的附加电场在电介质中只能减弱外加电场而不能将其抵消为 0，故静电场中的电介质与导体不同，其内部总电场强度一般不为 0。

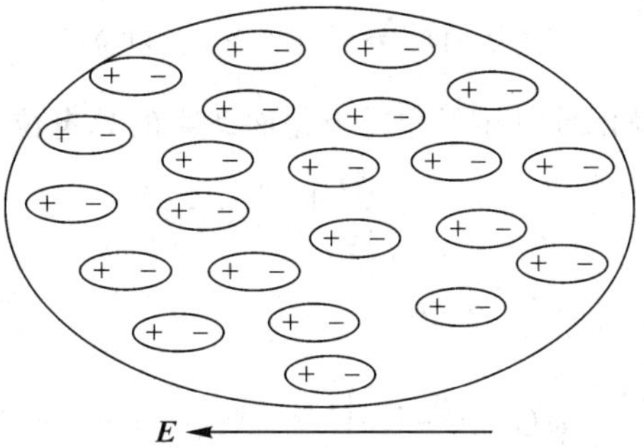

图 2-13　电介质极化

在外电场作用下，电介质形成极化的过程常有三种不同情况：

第一种，组成原子的电子云，在电场作用下相对原子核发生位移，称为电子极化；

第二种，组成分子的正、负离子，在电场作用下从其平衡位置发生位移，称为离子极化；

第三种，具有固有电矩(即极性分子)的分子，由于热运动，分子的电矩零乱排列而合成电矩为 0，但在电场作用下，分子的电矩向电场方向转动而产生合成电矩，称为取向极化。

单原子的电介质只有电子极化；所有化合物都存在离子极化和电子极化；某些化合物分子具有固有电矩，同时存在三种极化。

为了描述介质极化的状态(包括极化程度和极化方向)，引入极化强度矢量 $\boldsymbol{P}$。假设在电场作用下，介质中体积元 ΔV 内的合成电矩为 $\sum \boldsymbol{p}$，则可定义：

$$\boldsymbol{P} = \lim_{\Delta V \to 0} \frac{\sum \boldsymbol{p}}{\Delta V} \tag{2-36}$$

称为该点的极化强度，单位为 C/m^2。

2.5.2　极化介质产生的电位

当一块电介质受外加电场的作用而极化后，就等效为真空中一系列电偶极子。设空间区域 V 中介质极化后的极化强度为 $\boldsymbol{P}$，如果在 V 中的点 $\boldsymbol{r}'$，取体积元 dV'，该体积元内电偶极子的电偶极矩为 $\boldsymbol{P}(\boldsymbol{r}')dV'$，如图 2-14 所示。参考式(2-34)，该电偶极子在 $\boldsymbol{r}$ 点产生的电位为

$$d\varphi = \frac{\boldsymbol{P} dV' \cdot \boldsymbol{e}_R}{4\pi\varepsilon_0 R^2} \tag{2-37}$$

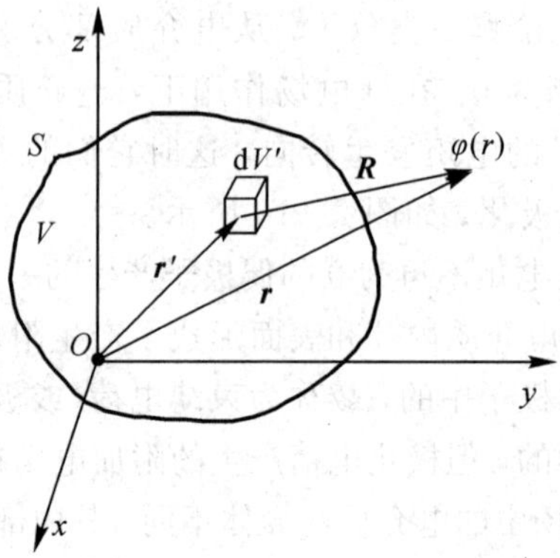

图 2-14 极化介质产生的电位

对式(2-37)积分可得介质内部因介质极化而产生的总电位，即

$$\varphi(\boldsymbol{r})=\frac{1}{4\pi\varepsilon_0}\int_{V'}\frac{\boldsymbol{P}\cdot\boldsymbol{e}_R}{R^2}\mathrm{d}V' \tag{2-38}$$

将$\nabla'\dfrac{1}{R}=\dfrac{1}{R^2}\boldsymbol{e}_R$ 代入上式，得

$$\varphi(\boldsymbol{r})=\frac{1}{4\pi\varepsilon_0}\int_{V'}\boldsymbol{P}\cdot\nabla'\left(\frac{1}{R}\right)\mathrm{d}V' \tag{2-39}$$

利用矢量恒等式$\nabla\cdot(\psi\boldsymbol{A})=\psi\,\nabla\cdot\boldsymbol{A}+\boldsymbol{A}\cdot\nabla\psi$ 和散度定理，得

$$\varphi(\boldsymbol{r})=\frac{1}{4\pi\varepsilon_0}\int_{V'}\frac{-\nabla'\cdot\boldsymbol{P}}{R}\mathrm{d}V'+\frac{1}{4\pi\varepsilon_0}\oint_{S'}\frac{\boldsymbol{P}\cdot\boldsymbol{e}_n}{R}\mathrm{d}S' \tag{2-40}$$

将上式与体电荷产生的电位函数表达式(2-17a)和面电荷产生的电位函数表达式(2-17b)对比发现，$-\nabla'\cdot\boldsymbol{P}$ 和 $\boldsymbol{P}\cdot\boldsymbol{e}_n$ 分别有体电荷密度和面电荷密度的量纲，因此极化介质产生的电位可以看作是等效体分布电荷和面分布电荷在真空中共同产生的，等效体电荷密度 ρ_{p}(也被称为极化电荷体密度或束缚电荷体密度)和面电荷密度 ρ_{pS}(也被称为极化电荷面密度或束缚电荷面密度)分别为

$$\rho_{\mathrm{p}}=-\nabla'\cdot\boldsymbol{P} \tag{2-41a}$$

$$\rho_{\mathrm{pS}}=\boldsymbol{P}\cdot\boldsymbol{e}_n \tag{2-41b}$$

由上式可知，仅当介质的极化不均匀时，介质内部才会出现极化体电荷，使极化体电荷密度 ρ_{p} 不等于零。对于均匀极化的电介质$-\nabla'\cdot\boldsymbol{P}=0$，极化电荷只可能出现在边界面上。

* **例 2-4** 求一个球形驻极体的电位。已知球的半径为 a，永久极化强度 $\boldsymbol{P}=P_0\boldsymbol{e}_z$。如图 2-15 所示。

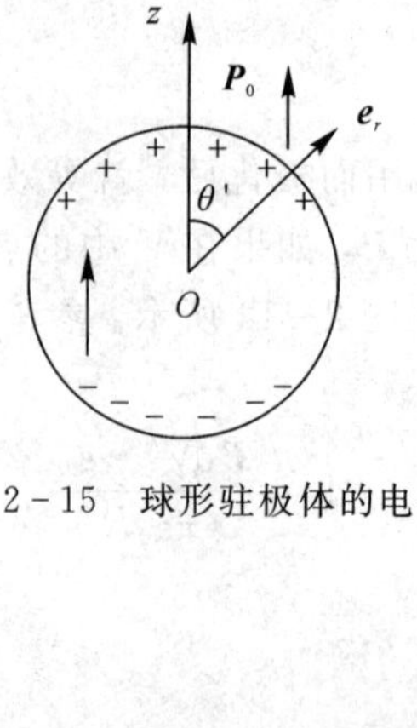

图 2-15 球形驻极体的电位

解： 采用束缚电荷的极化模型。由式(2-41a)得 $\rho_p=-\nabla\cdot\boldsymbol{P}_0=0$。因 $\boldsymbol{P}_0$ 为常数矢量，故 $r=a$ 的球面内无极化体电荷。又由式(2-41b)可求得极化面电荷分布为

$$\rho_{pS}=\boldsymbol{P}\cdot\boldsymbol{n}=P_0\boldsymbol{e}_z\cdot\boldsymbol{e}_r=P_0\cos\theta'$$

由上式可知，束缚电荷在球表面的分布对称于 $z=0$ 平面。计算它对原点的偶极矩时，可将球面上各面积元 $\mathrm{d}S$ 的电矩 $\rho_{pS}\mathrm{d}S\boldsymbol{a}$ 分解为直角分量再叠加，即

$$\begin{aligned}\mathrm{d}\boldsymbol{P}&=\rho_{pS}\mathrm{d}S\boldsymbol{a}\\&=P_0\cos\theta'(a^2\sin\theta'\mathrm{d}\theta'\mathrm{d}\varphi')(\boldsymbol{e}_xa\sin\theta'\cos\varphi'+\boldsymbol{e}_ya\sin\theta'\sin\varphi'+\boldsymbol{e}_za\cos\theta')\end{aligned}$$

$$\begin{aligned}\boldsymbol{P}&=P_0a^3\int_0^{2\pi}\int_0^{\pi}(\boldsymbol{e}_x\sin\theta'\cos\varphi'+\boldsymbol{e}_y\sin\theta'\sin\varphi'+\boldsymbol{e}_z\cos\theta')\cos\theta'\sin\theta'\mathrm{d}\theta'\mathrm{d}\varphi'\\&=P_0a^3\boldsymbol{e}_z\int_0^{2\pi}\int_0^{\pi}\cos^2\theta'\sin\theta'\mathrm{d}\theta'\mathrm{d}\varphi'=\boldsymbol{e}_z\frac{4\pi a^3}{3}P_0\end{aligned}$$

它相当于一个位于球心的电偶极子。因此

(1) 在 $r\geqslant a$ 的空间内产生的电位为

$$\varphi(\boldsymbol{r})=\frac{\boldsymbol{P}\cdot\boldsymbol{e}_r}{4\pi\varepsilon_0r^2}=\frac{a^3P_0}{3\varepsilon_0r^2}\cos\theta$$

在 $r=a$ 的球面边界上的条件为

$$\varphi(a)=\frac{P_0}{3\varepsilon_0}\cdot a\cos\theta=\frac{P_0}{3\varepsilon_0}z$$

(2) 在 $r\leqslant a$ 的球内空间，因球内无任何电荷分布，故球内电位满足拉普拉斯方程。由于 $r=a$ 的球面边界的电位值已知，它只是 z 的函数，故拉普拉斯方程应为

$$\frac{\mathrm{d}^2\varphi(z)}{\mathrm{d}z^2}=0$$

积分后得 $\varphi(z)=Az+B$，因 $z=0$ 平面上的电位为零，故 B 为零。当 $z=a\cos\theta$ 时，边界上的电位为 $\varphi(a)=\dfrac{P_0}{3\varepsilon_0}a\cos\theta$。所以 $A=\dfrac{P_0}{3\varepsilon_0}$，根据唯一性定理可确定球内电位为

$$\varphi(r)=\frac{P_0}{3\varepsilon_0}z=\frac{P_0}{3\varepsilon_0}r\cos\theta$$

根据该例的结论，可由电场与电位的关系求得该球内的电场

$$\boldsymbol{E}(\boldsymbol{r})=-\nabla\varphi(\boldsymbol{r})=-\boldsymbol{e}_z\frac{P_0}{3\varepsilon_0}$$

故球形驻极体内的电场为均匀电场。

2.5.3　电介质中电位移矢量的通量与散度

在电场中有介质的情况下，介质极化使介质中出现了束缚电荷。由上节内容可知，束缚电荷也像真空中的自由电荷一样产生电场，故在介质中，产生电场的散度源除了自由体电荷分布 ρ 外，还有极化体电荷分布 ρ_p。于是，在介质中电场强度散度为

$$\nabla\cdot\boldsymbol{E}=\frac{\rho+\rho_p}{\varepsilon_0}\tag{2-42}$$

将式(2-41a)给出的极化电荷体密度的表达式代入式(2-42)，可得

$$\nabla\cdot\boldsymbol{E}=\frac{\rho-\nabla'\cdot\boldsymbol{P}}{\varepsilon_0}$$

即

$$\nabla \cdot (\varepsilon_0 \boldsymbol{E} + \boldsymbol{P}) = \rho$$

这表明，矢量 $\varepsilon_0 \boldsymbol{E} + \boldsymbol{P}$ 的散度为自由电荷密度。引入电位移矢量 $\boldsymbol{D}$（也称电通量密度或电感应强度矢量），有

$$\boldsymbol{D} = \varepsilon_0 \boldsymbol{E} + \boldsymbol{P} \tag{2-43}$$

式中电位移矢量 $\boldsymbol{D}$ 的单位为 $\mathrm{C/m^2}$。利用电位移矢量 $\boldsymbol{D}$ 表示的静电场的散度方程如下：

$$\nabla \cdot \boldsymbol{D} = \rho \tag{2-44}$$

上式称为介质中高斯定理的微分形式。该式说明，静电场电位移矢量在任一点处的散度等于该点处的自由电荷体密度 ρ。

对式(2-44)两边同时进行体积分，并应用散度定理可得

$$\oint_S \boldsymbol{D} \cdot \mathrm{d}\boldsymbol{S} = Q \tag{2-45}$$

上式称为介质中高斯定理的积分形式，它表明在介质中电位移矢量的通量源是自由电荷。

2.5.4　电位移矢量与电场强度的关系

电位移矢量作为一个新的辅助物理量，仅取决于自由电荷，而电场强度作为静电场的基本场矢量，不仅取决于自由电荷，也取决于介质的极化情况。要确定介质中的电场，还必须给出 $\boldsymbol{D}$ 和 $\boldsymbol{E}$ 的关系。对于静电场中的介质，其极化程度取决于电场强度和介质自身的电特性。实验表明，极化强度 $\boldsymbol{P}$ 正比于电场强度 $\boldsymbol{E}$，而比例系数与介质的电特性有关，即

$$\boldsymbol{P} = \chi_e \varepsilon_0 \boldsymbol{E} \tag{2-46}$$

上式适用于线性的各向同性电介质，其中 χ_e 是介质的极化率（无量纲）。

将式(2-46)代入式(2-43)可得

$$\boldsymbol{D} = \varepsilon_0 \boldsymbol{E} + \chi_e \varepsilon_0 \boldsymbol{E} = (1 + \chi_e)\varepsilon_0 \boldsymbol{E} = \varepsilon_0 \varepsilon_r \boldsymbol{E} = \varepsilon \boldsymbol{E} \tag{2-47}$$

上式称为介质的本构关系。ε 称为介质的介电常数（或电容率），单位为 F/m，ε_r 称为相对介电常数或相对电容率。因真空中的相对介电常数等于 1，故真空中的 $\boldsymbol{D}$ 和 $\boldsymbol{E}$ 满足关系式为

$$\boldsymbol{D} = \varepsilon_0 \boldsymbol{E} \tag{2-48}$$

例 2-5　半径为 a 的导体球带电量为 Q，在导体球外套有外半径为 b、介电常数为 ε 的同心介质球壳，壳外是空气，如图 2-16 所示，求导体球外的电场分布和导体球的电位。

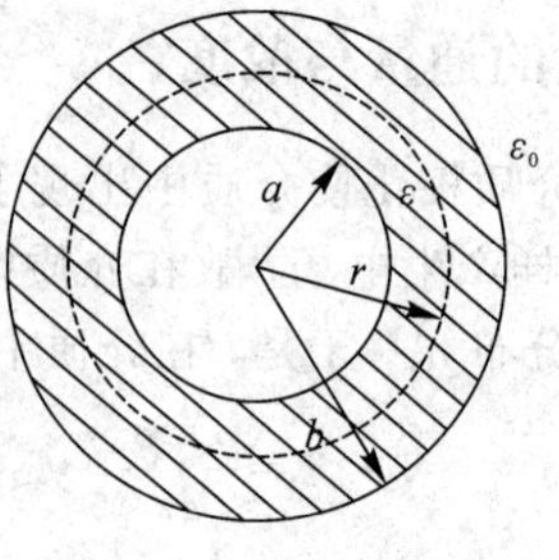

图 2-16　例 2-5 用图

解： 导体球和介质球壳是同心的，都具有相同的球对称性，而电荷所在的导体球面是

等位面，那么电荷均匀分布在导体球面上，也具有相同的球对称性，因此空间电场也是球对称的，**D** 和 **E** 在径向方向，且在与导体球同心的任一球面上 **D** 和 **E** 的大小相等。取半径为 r 并且与导体球同心的球面作一高斯面(如图 2-16)，利用介质中高斯定理的积分形式，得

$$\oint_S \boldsymbol{D}\cdot d\boldsymbol{S}=4\pi r^2 D_r=Q\quad (r\geqslant a)$$

由此得

$$\boldsymbol{D}=\boldsymbol{e}_r\frac{Q}{4\pi r^2}\quad (r\geqslant a)$$

当 $a<r<b$(介质内)时：

$$\boldsymbol{E}=\frac{\boldsymbol{D}}{\varepsilon}=\boldsymbol{e}_r\frac{Q}{4\pi\varepsilon r^2}$$

当 $r>b$(介质外空气中)时：

$$\boldsymbol{E}=\frac{\boldsymbol{D}}{\varepsilon_0}=\boldsymbol{e}_r\frac{Q}{4\pi\varepsilon_0 r^2}$$

导体球的电位为

$$\varphi=\int_a^\infty \boldsymbol{E}\cdot d\boldsymbol{l}=\int_a^b \boldsymbol{e}_r\frac{Q}{4\pi\varepsilon r^2}\cdot d\boldsymbol{l}+\int_b^\infty \boldsymbol{e}_r\frac{Q}{4\pi\varepsilon_0 r^2}\cdot d\boldsymbol{l}=\frac{Q}{4\pi\varepsilon}\left(\frac{1}{a}+\frac{\varepsilon_r-1}{b}\right)$$

例 2-6　设同轴线的内、外半径分别为 a 和 b，填充介电常数为 ε 的电介质，且同轴线外加电压为 U(如图 2-17)，忽略边缘效应，求电介质中的电场。

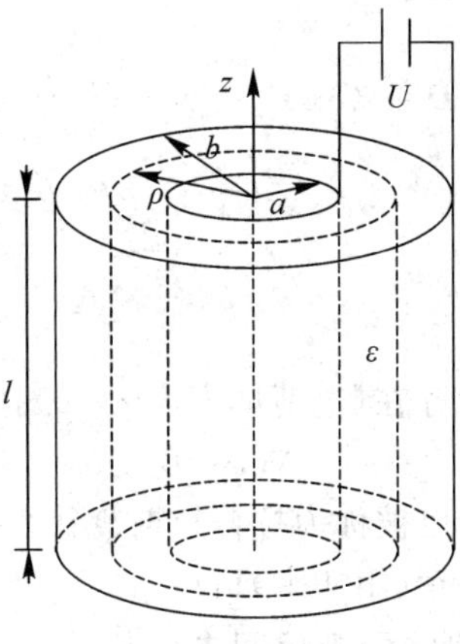

图 2-17　例 2-6 用图

解：此同轴线为轴对称结构，同轴线内导体表面是等位面，那么电荷均匀分布在内导体圆柱面上，也具有相同的轴对称，因此空间电场也是轴对称的，**D** 和 **E** 仅有 ρ 方向，如果忽略边缘效应，在同轴线的任一同轴圆柱面上 **D** 和 **E** 的大小相等。设内导体表面电荷面密度为 ρ_S，取半径为 ρ、长度为 l 作一同轴圆柱高斯面，根据高斯定理，得

$$\oint_S \boldsymbol{D}\cdot d\boldsymbol{S}=2\pi\rho l D_\rho=\rho_S 2\pi a l\quad (a<\rho<b)$$

由此得

$$\boldsymbol{D}=\boldsymbol{e}_\rho\frac{a\rho_S}{\rho}\quad (a<\rho<b)$$

$$\boldsymbol{E}=\boldsymbol{e}_{\rho}\frac{a\rho_S}{\varepsilon\rho}\quad(a<\rho<b)$$

两导体之间的电压为

$$U=\int_a^b \boldsymbol{E}\cdot \mathrm{d}\boldsymbol{l}=\int_a^b \boldsymbol{e}_{\rho}\frac{a\rho_S}{\varepsilon\rho}\cdot \mathrm{d}\boldsymbol{l}=\frac{a\rho_S}{\varepsilon}\ln\frac{b}{a}$$

由上式求得同轴线内导体上电荷面密度为

$$\rho_S=\frac{\varepsilon U}{a\ln\dfrac{b}{a}}$$

将上式代入电场强度表达式中，得

$$\boldsymbol{E}=\boldsymbol{e}_{\rho}\frac{U}{\rho\ln\dfrac{b}{a}}\quad(a<\rho<b)$$

2.6 泊松方程和拉普拉斯方程

泊松方程和拉普拉斯方程是电位函数 φ 的微分方程。为了分析静电场的电位分布，必须找出电位函数与场源之间的关系。下面结合静电场的电位移矢量 $\boldsymbol{D}$、电场强度 $\boldsymbol{E}$、电位函数 φ 与场源 ρ 之间的关系导出电位函数所满足的微分方程。

重写静电场方程：$\nabla\cdot\boldsymbol{D}=\rho$，其中：$\boldsymbol{D}=\varepsilon\boldsymbol{E}$，$\boldsymbol{E}=-\nabla\varphi$，将后面两式代入静电场方程中，可得

$$\nabla\cdot\boldsymbol{D}=\nabla\cdot\varepsilon\boldsymbol{E}=\varepsilon\nabla\cdot(-\nabla\varphi)=\rho$$

整理得

$$\nabla^2\varphi=-\frac{\rho}{\varepsilon}\tag{2-49}$$

上式称为泊松方程。

如果所研究区域中没有电荷存在(电荷体密度 $\rho=0$)，则式(2-49)变为

$$\nabla^2\varphi=0\tag{2-50}$$

此式通常称为拉普拉斯方程，∇^2 也被称为拉普拉斯算符。关于拉普拉斯方程的一般求解方法将在静态场的边值问题的解一章(第 4 章)讨论。

例 2-7 已知平行板电容器的两极板间电位差是 U，其间充满电荷体密度为 ρ 的电荷，如图 2-18 所示，求电容器内电位函数 φ 和电场强度 $\boldsymbol{E}$ 的分布。

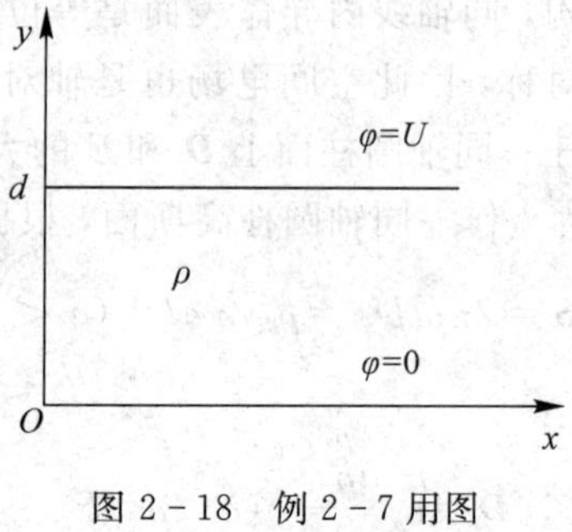

图 2-18 例 2-7 用图

解： 依题意可知电位函数 φ 仅是 y 的函数，故在直角坐标系中，φ 满足的泊松方程为

$$\nabla^2\varphi=\frac{\mathrm{d}^2\varphi}{\mathrm{d}y^2}=-\frac{\rho}{\varepsilon}$$

积分一次，得

$$\frac{\mathrm{d}\varphi}{\mathrm{d}y}=-\frac{\rho}{\varepsilon}y+C_1$$

再积分一次，得

$$\varphi=-\frac{\rho}{2\varepsilon}y^2+C_1y+C_2$$

由题图可知，边界条件为：$y=0$，$\varphi=0$；$y=d$，$\varphi=U$。将这两个条件代入上式可确定积分常数：

$$C_1=0;\ C_2=\frac{U}{d}+\frac{\rho}{2\varepsilon}d$$

将已确定的积分常数代入电位函数的表达式中，可得电位函数 φ 为

$$\varphi=-\frac{\rho}{2\varepsilon}y^2+\left(\frac{U}{d}+\frac{\rho}{2\varepsilon}d\right)y$$

利用式 $\boldsymbol{E}=-\nabla\varphi$ 可求出电场强度为

$$\boldsymbol{E}=-\nabla\varphi=-\boldsymbol{e}_y\frac{\mathrm{d}\varphi}{\mathrm{d}y}=\boldsymbol{e}_y\left(\frac{\rho}{\varepsilon}y-\frac{U}{d}-\frac{\rho d}{2\varepsilon}\right)$$

2.7　静电场的边界条件

当静电场中有媒质存在时，媒质与电场相互作用，使在介质中的不均匀处出现束缚电荷，在导体的表面上出现感应电荷。这些束缚电荷或感应电荷又产生电场，从而改变原来电场的分布。不同的电介质因极化性质一般不同，故在不同介质的分界面上出现束缚电荷或感应面电荷使分界面两边的场分量不连续，使微分形式的静电场方程不能用在分界面上（由于边界处电场不连续，导数不存在）。因此，当讨论的区域存在两种或两种以上媒质时，就需要建立不同媒质分界面两边电场的关系，即边界条件。

以下我们由介质中的场方程的积分形式导出边界条件。

2.7.1　两种介质分界面上的边界条件

1. 电位移矢量 $\boldsymbol{D}$ 和电场强度 $\boldsymbol{E}$ 的边界条件

1）$\boldsymbol{D}$ 法向分量的边界条件

图 2－19 是两种介质的分界面，介电常数分别是 ε_1、ε_2，两种介质中的电位移矢量分别是 $\boldsymbol{D}_1$、$\boldsymbol{D}_2$，与分界面法线 $\boldsymbol{n}$、$-\boldsymbol{n}$ 的夹角分别是 θ_1、θ_2。在分界面上取一个小的高斯圆柱面，其上、下底面的面积为 ΔS，且与分界面平行并分居于分界面两侧，高 h 为无限小量。对于此闭合面，利用介质中高斯定律的积分形式，因 $h\to0$，故在侧面的面积分为 0，于是有

$$\oint_S\boldsymbol{D}\cdot\mathrm{d}\boldsymbol{S}=D_{1\mathrm{n}}\Delta S-D_{2\mathrm{n}}\Delta S=\rho_S\Delta S$$

$\boldsymbol{D}$ 法向分量的边界条件满足

$$D_{1n}-D_{2n}=\rho_S \tag{2-51}$$

式中 ρ_S 是分界面上的自由电荷面密度。上式说明，电位移矢量的法向分量在通过介质分界面时一般不连续。如果分界面上没有自由电荷时，即 $\rho_S=0$，$\boldsymbol{D}$ 法向分量的边界条件又满足

$$D_{1n}=D_{2n} \text{ 或 } \boldsymbol{n}\cdot\boldsymbol{D}_1=\boldsymbol{n}\cdot\boldsymbol{D}_2 \tag{2-52}$$

上式说明在无自由电荷分布的界面上，电位移矢量的法向分量是连续的。

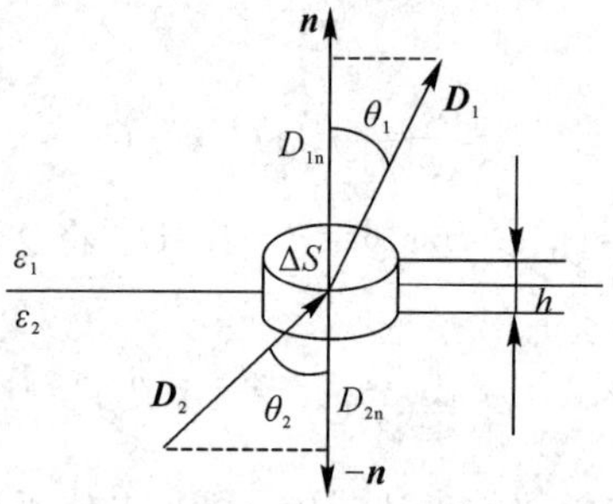

图 2-19　$\boldsymbol{D}$ 法向分量的边界条件

2）$\boldsymbol{E}$ 切向分量的边界条件

图 2-20 是两种介质的分界面，介电常数分别是 ε_1、ε_2，两种介质中的电位移矢量分别是 $\boldsymbol{E}_1$、$\boldsymbol{E}_2$，与分界面法线 $\boldsymbol{n}$、$-\boldsymbol{n}$ 的夹角分别是 θ_1、θ_2。在分界面上取一小的矩形闭合路径 C，它的两个边 Δl 与分界面平行并分居于分界面的两侧，高 h 为无限小量。对于此小矩形回路，利用静电场的环路定理，因 $h\to 0$，故在两侧的线积分为 0，于是有

$$\oint_C \boldsymbol{E}\cdot \mathrm{d}\boldsymbol{l}=\boldsymbol{E}_1\cdot\Delta\boldsymbol{l}-\boldsymbol{E}_2\cdot\Delta\boldsymbol{l}=0$$

式中 $\Delta\boldsymbol{l}=\boldsymbol{l}\Delta l$，$\boldsymbol{l}$ 是单位矢量，其方向与介质 1 中绕行回路的方向一致，且 $\boldsymbol{n}\perp\boldsymbol{l}$。上式变为

$$(\boldsymbol{E}_1-\boldsymbol{E}_2)\cdot\Delta\boldsymbol{l}=0$$

故有

$$\boldsymbol{n}\times(\boldsymbol{E}_1-\boldsymbol{E}_2)=0 \tag{2-53}$$

或

$$E_{1t}=E_{2t} \tag{2-54}$$

这表明，在介质分界面上电场强度的切向分量是连续的。

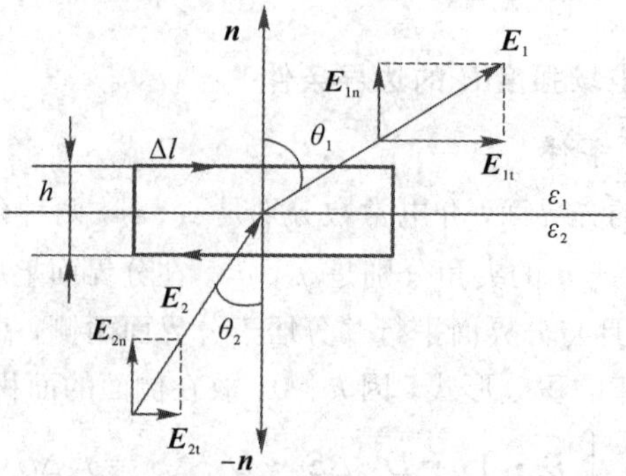

图 2-20　$\boldsymbol{E}$ 切向分量的边界条件

3) **D** 线和 **E** 线在分界面上的折射

由图 2-20 可以看出

$$\tan\theta_1=\frac{E_{1t}}{E_{1n}},\ \tan\theta_2=\frac{E_{2t}}{E_{2n}}$$

根据式(2-54)，有

$$\frac{\tan\theta_1}{\tan\theta_2}=\frac{E_{1t}}{E_{1n}}\cdot\frac{E_{2n}}{E_{2t}}=\frac{E_{2n}}{E_{1n}}$$

利用公式 $E_{1n}=\dfrac{D_{1n}}{\varepsilon_1}$、$E_{2n}=\dfrac{D_{2n}}{\varepsilon_2}$和 $D_{1n}=D_{2n}$，上式可以变为

$$\frac{\tan\theta_1}{\tan\theta_2}=\frac{\varepsilon_1}{\varepsilon_2} \tag{2-55}$$

一般情况下 $\varepsilon_1\neq\varepsilon_2$，所以 $\theta_1\neq\theta_2$，即 **D** 线和 **E** 线在界面上发生了偏折。

2. 电位函数的边界条件

考虑到电场强度的积分等于电位差(电压)，可以在分界面两侧、无限靠近分界面的相对位置取两个点，通过分析两点间的电位差来了解电位函数的边界条件。

考虑到分界面两侧任意两点 P_1 和 P_2 的间隔距离趋于 0，而且电场强度的大小为有限值，根据两点之间的电压差为

$$\varphi_1-\varphi_2=\int_{P_2}^{P_1}\boldsymbol{E}\cdot\mathrm{d}\boldsymbol{l}=0$$

可得介质分界面上电位函数满足的边界条件：

$$\varphi_1=\varphi_2 \tag{2-56}$$

将 $D_{1n}=\varepsilon_1E_{1n}=-\varepsilon_1\dfrac{\partial\varphi_1}{\partial n}$和 $D_{2n}=\varepsilon_2E_{2n}=-\varepsilon_2\dfrac{\partial\varphi_2}{\partial n}$代入 $D_{1n}-D_{2n}=\rho_S$ 中，可以得到介质分界面上电位函数的法向导数满足的边界条件：

$$-\varepsilon_1\frac{\partial\varphi_1}{\partial n}+\varepsilon_2\frac{\partial\varphi_2}{\partial n}=\rho_S \tag{2-57a}$$

若介质分界面上电荷面密度为 0 时，上式可以写为

$$\varepsilon_1\frac{\partial\varphi_1}{\partial n}=\varepsilon_2\frac{\partial\varphi_2}{\partial n} \tag{2-57b}$$

2.7.2　介质与导体分界面上的边界条件

为了讨论方便，约定导体的下标为 2，介质的下标为 1。

在静电平衡时，导体内部的静电场为 0，即 $\boldsymbol{E}_2=0$，也就有 $E_{2t}=0$ 和 $E_{2n}=0$。导体本身是一个等位体，其表面是一个等位面，从而导体内部无电荷，电荷只分布在导体的表面上。故在导体与介质的分界面上有

$$E_{1t}=E_{2t}=0$$

在导体与介质的分界面的法线方向有

$$D_{1n}=\rho_S\ \text{或}\ E_{1n}=\frac{\rho_S}{\varepsilon_1}$$

以上两式可以写为

$$E_{1t}|_S=0 \tag{2-58a}$$

$$D_{1n}|_S=\rho_S \tag{2-58b}$$

例 2-8　平行板电容器由两块面积为 S，相隔距离为 d 的平行导体板组成，极板间填充介电常数为 $\varepsilon=\varepsilon_r\varepsilon_0$ 的电介质，如图 2-21 所示，求平行板电容器的电容量。

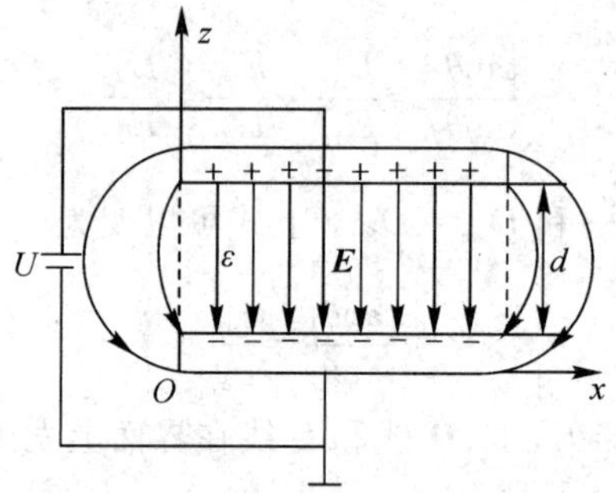

图 2-21　例 2-8 用图

解：设极板间电压为 U，建立如图 2-21 所示的坐标系。忽略电场的边缘效应，则拉普拉斯方程可简化为

$$\frac{d^2\varphi}{d^2 z}=0$$

对上式两次积分，可得

$$\varphi(z)=C_1 z+C_2$$

根据题意可知，边界条件为：$z=0$，$\varphi(0)=0$；$z=d$，$\varphi(d)=U$。将边界条件代入上式中求得极板间任意 z 点电位为

$$\varphi(z)=\frac{U}{d}z$$

由 $\boldsymbol{E}=-\nabla\varphi$ 两极板间的电场强度 $\boldsymbol{E}=-\boldsymbol{e}_z\dfrac{U}{d}$（它是一个均匀场），由 $\boldsymbol{D}=\varepsilon\boldsymbol{E}$ 可得电位移矢量

$$\boldsymbol{D}=-\boldsymbol{e}_z\varepsilon\frac{U}{d}$$

设上、下极板上的面电荷密度分别为 $+\rho_S$ 和 $-\rho_S$，由导体与介质分界面上的边界条件可得

$$\rho_S=D=\varepsilon\frac{U}{d}$$

等式两边乘以 S 得到

$$Q=\rho_S S=\varepsilon S\frac{U}{d}$$

故电容量为

$$C=\frac{Q}{U}=\varepsilon\frac{S}{d}$$

由例 2-8 的分析和结论，可得如下启发：

(1) 如果边界上已知的不是电压 U，而是极板上的电荷量 Q，可求得极板面上的自由电荷面密度为：$\rho_S=\dfrac{Q}{S}$，故极板间的电场强度为：$E=\dfrac{D}{\varepsilon}$；极板间的电压为：$U=Ed=\dfrac{D}{\varepsilon}d$；将已知的电位移矢量代入得：$U=Q\dfrac{d}{\varepsilon S}$，所以电容量为 $C=\dfrac{Q}{U}=\varepsilon\dfrac{S}{d}$，和上面求得的结果相同。

(2) 如果介质为真空，则 $C_0=\varepsilon_0\dfrac{S}{d}$，这样就有 $\dfrac{C}{C_0}=\dfrac{\varepsilon}{\varepsilon_0}=\varepsilon_r$，这一表示式是实际测量电介质相对介电常数 ε_r 的基础。

2.8　导体系统的电容

2.8.1　两导体系统的电容

两导体系统的电容定义为导体上的带电量 Q 与两导体之间的电位差 U 之比，记为 C，即

$$C=\frac{Q}{U}=\frac{Q}{|\varphi_1-\varphi_2|} \tag{2-59}$$

式中 $U=|\varphi_1-\varphi_2|$ 是两导体之间的电位差，电容的单位为 F。两导体系统的电容与两个导体的几何形状、尺寸和间距以及周围介质的特性有关，而与导体的带电量无关。

孤立导体的电容可看成两导体系统中一个导体在无限远的情况下的电容。

例 2-9　两平行长直导线的半径为 a，相距 $2h(2h\gg a)$，如图 2-22 所示，求两导线间单位长度的电容。

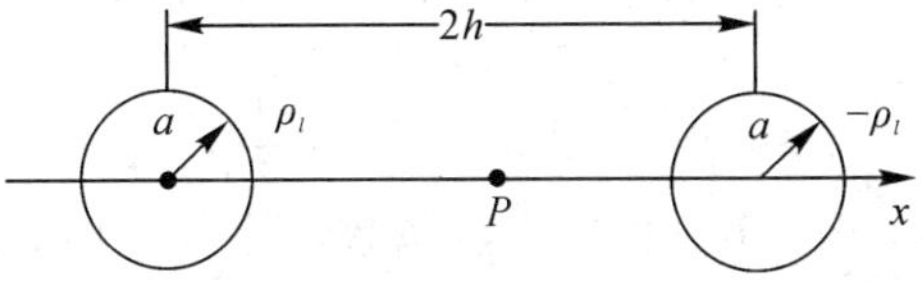

图 2-22　例 2-9 用图

解： 设两导线单位长度上的电荷分别为 $\pm\rho_l$，两导线连线上任一点 P 处的电场强度可由高斯定理求得

$$\boldsymbol{E}=\boldsymbol{e}_x\frac{\rho_l}{2\pi\varepsilon_0 x}-\boldsymbol{e}_x\frac{-\rho_l}{2\pi\varepsilon_0(2h-x)}$$

两导体之间的电位差为

$$\varphi_1-\varphi_2=\int_a^{2h-a}\boldsymbol{E}\cdot d\boldsymbol{l}=\frac{\rho_l}{\pi\varepsilon_0}\ln\frac{2h-a}{a}\approx\frac{\rho_l}{\pi\varepsilon_0}\ln\frac{2h}{a}$$

两导线之间单位长度的电容为

$$C=\frac{Q}{|\varphi_1-\varphi_2|}=\frac{\rho_l}{|\varphi_1-\varphi_2|}=\frac{\pi\varepsilon_0}{\ln\dfrac{2h}{a}}$$

由例 2-9 可知：两导线之间存在电容；电容的概念不仅适用于电容器，表示两个导体

在一定的电压下存储电荷或电能的能力，它还能反映两个导体中一个导体对另一个导体电场的影响，或反映两个导体之间电耦合的程度。

2.8.2　多导体系统的部分电容

考虑一个孤立的 N 个导体系统和一个接地的结构，如图 2-23 中取接地结构的电位为零。每个导体的电位不仅与该导体上所带的电量有关，而且受其他导体上所带电量的影响，根据叠加原理，各导体的电位为

$$\begin{aligned}\varphi_1&=p_{11}q_1+p_{12}q_2+\cdots+p_{1N}q_N\\ \varphi_2&=p_{21}q_1+p_{22}q_2+\cdots+p_{2N}q_N\\ &\vdots\\ \varphi_N&=p_{N1}q_1+p_{N2}q_2+\cdots+p_{NN}q_N\end{aligned}\tag{2-60}$$

式中 p_{ij} 称为电位系数，表示第 j 个电荷对第 i 个导体电位的影响，$i=j$ 称为自电位系数，$i\neq j$ 称为互电位系数。

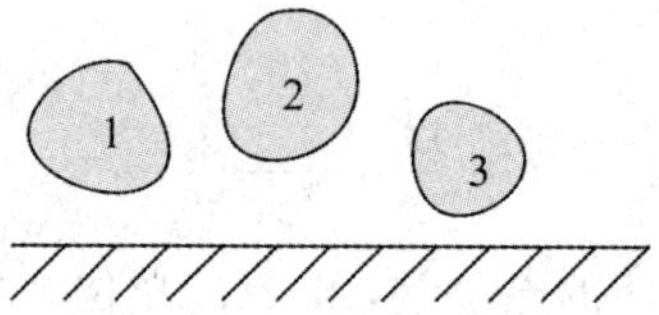

图 2-23　多导体系统

对上面 N 个方程求解，可得各导体上的电荷量为

$$\begin{aligned}q_1&=\beta_{11}\varphi_1+\beta_{12}\varphi_2+\cdots+\beta_{1N}\varphi_N\\ q_2&=\beta_{21}\varphi_1+\beta_{22}\varphi_2+\cdots+\beta_{2N}\varphi_N\\ &\vdots\\ q_N&=\beta_{N1}\varphi_1+\beta_{N2}\varphi_2+\cdots+\beta_{NN}\varphi_N\end{aligned}\tag{2-61a}$$

式中，当 $i=j$ 时，β_{11}，β_{22}，…，β_{NN} 称为电容系数，当 $i\neq j$ 时，例如，β_{12}，β_{13}，…，β_{1N} 称为感应系数。可以证明（证明过程略）感应系数具有互易性，即 $\beta_{ij}=\beta_{ji}(i\neq j)$。

若引入符号 $C_{ij}=-\beta_{ij}$ 和 $C_{ii}=\beta_{i1}+\beta_{i2}+\cdots+\beta_{iN}$，则式(2-61a)可改写成

$$\begin{aligned}q_1&=(\beta_{11}+\beta_{12}+\cdots+\beta_{1N})\varphi_1-\beta_{12}(\varphi_1-\varphi_2)-\cdots-\beta_{1N}(\varphi_1-\varphi_N)\\ &=C_{11}(\varphi_1-0)+C_{12}(\varphi_1-\varphi_2)+\cdots+C_{1N}(\varphi_1-\varphi_N)\end{aligned}$$

同理有

$$\begin{aligned}q_2&=C_{12}(\varphi_2-\varphi_1)+C_{22}(\varphi_2-0)+\cdots+C_{2N}(\varphi_2-\varphi_N)\\ &\vdots\\ q_N&=C_{N1}(\varphi_N-\varphi_1)+C_{N2}(\varphi_N-\varphi_2)+\cdots+C_{NN}(\varphi_N-0)\end{aligned}\tag{2-61b}$$

其中 $C_{ij}(i\neq j)$称为互有部分电容，表示第 i 个导体与第 j 个导体间的部分电容，C_{ii} 称为自有部分电容，表示第 i 个导体与地间的部分电容。

若将两导体组成的系统中的自有部分电容和互有部分电容表示在图 2-24 中，则从系统来看，一个多导体静电系统等效于一个多端电容网络，如图 2-24 所示。导体 1、2 两端的等效输入电容为 $C_1=C_{12}+\dfrac{C_{11}C_{22}}{C_{11}+C_{22}}$；导体 1 和地两端的等效输入电容 $C_2=C_{11}+$

$\dfrac{C_{11}C_{22}}{C_{12}+C_{22}}$；导体 2 和地两端输入的电容 $C_3=C_{22}+\dfrac{C_{12}C_{11}}{C_{12}+C_{11}}$。用实验测得 C_1、C_2 和 C_3 后，便可算得各部分电容。若用静电场分析法，则在给定导体 1 和导体 2 的边界条件后，求解拉普拉斯方程，也可求出各部分电容。

顺便指出：若导体系统的介质是漏电媒质，具有一定的电导率 δ，且设导体电极为理想导体，则在恒定电场的条件下，利用对偶的方法，可得到一个多端电导网络，如图 2 - 24 中的两导体系统。与它对偶的电导网络表示在图 2 - 25 中，其中 G_{11}、G_{22} 称为自电导，G_{12} 称为互电导。

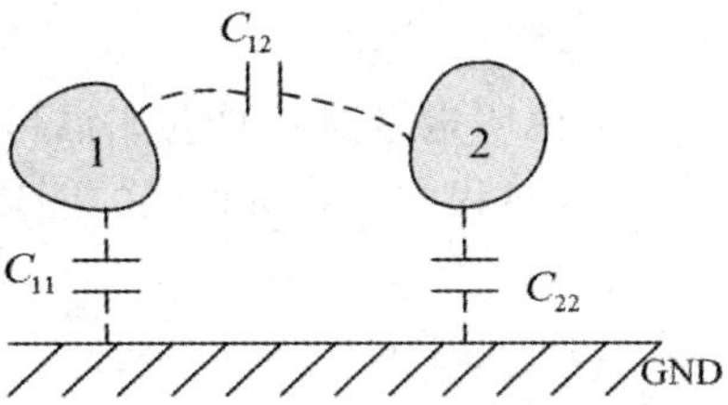

图 2 - 24　二导体系统的部分电容

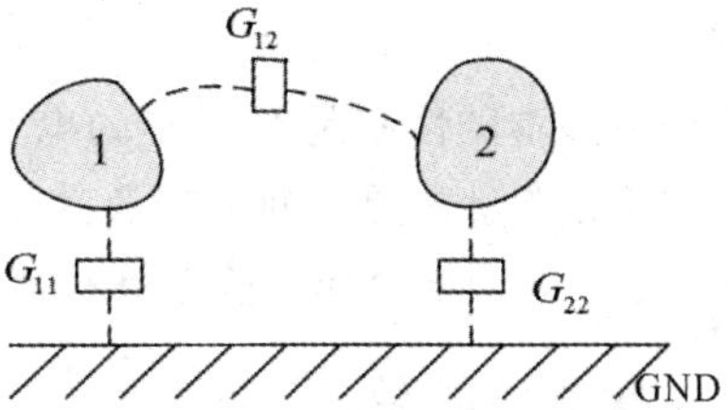

图 2 - 25　与图 2 - 24 相对偶的电导网络

例 2 - 10　一平行板电容器极板面积为 S，两板之间填充有厚度分别为 d_1 和 d_2 的两层介质，如图 2 - 26 所示，且两板间施加电压为 U，忽略边缘效应，求该平行板电容器的电容。

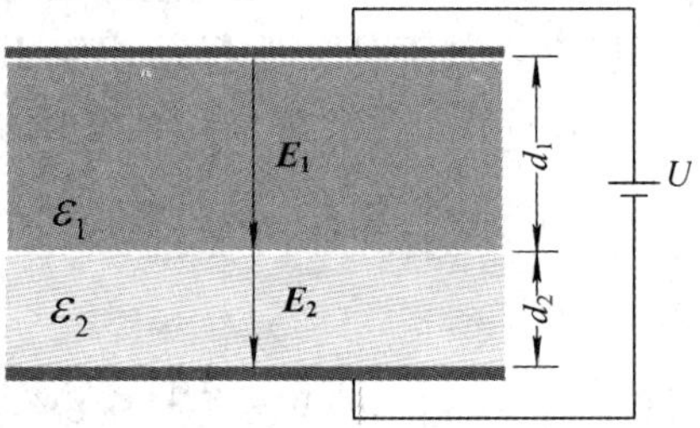

图 2 - 26　填充两种介质的平行板电容器

解： 由图可知，上极板带正电荷，下极板带负电荷，忽略边缘效应，近似地认为导电板上的电荷均匀分布，在两导电板之间，电场线为平行的直线，方向为从正指向负，两介质中的电场都是均匀的，设大小分别为 E_1 和 E_2。那么，由两介质界面的边界条件($D_1=D_2$)以及导电板之间电场与电压的关系($Ed=U$)可得到

$$\varepsilon_1 E_1=\varepsilon_2 E_2$$

$$E_1 d_1+E_2 d_2=U$$

将两式联立求解，得

$$E_1=\frac{\varepsilon_2 U}{\varepsilon_1 d_2+\varepsilon_2 d_1},\ E_2=\frac{\varepsilon_1 U}{\varepsilon_1 d_2+\varepsilon_2 d_1}$$

根据导体与介质分界面上的边界条件，正(负)导电极板上的电荷面密度为

$$\rho_{S+}=D_{1n}=\varepsilon_1 E_{1n}=\frac{\varepsilon_1\varepsilon_2 U}{\varepsilon_1 d_2+\varepsilon_2 d_1}$$

填充两层介质的平行板电容器的电容为

$$C=\frac{Q}{U}=\frac{\rho_{S+}S}{U}=\frac{\varepsilon_1\varepsilon_2 S}{\varepsilon_1 d_2+\varepsilon_2 d_1}=\frac{1}{\dfrac{1}{C_1}+\dfrac{1}{C_2}}$$

式中

$$C_1=\frac{\varepsilon_1 S}{d_1},\ C_2=\frac{\varepsilon_2 S}{d_2}$$

2.9 静电场能量　静电力

电场最基本的性质是对静止的电荷有作用力，这也说明电场具有能量。根据能量守恒，静电场的能量来源于静电场及其相应的电荷系统建立过程中外界所提供的能量。下面讨论线性、各向同性介质中静电场的能量。

2.9.1 静电场能量

一个带电系统的建立，都要经过其电荷从零到终值的变化过程。在此过程中，外力必须对系统做功。由能量守恒定律得知，带电系统的能量等于外力所做的功。设系统完全建立时，最终的电荷分布为 ρ，电位函数为 φ。若在充电过程中使各点的电荷密度按其最终值的同一比例因子 α 增加，则各点的电位也将按同一因子 α 增加。换言之，某一时刻电荷分布为 $\alpha\rho$ 时，其电位分布则为 $\alpha\varphi$。令 α 从 0 到 1，把充电过程用无数次增加微分电位的过程的叠加来表示，则当 α 到 $\alpha+\mathrm{d}\alpha$ 时，对于某一体积元 $\mathrm{d}V$，其电位为 $\alpha\varphi$，送入微分电荷 $(\mathrm{d}\alpha\rho)\mathrm{d}V$，则能量的增量为$(\alpha\varphi)(\mathrm{d}\alpha\rho)\mathrm{d}V$，因此整个空间增加的总能量为

$$\mathrm{d}W_{\mathrm{e}}=\int_V(\alpha\varphi)(\mathrm{d}\alpha\rho)\mathrm{d}V$$

充电完成后，系统的总能量为

$$W_{\mathrm{e}}=\int_0^1\alpha\,\mathrm{d}\alpha\int_V\rho\varphi\,\mathrm{d}V=\frac{1}{2}\int_V\rho\varphi\,\mathrm{d}V \tag{2-62a}$$

如果电荷以面密度为 ρ_S 分布在曲面上，则上式变为

$$W_{\mathrm{e}}=\frac{1}{2}\int_S\rho_S\varphi\,\mathrm{d}S \tag{2-62b}$$

对于 N 个点电荷所构成的静电系统，则式(2-62a)变为

$$W_{\mathrm{e}}=\frac{1}{2}\sum_{i=1}^{N}\varphi_i\int_V\rho\,\mathrm{d}V=\frac{1}{2}\sum_{i=1}^{N}\varphi_i q_i \tag{2-62c}$$

式中 φ_i 为第 i 个点电荷 q_i 的电位。注意：此时所谓的电位不仅包括自身电荷所产生的电位，也包括其他所有电荷对其所在位置产生的电位。

现在我们来推导静电能量的另一表达式，即用场的基本变量来表示。将 $\rho=\nabla\cdot\boldsymbol{D}$ 代入式(2-62a)中，应用矢量公式$\nabla\cdot(\psi\boldsymbol{A})=\psi\,\nabla\cdot\boldsymbol{A}+\boldsymbol{A}\,\nabla\psi$ 和散度定理，得

$$\begin{aligned}W_{\mathrm{e}}&=\frac{1}{2}\int_V(\nabla\cdot\boldsymbol{D})\varphi\,\mathrm{d}V=\frac{1}{2}\int_V[\nabla\cdot(\varphi\boldsymbol{D})-\nabla\varphi\cdot\boldsymbol{D}]\mathrm{d}V\\&=\frac{1}{2}\oint_S\varphi\boldsymbol{D}\cdot\mathrm{d}\boldsymbol{S}+\frac{1}{2}\int_V\boldsymbol{E}\cdot\boldsymbol{D}\,\mathrm{d}V\end{aligned}$$

式中 V 是电场不等于零的整个空间区域，S 为空间区域 V 的表面。注意：当 V 扩大时，包围这个体积的表面 S 也将扩大。只要电荷分布在有限的区域内，当闭合面 S 无限扩大时，有限区域内的电荷就可近似为一个点电荷。它在很大的闭合面上的 φ 和 $|\boldsymbol{D}|$ 将分别与 $\frac{1}{R}$ 和 $\frac{1}{R^2}$ 成比例，$|\varphi\boldsymbol{D}|$ 将与 $\frac{1}{R^3}$ 成比例，故当闭合面的 $R\to\infty$ 时，上式中的闭合面积分必然变为零，即

$$\oint_S \varphi\boldsymbol{D}\cdot \mathrm{d}\boldsymbol{S} \sim \frac{1}{R^3}\times R^2 \sim \frac{1}{R}\bigg|_{R\to\infty} \to 0$$

故得到

$$W_e = \frac{1}{2}\int \boldsymbol{E}\cdot\boldsymbol{D}\,\mathrm{d}V \tag{2-63a}$$

对于各向同性的介质 $\boldsymbol{D}=\varepsilon\boldsymbol{E}$，代入上式得

$$W_e = \frac{1}{2}\int \varepsilon\boldsymbol{E}\cdot\boldsymbol{E}\,\mathrm{d}V = \frac{1}{2}\int \varepsilon E^2\,\mathrm{d}V \tag{2-63b}$$

上式表明 $\boldsymbol{E}\neq 0$ 的区域对积分有贡献。意指 $\boldsymbol{E}\neq 0$ 的区域才有电场能量，$\boldsymbol{E}=0$ 处则无电场能量。我们可以把电场能量认为是分布在空间内的，其能量体密度为

$$w_e = \frac{1}{2}\boldsymbol{D}\cdot\boldsymbol{E} = \frac{1}{2}\varepsilon E^2 \tag{2-64}$$

例 2-11　计算真空中半径为 R、电荷体密度为 ρ_0 的均匀带电球的静电能量。

解： 利用静电场高斯定理，可计算出真空中均匀带电球内、外的场强 $\boldsymbol{E}$ 和电位 φ，分别为：

(1) 当 $r<R$ 时，有

$$E_r = \frac{\frac{4\pi r^3\rho_0}{3}}{4\pi\varepsilon_0 r^2} = \frac{r\rho_0}{3\varepsilon_0}$$

$$\varphi = \int_r^R \frac{r\rho_0}{3\varepsilon_0}\mathrm{d}r + \frac{\rho_0 R^3}{3\varepsilon_0 R} = \frac{R^2\rho_0}{2\varepsilon_0} - \frac{r^2\rho_0}{6\varepsilon_0}$$

(2) 当 $r>R$ 时，有

$$E_r = \frac{q}{4\pi\varepsilon_0 r^2} = \frac{\frac{4\pi R^3\rho_0}{3}}{4\pi\varepsilon_0 r^2} = \frac{R^3\rho_0}{3\varepsilon_0 r^2}$$

$$\varphi = \frac{R^3\rho_0}{3\varepsilon_0 r}$$

由式(2-62a)得

$$W_e = \frac{1}{2}\int_V \rho\varphi\,\mathrm{d}V = \frac{1}{2}\int_0^R \rho_0\left(\frac{R^2\rho_0}{2\varepsilon_0} - \frac{r^2\rho_0}{6\varepsilon_0}\right)4\pi r^2\,\mathrm{d}r = \frac{4\pi R^5\rho_0^{\,2}}{15\varepsilon_0}$$

或由式(2-63b)得

$$W_e = \frac{1}{2}\int \varepsilon E^2\,\mathrm{d}V = \frac{1}{2}\int_0^R \varepsilon_0\left(\frac{\rho_0 r}{3\varepsilon_0}\right)^2 4\pi r^2\,\mathrm{d}r + \frac{1}{2}\int_R^\infty \varepsilon_0\left(\frac{\rho_0 R^3}{3\varepsilon_0 r^2}\right)^2 4\pi r^2\,\mathrm{d}r$$

$$= \frac{2\pi R^5\rho_0^2}{45\varepsilon_0} + \frac{2\pi R^5\rho_0^{\,2}}{9\varepsilon_0} = \frac{4\pi R^5\rho_0^{\,2}}{15\varepsilon_0}$$

可见由两个式子得到的计算结果是相同的。

2.9.2 静电力

下面我们来分析一下多导体系统内任意导体上受到的静电力。原则上，带电导体之间的静电力可用库仑定律来计算。但是实际上，除了少数简单情形之外，这种计算往往较难。在此借鉴一种通过在力学中用物体位能的空间变化率来计算力的方法，即虚位移法，通过电场能量求静电力的方法，方便而简洁。

虚位移法的基本思路：对任一个带电系统，如果其中的某个带电体受到该系统的电场力为 $\boldsymbol{F}$，假设这个受力带电体在电场力作用下沿力的方向位移为 $\mathrm{d}\boldsymbol{r}$，则电场力做功为 $\boldsymbol{F}\cdot\mathrm{d}\boldsymbol{r}$，系统的静电能力改变为 $\mathrm{d}W_e$，与各带电体相连接的外电源向本系统所提供的能量为 $\mathrm{d}W$。由能量守恒定律可得

$$\mathrm{d}W=\boldsymbol{F}\cdot\mathrm{d}\boldsymbol{r}+\mathrm{d}W_e \tag{2-65}$$

当带电系统中所有电荷保持不变($\Delta q=0$)时，即带电系统充电后与外电源脱离关系($\mathrm{d}W=0$)。假设系统内某一带电体因受静电力的作用引起某种位移，则静电力一定等于静电能量的空间减少率，用公式表达为

$$\boldsymbol{F}=-\left.\frac{\mathrm{d}W_e}{\mathrm{d}r}\right|_{q=常量} \tag{2-66}$$

当带电系统中各带电体上电位保持不变($\Delta\varphi=0$)，此时它们应分别与外电压源连接，外电压源向系统提供的能量为

$$\mathrm{d}W=\sum\mathrm{d}(\varphi_i q_i)=\sum\varphi_i\mathrm{d}q_i$$

根据式(2-62c)，系统所改变的静电能量为

$$\Delta W_e=\frac{1}{2}\sum\varphi_i\Delta q_i$$

可见，外电压源提供的能量一半用于电场储能，另一半用于静电力做功，用公式表达为

$$\boldsymbol{F}=\left.\frac{\mathrm{d}W_e}{\mathrm{d}r}\right|_{\varphi=常数} \tag{2-67}$$

例 2-12 一平行板电容器宽为 w，长为 l，极间距离为 d，其中宽度等于 $x(x<\omega)$的部分区域充满了介电常数为 ε 的介质，如图 2-27 所示。求电介质片受到的静电力。

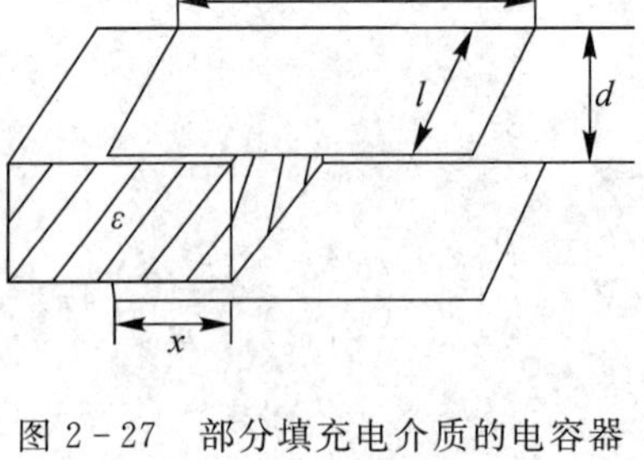

图 2-27 部分填充电介质的电容器

解： 平行板电容器的电容为

$$C=\frac{\varepsilon_0(w-x)l}{d}+\frac{\varepsilon xl}{d}$$

平行板电容器中的储能为(忽略边缘效应)

$$W_e=\frac{1}{2}CU^2=\frac{1}{2}\left(\frac{\varepsilon_0(w-x)l}{d}+\frac{\varepsilon xl}{d}\right)U^2$$

假定电容器与电源相连，则电压 U 不变。介质位移变化量为 x，介质片受到的静电力为

$$\boldsymbol{F}=\nabla W_e\big|_{\varphi=\text{常数}}=\boldsymbol{e}_x\frac{\partial W_e}{\partial x}=\boldsymbol{e}_x\left[\frac{(\varepsilon-\varepsilon_0)U^2l}{2d}\right]$$

假定电容器充电后与电源断开，则极板上保持总电荷 q 不变，此时电容器的储能为

$$W_e=\frac{1}{2}\frac{q^2}{C}=\frac{q^2d}{2l[\varepsilon_0(w-x)+\varepsilon x]}$$

$$\boldsymbol{F}=\nabla W_e\big|_{q=\text{常数}}=\boldsymbol{e}_x\frac{\partial W_e}{\partial x}=\boldsymbol{e}_x\frac{(\varepsilon-\varepsilon_0)q^2d}{2l[\varepsilon_0(w-x)+\varepsilon x]^2}$$

式中 $q=CU=\left(\frac{\varepsilon_0(w-x)l}{d}+\frac{\varepsilon xl}{d}\right)U$。

以上两种方法得到的电场力相同。

2.10　恒定电场

导体在静电场中达到静电平衡后，其内部无自由电荷，导体内部没有静电场存在。但如果在导体两端接上理想的直流电源构成闭合回路，此时在导体中将形成恒定的电流，并在导体内部建立电场。显然，电源两极上的电荷分布不会发生变化，在导体内部所建立的电场也不会发生变化，将这种恒定电流空间中存在的电场称为恒定电场。对恒定电场而言，虽然其电荷总是在不断地定向运动，但电荷的分布却不随时间变化，即处于动态平衡之中。故这种分布不变的电荷所产生的恒定电场和静电场一样都属于静电场的范畴。

2.10.1　电流与电流密度

若空间分布的电荷是流动的，则该体积空间内就有电流存在。我们任取一个面积 S，若 Δt 时间内穿过 S 的电荷量为 Δq，则定义电流强度的大小为

$$i(t)=\lim_{\Delta t\to 0}\frac{\Delta q}{\Delta t}=\frac{\mathrm{d}q}{\mathrm{d}t}\tag{2-68}$$

电流强度是一个代数量，它的单位为 A(安培)，即 C/s(库/秒)。若电荷流动的速度不随时间改变，则有

$$\lim_{\Delta t\to 0}\frac{\Delta q}{\Delta t}=\frac{\mathrm{d}q}{\mathrm{d}t}=I\quad(\text{恒定值})\tag{2-69}$$

这种情况下的电流称为恒定电流。

1. 体电流密度 $\boldsymbol{J}$

为了描述体分布电荷在空间各处流动的状态，即电流在空间分布的状态，如图 2-28 所示。我们在垂直于电荷流动的方向取一个面积元 ΔS，若流过 ΔS 的电流强度为 ΔI，则定义一个矢量 $\boldsymbol{J}$，其方向定为正电荷运动的方向，大小为

$$J=|\boldsymbol{J}|=\lim_{\Delta S\to 0}\frac{\Delta I}{\Delta S}=\frac{\mathrm{d}I}{\mathrm{d}S}\tag{2-70}$$

$\boldsymbol{J}$ 称为体电流密度矢量，单位为 A/m^2(安/米^2)。

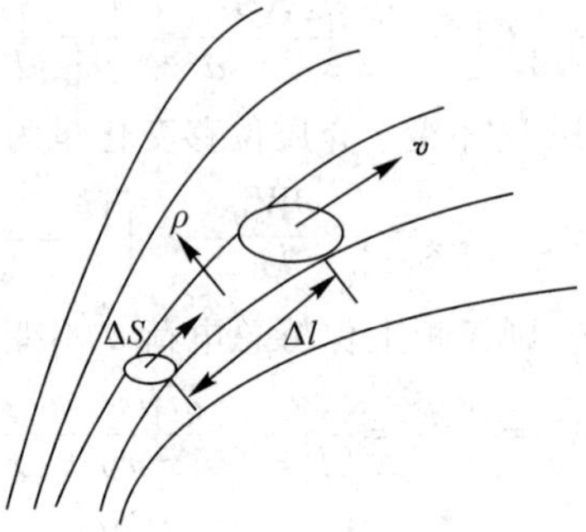

图 2-28 体电流密度

体积空间中某点的电流密度同该点的电荷密度、电荷运动速度之间的关系可按如下方法求出：垂直于 $\boldsymbol{J}$ 取面积元 ΔS，设 Δt 时间内 Δq 流动的距离为 Δl，则如图 2-28 中所表示的柱形体积元的电荷 $\rho\Delta V=\rho\Delta S\Delta l=\Delta q$ 在 Δt 时间内全部通过面积元 ΔS，故电流强度 ΔI 为

$$\Delta I=\frac{\Delta q}{\Delta t}=\frac{\rho\Delta S\Delta l}{\Delta t}=\rho\,\boldsymbol{v}\,\Delta S$$

式中 $v=\dfrac{\Delta l}{\Delta t}$ 为电荷运动的速度(m/s)，流过面积元 ΔS 的电流密度为

$$J=\frac{\Delta I}{\Delta S}=\rho v \text{ 或 } \boldsymbol{J}=\rho\,\boldsymbol{v} \tag{2-71}$$

式中 ρ 是该处运动电荷的体密度。

根据体电流密度的定义不难知道：电流强度就等于体电流密度矢量的通量，故电流强度 I 又称为电流密度通量，可表达为

$$I=\int_S \boldsymbol{J}\cdot \mathrm{d}\boldsymbol{S} \text{ 或 } i(t)=\int_S \boldsymbol{J}(t)\cdot \mathrm{d}\boldsymbol{S} \tag{2-72}$$

2. 面电流密度 $\boldsymbol{J}_S$

实际问题中，我们还常遇到一种电荷在薄层内流动的现象，它可抽象地认为是在某一几何面积上流动的电流，即表面电荷在面积上流动形成的电流，称为表面电流或面电流。如图 2-29 所示，在表面电流场中，取一线元 $\Delta\boldsymbol{l}_\perp$，垂直于面电荷 $\rho_S(\boldsymbol{r})$运动的方向，如果 $\boldsymbol{J}_S$ 垂直穿过此线元 $\Delta\boldsymbol{l}_\perp$ 的电流为 ΔI，则可定义表面电流线密度(也称面电流密度)为

$$J_S=|\boldsymbol{J}|=\lim_{\Delta l\to 0}\frac{\Delta I}{\Delta l_\perp}=\frac{\mathrm{d}I}{\mathrm{d}l} \tag{2-73}$$

其中 $\boldsymbol{J}_S$ 的单位为 A/m(安/米)，方向为正电荷运动方向。

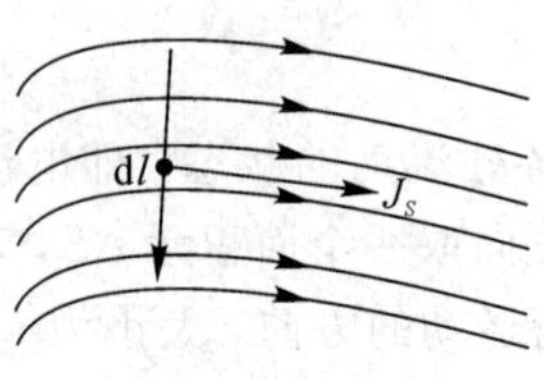

图 2-29 面电流密度

用与式(2-71)相似的推导方法面电荷密度与面电流线密度之间的关系为

$$\boldsymbol{J}_S=\rho_S\,\boldsymbol{v} \tag{2-74}$$

其中 ρ_S 是该处运动电荷的面密度。由面电流密度的定义可知：面电流分布的电流强度等于面电流密度大小沿横向线段的线积分，即

$$I=\int_l \boldsymbol{J}_S\cdot(\boldsymbol{n}\times \mathrm{d}\boldsymbol{l})=\int_l J_S\,\mathrm{d}l \tag{2-75}$$

注意：面电流和体电流的概念应区分开，有的读者可能会误以为空间体积中有电流时，该空间内表面上便有面电流，这样理解是不对的。因为面电流是在厚度为零的表面上流过的电流，其所占体积为零，它实际上是一种抽象的概念。一般体电流密度是有限值，在体积为零的表面上流过的电流当然只能为零，否则将会得到体电流密度为无穷大的后果。

3. 线电流密度 $\boldsymbol{J}_l$

除体电流和面电流之外，还有一种常用的电流概念，称为线电流。实际中，当电荷在一根很细的导线中流过或电荷通过的横切面很小时，可以把电流看作在一根无限细的线上流过，理想化为线电流，线电流密度 $\boldsymbol{J}_l$ 与电荷线密度 ρ_l 间的关系为

$$\boldsymbol{J}_l=\rho_l\,\boldsymbol{v} \tag{2-76}$$

方向为正电荷运动方向。

例 2-13　有一半径为 a 的圆柱体，总电流为 I，方向为 z 轴方向，如图 2-30 所示。

(1) 若电流均匀分布在圆柱体表面，求电流密度；

(2) 若电流均匀分布在圆柱体内，求电流密度。

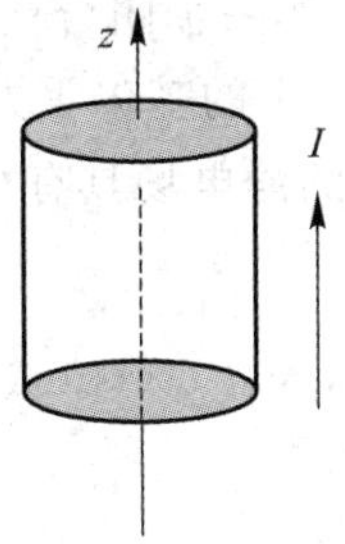

图 2-30　带均匀电流圆柱体

解：(1)若电流均匀分布在圆柱体表面，电流分布为面电流密度，面电流密度 $\boldsymbol{J}_S$ 为

$$\boldsymbol{J}_S=\boldsymbol{e}_z\,\frac{I}{2\pi a}$$

(2) 若电流均匀分布在圆柱体内，电流分布为体电流密度，体电流密度 $\boldsymbol{J}$ 为

$$\boldsymbol{J}=\boldsymbol{e}_z\,\frac{I}{\pi a^2}$$

2.10.2　恒定电场的基本方程　边界条件

1. 恒定电场的基本方程

电荷守恒定律表明，任一封闭系统的电荷总量不变，即任意一个体积 V 内的电荷增量

必定等于流入这个体积的电荷量。也就是说，体电流密度在构成体积 V 的闭合曲面 S 上的通量就等于单位时间内该封闭曲面中电荷减少的量，故

$$\oint_S \boldsymbol{J} \cdot \mathrm{d}\boldsymbol{S} = -\frac{\partial q}{\partial t} = -\frac{\partial}{\partial t}\int_V \rho \mathrm{d}V \tag{2-77a}$$

此式称为电流连续性方程的积分形式，可见其实质是电荷守恒定律。对此式应用散度定理，有

$$\int_V \nabla \cdot \boldsymbol{J} \mathrm{d}V = -\int_V \frac{\partial \rho}{\partial t} \mathrm{d}V$$

考虑到上述分析中未对体积作任何限定，故上述积分等式的成立必然意味着被积函数的严格相等，即

$$\nabla \cdot \boldsymbol{J} = -\frac{\partial \rho}{\partial t} \tag{2-77b}$$

此式称为电流连续性方程的微分形式。

对恒定电场而言，电荷分布 ρ 不随时间变化（$\partial \rho / \partial t = 0$）。式(2-77a)和式(2-77b)就变为

$$\oint_S \boldsymbol{J} \cdot \mathrm{d}\boldsymbol{S} = 0 \tag{2-78a}$$

$$\nabla \cdot \boldsymbol{J} = 0 \tag{2-78b}$$

上述两方程分别为恒定电场中电流连续性方程的积分形式和微分形式。从中不难发现，恒定电场中电流密度穿过任意闭合曲面的通量等于零，其散度也处处为零。因此，与以电荷分布为散度源的静电场不同，恒定电场没有散度源，其电流无头无尾，必须在回路中流动，自行闭合。如直流电路（恒定电场）中，作一个闭合曲面包围一个电路节点，则积分形式的电流连续性方程就可以等效为电路理论中的基尔霍夫电流定律。

恒定电场 $\boldsymbol{E}$ 必定同静止电荷产生的静电场具有相同的性质，即它也是一种保守场，基本方程同样为

$$\oint_l \boldsymbol{E} \cdot \mathrm{d}\boldsymbol{l} = 0, \ \nabla \times \boldsymbol{E} = 0 (\text{或 } \boldsymbol{E} = -\nabla \varphi) \tag{2-79}$$

2. 欧姆定律、焦耳定律

1) 欧姆定律

欧姆定律的积分形式为

$$I = \frac{U}{R} \tag{2-80a}$$

此式适用于一段导体，式中 I、U 和 R 都是积分量：

$$I = \int_S \boldsymbol{J} \cdot \mathrm{d}\boldsymbol{S}, \ U = \int_l \boldsymbol{E} \cdot \mathrm{d}\boldsymbol{l}, \ R = \int_l \rho \frac{\mathrm{d}l}{S}$$

实验证明，对于线性各向同性的导体，任意一点的电流密度与电场强度成正比，即

$$\boldsymbol{J} = \sigma \boldsymbol{E} \tag{2-80b}$$

上式称为欧姆定律的微分形式，其中 σ 为导电媒质的电导率，单位是 S/m（西门子/米）。一般金属材料的电导率 σ 是一个常数，但随温度变化。σ 为常量的导体一般称为均匀的导电媒质。实际中还有不均匀的和各向异性的导电媒质。表 2-1 列出了几种材料在常温下的电导率。

表 2-1　几种材料的电导率

材料	电导率 σ(S · m^{-1})	材料	电导率 σ(S · m^{-1})
银	6.17×10^{7}	海水	4
铜	5.80×10^{7}	石灰石	10^{-2}
金	4.10×10^{7}	淡水	10^{-3}
铝	3.54×10^{7}	干土	10^{-5}
黄铜	1.57×10^{7}	玻璃	10^{-12}
青铜	10^{7}	聚乙烯	10^{-13}
铁	10^{7}	橡胶	10^{-15}

表 2-1 中左边一列材料都是金属类的导电媒质，它们的电导率都在 10^7 S/m 以上，称为良导体。在理论分析中，若材料的电导率 $\sigma\to\infty$，则称它为理想导体。表 2-1 中右边一列材料的电导率大多远小于 1(海水除外)，可称为有漏电的电介质材料。若 $\sigma\to0$，则称为理想的电介质材料。

根据式(2-80b)可知，电流密度 $\boldsymbol{J}$ 已知时，导体内的 $\boldsymbol{E}=\dfrac{\boldsymbol{J}}{\sigma}$。$\sigma$ 越大，E 便越小。$\sigma\to\infty$ 时，$E\to0$。与静电场不同的是，静电场中是所有导体内 E 都为零，而这里只有理想导体内才有 $\boldsymbol{E}=0$。

2) 焦耳定律

焦耳定律的积分形式为

$$P=I^2R \tag{2-81a}$$

式中 P、I 和 R 都是积分量。

对式(2-80b)两边和电场 $\boldsymbol{E}$ 相点积，得

$$p=\boldsymbol{J}\cdot\boldsymbol{E}=\sigma\boldsymbol{E}\cdot\boldsymbol{E}=\sigma E^2=\frac{J^2}{\sigma} \tag{2-81b}$$

上式表示有传导电流时，导体内单位体积内的功率损耗。一般称为单位体积的焦耳损耗，单位为 W/m^3。

3. 恒定电场中的电位方程

由恒定电场中电流连续性方程的微分形式 $\nabla\cdot\boldsymbol{J}=0$ 和欧姆定律的微分形式 $\boldsymbol{J}=\sigma\boldsymbol{E}$ 可得

$$\nabla\cdot\boldsymbol{J}=\nabla\cdot\sigma\boldsymbol{E}=\sigma\,\nabla\cdot(-\nabla\varphi)=0$$

即有

$$\nabla^2\varphi=0 \tag{2-82}$$

此式为恒定电场中的电位函数满足的拉普拉斯方程。

4. 恒定电场的边界条件

虽然均匀导体中没有净电荷，但是在导体表面或不同导体的分界面上，一般总是有电

荷分布的。这是导体在充电时电荷扩散而分布在面上的结果。所以在分界面处 $\boldsymbol{J}$ 和 $\boldsymbol{E}$ 是不连续的，如图 2-31 所示。

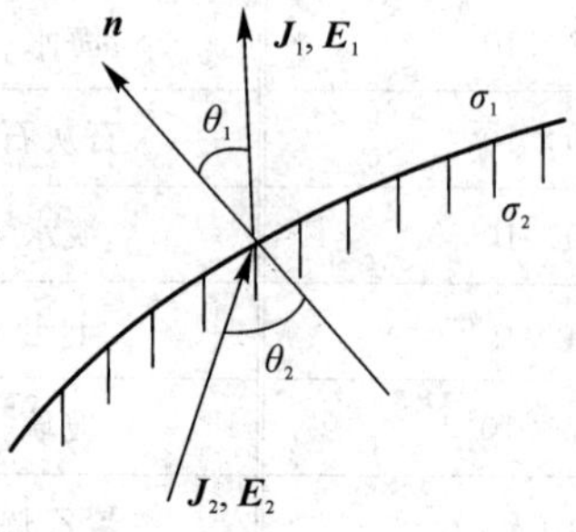

图 2-31　导体间的交界面

与推导静电场在不同介质交界面的边界条件的方法相似，利用恒定电场中两个基本方程的积分形式 $\oint_S \boldsymbol{J}\cdot \mathrm{d}\boldsymbol{S}=0$ 和 $\oint_l \boldsymbol{E}\cdot \mathrm{d}\boldsymbol{l}=0$ 以及式 $\boldsymbol{J}=\sigma\boldsymbol{E}$，可导出如下边界条件：

$$\begin{cases} J_{1n}=J_{2n} \text{ 或 } \boldsymbol{n}\cdot(\boldsymbol{J}_1-\boldsymbol{J}_2)=0 \\ E_{1t}=E_{2t} \text{ 或 } \boldsymbol{n}\times(\boldsymbol{E}_1-\boldsymbol{E}_2)=0 \end{cases} \tag{2-83}$$

也可改写成电位函数表示的边界条件：

$$\begin{cases} \sigma_1 \dfrac{\partial\varphi_1}{\partial n}=\sigma_2 \dfrac{\partial\varphi_2}{\partial n} \\ \varphi_1=\varphi_2 \end{cases} \tag{2-84}$$

又可通过式(2-83)中的两个条件推出 $\boldsymbol{J}$ 和 $\boldsymbol{E}$ 的折射关系：

$$\frac{\tan\theta_1}{\tan\theta_2}=\frac{\sigma_1}{\sigma_2} \tag{2-85}$$

当 $\sigma_2\to\infty$，σ_1 仍为有限值时，只要 $\theta_2\neq\dfrac{\pi}{2}$，则 $\theta_1\to 0$。也就是说，只要在第 2 区域的导体是理想导体，那么第 1 区域的 $\boldsymbol{J}_1$ 和 $\boldsymbol{E}_1$ 垂直于交界面，此交界面可认为是等位面。

例 2-14　如图 2-32 所示，同轴线内外半径分别为 a 和 b，填充的介质 $\sigma\neq 0$，具有漏电现象。同轴线外加电源的电压为 U，求漏电介质内的 φ、$\boldsymbol{E}$、$\boldsymbol{J}$ 和单位长度上的漏电电导。

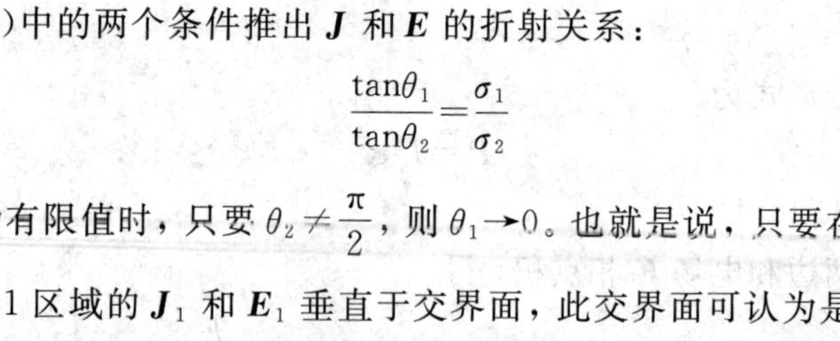

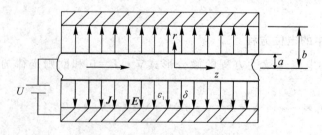

图 2-32　具有漏电介质的同轴线

解：实际同轴线的内外导体中有轴向流动的电流，但良导体构成的同轴线导体内的轴向电场 $\boldsymbol{E}_z$ 很小；其次内外导体表面具有面电荷分布，内导体表面为正的面电荷，外导体内表面为负的面电荷，它们是外加电源时充电扩散而稳定分布在导体表面的，故在漏电介质中存在一个电场的径向分量 $\boldsymbol{E}_\rho$。根据边界条件，介质中的切向分量在边界面上应等于导体的切向分量，但有 $\boldsymbol{E}_\rho \gg \boldsymbol{E}_z$。在近似计算时，假定内外导体是理想导体，则 $\boldsymbol{E}_z=0$，内外导体表面应是等位面，这样漏电介质中的电位只是径向 ρ 的函数，拉普拉斯方程为

$$\frac{1}{\rho}\frac{\mathrm{d}}{\mathrm{d}r}\left(\rho\frac{\mathrm{d}\varphi}{\mathrm{d}\rho}\right)=0$$

边界条件为：$\rho=a$，$\varphi=U$；$\rho=b$，$\varphi=0$。

$$\varphi(\rho)=\frac{U}{\ln\dfrac{b}{a}}\ln\frac{b}{r}$$

由 $\boldsymbol{E}=-\nabla\varphi$ 可求得电场强度为

$$\boldsymbol{E}(\rho)=-\boldsymbol{e}_\rho\frac{\mathrm{d}\varphi}{\mathrm{d}\rho}=\boldsymbol{e}_\rho\frac{U}{\rho\ln\dfrac{b}{a}}$$

故漏电媒质内的电流密度为

$$\boldsymbol{J}=\sigma\boldsymbol{E}=\boldsymbol{e}_\rho\frac{\delta U}{\rho\ln\dfrac{b}{a}}$$

单位长度上同轴线内的漏电流为

$$I_0=2\pi\rho\cdot\frac{\sigma U}{\rho\ln\dfrac{b}{a}}=\frac{2\pi\sigma U}{\ln\dfrac{b}{a}}$$

于是单位长度上的漏电电导为

$$G_0=\frac{I_0}{U}-\frac{2\pi\sigma}{\ln\dfrac{b}{a}}$$

由例 2-14 的结论还可求得同轴线单位长度的电量。另设漏电介质的介电常数为 ε，则内导体表面上的电荷面密度为

$$\rho_S=\boldsymbol{D}\cdot\boldsymbol{e}_\rho=\varepsilon\boldsymbol{E}\cdot\boldsymbol{e}_\rho\big|_{\rho=a}=\frac{\varepsilon U}{a\ln\dfrac{b}{a}}$$

因此单位长度上的充电电荷量为

$$\rho_l=2\pi a\rho_S=\frac{2\pi\varepsilon U}{\ln\dfrac{b}{a}}$$

单位长度的电容量为

$$C_0=\frac{\rho_l}{U}=\frac{2\pi\varepsilon}{\ln\dfrac{b}{a}}$$

这一表达式与静电场中求得的电容量完全一致。这是因为我们假设同轴线内外导体为理想导体，且恒定电场和静电场的边界条件是一样的，所以根据唯一性定理，满足 $\nabla^2\varphi=0$ 和边界条件的解也是唯一的。

例 2-15　如图 2-33 所示，一个有两层介质的平板电容器，两种介质的电导率分别

为 σ_1 和 σ_2，在外加电压 U 时，忽略两极板的边缘效应，试求：

(1) 电容器内 $\boldsymbol{J}$、$\boldsymbol{E}$ 分布；

(2) 上、下极板和介质分界面上的自由电荷面密度。

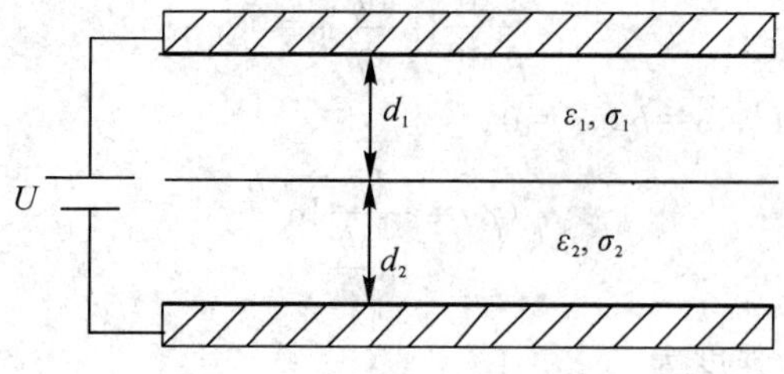

图 2-33　两层介质的平行板电容器

解：(1)我们仍近似地认为电容器电极由理想导体构成，故电容器极板是等位面，设电流为 I，则两种介质中的电流密度方向由上至下，大小为

$$J_1=J_2=\frac{I}{S}=J$$

式中 S 为极板的面积，两介质内的电场强度分别为

$$E_1=\frac{J}{\sigma_1},\ E_2=\frac{J}{\sigma_2}$$

外加电压等于

$$U=U_1+U_2=E_1d_1+E_2d_2=\left(\frac{d_1}{\sigma_1}+\frac{d_2}{\sigma_2}\right)J=\left(\frac{d_1}{\sigma_1}+\frac{d_2}{\sigma_2}\right)\frac{I}{S}$$

所以电流为

$$I=US\left(\frac{d_1}{\sigma_1}+\frac{d_2}{\sigma_2}\right)^{-1},\ J=U\left(\frac{d_1}{\sigma_1}+\frac{d_2}{\sigma_2}\right)^{-1}$$

故电容器内 $\boldsymbol{J}$、$\boldsymbol{E}$ 的方向均为由上至下，大小分别为

$$J_1=J_2=\frac{I}{S}=U\left(\frac{d_1}{\sigma_1}+\frac{d_2}{\sigma_2}\right)^{-1}$$

$$E_1=\frac{U}{\sigma_1}\left(\frac{d_1}{\sigma_1}+\frac{d_2}{\sigma_2}\right)^{-1},\ E_2=\frac{U}{\sigma_2}\left(\frac{d_1}{\sigma_1}+\frac{d_2}{\sigma_2}\right)^{-1}$$

(2) 第一层介质中的电位移为 $D_1=\varepsilon_1E_1=\frac{\varepsilon_1}{\sigma_1}J$；上极板表面的自由电荷为 $\rho_{S1}=D_1=\frac{\varepsilon_1}{\sigma_1}J$。第二层介质中的电位移为 $D_2=\varepsilon_2E_2=\frac{\varepsilon_2}{\sigma_2}J$；下极板表面的自由电荷为 $\rho_{S2}=-D_2=-\frac{\varepsilon_2}{\sigma_2}J$。

介质交界面上的自由电荷为

$$\rho_S=D_1-D_2=\left(\frac{\varepsilon_1}{\sigma_1}-\frac{\varepsilon_2}{\sigma_2}\right)J=\left(\frac{\sigma_2\varepsilon_1-\sigma_1\varepsilon_2}{\sigma_1\sigma_2}\right)\left(\frac{\sigma_1\sigma_2}{\sigma_2d_1+\sigma_1d_2}\right)U=\left(\frac{\sigma_2\varepsilon_1-\sigma_1\varepsilon_2}{\sigma_2d_1+\sigma_1d_2}\right)U$$

若 $\frac{\varepsilon_1}{\sigma_1}\neq\frac{\varepsilon_2}{\sigma_2}$，则分界面上总有自由电荷存在。

2.10.3　恒定电场与静电场的比拟

下面将均匀导电媒质中电源外部的恒定电场与无源区的静电场加以对比，不难发现两者之间的相似之处和对偶关系，如表 2-2 所示。

表 2-2　恒定电场与静电场的对比

	恒定电场(电源外)	静电场(无源区)
基本方程	$\oint_S \boldsymbol{J}\cdot d\boldsymbol{S}=0,\ \nabla\cdot\boldsymbol{J}=0$ $\oint_C \boldsymbol{E}\cdot d\boldsymbol{l}=0,\ \nabla\times\boldsymbol{E}=0$ $\boldsymbol{J}=\sigma\boldsymbol{E}$ $\boldsymbol{E}=-\nabla\varphi,\ \nabla^2\varphi=0$	$\oint_S \boldsymbol{D}\cdot d\boldsymbol{S}=0,\ \nabla\cdot\boldsymbol{D}=0$ $\oint_C \boldsymbol{E}\cdot d\boldsymbol{l}=0,\ \nabla\times\boldsymbol{E}=0$ $\boldsymbol{D}=\varepsilon\boldsymbol{E}$ $\boldsymbol{E}=-\nabla\varphi,\ \nabla^2\varphi=0$
边界条件	$J_{1n}=J_{2n},\ E_{1t}=E_{2t}$ $\sigma_1\dfrac{\partial\varphi_1}{\partial n}=\sigma_2\dfrac{\partial\varphi_2}{\partial n},\ \varphi_1=\varphi_2$	$D_{1n}=D_{2n},\ E_{1t}=E_{2t}$ $\varepsilon_1\dfrac{\partial\varphi_1}{\partial n}=\varepsilon_2\dfrac{\partial\varphi_2}{\partial n},\ \varphi_1=\varphi_2$
积分量	$I=\int_S \boldsymbol{J}\cdot d\boldsymbol{S},\ U=\int_l \boldsymbol{E}\cdot d\boldsymbol{l}$ $G=\dfrac{I}{U}$	$Q=\oint_S \boldsymbol{D}\cdot d\boldsymbol{S},\ U=\int_l \boldsymbol{E}\cdot d\boldsymbol{l}$ $C=\dfrac{Q}{U}$
对偶关系	$\boldsymbol{J}\to\boldsymbol{D},\ \boldsymbol{E}\to\boldsymbol{E},\ \sigma\to\varepsilon,\ \varphi\to\varphi,\ I\to Q,\ G\to C$	

可见，根据对偶关系，恒定电场的方程就变为静电场的方程。因此，根据这两种场的类似性，可以利用已经获得的静电问题的解，通过对偶量的代换直接得出与其对应的恒定电场的解，或者以容易实现的恒定电场来研究静电场的特性，这种方法称为静电场比拟法。

例 2-16　计算深埋地下半径为 a 的导体球的接地电阻，如图 2-34 所示。设大地电导率为 σ，忽略地面以上部分对接地电阻的影响。

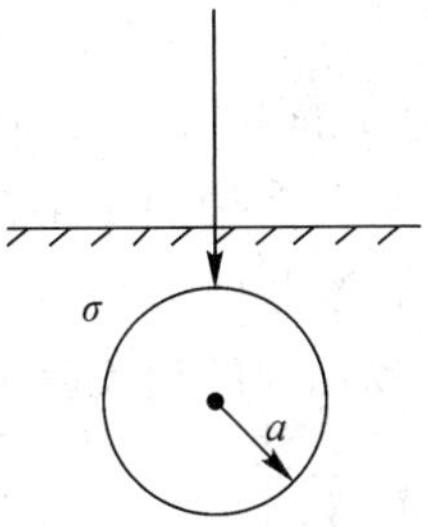

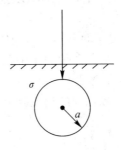

图 2-34　球形接地器

解法一： 导体球的电导率一般总是远大于大地的电导率，可以将导体球看作等位体。假设从接地线流入大地的总电流为 I，则在地中的电流密度为

$$J=\frac{I}{4\pi r^2}$$

大地中的场强为

$$E=\frac{J}{\sigma}=\frac{I}{4\pi\sigma r^2}$$

接地电极表面的电压为

$$U=\int_a^\infty \boldsymbol{E}\cdot \mathrm{d}\boldsymbol{r}=\int_a^\infty \frac{I}{4\pi\sigma r^2}\mathrm{d}r=\frac{I}{4\pi\sigma a}$$

接地电阻为

$$R=\frac{U}{I}=\frac{1}{4\pi\sigma a}$$

解法二： 易知，静电场中半径为 a 的导体球在介电常数 ε 的无限大媒质中的电压 U 与所带电荷量 Q 之间的关系为

$$U=\frac{Q}{4\pi\varepsilon a}$$

接地导体球的电容为

$$C=\frac{Q}{U}=4\pi\varepsilon a$$

根据表 2-2 中的对偶量替换后，可得接地电导为

$$G=4\pi\sigma a$$

故接地电阻为

$$R=\frac{1}{G}=\frac{1}{4\pi\sigma a}$$

从例 2-16 的结果可以看出，电导率 σ 增大，接地电阻 R 减小。为了使实验室中的电子仪器设备可靠接地，一般实验室都会敷设一根共用的深埋地线，而接地电阻愈大，共用地线的仪器设备之间通过地线耦合的干扰就愈大。因此，在敷设地线时，可以采用在接地电极附近灌盐水、埋木炭或其他降阻剂等方法减小接地电阻。

2.11　静电场的应用

静电场的应用是指利用带电粒子在静电场中受到电场力的作用发生偏转、静电感应、静电吸引、电晕放电等效应和原理，实现多种加工工艺和加工设备，应用非常广泛，常见的有静电除尘、静电屏蔽、静电喷涂、静电复印等等。下面以阴极射线示波器、静电发电机、静电电压表为例来说明利用静电场原理的相关应用。

2.11.1　阴极射线示波器

阴极射线示波器的基本结构如图 2-35 所示，它是一个漏斗型的电真空器件，主要由电子枪、偏转控制部分和显示屏三部分组成。电子枪用于产生可控并具有一定形状的电子束，作为电子发射源的阴极，被灯丝加热后发射电子，由阳极使电子获得动能加速，并通过栅极对电子束电流密度进行控制；被加速的高能电子进入偏转控制部分，在水平和垂直两个方向上发生可控偏转；这些高能电子轰击覆盖有晶态磷光体(如硫化锌)的荧光屏的内表面，产生光学图像。

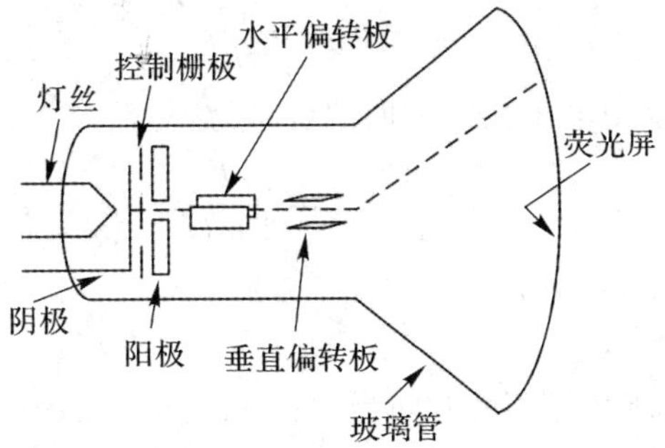

图 2-35　阴极射线示波器的基本结构图

设电子从阴极表面发射出来的初速度为 0，U 为阳极与阴极之间的电势差，电子经阳极加速后的速度 v_x 可由其动能的增益求得

$$\frac{1}{2}mv_x^2=eU$$

速度 v_x 为

$$v_x=\left(\frac{2e}{m}U\right)^{\frac{1}{2}} \tag{2-86}$$

设水平偏转板间不存在电势差，而上垂直偏转板相对下板的电势差为 U_0，且两板之间的距离为 L，电子在穿过水平偏转板时不受扰动，而在穿过垂直偏转板时受到一个沿 z 方向的力的作用，离开偏转区域时的水平位移为 d，垂直位移为 z_1，如图 2-36 所示。忽略两极板的边缘效应，垂直偏转板内的电场强度为

$$\boldsymbol{E}=-\frac{U_0}{L}\boldsymbol{e}_z$$

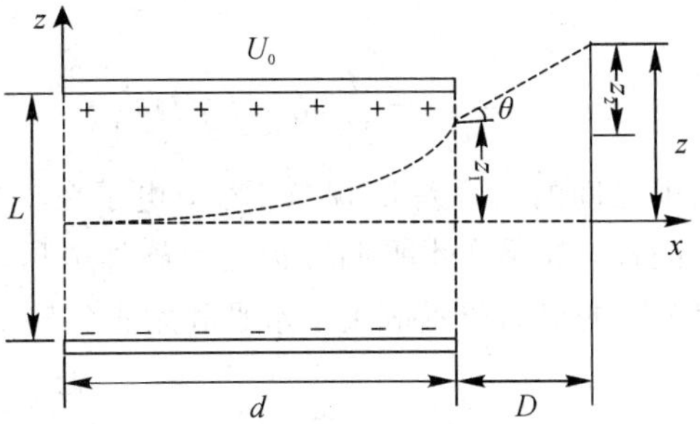

图 2-36　垂直偏转

则作用在电子上的电场力为

$$\boldsymbol{F}=-e\boldsymbol{E}=\frac{eU_0}{L}\boldsymbol{e}_z$$

不考虑电子的重力作用，电子沿 z 方向的加速度为

$$a_z=\frac{F_z}{m}=\frac{eU_0}{mL} \tag{2-87}$$

电子沿 z 方向的速度为

$$v_z=a_zt=\frac{eU_0}{mL}t \tag{2-88}$$

设 $t=0$ 时，$v_z=0$，$z=0$，则电子在 z 方向的位移为

$$z=\frac{1}{2}a_zt^2=\frac{1}{2}\frac{eU_0}{mL}t^2 \tag{2-89}$$

而电子在 t 时刻，x 方向的位移为

$$x=v_xt$$

那么电子穿过垂直偏转板所需经历的时间为

$$T=\frac{d}{v_x} \tag{2-90}$$

将 $t=T$ 代入式(2-89)，并结合式(2-90)，可求得电子离开垂直偏转区时 z 方向的位移为

$$z_1=\frac{eU_0}{2mL}\left(\frac{d}{v_x}\right)^2 \tag{2-91}$$

$x=d$ 对应的 z 方向的速度，即将 $t=T$ 代入式(2-88)可得

$$v_z=\frac{edU_0}{mLv_x} \tag{2-92}$$

此时，电子沿 x 方向的速度保持不变。当电子离开垂直偏转区后，因 v_x 和 v_z 保持不变，电子做直线运动，运动速度的大小为 $\sqrt{v_x^2+v_z^2}$，方向由 $\arctan\left(\frac{v_z}{v_x}\right)$ 决定。电子直线运动至距离荧光屏 D 处所需时间 $t_2=\frac{D}{v_x}$，则有 z_2 为

$$z_2=v_zt_2=\frac{edDU_0}{mL}\left(\frac{1}{v_x}\right)^2 \tag{2-93}$$

因此，将式(2-86)代入式(2-91)和式(2-93)中，可得电子轰击荧光屏时垂直方向的总位移为

$$z=z_1+z_2=\frac{d}{2L}(0.5d+D)\frac{U_0}{U} \tag{2-94}$$

上式表明，如果阳极和阴极之间的电势差 U 保持不变，电子在 z 方向的偏转量与垂直偏转板之间的电势差成正比。同样，如果在水平偏转板之间施加电压，就会使电子在 y 方向运动。可见，电子束轰击荧光屏的点的位置取决于水平和垂直偏转电压。

2.11.2　静电发电机

静电发电机是由 Kelvin 构思，Van de Graaff 实现的，又称为范德格拉夫发电机或范德格拉夫加速器，是一种用来产生静电高压的装置。它是由一个空心绝缘圆柱支撑的空心球状导体组成的，如图 2-37(a)所示，其中的皮带绕过两个滑轮，下面的滑轮由电动机驱动，上面的滑轮是被动轮，一根有很高正电位的杆上装有许多尖端，尖端附近的空气都会被电离，正离子受到尖端排斥，其中一些离子吸附于正在运动的皮带表面。相似的过程也发生在空心球状导体的金属刷上。当电荷积聚时，空心球状导体的电位升高，范德格拉夫发电机可产生几百万伏的高压，其主要应用于加速带电粒子使之获得很高的动能来进行原子碰撞实验。

为了理解这种发电机的原理，先考虑一个空心的、不带电荷的、开有小孔的导体球，如图 2-37(b)所示。让我们现在把一个带正电荷 q 的小球从开口处引入空心导体球腔内，一旦达到静电平衡状态，腔的内表面获得净负电荷 $-q$，而其外表面会感应出正电荷 q。若此时使小球接触腔的内表面，小球所带的正电荷就会被内表面的负电荷完全中和，然而空心导体球的外表面仍然保持正电荷 q。如果小球被撤出，再次充够电荷 q 后，重新放入空心导体球腔内，其内表面又获得负电荷 $-q$，导致腔的外表面增加相同的电荷量 q。让小球接触腔的内表面，腔的内表面和小球都将会失去电荷，但此时腔的外表面上将有两倍的正电荷，即 $2q$。换言之，通过将带电物体放入空心导体球并使之与其内表面接触，带电体上所带全部电荷将被转移到空心导体球的外表面上。当然，该过程与空心导体球的外表面上所带的初始电荷量不相关。

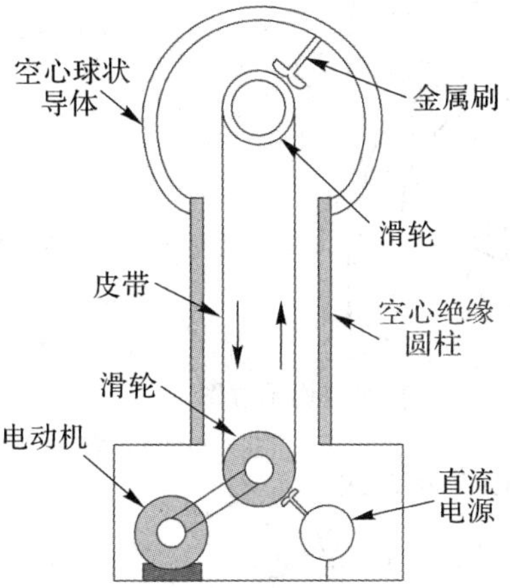

(a) 结构图

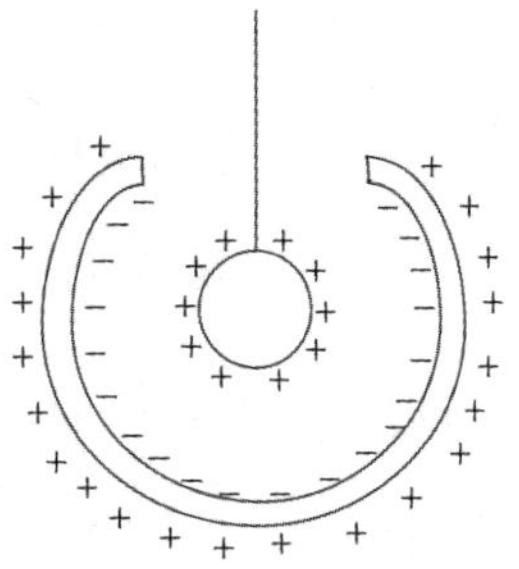
(b) 工作原理图

图 2-37　范德格拉夫发电机

让我们假设任一时刻，平衡状态达到后，腔内小球带电荷量为 q，腔的外表面带电荷量为 Q，设小球和空心导体球的半径分别为 r 和 R，则空心导体球上任一点的电势为

$$\varphi_R=\frac{1}{4\pi\varepsilon_0}\left(\frac{Q}{R}+\frac{q}{R}\right)$$

上式中，括号内第一项是腔上所带电荷量 Q 对电势的贡献；第二项是由带电荷量为 q 的小球在半径 R 处产生的等势面的电势。小球的电势为

$$\varphi_r=\frac{1}{4\pi\varepsilon_0}\left(\frac{q}{r}+\frac{Q}{R}\right)$$

上式中，括号内第一项是由小球所带电荷产生的电势；第二项考虑小球在大球内的原因。

因此，两球之间的电势差 U 为

$$U=\varphi_r-\varphi_R=\frac{q}{4\pi\varepsilon_0}\left(\frac{1}{r1}-\frac{1}{R}\right) \tag{2-95}$$

可见，携带电荷量 q 的小球的电势总是高于腔的电势。如果这两个导体球是电连接的，不管腔的外表面是否带有电荷量 Q，小球上的全部电荷都将流向腔的外表面。这是对电荷从腔内小球转移到腔的外表面上的另一种解释。注意：只有当 $q=0$ 时，它们的电势差才为 0。

2.11.3 静电电压表

静电电压表可以直接用于测量直流电压和交流电的真实有效电压，图 2-38 显示了静电电压表的基本结构。它由一个平行板电容器构成，极板 a 固定，与端点 1 相连，极板 b 与指针相连，可随指针运动。当端点 1 和端点 2 之间施加电压，该电容器的电容 C 随着指针向右移动而增大。图中显示的螺旋弹簧不仅控制着指针的运动，还在可动板 b 和外部端点 2 之间建立了电接触。当施加电压保持不变时，指针以某一角度 θ 停在最终位置，此过程中静电能的增加等于指针带动极板 b 的机械做功。

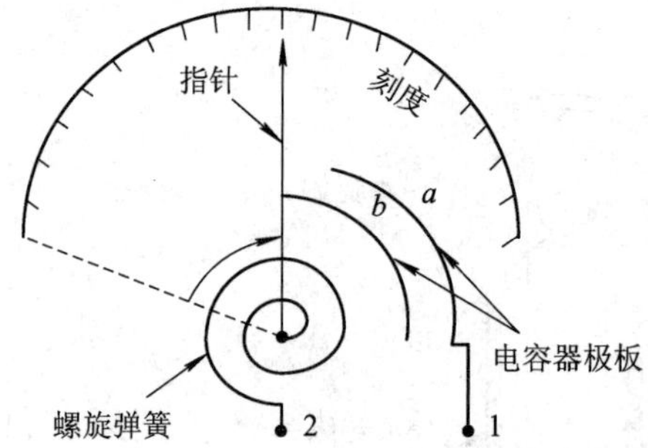

图 2-38　静电电压表的基本结构示意图

静电电压表两端的电势差 U 的任何变化可表达为

$$dU=d\left(\frac{Q}{C}\right)=\frac{1}{C}dQ-\frac{Q}{C^2}dC$$

当 U 电压保持不变，$dU=0$ 时，有

$$\frac{1}{C}dQ=\frac{Q}{C^2}dC$$

静电能量的改变为

$$dW_e=d\left(\frac{Q^2}{2C}\right)=\frac{Q}{C}dQ-\frac{Q^2}{2C^2}dC=\frac{Q^2}{2C^2}dC \tag{2-96}$$

设活动极板转动的力矩为 T，则机械做功为

$$dW=T\,d\theta \tag{2-97}$$

结合式(2-96)和式(2-97)，可得

$$T=\frac{dW}{d\theta}=\frac{Q^2}{2C^2}\frac{dC}{d\theta}=\frac{1}{2}U^2\ \frac{dC}{d\theta} \tag{2-98}$$

设弹簧的扭转常数为 τ，在平衡位置处满足 $T=\tau\theta$，则指针的偏转角 θ 为

$$\theta=\frac{1}{2\tau}U^2\ \frac{dC}{d\theta} \tag{2-99}$$

由上式可知，如果$\frac{dC}{d\theta}$是常数，指针的偏转角 θ 与 U^2 成正比。而实际应用中，$\frac{dC}{d\theta}$依赖于 θ，所以静电电压表必须由制造商正确校准后才能使用。

此外，在现实生活和生产中，静电现象也会给人们带来危害。如汽油或石油在灌注过程中产生的静电放电会导致火灾和爆炸事故；电子元器件也可能在不易察觉的静电放电中击穿损坏；高空作业人员遭到静电电击会产生瞬间的麻木致使行动迟缓，造成高空跌落事故。为此，我们应采取一定的防护对策。一般实验室会将设备用导线与大地相连接，也可使用静电消除器或静电消除液，或增加空气中的湿度。

本章小结

1. 电荷及其分布电荷的电场强度和电位函数

（1）点电荷：

$$\boldsymbol{E}=\boldsymbol{e}_R\ \frac{q}{4\pi\varepsilon_0 R^2}=\frac{q}{4\pi\varepsilon_0 R^3}\boldsymbol{R}=-\frac{q}{4\pi\varepsilon_0}\nabla\left(\frac{1}{R}\right)=\frac{q}{4\pi\varepsilon_0}\left(\frac{\boldsymbol{r}-\boldsymbol{r}'}{|\boldsymbol{r}-\boldsymbol{r}'|^3}\right)$$

$$\varphi=\frac{q}{4\pi\varepsilon_0 \mathrm{R}}$$

（2）体电荷：

$$\boldsymbol{E}(\boldsymbol{r})=\frac{1}{4\pi\varepsilon_0}\int_V\rho(\boldsymbol{r}')\ \frac{\boldsymbol{R}}{R^3}\mathrm{d}V'=-\frac{1}{4\pi\varepsilon_0}\int_V\rho(\boldsymbol{r}')\ \nabla\left(\frac{1}{R}\right)\mathrm{d}V'$$

$$\varphi(r)=\frac{1}{4\pi\varepsilon_0}\int_V\frac{\rho(\boldsymbol{r}')\mathrm{d}V'}{R}$$

（3）面电荷：

$$\boldsymbol{E}(\boldsymbol{r})=\frac{1}{4\pi\varepsilon_0}\int_S\rho_S(\boldsymbol{r}')\ \frac{\boldsymbol{R}}{R^3}\mathrm{d}S'=-\frac{1}{4\pi\varepsilon_0}\int_S\rho_S(\boldsymbol{r}')\ \nabla\left(\frac{1}{R}\right)\mathrm{d}S'$$

$$\varphi(r)=\frac{1}{4\pi\varepsilon_0}\int_S\frac{\rho_S(\boldsymbol{r}')\mathrm{d}S'}{R}$$

（4）线电荷：

$$\boldsymbol{E}(\boldsymbol{r})=\frac{1}{4\pi\varepsilon_0}\int_l\rho_l(\boldsymbol{r}')\ \frac{R}{R^3}\mathrm{d}l'=-\frac{1}{4\pi\varepsilon_0}\int_l\rho_l(\boldsymbol{r}')\ \nabla\left(\frac{1}{R}\right)\mathrm{d}l'$$

$$\varphi(r)=\frac{1}{4\pi\varepsilon_0}\int_l\frac{\rho_l(\boldsymbol{r}')\mathrm{d}l'}{R}$$

（5）电偶极子：

$$\varphi=\frac{ql\cos\theta}{4\pi\varepsilon_0 r^2}=\frac{\boldsymbol{p}\cdot\boldsymbol{e}_r}{4\pi\varepsilon_0 r^2}$$

$$\boldsymbol{E}=-\nabla\varphi=\boldsymbol{e}_r\ \frac{ql\cos\theta}{2\pi\varepsilon_0 r^3}+\boldsymbol{e}_\theta\ \frac{ql\sin\theta}{4\pi\varepsilon_0 r^3}$$

（6）电场强度与电位函数之间的关系：

$$\boldsymbol{E}(\boldsymbol{r})=-\nabla\varphi$$

$$\varphi_B-\varphi_A=\int_B^A\boldsymbol{E}\cdot\mathrm{d}\boldsymbol{l}$$

2. 静电场的基本方程

(1) 积分形式:

$$\oint_S \boldsymbol{E}(r)\cdot d\boldsymbol{S}=\frac{\sum q}{\varepsilon}=\frac{Q}{\varepsilon},\oint_S \boldsymbol{D}\cdot d\boldsymbol{S}=Q,\oint_S \boldsymbol{J}\cdot d\boldsymbol{S}=0,\oint_C \boldsymbol{E}\cdot d\boldsymbol{l}=0$$

(2) 微分形式:

$$\nabla\cdot\boldsymbol{E}=\frac{\rho}{\varepsilon_0},\ \nabla\cdot\boldsymbol{D}=\rho,\ \nabla\cdot\boldsymbol{J}=0,\ \nabla\times\boldsymbol{E}=0$$

(3) 本构关系:

$$\boldsymbol{D}=\varepsilon_0\boldsymbol{E}+\boldsymbol{P},\ \boldsymbol{D}=\varepsilon_0\varepsilon_r\boldsymbol{E}=\varepsilon\boldsymbol{E},\ \boldsymbol{J}=\sigma\boldsymbol{E}$$

(4) 泊松方程和拉普拉斯方程:

$$\nabla^2\varphi=-\frac{\rho}{\varepsilon},\ \nabla^2\varphi=0$$

3. 静电场的边界条件

(1) 场满足的边界条件:

$$D_{1n}-D_{2n}=\rho_S \text{ 或 } D_{1n}=D_{2n}(\rho_S=0)、J_{1n}=J_{2n}、E_{1t}=E_{2t}$$

$$\frac{\tan\theta_1}{\tan\theta_2}=\frac{\varepsilon_1}{\varepsilon_2},\ \frac{\tan\theta_1}{\tan\theta_2}=\frac{\sigma_1}{\sigma_2}$$

(2) 电位函数满足的边界条件:

$$-\varepsilon_1\frac{\partial\varphi_1}{\partial n}+\varepsilon_2\frac{\partial\varphi_2}{\partial n}=\rho_S \text{ 或 } \varepsilon_1\frac{\partial\varphi_1}{\partial n}=\varepsilon_2\frac{\partial\varphi_2}{\partial n}(\rho_S=0)、\sigma_1\frac{\partial\varphi_1}{\partial n}=\sigma_2\frac{\partial\varphi_2}{\partial n}、\varphi_1=\varphi_2$$

4. 静电场能量和电场力

$$W_e=\frac{1}{2}\sum_{i=1}^{N}\varphi_i\int_V\rho\,dV=\frac{1}{2}\sum_{i=1}^{N}\varphi_i q_i,\ W_e=\frac{1}{2}\int\boldsymbol{E}\cdot\boldsymbol{D}\,dV$$

$$\boldsymbol{F}=-\left.\frac{dW_e}{dr}\right|_{q=\text{常量}},\ \boldsymbol{F}=\left.\frac{dW_e}{dr}\right|_{\varphi=\text{常数}}$$

5. 恒定电场

(1) 电流强度与电流密度矢量之间的关系:

$$J=|\boldsymbol{J}|=\lim_{\Delta S\to 0}\frac{\Delta I}{\Delta S}=\frac{dI}{dS},\ I=\int_S\boldsymbol{J}\cdot d\boldsymbol{S} \text{ 或 } i(t)=\int_S\boldsymbol{J}(t)\cdot d\boldsymbol{S}$$

$$J_S=|\boldsymbol{J}|=\lim_{\Delta l\to 0}\frac{\Delta I}{\Delta l_\perp}=\frac{dI}{dl},\ I=\int_l\boldsymbol{J}_S\cdot(\boldsymbol{n}\times dl)=\int_l J_S\,dl$$

(2) 恒定电场的基本方程:

电流连续性方程:

积分形式: $\oint_S\boldsymbol{J}\cdot d\boldsymbol{S}=-\frac{\partial q}{\partial t}=-\frac{\partial}{\partial t}\int_V\rho\,dV$　　微分形式: $\nabla\cdot\boldsymbol{J}=-\frac{\partial\rho}{\partial t}$

恒定电场中基本方程:

积分形式: $\oint_S\boldsymbol{J}\cdot d\boldsymbol{S}=0,\oint_C\boldsymbol{E}\cdot d\boldsymbol{l}=0$　　微分形式: $\Delta\cdot\boldsymbol{J}=0,\ \nabla\times\boldsymbol{E}=0$

(3) 欧姆定律：

积分形式：$I=\dfrac{U}{R}$　　微分形式：$\boldsymbol{J}=\sigma\boldsymbol{E}$

(4) 焦耳定律：

积分形式：$P=I^2R$　　微分形式：$p=\boldsymbol{J}\cdot\boldsymbol{E}$

(5) 恒定电场中的电位方程：

电位函数满足的拉普拉斯方程：$\nabla^2\varphi=0$

(6) 恒定电场的边界条件：

$$\begin{cases}J_{1n}=J_{2n}\text{或 } \boldsymbol{n}\cdot(\boldsymbol{J}_1-\boldsymbol{J}_2)=0\\ E_{1t}=E_{2t}\text{或 } \boldsymbol{n}\times(\boldsymbol{E}_1-\boldsymbol{E}_2)=0\end{cases}$$

$$\begin{cases}\sigma_1\dfrac{\partial\varphi_1}{\partial n}=\sigma_2\dfrac{\partial\varphi_2}{\partial n}\\ \varphi_1=\varphi_2\end{cases}$$

思考题 2

2-1　电荷体密度、面密度、线密度之间有什么关系？

2-2　电场强度的物理意义是什么？

2-3　电位是如何定义的？$\boldsymbol{E}=-\nabla\varphi$ 中的负号的意义是什么？

2-4　“若空间某一点的电位为零，则该点的电场强度也为零”，这种说法正确吗？为什么？

2-5　“若空间某一点的电场强度为零，则该点的电位也为零”，这种说法正确吗？为什么？

2-6　静电场有什么性质？

2-7　某封闭面的电通量为零，该封闭面内就一定没有电荷吗？请举例说明。

2-8　高斯定理适用于哪些情况？请举例说明。

2-9　什么是自由电荷？什么是束缚电荷？

2-10　导体放在静电场中，达到静电平衡后电场和电荷分布有哪些特点？

2-11　介质极化如何理解？

2-12　极化强度是如何定义的？极化电荷密度与极化强度有什么关系？

2-13　什么是介质击穿？介质材料的耐压与其击穿场强有何关系？

2-14　为什么导体壳会有静电屏蔽作用？

2-15　计算静电场能量的公式 $W_e=\dfrac{1}{2}\int_V\rho\varphi\,\mathrm{d}V$ 和 $W_e=\dfrac{1}{2}\int\boldsymbol{E}\cdot\boldsymbol{D}\,\mathrm{d}V$ 之间有何关系？在什么条件下二者是一致的？物理意义是什么？

习　题　2

2-1　一个平行板真空二极管内的电荷体密度为 $\rho=-\frac{4}{9}\varepsilon_0 U_0 d^{-\frac{4}{3}} x^{-\frac{2}{3}}$，其中阴极管位于 $x=0$，阳极管位于 $x=d$，极间电压为 U_0。如果 $U_0=40$ V、$d=1$ cm、横截面 $S=10\ \text{cm}^2$，求：

(1) $x=0$ 和 $x=d$ 区域内的总电荷量 Q；

(2) $x=\frac{d}{2}$ 和 $x=d$ 区域内的总电荷量 Q。

2-2　两点电荷 $q_1=8$ C，位于 z 轴上 $z=4$ 处，$q_2=-4$ C，位于 y 轴上 $y=4$ 处，求 (4，0，0)处的电场强度。

2-3　计算半径为 a、电荷线密度为常数 ρ_l 的均匀带电圆环在轴线上的电场强度。

2-4　已知电场强度为 $\boldsymbol{E}=3\boldsymbol{e}_x+5\boldsymbol{e}_y-4\boldsymbol{e}_z$，试求点 $P(0,0,0)$ 与点 $Q(2,1,2)$ 之间的电压。

2-5　一个不带电的孤立导体球(半径为 a)位于均匀电场中，$\boldsymbol{E}=\boldsymbol{e}_z E_0$，如题 2-5 图所示，求电位函数。

2-6　电荷均匀分布于两平行的圆柱面间的阴影区域中，体密度为 ρ，两圆柱半径分别为 a 和 b，轴线相距 c，$a+c<b$，如题 2-6 图所示，求空间各区域的电场强度。

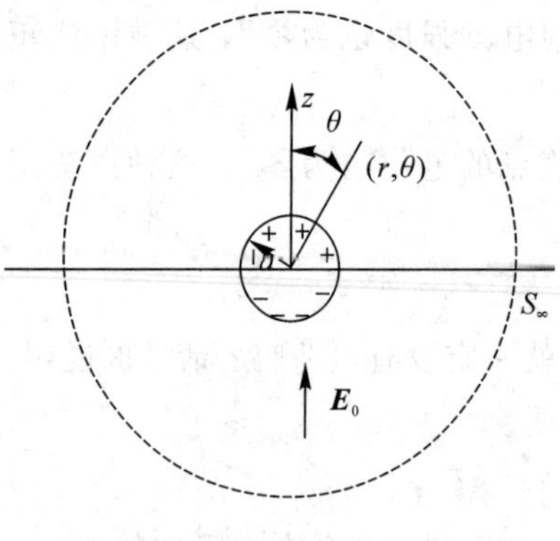

题 2-5 图

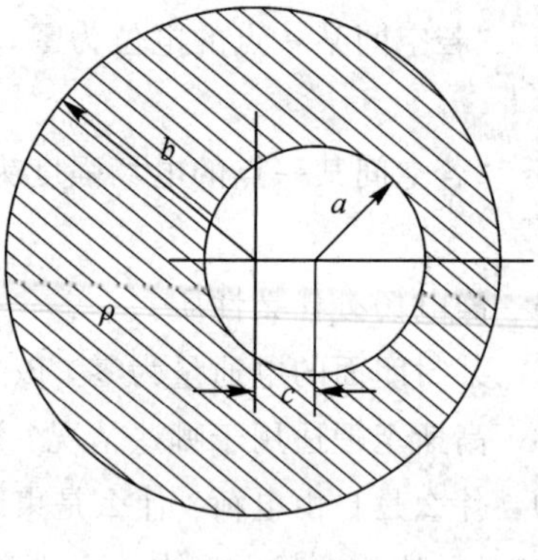

题 2-6 图

2-7　电荷按体密度 $\rho(r)=\rho_0\left(1-\frac{r^2}{a^2}\right)$ 分布于一个半径为 a 的球形区域内，其中 ρ_0 为常数，试计算球内外的场强和电位。

2-8　半径为 a 的导体球带电量为 q，球外包一层厚度为 b、介电常数为 ε 的介质，求电场分布和导体球的电位。

2-9　已知电场强度 $\boldsymbol{E}=\boldsymbol{e}_x(yz-2x)+\boldsymbol{e}_y xz+\boldsymbol{e}_z xy$。

(1) 试问该电场是保守场还是非保守场？

(2) 如果是保守场，试求与之相对应的电位。

2-10　半径为 a 的球内充满介电常数为 ε_1 的均匀介质，球外是介电常数为 ε_2 的均匀

介质。若已知球内和球外的电位为

$$\begin{cases}\varphi_1(r,\theta)=Ar\theta & r<a\\ \varphi_2(r,\theta)=\dfrac{Aa^2\theta}{r} & r\geqslant a\end{cases}$$

式中 A 为常数，求：

(1) 两种介质中的 $\boldsymbol{E}$ 和 $\boldsymbol{D}$；

(2) 两种介质中的自由电荷密度。

2-11　半径为 a、长度为 l 的圆柱介质棒均匀极化，极化方向为轴向，极化强度为 $\boldsymbol{P}=P_0\boldsymbol{e}_z$（$P_0$ 为常数），求介质中的束缚电荷。

2-12　将无限长线电荷置于介电常数为 ε 的均匀介质中，线电荷密度 ρ_l 为常数，求介质中的电场强度。

2-13　两电介质的分界面为 $z=0$ 平面。已知 $\varepsilon_{r_1}=2$ 和 $\varepsilon_{r_2}=3$，如果已知区域 1 中的电场强度为 $\boldsymbol{E}_1=\boldsymbol{e}_x2y-\boldsymbol{e}_y2x+\boldsymbol{e}_z(5+z)$，能求出区域 2 中哪些地方的 $\boldsymbol{E}_2$ 和 $\boldsymbol{D}_2$？求出 $\boldsymbol{E}_2$ 和 $\boldsymbol{D}_2$。

2-14　如题 2-14 图所示的两无限大平行板电极，板间距离为 d，电压为 U_0，并充满密度为 $\rho_0\dfrac{x}{d}$ 的体电荷。试求：

(1) 两板间的电场强度 $\boldsymbol{E}(x)$；

(2) 极板面上的电荷面密度 $\rho_S(0)$ 和 $\rho_S(d)$。

2-15　两块无限大接地导体平板分别置于 $x=0$ 和 $x=a$ 处，在两板之间的 $x=b$ 处有一面密度为 ρ_S 的均匀电荷分布，如图题 2-15 所示。求两导体板之间的电位和场强。

题 2-14 图

题 2-15 图

2-16　如题 2-16 图所示，内、外半径分别为 a 和 b 的球形电容器上，上半部分填充介电常数为 ε_1 的介质，下半部分填充介电常数为 ε_2 的另一种介质，在两极板上加电压 U，试求：

(1) 球形电容器内部的电位和场强；

(2) 极板上和介质分界面上的电荷分布；

(3) 电容器的电容。

2-17　半径分别为 a 和 b 的同轴线，外加电压 U，如题 2-17 图所示。圆柱面电极间在图示 θ_1 角部分充满介电常数为 ε 的介质，其余部分为空气，求介质与空气中的电场和单

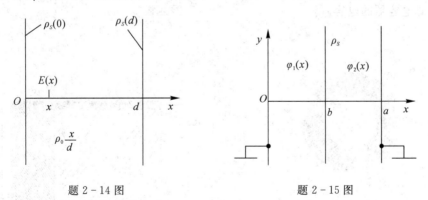

位长度上的电容量。

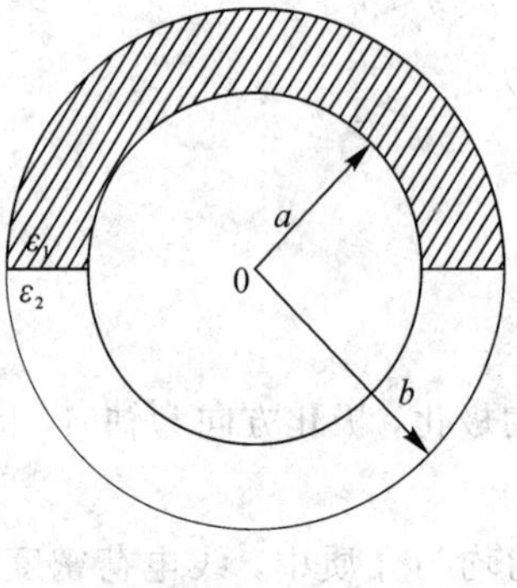

题 2-16 图

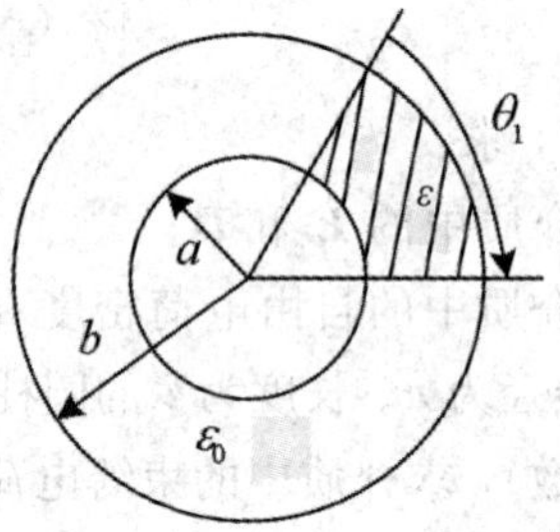

题 2-17 图

2-18 同轴电缆的内导体半径为 a，外导体内半径为 b，电缆内填充击穿强度一定的均匀介质 ε。试求当 b 一定时，电缆可承受最大电压时的 a 值。

2-19 一个球形电容器由半径为 R_1 的导体球和与它同心的内半径为 $R_2(R_2>R_1)$ 的导体球壳组成，内球与外球壳之间的空间充满两层均匀介质，由 R_{12} 隔开，内层介电常数为 ε_1，外层介电常数为 ε_2，如题 2-19 图所示。试求：

(1) 内球带电荷 Q，外球壳接地时，电容器储存的静电能量；

(2) 此电容器的电容。

2-20 平行板电容器极板间距为 d，其间均匀充满介电常数分别为 ε_1 和 ε_2 的两种介质，两部分的面积分别为 S_1 和 S_2，两极板的电位差为 U，如题 2-20 图所示。求：

(1) 电容器储存的静电能量；

(2) 此电容器的电容。

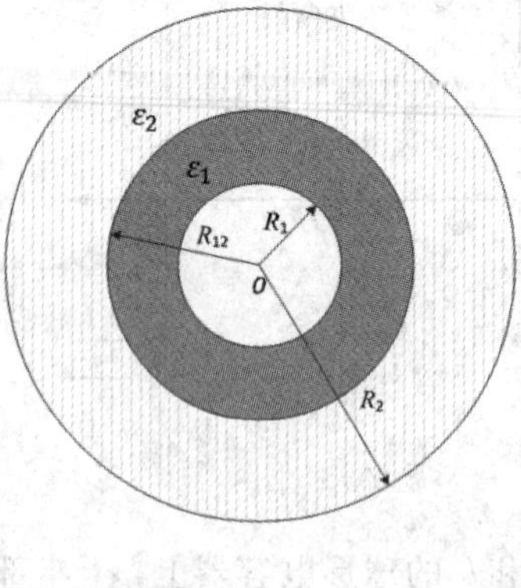

题 2-19 图

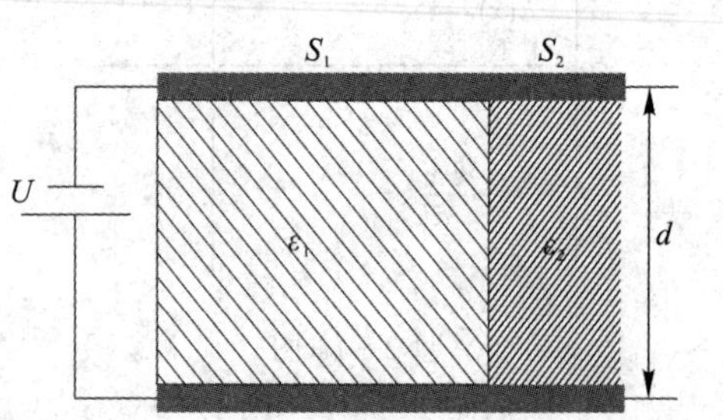

题 2-20 图

2-21 一个半径为 a 的球体内均匀分布总电荷量为 Q 的电荷，球体以匀角速度 ω 绕一个直径旋转，求球内的电流密度。

2-22 已知表面电流密度矢量场 $\boldsymbol{J}_S(\boldsymbol{r})=y\boldsymbol{e}_x+x\boldsymbol{e}_y$(A/m)，计算穿过表面两点(2，1)和(5，1)之间的线段的电流。

2-23 阴极射线示波器阳极和阴极间的电势差 U 为 1000 V，垂直偏转板参数：$L=$ 5 mm，$d=1.5$ cm，$U_0=200$ V，$D=15$ cm。阳极释放电子时初速度为 0。试求：

(1) 电子进入垂直偏转板之间时 x 方向上的速度；

(2) 电子在板间 z 方向上的加速度；

(3) 电子离开偏转区时 z 方向上的速度；

(4) 电子到达荧光屏时的总位移。

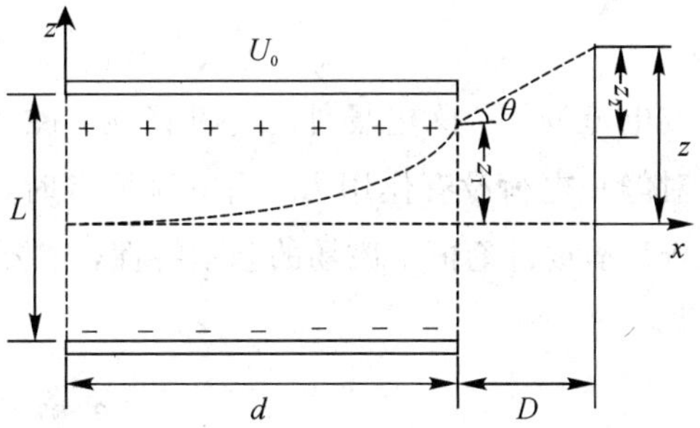

题 2-23 图

2-24　将一个半径为 45 cm 的孤立导体球的电压升高到 900 kV 需要多少电荷量？

2-25　一个静电电压表，当两接线端间加有 100 V 电压时，指针偏转了 45°，求每弧度电容量的变化量是多少。设弹簧的扭转常数为 1.5 N · m/rad。

第3章 恒定磁场分析

实验表明，运动电荷或电流周围，除电场外还存在磁场，磁场与电场不同，它表现为对运动电荷有力的作用，对静止电荷没有作用力。当电流恒定时，产生的磁场不随时间变化，这种磁场称为恒定磁场。本章讨论恒定磁场的基本特性，主要内容思维导图如下：

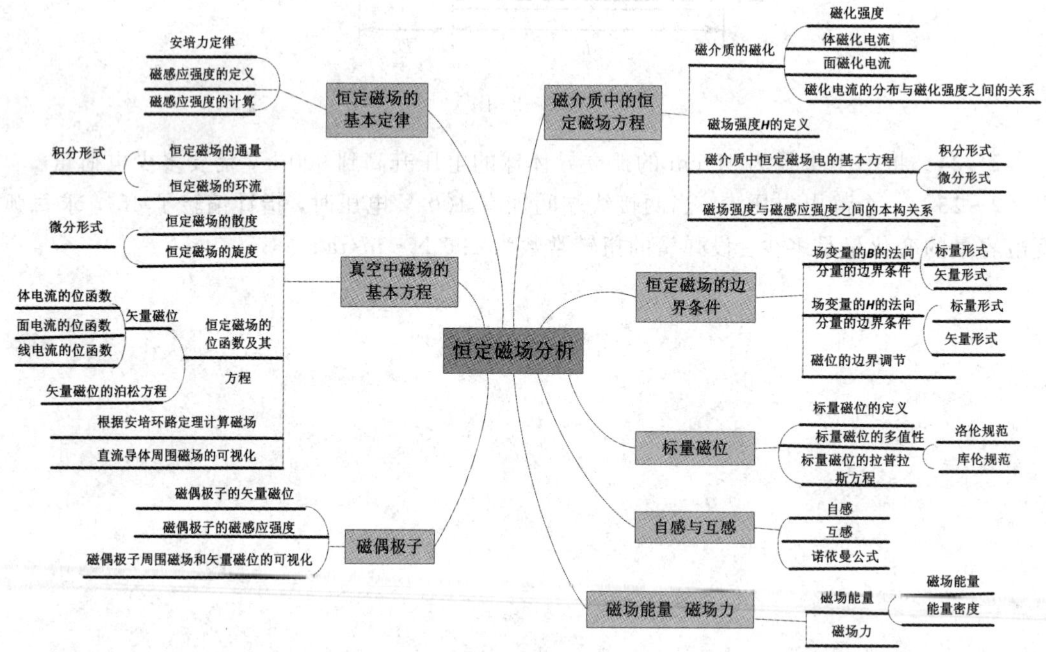

学习目标

· 通过学习恒定磁场的基本实验定律，能够对恒定磁场进行分析和计算。

· 通过学习恒定磁场的基本方程，能够分析恒定磁场的散度和旋度，通过电流计算得到磁场。

· 通过学习磁场的边界条件，能够分析给定边界上磁场的变化关系，求解泊松方程。

· 通过学习磁位，能够在特定条件下由磁位计算磁场。

3.1　恒定磁场的基本定律

3.1.1　安培力定律

库仑定律表明：有库仑力作用的空间就是存在电场的空间。但实验又表明，一个直流电流回路除受到另一个直流电流回路的库仑力作用之外，还将受到另外一种特性完全不同于库仑力的力的作用，这个力称为安培力。我们将库仑力作用的空间定义为电场空间；安培力作用的空间为磁场空间。显然一般来说，电场和磁场是共存于同一空间的，但在静止且相对恒定的情况下，电场和磁场可以独立进行分析。

虽然等速运动的电荷束是形成电磁场的“源”，但电场只与电荷分布有关(源函数为 ρ)，而磁场只与运动电荷的分布有关(即源函数是矢量 $\boldsymbol{J}=\rho\boldsymbol{v}$)。顺便指出：在时变情况下，电场不仅与电荷分布有关，还与磁场分布有关，这种情况将在第 5 章中讨论。这里我们只讨论直流电流产生的恒定磁场。

安培从实验中总结出安培力的规律，称为安培力定律，该定律可用式(3－1)和图 3－1 来说明。

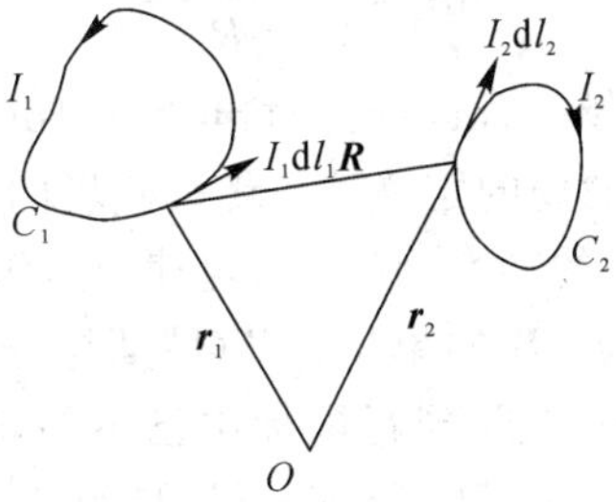

图 3－1　回路 C_1 和 C_2 间的安培力

图 3－1 表示真空中有两个直流线电流回路 C_1、C_2，$I_1\mathrm{d}\boldsymbol{l}_1$ 和 $I_2\mathrm{d}\boldsymbol{l}_2$ 分别为 C_1、C_2 回路上的电流元(微分元)。C_1 回路对 C_2 回路的安培作用力 $\boldsymbol{F}_{12}$ 为

$$\boldsymbol{F}_{12}=\frac{\mu_0}{4\pi}\oint_{C_2}\oint_{C_1}\frac{I_2\mathrm{d}\boldsymbol{l}_2\times(I_1\mathrm{d}\boldsymbol{l}_1\times\boldsymbol{e}_R)}{R_{12}^2}\tag{3-1}$$

式中，$\boldsymbol{F}_{12}$ 的单位为 N，I_1 和 I_2 的单位为 A，长度的单位为 m。$\mu_0=4\pi\times10^{-7}$ H/m(亨利/米)称为真空中的磁导率，$\boldsymbol{e}_R=\dfrac{\boldsymbol{R}_{12}}{R_{12}}$，$\boldsymbol{R}_{12}=\boldsymbol{r}_2-\boldsymbol{r}_1$，$\boldsymbol{e}_R$ 的方向由 $\mathrm{d}\boldsymbol{l}_1$ 处指向 $\mathrm{d}\boldsymbol{l}_2$ 处。若要求 C_2 对 C_1 的安培力 $\boldsymbol{F}_{21}$，只需将式(3－1)中的下标 1 和 2 对调即可。$\boldsymbol{R}_{12}$ 改为 $\boldsymbol{R}_{21}=\boldsymbol{r}_1-\boldsymbol{r}_2$，即 $\boldsymbol{R}_{12}=-\boldsymbol{R}_{21}$，所以 $\boldsymbol{F}_{12}=-\boldsymbol{F}_{21}$，满足牛顿第三定律。如果将式(3－1)改写为

$$\boldsymbol{F}_{12}=\oint_{C_2}\oint_{C_1}\mathrm{d}\boldsymbol{F}_{12}\tag{3-2}$$

式中

$$\mathrm{d}\boldsymbol{F}_{12}=\frac{\mu_0}{4\pi}I_2\mathrm{d}\boldsymbol{l}_2\times\frac{I_1\mathrm{d}\boldsymbol{l}_1\times\boldsymbol{e}_R}{R_{12}^2}\tag{3-3}$$

从理论上看，式(3－3)为一个孤立的电流元 $I_1\mathrm{d}\boldsymbol{l}_1$ 对另一个孤立的电流元 $I_2\mathrm{d}\boldsymbol{l}_2$ 的安培作

用力。若将式(3-3)下标1和2对调，$\boldsymbol{e}_R$ 取相反方向，得到孤立的电流元 $I_2\mathrm{d}\boldsymbol{l}_2$ 对另一个孤立电流元 $I_1\mathrm{d}\boldsymbol{l}_1$ 的安培作用力

$$\mathrm{d}\boldsymbol{F}_{21}=\frac{\mu_0}{4\pi}I_1\mathrm{d}\boldsymbol{l}_1\times\frac{I_2\mathrm{d}\boldsymbol{l}_2\times(-\boldsymbol{e}_R)}{R_{21}^2} \tag{3-4}$$

但是 $\mathrm{d}\boldsymbol{F}_{12}\neq-\mathrm{d}\boldsymbol{F}_{21}$，一般来说，它不满足牛顿第三定律，这是因为孤立的直流电流元实际上不可能存在的原因。虽如此，式(3-3)并不影响整个闭合回路安培力的计算。

3.1.2 毕奥-萨伐尔定律

若将式(3-3)进一步改写为

$$\mathrm{d}\boldsymbol{F}_{12}=I_2\mathrm{d}\boldsymbol{l}_2\times\frac{\mu_0}{4\pi}\frac{I_1\mathrm{d}\boldsymbol{l}_1\times\boldsymbol{e}_{R12}}{R_{12}^2}=I_2\mathrm{d}\boldsymbol{l}_2\times\mathrm{d}\boldsymbol{B}_1 \tag{3-5}$$

式中

$$\mathrm{d}\boldsymbol{B}_1=\frac{\mu_0}{4\pi}\frac{I_1\mathrm{d}\boldsymbol{l}_1\times\boldsymbol{e}_{R12}}{R_{12}^2}=\frac{\mu_0 I_1\mathrm{d}\boldsymbol{l}_1\times\boldsymbol{R}_{12}}{4\pi R_{12}^3} \tag{3-6}$$

$\mathrm{d}\boldsymbol{B}_1$ 可以看成电流元 $I_1\mathrm{d}\boldsymbol{l}_1$ 在 C_2 上任意点产生的。对于任意电流元 $I\mathrm{d}\boldsymbol{l}$，在任一点产生的 $\mathrm{d}\boldsymbol{B}$ 为

$$\mathrm{d}\boldsymbol{B}=\frac{\mu_0}{4\pi}\frac{I\mathrm{d}\boldsymbol{l}\times\boldsymbol{e}_R}{R^2} \tag{3-7}$$

根据直流电流产生恒定磁场，而磁场又对电流元 $I\mathrm{d}\boldsymbol{l}$ 有安培力的作用这一概念，式(3-7)便是任意电流元产生的磁场的定义式，代表磁场的物理量 $\boldsymbol{B}$(或 $\mathrm{d}\boldsymbol{B}$)称为磁感应强度或磁通密度。此式为物理学中的毕奥-萨伐尔定律，其作用及地位类似于静电场中点电荷 q 的电场表达式的作用和地位。$\boldsymbol{B}$ 的单位为T(特斯拉)或wb/m(韦伯/米)，工程上曾用较小的单位GS(高斯)，$1\mathrm{GS}=10^{-4}\mathrm{T}$(现行国标中已不使用此单位)。$\mathrm{d}\boldsymbol{B}$ 的方向一定垂直于 $I\mathrm{d}\boldsymbol{l}$ 和 $\boldsymbol{R}$ 所构成的平面。$I\mathrm{d}\boldsymbol{l}$、$\boldsymbol{e}_R$ 和 $\mathrm{d}\boldsymbol{B}$ 三个矢量组成一个右手螺旋关系，如图3-2所示。

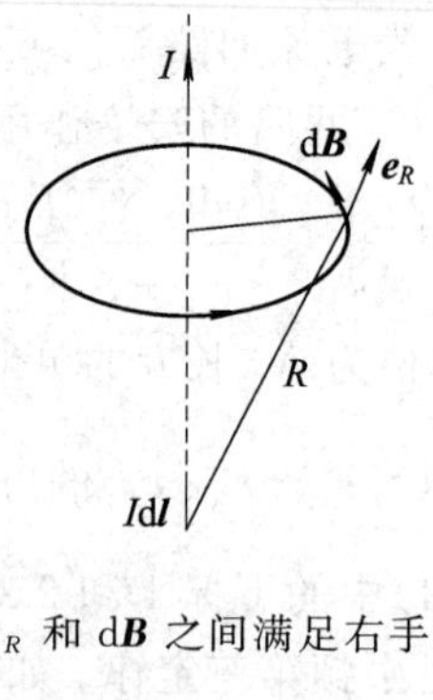

图3-2 $I\mathrm{d}\boldsymbol{l}$、$\boldsymbol{e}_R$ 和 $\mathrm{d}\boldsymbol{B}$ 之间满足右手螺旋关系示意图

对于面电流分布，面电流元 $\boldsymbol{J}_S\mathrm{d}S$ 产生的 $\mathrm{d}\boldsymbol{B}$ 为

$$\mathrm{d}\boldsymbol{B}=\frac{\mu_0}{4\pi}\frac{\boldsymbol{J}_S\times\boldsymbol{e}_R}{R^2}\mathrm{d}S \tag{3-8}$$

同理，对于体电流分布，体电流元 $\boldsymbol{J}\mathrm{d}V$ 产生的 $\mathrm{d}\boldsymbol{B}$ 为

$$\mathrm{d}\boldsymbol{B}=\frac{\mu_0}{4\pi}\frac{\boldsymbol{J}\times\boldsymbol{e}_R}{R^2}\mathrm{d}V \tag{3-9}$$

对式(3-7)、式(3-8)和式(3-9)分别积分可以得到线电流分布、面电流分布和体电流分布时产生的磁场分别为

$$\boldsymbol{B}=\frac{\mu_0}{4\pi}\oint_C \frac{I\mathrm{d}\boldsymbol{l}\times\boldsymbol{e}_R}{R^2} \tag{3-10}$$

$$\boldsymbol{B}=\frac{\mu_0}{4\pi}\oint_S \frac{\boldsymbol{J}_S\times\boldsymbol{e}_R}{R^2}\mathrm{d}S \tag{3-11}$$

$$\boldsymbol{B}=\frac{\mu_0}{4\pi}\oint_V \frac{\boldsymbol{J}\times\boldsymbol{e}_R}{R^2}\mathrm{d}V \tag{3-12}$$

其中，S 为面电流分布区域，V 为体电流分布区域。

分析电场和磁场时，产生它们的“点源”具有十分重要的地位。静电场的点源是点电荷 q，它是一种“标量点源”；恒定磁场的点源是电流元 $I\mathrm{d}\boldsymbol{l}$，$\boldsymbol{J}\mathrm{d}V$ 和 $\boldsymbol{J}_S\mathrm{d}S$ 是产生磁场的矢性点源，称为电流元，它是一种“矢量性质的点源”。“标量性质的点源”q 产生的电场线是有头有尾的矢量线；“矢性点源”$I\mathrm{d}\boldsymbol{l}$、$\boldsymbol{J}\mathrm{d}V$ 和 $\boldsymbol{J}_S\mathrm{d}S$ 产生的磁感线($\boldsymbol{B}$ 线)是无头无尾的闭合曲线(如图 3-2 所示)，由此证明静电场和恒定磁场是本质上不相同的两种矢量场。在时变情况下，电流元 $I(t)\mathrm{d}\boldsymbol{l}$ 不仅实际存在，而且是产生电磁波的一种基本的“矢性点源”，它将在时变电磁场中介绍。

例 3-1　求长为 L、载直流电流 I 的直导线外任一点处的磁感应强度。

解：建立圆柱坐标系，取直导线的中心为坐标原点，导线与 z 轴重合，如图 3-3 所示。在直导线上取电流元 $I\mathrm{d}l\boldsymbol{e}_z$，源点和场点分别为 $(0,0,z')$、(ρ,ϕ,z)，根据式(3-7)，$I\mathrm{d}l\boldsymbol{e}_z$ 在场点的磁感应强度 $\mathrm{d}\boldsymbol{B}$ 为

$$\mathrm{d}\boldsymbol{B}=\frac{\mu_0}{4\pi}\frac{I\mathrm{d}z'\boldsymbol{e}_z\times\boldsymbol{e}_R}{R^2}=\boldsymbol{e}_\phi\frac{\mu_0}{4\pi}\frac{I\mathrm{d}z'\sin\alpha}{R^2}$$

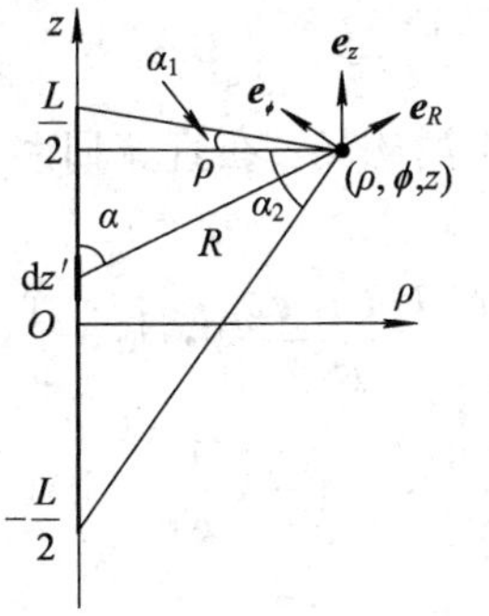

图 3-3　长直载波导线

由图 3-3 可知，$R=\sqrt{\rho^2+(z-z')^2}$，$\sin\alpha=\dfrac{\rho}{\sqrt{\rho^2+(z-z')^2}}$，代入上式，得直导线在场点产生的磁感应强度为

$$\boldsymbol{B}=\boldsymbol{e}_\varphi\frac{\mu_0 I}{4\pi}\int_{-\frac{L}{2}}^{\frac{L}{2}}\frac{\rho\mathrm{d}z'}{[\rho^2+(z-z')^2]^{\frac{3}{2}}}=\boldsymbol{e}_\varphi\frac{\mu_0 I}{4\pi\rho}\left\{\frac{z+\dfrac{L}{2}}{\sqrt{\rho^2+\left(z+\dfrac{L}{2}\right)^2}}-\frac{z-\dfrac{L}{2}}{\sqrt{\rho^2+\left(z-\dfrac{L}{2}\right)^2}}\right\}$$

由图 3-3 可得

$$\sin\alpha_1 = \frac{z-\frac{L}{2}}{\sqrt{\rho^2+\left(z-\frac{L}{2}\right)^2}}, \quad \sin\alpha_2 = \frac{z+\frac{L}{2}}{\sqrt{\rho^2+\left(z+\frac{L}{2}\right)^2}}$$

则有

$$\boldsymbol{B} = \boldsymbol{e}_\varphi \frac{\mu_0 I}{4\pi\rho}(\sin\alpha_2 - \sin\alpha_1)$$

对于无限长载流直导线，有 $L\to\infty$，$\alpha_1 = -\frac{\pi}{2}$，$\alpha_2 = \frac{\pi}{2}$，其在导线外任一点处产生的磁感应强度为

$$\boldsymbol{B} = \boldsymbol{e}_\varphi \frac{\mu_0 I}{2\pi\rho} \tag{3-13}$$

3.2　真空中恒定磁场的基本方程

与静电场一样，在研究恒定磁场的分布特性之前，需要研究的是恒定磁场的散度及旋度特性。

3.2.1　恒定磁场的散度

磁通定义为磁感应强度 $\boldsymbol{B}$ 的通量，通过任意曲面 S 上的通量 Φ 为

$$\Phi = \int_S \boldsymbol{B} \cdot \mathrm{d}\boldsymbol{S} \tag{3-14}$$

Φ 的单位为 Wb(韦伯)。若曲面 S 为闭合曲面，则穿过闭合曲面 S 的通量为

$$\Phi = \oint_S \boldsymbol{B} \cdot \mathrm{d}\boldsymbol{S}$$

为了简化计算，只分析无界真空中的磁场。在直流回路 C 的磁场中任意取一闭合面 S，则 S 上的磁通量 Φ 为

$$\begin{aligned}\oint_S \boldsymbol{B} \cdot \mathrm{d}\boldsymbol{S} &= \oint_S \left(\frac{\mu_0}{4\pi}\oint_C \frac{I\mathrm{d}\boldsymbol{l} \times \boldsymbol{e}_R}{R^2}\right) \cdot \mathrm{d}\boldsymbol{S} = \oint_S \frac{\mu_0 I\mathrm{d}\boldsymbol{l}}{4\pi} \cdot \oint_C \frac{\boldsymbol{e}_R \times \mathrm{d}\boldsymbol{S}}{R^2} \\ &= \oint_C \frac{\mu_0 I\mathrm{d}\boldsymbol{l}}{4\pi} \cdot \oint_S \left(-\nabla\frac{1}{R} \times \mathrm{d}\boldsymbol{S}\right)\end{aligned}$$

利用矢量恒等式

$$\oint_S (\boldsymbol{e}_n \times \boldsymbol{A})\mathrm{d}\boldsymbol{S} = \int_V \nabla\times\boldsymbol{A}\,\mathrm{d}V$$

得到

$$\oint_S \boldsymbol{B} \cdot \mathrm{d}\boldsymbol{S} = \oint_C \frac{\mu_0 I\mathrm{d}\boldsymbol{l}}{4\pi} \cdot \int_V \nabla\times\nabla\frac{1}{R}\mathrm{d}V$$

因为$\nabla\times\nabla\frac{1}{R}=0$，所以

$$\oint_S \boldsymbol{B} \cdot \mathrm{d}\boldsymbol{S} = 0 \tag{3-15}$$

即磁感应强度 $\boldsymbol{B}$ 穿过任意闭合面的磁通量恒为零。

式(3-15)表明，穿过一个封闭曲面 S 的磁通量等于离开这个封闭面的磁通量，因此磁感线总是连续的，没有中断之处。磁感应强度的矢量线也总是自行闭合的，没有发出的地方，也没有终止的地方，表明在自然界没有孤立的磁荷存在，因此式(3-15)称为磁通连续性原理，它是磁场的一个基本特征。对式(3-15)应用散度定理有

$$\oint_S \boldsymbol{B} \cdot \mathrm{d}\boldsymbol{S} = \int_V \nabla \cdot \boldsymbol{B} \mathrm{d}V = 0 \tag{3-16}$$

式中 V 为闭合曲面 S 所包围的体积。

根据式(3-16)得到恒定磁场微分形式的基本方程为

$$\nabla \cdot \boldsymbol{B} = 0 \tag{3-17}$$

此结果表明，真空中恒定磁场的磁感应强度的散度处处为 0。

3.2.2 恒定磁场的旋度

磁通是连续的，磁感应强度 $\boldsymbol{B}$ 对任意闭合面的积分恒为 0，但 $\boldsymbol{B}$ 对任意闭合曲线的线积分并不是处处为 0，磁感线是套链在闭合载流回路上的闭合线，若取磁感应强度沿磁感线的环路积分，则因 $\boldsymbol{B}$ 与 $\mathrm{d}\boldsymbol{l}$ 的夹角 $\theta=0$，$\cos\theta=1$，故在每条线上 $\boldsymbol{B} \cdot \mathrm{d}\boldsymbol{l} = |\boldsymbol{B}| \cdot |\mathrm{d}\boldsymbol{l}| > 0$，从而

$$\oint_C \boldsymbol{B} \cdot \mathrm{d}\boldsymbol{l} \neq 0$$

安培环路定理就是反映磁感线这一特点的。

安培环路定理表述如下：在真空中，恒定磁场的磁感应强度 $\boldsymbol{B}$ 沿任何闭合曲线的线积分值等于曲线包围的电流与真空磁导率 μ_0 的乘积，即

$$\oint_C \boldsymbol{B} \cdot \mathrm{d}\boldsymbol{l} = \mu_0 I \tag{3-18}$$

I 为积分路径 C 所包围的所有电流(包括传导电流和磁化电流)，I 的正负规定如下：当穿过回路 C 的电流方向与回路 C 的环绕方向服从右手螺旋法则时，$I>0$，反之 $I<0$。若电流 I 不穿过回路 C，则它对上式右端无贡献。

安培环路定理可从毕奥-萨伐尔定律出发来证明。为简单起见，我们用无限长载流直导线在周围空间产生的磁场加以验证。

回顾式(3-13)，无限长载流为 I 的直导线在离导线 ρ 处的磁感应强度为

$$\boldsymbol{B} = \boldsymbol{e}_\phi \frac{\mu_0 I}{2\pi\rho} \tag{3-19}$$

若取路径 C 为圆心在轴线上、半径为 ρ 的圆，亦即 $\boldsymbol{B}$ 矢量线圈，则

$$\oint_C \boldsymbol{B} \cdot \mathrm{d}\boldsymbol{l} = \int_0^{2\pi} \frac{\mu_0 I}{2\pi\rho} \boldsymbol{e}_\phi \cdot \boldsymbol{e}_\phi \rho \mathrm{d}\phi = \frac{\mu_0 I}{2\pi} 2\pi = \mu_0 I$$

若取路径 C 为任意曲线，如图 3-4(a)所示，在圆柱坐标系中，有

$$\mathrm{d}\boldsymbol{l} = \boldsymbol{e}_\rho \mathrm{d}\rho + \boldsymbol{e}_\phi \rho \mathrm{d}\phi + \boldsymbol{e}_z \mathrm{d}z$$

则

$$\oint_C \boldsymbol{B} \cdot \mathrm{d}\boldsymbol{l} = \oint \frac{\mu_0 I}{2\pi\rho} \boldsymbol{e}_\phi \cdot (\boldsymbol{e}_\rho \mathrm{d}\rho + \boldsymbol{e}_\phi \rho \mathrm{d}\phi + \boldsymbol{e}_z \mathrm{d}z) = \int_0^{2\pi} \frac{\mu_0 I}{2\pi\rho} \rho \mathrm{d}\varphi = \mu_0 I$$

若路径 C 没有包围电流，如图 3-4(b)所示，则有

$$\oint_C \boldsymbol{B} \cdot \mathrm{d}\boldsymbol{l} = \int_\phi^\phi \frac{\mu_0 I}{2\pi\rho} \rho \mathrm{d}\phi = 0$$

可见安培环路定理已得到证实。在此基础上运用叠加原理，即可解决多个载流回路的情形，如图 3-4(c)所示，则

$$\oint_C \boldsymbol{B} \cdot \mathrm{d}\boldsymbol{l} = \mu_0 (I_1 + I_2 - I_3)$$

即包围的总电流值为各电流之代数和。

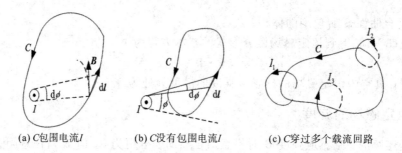

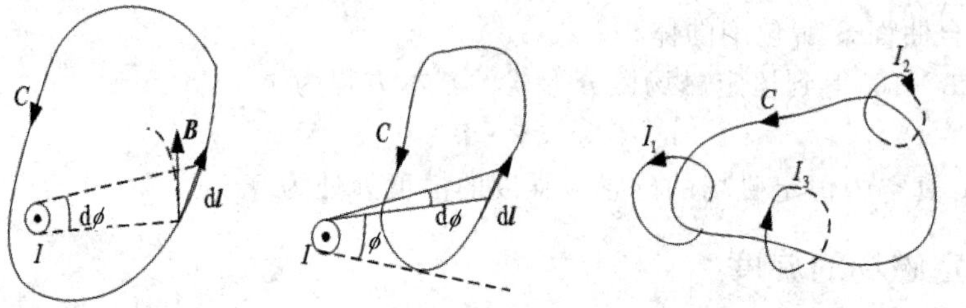

(a) C包围电流I　(b) C没有包围电流I　(c) C穿过多个载流回路

图 3-4　真空中的安培环路定律

由斯托克斯定理得

$$\oint_C \boldsymbol{B} \cdot \mathrm{d}\boldsymbol{l} = \int_S (\nabla \times \boldsymbol{B}) \cdot \mathrm{d}\boldsymbol{S} \tag{3-20}$$

考虑到电流 I 与电流密度 $\boldsymbol{J}$ 的关系为

$$I = \int_S \boldsymbol{J} \cdot \mathrm{d}\boldsymbol{S} \tag{3-21}$$

则由式(3-18)和式(3-20)可得

$$\int_S (\nabla \times \boldsymbol{B} - \mu_0 \boldsymbol{J}) \cdot \mathrm{d}\boldsymbol{S} = 0$$

由于上式对于任何表面都成立，因此，被积函数应为零，从而求得

$$\nabla \times \boldsymbol{B} = \mu_0 \boldsymbol{J} \tag{3-22}$$

可见磁场是有旋度的场，电流是激发磁场的漩涡源，式(3-22)是真空中安培环路定理的微分形式。与静电场相比，磁场是一种非保守场。

由以上的理论分析，可得真空中磁场的基本方程式为

积分形式	微分形式
$\oint_S \boldsymbol{B} \cdot \mathrm{d}\boldsymbol{S} = 0$	$\nabla \cdot \boldsymbol{B} = 0$
$\oint_C \boldsymbol{B} \cdot \mathrm{d}\boldsymbol{l} = \mu_0 I$	$\nabla \times \boldsymbol{B} = \mu_0 \boldsymbol{J}$

如用高斯定理计算电场一样，用式(3-18)安培环路定理计算磁感应强度将十分简便。但这种场具有某种对称性分布，使在做 $\oint_C \boldsymbol{B} \cdot \mathrm{d}\boldsymbol{l}$ 的积分过程中能找到合适的闭合回路 C，在 C 上 $\boldsymbol{B}$ 的量值(函数形式)及其方向与 $\mathrm{d}\boldsymbol{l}$ 方向的夹角处处一样，即 $\boldsymbol{B}$ 能从积分号中提出来。

例 3-2　半径为 a 的无限长直导体通有体电流密度为 $\boldsymbol{J}(\rho \leqslant a)$，求导体内、外的磁感应强度 $\boldsymbol{B}$。

解： 依据题意，建立圆柱坐标系，取导体的中轴线和 z 轴重合，如图 3-5 所示，由轴对称性可知，$\boldsymbol{B}$ 与 z 和 ϕ 无关，只是 ρ 的函数，且只有 $\boldsymbol{e}_\phi$ 方向的分量，即磁感应线是一簇圆心在导体的中轴线上的圆。以导体中轴线上任意一点 O 为圆心，ρ 为半径，作一安培回

路 C，设该回路所围电流为 I'，由安培环路定理有

$$\oint_C \boldsymbol{B} \cdot \mathrm{d}\boldsymbol{l} = B_\phi 2\pi\rho = \mu_0 I'$$

则有

$$B_\phi = \frac{\mu_0 I'}{2\pi\rho}$$

当 $0<\rho\leqslant a$ 时，回路 C 所围的电流为 $I'=J\pi\rho^2$，代入上式得

$$\boldsymbol{B} = \boldsymbol{e}_\phi \frac{\mu_0 \rho}{2} J$$

当 $\rho>a$ 时，回路 C 所围的电流为 $I'=\pi a^2 J$，故

$$\boldsymbol{B} = \boldsymbol{e}_\phi \frac{\mu_0 a^2}{2\rho} J$$

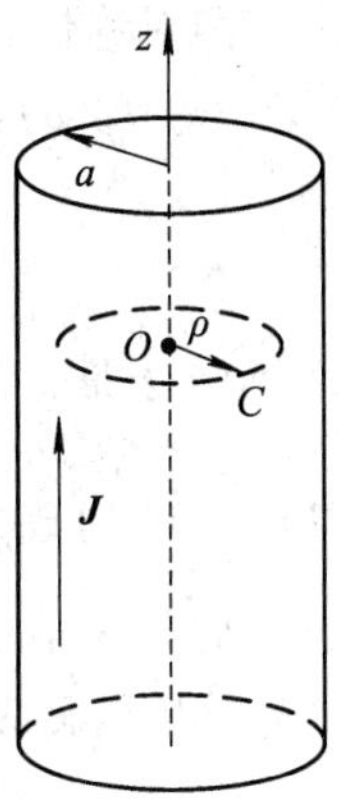

图 3-5　例 3-2 用图

若半径为 a 的无限长直导体通有的是电流 I，则 $\rho>a$ 时，有 $J=\dfrac{I}{\pi a^2}$，代入上式，可得 $\boldsymbol{B}=\boldsymbol{e}_\phi \dfrac{\mu_0 I}{2\pi\rho}$，可见，在圆柱外的场与将 I 集中在导体轴线时的场一样。

若电流非均匀分布，即

$$\boldsymbol{J}(\rho) = \begin{cases} \boldsymbol{e}_z J(\rho), & \rho \leqslant a \\ 0, & \rho > a \end{cases}$$

则当 $0<\rho\leqslant a$ 时，回路 C 包围的 I' 应为 $I'=\int_0^r J(\rho) 2\pi\rho' \mathrm{d}\rho'$，则

$$\boldsymbol{B} = \boldsymbol{e}_\phi \frac{\mu_0}{2\pi\rho} \int_0^\rho J(\rho) 2\pi\rho' \mathrm{d}\rho'$$

当 $\rho>a$ 时，回路 C 包围的 I' 应为 $I'=\int_0^a J(\rho) 2\pi\rho' \mathrm{d}\rho'$，则

$$\boldsymbol{B} = \boldsymbol{e}_\phi \frac{\mu_0}{2\pi\rho} \int_0^a J(\rho) 2\pi\rho' \mathrm{d}\rho'$$

例 3-3　如图 3-6 所示，一根具有环形表面电流的无限长圆柱管，半径为 a，轴线与 z 轴重合，表面电流密度 $\boldsymbol{J}_S=\boldsymbol{e}_\phi K$，试求管内的磁感应强度。

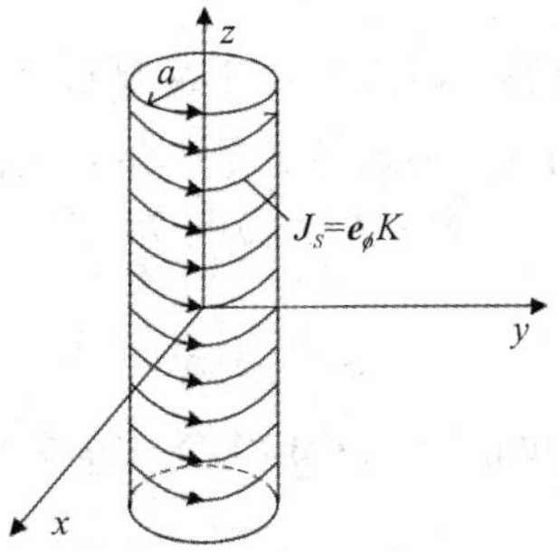

图 3-6　环状面电流管的磁场

解： 图 3-6 所示的表面电流结构完全等效于一根无限长空芯螺线管，显然管外区域磁

场为零。由于圆对称性，管内的磁感应线是平行于 z 轴的无限长直线，可设区域内的磁感应强度 $\boldsymbol{B}(\rho)=\boldsymbol{e}_z B_z(\rho)$，且有 $\nabla\times\boldsymbol{B}=0$，即

$$\nabla\times\boldsymbol{e}_z B_z(\rho)=\boldsymbol{e}_\phi \frac{\partial}{\partial\rho}B_z(\rho)=0$$

即 $\frac{\mathrm{d}}{\mathrm{d}\rho}B_z(\rho)=0$，于是肯定 $\rho<a$ 的区域内 $B_z(\rho)=C$，C 为一个待定常数。利用安培环路定理 $\oint_C \boldsymbol{B}\cdot\mathrm{d}\boldsymbol{l}=\mu_0 I$，可确定常数 C，为此在图 3-7 中取回路 $ABCD$，该回路的两条边 $AB=CD=\triangle z$，它们与 z 轴平行，另外两条边 $BC=DA$，它们与 z 轴垂直。由于 CD 段在管外，BC 段和 DA 段与磁感应线垂直，故有

$$\oint_l \boldsymbol{B}\cdot\mathrm{d}\boldsymbol{l}=\int_{AB}\boldsymbol{e}_z B_z\cdot\boldsymbol{e}_z\mathrm{d}z=\mu_0 J_S\Delta z$$

即

$$B_z\Delta z=\mu_0 J_S\Delta z=\mu_0 K\Delta z,\quad B_z=\mu_0 K$$

管内的磁感应强度为

$$\boldsymbol{B}=\boldsymbol{e}_z\mu_0 K$$

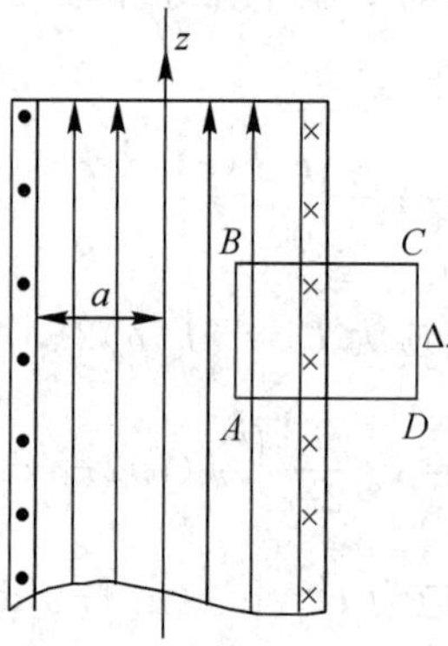

图 3-7 穿过闭合回路 $ABCD$ 的面电流 $J_S\Delta z$

3.2.3 恒定磁场的位函数及其方程

1. 矢量磁位 A

利用磁场的无散度特性，我们可引入另一个矢量概念——矢量磁位，磁场中的矢量磁位与静电场中电位的概念是相当的，不过前者是矢量，后者是标量。

由 $\nabla\cdot\boldsymbol{B}=0$ 及矢量恒等式 $\nabla\cdot(\nabla\times\boldsymbol{A})\equiv 0$ 可知，磁场必定可以表示为某一矢量的旋度，因而可以引入

$$\boldsymbol{B}=\nabla\times\boldsymbol{A} \tag{3-23}$$

$\boldsymbol{A}$ 称为矢量磁位，简称磁矢位，单位为 T·m(特·米)或 Wb/m(韦/米)。它是一个辅助性质的矢量。

矢量磁位的定义式(3-23)给定 $\boldsymbol{A}$ 的旋度，但从确定一个矢量场来说，只知道矢量磁位 $\boldsymbol{A}$ 的旋度是不够的，还需要知道 $\boldsymbol{A}$ 的散度才能唯一确定 $\boldsymbol{A}$。若 $\nabla\times\boldsymbol{A}=\boldsymbol{B}$，而另外一个矢量 $\boldsymbol{A}'=\boldsymbol{A}+\nabla\psi$，其中 ψ 为任意标量函数，则有

$$\nabla\times\boldsymbol{A}'=\nabla\times(\boldsymbol{A}+\nabla\psi)=\nabla\times\boldsymbol{A}+\nabla\times\nabla\psi=\boldsymbol{B}$$

由于$\nabla\times\nabla\psi=0$，因此$\boldsymbol{A}$和$\boldsymbol{A}'$都满足其旋度等于$\boldsymbol{B}$，但$\boldsymbol{A}'$和$\boldsymbol{A}$具有不同的散度，即

$$\nabla\cdot\boldsymbol{A}'=\nabla\cdot\boldsymbol{A}+\nabla\cdot\nabla\psi=\nabla\cdot\boldsymbol{A}+\nabla^2\psi$$

所以为了唯一地确定矢量磁位$\boldsymbol{A}$，必须对$\boldsymbol{A}$的散度作一规定，在恒定磁场情形下，一般规定

$$\nabla\cdot\boldsymbol{A}=0 \tag{3-24}$$

称这种规定为库仑规范。在库仑规范下，矢量位就能被唯一确定。

2. 矢量磁位 A 与电流分布的关系

将线电流分布周围产生的磁场，即式(3-10)重写如下

$$\boldsymbol{B}=\frac{\mu_0}{4\pi}\oint_C\frac{I\mathrm{d}\boldsymbol{l}'\times\boldsymbol{R}}{R^3}=-\frac{\mu_0 I}{4\pi}\oint_C\mathrm{d}\boldsymbol{l}'\times\nabla\left(\frac{1}{R}\right) \tag{3-25}$$

式中$\boldsymbol{R}=\boldsymbol{r}-\boldsymbol{r}'$，$\boldsymbol{r}$为待求场点的位置矢量，$\boldsymbol{r}'$为$I\mathrm{d}\boldsymbol{l}'$所在点源的位置矢量；$\nabla\left(\frac{1}{R}\right)$是在场点处求梯度，即$\nabla\left(\frac{1}{R}\right)=-\frac{\boldsymbol{R}}{R^3}$，而积分$\oint_C\mathrm{d}\boldsymbol{l}'\times\nabla\left(\frac{1}{R}\right)$是对源点坐标$\boldsymbol{r}'$积分，利用矢量恒等式$\nabla\times(\psi A)=\nabla\psi\times\boldsymbol{A}+\psi\,\nabla\times\boldsymbol{A}$，式(3-25)可改写为

$$\boldsymbol{B}=-\frac{\mu_0 I}{4\pi}\oint_C\mathrm{d}\boldsymbol{l}'\times\nabla\left(\frac{1}{R}\right)=\frac{\mu_0 I}{4\pi}\left[\oint_C\nabla\times\left(\frac{\mathrm{d}\boldsymbol{l}'}{R}\right)-\oint_C\frac{\nabla\times\mathrm{d}\boldsymbol{l}'}{R}\right] \tag{3-26}$$

式中，由于∇是对场点作用，故$\nabla\times\mathrm{d}\boldsymbol{l}'=0$，而$\oint_C$是对源点作用，故$\nabla$和$\oint_C$的位置可以交换，即$\oint_C\nabla\times\left(\frac{\mathrm{d}\boldsymbol{l}'}{R}\right)=\nabla\times\oint_C\left(\frac{\mathrm{d}\boldsymbol{l}'}{R}\right)$，则有

$$\boldsymbol{B}=\nabla\times\frac{\mu_0}{4\pi}\oint_C\frac{I\mathrm{d}\boldsymbol{l}'}{R} \tag{3-27}$$

将式(3-27)与式(3-23)相比较，我们可得到线电流分布周围产生的矢量磁位为

$$\boldsymbol{A}=\frac{\mu_0}{4\pi}\oint_C\frac{I\mathrm{d}\boldsymbol{l}'}{R} \tag{3-28}$$

同理，可通过式(3-11)和式(3-12)推导得到面电流分布和体电流分布周围产生的矢量磁位为

$$\boldsymbol{A}=\frac{\mu_0}{4\pi}\int_S\frac{\boldsymbol{J}_S\mathrm{d}S'}{R} \tag{3-29}$$

$$\boldsymbol{A}=\frac{\mu_0}{4\pi}\int_V\frac{\boldsymbol{J}\mathrm{d}V'}{R} \tag{3-30}$$

可见，根据式(3-28)、式(3-29)和式(3-30)，由电流源$I\mathrm{d}\boldsymbol{l}'$、$\boldsymbol{J}_S\mathrm{d}S'$和$\boldsymbol{J}\mathrm{d}V'$先计算矢量磁位$\boldsymbol{A}$，再由$\boldsymbol{B}=\nabla\times\boldsymbol{A}$计算磁感应强度$\boldsymbol{B}$，比直接用毕奥-萨伐尔定律计算$\boldsymbol{B}$简单。

引入矢量磁位$\boldsymbol{A}$后，磁通还可以利用$\boldsymbol{A}$的环量来计算。将$\boldsymbol{B}=\nabla\times\boldsymbol{A}$代入磁通的计算公式可得

$$\Phi=\int_S\boldsymbol{B}\cdot\mathrm{d}\boldsymbol{S}=\int_S(\nabla\times\boldsymbol{A})\cdot\mathrm{d}\boldsymbol{S}=\oint_C\boldsymbol{A}\cdot\mathrm{d}\boldsymbol{l} \tag{3-31}$$

式中，C是曲面S的界定曲线。

3. 矢量磁位 A 满足的微分方程

在静电场中，由电场的无旋性引入标量电位φ后，代入高斯通量定理中得出了φ与电

荷源 ρ 之间应满足的泊松方程。在恒定磁场中 $\boldsymbol{B}=\nabla\times\boldsymbol{A}$ 的定义已隐含 $\boldsymbol{A}$ 满足磁通连续性方程，因此，要求 $\boldsymbol{A}$ 满足的方程，应将 $\nabla\times\boldsymbol{A}=\boldsymbol{B}$ 代入真空中的安培环路定律 $\nabla\times\boldsymbol{B}=\mu_0\boldsymbol{J}$ 中，即

$$\nabla\times\boldsymbol{B}=\nabla\times\nabla\times\boldsymbol{A}=\mu_0\boldsymbol{J}$$

根据恒等式 $\nabla\times\nabla\times\boldsymbol{A}=\nabla(\nabla\cdot\boldsymbol{A})-\nabla^2\boldsymbol{A}$，考虑到库仑规范条件，便得

$$\nabla^2\boldsymbol{A}=-\mu_0\boldsymbol{J} \tag{3-32}$$

式(3-32)称为矢量磁位满足的泊松方程，它适合于真空的情况。对于无源区域($\boldsymbol{J}=\boldsymbol{0}$)，有

$$\nabla^2\boldsymbol{A}=0 \tag{3-33}$$

式(3-33)称为矢量磁位 $\boldsymbol{A}$ 满足的拉普拉斯方程。

必须指出：这里的 ∇^2 是矢量的拉普拉斯算符($\nabla^2\boldsymbol{A}=\nabla(\nabla\cdot\boldsymbol{A})-\nabla\times\nabla\times\boldsymbol{A}$)，同标量拉普拉斯方程中的 ∇^2 算符完全不同(虽然是同一形式的算符 ∇^2，后面是矢量时称矢量算符，后面是标量时称标量算符，在具体运算时是不一样的)。在直角坐标系、圆柱坐标系和球坐标系中有不同的展开公式。当已知电流 $\boldsymbol{J}$ 的分布，或场域边界情况比较复杂时，可先求解矢量泊松方程,再由求解磁场更为方便。

例 3-4 利用矢量磁位 $\boldsymbol{A}$ 计算无限长载流直导线 I 的磁场。

解：见图 3-3，设直导线长为 $2L$，将导线对称地放置在 z 轴上。因为电流仅有 $\boldsymbol{e}_z$ 分量，电流元为 $I\mathrm{d}z'$，所以 $\boldsymbol{A}=A_z\boldsymbol{e}_z$，根据式(3-28)有

$$\begin{aligned}
A_z&=\frac{\mu_0}{4\pi}\int_{-L}^{L}\frac{I\mathrm{d}z'}{\sqrt{\rho^2+(z-z')^2}}=\frac{\mu_0 I}{4\pi}\int_{-L}^{L}\frac{\mathrm{d}z'}{\sqrt{\rho^2+(z-z')^2}}\\
&=\frac{\mu_0 I}{4\pi}\ln\left[(z'-z)+\sqrt{(z'-z)^2+\rho^2}\right]\Big|_{-L}^{L}\\
&=\frac{\mu_0 I}{4\pi}\ln\left[\frac{(L-z)+\sqrt{(L-z)^2+\rho^2}}{-(L+z)+\sqrt{(L+z)^2+\rho^2}}\right]
\end{aligned}$$

当 $L\to\infty$ 时，有

$$\boldsymbol{A}\approx\boldsymbol{e}_z\frac{\mu_0 I}{4\pi}\ln\left(\frac{L+\sqrt{L^2+\rho^2}}{-L+\sqrt{L^2+\rho^2}}\right)\approx\boldsymbol{e}_z\frac{\mu_0 I}{4\pi}\ln\left(\frac{2L}{\rho}\right)^2=\boldsymbol{e}_z\frac{\mu_0 I}{2\pi}\ln\left(\frac{2L}{\rho}\right)$$

当 $L\to\infty$ 时，则 $\boldsymbol{A}\to\infty$。这是因为无穷远处有电流存在，不应把零位点选在无穷远处，而应选在某 ρ_0 处，即在上式中等式右边 $\boldsymbol{A}$ 式中附加一个常数矢量 $\boldsymbol{C}=\boldsymbol{e}_z\dfrac{\mu_0 I}{2\pi}\ln\dfrac{\rho_0}{2l}$，使 $\boldsymbol{A}=\dfrac{\mu_0 I}{2\pi}\ln\dfrac{\rho_0}{\rho}\boldsymbol{e}_z$。$\boldsymbol{A}$ 的值相差一个常数，而这个常数在取旋度求 $\boldsymbol{B}$ 时并不影响 $\boldsymbol{B}$ 的解，显然

$$\boldsymbol{B}=\nabla\times\boldsymbol{A}=-\boldsymbol{e}_\phi\left(\frac{\partial A_z}{\partial\rho}\right)=\boldsymbol{e}_\phi\frac{\mu_0 I}{2\pi\rho}$$

此结果与前面求出过的无限长直载流导线的解一样。

例 3-5 双导线传输线中的电流可以视为方向相反的无限长的平行直线电流，设线间距为 $2a$，求它的矢量磁位 $\boldsymbol{A}$ 和磁感应强度 $\boldsymbol{B}$。

解：根据题意作图 3-8，并利用例 3-4 中的式 $\boldsymbol{A}=\boldsymbol{e}_z\dfrac{\mu_0 I}{2\pi}\ln\dfrac{\rho_0}{\rho}$，得

$$\boldsymbol{A}=\boldsymbol{e}_z\frac{\mu_0 I}{2\pi}\left(\ln\frac{\rho_0}{\rho_1}-\ln\frac{\rho_0}{\rho_2}\right)=\boldsymbol{e}_z\frac{\mu_0 I}{2\pi}\ln\frac{\rho_2}{\rho_1}=\boldsymbol{e}_z\frac{\mu_0 I}{4\pi}\ln\left(\frac{a^2+\rho^2+2a\rho\cos\phi}{a^2+\rho^2-2a\rho\cos\phi}\right)$$

根据

$$\boldsymbol{B}=\nabla\times\boldsymbol{A}=\nabla\times(A_z\boldsymbol{e}_z)=\nabla A(\rho,\ \phi)\times\boldsymbol{e}_z$$
$$=-\boldsymbol{e}_\phi\frac{\partial A}{\partial r}+\boldsymbol{e}_\rho\frac{1}{\rho}\frac{\partial A}{\partial\phi}$$

可得

$$B_\rho=\frac{1}{\rho}\frac{\partial A}{\partial\phi}=-\frac{\mu_0 Ia(a^2+\rho^2)\sin\phi}{\pi\rho_1^2\rho_2^2}$$
$$B_\phi=-\frac{\partial A}{\partial r}=-\frac{\mu_0 Ia(\rho^2-a^2)\cos\phi}{\pi\rho_1^2\rho_2^2}$$
$$B_z=0$$

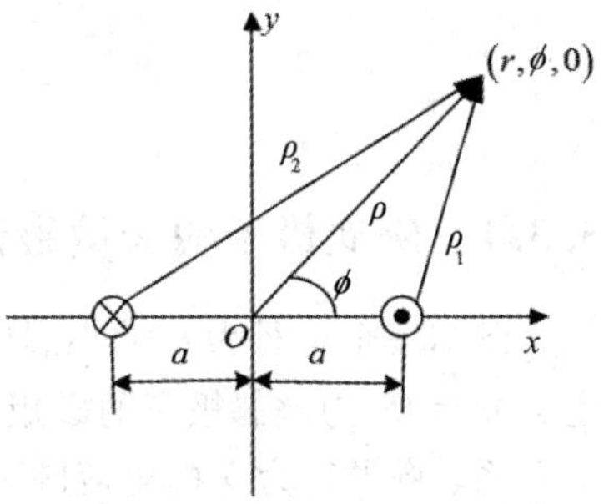

图 3-8　双导线传输线的场

3.2.4　直流导体周围磁场的可视化

设直流导体内通有恒定电流 I，则导线周围将会产生环状磁场，将此磁场分别投影到 x 和 y 方向上，分解为 Bx 和 By，通过 MATLAB 中的 quiver 函数即可将此环状磁场显示出来，结果如图 3-9 所示。

```
x=-2：0.5：2；y=-2：0.5：2；
I=100；                                  % 电流
mu0=4 * pi * 1e-7；                      % 磁导率
C=mu0 * I/(4 * pi)；                     % 常数项
[X，Y]=meshgrid(x，y)；
Bx=-Y * C./((X).^2+Y.^2)；               % X 方向磁感应强度分量
By=X * C./((X).^2+Y.^2)；                % Y 方向磁感应强度分量
quiver(X，Y，Bx，By，0.8)；
hold on；
a=0；b=0；
plot(a，b,'ro'，a，b,'r.')；
```

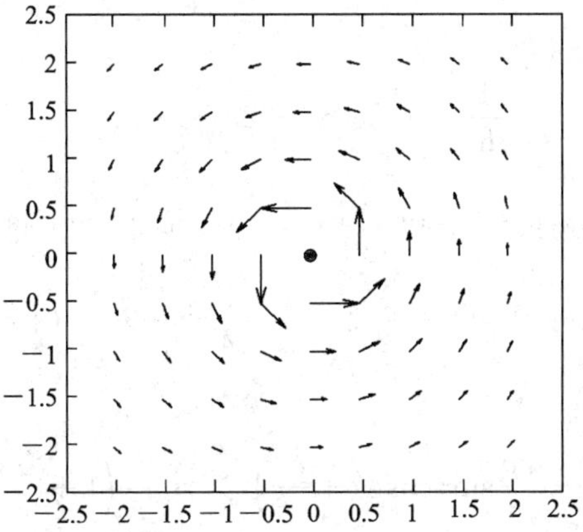

图 3-9　直流导体周围磁场

3.3 磁偶极子

3.3.1 磁偶极子的矢量磁位

已知一个半径为 a 的小圆电流环为一个磁偶极子，设电流为 I，环的面积为 $\boldsymbol{S}=\pi a\boldsymbol{e}_n$，定义 $\boldsymbol{m}=I\boldsymbol{S}$ 为磁偶极子的磁矩。下面求磁偶极子的矢量磁位 $\boldsymbol{A}$。如图 3-10 所示，建立球坐标系，将半径为 a 的电流圆环位于 xOy 平面内，圆心与坐标原点重合。由于场具有轴对称性，可在 xOz 平面内距电流源 $I\mathrm{d}\boldsymbol{l}'$为 R 处取一点 $P(r,\theta,0)$，将其作为场点将不会失去普遍性。此时 $I\mathrm{d}\boldsymbol{l}'=\boldsymbol{e}_\phi Ia\mathrm{d}\varphi'$，$\boldsymbol{R}=r\boldsymbol{e}_r-a\boldsymbol{e}_\rho$，其中 $\boldsymbol{e}_\rho$ 为 xOy 平面内径向单位矢量。

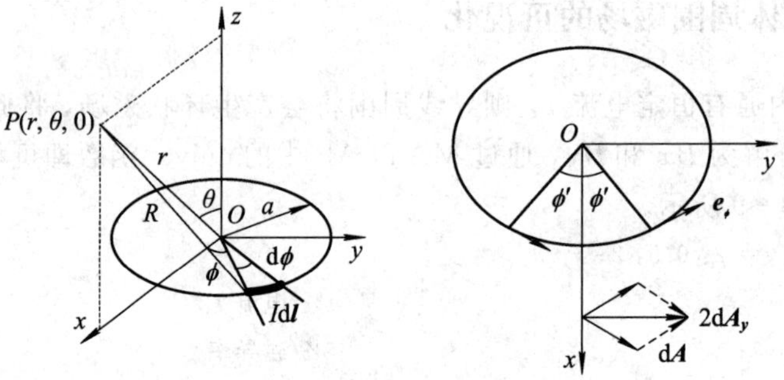

图 3-10　电流圆环的矢量磁位

若在圆环上对称于 $\phi=0$ 平面的 $\left(a,\dfrac{\pi}{2},+\phi'\right)$ 和 $\left(a,\dfrac{\pi}{2},-\phi'\right)$ 处分别取两个电流元 $I\mathrm{d}\boldsymbol{l}'$，根据矢量的叠加性，它们在 P 点处产生的合成矢量磁位 $\boldsymbol{A}$ 在 $\boldsymbol{e}_x$ 方向的分量相互抵消，只存在 $\boldsymbol{e}_y$ 方向的分量 $\boldsymbol{A}_y$，在 $r-\theta$ 平面即为 $\boldsymbol{A}_\phi$，故式(3-28)的积分可改写为标量积分，得到

$$\boldsymbol{A}=\boldsymbol{e}_\phi\frac{\mu_0 I}{4\pi}\left(2\int_0^\pi\frac{a\cos\phi'\mathrm{d}\phi'}{R}\right)$$

式中

$$\frac{1}{R}=(r^2+a^2-2ra\boldsymbol{e}_r\cdot\boldsymbol{e}_\rho)^{\frac{1}{2}} \tag{3-34}$$

其中，$\boldsymbol{e}_r=\boldsymbol{e}_x\sin\theta+\boldsymbol{e}_z\cos\theta$，$\boldsymbol{e}_\rho=\boldsymbol{e}_x\cos\phi'+\boldsymbol{e}_y\sin\phi'$。若 $r\gg a$，将 $\dfrac{1}{R}$ 利用级数形式展开式

$$(1+x)^{-\frac{1}{2}}=1-\frac{1}{2}x+\frac{1\times3}{2\times4}x^2-\cdots\quad(|x|<1)$$

忽略其高阶小项，则有

$$\frac{1}{R}=\frac{1}{r}\left(1-\frac{2a}{r}\sin\theta\cos\phi'+\frac{a^2}{r^2}\right)^{-\frac{1}{2}}\approx\frac{1}{r}\left(1+\frac{a}{r}\sin\theta\cos\phi'\right)$$

故

$$\boldsymbol{A}\approx\boldsymbol{e}_\phi\frac{\mu_0 Ia}{2\pi r}\int_0^\pi\left(1+\frac{a}{r}\sin\theta\cos\phi'\right)\cos\phi'\mathrm{d}\phi'=\boldsymbol{e}_\phi\frac{\mu_0 Ia^2}{4r^2}\sin\theta=\boldsymbol{e}_\phi\frac{\mu_0 m}{4\pi r^2}\sin\theta \tag{3-35}$$

式(3-35)虽然应用范围是 $r \gg a$，但如果相对地将 a 无限缩小，这个小圆环便成为了一个微小磁偶极子，其矢量磁位为

$$\boldsymbol{A}=\boldsymbol{e}_{\phi}\frac{\mu_0 \boldsymbol{m}\times \boldsymbol{e}_r}{4\pi r^2} \tag{3-36}$$

除磁偶极子所在点之外的区域中，式(3-35)都适用。

3.3.2　磁偶极子的磁感应强度

根据式(3-35)，可知 $A_r=0$、$A_\theta=0$，将其代入式(3-23)中，磁偶极子产生的磁感应强度为

$$\boldsymbol{B}=\nabla\times\boldsymbol{A}=\begin{vmatrix} \dfrac{\boldsymbol{e}_r}{r^2\sin\theta} & \dfrac{\boldsymbol{e}_\theta}{r\sin\theta} & \dfrac{\boldsymbol{e}_\phi}{r} \\ \dfrac{\partial}{\partial r} & \dfrac{\partial}{\partial \theta} & \dfrac{\partial}{\partial \phi} \\ 0 & 0 & r\sin\theta A_\phi \end{vmatrix}=\frac{\mu_0 m}{4\pi r^3}(\boldsymbol{e}_r 2\cos\theta+\boldsymbol{e}_\theta\sin\theta) \tag{3-37}$$

此外，由式(3-36)，可得

$$\boldsymbol{B}=\nabla\times\boldsymbol{A}=\nabla\times\left(-\frac{\mu_0\boldsymbol{m}}{4\pi}\times\nabla\frac{1}{r}\right)=\frac{\mu_0}{4\pi}\left[-\nabla\times\left(\boldsymbol{m}\times\nabla\frac{1}{r}\right)\right]=\frac{\mu_0}{4\pi}\left[\nabla\times\left(\nabla\times\frac{\boldsymbol{m}}{r}-\frac{1}{r}\nabla\times\boldsymbol{m}\right)\right]$$

因为 $\boldsymbol{m}$ 是常矢量，有 $\nabla\times\boldsymbol{m}=0$，故上式变为

$$\boldsymbol{B}=\nabla\times\boldsymbol{A}=\frac{\mu_0}{4\pi}\nabla\times\nabla\times\frac{\boldsymbol{m}}{r}$$

利用矢量恒等式 $\nabla\times\nabla\times\boldsymbol{F}=\nabla(\nabla\cdot\boldsymbol{F})-\nabla^2\boldsymbol{F}$，并考虑 $r\neq0$ 时，有 $\nabla^2\left(\frac{1}{r}\right)=0$，故又有

$$\boldsymbol{B}=\frac{\mu_0}{4\pi}\nabla\left(\nabla\cdot\frac{\boldsymbol{m}}{r}\right)=\frac{\mu_0}{4\pi}\nabla\left(\boldsymbol{m}\cdot\nabla\frac{1}{\boldsymbol{r}}\right)$$

$$\nabla\times\boldsymbol{B}=\nabla\times\frac{\mu_0}{4\pi}\nabla\left(\boldsymbol{m}\cdot\nabla\frac{1}{r}\right)=0 \tag{3-38}$$

由式(3-38)可知，在磁偶极子以外的区域研究磁场时，它产生的磁场是无旋场，显然，也是无散场。

3.3.3　磁偶极子周围磁场和矢量磁位的可视化

设载流圆环的半径为 R，其中通有电流为 I，如图 3-11 所示。载流圆环位于 yOz 平面上，圆心与坐标原点重合，载流圆环中心轴线与 x 轴重合，xOy 平面上空间中任意一点 P 的磁感应强度分布矢量图显示如图 3-12 所示，yOz 面上 x 方向的磁感应强度 Bx 分布图如图 3-13 所示。xOz 面上 y 方向的磁感应强度 By 分布图如图 3-14 所示。

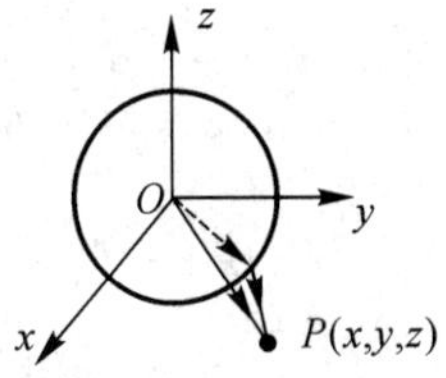

图 3-11　磁偶极子模型

磁偶极子周围磁场和矢量磁位的 MATLAB 程序如下：

```
I0=1000.0; Rh=1;                         % 圆环的半径、电流
mu0=4 * pi * 1e-7 ;                      % 真空中的磁导率
C0=mu0/(4 * pi) * I0;                    % 常数项
Gx=51; Gy=51;                            % 观测点的网格数
```

```
x=linspace(-3, 3, 51);                          % 观测点的范围
y=x; z=y;
N=50;                                           % 电流环分段数
theta0=linspace (0, 2 *  pi, N+1) ;             % 圆周角分段
theta1=theta0 (1: N) ;
y1   =Rh * cos (theta1) ;
z1   =Rh * sin (theta1) ;                       % 环各段的向量的起点坐标 y, z
theta2=theta0(2: N+1);
y2=Rh * cos ( theta2) ; z2   =Rh * sin(theta2) ;   % 向量的终点坐标
dlx=0; dly=y2-y1; dlz=z2-z1;                    % 向量 dl 的三个长度分量
xc=0; yc=(y2+y1 )/2; zc=(z2+z1 )/2;             % 计算环各段向量中点的三个坐标分量
for i=1: Gy                                     % 循环计算各网格点上的 B(x, y) 值
for j=1: Gx
    rx=x(j)-xc; ry=y(i) -yc; rz=0-zc;           % 观测点 在 z=0 平面上的结果
    r3=sqrt( rx.^2+ry.^2+rz.^2).^3 ;            % 计算 r3
    dlXr_x=dly. * rz-dlz. * ry;                 % 计算叉乘积
    dlXr_y=dlz. * rx-dlx. * rz;
    Bx(i, j)=sum( C0 * dlXr_x./r3) ;            % 把环各段产生的磁场分量累加
    By(i, j)=sum( C0 * dlXr_y./r3) ;
end
end
quiver(x, y, Bx, By);
title('圆环电流产生的磁场分布矢量图', 'fontsize', 12);   % 用 quiver 画磁场矢量图
surfc(y, z, Bx); xlabel('y 轴', 'fontsize', 12');       % 圆环所在平面 x=0 上磁场 x 方向分量
                                                        % Bx 分布图
surfc(y, z, By); xlabel('y 轴', 'fontsize', 12');       % 圆环所在平面 x=0 上磁场 y 方向分量
                                                        % By 分布图
```

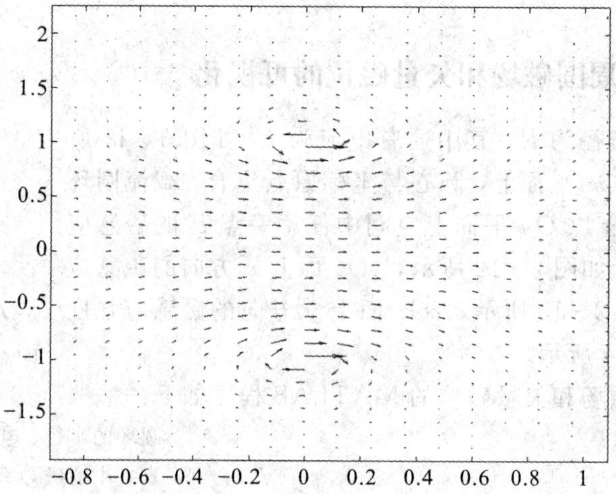

图 3－12　磁感应强度分布矢量图

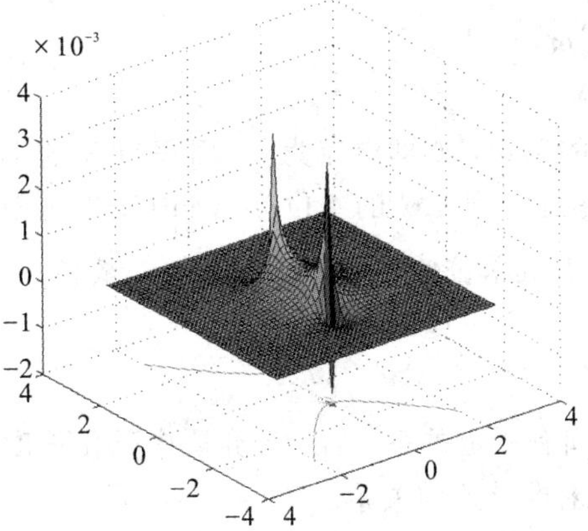

图 3-13　yOz 面上 Bx 分布图

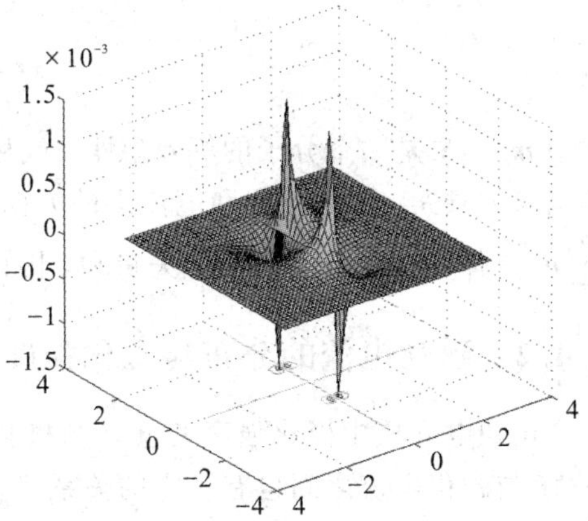

图 3-14　xOz 面上 By 分布图

3.4　磁介质中的恒定磁场方程

3.4.1　磁介质的磁化及磁化强度

以上我们只考虑了自由电荷(真实的场源变量 $\boldsymbol{J}$)在真空中产生的磁场。其实，所有物质内部的束缚电荷自身的运动也要产生磁场，即束缚在轨道上公转和自旋的电子所引起的磁场。在无外磁场作用时，这些分子磁场是随机和杂乱无章的，合成磁场为零(永磁材料除外)。

在物质的原子或分子中，电子的自旋和轨道运动及原子核的自旋都会形成微观的圆电流。每个圆电流就相当于一个磁偶极子，具有一定的磁矩。故物质的磁性质，可用其分子的等效磁矩来表述。在分子磁矩中，电子的磁矩，尤其是自旋形成的磁矩，是起着主要作用的。在外磁场作用下，这些分子磁矩转向顺着磁场方向而取向，合成磁矩便有宏观效应，这时称介质被磁化了。一般来说，外磁场越强，磁化程度越高。

就磁化特性而言，物质大体上可分为抗磁性、顺磁性和铁磁性物质。抗磁性物质在没有外磁场作用时，等效分子磁矩为 0；在外磁场作用下，其电子发生绕外场方向上的进动，使分子中出现与外磁场方向相反的净分子磁矩，从而削弱了外磁场，但一般来说这种反磁效应相当微弱。顺磁物质是在没有外场作用时，其等效分子磁距已不为 0，但由于热运动，其磁偶极子排列相当混乱，宏观上不显示磁性；在外磁场作用下，其分子的等效磁偶极子顺外场方向作取向排列，等效磁距与外磁场一致。虽然这时也有因电子进动而产生的抗磁效应，但取向排列的磁偶极子使其宏观的顺磁性超过了反磁效应。不过对大多数顺磁物质，这种顺磁性在工程角度上看，仍然是相当微弱的。铁磁物质中有许多天然的磁化区(磁畴)，每个磁畴由数以百万计且磁距方向相同的原子组成。在未加外磁场时，磁畴的取向混乱；在外加磁场作用下，与外磁场方向有分量的磁畴的边界扩大，然后整体转向外磁场方向，这种取向排列产生了强烈的磁化效应。铁磁物质的磁化是非线性的，有磁滞和饱和现象。

综上所述，无论其微观过程如何，从宏观上看，物质的磁化就是在外磁场作用下，物质内部产生了等效的净磁距，对外产生了宏观的磁效应。为了衡量导磁媒质的磁化程度，

定义磁化强度为

$$\boldsymbol{M}=\lim_{\Delta V\to 0}\frac{\sum \boldsymbol{m}}{\Delta V} \tag{3-39}$$

式中 $\boldsymbol{m}=I\boldsymbol{S}$ 是一个分子的等效磁距，或称偶极子的磁距，亦即电流为 I、面积为 S 的小圆环电流的磁距，S 的方向和电流 I 的方向成右手螺旋定则，$\boldsymbol{M}$ 的单位为 A/m(安培每米)。$\sum \boldsymbol{m}$ 是体积元中分子磁距的矢量和，因此，$\boldsymbol{M}$ 可看成单位体积中分子磁距的矢量和。

3.4.2 磁化电流的分布与磁化强度的关系

正如电介质中极化强度矢量 $\boldsymbol{P}$ 与极化电荷之间有一定关系一样，磁介质中磁化强度矢量 $\boldsymbol{M}$ 与磁化电流之间也有一定的关系，下面我们来推导这种关系。

被磁化的媒质产生的总体磁效应可以看成是形成了等效的磁化电流，而磁化电流产生的磁场等效于所有分子磁矩产生的磁场总和。

为了便于说明问题，我们把每个宏观体积元内的分子看成完全一样的电流环，即环具有同样的面积 S 和取向(可用矢量面积元 $\boldsymbol{s}$ 代表)环内具有同样的电流 I；这就是说我们用平均分子磁矩代替每个分子的真实磁矩，于是介质中的磁化强度为

$$\boldsymbol{M}=n\boldsymbol{m}=nI\boldsymbol{S} \tag{3-40}$$

式中 n 为单位体积内的分子环流数。

如图 3-15(a)，设想我们在磁介质中任意取一个由边界回路 C 限定的曲面 S，使 S 面的法线方向与回路 C 的绕行方向构成右手螺旋关系，现在来计算穿过曲面 S 的磁化电流 I_m，显然，只有那些环绕周界曲线 C 的分子电流才对磁化电流 I_m 有贡献。这是因为其余的分子电流或者不穿过曲面 S，或者是与曲面 S 沿相反方向穿越两次而使其作用相抵消。

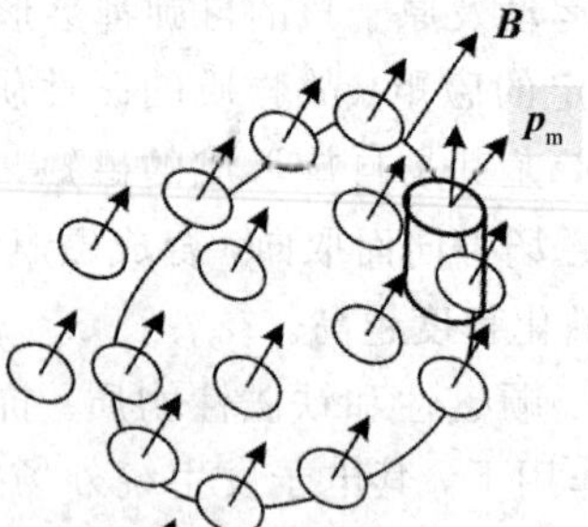

(a) 环绕曲线L的分子电流

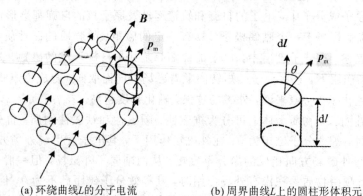

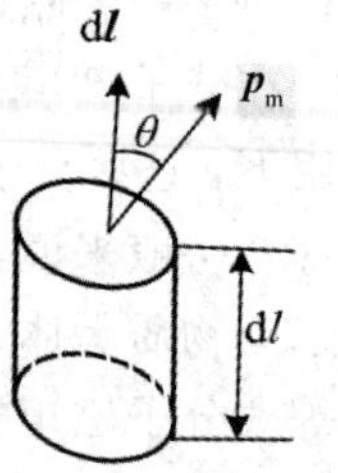

(b) 周界曲线L上的圆柱形体积元

图 3-15 磁化强度与磁化电流的关系

为了求得 I_m 与 $\boldsymbol{M}$ 的关系，在周界线 C 上取任一线元 $\mathrm{d}\boldsymbol{l}$，其方向与分子磁距 $\boldsymbol{m}$ 的方向成 θ 角，以 $\mathrm{d}\boldsymbol{l}$ 为轴线，$\mathrm{d}\boldsymbol{S}$ 为底面作一柱体，其体积为 $\mathrm{d}\boldsymbol{S}\mathrm{d}l\cos\theta$($\theta$ 为 $\mathrm{d}\boldsymbol{S}$ 与 $\mathrm{d}l$ 之间的夹角，见图 3-15(b))。凡中心在此柱体内的分子环流都穿过 $\mathrm{d}\boldsymbol{l}$。这样的分子环流共有 $n\mathrm{d}\boldsymbol{S}\mathrm{d}l\cos\theta$ 个，每个分子环流贡献一个通过 S 面的电流 i_m，故穿过线元 $\mathrm{d}\boldsymbol{l}$ 的所有分子环流总共贡献的电流为

$$\mathrm{d}I_m=ni_m\mathrm{d}S\mathrm{d}l\cos\theta=ni_m\mathrm{d}\boldsymbol{S}\cdot\mathrm{d}\boldsymbol{l}=n\boldsymbol{m}\cdot\mathrm{d}\boldsymbol{l}=\boldsymbol{M}\cdot\mathrm{d}\boldsymbol{l}$$

沿闭合回路对 $\mathrm{d}\boldsymbol{l}$ 积分，即得通过以 L 为边界的面积 S 的全部分子电流的代数和 I_m，

$$I_m = \oint_L \boldsymbol{M} \cdot d\boldsymbol{l} \tag{3-41}$$

上式左侧的磁化电流可以写成体磁化电流密度 $\boldsymbol{J}_m$ 对 S 面的积分，右侧的线积分应用斯托克斯定理变换成面积分，可得

$$\int_S \boldsymbol{J}_m \cdot d\boldsymbol{S} = \int_S (\nabla \times \boldsymbol{M}) \cdot d\boldsymbol{S}$$

对于任意曲面，有

$$\boldsymbol{J}_m = \nabla \times \boldsymbol{M} \tag{3-42}$$

为了得到磁化强度 $\boldsymbol{M}$ 与介质表面磁化电流密度 $\boldsymbol{J}_{mS}$ 的关系，只需将式(3-42)运用于图 3-16 所示的矩形回路上。此回路的一对边与介质表面平行，且垂直于磁化电流线，其长度为 Δl，另一对边与表面垂直，其长度远小于 Δl，矩形回路所围面积的方向为 $\boldsymbol{e}_S$，与回路环绕方向成右手螺旋关系。设介质表面单位长度上的面磁化电流为 $\boldsymbol{J}_{mS}$，则穿过矩形回路的磁化电流为 $i_m = J_{mS}\Delta l$，此外，$\boldsymbol{M}$ 在回路上的积分只在介质表面内的一边上不为 0，其贡献为 $M_t \Delta l$(M_t 为 $\boldsymbol{M}$ 的切向分量)，从而根据式(3-41)，我们有 $M_t \Delta l = J_{mS}\Delta l$，即 $M_t = J_{mS}$。若考虑到方向，写成下列矢量式：

$$\boldsymbol{J}_{mS} = \boldsymbol{M} \times \boldsymbol{e}_n \tag{3-43}$$

式中 $\boldsymbol{e}_n$ 是磁介质表面的外法向单位矢量。式(3-43)表明，只有介质表面附近 $\boldsymbol{M}$ 有切向分量的地方 $J_{mS} \neq 0$，$\boldsymbol{M}$ 的法向分量与 J_{mS} 无关系。它反映磁介质表面磁化电流密度与磁化强度之间的重要关系式。

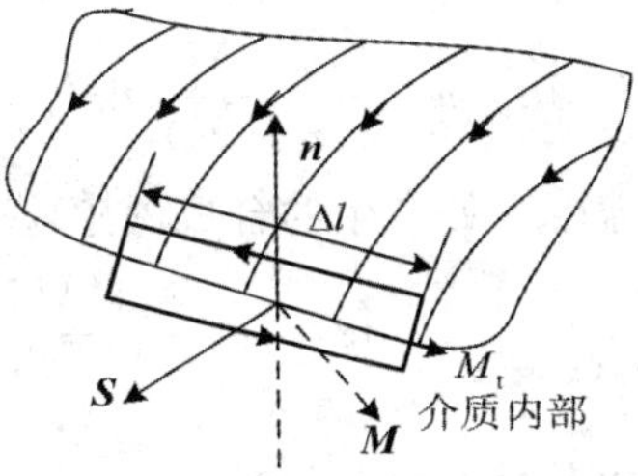

图 3-16　磁化强度与表面磁化电流的关系

导磁媒质磁化后对磁场的影响，可用磁化电流 J_m 和 J_{mS} 等效，因此在计算磁化后的总的合成磁场时，可以把导磁媒质所占空间视为真空，并代以相应分布的 J_m、J_{mS}，由 J_m、J_{mS} 和自由电流在真空情况下产生的磁场进行叠加。这种处理方法和电介质极化后所用的方法相似。

例 3-6　已知半径为 a，长度为 l 的圆柱形磁性材料，沿轴线方向获得均匀磁化。若磁化强度为 $\boldsymbol{M}$，试求位于圆柱轴线上，距离远大于圆柱半径的 P 点处由磁化电流产生的磁感应强度。

解： 建立圆柱坐标系，取圆柱轴线与 z 轴重合，如图 3-17 所示。

由于是均匀磁化，磁化强度与坐标无关，因此，$\boldsymbol{J}_m = \nabla \times \boldsymbol{M} = 0$，即磁化体电流为零。又知表面磁化电流密度 $\boldsymbol{J}_{mS} = \boldsymbol{M} \times \boldsymbol{e}_n$，式中 $\boldsymbol{e}_n$ 为表面的外法线方向上的单位矢量。因为 $\boldsymbol{M} = \boldsymbol{e}_z M$，所以表面磁化电流密度为

$$\boldsymbol{J}_{mS} = \boldsymbol{M} \times \boldsymbol{e}_n = M\boldsymbol{e}_z \times \boldsymbol{e}_\rho = M\boldsymbol{e}_\phi$$

可见这种表面磁化电流在侧壁上形成环形电流。位于 z' 处宽度为 dz' 的环形电流为

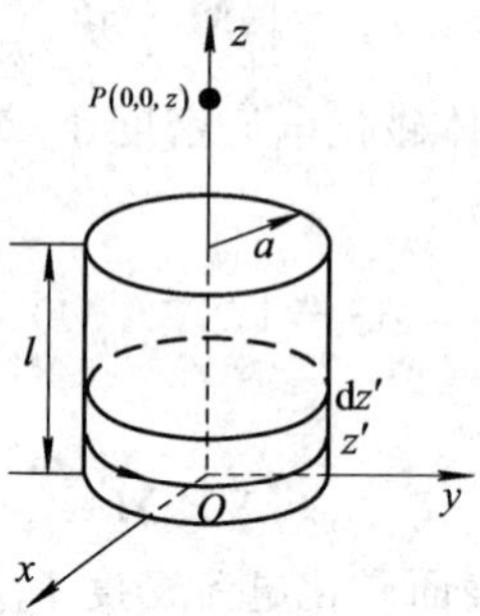

图 3-17 均匀磁化圆柱

$J_{mS}dz'$，那么可以求得该环形电流在 P 点产生的磁感应强度为

$$d\boldsymbol{B}=\frac{\mu_0}{4\pi}\frac{i_m d\boldsymbol{l}\times\boldsymbol{R}}{R^3}=\frac{\mu_0}{4\pi}\frac{\boldsymbol{J}_{mS}dz'a\,d\phi\times\boldsymbol{R}}{R^3}=\frac{\mu_0}{4\pi}\frac{Ma\,dz'd\phi\boldsymbol{e}_\phi\times\boldsymbol{R}}{R^3}$$

将 $\boldsymbol{R}=z\boldsymbol{e}_z-(a\boldsymbol{e}_\rho+z'\boldsymbol{e}_z)$ 代入上式，有

$$\begin{aligned}d\boldsymbol{B}&=\frac{\mu_0}{4\pi}\frac{Ma\,dz'd\phi\boldsymbol{e}_\phi\times[z\boldsymbol{e}_z-(a\boldsymbol{e}_\rho+z'\boldsymbol{e}_z)]}{R^3}\\&=\frac{\mu_0}{4\pi}\frac{Ma(z-z')dz'd\phi}{[(z-z')^2+a^2]^{\frac{3}{2}}}\boldsymbol{e}_\rho+\frac{\mu_0}{4\pi}\frac{Ma^2dz'd\phi}{[(z-z')^2+a^2]^{\frac{3}{2}}}\boldsymbol{e}_z\end{aligned}$$

将 $\boldsymbol{e}_\rho=\boldsymbol{e}_x\cos\phi+\boldsymbol{e}_y\sin\phi$ 代入上式，并将 $d\boldsymbol{B}$ 在$[0,2\pi]$上积分，当 $z\gg a$ 时，可得

$$d\boldsymbol{B}=\boldsymbol{e}_z\frac{\mu_0a^2M}{2(z-z')^3}dz'$$

那么侧壁上全部磁化电流在轴线上 P 处产生的合成磁感应强度为

$$\boldsymbol{B}=\boldsymbol{e}_z\frac{\mu_0a^2M}{2}\int_0^l\frac{1}{(z-z')^3}dz'=\boldsymbol{e}_z\frac{\mu_0a^2M}{4}\left[\frac{1}{(z-l)^2}-\frac{1}{z^2}\right]$$

3.4.3 磁介质中恒定磁场的基本方程

首先，我们讨论磁通量特性方程。实践中孤立的磁荷至今还没有发现。磁介质中磁的磁通连续性方程仍然保持不变，即

$$\oint_S\boldsymbol{B}\cdot d\boldsymbol{S}=0,\ \nabla\cdot\boldsymbol{B}=0$$

这里的 $\boldsymbol{B}$ 是传导电流和磁化电流产生的合成磁感应强度。

其次，我们分析磁介质内磁场的环量特性方程。根据处理媒质磁化影响的等效方法，导磁媒质中的安培环路定律，可在真空中的安培环路定律里，除考虑自由电流 I 外，再加上等效的磁化电流 I_m 而导出，即

$$\oint_C\boldsymbol{B}\cdot d\boldsymbol{l}=\mu_0(I+I_m)\tag{3-44}$$

式中 $I_m=\int_S\boldsymbol{J}_m\cdot d\boldsymbol{S}=\int_S(\nabla\times\boldsymbol{B})\cdot d\boldsymbol{S}$。应用斯托克斯公式，即得

$$I_m=\oint_C\boldsymbol{M}\cdot d\boldsymbol{l}$$

其中，闭合回路 C 是曲线 S 的边界。上式代入式(3-44)后，得

$$\oint_C \boldsymbol{B}\cdot \mathrm{d}\boldsymbol{l}=\mu_0\left(I+\oint_C \boldsymbol{M}\cdot \mathrm{d}\boldsymbol{l}\right)$$

由于 $\boldsymbol{M}$ 是 $\boldsymbol{J}_{\mathrm{m}}$ 作为场源变量时产生的新的场变量，它具有和磁场强度相同的单位和特性，将上式中右边第二项移至等式左边，又因为积分回路均为 C，此时定义磁场强度 $\boldsymbol{H}=\dfrac{\boldsymbol{B}}{\mu_0}-\boldsymbol{M}$，可得

$$\oint_C \boldsymbol{H}\cdot \mathrm{d}\boldsymbol{l}=I \tag{3-45}$$

式(3－45)左边利用斯托克斯定理，有

$$\oint_C \boldsymbol{H}\cdot \mathrm{d}\boldsymbol{l}=\int_S (\nabla\times \boldsymbol{H})\cdot \mathrm{d}\boldsymbol{S}$$

又 $I=\int_S \boldsymbol{J}\cdot \mathrm{d}\boldsymbol{S}$，则有

$$\int_S (\nabla\times \boldsymbol{H})\cdot \mathrm{d}\boldsymbol{S}=\int_S \boldsymbol{J}\cdot \mathrm{d}\boldsymbol{S}$$

由于上式的左边和右边的积分是同一曲面 S，故有

$$\nabla\times \boldsymbol{H}=\boldsymbol{J} \tag{3-46}$$

式(3－45)和式(3－46)都称为导磁媒质中的安培环路定律，或安培环路定律的一般形式，也称为磁介质的基本方程。它表明引入磁场强度 $\boldsymbol{H}$ 后，$\boldsymbol{H}$ 的环路线积分值等于路径 C 所包围的传导电流 I，磁场强度 $\boldsymbol{H}$ 的旋度源仅是传导电流的体密度，而与分子电流或磁化电流无关，这给磁场的计算带来很大方便。尤其是在线性、各向同性媒质中，媒质的磁化强度 $\boldsymbol{M}$ 与磁场强度 $\boldsymbol{H}$ 呈线性、各向同性关系时，即可根据传导电流 I 求出磁场强度 $\boldsymbol{H}$，再求磁感应强度 $\boldsymbol{B}$。

对于线性各向同性介质，$\boldsymbol{M}$ 与 $\boldsymbol{H}$ 之间存在线性关系

$$\boldsymbol{M}=\chi_{\mathrm{m}}\boldsymbol{H} \tag{3-47}$$

其中 χ_{m} 叫媒质的磁化率，在线性、各向同性媒质中，χ_{m} 是无量纲常数。

将式(3－47)带入 $\boldsymbol{H}$ 的定义式中，得

$$\boldsymbol{B}=\mu_0(\boldsymbol{H}+\boldsymbol{M})=\mu_0(1+\chi_{\mathrm{m}})\boldsymbol{H}=\mu_0\mu_{\mathrm{r}}\boldsymbol{H}=\mu\boldsymbol{H}$$

即

$$\boldsymbol{B}=\mu\boldsymbol{H} \tag{3-48}$$

其中 μ_{r} 叫媒质的相对磁导率，也是无量纲常数；μ 的单位和 μ_0 一样，为 H/m(亨利每米)，叫媒质的磁导率。

3.4.4　磁场强度与磁感应强度的关系

真空中 $\mu_{\mathrm{r}}=1$，$\boldsymbol{B}=\mu_0\boldsymbol{H}$，而线性各向同性媒质中，$\boldsymbol{B}=\mu\boldsymbol{H}$。可见，在线性各向同性媒质中，只要将真空的恒定磁场方程式中的 μ_0 换成 μ 即可。

反磁物质的 $\chi_{\mathrm{m}}<0$，大小一般为 10^{-5} 数量级，故一般其 μ_{r} 常取 1；顺磁物质的 $\chi_{\mathrm{m}}>0$，一般大约在 $10^{-6}\sim10^{-5}$ 数量级间，因而在工程上其 μ_{r} 也常取 1；铁磁物质，其 χ_{m} 及 μ_{r} 均远大于 1。

至此，综合媒质的极化、导电及磁化性能，对各向同性线性媒质，有下列方程：

$$\boldsymbol{D}=\varepsilon\boldsymbol{E}$$

$$\boldsymbol{J}=\sigma\boldsymbol{E}$$
$$\boldsymbol{B}=\mu\boldsymbol{H}$$

这三个方程通常叫做媒质的本构方程。它们分别从媒质的极化、导电及磁化三个不同的性能描述了媒质与场之间的相互作用。

例 3-7 同轴线的内导体半径为 a，外导体的内半径为 b，外半径为 c，如图 3-18 所示。设内、外导体分别流过方向相反的电流 I，两导体之间介质的磁导率为 μ，求各区域的磁场强度 $\boldsymbol{H}$、磁感应强度 $\boldsymbol{B}$、磁化强度 $\boldsymbol{M}$。

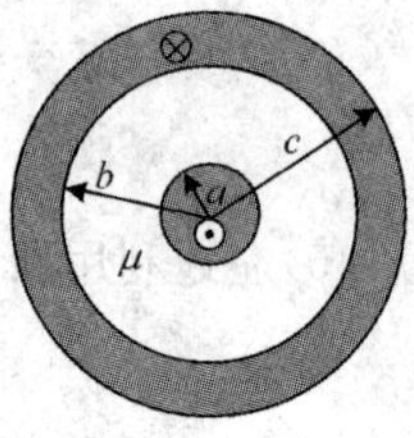

图 3-18 同轴线示意图

解：因同轴线为无限长，则其磁场沿轴线无变化，该磁场只有 ϕ 分量，且其大小只是 r 的函数。分别在各区域利用介质中的安培环路定律 $\oint_C \boldsymbol{H}\cdot \mathrm{d}\boldsymbol{l}=I'$，求出各区域中的磁场强度 $\boldsymbol{H}$，再求出 $\boldsymbol{B}$ 和 $\boldsymbol{M}$。

当 $\rho\leqslant a$ 时，电流 I 在导体内均匀分布，且流向 z 方向。与积分回路交链的电流为 $I'=\dfrac{I}{\pi a^2}\cdot\pi\rho'=\dfrac{\rho^2}{a^2}I$。由安培环路定律得

$$\boldsymbol{H}=\boldsymbol{e}_\phi\frac{I\rho}{2\pi a^2}$$

考虑这一区域的磁导率为 μ_0，可得

$$\boldsymbol{B}=\boldsymbol{e}_\phi\frac{\mu_0 I\rho}{2\pi a^2},\ \boldsymbol{M}=0\quad(\rho\leqslant a)$$

当 $a<\rho\leqslant b$ 时，与积分回路交链的电流为 I，该区磁导率为 μ，可得

$$\boldsymbol{H}=\boldsymbol{e}_\phi\frac{I}{2\pi\rho},\ \boldsymbol{B}=\boldsymbol{e}_\phi\frac{\mu I}{2\pi\rho},\ \boldsymbol{M}=\boldsymbol{e}_\phi\frac{\mu-\mu_0}{\mu_0}\frac{I}{2\pi\rho}$$

当 $b<\rho\leqslant c$ 时，考虑到外导体电流均匀分布，可得出与积分回路交链的电流为

$$I'=I-\frac{\rho^2-b^2}{c^2-b^2}I$$

则有

$$\boldsymbol{H}=\boldsymbol{e}_\phi\frac{I}{2\pi\rho}\frac{c^2-\rho^2}{c^2-b^2},\ \boldsymbol{B}=\boldsymbol{e}_\phi\frac{\mu_0 I}{2\pi r}\frac{c^2-\rho^2}{c^2-b^2},\ \boldsymbol{M}=0$$

当 $\rho>c$ 时，这一区域的 $\boldsymbol{H}$、$\boldsymbol{B}$、$\boldsymbol{M}$ 均为零。

例 3-8 铁质的无限长圆管中通过电流 I，管的内外半径各为 a 和 b。已知铁的磁导率 μ，求管壁中和管内、外空气中的 $\boldsymbol{B}$，并计算铁中的 $\boldsymbol{M}$ 和 $\boldsymbol{J}_{\mathrm{m}}$。

解：在坐标的 z 轴与圆管轴线重合的情况下，场问题是轴对称的。电流在 z 轴方向流动时，场变量只有 ϕ 分量。对半径 ρ 为 a 和 b 的圆柱面上场变量只有切向分量（ϕ 分量）而无法向分量（ρ 分量），可利用介质中的安培环路定律 $\oint_C \boldsymbol{H}\cdot\mathrm{d}\boldsymbol{l}=I'$ 求解。

(1) 当 $b\leqslant\rho<\infty$ 时，有

$$\oint_C \boldsymbol{H}_1\cdot\mathrm{d}\boldsymbol{l}=H_{1\phi}\cdot 2\pi\rho=I$$

圆管外部的磁场分别为

$$\boldsymbol{H}_1=\boldsymbol{e}_\phi\frac{I}{2\pi\rho},\ \boldsymbol{B}_1=\boldsymbol{e}_\phi\frac{\mu_0 I}{2\pi\rho}$$

(2) 当 $a\leqslant\rho<b$ 时，有

$$\oint_C \boldsymbol{H}_2\cdot\mathrm{d}\boldsymbol{l}=H_{2\phi}\cdot 2\pi\rho=\frac{I}{\pi(b^2-a^2)}\pi(\rho^2-a^2)$$

圆管壁中的磁场分别为

$$\boldsymbol{H}_2=\boldsymbol{e}_\phi\left(\frac{\rho^2-a^2}{b^2-a^2}\right)\frac{I}{2\pi\rho},\ \boldsymbol{B}_2=\mu\boldsymbol{H}_2=\boldsymbol{e}_\phi\mu\left(\frac{\rho^2-a^2}{b^2-a^2}\right)\frac{I}{2\pi\rho}$$

(3) 当 $0\leqslant\rho<a$ 时，有

$$\oint_C \boldsymbol{H}_3\cdot\mathrm{d}\boldsymbol{l}=H_{3\phi}\cdot 2\pi\rho=0$$

圆管内部的磁场分别为

$$\boldsymbol{H}_3=0,\quad \boldsymbol{B}_3=0$$

在 $a\leqslant\rho<b$ 的管壁空间内有磁化强度为

$$\boldsymbol{M}_2=\boldsymbol{e}_\phi\left(\frac{B_2}{\mu_0}-H_2\right)=\boldsymbol{e}_\phi\left(\frac{\mu}{\mu_0}-1\right)\left(\frac{\rho^2-a^2}{b^2-a^2}\right)\frac{I}{2\pi\rho}$$

故管壁内的磁化体电流为

$$\boldsymbol{J}_\mathrm{m}=\nabla\times\boldsymbol{M}=\boldsymbol{e}_z\frac{1}{\rho}\frac{\partial}{\partial\rho}(\rho M_{2\phi})=\boldsymbol{e}_z\left(\frac{\mu}{\mu_0}-1\right)\frac{I}{\pi(b^2-a^2)}$$

又在 $\rho=a$ 和 $\rho=b$ 处的磁化面电流为

$$\boldsymbol{J}_{\mathrm{m}S}\big|_{\rho=a}=\boldsymbol{M}_2\times(-\boldsymbol{e}_\rho)=0,\ \boldsymbol{J}_{\mathrm{m}S}\big|_{\rho=b}=\boldsymbol{M}_2\times\boldsymbol{e}_\rho=\boldsymbol{e}_z\left[\left(1-\frac{\mu}{\mu_0}\right)\frac{I}{2\pi b}\right]$$

由上可知，在垂直于 z 轴平面内的磁化电流为

$$I_\mathrm{m}=\oint_S\boldsymbol{J}_\mathrm{m}\cdot\mathrm{d}\boldsymbol{S}+\oint_{2\pi b}\boldsymbol{J}_{\mathrm{m}S}\cdot\mathrm{d}\boldsymbol{l}=\left(\frac{\mu}{\mu_0}-1\right)I-\left(\frac{\mu}{\mu_0}-1\right)I=0$$

根据例 3-8 的计算结果，管壁中和管内、外空气中的磁感应强度分布图如图 3-19 所示。

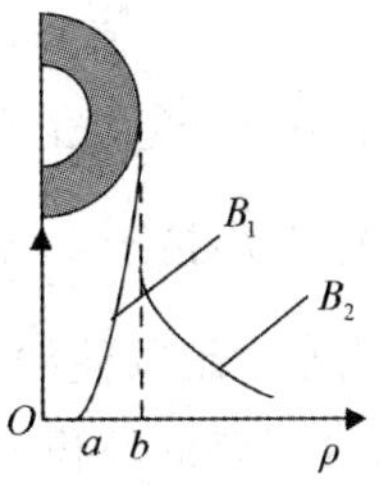

图 3-19　铁管内外的 $\boldsymbol{B}(\rho)$

3.5　恒定磁场的边界条件

一般来说，在通过具有不同磁导率的两种媒质的交界面时，磁场也要发生突变。为此，

我们从恒定磁场基本方程的积分形式出发，来确定磁场在交界面上的突变规律，即边界条件。

1. *B* 法向分量的边界条件

在分界面上取一小的柱形表面，两底面分别位于介质两侧，包围界面上某点 P 作积分 $\oint_S \boldsymbol{B}\cdot d\boldsymbol{S}=0$，如图 3-20 所示。柱面的高 h 趋于 0，上下表面 ΔS 很小，使做 $\boldsymbol{B}\cdot d\boldsymbol{S}$ 时在上顶面可近似等于 $\boldsymbol{B}_1\cdot d\boldsymbol{S}$，而下底面则近似为 $\boldsymbol{B}_2\cdot d\boldsymbol{S}$。由于 h 趋于 0，穿出侧面的通量可忽略不计，于是有

$$\begin{aligned}\oint_S \boldsymbol{B}\cdot d\boldsymbol{S} &= \int_{\Delta S}\boldsymbol{B}_1\cdot d\boldsymbol{S}+\int_{\Delta S}\boldsymbol{B}_2\cdot d\boldsymbol{S}\\ &= B_{1n}\Delta S - B_{2n}\Delta S = 0\end{aligned}$$

即

$$B_{1n}=B_{2n} \tag{3-49}$$

写成矢量形式

$$\boldsymbol{e}_n\cdot(\boldsymbol{B}_1-\boldsymbol{B}_2)=0 \tag{3-50}$$

$\boldsymbol{e}_n$ 为由磁导率为 μ_2 的介质指向磁导率为 μ_1 的介质分界面上的法向单位矢量。可见，穿过分界面时，磁感应强度 $\boldsymbol{B}$ 的法向分量是连续的。

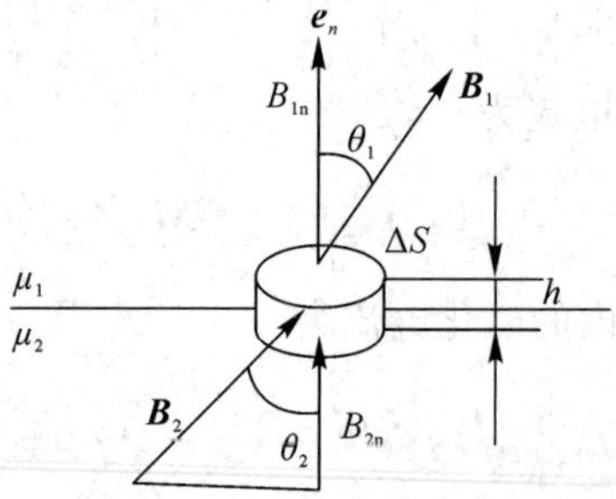

图 3-20　**B** 的边界条件

2. *H* 切向分量的边界条件

在分界面上作一小的矩形回路 C，其两个边 Δl 分居于分界面的两侧，包围 P 点作积分 $\oint_C \boldsymbol{H}\cdot d\boldsymbol{l}=I$，如图 3-21 所示，其短边 h 趋于 0，使矩形紧紧夹住边界面，其长边 Δl 平行于界面并分别处于界面两侧，且相当小，足以使线积分 $\boldsymbol{H}\cdot d\boldsymbol{l}$ 在 μ_1 中可视为 $\boldsymbol{H}_1\cdot d\boldsymbol{l}$，在 μ_2 中可视为 $\boldsymbol{H}_2\cdot d\boldsymbol{l}$，则 $\boldsymbol{H}$ 沿此闭合回路的环积分为

$$\oint_C \boldsymbol{H}\cdot d\boldsymbol{l}=\boldsymbol{H}_1\cdot\Delta\boldsymbol{l}-\boldsymbol{H}_2\cdot\Delta\boldsymbol{l}$$

若分界面上有传导电流密度 $\boldsymbol{J}_S$ 时，则此闭合回路将有传导电流与它相交链。取一个垂直于矩形面积的单位矢量 $\boldsymbol{e}_s$，则回路包围的面积上通过的电流为 $\boldsymbol{J}_S\cdot\boldsymbol{e}_s$，其中 $\boldsymbol{J}_S\cdot\boldsymbol{e}_s$ 是表面电流垂直于 Δl 的分量。另外 $\Delta\boldsymbol{l}$ 矢量可以写成

$$\Delta\boldsymbol{l}=(\boldsymbol{e}_s\times\boldsymbol{e}_n)\Delta l$$

$\boldsymbol{H}$ 沿闭合回路的积分变为

$$(\boldsymbol{H}_1-\boldsymbol{H}_2)\cdot(\boldsymbol{e}_s\times\boldsymbol{e}_n)\Delta l=\boldsymbol{J}_S\cdot\boldsymbol{e}_s\Delta l$$

$$[\boldsymbol{e}_n\times(\boldsymbol{H}_1-\boldsymbol{H}_2)]\cdot\boldsymbol{e}_s\Delta l=\boldsymbol{J}_S\cdot\boldsymbol{e}_s\Delta l$$

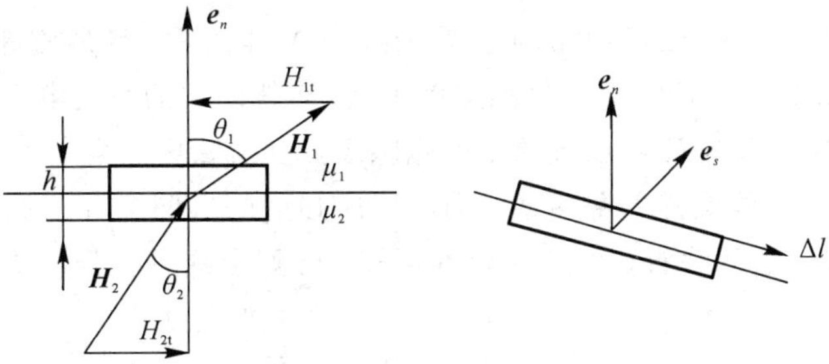

图 3-21　$\boldsymbol{H}$ 的边界条件

因为回路是任意取的，其包围的面的方向也是任意的，因而一定有

$$\boldsymbol{e}_n\times(\boldsymbol{H}_1-\boldsymbol{H}_2)=\boldsymbol{J}_S \tag{3-51}$$

若交界面上没有自由的表面电流，即 $\boldsymbol{J}_S=0$ 则

$$\boldsymbol{e}_n\times(\boldsymbol{H}_1-\boldsymbol{H}_2)=0 \tag{3-52}$$

即

$$H_1\sin\theta_1=H_2\sin\theta_2$$

得到

$$H_{1t}=H_{2t} \tag{3-53}$$

从式(3-53)可以得到，当 $\boldsymbol{J}_S=0$ 时，$\boldsymbol{H}$ 的切向分量是连续的。若两介质各向同性，则($\boldsymbol{H}_1$，$\boldsymbol{H}_2$)都是共面的矢量，且两介质中的矢量与法线 $\boldsymbol{e}_n$ 的夹角 θ_1 和 θ_2 之间的关系为

$$\frac{\tan\theta_1}{\tan\theta_2}=\frac{\mu_1}{\mu_2} \tag{3-54}$$

从式(3-54)可以得到：当介质 1 是空气，介质 2 是铁磁物质时，则由于 $\mu_1\ll\mu_2$，$\theta_1\ll\theta_2$，在空气中磁感应线几乎和铁表面垂直；当介质 1 是空气，介质 2 表面没有传导电流时，我们求 $\boldsymbol{B}_1$ 和 $\boldsymbol{B}_2$ 的切向分量之差，即

$$\boldsymbol{e}_n\times(\boldsymbol{B}_1-\boldsymbol{B}_2)=\boldsymbol{e}_n\times[\mu_0\boldsymbol{H}_1-(\mu_0\boldsymbol{H}_2+\mu_0\boldsymbol{M})]=\boldsymbol{e}_n\times[\mu_0(\boldsymbol{H}_1-\boldsymbol{H}_2)]-\boldsymbol{e}_n\times\mu_0\boldsymbol{M}$$

上式中

$$\mu_0\boldsymbol{e}_n\times(\boldsymbol{H}_1-\boldsymbol{H}_2)=0$$

而

$$\boldsymbol{M}\times\boldsymbol{n}=\boldsymbol{J}_{mS}$$

故有

$$\boldsymbol{n}\times(\boldsymbol{B}_1-\boldsymbol{B}_2)=\mu_0\boldsymbol{J}_{mS} \tag{3-55}$$

由此可知交界面上场量突变除传导电流 $\boldsymbol{J}_S$ 外，磁化面电流密度 $\boldsymbol{J}_{mS}$ 也会引起场量突变。

最后，由式(3-50)，我们直接写出矢量磁位的边界条件，有

$$\boldsymbol{n}\cdot(\nabla\times\boldsymbol{A}_1-\nabla\times\boldsymbol{A}_2)=0$$

即

$$\boldsymbol{A}_1=\boldsymbol{A}_2 \tag{3-56}$$

和对应于(3-52)，有

$$\frac{1}{\mu_1}(\nabla\times\boldsymbol{A}_1)_t=\frac{1}{\mu_2}(\nabla\times\boldsymbol{A}_2)_t \tag{3-57}$$

例 3-9 在具有空气隙的环形磁芯上紧密绕制 N 匝线圈。环形磁芯的磁导率为 μ，平均半径为 r_0，线圈的半径为 $a\ll r_0$，气隙宽度为 d。当线圈中的恒定电流为 I 时，若忽略散逸在线圈外的漏磁通，试求磁芯及气隙中的磁感应强度及磁场强度。

解：若忽略散逸在线圈外的漏磁通，则磁感应强度的方向沿环形圆周，可见，磁感应强度在气隙中与两个端面垂直。由边界条件可知，气隙中磁感应强度 B_g 等于磁芯中的磁感应强度 B_f，即

$$B_g=B_f\Rightarrow\mu_0H_g=\mu H_f$$

围绕半径为 r_0 的圆周，利用磁介质中的安培环路定律，且考虑到 $r_0\gg a$，可以认为线圈中的磁场均匀分布，则

$$\oint_C\boldsymbol{H}\cdot\mathrm{d}\boldsymbol{l}=NI$$

$$\frac{B_g}{\mu_0}d+\frac{B_f}{\mu}(2\pi r_0-d)=NI$$

考虑到 $B_g=B_f$，得

$$B_g=B_f=\frac{\mu_0\mu NI}{\mu d+\mu_0(2\pi r_0-d)}$$

气隙中的磁场强度 H_g 为

$$H_g=\frac{B_g}{\mu_0}=\frac{\mu NI}{\mu d+\mu_0(2\pi r_0-d)}$$

磁芯中的磁场强度 H_f 为

$$H_f=\frac{B_f}{\mu}=\frac{\mu_0NI}{\mu d+\mu_0(2\pi r_0-d)}$$

3.6 标量磁位

3.6.1 标量磁位的定义

在静电场中，曾依据其无旋性($\nabla\times\boldsymbol{E}=0$)而引入标量电位 φ($\boldsymbol{E}=-\nabla\varphi$)，使电场计算得到了简化。在恒定磁场中，虽然已根据磁场的无散性($\nabla\cdot\boldsymbol{B}=0$)引入了矢量磁位 $\boldsymbol{A}$($\boldsymbol{B}=\nabla\times\boldsymbol{A}$)，也使磁场计算得到了简化。然而，矢量的计算还是比标量复杂。磁场是有旋的($\nabla\times\boldsymbol{H}=\boldsymbol{J}$)，不能一般地引入标量位，要有附加条件，即 $\boldsymbol{J}=0$。在没有电流的地方，$\boldsymbol{H}$ 的旋度为 0，于是求解这些区域的磁场时便可以引入标量磁位，即

$$\boldsymbol{H}=-\nabla\varphi_m\text{(在 }\boldsymbol{J}=0\text{ 的区域)} \tag{3-58}$$

3.6.2 标量磁位的多值性

根据标量磁位 φ_m 的定义，也可如静电场一样，定义 A、B 两点间的磁压为

$$U_{mAB}=\int_A^B \boldsymbol{H}\cdot \mathrm{d}\boldsymbol{l}=\varphi_{mA}-\varphi_{mB}$$

但由于$\oint_C \boldsymbol{H}\cdot \mathrm{d}\boldsymbol{l}$不恒为 0，而使上式的积分值与路线有关，故定义 B 点为零磁位点，则 A 点的磁位 φ_{mA} 的数值会因 $\int_A^B \boldsymbol{H}\cdot \mathrm{d}\boldsymbol{l}$ 的积分路径不同而不同。如在图 3-22 中，若选 $\varphi_{mB}=0$，由路径 1、2、3 积分计算 A 点磁位 φ_{mA} 会得到不同数值。

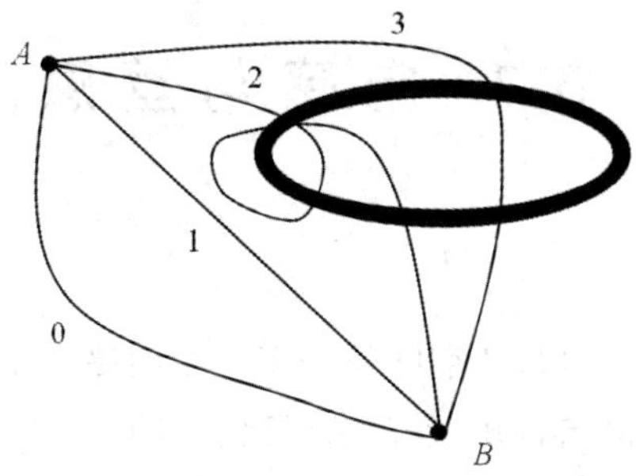

图 3-22　标量磁位的多值性

（1）选路径 1。

由$\oint_C \boldsymbol{H}\cdot \mathrm{d}\boldsymbol{l}=\sum I$，得$\oint_{A1B0A} \boldsymbol{H}\cdot \mathrm{d}\boldsymbol{l}=0$，即

$$\int_{A1B} \boldsymbol{H}\cdot \mathrm{d}\boldsymbol{l}=\int_{A0B} \boldsymbol{H}\cdot \mathrm{d}\boldsymbol{l}$$

故 A 点磁位为

$$\varphi_{mA}=\int_{A1B} \boldsymbol{H}\cdot \mathrm{d}\boldsymbol{l}=\int_{A0B} \boldsymbol{H}\cdot \mathrm{d}\boldsymbol{l}$$

（2）选路径 2。

因为$\oint_{A2B0A} \boldsymbol{H}\cdot \mathrm{d}\boldsymbol{l}=2I$，即

$$\int_{A2B} \boldsymbol{H}\cdot \mathrm{d}\boldsymbol{l}=\int_{A0B} \boldsymbol{H}\cdot \mathrm{d}\boldsymbol{l}+2I$$

结果 A 点磁位又为

$$\varphi_{mA}=\int_{A2B} \boldsymbol{H}\cdot \mathrm{d}\boldsymbol{l}=\int_{A0B} \boldsymbol{H}\cdot \mathrm{d}\boldsymbol{l}+2I$$

（3）同理，当选路径 3 时，会得到

$$\varphi_{mA}=\int_{A3B} \boldsymbol{H}\cdot \mathrm{d}\boldsymbol{l}=\int_{A0B} \boldsymbol{H}\cdot \mathrm{d}\boldsymbol{l}+I$$

可见，由不同路径积分而计算出的 φ_{mA} 的数值不同。由路径 2、3 积分和由路径 0、1 积分所得值不同，是因为路径 2、3 都穿越了电流 I 所限定的面的缘故。因此要消除 φ_m 的多值性，应规定计算 φ_m 时积分路径不得穿越电流限定的面。

3.6.3　标量磁位的拉普拉斯方程

将 $\boldsymbol{H}=-\nabla\varphi_m$ 代入$\nabla\cdot\boldsymbol{B}=0$ 中，当媒质 μ 均匀时，得

$$\nabla \cdot (\mu \boldsymbol{H}) = \mu \nabla \cdot \boldsymbol{H} = \mu \nabla \cdot (-\nabla \varphi_{\mathrm{m}}) = -\mu \nabla^2 \varphi_{\mathrm{m}} = 0$$

即

$$\nabla^2 \varphi_{\mathrm{m}} = 0 \tag{3-59}$$

式(3-59)为标量磁位 φ_{m} 满足的拉普拉斯方程，因而先由拉普拉斯方程求出 φ_{m}，再由 $\boldsymbol{H} = -\nabla \varphi_{\mathrm{m}}$ 及 $\boldsymbol{B} = \mu \boldsymbol{H}$ 得到磁感应强度 $\boldsymbol{B}$，将会十分方便。但是标量磁位仅适用于电流为 0 的区域，因此这个简便的方法具有局限性。

3.7 自感与互感

3.7.1 自感与互感

在线性媒质中，一个电流回路在空间任一点产生的磁通密度 $\boldsymbol{B}$ 的大小与其电流 I 成正比，因而穿过回路的磁通量也与该电流 I 成正比。如果一个回路是由一根导线密绕成 N 匝，则穿过这个回路的总磁通(称为全磁通)等于各匝磁通之和，即一个密绕线圈的全磁通等于与单匝线圈交链的磁通和匝数的乘积，所以全磁通又称为磁链。在静电场中，定义电荷与电压的比值为电容；在恒定磁场中，则定义磁链与产生磁链的电流之比值为电感。

若穿过回路的磁链 ψ 是由回路本身的电流 I 产生的，则磁链 ψ 与电流 I 的比值

$$L = \frac{\psi}{I} \tag{3-60}$$

称为自感或电感，单位为 H(亨)。

若有两个彼此靠近的回路 C_1、C_2，电流分别为 I_1 和 I_2，如果回路 C_1 中电流 I_1 所产生的磁场与回路 C_2 相交链的磁链为 ψ_{12}，则 ψ_{12} 与 I_1 的比值

$$M_{12} = \frac{\psi_{12}}{I_1} \tag{3-61a}$$

称为互感 M_{12}。同样，如果回路 C_2 中电流 I_2 所产生的磁场与回路 C_1 相交链的磁链为 ψ_{21}，则 ψ_{21} 与 I_2 的比值为

$$M_{21} = \frac{\psi_{21}}{I_2} \tag{3-61b}$$

称为互感 M_{21}。M_{12} 和 M_{21} 均称为回路 C_1 与回路 C_2 的互感，单位与自感相同。

3.7.2 计算互感的一般公式(诺依曼公式)

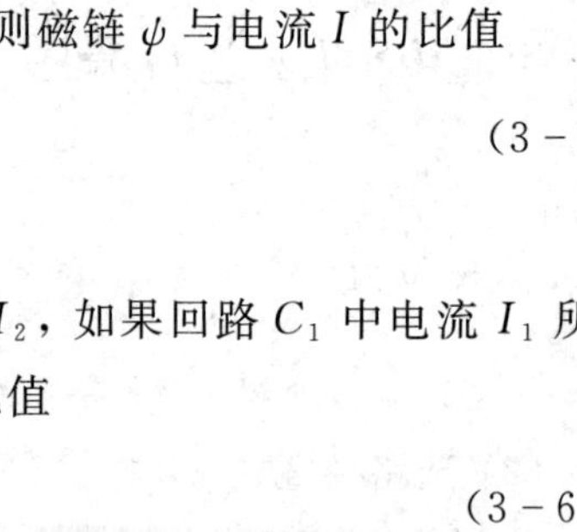

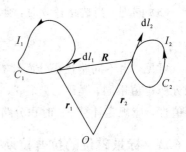

图 3-23　诺依曼公式的推导

两个细导线电流回路，如图 3-23 所示，如在回路 C_1 中通以电流 I_1，则它在 C_2 回路产生的磁通，亦即互感磁链 ψ_{12}，$I_1 \mathrm{d}\boldsymbol{l}_1$ 在 R 处产生的矢量磁位为

$$A_{12} = \frac{\mu_0}{4\pi} \oint_{C_1} \frac{I_1 \mathrm{d}\boldsymbol{l}_1}{R}$$

再利用

$$\psi_{12}=\Phi_{12}=\oint_{C_2}\boldsymbol{A}_{12}\cdot \mathrm{d}\boldsymbol{l}_2=\frac{\mu_0}{4\pi}\oint_{C_2}\oint_{C_1}\frac{I_1\mathrm{d}\boldsymbol{l}_1\cdot \mathrm{d}\boldsymbol{l}_2}{R}$$

于是有

$$M_{12}=\frac{\Phi_{12}}{I_1}=\frac{\mu_0}{4\pi}\oint_{C_2}\oint_{C_1}\frac{\mathrm{d}\boldsymbol{l}_1\cdot \mathrm{d}\boldsymbol{l}_2}{R}\tag{3-62a}$$

同理，可求得

$$M_{21}=\frac{\Phi_{21}}{I_2}=\frac{\mu_0}{4\pi}\oint_{C_1}\oint_{C_2}\frac{\mathrm{d}\boldsymbol{l}_1\cdot \mathrm{d}\boldsymbol{l}_2}{R}\tag{3-62b}$$

可见，

$$M_{12}=M_{21}=M$$

式(3-62a)和式(3-62b)均称为诺依曼公式。

可见自感和互感都仅决定于回路的形状、尺寸、匝数和介质的磁导率。互感还与两个回路的相互位置有关，回路固定时它们都是与电流无关的常数。

若上面所设的回路分别由 N_1、N_2 匝细导线构成，则产生矢量磁位 $\boldsymbol{A}_{12}$ 的场源为 N_1I_1，相应的互磁链为 $\psi_{12}=N_1\Phi_{12}$，互感为

$$M_{12}=M_{21}=\frac{N_1N_2\mu_0}{4\pi}\oint_{C_2}\oint_{C_1}\frac{\mathrm{d}\boldsymbol{l}_1\cdot \mathrm{d}\boldsymbol{l}_2}{R}\tag{3-63}$$

即互感增大了 N_1N_2 倍。

虽然自感或互感都与电流或磁链无关，但由其定义式 $L=\dfrac{\psi}{I}$，可理解为单位电流所产生的磁链，因而计算自感或互感时，总是先人为地假设电流，并求出该电流所产生的磁链，再求出所需要的比值 $L=\dfrac{\psi}{I}$。

若用式(3-63)求线圈 C 的自感(相当于 C_1、C_2 重叠时的互感)，为了避免因 C_1、C_2 重叠而出现 $R=0$ 的不合理计算值，可以将 C_1、C_2 分别置于 C 的内轮廓线及导线的轴线上，即使 R 的最小值为导线的半径，这样就可以利用式(3-63)来计算 C 的自感 L 了。

例 3-10　如图 3-24 所示的同轴电缆，内导体半径为 R_1，外导体内半径为 R_2，外导体外半径为 R_3，计算长度为 l 的同轴电缆的电感。

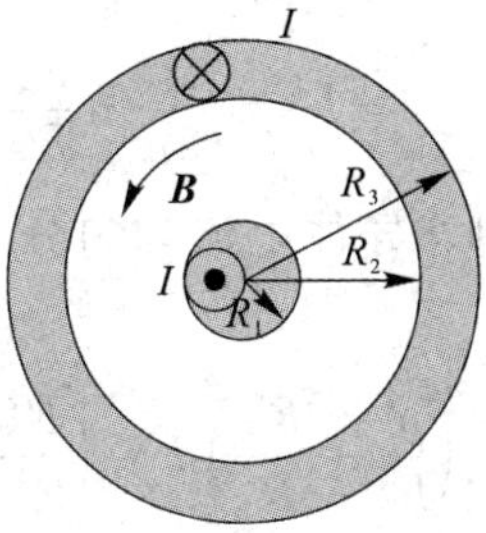

图 3-24　同轴电缆电感的计算

解：如图 3-24 所示，设内导体电流 I 为 $+\boldsymbol{e}_z$ 方向，外导体电流 I 为 $-\boldsymbol{e}_z$ 方向。全部

磁链包括 3 部分：内导体中的内磁链 ψ_1、介质中的磁链 ψ_2 和外导体内的磁链 ψ_3，即

$$\psi=\psi_1+\psi_2+\psi_3$$

（1）当 $\rho\leqslant R_1$ 时，电流 I 在内导体内均匀分布，且流向 $+\boldsymbol{e}_z$ 方向，安培回路所交链的电流 $I'=\dfrac{\pi\rho^2}{\pi R_1^2}I=\dfrac{\rho^2}{R_1^2}I$。由安培环路定律得

$$B_{1\phi}=\frac{\mu_0 I\rho}{2\pi R_1^2}$$

穿过由轴向长度 l 宽为 $\mathrm{d}\rho$ 构成的矩形面积元上的磁通元为

$$\mathrm{d}\Phi_1=B_{1\phi}\mathrm{d}S=\frac{\mu_0 I\rho}{2\pi R_1^2}l\,\mathrm{d}\rho$$

此时，与 $\mathrm{d}\Phi_1$ 相交链的电流是 I'，则与 $\mathrm{d}\Phi_1$ 相应的磁链元为

$$\mathrm{d}\psi_1=\frac{I'}{I}\mathrm{d}\Phi_1=\frac{\mu_0 I\rho^3}{2\pi R_1^4}l\,\mathrm{d}\rho$$

内导体中的内磁链为

$$\psi_1=\int\mathrm{d}\psi_1=\int_0^{R_1}\frac{\mu_0 I\rho^3}{2\pi R_1^4}l\,\mathrm{d}\rho=\frac{\mu_0 Il}{8\pi}$$

由此可得内导体的内自感为

$$L_1=\frac{\psi_1}{I}=\frac{\mu_0 l}{8\pi}$$

（2）当 $R_1<\rho\leqslant R_2$ 时，与积分回路交链的电流为 I，该区磁导率为 μ_0，可得

$$B_{2\phi}=\frac{\mu I}{2\pi\rho}$$

介质中的磁链元为

$$\mathrm{d}\psi_2=\frac{\mu_0 Il}{2\pi\rho}\mathrm{d}\rho$$

介质中的磁链为

$$\psi_2=\int\mathrm{d}\psi_2=\int_{R_1}^{R_2}\frac{\mu_0 Il}{2\pi\rho}\mathrm{d}\rho=\frac{\mu_0 Il}{2\pi}\ln\frac{R_2}{R_1}$$

由此可得介质中的自感为

$$L_2=\frac{\psi_2}{I}=\frac{\mu_0 l}{2\pi}\ln\frac{R_2}{R_1}$$

（3）当 $R_2<\rho\leqslant R_3$ 时，考虑到外导体电流均匀分布，可得出与安培回路所交链的电流为

$$I''=I-\left(\frac{\rho^2-R_2^2}{R_3^2-R_2^2}\right)I=\left(\frac{R_3^2-\rho^2}{R_3^2-R_2^2}\right)I$$

则有

$$B_{3\phi}=\frac{\mu_0 I}{2\pi\rho}\left(\frac{R_3^2-\rho^2}{R_3^2-R_2^2}\right)$$

穿过由轴向长度 l 宽为 $d\rho$ 构成的矩形面积元上的磁通元为

$$d\Phi_3 = B_{3\varphi} l\, d\rho$$

与电流 I'' 交链磁链元为

$$d\psi_3 = \frac{I''}{I} d\Phi_3 = \left(\frac{R_3^2-\rho^2}{R_3^2-R_2^2}\right)\frac{\mu_0 Il}{2\pi\rho}\left(\frac{R_3^2-\rho^2}{R_3^2-R_2^2}\right) d\rho$$

外导体内的磁链

$$\begin{aligned}\psi_3 &= \frac{\mu_0 Il}{2\pi}\int_{R_2}^{R_3}\left(\frac{R_3^2-\rho^2}{R_3^2-R_2^2}\right)^2 \frac{1}{\rho} d\rho \\ &= \frac{\mu_0 Il}{2\pi}\left[\left(\frac{R_3^2}{R_3^2-R_2^2}\right)^2 \ln\frac{R_3}{R_2} - \frac{R_3^2}{R_3^2-R_2^2} + \frac{1}{4}\frac{R_3^2+R_2^2}{R_3^2R_2^2}\right]\end{aligned}$$

外导体内的自感为

$$L_3 = \frac{\mu_0 l}{2\pi}\left[\left(\frac{R_3^2}{R_3^2-R_2^2}\right)^2 \ln\frac{R_3}{R_2} - \frac{R_3^2}{R_3^2-R_2^2} + \frac{1}{4}\frac{R_3^2+R_2^2}{R_3^2R^2}\right]$$

(4) 总电感 L 为

$$L = L_1 + L_2 + L_3 = \frac{\mu_0 l}{8\pi} + \frac{\mu_0 l}{2\pi}\ln\frac{R_2}{R_1} + \frac{\mu_0 l}{2\pi}\left[\left(\frac{R^3}{R_3^2-R_2^2}\right)^2 \ln\frac{R_3}{R_2} - \frac{R_3^2}{R_3^2-R_2^2} + \frac{1}{4}\left(\frac{R_3^2+R_2^2}{R_3^2-R_2^2}\right)\right]$$

例 3-11　有一长方形闭合回路与两条输电线同在一平面内，回路的两长边与输电线平行。求输电线与回路之间的互感。

解：两条输电线也可看作两端分别在无限远处闭合的长方形闭合回路，如图 3-25 所示。可设输电线上的电流为 I，求它在长方形回路中产生的磁通。

矩形回路的磁通为

$$\begin{aligned}\Phi = \Phi_m &= \int_a^{a+b} \frac{\mu_0 I}{2\pi r_1} c\, dr_1 - \int_{a+d}^{a+b+d} \frac{\mu_0 I}{2\pi r_2} c\, dr_2 \\ &= \frac{\mu_0 Ic}{2\pi}\ln\frac{a+b}{a} - \frac{\mu_0 Ic}{2\pi}\ln\frac{a+b+d}{a+d} \\ &= \frac{\mu_0 Ic}{2\pi}\ln\frac{(a+b)(a+d)}{a(a+b+d)}\end{aligned}$$

由此得两者互感为

$$M = \frac{\Phi}{I} = \frac{\mu_0 c}{2\pi}\ln\frac{(a+b)(a+d)}{a(a+b+d)}$$

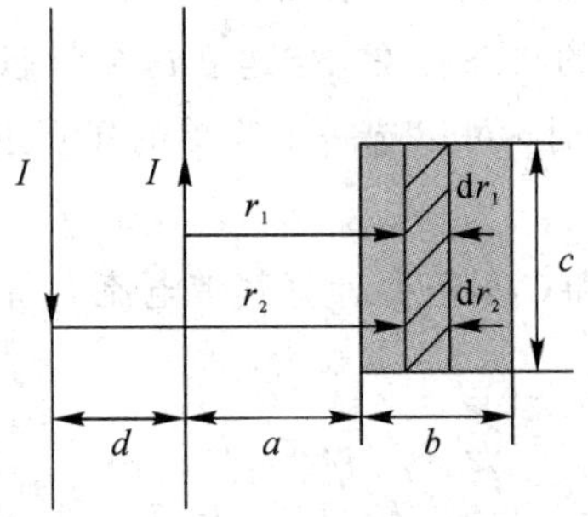

图 3-25　传输线与矩形线圈互感的计算

例 3-12 如图 3-26 所示，两个互相平行且共轴的圆线圈，其中一个圆的半径 a，另一个圆的半径为 b，且 $a \ll d$，半径 b 不受此限制，两者都只有一匝，求两个线圈之间的互感。

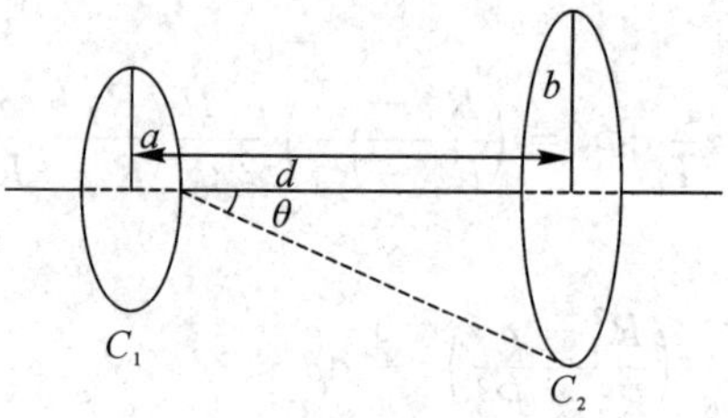

图 3-26 两圆线圈的互感

解：参看图 3-26，一个小圆线圈在远区的矢量磁位 $\boldsymbol{A}_1$ 为

$$\boldsymbol{A}_1 = \boldsymbol{e}_\phi \frac{\mu_0}{4\pi}\left(\frac{\pi a^2 I}{r^2}\right)\sin\theta$$

$\boldsymbol{A}_1$ 在第二个大圆周界的线积分为

$$\begin{aligned}\Phi_{12} &= \oint_{C_2} \boldsymbol{A}_1 \cdot \mathrm{d}\boldsymbol{l}_2 = A_1 2\pi b \\ &= \frac{\mu_0}{4\pi}\left(\frac{\pi a^2 I}{r^2}\right)(\sin\theta) 2\pi b \\ &= \frac{\mu_0 b}{2}\left(\frac{\pi a^2 I}{r^2}\right)\sin\theta\end{aligned}$$

式中 $r = \sqrt{b^2 + d^2}$，$\sin\theta = \dfrac{b}{\sqrt{b^2+d^2}}$，所以

$$M = \frac{\Phi_{12}}{I} = \frac{\mu_0 \pi a^2 b^2}{2(b^2+d^2)^{\frac{3}{2}}}$$

3.8 磁场能量 磁场力

3.8.1 磁场能量

磁场能量与电场能量一样都是势能，它是在建立磁场的过程中由外源提供并储存于磁场的能量。势能只与系统最后的状态有关，与建立这个状态的过程无关，因而在计算一定电流分布状态下的磁场总能量时，可以选一个简单的建立过程，计算这个过程中外源所提供的总能量。

假设有两个电流回路 C_1 和 C_2，若要计算其带电流 I_1 和 I_2 时的总磁场能量，可设 I_1、I_2 的建立过程如下：

时间 t：	$t=0$，$t=t_1$，$t=t_2$
C_1 中电流 i_1：	$i_1=0$，$i_1=I_1$，$i_1=I_1$
C_2 中电流 i_2：	$i_2=0$，$i_2=0$，$i_2=I_2$

磁场总能 W_m：　　$W_m=0$，$W_m=W_1$，$W_m=W_1+W_2$

(1) 先计算 W_1。

W_1 是 $0\sim t_1$ 时间内电源提供的能量。在某 dt 时间内，当 C_1 中电流 i_1 有增量 di_1 时，周围磁场将会改变，使穿过 C_1 和 C_2 回路的磁链有增量 $d\Phi_{11}$ 和 $d\Phi_{12}$，相应地在回路 C_1 和 C_2 中会有感应电动势 $\varepsilon_1=-\dfrac{d\Phi_{11}}{dt}$和 $\varepsilon_2=-\dfrac{d\Phi_{12}}{dt}$。

ε_1 的方向是阻止电流 i_1 增加的，因此要使 C_1 有 di_1 增量，电源要在 C_1 回路中施加电压 $U_1=-\varepsilon_1=\dfrac{d\Phi_{11}}{dt}$，因而提供给 C_1 回路的电能

$$dW_{11}=U_1 i_1 dt=\frac{d\Phi_{11}}{dt}i_1 dt=i_1 d\Phi_{11}$$

同样，要维持 $i_2=0$，电源也要对 C_2 施加电压 $U_2=-\varepsilon_2=\dfrac{d\Phi_{12}}{dt}$，但由于在 $0\sim t_1$ 时间里，i_2 一直维持为 0，因而电源对 C_2 并没有做功，即 $U_2 i_2 dt=U_2\times 0\times dt=0$，于是 W_1 量值为

$$W_1=\int dW_{11}=\int_0^{I_1} i_1 d\Phi_{11}=\int_0^{I_1} i_1 L_{11} di_1=\frac{1}{2}L_{11}I_1^2$$

式中，$L_{11}=\dfrac{\Phi_{11}}{i_1}$，为 C_1 的自感；Φ_{11}、i_1 分别为 $0\sim t_1$ 时间里某 t 时刻的 C_1 中的磁链及电流。

(2) 再计算 W_2。

W_2 为 $t_1\sim t_2$ 时间内电源提供的能量。如上所述，为了维持 di_2，电源要提供 $W_{22}=\dfrac{1}{2}L_{22}I_2^2$，此外，为了维持 $i_1=I_1$，电源还要提供：

$$W_{21}=\int_0^{I_2} U_1 I_1 dt=\int_0^{I_2}\frac{d\Phi_{21}}{dt}I_1 dt=\int_0^{I_2} I_1 M_{21} di_2=M_{21}I_1 I_2$$

式中

$$M_{21}=\frac{\Phi_{21}}{i_2}$$

因此

$$W_2=W_{22}+W_{21}=\frac{1}{2}L_{22}I_2^2+M_{21}I_1 I_2$$

故总的能量为

$$W_m=W_1+W_2=\frac{1}{2}L_{11}I_1^2+M_{21}I_1 I_2+\frac{1}{2}L_{22}I_2^2 \tag{3-64}$$

式中，$\dfrac{1}{2}L_{11}I_1^2$、$\dfrac{1}{2}L_{22}I_2^2$称为回路 C_1、C_2 的自有能量；$M_{12}I_1 I_2$ 称为回路 C_1、C_2 的互有能量。

因为 $M_{12}=M_{21}$，所以 W_m 又可表示为

$$W_m=\frac{1}{2}(L_{11}I_1+M_{12}I_2)I_1+\frac{1}{2}(L_{22}I_2+M_{21}I_1)I_2$$
$$=\frac{1}{2}(\Phi_{11}+\Phi_{12})I_1+\frac{1}{2}(\Phi_{22}+\Phi_{21})I_2$$
$$=\frac{1}{2}\Phi_1 I_1+\frac{1}{2}\Phi_2 I_2$$

即

$$W_m=\frac{1}{2}\sum_{k=1}^{2}\Phi_k I_k \tag{3-65}$$

式中，Φ_1、Φ_2 分别为回路 C_1、C_2 中的磁链(包括自磁链和互磁链)。

将式(3-65)推广到 n 个回路系统，有

$$W_m=\frac{1}{2}\sum_{k=1}^{n}\Phi_k I_k \tag{3-66}$$

根据式(3-66)可以计算出线型电流 n 个回路系统的总磁场能量的量值。但实际上磁场能量并非仅存在于电流或电流所限制的面内，而是分布在磁场所占据的整个空间之中。因此用场矢量 $\boldsymbol{B}$、$\boldsymbol{H}$ 表示磁场能量，能更准确地反映出能量在空间的分布情况。

在式(3-66)中，Φ_k 为第 k 回路交链的总磁链，当回路都是单匝细导线构成时，Φ_k 可用第 k 回路上的矢量磁位 $\boldsymbol{A}_k$ 表示为

$$\Phi_k=\oint_{C_k}\boldsymbol{A}_k\cdot d\boldsymbol{l}_k$$

代入式(3-66)后，得

$$W_m=\frac{1}{2}\sum_{k=1}^{n}\oint_{C_k}\boldsymbol{A}_k\cdot d\boldsymbol{l}_k I_k$$

考虑到 $I_k d\boldsymbol{l}_k$ 是电流元，若更为一般地用体电流分布 $\boldsymbol{J}dV$ 代替 $I_k d\boldsymbol{l}_k$，同时相应地把积分求和的计算 $\sum_{k=1}^{n}\oint_{C_k}$ 换成为对所有电流元的体积 V' 积分，则 W_m 可表示为

$$W_m=\frac{1}{2}\int_{V'}\boldsymbol{A}\cdot\boldsymbol{J}dV' \tag{3-67}$$

根据安培环路定理 $\nabla\times\boldsymbol{H}=\boldsymbol{J}$，式(3-67)变为

$$W_m=\frac{1}{2}\int_{V'}\boldsymbol{A}\cdot(\nabla\times\boldsymbol{H})dV'$$

上式的积分域仍为有电流的 V。因为在 V' 外没有电流，即 $\nabla\times\boldsymbol{H}=\boldsymbol{J}=0$，所以可将上式的积分域由 V 扩充到整个空间 V，并不影响其量值，即

$$W_m=\frac{1}{2}\int_{V}\boldsymbol{A}\cdot(\nabla\times\boldsymbol{H})dV \tag{3-68}$$

再由矢量恒等式 $\nabla\cdot(\boldsymbol{G}\times\boldsymbol{F})=F\cdot(\nabla\times\boldsymbol{G})-\boldsymbol{G}\cdot(\nabla\times\boldsymbol{F})$，得

$$\boldsymbol{A}\cdot(\nabla\times\boldsymbol{H})=\nabla\cdot(\boldsymbol{H}\times\boldsymbol{A})+\boldsymbol{H}\cdot(\nabla\times\boldsymbol{A})$$

代入式(3-68)，并利用散度定理，得

$$W_m=\frac{1}{2}\int_{V}\nabla\cdot(\boldsymbol{H}\times\boldsymbol{A})dV+\frac{1}{2}\int_{V}\boldsymbol{H}\cdot(\nabla\times\boldsymbol{A})dV$$

$$=\frac{1}{2}\oint_S(\boldsymbol{H}\times\boldsymbol{A})\cdot\mathrm{d}S+\frac{1}{2}\int_V\boldsymbol{H}\cdot\boldsymbol{B}\mathrm{d}V$$

其中 V 为整个空间，可令 V 的包络面 S 的半径 $r\to\infty$。对于分布在有限区域的电流产生的磁场，在远离源的 S 面上，有 $H\propto r^{-2}$，$A\propto r^{-1}$ 及面积 $S\propto r^2$。因而上式第一项积分值将正比于 r^{-1} 而趋于 0，于是

$$W_m=\frac{1}{2}\int_V\boldsymbol{H}\cdot\boldsymbol{B}\mathrm{d}V \tag{3-69}$$

W_m 的单位为 J/m²（焦耳每平方米）。由此看来，场量 $\boldsymbol{B}$、$\boldsymbol{H}$ 不为 0 处都有磁场能量存在，并且它的体密度为

$$w_m=\frac{1}{2}\boldsymbol{H}\cdot\boldsymbol{B} \tag{3-70}$$

式(3-66)和式(3-69)都是计算能量的普遍公式。反映能量 W_m 和电感之间关系的式(3-64)还常用来计算电感。

3.8.2　磁场力

在简单问题中，磁场对场中的电流及运动电荷的作用力用安培力或洛仑兹力公式计算。但是我们希望与静电力的计算相类似，用磁场能量的空间变化率来计算磁场力。

我们可分磁链不变和电流不变的两种条件下计算磁场力。

(1) 若两个回路的磁链不变，即 ψ_1 和 ψ_2 是常数。由于回路 C_1 位移，两个回路中电流必定发生改变，才能维持两个回路的磁链不变。又由于两个回路中没有感应电动势，故与回路相连的电源不对回路输入能量（假定导线的焦耳热损耗可以忽略），所以回路 C_1 位移所需的机械功只有靠磁场能量减少来完成，即

$$\boldsymbol{F}=-\nabla W_m\big|_{\psi=常数} \tag{3-71}$$

(2) 若两个回路电流不改变，即 I_1 和 I_2 为常数。由于回路 C_1 位移，两个回路的磁链要发生变化，两个回路都有感应电动势，这时电源必然要做功来克服感应电动势以保持电流 I_1 和 I_2 不变。电源作功为 $I_1\Delta\psi_1+I_2\Delta\psi_2=2\Delta W_m$，即电源输入能量的一半用于增加磁场储能，另一半用于回路 C_1 位移所需的机械功，即

$$\boldsymbol{F}=\nabla W_m\big|_{I=常数} \tag{3-72}$$

因两个回路的能量为

$$W_m=\frac{1}{2}L_1I_1^2+\frac{1}{2}L_2I_2^2+MI_1I_2$$

上式代入式(3-72)中，得

$$\boldsymbol{F}=\nabla W_m=I_1I_2\nabla M \tag{3-73}$$

式(3-73)表明，在 I_1、I_2 不变的情况下，磁场能量的改变（即磁场力）仅是由于互感 M 的改变引起的。

必须指出，上面假设的 ψ 不变和 I 不变是在一个回路发生位移下的两种假定情形，无论假设 ψ 不变，还是假设 I 不变，求出的磁场力应该是相同的。而且对于不止两个回路的情形，其中任一个回路的受力都同样可以按式(3-71)和式(3-72)计算。

例 3-13 如图 3-27 所示，同轴线内导体半径为 a，外导体内半径为 b，外导体外半径为 c，内导体和外导体分别通有等大反向的电流 I，求无限长同轴线单位长度内的磁场能量。

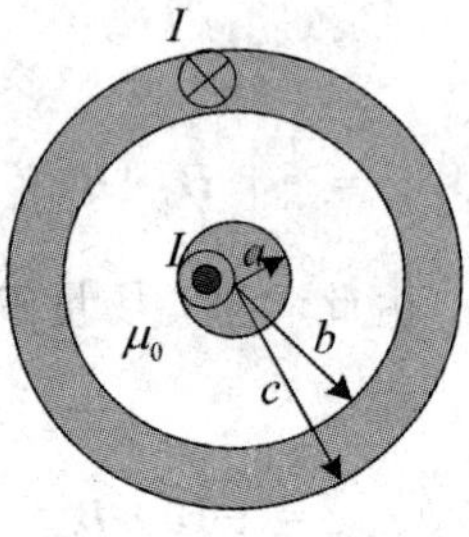

图 3-27 无限长同轴线截面图

解：先求磁场，其中 $\rho\leqslant a$ 及 $a<\rho\leqslant b$ 两个区域的磁场求解过程与例 3-7 中的相同，它们分别为

$$\boldsymbol{H}_1=\boldsymbol{e}_\phi \frac{J}{2}\rho=\boldsymbol{e}_\phi \frac{I}{2\pi a^2}\rho \quad 0<\rho\leqslant a$$

$$\boldsymbol{H}_2=\boldsymbol{e}_\phi \frac{I}{2\pi\rho} \qquad a<\rho\leqslant b$$

而 $b<\rho\leqslant c$ 区域的场，也可用基本方程 $\oint_l \boldsymbol{H}_1\cdot \mathrm{d}\boldsymbol{l}=I'$ 求出：

$$2\pi\rho H_3=I-I\left(\frac{\rho^2-b^2}{c^2-b^2}\right) \quad b<\rho\leqslant c$$

于是在三个区域的单位长度内的磁场能量分别为

$$W_{\mathrm{m1}}=\frac{1}{2}\mu_0\int_0^a H_1^2 2\pi\rho\,\mathrm{d}\rho=\frac{1}{2}\mu_0\int_0^a\left(\frac{I\rho}{2\pi a^2}\right)^2 2\pi\rho d\rho=\frac{\mu_0 I^2}{16\pi}$$

$$W_{\mathrm{m2}}=\frac{1}{2}\mu_0\int_a^b\left(\frac{I}{2\pi\rho}\right)^2 2\pi\rho\,\mathrm{d}\rho=\frac{\mu_0 I^2}{4\pi}\ln\frac{b}{a}$$

$$W_{\mathrm{m3}}=\frac{1}{2}\mu_0\int_b^c\left(\frac{I}{2\pi\rho}\right)^2\left(\frac{c^2-\rho^2}{c^2-b^2}\right)^2 2\pi\rho\,\mathrm{d}\rho=\frac{\mu_0 I^2}{4\pi}\left[\frac{c^4}{(c^2-b^2)^2}\ln\frac{c}{b}-\frac{3c^2-b^2}{4(c^2-b^2)}\right]$$

总磁场能量为

$$W_{\mathrm{m}}=W_{\mathrm{m1}}+W_{\mathrm{m2}}+W_{\mathrm{m3}}=\frac{\mu_0 I^2}{16\pi}+\frac{\mu_0 I^2}{4\pi}\ln\frac{b}{a}+\frac{\mu_0 I^2}{4\pi}\left[\frac{c^4}{(c^2-b^2)^2}\ln\frac{c}{b}-\frac{3c^2-b^2}{4(c^2-b^2)}\right]$$

3.9 恒定磁场的应用

霍尔效应是霍尔 24 岁时在美国霍普金斯大学上研究生期间，研究关于载流导体在磁场中的受力性质时发现的一种现象。

所谓霍尔效应，是在长方体导体薄板上通以恒定电流 I，沿着电流垂直方向上施加磁场，会使得导体中的电子与正电荷受到不同方向的洛伦兹力而往不同方向上聚集，在聚集起来的电子与正电荷之间会产生电场，此一电场将会使后来的电子和正电荷受到电力作用而抵消掉磁场造成的洛伦兹力，使得后来的电子能顺利通过，正负电荷在与电流和磁场垂直的方向上产生电势差，这种现象称为霍尔效应，所产生的电势差称为霍尔电压。

后来人们发现半导体、导电流体等也有这种效应，而半导体的霍尔效应比金属强得多，利用这现象制成的各种霍尔元件，广泛地应用于工业自动化技术、检测技术及信息处理等方面。霍尔效应是研究半导体材料性能的基本方法。通过霍尔效应实验测定的霍尔系数，能够判断半导体材料的导电类型、载流子浓度及载流子迁移率等重要参数。流体中的霍尔效应是研究"磁流体发电"的理论基础。

迄今为止，已在汽车上广泛应用的霍尔器件有：在分电器上作信号传感器、ABS 系统中的速度传感器、汽车速度表和里程表、液体物理量检测器、各种用电负载的电流检测及工作状态诊断、发动机转速及曲轴角度传感器、各种开关，等等。例如汽车点火系统，设计者将霍尔传感器放在分电器内取代机械断电器，用作点火脉冲发生器。这种霍尔式点火脉冲发生器随着转速变化的磁场在带电的半导体层内产生脉冲电压，控制电控单元(ECU)的初级电流。相对于机械断电器而言，霍尔式点火脉冲发生器无磨损免维护，能够适应恶劣的工作环境，还能精确地控制点火正时，能够较大幅度提高发动机的性能，具有明显的优势。用作汽车开关电路上的功率霍尔电路，具有抑制电磁干扰的作用。

本章小结

1. 恒定磁场的基本方程

（1）磁通连续性方程：

$$\oint_S \boldsymbol{B}\cdot \mathrm{d}\boldsymbol{S}=0,\ \nabla\cdot \boldsymbol{B}=0$$

（2）安培环路方程：

$$\oint_C \boldsymbol{H}\cdot \mathrm{d}\boldsymbol{l}=I,\ \nabla\times \boldsymbol{H}=\boldsymbol{J}$$

恒定磁场是非保守场。

2. 磁感应强度与矢量磁位

利用方程$\nabla\cdot\boldsymbol{B}=0$，在磁场中引入矢量磁位 $\boldsymbol{A}$，其定义为$\nabla\times\boldsymbol{A}=\boldsymbol{B}$，矢量磁位的微分方程为

$$\nabla^2\boldsymbol{A}=-\mu_0\boldsymbol{J}$$

$$\nabla^2\boldsymbol{A}=0(\boldsymbol{J}=0)$$

（1）线电流 I

$$\boldsymbol{B}=\frac{\mu_0}{4\pi}\oint_C \frac{I\mathrm{d}\boldsymbol{l}\times\boldsymbol{e}_R}{R^2},\quad \boldsymbol{A}=\frac{\mu_0}{4\pi}\int_C \frac{I\mathrm{d}\boldsymbol{l}}{R}$$

（2）面电流分布 $\boldsymbol{J}_S$

$$\boldsymbol{B}=\frac{\mu_0}{4\pi}\oint_S \frac{\boldsymbol{J}_S\times\boldsymbol{e}_R}{R^2}\mathrm{d}S,\quad \boldsymbol{A}=\frac{\mu_0}{4\pi}\int_S \frac{\boldsymbol{J}_S\mathrm{d}S}{R}$$

(3) 体电流分布 $\boldsymbol{J}$

$$\boldsymbol{B}=\frac{\mu_0}{4\pi}\oint_V \frac{\boldsymbol{J}\times\boldsymbol{e}_R}{R^2}\mathrm{d}V,\quad \boldsymbol{A}=\frac{\mu_0}{4\pi}\int_V \frac{\boldsymbol{J}\mathrm{d}V}{R}$$

通过矢量位 $\boldsymbol{A}$ 求解 $\boldsymbol{B}=\nabla\times\boldsymbol{A}$，要比直接计算 $\boldsymbol{B}$ 简单。

3. 物质的磁化

(1) 导磁媒质的磁化程度可用磁化强度 $\boldsymbol{M}$ 表示为

$$\boldsymbol{M}=\lim_{\Delta V\to 0}\frac{\sum \boldsymbol{p}_{\mathrm{m}}}{\Delta V}$$

(2) 导磁媒质磁化后对磁场的作用，可用等效的磁化电流代替导磁媒质的存在。体磁化电流与面磁化电流和磁化强度的关系为

$$\boldsymbol{J}_{\mathrm{m}}=\nabla\times\boldsymbol{M},\ \boldsymbol{J}_{\mathrm{m}S}=\boldsymbol{M}\times\boldsymbol{e}_n$$

4. 不同磁介质分界面上的边界条件

(1) $\boldsymbol{e}_n\cdot(\boldsymbol{B}_1-\boldsymbol{B}_2)=0$，即 $B_{1\mathrm{n}}=B_{2\mathrm{n}}$

(2) 当 $\boldsymbol{J}_S\neq 0$ 时，$\boldsymbol{e}_n\times(\boldsymbol{H}_1-\boldsymbol{H}_2)=\boldsymbol{J}_S$；当 $\boldsymbol{J}_S=0$ 时，$\boldsymbol{e}_n\times(\boldsymbol{H}_1-\boldsymbol{H}_2)=0$，即 $H_{1\mathrm{t}}=H_{2\mathrm{t}}$

5. 磁介质的本构关系

$$\boldsymbol{H}=\frac{\boldsymbol{B}}{\mu_0}-\boldsymbol{M},\ \boldsymbol{B}=\mu_0(\boldsymbol{H}+\boldsymbol{M})=\mu_0 N_{\mathrm{r}}\boldsymbol{H}=\mu\boldsymbol{H}$$

6. 自感与互感

线性媒质中，回路的磁链和引起这个磁链的电流成正比，其比值称为电感。电感有自感和互感之分，它们的定义为

自感：$L_{11}=\dfrac{\psi_{11}}{I_1}$　　互感：$M_{12}=\dfrac{\psi_{12}}{I_2}$

7. 磁场能量　磁场力

(1) 磁场能量：

磁能用场变量表示时为

$$W_{\mathrm{m}}=\frac{1}{2}\int_V \boldsymbol{H}\cdot\boldsymbol{B}\,\mathrm{d}V$$

磁能体密度为

$$w_{\mathrm{m}}=\frac{1}{2}\boldsymbol{H}\cdot\boldsymbol{B}=\frac{1}{2}\mu H^2$$

(2) 磁场力：

用安培力计算：

$$\boldsymbol{F}=\int_C I\,\mathrm{d}\boldsymbol{l}\times\boldsymbol{B}$$

用虚位移法计算(磁能量的空间变化率)：

$$\boldsymbol{F}=-\nabla W_{\mathrm{m}}\big|_{\psi=\text{常数}},\ \boldsymbol{F}=\nabla W_{\mathrm{m}}\big|_{I=\text{常数}}$$

思考题 3

3-1　简述安培环路定理，并说明在什么条件下可用该定律求解给定电流分布的磁感应强度。

3-2　简述磁场与磁介质相互作用的物理现象。

3-3　磁化强度是如何定义的？磁化电流密度与磁化强度有什么关系？

3-4　什么是自感与互感？

3-5　当已知电流分布时，如何计算磁场能量和磁场力？

习　题　3

3-1　分别求题 3-1 图所示各种形状的线电流 I 在 P 点产生的磁感应强度(媒质为真空)。

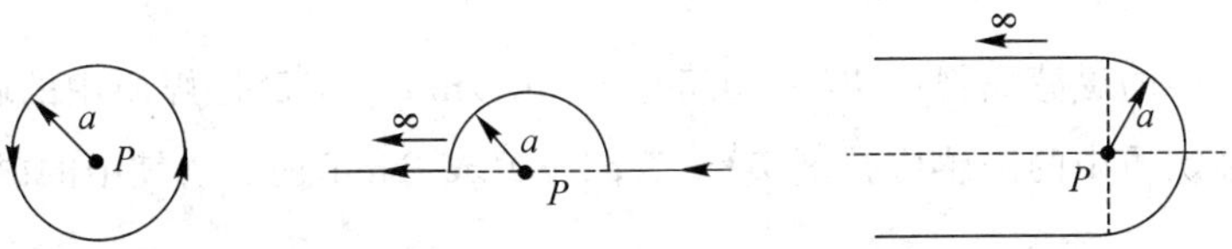

题 3-1 图

3-2　下面矢量函数中，哪些是磁场的矢量？如果是磁场矢量，求出下列 $\boldsymbol{B}$ 相应的电流密度：

(1) $\boldsymbol{B}=-ky\boldsymbol{e}_x+kx\boldsymbol{e}_y$；

(2) $\boldsymbol{B}=kx\boldsymbol{e}_x-ky\boldsymbol{e}_y$；

(3) $\boldsymbol{B}=k\rho\boldsymbol{e}_\rho$；

(4) $\boldsymbol{B}=k\phi\boldsymbol{e}_\theta$。

3-3　一某直电流在空间产生的矢量磁位是

$$\boldsymbol{A}=x^2y\boldsymbol{e}_x+xy^2\boldsymbol{e}_y-(4xyz+1)\boldsymbol{e}_z$$

求磁感应强度 $\boldsymbol{B}$。

3-4　一个圆柱形导体，半径 ρ 为 10^{-2} m，其内部磁场为 $\boldsymbol{H}=4.77\times10^4\left(\frac{\boldsymbol{\rho}}{2}-\frac{\boldsymbol{\rho}^2}{3\times10^{-2}}\right)\boldsymbol{e}_\phi$，求导体回路中的总电流。

3-5　一个正 n 边形(边长为 a)线圈中通过的电流为 I，试证此线圈中心的磁感应强度为

$$B=\frac{n\mu_0 I}{2\pi a}\tan\frac{\pi}{n}$$

3-6 已知宽度为 w 的带形电流的面密度 $\boldsymbol{J}_S=\boldsymbol{e}_x J_S$，位于 $z=0$ 平面内，如题 3-6 图所示。试求 $P(0,\ 0,\ d)$ 处的磁感应强度。

3-7 已知电流环半径为 a，电流为 I，电流环位于 $z=0$ 平面，如题 3-7 图所示，试求 $P(0,\ 0,\ h)$ 处的磁场感应强度。

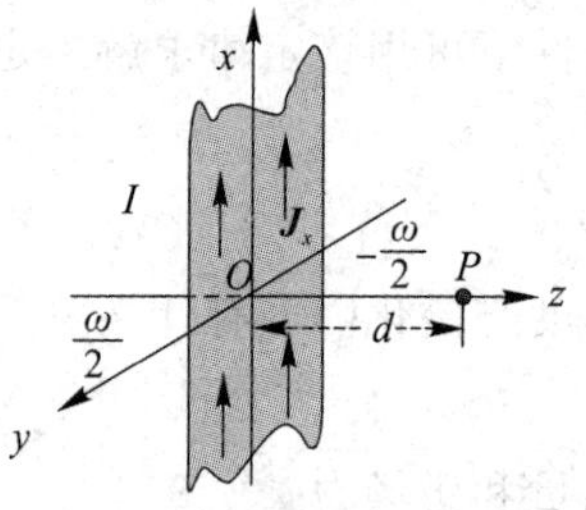

题 3-6 图

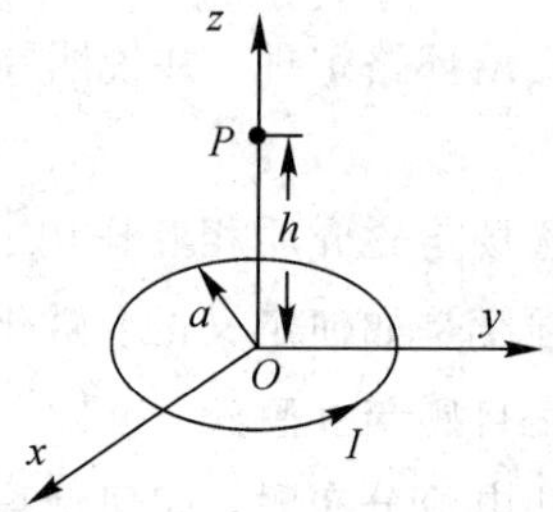

题 3-7 图

3-8 若无限长的半径为 a 的圆柱体中电流密度分布函数 $\boldsymbol{J}=\boldsymbol{e}_z(\rho^2+4\rho)$，$\rho\leqslant a$，试求圆柱内外的磁感应强度。

3-9 已知空间 $y<0$ 区域为磁性媒质，其相对磁导率 $\mu_r=5000$，$y>0$ 区域为空气。试求：

(1) 当空气中的磁感应强度 $\boldsymbol{B}_0=(0.5\boldsymbol{e}_x-10\boldsymbol{e}_y)$ mT 时，磁性媒质中的磁感应强度 $\boldsymbol{B}$；

(2) 当磁性媒质中的磁感应强度 $\boldsymbol{B}=(10\boldsymbol{e}_x+0.5\boldsymbol{e}_y)$ mT 时，空气中的磁感应强度 $\boldsymbol{B}_0$。

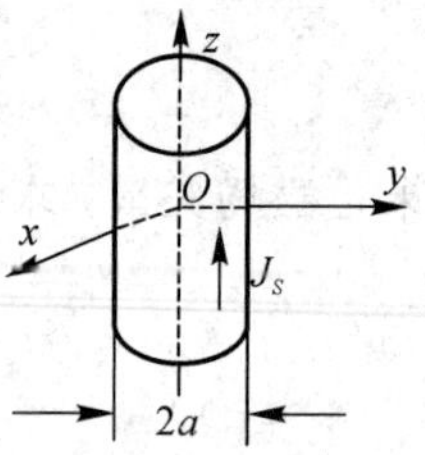

题 3-8 图

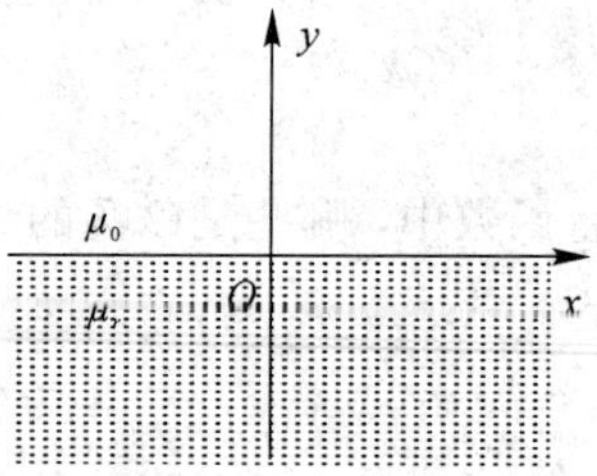

题 3-9 图

3-10 如题 3-10 图，已知位于 $y=0$ 平面内的表面电流 $\boldsymbol{J}_S=\boldsymbol{e}_z J_{S0}$，试证磁感应强度 $\boldsymbol{B}$ 为

$$\boldsymbol{B}=\begin{cases}-\boldsymbol{e}_x\dfrac{\mu_0 J_{S0}}{2} & y>0\\[2ex] \boldsymbol{e}_x\dfrac{\mu_0 J_{S0}}{2} & y<0\end{cases}$$

3-11 无线长直线电流 I 垂直于磁导率分别为 μ_1 和 μ_2 的两种磁介质的交界面，如题 3-11 图所示。试求：

(1) 磁介质交界面上磁感应强度满足的方程；

(2) 两种媒质中的磁感应强度 $\boldsymbol{B}_1$ 和 $\boldsymbol{B}_2$。

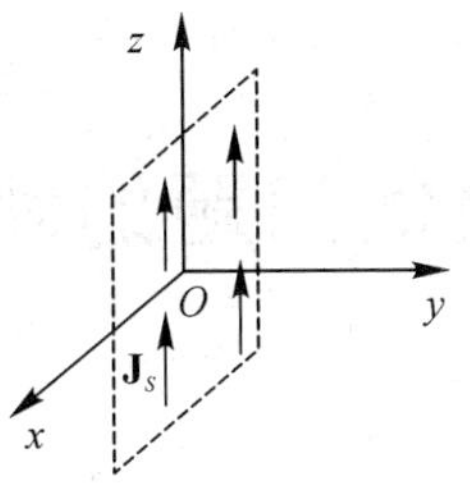

题 3-10 图

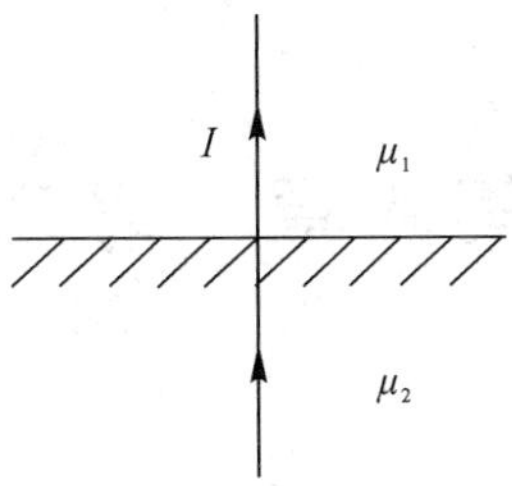

题 3-11 图

3-12　通过电流密度为 $\boldsymbol{J}$ 的均匀电流的长圆柱导体中有一平行的圆柱形空腔，如题 3-12 图所示为 xOy 平面内的截面图，空型腔体的内半径分别为 a 和 b。计算各部分的磁感应强度 $\boldsymbol{B}(\rho)$，并证明磁场内的空腔是均匀的。

3-13　如题 3-13 图所示，无限长直线电流 I 垂直于磁导率分别为 μ_1 和 μ_2 的两种磁介质的分界面，试求：

(1) 两种磁介质中的磁感应强度 $\boldsymbol{B}_1$ 和 $\boldsymbol{B}_2$；

(2) 磁化电流 I_m。

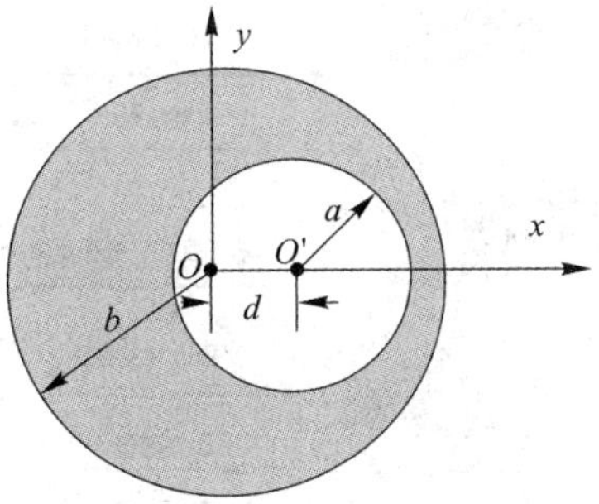

题 3-12 图

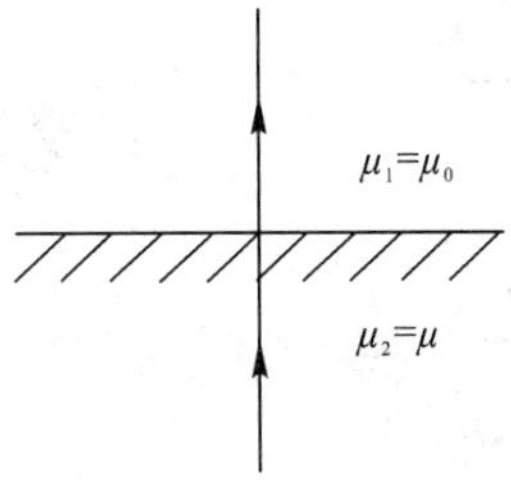

题 3-13 图

3-14　如题 3-14 图所示的长螺管，单位长度内有 n 匝线圈，通过电流 I，铁芯的磁导率为 μ，截面积为 S，求作用在它上面的磁力。

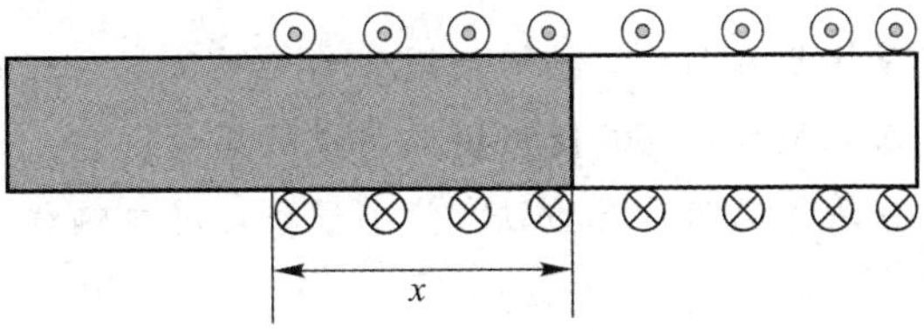

题 3-14 图

3-15　证明：在边界上矢量磁位 $\mathbf{A}$ 的切向分量是连续的。

第 4 章　静态场边值问题的解

静态场问题通常分为两大类：一类是已知场源(电荷，电流)分布，直接通过场的积分公式来计算任意点的场分布和电位，这类问题称为分布型问题；另一类是已知空间某给定区域的场源分布和该区域边界面上的位函数(或其方向导数)，求场域内的场分布，这类问题称为边值问题。

求解分布型问题的空间电场、磁场可以化为求解给定边界条件下位函数的拉普拉斯方程或泊松方程，即求解边值问题。拉普拉斯方程是一个二阶偏微分方程，可以用解析法、实验模拟法和图解法来求解。本章主要内容思维导图如下：

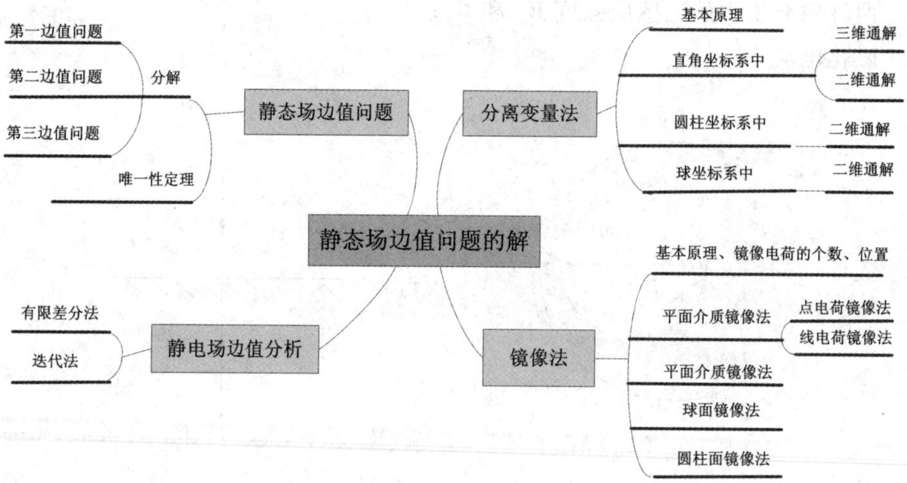

学 习 目 标

· 通过学习分离变量法基本原理，能够使用分离变量法求解一些典型问题。

· 通过学习镜像法基本原理，能够使用镜像法求解场量。

· 通过学习有限差分法等数值计算方法，能够通过计算机编程实现简单的静态场边值问题的求解。

4.1　静态场的边值问题

静态场问题中有一类极为重要的问题，即静态场的边值问题。如果已知场量在场域边界上的值，求场域内的场分布，则称为边值问题。

静态场边值问题的解法可以分为解析法和数值法两大类。解析法给出的结果是场量的解析表示式，本章主要介绍分离变量法和镜像法。数值法则是通过数值计算，给出场量的一组离散数据，本章主要介绍有限差分法。随着电子计算机技术的发展和广泛应用，数值法获得了极大的发展，其应用前景十分广阔。

4.1.1　边值问题的分类

静态场的基本方程表明，在静态场情况下，电场可用一个标量电位来描述，磁场可用一个矢量磁位来描述。在无源($\boldsymbol{J}=0$)的区域内，磁场也可用一个标量磁位来描述。在均匀媒质中，位函数满足泊松方程或拉普拉斯方程。同时，在场域的边界面上位函数还应满足一定的边界条件。位函数方程和位函数的边界条件一起构成位函数的边值问题。因此，静态场问题的求解，都可归结为在给定的边界条件下求解位函数的泊松方程或拉普拉斯方程。位函数方程是偏微分方程，位函数的边界条件保证了方程的解是唯一的。从数学本质上看，位函数的边值问题就是偏微分方程的定解问题。

在场域 V 的边界面 S 上给定的边界条件有以下三种类型，相应地把边值问题分为三类：

(1) 第一类边界条件是已知电位函数在场域边界面 S 上各点的值，即给定

$$\varphi|_S=f_1(S)$$

这类问题称为第一类边值问题或狄里赫利问题。

(2) 第二类边界条件是已知电位函数在场域边界面 S 上各点的法向导数值，即给定

$$\left.\frac{\partial\varphi}{\partial n}\right|_S=f_2(S)$$

这类问题称为第二类边值问题或纽曼问题。

(3) 第三类边界条件是已知一部分边界面 S_1 上电位函数的值，而在另一部分边界面 S_2 上已知位函数的法向导数值，即给定

$$\varphi|_{S_1}=f_1(S_1),\ \left.\frac{\partial\varphi}{\partial n}\right|_{S_2}=f_2(S_2)$$

这里 $S_1+S_2=S$。这类问题称为第三类边值问题或混合边值问题。

如果场域延伸到无限远处，还必须给出无限远处的边界条件。对于源分布在有限区域的情况，在无限远处的电位函数应为有限值，即给出

$$\lim_{r\to\infty}r\varphi=\text{有限值}$$

称之为自然边界条件。

此外，若在整个场域内同时存在几种不同的均匀介质，则电位函数还应满足不同介质分界面上的边界条件。

4.1.2　唯一性定理

唯一性定理是边值问题的一个重要定理，表述为：在场域 V 的边界面 S 上给定 φ 或 $\dfrac{\partial\varphi}{\partial n}$ 的值，则泊松方程或拉普拉斯方程在场域 V 内具有唯一解。

下面采用反证法对唯一性定理做出证明。

设在边界面 S 包围的场域 V 内有两个位函数 φ_1 和 φ_2 都满足泊松方程，即

$$\nabla^2 \varphi_1 = -\frac{1}{\varepsilon}\rho$$

$$\nabla^2 \varphi_2 = -\frac{1}{\varepsilon}\rho$$

令 $\varphi_0=\varphi_1-\varphi_2$，则在场域 V 内，有

$$\nabla^2 \varphi_0 = \nabla^2 \varphi_1 - \nabla^2 \varphi_2 = -\frac{1}{\varepsilon}\rho + \frac{1}{\varepsilon}\rho = 0$$

由于

$$\nabla \cdot (\varphi_0 \nabla \varphi_0) = \varphi_0 \nabla^2 \varphi_0 + (\nabla \varphi_0)^2 = (\nabla \varphi_0)^2$$

将上式在整个场域 V 上积分并利用散度定理，有

$$\oint_S \varphi_0 \nabla \varphi_0 \cdot d\boldsymbol{S} = \int_V (\nabla \varphi_0)^2 dV \qquad (4-1)$$

对于第一类边值问题，在整个边界面 S 上都有 $\varphi_0|_S=\varphi_1|_S-\varphi_2|_S=0$；对于第二类边值问题，在整个边界面 S 上都有 $\left.\frac{\partial \varphi_0}{\partial n}\right|_S=\left.\frac{\partial \varphi_1}{\partial n}\right|_S-\left.\frac{\partial \varphi_2}{\partial n}\right|_S=0$；对于第三类边值问题，在边界面 S_1 部分上有 $\varphi_0|_{S_1}=\varphi_1|_{S_1}-\varphi_2|_{S_1}=0$，在边界面 S_2 部分上有 $\left.\frac{\partial \varphi_0}{\partial n}\right|_{S_2}=\left.\frac{\partial \varphi_1}{\partial n}\right|_{S_2}-\left.\frac{\partial \varphi_2}{\partial n}\right|_{S_2}=0$。因此无论是哪一类边值问题，由式(4-1)都将得到

$$\int_V (\nabla \varphi_0)^2 dV = \oint_S \varphi_0 \frac{\partial \varphi_0}{\partial n} dS = 0$$

由于 $(\nabla \varphi_0)^2$ 是非负的，要使上式成立，必须在场域 V 内处处有 $\nabla \varphi_0=0$。这表明在整个场域 V 内 φ_0 恒为常数，即

$$\varphi_0 = \varphi_1 - \varphi_2 = C\ (C\ 为常数)$$

对于第一类边值问题，由于在边界面 S 上 $\varphi_0|_S=0$，因此 $C=0$。故在整个场域 V 内有 $\varphi_0=\varphi_1-\varphi_2=0$，即 $\varphi_1=\varphi_2$。

对于第二类边值问题，若 φ_1 与 φ_2 取同一个参考点，则在参考点处 $\varphi_1-\varphi_2=0$，所以 $C=0$。故在整个场域 V 内也有 $\varphi_1=\varphi_2$。

对于第三类边值问题，由于 $\varphi_0|_{S_1}=\varphi_1|_{S_1}-\varphi_2|_{S_1}=0$，因此 $C=0$。故在整个场域 V 内也有 $\varphi_1=\varphi_2$。

综上，唯一性定理得以证明。

唯一性定理具有非常重要的意义。

首先，它指出了静态场边值问题具有唯一解的充分必要条件，只要在边界面 S 上的每一点给定电位函数 φ 的值或法向导数 $\frac{\partial \varphi}{\partial n}$ 的值，则场域 V 内的电位函数就唯一确定了。因此，如果给定了边界面 S 上的电位函数 φ 的值，就不能同时再给定法向导数 $\frac{\partial \varphi}{\partial n}$ 的值，否则就可能没有解存在，反之亦然。

其次，唯一性定理也为静态场边值问题的各种求解方法提供了理论依据，为求解结果的正确性提供了判断依据。根据唯一性定理，在求解边值问题时，无论采用什么方法，只要求出的位函数既满足相应的泊松方程(或拉普拉斯方程)，又满足给定的边界条件，则此函数就是所要求的唯一正确解。

4.2 分离变量法

分离变量法是数理方程中应用最广泛的一种方法。它首先要求给定边界与一个适当坐标系的坐标面相重合，或分段重合；其次在此坐标系中，待求偏微分方程的解可表示为三个函数的乘积，每个函数仅是一个坐标的函数。这样，通过分离变量法将偏微分方程化为常微分方程进行求解。以下主要介绍在三种坐标系中的分离变量法。

4.2.1 直角坐标系中的分离变量法

在直角坐标系中，电位函数的拉普拉斯方程为

$$\frac{\partial^2 \varphi}{\partial x^2}+\frac{\partial^2 \varphi}{\partial y^2}+\frac{\partial^2 \varphi}{\partial z^2}=0 \tag{4-2}$$

设 φ 可表示为三个函数的乘积，即

$$\varphi(x, y, z)=f(x)g(y)h(z)$$

其中 f、g 和 h 分别仅是 x、y 和 z 的函数，将上式代入式(4－2)，得到

$$g(y)h(z)f''(x)+h(z)f(x)g''(y)+f(x)g(y)h''(z)=0$$

其中 $f''(x)=\frac{\mathrm{d}^2 f}{\mathrm{d}x^2}$，$g''(y)=\frac{\mathrm{d}^2 g}{\mathrm{d}y^2}$和 $h''(z)=\frac{\mathrm{d}^2 h}{\mathrm{d}z^2}$。用 $f(x)g(y)h(z)$除上式，可得

$$\frac{f''(x)}{f(x)}+\frac{g''(y)}{g(y)}+\frac{h''(z)}{h(z)}=0 \tag{4-3}$$

以上方程的第一项只是 x 的函数，第二项只是 y 的函数，第三项只是 z 的函数，要使这一方程对任一组(x, y, z)成立，这三项必须分别为常数，即

$$\frac{f''(x)}{f(x)}=-k_x^2 \tag{4-4}$$

$$\frac{g''(y)}{g(y)}=-k_y^2 \tag{4-5}$$

$$\frac{h''(z)}{h(z)}=-k_z^2 \tag{4-6}$$

这样，把偏微分方程式(4－2)化为三个常微分方程。其中 k_x、k_y 和 k_z 称为分离常数，都是待定常数，与边界条件有关。它们可以是实数，也可是虚数，且由式(4－3)可得

$$k_x^2+k_y^2+k_z^2=0 \tag{4-7}$$

由式(4－7)可知，三个待定常数中只有两个是独立的，且它们不能全为实数，也不能全为虚数。如：有两个取实数时，第三个必取虚数。若其中一个为零值，则剩下两个中必定一个是实数，另一个是虚数。以上三个常微分方程即式(4－4)、式(4－5)和式(4－6)解的具体形式，与边界条件有关(即与常数 k_x、k_y 和 k_z 有关)。下面以式(4－4)为例说明 $f(x)$的形式与 k_x 的关系。

(1) 当 k_x 为实数时，$k_x^2>0$，则

$$f(x)=A\sin(k_x x)+B\cos(k_x x)$$

(2) 当 k_x 为虚数时，$k_x^2<0$，令 $k_x=\mathrm{j}a_x$(a_x 为正实数)，则

$$f(x)=A\sinh(a_x x)+B\cosh(a_x x)$$

或

$$f(x)=A'e^{\alpha_x x}+B'e^{-\alpha_x x}$$

(3) 当 $k_x^2=0$ 时，则

$$f(x)=A_0x+B_0$$

以上的 A、B、A'、B'、A_0 和 B_0 称为积分常数，也由边界条件决定。

在用分离变量法求解静态场的边值问题时，常需要根据边界条件来确定分离常数是实数、虚数或零。若在某一个方向(如 x 方向)的边界条件是周期的，则该方向的解要选三角函数；若在某一个方向的边界条件是非周期的，则该方向的解要选双曲函数或指数函数，在有限区域选双曲函数，无限区域选指数衰减函数；若位函数与某一坐标无关，则沿该方向的分离常数为零，其解为常数。

$g(y)$和 $h(z)$的求解与 $f(x)$类似。

综上便可求出拉普拉斯方程的通解为

$$\varphi=f(x)g(y)h(z)$$

再根据给定的边界条件，通过确定系数和取舍函数，便可得到位函数的准确解。

考虑二维场中，位函数可看成是 x，y 的函数，而与变量 z 无关，此时拉普拉斯方程为

$$\frac{\partial^2\varphi}{\partial x^2}+\frac{\partial^2\varphi}{\partial y^2}=0 \tag{4-8}$$

将 $\varphi(x, y)$表示为两个一维函数 $f(x)$和 $g(y)$的乘积，即

$$\varphi(x, y)=f(x)g(y)$$

将其代入式(4-8)，有

$$g(y)f''(x)+f(x)g''(y)=0$$

用 $f(x)g(y)$除上式各项，得

$$\frac{f''(x)}{f(x)}=-\frac{g''(y)}{g(y)}$$

要使这一方程对任一组(x, y)成立，式中每一项都必须为常数，设此常数为$-k^2$，即

$$\frac{f''(x)}{f(x)}=-\frac{g''(y)}{g(y)}=-k^2 \tag{4-9}$$

这样就把二维拉普拉斯方程分离成了两个常微分方程。根据 k 的取值不同，上式的解也有不同的形式。

当 $k=0$ 时，方程(4-9)的解为

$$f(x)=A_0x+B_0$$
$$g(y)=C_0y+D_0$$

于是有

$$\varphi(x, y)=f(x)g(y)=(A_0x+B_0)(C_0y+D_0) \tag{4-10}$$

当 $k\neq 0$ 时，方程(4-9)的解为

$$f(x)=A\sin(kx)+B\cos(kx)$$
$$g(y)=C\sinh(ky)+D\cosh(ky)$$

于是有

$$\varphi(x, y)=[A\sin(kx)+B\cos(kx)][C\sinh(ky)+D\cosh(ky)] \tag{4-11}$$

由于拉普拉斯方程(4-8)是线性的，因此式(4-10)和式(4-11)的线性组合也是方程

(4-8)的解。在求解边值问题时，为了满足给定的边界条件，分离常数 k 通常是一系列特定的值 $k_n(n=1, 2, \cdots)$，而待求电位函数 $\varphi(x, y)$ 则由所有可能的解的线性组合构成，称为电位函数的通解，即直角坐标系中，二维场的电位 $\varphi(x, y)$ 的通解为

$$\varphi(x, y)=(A_0x+B_0)(C_0y+D_0)+\sum_{n=1}^{\infty}[A_n\sin(k_nx)+B_n\cos(k_nx)][C_n\sinh(k_ny)+D_n\cosh(k_ny)] \tag{4-12}$$

若将式(4-9)中的 k^2 换位 $-k^2$，则可得到另一形式的通解为

$$\varphi(x, y)=(A_0x+B_0)(C_0y+D_0)+\sum_{n=1}^{\infty}[A_n\sinh(k_nx)+B_n\cosh(k_nx)][C_n\sin(k_ny)+D_n\cos(k_ny)] \tag{4-13}$$

通解中的分离常数的选取和待定系数均由给定的边界条件确定。

下面通过长方体内电位的求解说明直角坐标系中分离变量法的应用。

例 4-1 如图 4-1 所示的半无限大导体槽，底面电位为 $\varphi(x, 0)$，其余两面为两块半无限大平行导体板，且电位为零，求此半无限槽中的电位。其中：

$$\varphi(x, 0)=\begin{cases}U_0 & 0<x<\dfrac{a}{2}\\ 0 & \dfrac{a}{2}<x<a\end{cases}$$

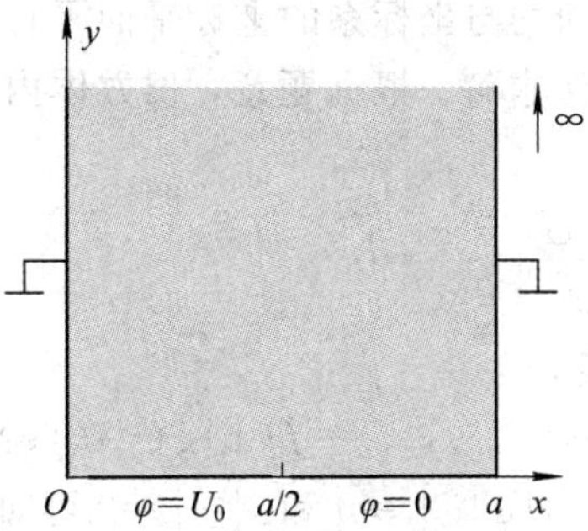

图 4-1 无限长槽的电位

解： 本题电位 $\varphi=\varphi(x, y)$ 满足二维拉普拉斯方程，并可表示为

$$\varphi(x, y)=f(x)g(y)$$

边界条件为

① $\varphi(0, y)=0$，$\varphi(a, y)=0$；

② $\varphi(x, \infty)=0$；

③ $\varphi(x, 0)=\begin{cases}U_0 & 0<x<\dfrac{a}{2}\\ 0 & \dfrac{a}{2}<x<a\end{cases}$

(1) 从边界条件①可知，基本解 $f(x)=\sin\left(\dfrac{n\pi x}{a}\right)$，而基本解 $g(y)$ 只能取指数函数或

双曲函数，但考虑到边界条件②，有 $g(y)=\mathrm{e}^{\frac{-n\pi y}{a}}$。为满足边界条件③，取级数

$$\varphi(x, y)=\sum_{n=1}^{\infty}C_n\sin\left(\frac{n\pi x}{a}\right)\mathrm{e}^{-\frac{n\pi y}{a}} \tag{4-14}$$

(2) 代入边界条件③，得

$$\sum_{n=1}^{\infty}C_n\sin\left(\frac{n\pi x}{a}\right)=\begin{cases}U_0 & 0<x<\dfrac{a}{2}\\ 0 & \dfrac{a}{2}<x<a\end{cases}$$

运用正弦函数的正交归一性，得

$$C_n\,\frac{a}{2}=\int_0^{\frac{a}{2}}U_0\sin\left(\frac{n\pi x}{a}\right)\mathrm{d}x$$

化简得

$$C_n=\frac{2U_0}{n\pi}\left(1-\cos\frac{n\pi}{2}\right) \tag{4-15}$$

将式(4-15)代入式(4-14)即可得到待求电位

$$\varphi(x, y)=\sum_{n=1}^{\infty}\frac{2U_0}{n\pi}\left(1-\cos\frac{n\pi}{2}\right)\sin\left(\frac{n\pi x}{a}\right)\mathrm{e}^{-\frac{n\pi y}{a}}$$

例 4-2　求图 4-2 中长方体内的电位函数。边界条件为除 $z=c$ 面电位不为零外，其他各方面表面电位都为零，$z=c$ 表面上给定的电位函数为 U。

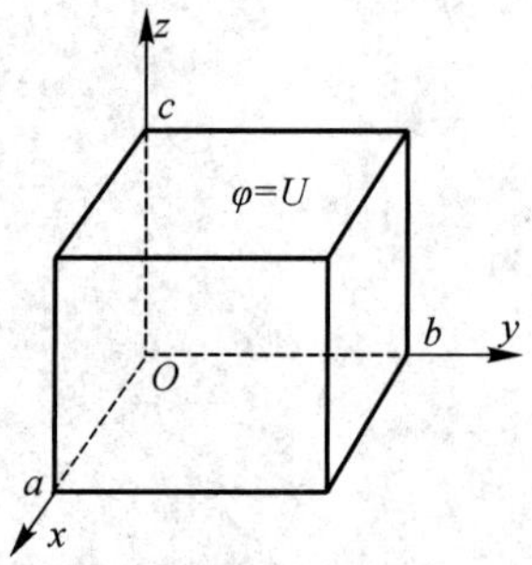

图 4-2　长方体内的电位

解：因为长方体 6 个边界面均与坐标系的坐标平面平行或相合，所以本题可采用分离变量法求解。根据题意，长方体内的电位函数 φ 满足拉普拉斯方程为

$$\frac{\partial^2\varphi}{\partial x^3}+\frac{\partial^2\varphi}{\partial y^2}+\frac{\partial^2\varphi}{\partial z^2}=0$$

φ 可表示为三个函数的乘积，即

$$\varphi(x, y, z)=f(x)g(y)h(z)$$

(1) $f(x)$的求解。由边界条件$\varphi|_{x=0}=0$ 和$\varphi|_{x=a}=0$ 可知 $f(x)$不是单调函数，根据本节讨论的三维场中解的形式，只有取 $f(x)=A_1\sin(k_x x)+B_1\cos(k_x x)$，由$\varphi|_{x=0}=0$ 可知 $B_1=0$，所以 $f(x)=A_1\sin(k_x x)$，再由 $\varphi|_{x=a}=0$ 可得 $k_x=\dfrac{n\pi}{a}(n=1, 2, \cdots)$。所以 $f(x)$的一般解可表示为

$$f(x)=\sum_{n=1}^{\infty}A_{1n}\sin\left(\frac{n\pi}{a}x\right)$$

式中，A_{1n} 为待定常数，$k_x^2=\left(\dfrac{n\pi}{a}\right)^2$ 也称为本征值。其意义是：在上述边界条件下，k_x 只有取这些特定值时，微分方程才有非零解，相应的解的函数 $\sin\left(\dfrac{n\pi}{a}x\right)$称为本征函数。

(2) $g(y)$的求解。由边界条件$\varphi|_{y=0}=0$ 和$\varphi|_{y=b}=0$ 可知 $g(y)$也不是单调函数，同样根据三维场中解的形式，只有取

$$g(y)=A_2\sin(k_y y)+B_2\cos(k_y y)$$

由$\varphi|_{y=0}=0$可知$B_2=0$，所以

$$g(y)=A_2\sin k_y y$$

再由$\varphi|_{y=b}=0$可得$k_y=\dfrac{m\pi}{b}(m=1, 2, 3, \cdots)$。所以$g(y)$的一般解可表示为

$$g(y)=\sum_{m=1}^{\infty}A_{2m}\sin\left(\frac{m\pi}{b}y\right)$$

其中A_{2m}为待定常数。

(3) $h(z)$的求解。由$k_x^2+k_y^2+k_z^2=0$可知$k_z^2<0$，且

$$k_z=\pm j(k_x^2+k_y^2)^{\frac{1}{2}}=\pm j\sqrt{\left(\frac{n\pi}{a}\right)^2+\left(\frac{m\pi}{b}\right)^2}=\pm ja_z\quad(n, m=1, 2, 3, \cdots)$$

根据三维场中解的形式，只有取

$$h(z)=A_3\sinh(a_z z)+B_3\cosh(a_z z)$$

由边界条件$\varphi|_{z=0}=0$可知$B_3=0$，所以

$$h(z)=A_3\sinh(a_z z)$$

(4) $\varphi(x, y, z)$的通解。由$\varphi(x, y, z)=f(x)g(y)h(z)$可得电位$\varphi$的通解为

$$\varphi=\sum_{n=1}^{\infty}\sum_{m=1}^{\infty}A_{1n}B_{2m}A_3\sin\left(\frac{n\pi}{a}x\right)\sin\left(\frac{m\pi}{b}y\right)\sinh\left[\sqrt{\left(\frac{n\pi}{a}\right)^2+\left(\frac{m\pi}{b}\right)^2}z\right]\tag{4-16}$$

(5) 待定常数的确定。将式(4-14)代入边界条件$\varphi|_{z=c}=U$，得到

$$U=\sum_{n=1}^{\infty}\sum_{m=1}^{\infty}C_{nm}\sin\left(\frac{n\pi}{a}x\right)\sin\left(\frac{m\pi}{b}y\right)\tag{4-17}$$

式中C_{nm}代替了常数$A_nB_m\sinh\left[\sqrt{\left(\frac{n\pi}{a}\right)^2+\left(\frac{m\pi}{b}\right)^2}c\right]$，是待定常数。

利用三角函数的正交性来确定待定常数C_{nm}。用$\sin\left(\frac{s\pi}{a}x\right)\sin\left(\frac{t\pi}{b}y\right)$乘以式(4-15)的两边，并对$x$从$0\to a$积分，对$y$从$0\to b$积分。其中方程等号的右边，由于三角函数的正交性，除$n=s$和$m=t$的项以外，其余项积分后全为零。故式(4-17)等号右边变为

$$\int_0^a\int_0^b\sum_{n=1}^{\infty}\sum_{m=1}^{\infty}C_{nm}\sin\left(\frac{n\pi}{a}x\right)\sin\left(\frac{m\pi}{b}y\right)\sin\left(\frac{s\pi}{a}x\right)\sin\left(\frac{t\pi}{b}y\right)\mathrm{d}x\,\mathrm{d}y=\frac{ab}{4}C_{st}$$

式(4-17)等号左边为

$$\int_0^a\int_0^b U\sin\left(\frac{s\pi}{a}x\right)\sin\left(\frac{t\pi}{b}y\right)\mathrm{d}x\,\mathrm{d}y=\frac{4Uab}{st\pi^2}\quad(s, t=1, 3, \cdots)\tag{4-18}$$

于是得到

$$C_{nm}=\frac{16U}{nm\pi^2}\quad(n, m=1, 3, \cdots)$$

因此，电位的解为

$$\varphi=\sum_{n=1, 3, \cdots}^{\infty}\sum_{m=1, 3, \cdots}^{\infty}\frac{16U}{nm\pi^2}\sin\left(\frac{n\pi}{a}x\right)\sin\left(\frac{m\pi}{b}y\right)\frac{\sinh\left[\sqrt{\left(\frac{n}{a}\pi\right)^2+\left(\frac{m}{b}\pi\right)^2}z\right]}{\sinh\left[\sqrt{\left(\frac{n}{a}\pi\right)^2+\left(\frac{m}{b}\pi\right)^2}c\right]}\tag{4-19}$$

从例 4-1 和例 4-2 可以看出，用分离变量法解题时，应注意用一部分边界条件确定基本解的形式，用剩余的一部分边界条件确定待定系数。

4.2.2 圆柱坐标系中的分离变量法

电位的拉普拉斯方程在圆柱坐标系中表示为

$$\frac{1}{\rho}\frac{\partial}{\partial\rho}\left(\rho\frac{\partial\varphi}{\partial\rho}\right)+\frac{1}{\rho^2}\frac{\partial^2\varphi}{\partial\phi^2}+\frac{\partial^2\varphi}{\partial z^2}=0 \tag{4-20}$$

对于式(4-20)，仅分析电位与坐标变量 z 无关的情况。对于电位与三个坐标变量有关的情形，请读者参阅有关教材。

当电位与坐标变量 z 无关时，式(4-20)第三项为零，此时电位 $\varphi(\rho,\phi)$满足二维拉普拉斯方程：

$$\frac{1}{\rho}\frac{\partial}{\partial\rho}\left(\rho\frac{\partial\varphi}{\partial\rho}\right)+\frac{1}{\rho^2}\frac{\partial^2\varphi}{\partial\phi^2}=0 \tag{4-21}$$

设解具有 $\varphi=f(\rho)g(\phi)$的形式，代入式(4-21)得

$$\frac{g(\phi)}{\rho}\frac{\partial}{\partial\rho}\left(\rho\frac{\partial f(\rho)}{\partial\rho}\right)+\frac{f(\rho)}{\rho^2}\frac{\partial^2 g(\phi)}{\partial\phi^2}=0$$

用$\dfrac{\rho^2}{f(\rho)g(\phi)}$乘上式，得

$$\frac{\rho}{f(\rho)}\frac{\partial}{\partial\rho}\left(\rho\frac{\partial f(\rho)}{\partial\rho}\right)+\frac{1}{g(\phi)}\frac{\partial^2 g(\phi)}{\partial\phi^2}=0 \tag{4-22}$$

上式中第一项仅是 ρ 的函数、第二项仅是 ϕ 的函数。要使上式对于所有的 ρ、ϕ 值都成立，必须每项都等于一个常数。如果令第二项等于$-\gamma^2$，则得到

$$\frac{\partial^2 g(\phi)}{\partial\phi^2}+\gamma^2 g(\phi)=0$$

解为

$$g(\phi)=A\sin(\gamma\phi)+B\cos(\gamma\phi)$$

如果我们研究的空间包含 ϕ 从 $0\to2\pi$，而 ϕ 必须是单值的，即 $\varphi[\rho(\phi+2\pi)]=\varphi(\rho\phi)$，则 γ 必须等于整数 n，所以

$$g(\phi)=A\sin(n\phi)+B\cos(n\phi) \tag{4-23}$$

现用$-n^2$ 代替式(4-22)中的第二项，得

$$\rho\frac{\mathrm{d}}{\mathrm{d}\rho}\left(\rho\frac{\mathrm{d}f(\rho)}{\mathrm{d}\rho}\right)-n^2 f(\rho)=0$$

即

$$\rho^2\frac{\mathrm{d}^2 f(\rho)}{\mathrm{d}\rho^2}+\rho\frac{\mathrm{d}f(\rho)}{\mathrm{d}\rho}-n^2 f(\rho)=0 \tag{4-24}$$

这一方程称为欧拉方程，其解为

$$f(\rho)=C\rho^n+D\rho^{-n} \tag{4-25}$$

当 $n=0$ 时，解为

$$f(\rho)=C_0+D_0\ln\rho \tag{4-26}$$

这时场与 ϕ 坐标无关。

圆柱坐标中，二维场的电位 $\varphi(\rho,\phi)$的通解为

$$\varphi(\rho,\ \phi)=\sum_{n=1}^{\infty}\{\rho^{n}[A_{n}\sin(n\phi)+B_{n}\cos(n\phi)]+\rho^{-n}[C_{n}\sin(n\phi)+D_{n}\cos(n\phi)]\}$$

(4－27)

例 4－3　将半径为 a 的无限长导体圆柱置于真空中的均匀电场 $\boldsymbol{E}_0$ 中，柱轴与 $\boldsymbol{E}_0$ 垂直，求任意点的电位。

解：令圆柱的轴线与 z 轴重合，$\boldsymbol{E}_0$ 的方向与 x 方向一致，如图 4－3 所示。

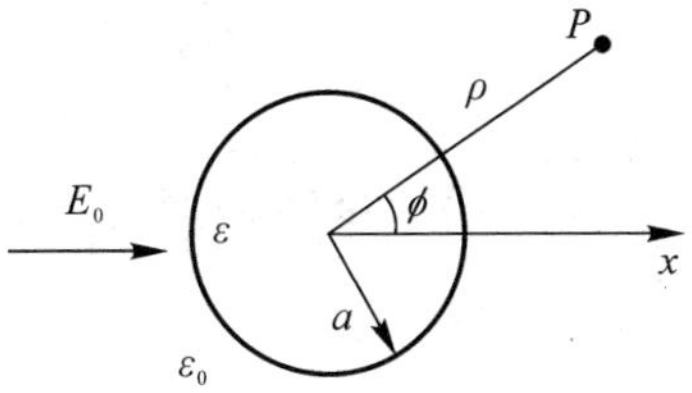

图 4－3　均匀场中导体柱

由于导体柱是一个等位体，不妨令其为零，即在柱内（$\rho<a$），$\varphi_1=0$，柱外电位 φ_2 满足拉普拉斯方程。φ_2 的形式就是圆柱坐标系拉普拉斯方程的通解。边界条件如下：

① $\rho\to\infty$，柱外电场 $\boldsymbol{E}_2\to E_0\,\boldsymbol{e}_x$，$\varphi_2\to -E_0\rho\cos\phi$；

② $\rho=a$，$\varphi_1=\varphi_2$，即 $\varphi_2=0$。

除此之外，电位关于 x 轴对称，即在通解中只取余弦项，于是

$$\varphi_2=\sum_{n=1}^{\infty}(B_n\rho^n+D_n\rho^{-n})\cos(n\phi)\quad(\rho>a)\tag{4-28}$$

由边界条件①可知，$B_1=-E_0$，$B_n=0$ $(n>1)$。这样有

$$\varphi_2=-E_0\rho\cos\phi+\sum_{n=1}^{\infty}D_n\rho^{-n}\cos(n\phi)\tag{4-29}$$

由边界条件②，有

$$-E_0a\cos\phi+\sum_{n=1}^{\infty}D_na^{-n}\cos(n\phi)=0$$

由于这一表达式对任意的 ϕ 成立，因此

$$D_1=E_0a^2,\ D_n=0\quad(n>1)$$

将上式代入式(4－29)中，于是有

$$\varphi_2=E_0\left(-\rho+\frac{a^2}{\rho}\right)\cos\phi$$

例 4－4　一根半径为 a、介电常数为 ε 的无限长介质圆柱体置于均匀外电场 $\boldsymbol{E}_0$ 中，且与 $\boldsymbol{E}_0$ 垂直。设外电场方向为 x 轴方向，圆柱轴与 z 轴相重合（如图 4－4 所示），求柱内、外的电场。

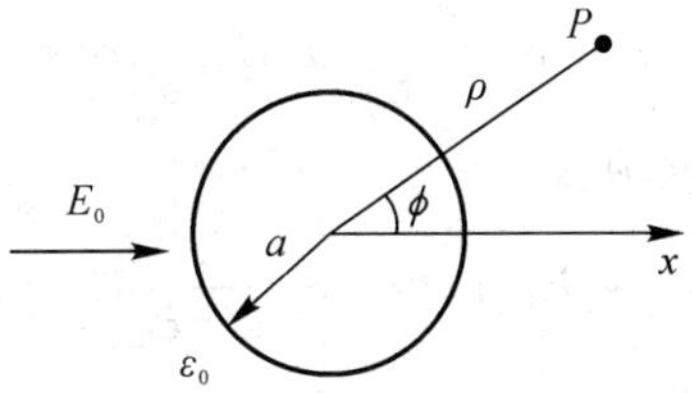

图 4－4　均匀场中介质柱

解：设柱内电位为 φ_1，柱外电位为 φ_2，φ_1 和 φ_2 与 z 无关。取坐标原点为电位参考点，边界条件如下：

① $\rho\to\infty$，$\varphi_2\to -E_0\rho\cos\phi$；

② $\rho=0$，$\varphi_1=0$；

③ 切线方向：$\rho=a$，$\varphi_1=\varphi_2$；

④ 法线方向：$\rho=a$，$\varepsilon\dfrac{\partial\varphi_1}{\partial\rho}=\varepsilon_0\dfrac{\partial\varphi_2}{\partial\rho}$。

于是，柱内、柱外电位的通解为

$$\varphi_1(\rho,\ \phi)=\sum_{n=1}^{\infty}\{\rho^n[A_n\sin(n\phi)+B_n\cos(n\phi)]+\rho^{-n}[C_n\sin(n\phi)D_n\cos(n\phi)]\}\tag{4-30}$$

$$\varphi_2(\rho,\ \phi)=\sum_{n=1}^{\infty}\{\rho^n[A'_n\sin(n\phi)+B'_n\cos(n\phi)]+\rho^{-n}[C'_n\sin(n\phi)+D'_n\cos(n\phi)]\}\tag{4-31}$$

由于外加电场和极化面电荷均关于 x 轴对称，柱内、柱外电位解只有余弦项，即

$$A_n=C_n=A'_n=C'_n=0\quad(n\geqslant1)$$

由边界条件②，有 $D_n=0(n\geqslant1)$，又由边界条件①，得

$$B'_n=-E_0,\ B'_n=0\quad(n\geqslant1)$$

于是有

$$\varphi_1(\rho,\ \phi)=\sum_{n=1}^{\infty}\rho^nB_n\cos(n\phi)\tag{4-32}$$

$$\varphi_2(\rho,\ \phi)=-E_0\rho\cos\phi+\sum_{n=1}^{\infty}\rho^{-n}D'_n\cos(n\phi)\tag{4-33}$$

由边界条件③和④，可得

$$\sum_{n=1}^{\infty}a^nB_n\cos(n\phi)=-E_0a\cos\phi+\sum_{n=1}^{\infty}a^{-n}D'_n\cos(n\phi)$$

$$\varepsilon\sum_{n=1}^{\infty}na^{n-1}B_n\cos(n\phi)=-\varepsilon_0E_0\cos\phi-\varepsilon_0\sum_{n=1}^{\infty}na^{-n-1}D'_n\cos(n\phi)$$

从以上所得的两个方程式，求解得

$$B_1=\frac{-2\varepsilon_0}{\varepsilon+\varepsilon_0},\ D'_1=\frac{\varepsilon-\varepsilon_0}{\varepsilon+\varepsilon_0}a^2E_0$$

于是得到圆柱体内、外的电位函数分别为

$$\varphi_1=-\frac{2\varepsilon_0}{\varepsilon+\varepsilon_0}E_0\rho\cos\phi\quad(\rho<a)\tag{4-34}$$

$$\varphi_2=-E_0\rho\cos\phi+\frac{\varepsilon-\varepsilon_0}{\varepsilon+\varepsilon_0}a^2E_0\frac{1}{\rho}\cos\phi\quad(\rho>a)\tag{4-35}$$

圆柱体内、外的电场强度变量分别为

$$\begin{cases}\boldsymbol{E}_1=\dfrac{2\varepsilon_0}{\varepsilon+\varepsilon_0}(\boldsymbol{e}_\rho E_0\cos\phi-\boldsymbol{e}_\phi E_0\sin\phi)=\boldsymbol{e}_x\dfrac{2\varepsilon_0}{\varepsilon+\varepsilon_0}E_0\quad(\rho<a)\\ \boldsymbol{E}_2=\boldsymbol{e}_\rho\left[1+\dfrac{\varepsilon-\varepsilon_0}{\varepsilon+\varepsilon_0}\left(\dfrac{a^2}{\rho^2}\right)\right]E_0\cos\phi+\boldsymbol{e}_\phi\left[-1+\dfrac{\varepsilon-\varepsilon_0}{\varepsilon+\varepsilon_0}\left(\dfrac{a^2}{\rho^2}\right)\right]E_0\sin\phi\quad(\rho>a)\end{cases}\tag{4-36}$$

根据式(4-36)可知，第一式表示圆柱体内的电场$\boldsymbol{E}_1$是一个均匀电场，它的大小和外加均匀场$\boldsymbol{E}_0$相比要小，这是因为介质圆柱被极化后表面出现束缚电荷，它们的电场在圆柱内与外电场方向相反。图 4-5 为所求问题的场图。

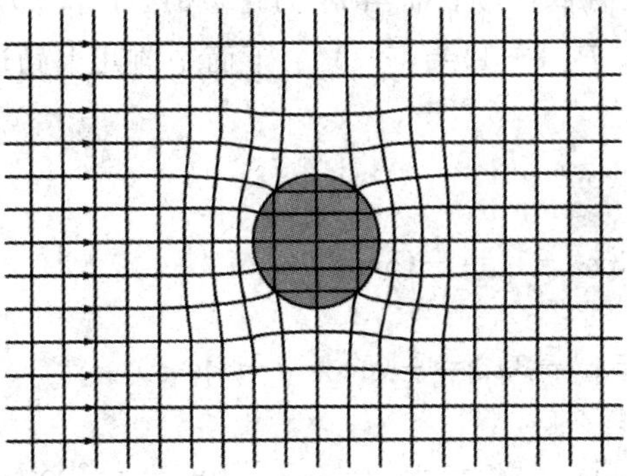

图 4-5　介质圆柱附近的电场

4.2.3　球坐标系中的分离变量法

在求解具有球面边界的边值问题时，采用球坐标系较方便。球坐标系中电位的拉普拉斯方程为

$$\frac{1}{r^2}\frac{\partial}{\partial r}\left(r^2\frac{\partial\varphi}{\partial r}\right)+\frac{1}{r^2\sin\theta}\frac{\partial}{\partial\theta}\left(\sin\theta\frac{\partial\varphi}{\partial\theta}\right)+\frac{1}{r^2\sin^2\theta}\frac{\partial^2\varphi}{\partial\phi^2}=0$$

这里只讨论轴对称场，即电位φ与坐标ϕ无关的场。这时的拉普拉斯方程为

$$\frac{1}{r^2}\frac{\partial}{\partial r}\left(r^2\frac{\partial\varphi}{\partial r}\right)+\frac{1}{r^2\sin\theta}\frac{\partial}{\partial\theta}\left(\sin\theta\frac{\partial\varphi}{\partial\theta}\right)=0 \tag{4-37}$$

令$\varphi=f(r)g(\theta)$，代入上式得

$$\frac{g(\theta)}{r^2}\frac{\partial}{\partial r}\left(r^2\frac{\partial f(r)}{\partial r}\right)+\frac{f(r)}{r^2\sin\theta}\frac{\partial}{\partial\theta}\left(\sin\theta\frac{\partial g(\theta)}{\partial\theta}\right)=0$$

用$\dfrac{r^2}{f(r)g(\theta)}$乘上式得

$$\frac{1}{f(r)}\frac{\partial}{\partial r}\left(r^2\frac{\partial f(r)}{\partial r}\right)+\frac{1}{g(\theta)\sin\theta}\frac{\partial}{\partial\theta}\left(\sin\theta\frac{\partial g(\theta)}{\partial\theta}\right)=0$$

上式中$f(r)$和$g(\theta)$已分开在两项中，令两项分别等于常数λ和$-\lambda$，得

$$\frac{\mathrm{d}}{\mathrm{d}r}\left(r^2\frac{\mathrm{d}f}{\mathrm{d}r}\right)=\lambda f \tag{4-38}$$

$$\frac{1}{\sin\theta}\frac{\mathrm{d}}{\mathrm{d}\theta}\left(\sin\theta\frac{\mathrm{d}g}{\mathrm{d}\theta}\right)=-\lambda g \tag{4-39}$$

若在式(4-39)中引入一个新的自变量$x=\cos\theta$，则有

$$\frac{\mathrm{d}}{\mathrm{d}\theta}=\frac{\mathrm{d}}{\mathrm{d}x}\frac{\mathrm{d}x}{\mathrm{d}\theta}=-\sin\theta\frac{\mathrm{d}}{\mathrm{d}x}$$

于是式(4-39)可变为

$$\frac{\mathrm{d}}{\mathrm{d}x}\left[(1-x^2)\frac{\mathrm{d}g(x)}{\mathrm{d}x}\right]+\lambda g(x)=0 \tag{4-40}$$

上式称为勒让德方程。若我们研究的空间中包含 θ 从 0 到 π，即 x 从 1 到 -1 时，且取 λ 为

$$\lambda=m(m+1)\quad(m=0,1,2,\cdots)\tag{4-41}$$

则此时勒让德方程只有一个有界解，它为 m 阶多项式，称为勒让德多项式，记作 $P_m(x)$。当 m 为偶数时，$P_m(x)$ 只有偶次项；而当 m 为奇数时，$P_m(x)$ 只有奇次项。当 $x=1$ 时，$P_m(1)=1$；当 $x=-1$ 时，$P_m(-1)=(-1)^m$。下面是前几个勒让德多项式：

$$\begin{cases}P_0(x)=1\\P_1(x)=x=\cos\theta\\P_2(x)=\dfrac{1}{2}(3x^2-1)=\dfrac{1}{2}(3\cos^2\theta-1)\\P_3(x)=\dfrac{1}{2}(5x^3-3x)=\dfrac{1}{2}(5\cos^3\theta-3\cos\theta)\\P_4(x)=\dfrac{1}{8}(35x^4-30x^2+3)=\dfrac{1}{8}(35\cos^4\theta-30\cos^2\theta+3)\\P_5(x)=\dfrac{1}{8}(63x^5+70x^3+15x)=\dfrac{1}{8}(63\cos^5\theta-70\cos^3\theta+15\cos\theta)\end{cases}\tag{4-42}$$

对于任意 m，$P_m(x)$ 可以用下面的计算公式：

$$P_m(x)=\frac{1}{2^m m!}\frac{\mathrm{d}^m}{\mathrm{d}x^m}(x^2-1)^m\tag{4-43}$$

勒让德多项式也是正交函数系，正交关系为

$$\begin{cases}\displaystyle\int_0^\pi P_m(\cos\theta)P_n(\cos\theta)\sin\theta\,\mathrm{d}\theta=\int_{-1}^{1}P_m(x)P_n(x)\,\mathrm{d}x\\\displaystyle\int_0^\pi[P_m(\cos\theta)]^2\sin\theta\,\mathrm{d}\theta=\int_{-1}^{1}[P_m(x)]^2\,\mathrm{d}x=\frac{2}{2m+1}\end{cases}\tag{4-44}$$

在解题时还可能用到一些其他勒让德多项式的公式，可从相关的数学手册中查到。

现在再看 $f(r)$ 的解，将式(4-38)代入式(4-41)后，得

$$\frac{\mathrm{d}}{\mathrm{d}r}\left(r^2\frac{\mathrm{d}f(r)}{\mathrm{d}r}\right)-m(m+1)f(r)=0\tag{4-45}$$

上式的两个解为 r^m 和 $r^{-(m+1)}$，故

$$f(r)=A_m r^m+B_m r^{-(m+1)}$$

于是我们得到电位的解为

$$\varphi(r,\theta)=\sum_{m=0}^{\infty}(A_m r^m+B_m r^{-(m+1)})P_m(\cos\theta)\tag{4-46}$$

例 4-5 假设真空中在半径为 a 的球面上有面密度为 $\rho_{S0}\cos\theta$ 的表面电荷，其中 ρ_{S0} 是常数，求任意点的电位。

解： 依题意，除了球面有面电荷外，球内和球外再无电荷分布，虽然可以用静电场中的积分公式计算各点的电位，但使用分离变量法更方便。

设球内、球外的电位分别是 φ_1、φ_2，由题意可知，在无穷远处，电位为零；在球心处，电位为有限值。所以可以取球内、球外的电位形式如下：

$$\varphi_1(r,\theta)=\sum_{m=0}^{\infty}A_m r^m P_m(\cos\theta)\tag{4-47}$$

$$\varphi_2(r, \theta) = \sum_{m=0}^{\infty} B_m r^{-m-1} P_m(\cos\theta) \tag{4-48}$$

球面上的边界条件如下：

① 切线方向：$r=a$，$\varphi_1=\varphi_2$；

② 法线方向：$r=a$，$-\varepsilon_0\left(\dfrac{\partial\varphi_2}{\partial r}-\dfrac{\partial\varphi_1}{\partial r}\right)=\rho_S=\rho_{S0}\cos\theta$。

将式(4-47)和式(4-48)代入边界条件，得

$$\sum_{m=0}^{\infty} A_m a^m P_m(\cos\theta) = \sum_{m=0}^{\infty} B_m a^{-m-1} P_m(\cos\theta) \tag{4-49}$$

$$\sum_{m=0}^{\infty} m A_m a^{m-1} P_m(\cos\theta) + \sum_{m=0}^{\infty} (m+1) B_m a^{-m-2} P_m(\cos\theta) = \frac{\rho_{S0}\cos\theta}{\varepsilon_0} \tag{4-50}$$

比较式(4-49)两边，得

$$B_m = A_m a^{2m+1}$$

将上式代入式(4-50)中，整理以后变为

$$\sum_{m=0}^{\infty} (2m+1) A_m a^{m-1} P_m(\cos\theta) = \frac{\rho_{S0}\cos\theta}{\varepsilon_0}$$

使用勒让德多项式的唯一性，即将区间[-1，1]内的函数可以唯一地用勒让德多项式展开，并考虑 $P_1(\cos\theta)=\cos\theta$，得

$$A_1 = \frac{\rho_{S0}}{3\varepsilon_0}$$

$$A_m = 0 \quad (m \neq 1)$$

于是得到

$$\varphi_1 = \frac{\rho_{S0}}{3\varepsilon_0} r\cos\theta \quad (r \leqslant a)$$

$$\varphi_2 = \frac{\rho_{S0}}{3\varepsilon_0}\frac{a^3}{r^2}\cos\theta \quad (r \geqslant a)$$

4.3 镜 像 法

镜像法是解静电场边值问题的一种间接方法，它巧妙地利用了唯一性定理，使某些看来难解的边值问题较容易得到解决。其基本原理为：用放置在所求场域之外的假想电荷(即镜像电荷)等效地替代导体表面(或介质分界面)上的感应电荷(或极化电荷)对场分布的影响，在保持边界条件不变的情况下，将边界面移去，从而将求解实际的边值问题转换为求解无界空间的问题。如在实际工程中，要遇到水平架设的双导线传输线的电位、电场计算问题。当传输线离地面距离较近时，要涉及地面的影响，地面可以看作为一个无穷大的导体平面。由于传输线上所带的电荷靠近导体平面，因此导体表面会出现感应电荷。此时地面上方的电场由原电荷和感应电荷共同产生。

下面讨论不同情况下的镜像法。

4.3.1　平面导体镜像法

应用镜像法求解静电场问题的关键是寻找合适的镜像电荷，确定镜像电荷的理论依据是唯一性定理：一是场的解在原区域满足的泊松方程或拉普拉斯方程不变，故镜像电荷只能设置在待求场以外；二是镜像电荷个数、位置、大小和符号的确定应以使问题简化，并保持原问题的边界条件不变为依据。

1. 点电荷镜像

例 4-6　如图 4-6(a)所示，有一个点电荷 q，位于无限大接地导体平面上方，与导体平面距离为 h，周围是介电常数为 ε_0 的介质，求上半空间中任意点的电位。

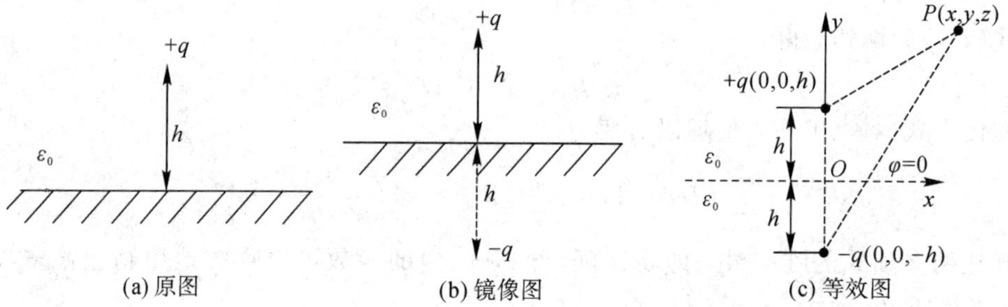

图 4-6　无限大导体平面附近的点电荷的镜像

解：依题意，取直角坐标系，设 $z=0$ 为导体平面，由于导体平面接地，则此面电位 $\varphi=0$，因此点电荷 q 与导体平面之间的电位必须满足下列条件：

① 在 $z=0$ 处：$\varphi=0$；

② 在 $z>0$ 的空间里，除点电荷所在的点外，处处满足：$\nabla^2\varphi=0$。

如果设想把无限大导电平板撤去，整个空间充满同一种介质，且在与 $+q$ 成对称的位置上，放一点电荷 $-q$ 来代替原导电平板上的感应电荷，如图 4-6(b)所示。这样 $-q$ 与 $+q$ 共同作用必然使它们的对称面($z=0$ 平面)为 $\varphi=0$ 电位面，这就保证了条件①。在 $z>0$ 空间，由于仍然仅在$(0, 0, h)$点有点电荷 $+q$，且介电常数 ε_0 也没有变化，故除该点外，其余点的电位必然满足拉普拉斯方程，这就保证了条件②。于是，原问题中 $z>0$ 空间的点的电位可根据等效图 4-6(c)来求得，即上半空间内任意点 P 的电位为

$$\varphi=\frac{q}{4\pi\varepsilon_0}\left(\frac{1}{R}-\frac{1}{R'}\right)=\frac{q}{4\pi\varepsilon_0}\left\{\frac{1}{[x^2+y^2+(z-h)^2]^{\frac{1}{2}}}-\frac{1}{[x^2+y^2+(z+h)^2]^{\frac{1}{2}}}\right\} \tag{4-51}$$

φ 即为所给边值问题的解。

在 $z<0$ 空间里的导体，由于实际上没有场源存在，因此其电位为 0。

原问题的平面导体上的感应电荷密度为

$$\rho_S=-\varepsilon_0\left.\frac{\partial\varphi}{\partial z}\right|_{z=0}=-\frac{qh}{2\pi(x^2+y^2+h^2)^{\frac{3}{2}}} \tag{4-52}$$

计算感应电荷总量时，为简单起见，改用极坐标 $x^2+y^2=r^2$，$dS=r\mathrm{d}r\mathrm{d}\phi$，于是

$$q_{\text{in}}=\int\rho_S\mathrm{d}S=-\frac{qh}{2\pi}\int_0^{\infty}\int_0^{2\pi}\frac{r\mathrm{d}r\mathrm{d}\phi}{(h^2+r^2)^{\frac{3}{2}}}=\frac{qh}{(h^2+r^2)^{\frac{1}{2}}}\bigg|_0^{\infty}=-q$$

它与镜像电荷相等。

从上面的分析可以看出，导体平面好像一面镜子，镜像电荷就是原电荷的虚像。必须指出，只有导体平面是无限大平面时，镜像电荷才与原电荷等值异号，并位于原电荷的像点位置上。

如图 4-7(a)所示为相交成直角的两个导体平面 AOB 附近的一个点电荷 $+q$ 的情形，也可以用镜像法求解。$+q$ 在 OA 面的镜像为在 P_1 点的 $-q$，又 $+q$ 在 OB 面的镜像为在 P_2 点的 $-q$，但这样并不能使 OA 和 OB 平面成为等位面。容易看出，若在 P_3 点处再设置一个电荷 $+q$，则一个原点电荷 $+q$ 和三个像电荷($-q$，$+q$，$-q$)共同的作用能使 OA 和 OB 平面保持等位面，亦即保持了原边界条件不变化，如图 4-7(b)所示。则此四电荷在第一象限中产生的位函数便是原问题的解，即

$$\varphi_{\mathrm{p}}=\frac{q}{4\pi\varepsilon_0}\left(\frac{1}{R_1}-\frac{1}{R_2}+\frac{1}{R_3}-\frac{1}{R_4}\right)$$

其等效图如图 4-7(c)所示。

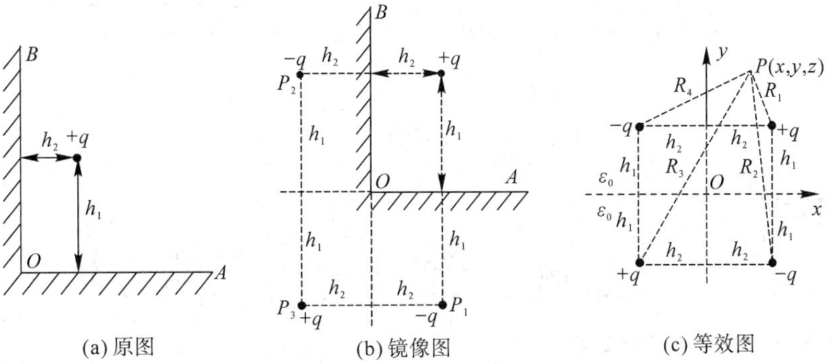

图 4-7　直角形导体平面的镜像

实际上，不仅相交成直角的两个导体平面间的场可用镜像法求解，若两个半无限大导体平面夹角为 α，只要 $\alpha=\dfrac{180^\circ}{n}$($n=1$, 2, …)，就能用镜像法求解，其镜像电荷个数为 $2n-1$。

2. 线电荷镜像

例 4-7　一水平架设的双线传输线，距离地面的高度为 h，两线间的距离为 d，导线的半径为 a，如图 4-8(a)所示。求双线传输线单位长度的电容。设 $d\gg a$，$h\gg a$。

解： 把地面作为无限大导体平面，电位为 0，因为 $a\ll(d, h)$，所以可以近似把 $+\rho_l$ 及 $-\rho_l$ 看作是分别处在传输线轴线上的线电荷，采用镜像法求解，镜像电荷的分布如图 4-8(b)所示。地面上部空间任一点 P 的电位就等于这 4 个线电荷所产生的电位之和，即

$$\varphi_{\mathrm{p}}=\frac{\rho_l}{2\pi\varepsilon_0}\ln\frac{r_1'}{r_1}+\frac{\rho_l}{2\pi\varepsilon_0}\ln\frac{r_2}{r_2'}$$

式中，r_1 及 r_2' 分别是场点到两根 $+\rho_l$ 线电荷的距离；r_2 及 r_1' 分别是场点到两根 $-\rho_l$ 线电荷的距离。

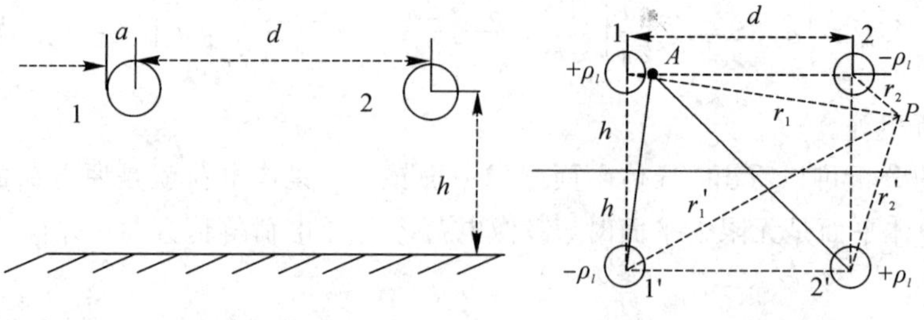

图 4-8　双线传输线的电容计算

导体是等位体，取 A 点计算导线 1 的电位，即 $r_1=a$，$r'_1=\sqrt{a^2+4h^2}$，$r_2=d-a$，$r'_2=\sqrt{(d-a)^2+4h^2}$，故导线 1 的电位 φ_1 为

$$\varphi_1=\frac{\rho_l}{2\pi\varepsilon_0}\left[\ln\left(\frac{\sqrt{a^2+4h^2}}{a}\right)+\ln\left(\frac{d-a}{\sqrt{(d-a)^2+4h^2}}\right)\right]$$

由于 $a\ll d$，$a\ll h$，因此上式可表示为

$$\varphi_1=\frac{\rho_l}{2\pi\varepsilon_0}\left[\ln\left(\frac{2h}{a}\right)+\ln\left(\frac{d}{\sqrt{d^2+4h^2}}\right)\right]=\frac{\rho_l}{2\pi\varepsilon_0}\ln\left(\frac{2hd}{a\sqrt{d^2+4h^2}}\right)$$

同理，导线 2 的电位 φ_2 为

$$\varphi_2=\frac{\rho_l}{2\pi\varepsilon_0}\ln\left(\frac{a\sqrt{d^2+4h^2}}{2hd}\right)$$

两传输线间的电位差为

$$\varphi_1-\varphi_2=\frac{\rho_l}{2\pi\varepsilon_0}\ln\left(\frac{2hd}{a\sqrt{d^2+4h^2}}\right)^2=\frac{\rho_l}{\pi\varepsilon_0}\ln\left(\frac{2hd}{a\sqrt{d^2+4h^2}}\right)$$

故两平行传输线单位长度的电容 C 为

$$C=\frac{\rho_l}{\varphi_1-\varphi_2}=\frac{\pi\varepsilon_0}{\ln\left(\dfrac{2hd}{a\sqrt{d^2+4h^2}}\right)}$$

4.3.2　平面介质镜像法

镜像法也可以用来计算两种不同电介质分界面附近点电荷或线电荷所产生的电位，在这种情况下，镜像电荷的作用就等效于介质分界面上束缚电荷对电场的影响。

例 4-8　在 $z<0$ 的下半空间是介电常数为 ε 的介质，上半空间为空气(介电常数为 ε_0)，距离介质平面 h 处有一点电荷 $+q$，求空间各点的电位。

解： 取分界面为 $z=0$ 的平面，设在介质 $\varepsilon_0(z>0)$ 和 $\varepsilon(z<0)$ 内的电位函数分别为 φ_1 和 φ_2，则它们满足的条件如下：

① $z>0$ 时，$\nabla^2\varphi_1=0$(除点电荷 $+q$ 所在处外)；

② $z<0$ 时，$\nabla^2\varphi_2=0$(所有点均满足)；

③ $z=0$ 时，$\varphi_1=\varphi_2$，$\varepsilon_0\dfrac{\partial\varphi_1}{\partial n}=\varepsilon\dfrac{\partial\varphi_2}{\partial n}$。

应用镜像法，镜像电荷必定位于所求场空间区域之外，故在求 φ_1 时，将整个空间充满介质 ε_0，则 φ_1 由点电荷 q 及其 $z=0$ 平面下与其对称的位置上的镜像电荷 q' 共同确定，如图 4-9(b)所示。同样地，在求 φ_2 时，镜像电荷 q'' 应放在 $z>0$ 区域的$(0, 0, h)$点处（即原点电荷所在处），整个空间充满介质 ε，则 φ_2 由原点电荷与镜像电荷 q'' 确定，如图 4-9(c)所示。镜像电荷 q' 和 q'' 的值由上述边界条件确定。

$z>0$ 的空间中任一点 P 的电位为

$$\varphi_1=\frac{q}{4\pi\varepsilon_0 R_1}+\frac{q'}{4\pi\varepsilon_0 R'}$$

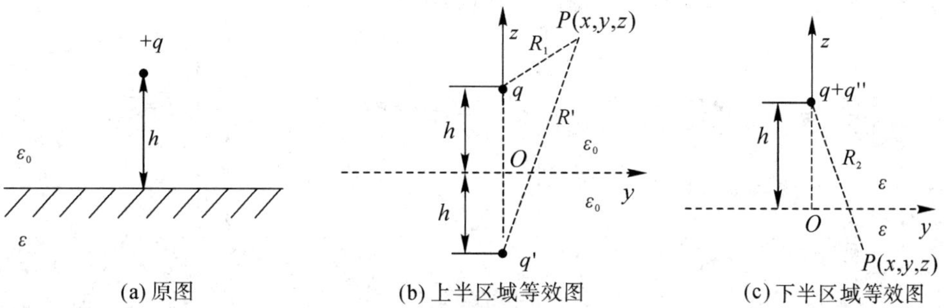

图 4-9 平面电介质交界面的镜像

$z<0$ 的空间中任一点 P 的电位为

$$\varphi_2=\frac{q+q''}{4\pi\varepsilon R_2}$$

$z=0$ 时有 $R_1=R'=R_2$，根据分界面上边界条件 $\varphi_1=\varphi_2$ 和 $\varepsilon_0\left.\frac{\partial\varphi_1}{\partial z}\right|_{z=0}=\varepsilon\left.\frac{\partial\varphi_2}{\partial z_1}\right|_{z=0}$，有

$$\frac{q+q'}{\varepsilon_0}=\frac{q+q''}{\varepsilon}$$

$$\varepsilon_0\frac{1}{4\pi\varepsilon_0}\left[\frac{q(z-h)}{R_1^3}+\frac{q'(z+h)}{R'^3}\right]\Bigg|_{z=0}=\varepsilon\frac{1}{4\pi\varepsilon}\left[\frac{q+q''}{R_2^3}(z-h)\right]\Bigg|_{z=0}$$

即

$$q'=-q''$$

联立求解以上两个方程，镜像电荷 q' 和 q'' 分别为

$$q'=-\frac{\varepsilon-\varepsilon_0}{\varepsilon+\varepsilon_0}q,\quad q''=\frac{\varepsilon-\varepsilon_0}{\varepsilon+\varepsilon_0}q \tag{4-53}$$

空间各点的电位为

$$\begin{cases}\varphi_1=\dfrac{q}{4\pi\varepsilon_0}\left(\dfrac{1}{R_1}-\dfrac{1}{R'}\dfrac{\varepsilon-\varepsilon_0}{\varepsilon+\varepsilon_0}\right) & z>0\\[2ex] \varphi_2=\dfrac{q}{2\pi R_2}\left(\dfrac{1}{\varepsilon+\varepsilon_0}\right) & z<0\end{cases}$$

若以密度为 ρ_l 的线电荷代替点电荷 q，其他条件均不变，则对于两种介质中的电位，可以用完全相同的方法求解，只是现在镜像电荷为

$$\rho_l'=-\frac{\varepsilon-\varepsilon_0}{\varepsilon+\varepsilon_0}q,\quad \rho_l''=\frac{\varepsilon-\varepsilon_0}{\varepsilon+\varepsilon_0}q$$

例 4-9 如图 4-10 所示，磁导率分别为 μ_1 及 μ_2 的两种均匀磁介质的分界面是无限

大平面，在介质 1 中有一根无限长直线电流 I 平行于分界平面，且与分界平面距离为 h，试求空间的磁场分布。

解：建立直角坐标系，取分界面为 xOy 平面，假设电流沿 y 方向流动。

在直线电流 I 产生的磁场作用下，磁介质被磁化，在不同磁介质的分界面上有磁化电流分布。这样空间中的磁场由线电流 I 和磁化电流共同产生。依据镜像法的基本思想，在计算磁介质 1 中的磁场时，用置于介质 2 中的镜像线电流 I' 来代替分界面上的磁化电流，并把整个空间看作充满磁导率为 μ_1 的均匀介质，如图 4-10(b)所示。在计算磁介质 2 中的磁场时，用置于介质 1 中的镜像线电流 I'' 来代替分界面上的磁化电流，并把整个空间看作充满磁导率为 μ_2 的均匀介质，如图 4-10(c)所示。

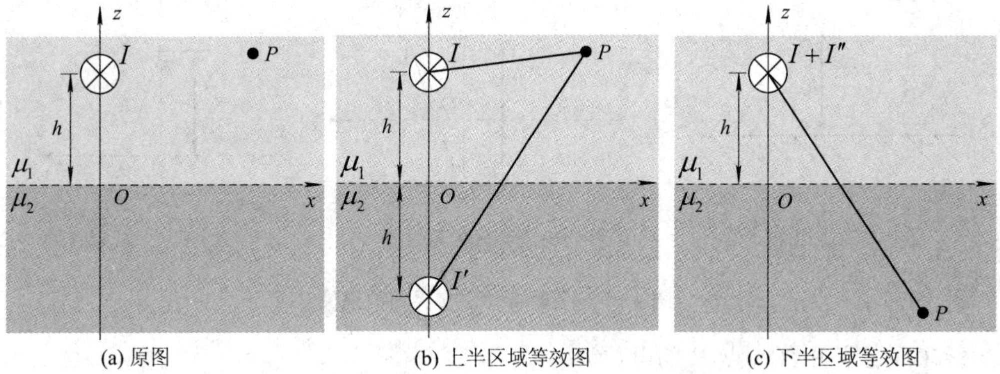

图 4-10　线电流对不同导磁媒质分界面的镜像

因假设电流沿 y 轴方向流动，所以矢量磁位只有 y 分量。即 $\boldsymbol{A}=\boldsymbol{e}_yA$。则磁介质 1($z\geqslant 0$)中任意一点 P 的矢量磁位为

$$A_1=\frac{\mu_1 I}{2\pi}\ln\frac{1}{\sqrt{x^2+(z-h)^2}}+\frac{\mu_1 I'}{2\pi}\ln\frac{1}{\sqrt{x^2+(z+h)^2}}$$

磁介质 2($z\leqslant 0$)中任意一点 P 的矢量磁位为

$$A_2=\frac{\mu_2(I+I'')}{2\pi}\ln\frac{1}{\sqrt{x^2+(z-h)^2}}$$

其中镜像电流的值可通过磁介质分界面上的边界条件来确定。在分界面($z=0$)上，矢量磁位应满足边界条件

$$A_1\big|_{z=0}=A_2\big|_{z=0},\quad \frac{1}{\mu_1}\frac{\partial A_1}{\partial z}\bigg|_{z=0}=\frac{1}{\mu_2}\frac{\partial A_2}{\partial z}\bigg|_{z=0}$$

从而可得到

$$\begin{cases}I-I'=I+I''\\ \mu_1(I+I')=\mu_2(I+I'')\end{cases}$$

联立求解可得

$$\begin{cases}I'=\dfrac{\mu_2-\mu_1}{\mu_1+\mu_2}I\\[2ex] I''=\dfrac{\mu_1-\mu_2}{\mu_1+\mu_2}I\end{cases}$$

将上式代入矢量磁位表达式可得

$$\boldsymbol{A}_1=\boldsymbol{e}_y\left[\frac{\mu_1 I}{2\pi}\ln\frac{1}{\sqrt{x^2+(z-h)^2}}+\frac{I}{2\pi}\frac{\mu_1(\mu_2-\mu_1)}{\mu_1+\mu_2}\ln\frac{1}{\sqrt{x^2+(z+h)^2}}\right]\quad(z\geqslant 0)$$

$$\boldsymbol{A}_2=\left[\frac{I}{\pi}\frac{\mu_1\mu_2}{\mu_1+\mu_2}\ln\frac{1}{\sqrt{x^2+(z-h)^2}}\right]\quad(z\leqslant 0)$$

相应的磁场可由 $\boldsymbol{B}=\nabla\times\boldsymbol{A}$ 求得。

4.3.3　球面镜像法

下面通过具体例题讨论球面镜像问题。

例 4-10　设半径为 a 的接地导体球与球心 O 相距 d_1 的 P_1 点有一点电荷 q_1，如图 4-11(a)所示，试求球外的电位函数。

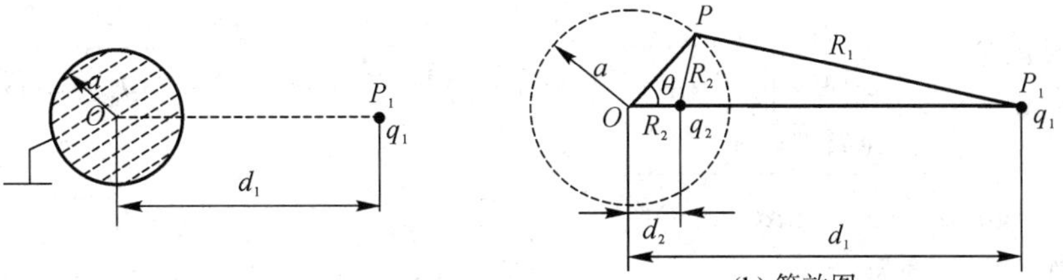

(a) 原图　(b) 等效图

图 4-11　点电荷对导体球的镜像

解： 由于点电荷 q_1 的存在，在接地导体球表面将感应出与 q_1 异号的电荷。球外任一点的电位应等于这些感应电荷与原来点电荷 q_1 产生的电位之和。

设想把导体球移去，用一个镜像电荷代替球面上感应的电荷。为了不改变球外的电荷分布，镜像电荷必须放在导体球内。又由于球对称性，因此这个镜像电荷必然和点电荷 q_1 及球心在同一条直线上。设镜像电荷为 q_2，位于离球心为 d_2 的 P_2 点上，如图 4-11(b)所示，这两个点电荷必须使导体球面上任一点 P 的电位为 0，即

$$\varphi=\frac{1}{4\pi\varepsilon_0}\left(\frac{q_1}{R_1}+\frac{q_2}{R_2}\right)=0\tag{4-54}$$

由余弦定理得

$$R_1=(a^2+d_1^2-2ad_1\cos\theta)^{\frac{1}{2}},\ R_2=(a^2+d_2^2-2ad_2\cos\theta)^{\frac{1}{2}}$$

将上式代入式(4-54)中整理得

$$[q_1^2(a^2+d_2^2)-q_2^2(a^2+d_1^2)]+2a(q_2^2d_1-q_1^2d_2)\cos\theta=0$$

上式必须对所有的 θ 都成立。它成立的充分必要条件为

$$\begin{cases}q_1^2(a^2+d_2^2)-q_2^2(a^2+d_1^2)=0\\ q_2^2d_1-q_1^2d_2=0\end{cases}$$

解上面两式得到一组解为(已舍去不合理解)

$$q_2=-\frac{a}{d_1}q_1,\ d_2=\frac{a^2}{d_1}\tag{4-55}$$

式(4-55)表示对于球面上任一点 P，ΔP_1PO 与 ΔPP_2O 是相似三角形，即

$$\frac{R_1}{R_2}=\frac{d_1}{a}=\frac{a}{d_2}\tag{4-56}$$

于是球外任意点的电位为

$$\varphi=\frac{q_1}{4\pi\varepsilon_0 R_1}+\frac{q_2}{4\pi\varepsilon_0 R_2}=\frac{q_1}{4\pi\varepsilon_0}\left(\frac{1}{R_1}-\frac{a}{d_1 R_2}\right)$$

采用球坐标，取原点为球心 O 点，z 轴与 OP_1 重合，则球外任一点 $M(r, \theta, \phi)$处有

$$R_1=(r^2+d_1^2-2rd_1\cos\theta)^{\frac{1}{2}}, R_2=(r^2+d_2^2-2rd_2\cos\theta)^{\frac{1}{2}}$$

这样可求得电场 E 的分量为

$$E_r=-\frac{\partial\varphi}{\partial r}=\frac{q_1}{4\pi\varepsilon_0}\left(\frac{r-d_1\cos\theta}{R_1^3}-\frac{a}{d_1}\frac{r-d_2\cos\theta}{R_2^3}\right)$$

$$E_\theta=-\frac{1}{r}\frac{\partial\varphi}{\partial\theta}=\frac{q_1}{4\pi\varepsilon_0}\left(\frac{d_1\cos\theta}{R_1^3}-\frac{a}{d_1}\frac{d_2\cos\theta}{R_2^3}\right)$$

$r=a$ 时，球面上的感应电荷密度为

$$\rho_S=\varepsilon_0 E_r\big|_{r=a}=\frac{q_1}{4\pi\varepsilon_0}\left[\frac{a-d_1\cos\theta}{(a^2+d_1^2-2ad_1\cos\theta)^{\frac{3}{2}}}-\frac{a}{d_1}\frac{a-d_2\cos\theta}{(a^2+d_2^2-2ad_2\cos\theta)^{\frac{3}{2}}}\right]$$

$$=\frac{-q(d_1^2-a^2)}{4\pi a(a^2+d_1^2-2ad_1\cos\theta)^{\frac{3}{2}}} \tag{4-57}$$

而球面上总感应电量为

$$q_{\text{in}}=-\frac{-q(d_1^2-a^2)}{4\pi a}\int_0^\pi\frac{a^2\sin\theta\,\mathrm{d}\theta(2\pi)}{(a^2+d_1^2-2ad_1\cos\theta)^{\frac{3}{2}}}=-\frac{a}{d_1}q_1 \tag{4-58}$$

如我们所预料的一样，总感应电荷量等于像电荷的电荷量。

若例 4-10 中的导体球不接地，如图 4-12(a)，则这时的边界条件是导体球的电位不为零，而球面的净电荷为零。为了满足导体球面的边界条件，只需在球上再加上一个镜像电荷 $q_3=-q_2$；且此 q_3 必须放在球心处，以保持球面仍为等位面，如图 4-12(b)所示。这种情况下球外任意点的电位为

$$\varphi=\frac{q_1}{4\pi\varepsilon_0}\left(\frac{1}{R_1}-\frac{a}{d_1 R_2}+\frac{a}{d_1 R_0}\right) \tag{4-59}$$

这时球的电位等于 q_3 在球面上产生的电位为

$$\varphi=\frac{q_3}{4\pi\varepsilon_0 a}=\frac{q_1}{4\pi\varepsilon_0 d_1} \tag{4-60}$$

有趣的是，它等于球不存在时 q_1 在 O 点时产生的电位。

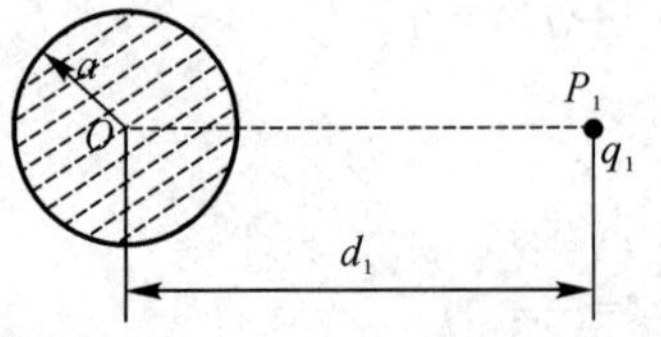

(a) 原图

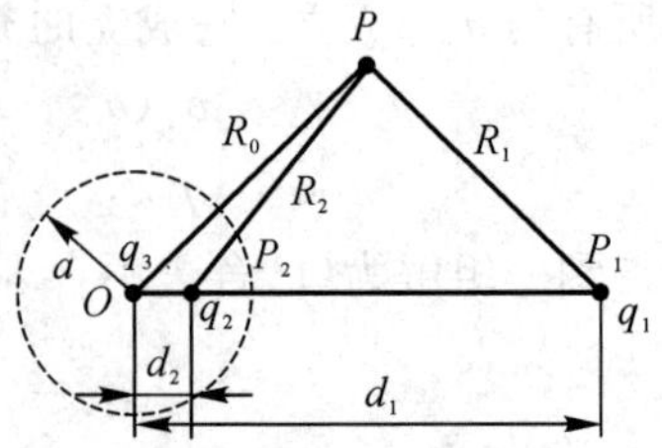

(b) 等效图

图 4-12　不接地导体球的镜像

若导体构成一个球形空腔，空腔内 P_2 点有一个点电荷 q_2，距球心距离为 d_2，则它的镜像一定在球腔外 P_1 点的 q_1，且 $q_1=-\frac{a}{d_2}q_2$，$d_1=\frac{a^2}{d_2}$，和上面的球外问题相比，点电荷和镜像电荷相互置换了。

4.3.4　圆柱面镜像法

例 4-11　半径为 a 的接地导体圆柱外有一条和它平行的线电荷，密度为 ρ_{l1}，与圆柱轴相距为 d_1，如图 4-13(a)所示。求空间中任意点的电位函数。

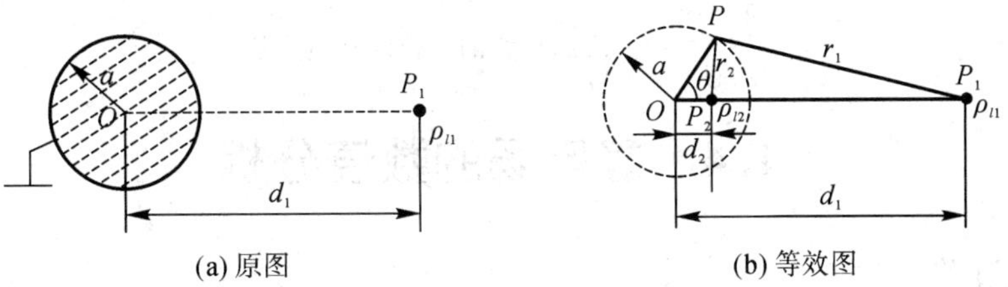

图 4-13　接地导体圆柱的镜像

解： 仿照点电荷的球面镜像法，可设在 OP_1 线上与轴距离 $d_2(d_2<a)$ 的 P_2 点上有一条镜像线电荷 ρ_{l2}，为了确定 ρ_{l2} 和 d_2，我们仍然用 $d_2=\frac{a^2}{d_1}$ 的关系进行试探求解。同样在圆周上取两点(通过 P_2 点的直径的两端点)，因为圆柱接地，所以它们的电位必须为零，即

$$\frac{\rho_{l1}}{2\pi\varepsilon_0}\ln\left(\frac{1}{a+d_1}\right)+\frac{\rho_{l2}}{2\pi\varepsilon_0}\ln\left(\frac{1}{a+d_2}\right)+C=0$$

$$\frac{\rho_{l1}}{2\pi\varepsilon_0}\ln\left(\frac{1}{d_1-a}\right)+\frac{\rho_{l2}}{2\pi\varepsilon_0}\ln\left(\frac{1}{a-d_2}\right)+C=0$$

代入 $d_2=\frac{a^2}{d_1}$ 的关系后，上面两方程解得

$$\rho_{l2}=-\rho_{l1} \tag{4-61}$$

显然，镜像电荷 ρ_{l2} 在数值上等于圆柱表面单位长度上的感应电荷。圆柱外任意点的电位为

$$\varphi=\frac{\rho_{l1}}{2\pi\varepsilon_0}\ln\left(\frac{r_2}{r_1}\right)+C \tag{4-62}$$

其中 r_1，r_2 分别是 ρ_{l1}，ρ_{l2} 到场点的距离。

若令 $k=\frac{r_2}{r_1}$，图 4-14 画出了不同 k 值的等位面，右半空间($x>0$)对应 $k>1$，电位为正；左半空间($x<0$)对应 $k<1$，电位为负；y 轴对应 $k=1$，电位为零。$k=0$ 对应点$(-d_1, 0)$，$k=\infty$对应点$(d_1, 0)$，这一结果能计算与无限长圆柱导体有关的静电问题。

若圆柱不接地，则应在轴线上加入一镜像线电荷 $+\rho_l$，以保持圆柱面上的净电荷为零和圆柱面为等位面。现在，我们来看圆柱不接地且电荷密度为 $-\rho_l$ 的情况。很明显这相当于不接地的圆柱在轴线上再加入线电荷 $-\rho_l$ 的情况。此 $-\rho_l$ 恰同轴线上原有的 $+\rho_l$ 相抵消，其结果仍然在 P_2 点存在一根镜像线电荷 $-\rho_l$，与图 4-12 完全相同。

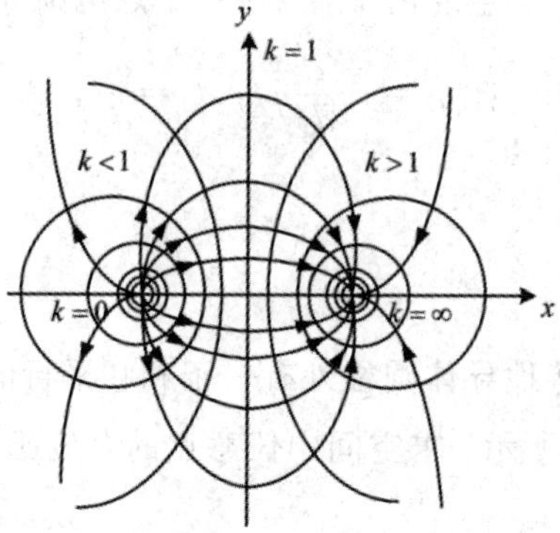

图 4-14　两圆柱线的电位线和电力线

4.4　静电场的数值分析

4.4.1　有限差分法

前面讨论了求解拉普拉斯方程的解析法，但是对大多数实际问题，往往边界形状复杂，很难用解析法求解，这时可借助数值计算法来求得电磁场的数值解。目前已发展了很多有效的求解边值问题的数值方法。有限差分法是一种较易使用的数值方法。

有限差分法的基本思想是将场域划分成网格，把求解场域内连续的场分布用求解网格节点上的离散的数值解来代替，即用网格节点的差分方程近似代替场域内的偏微分方程来求解。一般说来，只要将网格划分得充分细，所得结果就可达到足够的精确。网格划分的方式很多，本节以二维拉普拉斯方程的第一类边值问题为例，简要说明有限差分法的基本原理。

为了分析问题方便，我们假设所考察区域中电位函数沿 z 方向的偏导数为零。如图 4-15 所示，在以 C 为边界的平面区域 S 内没有电荷分布。在平面区域 S 内，拉普拉斯方程将化为二维的拉普拉斯方程。因此，平面区域 S 的边值问题为

$$\begin{cases}\nabla^2\varphi=\nabla_{xy}^2\varphi=\dfrac{\partial^2\varphi}{\partial x^2}+\dfrac{\partial^2\varphi}{\partial y^2} & （在平面区域\ S\ 之内）\\ \varphi|_C=f(C) & （在区域\ S\ 的周界\ C\ 上）\end{cases}$$

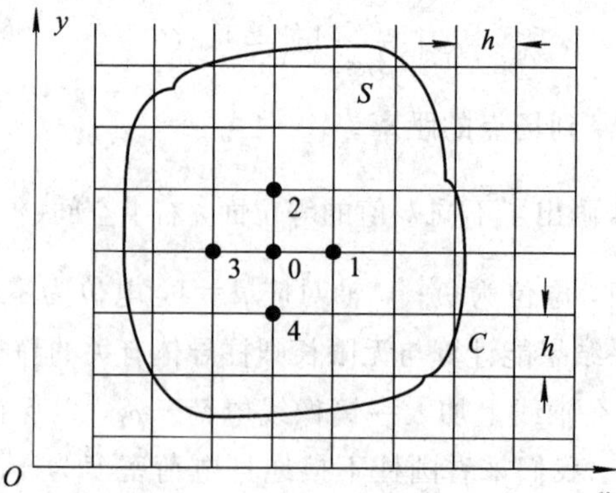

图 4-15　划分成网格的平面区域

有限差分法是把连续问题变成离散问题求解的，因此，要把需要解决问题的区域 S 划分成许多的网格。网格的形状可以是三角形、正方形或六边形等，多数情况下采用正方形网格。如图 4-15 所示，在 xOy 平面把所求解区域划分为若干相同的小正方形格子，每个格子的边长都为 h。假设某顶点 0 上的电位为 φ_0，周围四个顶点的电位分别为 φ_1、φ_2、φ_3 和 φ_4。

设沿 x 方向上邻近 0 点的一点的电位为 φ_x，用泰勒公式展开时为

$$\varphi_x=\varphi_0+\left(\frac{\partial\varphi}{\partial x}\right)_0(x-x_0)+\frac{1}{2!}\left(\frac{\partial^2\varphi}{\partial x^2}\right)_0(x-x_0)^2+\frac{1}{3!}\left(\frac{\partial^3\varphi}{\partial x^3}\right)_0(x-x_0)^3+\frac{1}{4!}\left(\frac{\partial^4\varphi}{\partial x^4}\right)_0(x-x_0)^4+\cdots$$

故 1 点的电位为

$$\varphi_1=\varphi_0+\left(\frac{\partial\varphi}{\partial x}\right)_0 h+\frac{1}{2!}\left(\frac{\partial^2\varphi}{\partial x^2}\right)_0 h^2+\frac{1}{3!}\left(\frac{\partial^3\varphi}{\partial x^3}\right)_0 h^3+\cdots$$

3 点的电位为

$$\varphi_3=\varphi_0-\left(\frac{\partial\varphi}{\partial x}\right)_0 h+\frac{1}{2!}\left(\frac{\partial^2\varphi}{\partial x^2}\right)_0 h^2-\frac{1}{3!}\left(\frac{\partial^3\varphi}{\partial x^3}\right)_0 h^3+\cdots$$

$$\varphi_1+\varphi_3=2\varphi_0+\left(\frac{\partial^2\varphi}{\partial x^2}\right)_0 h^2+\cdots$$

当 h 很小时，4 阶以上的高次项可以忽略不计，由此可得

$$h^2\left(\frac{\partial^2\varphi}{\partial x^2}\right)_0=\varphi_1+\varphi_3-2\varphi_0$$

同样地，可得

$$h^2\left(\frac{\partial^2\varphi}{\partial y^2}\right)_0=\varphi_2+\varphi_4-2\varphi_0$$

将上面两式相加，得

$$h^2\left(\frac{\partial^2\varphi}{\partial x^2}+\frac{\partial^2\varphi}{\partial y^2}\right)_0=\varphi_1+\varphi_2+\varphi_3+\varphi_4-4\varphi_0$$

在上式中代入

$$\frac{\partial^2\varphi}{\partial x^2}+\frac{\partial^2\varphi}{\partial y^2}=-\frac{\rho}{\varepsilon_0}=-F$$

得

$$\begin{cases}\varphi_1+\varphi_2+\varphi_3+\varphi_4-4\varphi_0=-Fh^2\\ \varphi_0=\dfrac{\varphi_1+\varphi_2+\varphi_3+\varphi_4+Fh^2}{4}\end{cases}\tag{4-63}$$

式中，$F=\dfrac{\rho}{\varepsilon_0}$。式(4-63)是二维泊松方程的有限差分形式。对于 $\rho=0$，即 $F=0$ 的区域，得到二维拉普拉斯方程的有限差分形式：

$$\varphi_0=\frac{\varphi_1+\varphi_2+\varphi_3+\varphi_4}{4}\tag{4-64}$$

上式表示任意点的电位等于围绕它的四个点的电位的平均值。显然，h 越小，计算越精确。如果待求 N 个点的电位，就需解含有 N 个方程的线性方程组。若点的数目较多，用迭代法较为方便。

4.4.2　迭代法

如前所述，当选取的网格和节点数目较多时，所要求解的一次方程组中方程式的数目即未知数的数目就变得非常多。用计算机求解这种大型联立方程组时，为了提高运行速度往往采取迭代法。下面介绍两种迭代法。

1. 简单迭代法

用迭代法解二维电位分布时，将包含边界在内的节点均以双下标(i, j)表示，i、j分别表示沿x、y方向的标号。次序是x方向从左到右，y方向从下到上，如图4-16所示。

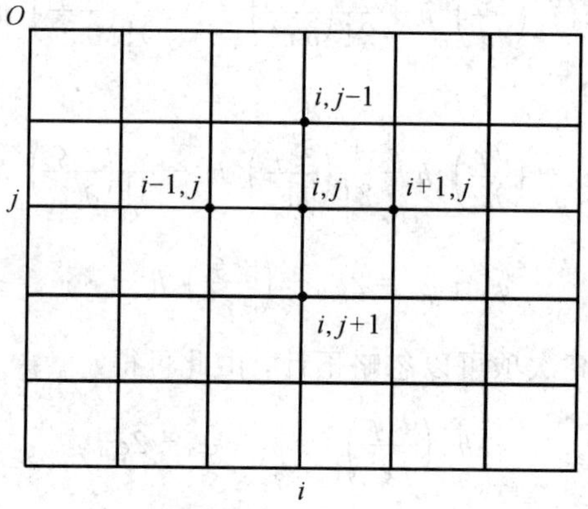

图4-16　节点序号

我们用上标n表示某点电位的第n次的迭代值，由式(4-64)得出点(i, j)第$n+1$次电位的计算公式为

$$\varphi_{i,j}^{n+1}=\frac{\varphi_{i+1,j}^{n}+\varphi_{i,j+1}^{n}+\varphi_{i-1,j}^{n}+\varphi_{i,j-1}^{n}}{4} \tag{4-65}$$

上式也称为简单迭代法，它的收敛速度较慢。计算时，先任意指定各个节点的电位值，作为零级近似(注意电位在某无源区域的极大、极小值总是出现在边界上，理由请读者思考)，将零级近似值及其边界上的电位值代入式(4-65)求出一级近似值，再由一级近似值求出二级近似，以此类推，直到连续两次迭代所得电位的差值在允许范围内时，结束迭代。对于相邻两次迭代解之间的误差，通常有两种取法：

(1)取最大绝对误差$\max\limits_{i,j}\left|\varphi_{i,j}^{k}-\varphi_{i,j}^{k-1}\right|$；

(2)取算术平均误差$\dfrac{1}{N}\sum\limits_{i,j}\left|\varphi_{i,j}^{k}-\varphi_{i,j}^{k-1}\right|$，其中$N$是节点总数。

例4-12　一个正方形截面的无限长金属盒。盒子的两侧及底面的电位为零，顶部电位为100 V，如图4-17所示，求盒内的电位分布。

解： 为了说明解题方法，只进行很粗的分格，实际问题中，网格必须分得较细才能得到较高的精度。先将区域进行分格，用三条水平和三条垂直的等间距直线将正方形区域划分为16个网格，25个节点，其中边界节点有16个，内节点有9个。边界节点上的电位是已知的，而9个内节点的电位为未知电位。

由题所给定的边界条件可知：16个边界节点中有

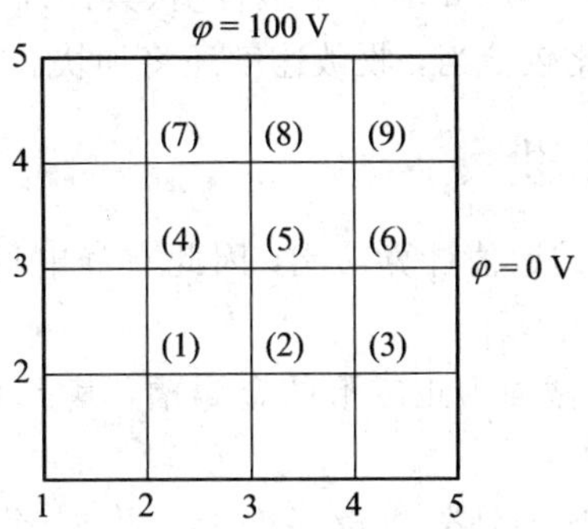

图 4-17　金属槽截面网格划分

$$\varphi_{11}=\varphi_{12}=\varphi_{13}=\varphi_{14}=\varphi_{15}=100\ \text{V}$$

$$\varphi_{51}=\varphi_{52}=\varphi_{53}=\varphi_{54}=\varphi_{55}=0\ \text{V}$$

$$\varphi_{21}=\varphi_{31}=\varphi_{41}=\varphi_{25}=\varphi_{35}=\varphi_{45}=0\ \text{V}$$

对于每一个未知电位节点，我们可通过式(4-65)列出一个这样的迭代方程，从而得到 9 个未知电位节点的迭代方程组。若对 9 个未知电位赋予初值(在计算机程序求解迭代方程时，9 个未知电位节点的初值通常赋予 0 值)，则可通过在计算机上运行一个简单的程序完成解迭代方程组。若将各未知节点电位的初值赋予 0 值，当 $n=10$ 时，有

$$\varphi_{22}^{10}=42.2932\quad \varphi_{23}^{10}=51.8905\quad \varphi_{24}^{10}=42.2932$$

$$\varphi_{32}^{10}=17.9880\quad \varphi_{33}^{10}=23.8280\quad \varphi_{34}^{10}=17.9880$$

$$\varphi_{42}^{10}=6.5352\quad \varphi_{43}^{10}=9.1382\quad \varphi_{44}^{10}=6.5352$$

2. 超松弛迭代法

简单迭代法在解决问题时收敛速度比较慢，一般来说，实用价值不大。实际中常采用超松弛迭代法，相比之下它有两点重大的改进。

其一：计算每一网格点时，把已计算得到的邻近点的电位新值代入，即在计算(j, k)点的电位时，把它左边的点$(j-1, k)$和下面的点$(j, k-1)$的电位用已算得的新值代入，即

$$\varphi_{j,k}^{n+1}=\frac{\varphi_{j+1,k}^{n}+\varphi_{j,k+1}^{n}+\varphi_{j-1,k}^{n+1}+\varphi_{j,k-1}^{n+1}}{4}\tag{4-66}$$

上式称为松弛法或赛德尔法(relaxation method)。由于提前使用了新值，使得收敛速度加快。

其二：再把式(4-66)写成增量形式，即

$$\varphi_{j,k}^{n+1}=\varphi_{j,k}^{n}+\frac{\varphi_{j+1,k}^{n}+\varphi_{j,k+1}^{n}+\varphi_{j-1,k}^{n+1}+\varphi_{j,k-1}^{n+1}-4\varphi_{j,k}^{n}}{4}$$

这时每次的增量(即上式右边的第二项)就是所求方程局部达到平衡时应补充的量。为了加快收敛，我们引进一个松弛因子 a，将上式改写为

$$\varphi_{j,k}^{n+1}=\varphi_{j,k}^{n}+\frac{a}{4}(\varphi_{j+1,k}^{n}+\varphi_{j,k+1}^{n}+\varphi_{j-1,k}^{n+1}+\varphi_{j,k-1}^{n+1}-4\varphi_{j,k}^{n})\tag{4-67}$$

式中 a 为松弛因子，一般取在 1 与 2 之间。即我们给予每点的增量超过使方程达到局部平

衡时所需的值。这将加速解的收敛。a 有一个最优值(具体确定最优值是一个复杂问题，这里不做深入讨论)，如果选择比较恰当，收敛速度还将加快。

4.4.3　静电场数值分析应用

MATLAB 软件具有高效的数值计算功能，因此在静电场数值计算方面具有一定的优势。我们通过例题加以说明。

例 4-13　一个无限长的截面为正方形的金属槽，其上的电位如图 4-18 所示，试计算槽内的电位。

解： 如图 4-18 所示，将区域划分为 64 个网格，共 81 个结点，其中 32 个边界结点的电位值是已知的，需要计算 49 个内节点的电位值。

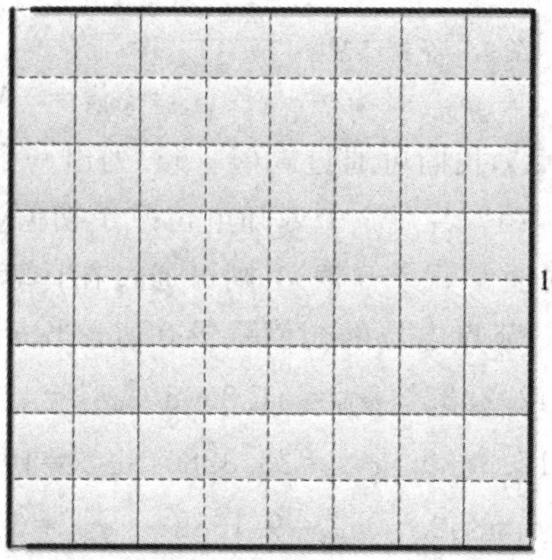

图 4-18　例 4-13 的网格划分

(1) 简单迭代法。

①迭代算法程序 Program1。

```
lx=9; ly=9;                                   % 结点数
v1=zeros(ly, lx);
v1(1, :)=ones(1, lx)*50;
v1(ly, :)=ones(1, lx)*100;
for i=1: ly
   v1(i, 1)=0;
   v1(i, lx)=100;
end                                           % 条件边界值
v2=v1;
maxt=1;
t=0;
k=0;                                          % 迭代次数初值
while(maxt>1e-6)
  k=k+1;                                      %计算迭代次数
  maxt=0;
```

```
  for i=2: ly-1
    for j=2: lx-1
      v2(i, j)=(v1(i, j+1)+v1(i+1, j)+v2(i-1, j)+v2(i, j-1))/4;    % 简单迭代法差分方程
      t=abs(v2(i, j)-v1(i, j));
      if(t>maxt)
        maxt=t;
      end
    end
  end
  v1=v2;
end
subplot(1, 2, 1)
mesh(v2)                                                          % 三维绘图
axis([0, lx, 0, ly, 0, 100])
text(lx/2+9, ly+14, '100V', 'fontsize', 6);                       % 上标注
text(lx/2+5, 6, '50V', 'fontsize', 6);                            % 下标注
text(-0.3, ly/2, '0V', 'fontsize', 5);                            % 左标注
text(lx+10, ly/2+13, '100V', 'fontsize', 5);                      % 右标注
subplot(1, 2, 2)
contour(v2, 10)
text(lx/2-0.5, ly+0.4, '100V', 'fontsize', 6);                    % 上标注
text(lx/2, 0.3, '50V', 'fontsize', 6);                            % 下标注
text(-0.3, ly/2, '0V', 'fontsize', 5);                            % 左标注
text(lx+0.1, ly/2, '100V', 'fontsize', 5);                        % 右标注
fprintf('节点电势值矩阵: \n');                                    % 输出各节点电势
disp(fliplr(flipud(v2)));
fprintf('迭代次数: %d\n', k);                                     %输出迭代次数
```

②计算结果与迭代次数。

>> 迭迭代次数：107，节点电势值矩阵：

100.0000	100.0000	100.0000	100.0000	100.0000	100.0000	100.0000	100.0000	0
100.0000	97.3880	94.6332	91.4869	87.4646	81.5674	71.4714	50.8707	0
100.0000	94.9189	89.6580	83.8498	76.8040	67.3338	53.4473	32.0112	0
100.0000	92.6298	85.2299	77.4503	68.5677	57.5166	42.9729	23.7270	0
100.0000	90.3703	81.1815	72.1538	62.5000	51.1918	37.2009	19.9238	0
100.0000	87.6701	76.9719	67.4834	58.0867	47.5497	34.7150	18.7673	0
100.0000	83.3380	71.5527	62.7213	54.8137	46.2054	35.3420	20.4303	0
100.0000	74.1293	63.1794	57.0355	52.2413	47.1160	40.0175	27.6120	0
100.0000	50.0000	50.0000	50.0000	50.0000	50.0000	50.0000	50.0000	0

③电势分布 3D 显示。

电势分布图如图 4-19 所示。

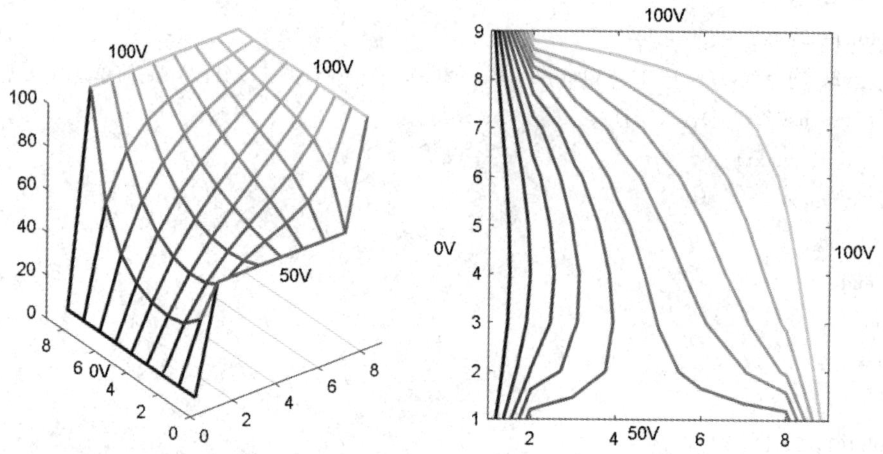

图 4-19　电势分布图

(2) 超松弛迭代法。

① 迭代算法程序。

只需将 Program1 中的差分方程：

$$v2(i, j)=(v1(i, j+1)+v1(i+1, j)+v2(i-1, j)+v2(i, j-1))/4$$

替换为

$$v2(i, j)=v1(i, j)+(v1(i, j+1)+v1(i+1, j)+v2(i-1, j)+v2(i, j-1)-4*v1(i, j))*a/4$$

即可，其中 a 为松弛因子。

② 不同松弛因子的迭代次数。

不同松弛因子的迭代次数如表 4-1 所示。

表 4-1　不同松弛因子的迭代次数

a	1.1	1.2	1.3	1.4	1.5	1.6	1.7	1.8	1.9	最佳因子
迭代次数	88	71	55	40	33	40	57	88	177	30

最佳收敛因子为

$$a_{\text{opt}}=\frac{2}{1+\sin\left(\dfrac{\pi}{m-1}\right)}$$

其中 m 为正方形区域划分为正方形网格时的每边的结点数。

本章小结

1. 分离变量法

根据边界面的形状，选择适当的坐标系，以便以简单的形式表达边界条件。如平面选直角坐标系、圆柱面选圆柱坐标系、球面选球坐标系。将电位函数表示成三个一维函数的乘积，通过分离变量将拉普拉斯方程变为三个常微分方程，得到电位函数的通解，然后寻求满足边界条件的特解。

2. 镜像法

将平面、圆柱面或球面上的感应电荷分布(或束缚电荷分布)用等效的点电荷或线电(在场区域外的某一位置处)替代并保证边界条件不变。原电荷与等效点电荷(即通称为像电荷)的场即所求解。镜像法的主要步骤是确定镜像电荷的位置和大小。

3. 有限差分法

一种数值计算方法，把求解区域用网格划分，同时把拉普拉斯方程变为网格点的电位有限差分方程(代数方程)组。在已知边界点的电位值下，用迭代法求得网格点电位的近似数值。

思考题 4

4－1　试述分离变量法的基本思想。在什么条件下，它对求解位函数的拉普拉斯方程有用？

4－2　试述镜像法的基本思想。镜像法的理论依据是什么？

4－3　利用镜像法求解的关键在何处？

4－4　试述有限差分法的基本思想。

习　题　4

4－1　如题 4—1 图所示为一长方形截面的导体槽，槽可视为无限长，其上有一块与槽相绝缘的盖板，槽的电位为零，上边盖板的电位为 U_0，求槽内的电位函数。

4－2　如题 4－2 图所示的导体槽，底面保持电位 U_0，其余两面电位为零，求槽内的电位的解。

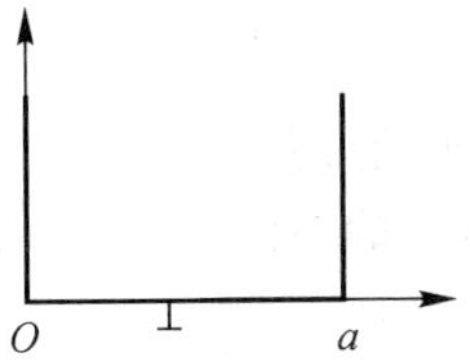

题 4－1 图

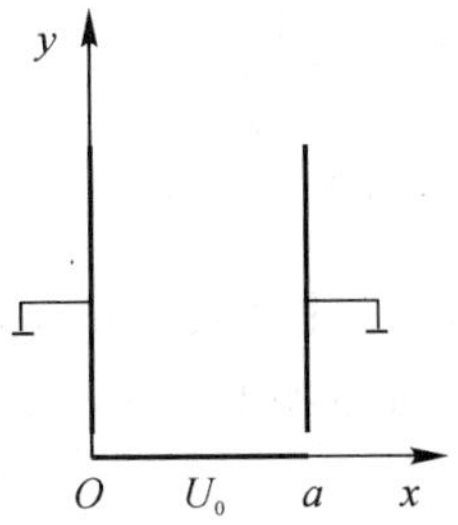

题 4－2 图

4－3　在介电常数为 ε 的无限大的介质中，沿 z 轴方向开一个半径为 a 的圆柱形空腔。沿 x 轴方向外加一均匀电场 $\boldsymbol{E}_0=\boldsymbol{e}_xE_0$，求空腔内和空腔外的电位函数。

4－4　如题 4－4 图所示的一对无限大接地平行导体板，板间有一与 z 轴平行的线电荷 q_l，其位置为(0, d)，求板间的电位函数。

4－5　如题 4－5 图所示的矩形导体槽的电位为零，槽中有一与槽平行的线电荷 q_l，求槽内的电位函数。

4－6　如题 4－6 图所示，在均匀电场 $\boldsymbol{E}_0=\boldsymbol{e}_xE_0$ 中垂直于电场方向放置一根无限长导体圆柱，圆柱的半径为 a，求导体圆柱外的电位 φ 和电场 $\boldsymbol{E}$ 以及导体表面的感应电荷密度 σ。

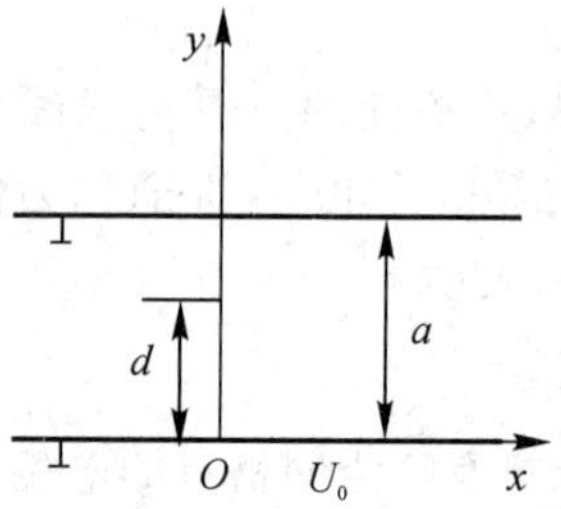

题 4-4 图

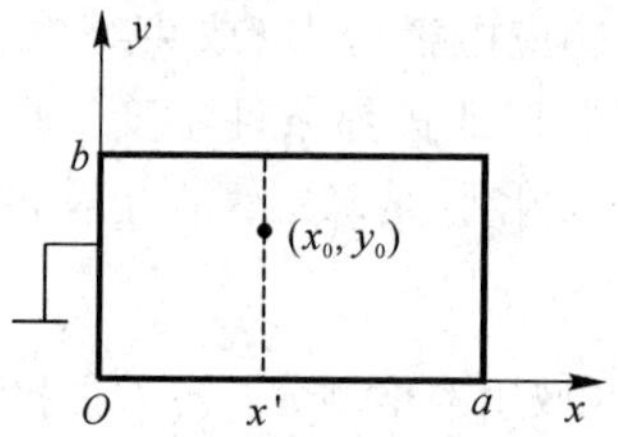

题 4-5 图

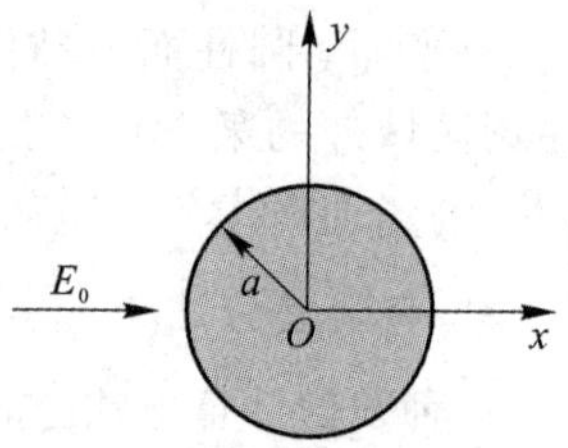

题 4-6 图

4-7　一长、宽、高分别为 a、b、c 的长方体表面保持零电位，体积内填充密度为

$$\rho=y(y-b)\sin\left(\frac{\pi x}{a}\right)\sin\left(\frac{\pi z}{c}\right)$$

的电荷，求长方体内的电位 φ。

4-8　一个半径为 b、无限长的薄导体圆柱面被分割成四个四分之一圆柱面，如题 4-8 图所示。第二象限和第四象限的四分之一圆柱面接地，第一象限和第三象限分别保持电位 U_0 和 $-U_0$。求圆柱面内部的电位函数。

4-9　如题 4-9 图所示，一无限长介质圆柱的半径为 a、介电常数为 ε，在距离轴线 $\boldsymbol{r}_0$（$r_0>a$）处，有一与圆柱平行的线电荷 q_l，计算空间各部分的电位。

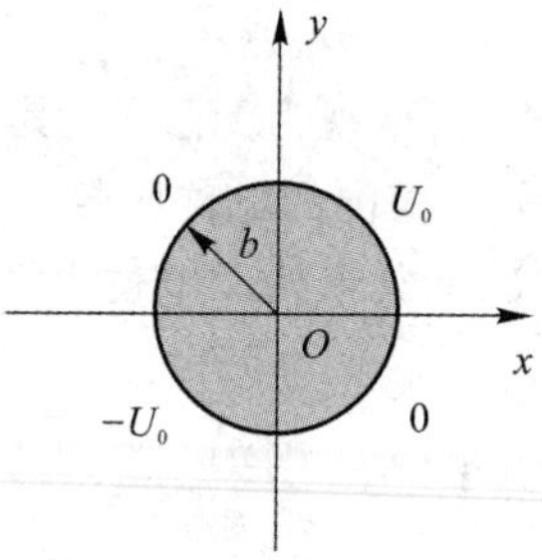

题 4-8 图

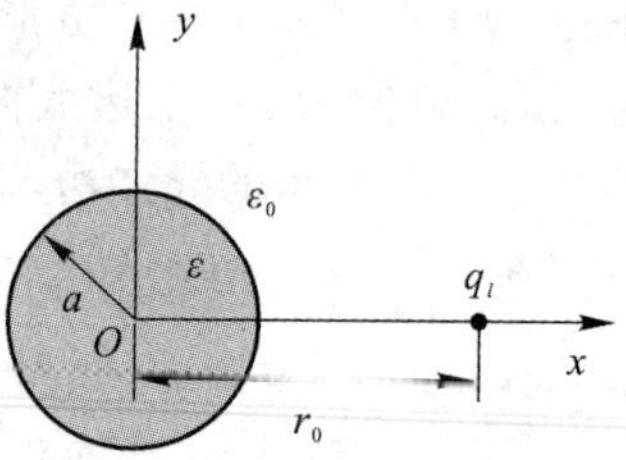

题 4-9 图

4-10　将题 4-9 的介质圆柱改为导体圆柱，重新计算。

4-11　在均匀外电场 $\boldsymbol{E}_0=\boldsymbol{e}_zE_0$ 中放入半径为 a 的导体球，试分别计算下面两种情况下球外的电位分布。

(1) 导体充电至 U_0；

(2) 导体上充有电荷 Q。

4-12　如题 4-12 图所示，无限大的介质中外加均匀电场 $\boldsymbol{E}_0=\boldsymbol{e}_zE_0$，在介质中有一个半径为 a 的球形空腔。求空腔内、外的电场 $\boldsymbol{E}$ 和空腔表面的极化电荷密度（介质的介电常数为 ε）。

4-13　如题 4-13 图所示，空心导体球壳的内、外半径分别为 r_1 和 r_2，球的中心放置一个电偶极子 $\boldsymbol{p}$，球壳上的电荷量为 Q。试计算球内、外的电位分布和球壳上的电荷分布。

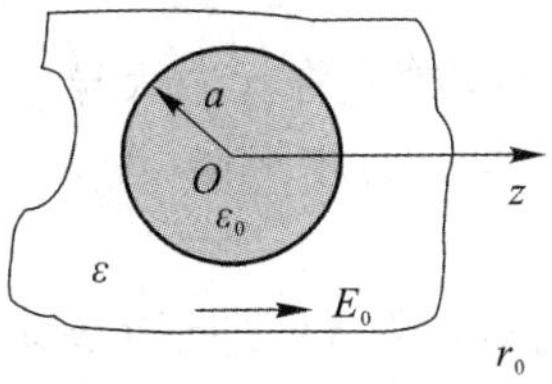

题 4-12 图

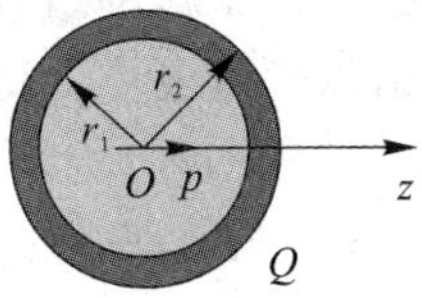

题 4-13 图

4-14　欲在一个半径为 a 的球上绕线圈使在球内产生均匀场，问线圈应如何绕(即求绕线的密度)?

4-15　一个半径为 R 的介质球带有均匀极化强度 $\boldsymbol{P}$。证明：

(1) 球内的电场是均匀的，等于 $-\dfrac{\boldsymbol{P}}{\varepsilon_0}$；

(2) 球外的电场与一个位于球心的偶极子 $\boldsymbol{P}\tau$ 产生的电场相同，$\tau=\dfrac{4\pi R^3}{3}$。

4-16　半径为 a 的接地导体球，离球心 $r_1(r_1>a)$ 处放置一个点电荷 q，如题 4-16 图所示。用分离变量法求电位分布。

4-17　一根密度为 q_l、长为 $2a$ 的线电荷沿 z 轴放置，中心在原点上。证明：对于 $r>a$ 的点，有

$$\varphi(r,\theta)=\frac{q_l}{2\pi\varepsilon_0}\left[\frac{a}{r}+\frac{a^3}{3r^3}P_2(\cos\theta)+\frac{a^5}{5r^5}P_4(\cos\theta)+\cdots\right]$$

4-18　一个半径为 a 的细导线圆环，环与 xOy 平面重合，中心在原点上，环上总电荷量为 Q，如题 4-18 图所示。证明：空间任意点电位为

$$\varphi_1=\frac{Q}{4\pi\varepsilon_0 a}\left[1-\frac{1}{2}\left(\frac{r}{a}\right)^2P_2(\cos\theta)+\frac{3}{8}\left(\frac{r}{a}\right)^4P_4(\cos\theta)+\cdots\right]\quad(r<a)$$

$$\varphi_2=\frac{Q}{4\pi\varepsilon_0 r}\left[1-\frac{1}{2}\left(\frac{a}{r}\right)^2P_2(\cos\theta)+\frac{3}{8}\left(\frac{a}{r}\right)^4P_4(\cos\theta)+\cdots\right]\quad(r\geqslant a)$$

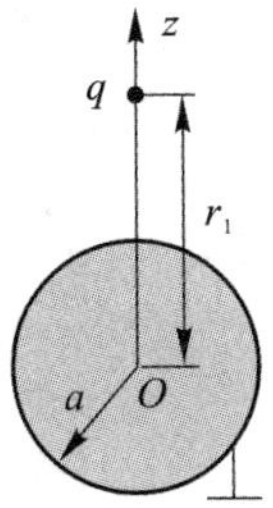

题 4-16 图

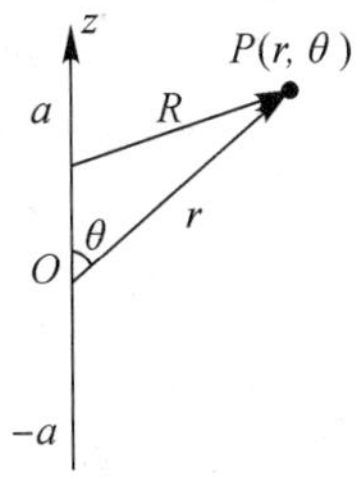

题 4-17 图

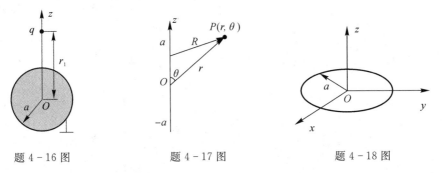

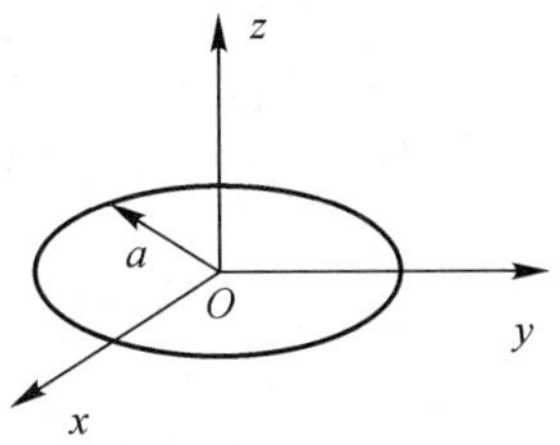

题 4-18 图

4-19　一个点电荷 q 与无限大导体平面距离为 d，如果把它移到无穷远处，需要做多少功?

4-20　如题 4-20 图所示，一个点电荷 q 放在 60°的接地导体角域内的点(1，1，0)处。求：

(1) 所有镜像电荷的位置和大小；

(2) 点 $P(2, 1, 0)$处的电位。

4-21　一个电荷量为 q、质量为 m 的小带电体，放置在无限大导体平面下方，与平面相距为 h。求 q 的值以使带电体上受到的静电力恰与重力相平衡(设 $m=2\times10^{-3}$ kg，$h=0.02$ m)。

4-22　一个半径为 R 的导体球带有电荷量为 Q，在球体外距离球心为 D 处有一个点电荷 q。

(1) 求点电荷 q 与导体球之间的静电力；

(2) 证明：当 q 与 Q 同号，且 $\frac{Q}{q}<\frac{RD^3}{(D^2-R^2)^2}-\frac{R}{D}$成立时，$F$ 表现为吸引力。

4-23　一个二维静电场，电位函数为 $\varphi(x, y)$，边界条件如题 4-23 图所示，将正方形场域分成 20 个正方形网格，有 16 个内部网格点。假定 16 个网格点的初始值都定为零，试用超松弛法确定 16 个内网格点的电位值。(本题最好在计算机上求解)

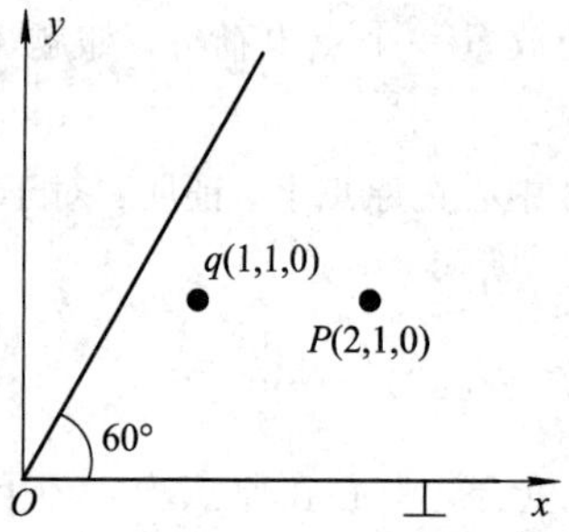

题 4-20 图

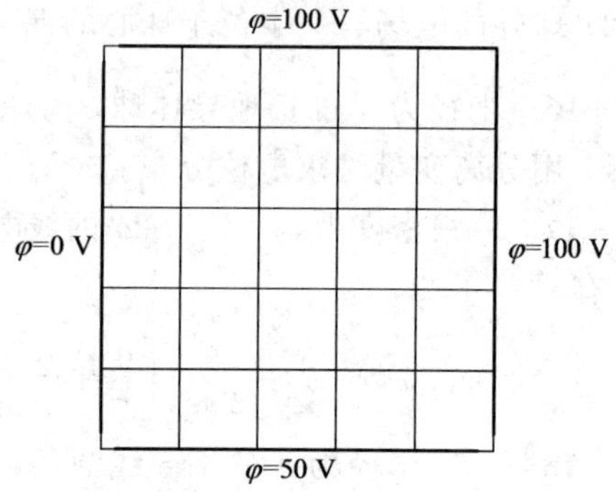

题 4-23 图

第 5 章　时 变 电 磁 场

前面研究的是静止电荷或电荷分布不变的电荷所产生的电场和恒定电流产生的磁场，其场源和场量都不随时间变化，称为静态电磁场。当电流或电荷随时间变化时，它们所产生的电场和磁场也会随时间变化。随时间变化的电场和磁场叫时变电磁场，时变电磁场的电场和磁场不再相互独立，而是互相依存、相互转化。变化的磁场会产生电场、变化的电场也能产生磁场，电场和磁场不可分割地成为统一的电磁现象。

1831 年法拉第发现电磁感应定律，揭示了电与磁之间存在的一种深刻的联系，即变化的磁场要产生电场，1864 年麦克斯韦提出了变化的电场产生磁场的假设，并全面总结了电磁现象的基本规律，即麦克斯韦方程。以麦克斯韦方程为核心的经典电磁理论已成为研究宏观电磁现象和工程电磁问题的理论基础。本章主要内容思维导图如下：

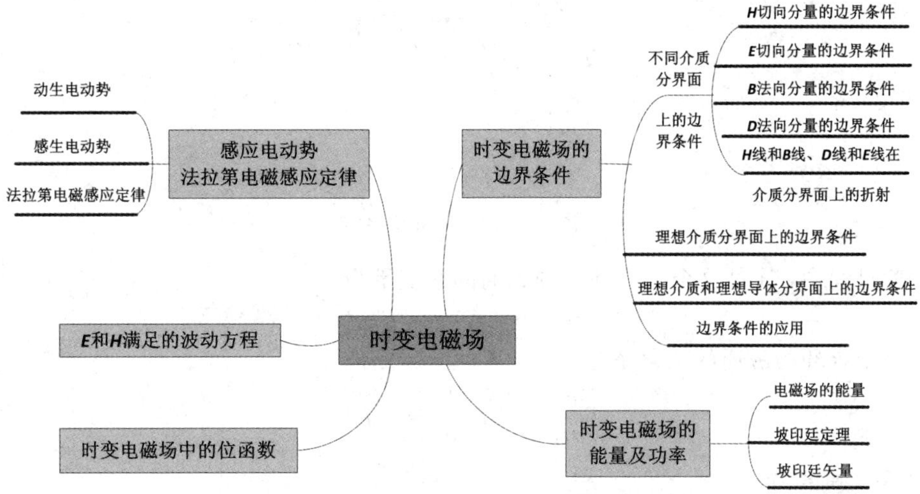

学 习 目 标

• 通过学习法拉第电磁感应定律和全电流定律，以及感应电动势、感应电场、位移电流和全电流等物理量，能够认识到它们揭示了变化的电场和磁场可以相互激发和转化，建立时变电磁场的概念，并能熟练运用定律处理时变电磁场的问题。

• 通过学习麦克斯韦方程组的积分形式和微分形式以及表征介质性质的本构方程，建立时变电磁场中电磁波传播规律的基础，并能将其应用到真空与导电介质等具体对象中。

• 通过学习各场量在不同介质分界面上的边界条件，会用边界条件解决具体问题。

• 通过学习坡印廷矢量和电磁能量密度，建立电磁场的物质性的概念，能够运用坡印廷定理分析电磁能传输过程。

• 通过学习电场和磁场满足的偏微分方程，能够理解电磁场的波动现象。

5.1 感应电动势 法拉第电磁感应定律

自丹麦物理学家奥斯特发现电流的磁效应之后，研究者们接着开始研究它的逆效应，即磁能否产生电的问题。1831年，英国物理学家法拉第通过大量的实验发现，当穿过导体回路 C 所围面积 S 的磁通量发生变化时，回路会有感应电动势 ε_{in} 产生，从而引起感应电流 i。

1. 感应电动势

如图 5-1 所示，当滑动导体沿 x 方向在时间 dt 内运动的距离为 dx 时，由滑动导体、两个固定导体和电阻 R 构成的闭合回路的横截面积就会产生一个增量 $d\boldsymbol{S}$，可表达为

$$d\boldsymbol{S}=L\,dx\boldsymbol{e}_z$$

其中，L 为滑动导体的有效长度。

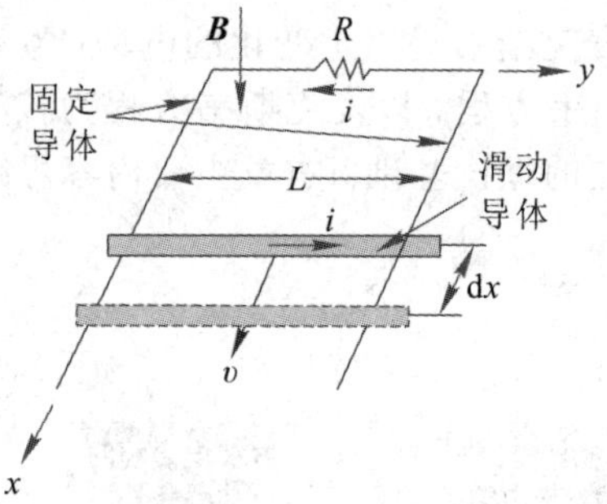

图 5-1 一个滑动导体

在此过程中，通过这个闭合环面的磁通的改变量为

$$d\Phi=\boldsymbol{B}\cdot d\boldsymbol{S}=-BL\,dx$$

则通过该闭合环的磁通的变化率为

$$\frac{d\Phi}{dt}=-BL\frac{dx}{dt}=-BLv \tag{5-1}$$

1) 动生电动势

当一个导体回路中的一段导体以匀速在恒定磁场中运动，导体回路中产生的感应电动势就称为动生电动势，如图 5-1 所示。根据洛伦兹力方程，滑动导体受到的磁场力 $\boldsymbol{F}$ 为

$$\boldsymbol{F}=i\boldsymbol{L}\times\boldsymbol{B}=-iLB\boldsymbol{e}_x$$

式中 i 为滑动导体内部的电流。正如所期望的，滑动导体受到的磁场力与其运动的方向相反，为此，必须施加一个 x 方向的外力保证该导体方向不变地匀速运动，施加的外力 $\boldsymbol{F}_{ext}$ 为

$$\boldsymbol{F}_{ext}=-\boldsymbol{F}=iLB\boldsymbol{e}_x$$

当滑动导体在时间 dt 内运动 dx 位移时，外力做的功 dW 为

$$dW=F_{ext}\,dx=iLB\,dx=iLBv\,dt=LBv\,dq$$

式中 $dq=i\,dt$ 为 dt 时间内转化的电荷量。

单位正电荷受到外力所做的功定义为电动势或感应电动势 ε_{in}，则有

$$\varepsilon_{in}=\frac{dW}{dq}=LBv \tag{5-2}$$

式中 ε_{in} 指滑动导体两端之间的感应电动势。注意，式(5-2)仅适用于线状导体在垂直于磁

场方向做运动的情况。用类似的推导，也可得到动生电动势的一般形式。

将式(5－1)与式(5－2)结合，就可得到法拉第定律：

$$\varepsilon_{in}=-\frac{d\Phi}{dt} \tag{5-3}$$

式中感应电动势与磁通正方向满足右手法则，如图 5－2 所示。

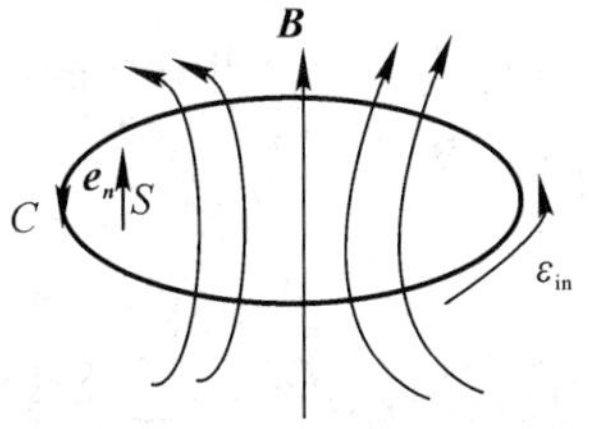

图 5－2　感应电动势与磁通的变化关系

2）感生电动势

当导体回路不动而磁场变化，引起回路中的磁通量发生变化时，在回路中产生的感应电动势称为感生电动势。容易理解，为了维持导体回路的电流，导体内必须存在电场。将导体内存在感应电场 $\boldsymbol{E}_{in}$ 的情况下，导体内的感应电动势定义为感生电动势，表达为

$$\varepsilon_{in}=\oint_C \boldsymbol{E}_{in}\cdot d\boldsymbol{l} \tag{5-4}$$

式中沿 C 的积分路径为导体回路。

2. 法拉第电磁感应定律

结合式(5－3)和式(5－4)，可得到下列关系式：

$$\oint_C \boldsymbol{E}_{in}\cdot d\boldsymbol{l}=-\frac{d\Phi}{dt} \tag{5-5}$$

可见，感应电场不止出现在导体内，在导体周围的空间中也会出现感应电场。故式(5－5)对磁场中的任意回路都成立。如果空间中还存在静止电荷产生的库仑电场 $\boldsymbol{E}_c$，则总电场 $\boldsymbol{E}=\boldsymbol{E}_{in}+\boldsymbol{E}_c$，则沿任意闭合回路有

$$\oint_C \boldsymbol{E}\cdot d\boldsymbol{l}=\oint_C \boldsymbol{E}_{in}\cdot d\boldsymbol{l}+\oint_C \boldsymbol{E}_c\cdot d\boldsymbol{l}=\oint_C \boldsymbol{E}_{in}\cdot d\boldsymbol{l}=-\frac{d\Phi}{dt} \tag{5-6}$$

若导体回路 C 所围面积 S 的总磁通量可由下式得到

$$\Phi=\int_S \boldsymbol{B}\cdot d\boldsymbol{S}$$

将上式代入式(5－6)，可得

$$\oint_C \boldsymbol{E}\cdot d\boldsymbol{l}=-\frac{d}{dt}\int_S \boldsymbol{B}\cdot d\boldsymbol{S} \tag{5-7a}$$

式中面积元 dS 的方向 $\boldsymbol{e}_n$ 与回路 C 的方向，如图 5－2 所示。式(5－7a)是用电磁场量表示的法拉第电磁感应定律的积分形式。其中电场的产生可以是穿过回路磁通的变化，或者由磁场随时间变化，或者由回路运动等方式引起，该式是普遍适用的公式。

如果回路是静止的，则穿过回路的磁通变化只可能是由于磁场随时间变化引起的。此时式(5－7a)可表示为

$$\oint_C \boldsymbol{E}\cdot d\boldsymbol{l}=-\int_S \frac{d\boldsymbol{B}}{dt}\cdot d\boldsymbol{S}$$

对上式运用斯托克斯定理并整理得到

$$\int_S \left(\nabla\times \boldsymbol{E} + \frac{\partial \boldsymbol{B}}{\partial t}\right)\cdot \mathrm{d}\boldsymbol{S} = 0$$

上式对任意回路所包围的面积都成立，故被积函数必定为零，即

$$\nabla\times \boldsymbol{E} = -\frac{\partial \boldsymbol{B}}{\partial t} \tag{5-7b}$$

这就是法拉第电磁感应定律的微分形式。它表明时变的磁场能够激发电场，即时变电场是有旋场，不再是保守场，其旋涡源为$\frac{\partial \boldsymbol{B}}{\partial t}$。

5.2　位移电流　全电流定律

时变的磁场能够激发电场，时变的电场能否会激发磁场呢？回答是肯定的。法拉第在 1843 年实验证实的电荷守恒定律在任何时刻都成立。电荷守恒定律的数学描述就是第 2.10.2 节中式(2-77a)表达的电流连续性方程的积分形式，重写如下：

$$\oint_S \boldsymbol{J}\cdot \mathrm{d}\boldsymbol{S} = -\frac{\partial q}{\partial t} = -\frac{\partial}{\partial t}\int_V \rho \mathrm{d}V \tag{5-8a}$$

式(2-77b)表达的电流连续性方程微分形式有，重写如下：

$$\nabla\cdot \boldsymbol{J} = -\frac{\partial \rho}{\partial t} \tag{5-8b}$$

恒定磁场中的安培环路定律的积分形式和微分形式为

$$\oint_C \boldsymbol{H}\cdot \mathrm{d}\boldsymbol{l} = \int_S \boldsymbol{J}\cdot \mathrm{d}\boldsymbol{S} \tag{5-9a}$$

$$\nabla\times \boldsymbol{H} = \boldsymbol{J} \tag{5-9b}$$

对式(5-9b)两边取散度，并结合式(5-8b)，可得

$$\nabla\cdot(\nabla\times \boldsymbol{H}) = \nabla\cdot \boldsymbol{J} = -\frac{\partial \rho}{\partial t}$$

但根据矢量恒等式，对于任意矢量 $\boldsymbol{A}$，其旋度的散度恒为 0，即$\nabla\cdot(\nabla\times \boldsymbol{A})=0$。显然上式中描述的时变场等式与该矢量恒等式矛盾。麦克斯韦首先注意到了这一矛盾，于 1862 年提出位移电流的假说，对安培环路定律做了修正。

图 5-3 表示与交流电源连接的电容器，电路中电流为 $i(t)$。选择一个闭合路径 C，包围电容器外的开曲面 S，如图 5-3 所示，由安培定律得

$$\oint_C \boldsymbol{H}\cdot \mathrm{d}\boldsymbol{l} = \int_S \boldsymbol{J}\cdot \mathrm{d}\boldsymbol{S} = i(t) \tag{5-10}$$

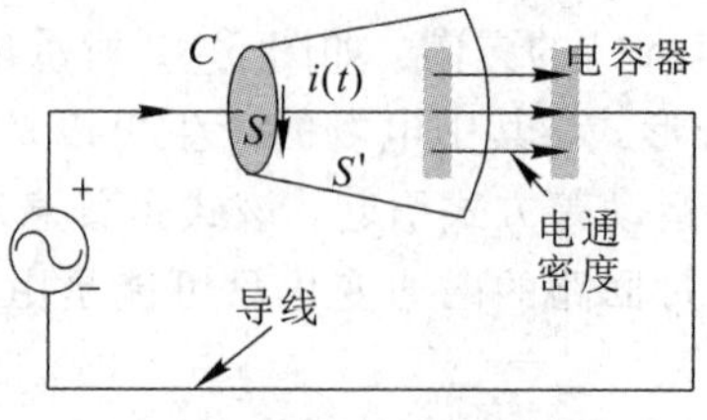

图 5-3　连接在交流电源上的电容器

若考虑同一路径 C 所包围的包含电容器极板的另一个开曲面 S'，由于电容器内传导电流等于零，故

$$\oint_C \boldsymbol{H} \cdot \mathrm{d}\boldsymbol{l} = \int_{S'} \boldsymbol{J} \cdot \mathrm{d}\boldsymbol{S} = 0 \tag{5-11}$$

显然，式(5-11)与式(5-10)相矛盾。由此，麦克斯韦深入研究后断言：电容器中必然有电流存在。由于这种电流并非由传导产生，那么在电容器的两极板间必定存在着另一种电流，其量值与传导电流相等，因为，对于 S 和 S' 构成的闭合面运用电流连续性方程，有

$$\oint_{S+S'} \boldsymbol{J} \cdot \mathrm{d}\boldsymbol{S} = -\frac{\mathrm{d}q}{\mathrm{d}t}$$

再对上式应用高斯定理 $\oint_{S+S'} \boldsymbol{D} \cdot \mathrm{d}\boldsymbol{S} = q$，则有

$$\oint_{S+S'} \boldsymbol{J} \cdot \mathrm{d}\boldsymbol{S} = -\oint_{S+S'} \frac{\partial \boldsymbol{D}}{\partial t} \cdot \mathrm{d}\boldsymbol{S}$$

下面引入

$$\boldsymbol{J}_{\mathrm{d}} = \frac{\partial \boldsymbol{D}}{\partial t} \tag{5-12}$$

式中，$\boldsymbol{J}_{\mathrm{d}}$ 被麦克斯韦称为位移电流密度，它具有电流密度的量纲 $\mathrm{A/m^2}$。考虑到由 S 和 S' 构成的闭合曲面的法线方向向外，则有

$$\int_S \boldsymbol{J} \cdot \mathrm{d}\boldsymbol{S} = \int_{S'} \boldsymbol{J}_{\mathrm{d}} \cdot \mathrm{d}\boldsymbol{S}$$

将介质中场的本构关系 $\boldsymbol{D} = \varepsilon_0 \boldsymbol{E} + \boldsymbol{P}$ 代入式(5-12)中，有

$$\boldsymbol{J}_{\mathrm{d}} = \frac{\partial \boldsymbol{D}}{\partial t} = \varepsilon_0 \frac{\partial \boldsymbol{E}}{\partial t} + \frac{\partial \boldsymbol{P}}{\partial t} \tag{5-13}$$

可见，在一般介质中位移电流由两部分组成，第一部分由变化的电场产生，第二部分由变化的极化强度，即电介质极化后其变化的电偶极矩产生。

一般来说，空间中同时存在传导电流和位移电流，安培环路定律修正为

$$\oint_C \boldsymbol{H} \cdot \mathrm{d}\boldsymbol{l} = \int_S \left(\boldsymbol{J} + \frac{\partial \boldsymbol{D}}{\partial t} \right) \cdot \mathrm{d}\boldsymbol{S} \tag{5-14a}$$

式(5-14a)被称为修改后的安培环路定律的积分形式，即全电流定律。它表明传导电流可产生磁场，位移电流，即变化的电场，也能激发磁场。

应用斯托克斯定理 $\oint_C \boldsymbol{H} \cdot \mathrm{d}\boldsymbol{l} = \int_S \nabla \times \boldsymbol{H} \cdot \mathrm{d}\boldsymbol{S}$，式(5-14(a)可写为

$$\int_S \nabla \times \boldsymbol{H} \cdot \mathrm{d}\boldsymbol{S} = \int_S \left(\boldsymbol{J} + \frac{\partial \boldsymbol{D}}{\partial t} \right) \cdot \mathrm{d}\boldsymbol{S}$$

因为回路 C 及其包围的面 S 是任意的，故上式可以表达为

$$\nabla \times \boldsymbol{H} = \boldsymbol{J} + \frac{\partial \boldsymbol{D}}{\partial t} \tag{5-14b}$$

式(5-14b)为全电流定律的微分形式。

对安培环路定律的修正是麦克斯韦最重大的贡献之一，它导致了统一电磁场理论的建立。正是依据位移电流，麦克斯韦才能够预言电磁场将在空间内以波的形式传播。1888 年，德国物理学家赫兹用实验验证了电磁波的存在。

例 5-1 计算海水中的位移电流密度和传导电流密度的幅值比值。设海水中的电场是按余弦变化 $\boldsymbol{E}=\boldsymbol{e}_x E_{\mathrm{m}}\cos(\omega t)$，海水的电导率为 4 S/m，相对介电常数为 81。

解：海水中位移电流密度的振幅为

$$J_{\mathrm{dm}}=\frac{\partial D}{\partial t}=\omega\varepsilon_{\mathrm{r}}\varepsilon_0 E_{\mathrm{m}}$$

海水中传导电流密度的振幅为

$$J_{\mathrm{cm}}=\sigma E_{\mathrm{m}}$$

故，位移电流同传导电流幅值之比

$$\frac{J_{\mathrm{dm}}}{J_{\mathrm{cm}}}=\frac{\omega\varepsilon_{\mathrm{r}}\varepsilon_0 E_{\mathrm{m}}}{\sigma E_{\mathrm{m}}}=\frac{\omega\varepsilon_{\mathrm{r}}\varepsilon_0}{\sigma}=\frac{2\pi f\times 81\times\frac{1}{36\pi}\times 10^{-9}}{4}=1.125\times 10^{-9}f$$

由上述结论可知，同一媒质在不同频率下其导电性能不同。频率较低，位移电流可忽略，海水相当于良导体；频率较高，位移电流较大，海水相当于不良导体。

例 5-2 在无源的自由空间中，已知磁场强度

$$\boldsymbol{H}=\boldsymbol{e}_y 2.63\times 10^{-5}\cos(3\times 10^9 t-10z)$$

求位移电流密度 $\boldsymbol{J}_{\mathrm{d}}$。

解：无源的自由空间中 $\boldsymbol{J}=0$，式(5-14b)简化为

$$\nabla\times\boldsymbol{H}=\frac{\partial\boldsymbol{D}}{\partial t}$$

故有

$$\boldsymbol{J}_{\mathrm{d}}=\frac{\partial\boldsymbol{D}}{\partial t}=\nabla\times\boldsymbol{H}=\begin{vmatrix}\boldsymbol{e}_x & \boldsymbol{e}_y & \boldsymbol{e}_z\\ \frac{\partial}{\partial x} & \frac{\partial}{\partial y} & \frac{\partial}{\partial z}\\ 0 & H_y & 0\end{vmatrix}=-\boldsymbol{e}_x\frac{\partial H_y}{\partial z}=-\boldsymbol{e}_x 2.63\times 10^{-4}\sin(3\times 10^9 t-10z)$$

5.3 麦克斯韦方程组

自然界中没有发现孤立的磁荷或者单独的磁极，因此，在时变场的条件下磁感线仍然是闭合的，磁通连续性原理仍然成立，即

$$\oint_S \boldsymbol{B}\cdot\mathrm{d}\boldsymbol{S}=0 \tag{5-15a}$$

$$\nabla\cdot\boldsymbol{B}=0 \tag{5-15b}$$

高斯定理中 $\boldsymbol{D}$ 可理解为由时变电荷和时变电场共同产生，时变磁场激发的电场的散度为零，而时变电荷产生的电场的散度为该点的体电荷密度。因此高斯定理在时变场的条件下也适用，具有普适性。

$$\oint_S \boldsymbol{D}\cdot\mathrm{d}\boldsymbol{S}=Q \tag{5-16a}$$

$$\nabla\cdot\boldsymbol{D}=\rho \tag{5-16b}$$

麦克斯韦方程组就是在对这些宏观电磁现象的实验规律进行分析总结的基础上，经过

扩充和推广而得到的。它揭示了电场与磁场之间，以及电磁场与电荷、电流之间的相互关系，是一切宏观电磁现象所遵循的普遍规律，是我们分析研究电磁问题的基本出发点。

由式(5－14a)、式(5－7a)、式(5－15a)和式(5－16a)得到麦克斯韦方程组的积分形式为

$$\oint_C \boldsymbol{H}\cdot \mathrm{d}\boldsymbol{l}=\int_S\left(\boldsymbol{J}+\frac{\partial \boldsymbol{D}}{\partial t}\right)\cdot \mathrm{d}\boldsymbol{S} \tag{5-17a}$$

$$\oint_C \boldsymbol{E}\cdot \mathrm{d}\boldsymbol{l}=-\int_S \frac{\partial \boldsymbol{B}}{\partial t}\cdot \mathrm{d}\boldsymbol{S} \tag{5-17b}$$

$$\oint_S \boldsymbol{B}\cdot \mathrm{d}\boldsymbol{S}=0 \tag{5-17c}$$

$$\oint_S \boldsymbol{D}\cdot \mathrm{d}\boldsymbol{S}=Q \tag{5-17d}$$

由式(5－14b)、式(5－7b)、式(5－15b)和式(5－16b)得到麦克斯韦方程组的微分形式为

$$\nabla\times\boldsymbol{H}=\boldsymbol{J}+\frac{\partial \boldsymbol{D}}{\partial t} \tag{5-18a}$$

$$\nabla\times\boldsymbol{E}=-\frac{\partial \boldsymbol{B}}{\partial t} \tag{5-18b}$$

$$\nabla\cdot\boldsymbol{B}=0 \tag{5-18c}$$

$$\nabla\cdot\boldsymbol{D}=\rho \tag{5-18d}$$

麦克斯韦方程组的物理意义如下：

(1) 式(5－17a)和式(5－18a)为全电流定律。表明电流和时变电场都会产生磁场，变化的电场和电流是磁场的旋涡源，变化的电场和电流与其激发的磁场之间符合右手法则；

(2) 式(5－17b)和式(5－18b)为法拉第电磁感应定律。表明时变磁场产生电场，变化的磁场是电场的旋涡源，变化的磁场与其激发的电场之间符合左手法则；

(3) 式(5－17c)和式(5－18c)为磁通连续性原理。表明磁场无通量源，即磁场是无散场，磁场线是闭合的；

(4) 式(5－17d)和式(5－18d)为高斯定理。表明电场是有通量源的场，即电场是有散场，其散度源是该点的体电荷分布，电场线起始于正电荷，终止于负电荷。

在没有电流也没有电荷的无源区域(如自由空间)中，时变电场和时变磁场都是有旋无散的，电场线和磁场线相互交链、自行闭合，即变化的电场会激起变化的磁场，变化的磁场也会激起变化的电场。因此，在时变电磁场中，即使是将在媒质中曾经产生过时变电磁场的源撤去，变化的电场与变化的磁场之间也会相互激发、相互转化，并把这种激发和转化以有限的速度向远处传播，于是就形成了电磁波动。

电磁波的存在和利用，对于电视和无线电广播、卫星和移动通信已走进家庭的当今世界而言，是显而易见的。但对 1864 年时的麦克斯韦来讲，能对前人的成果做出这样科学的概括，而对后人又做出这样深刻的预言，不能说不是一个伟大的贡献。

对于各向同性线性介质，麦克斯韦方程组的辅助方程本构关系为

$$\boldsymbol{D}=\varepsilon_0\varepsilon_r\boldsymbol{E}=\varepsilon\boldsymbol{E} \tag{5-19a}$$

$$\boldsymbol{B}=\mu_0\mu_r\boldsymbol{H}=\mu\boldsymbol{H} \tag{5-19b}$$

$$\boldsymbol{J}=\sigma\boldsymbol{E} \tag{5-19c}$$

麦克斯韦方程组和介质的本构关系一起构成了一组完整的电磁学方程，它们是电磁现象变化和分布规律的数学语言描述。对于具体的工程问题，可能借助于一定的数学方法在该问题对应的空间区域求解这组数学方程，从而得到需要的结果。

例 5-3 已知在无源的自由空间中，

$$\boldsymbol{E}=\boldsymbol{e}_x E_0\cos(\omega t-\beta z)$$

其中 E_0、β 为常数，求磁场强度 $\boldsymbol{H}$。

解： 无源是指所研究区域内没有场源电流和电荷，即 $J=0$、$\rho=0$。

由式(5-18**b**)$\nabla\times\boldsymbol{E}=-\dfrac{\partial\boldsymbol{B}}{\partial t}$及自由空间的本构关系 $\boldsymbol{B}=\mu_0\boldsymbol{H}$，有

$$\frac{\partial\boldsymbol{H}}{\partial t}=-\frac{1}{\mu_0}\nabla\times\boldsymbol{E}=-\frac{1}{\mu_0}\left(\boldsymbol{e}_y\frac{\partial E_x}{\partial z}\right)=-\boldsymbol{e}_y\frac{E_0}{\mu_0}\beta\sin(\omega t-\beta z)$$

所以

$$\boldsymbol{H}=-\boldsymbol{e}_y\frac{E_0\beta}{\mu_0}\int\sin(\omega t-\beta z)\mathrm{d}t=\boldsymbol{e}_y\frac{E_0\beta}{\mu_0\omega}\cos(\omega t-\beta z)$$

上式积分中的常数项对时间是恒定的量，在时变场中一般取这种与 t 无关的恒定分量为 0。

5.4 时变电磁场的边界条件

麦克斯韦方程组的微分形式描述了在均匀媒质或者连续变化的媒质中任意点处各场量之间的关系，即它只适用于场矢量的各个分量处处可微的区域。在实际电磁工程问题中，往往会遇到几种不同的媒质，在不同媒质的分界面上媒质参数会发生突变，从而导致电磁场量的不连续，这时必须用边界条件来确定分界面上电磁场的特性。由于麦克斯韦方程组的积分形式可以应用在包括分界面在内的整个区域，因此可以由其积分形式导出边界条件。

5.4.1 不同介质分界面上的边界条件

1. *H* 切向分量的边界条件

图 5-4 表示两种媒质的分界面，1 区媒质的参数为 ε_1，μ_1，σ_1；2 区媒质的参数为 ε_2，μ_2，σ_2。设分界面上的面电流密度$\boldsymbol{J}_S$ 的方向垂直于纸面向内，则磁场矢量在纸面上。在分界面上取一个无限靠近分界面的无穷小闭合路径，即长为 Δl，宽 Δh 为无穷小量，即 $\Delta h\to 0$。将式(5-17a)应用于此闭合路径，得

$$(H_1\sin\theta_1-H_2\sin\theta_2)\Delta l=\lim_{\Delta h\to 0}\left(\int_S\boldsymbol{J}\cdot\mathrm{d}\boldsymbol{S}+\int_S\frac{\partial\boldsymbol{D}}{\partial t}\cdot\mathrm{d}\boldsymbol{S}\right)$$

即

$$H_{1t}-H_{2t}\approx\lim_{\Delta h\to 0}\left|\frac{\Delta I}{\Delta l\,\Delta h}\right|\Delta h+\lim_{\Delta h\to 0}\left|\frac{\partial\boldsymbol{D}}{\partial t}\right|\Delta h$$

式中$\dfrac{\partial\boldsymbol{D}}{\partial t}$是有限量，当 $\Delta h\to 0$ 时，$\lim\limits_{\Delta h\to 0}\left|\dfrac{\partial\boldsymbol{D}}{\partial t}\right|\Delta h=0$，于是得

$$H_{1t}-H_{2t}=J_S \tag{5-20a}$$

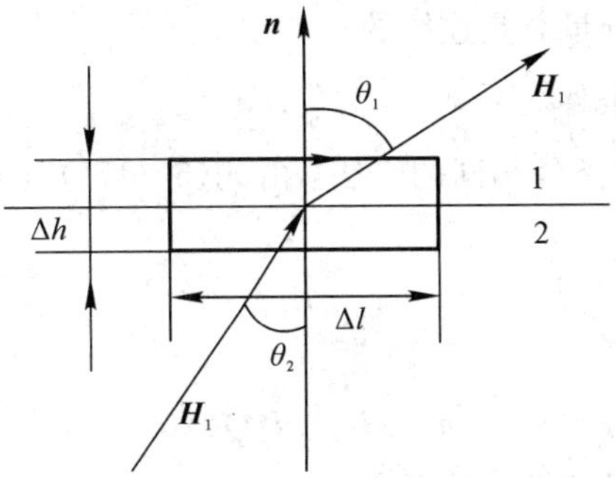

图 5-4　H 的边界条件

表示为矢量形式

$$\boldsymbol{n}\times(\boldsymbol{H}_1-\boldsymbol{H}_2)=\boldsymbol{J}_S \tag{5-20b}$$

式中 $\boldsymbol{n}$ 为从媒质 2 指向媒质 1 的分界面法线方向单位矢量。

若分界面上没有自由面电流，即$\boldsymbol{J}_S=0$，则有

$$H_{1t}-H_{2t}=0 \tag{5-21a}$$

$$\boldsymbol{n}\times(\boldsymbol{H}_1-\boldsymbol{H}_2)=0 \tag{5-21b}$$

可见，在两种媒质分界面上存在自由面电流时，$\boldsymbol{H}$ 的切向分量是不连续的，其不连续量就等于分界面上的面电流密度。否则，$\boldsymbol{H}$ 的切向分量是连续的。

2. $\boldsymbol{E}$ 切向分量的边界条件

图 5-5 表示两种媒质的分界面，1 区媒质的参数为 ε_1，μ_1，σ_1；2 区媒质的参数为 ε_2，μ_2，σ_2，电场矢量从 2 区媒质进入 1 区媒质。在分界面上取一个无限靠近分界面的无穷小闭合路径，即长为 Δl，宽 Δh 为无穷小量，即 $\Delta h\to 0$。将式(5-17b)应用于此闭合路径，得

$$E_{1t}-E_{2t}\approx-\lim_{\Delta h\to 0}\left|\frac{\partial \boldsymbol{B}}{\partial t}\right|\Delta h$$

式中的$\dfrac{\partial \boldsymbol{B}}{\partial t}$是有限量，当 $\Delta h\to 0$ 时，$\lim\limits_{\Delta h\to 0}\left|\dfrac{\partial \boldsymbol{B}}{\partial t}\right|\Delta h=0$，于是得

$$E_{1t}-E_{2t}=0 \tag{5-22a}$$

表示为矢量形式

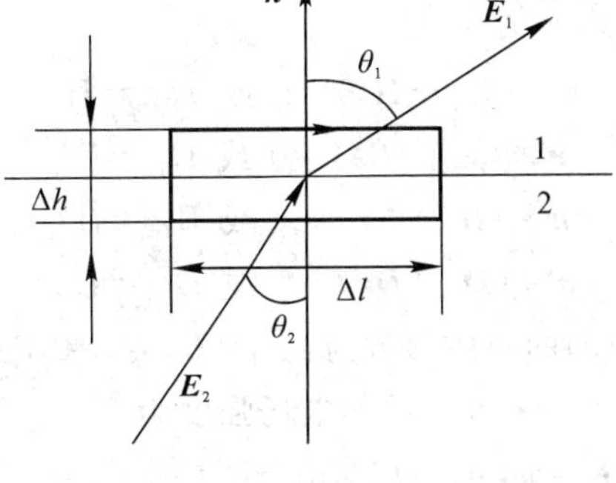

图 5-5　E 的边界条件

$$\boldsymbol{n}\times(\boldsymbol{E}_1-\boldsymbol{E}_2)=0 \tag{5-22b}$$

说明在分界面上 $\boldsymbol{E}$ 的切向分量总是连续的。

3. $\boldsymbol{B}$ 法向分量的边界条件

用与讨论恒定磁场边界条件相同的方法，由式(5-17c)可以导出时变电磁场中 $\boldsymbol{B}$ 法向分量的边界条件：

$$B_{1n}-B_{2n}=0 \tag{5-23a}$$

也可以表示为矢量形式

$$\boldsymbol{n}\cdot(\boldsymbol{B}_1-\boldsymbol{B}_2)=0 \tag{5-23b}$$

这说明在分界面上 $\boldsymbol{B}$ 的法向分量总是连续的。

4. $\boldsymbol{D}$ 法向分量的边界条件

用与讨论静电场边界条件相同的方法，由式(5-17d)可以导出时变电磁场中 $\boldsymbol{D}$ 法向分量的边界条件：

$$D_{1n}-D_{2n}=\rho_S \tag{5-24a}$$

$$\boldsymbol{n}\cdot(\boldsymbol{D}_1-\boldsymbol{D}_2)=\rho_S \tag{5-24b}$$

若分界面上不存在自由电荷，即 $\rho_S=0$，则

$$D_{1n}-D_{2n}=0 \tag{5-25a}$$

$$\boldsymbol{n}\cdot(\boldsymbol{D}_1-\boldsymbol{D}_2)=0 \tag{5-25b}$$

这说明在分界面上存在自由面电荷时，$\boldsymbol{D}$ 的法向分量不连续，其差值为分界面上的自由电荷面密度。否则，$\boldsymbol{D}$ 的法向分量是连续的。

此外，用讨论静电场和恒定磁场边界条件相同的方法，可以导出时变电磁场中 $\boldsymbol{H}$ 线和 $\boldsymbol{B}$ 线、$\boldsymbol{D}$ 线和 $\boldsymbol{E}$ 线在介质分界面上发生的折射情况。

$$\frac{\tan\theta_1}{\tan\theta_2}=\frac{\mu_1}{\mu_2} \tag{5-26a}$$

$$\frac{\tan\theta_1}{\tan\theta_2}=\frac{\varepsilon_1}{\varepsilon_2} \tag{5-26b}$$

5.4.2 理想介质分界面上的边界条件

考虑两种介质均为理想介质($\sigma\to0$)的情况，即无欧姆损耗的简单介质。在两种理想介质的分界面上没有自由面电流和自由面电荷存在，即 $\boldsymbol{J}_S=0$，$\rho_S=0$。在这种情况下，边界条件简化为

$$\boldsymbol{n}\times(\boldsymbol{H}_1-\boldsymbol{H}_2)=0 \text{ 或 } H_{1t}=H_{2t} \tag{5-27a}$$

$$\boldsymbol{n}\times(\boldsymbol{E}_1-\boldsymbol{E}_2)=0 \text{ 或 } E_{1t}=E_{2t} \tag{5-27b}$$

$$\boldsymbol{n}\cdot(\boldsymbol{B}_1-\boldsymbol{B}_2)=0 \text{ 或 } B_{1n}=B_{2n} \tag{5-27c}$$

$$\boldsymbol{n}\cdot(\boldsymbol{D}_1-\boldsymbol{D}_2)=0 \text{ 或 } D_{1n}=D_{2n} \tag{5-27d}$$

例 5-4 设 1 区域($z>0$)的介质参数为：$\varepsilon_{r1}=5$，$\mu_{r1}=2$，$\sigma_1=0$；2 区域($z<0$)的介质参数为：$\varepsilon_{r2}=1$，$\mu_{r2}=1$，$\sigma_2=0$。1 区域中的电场强度为

$$\boldsymbol{E}_1=\boldsymbol{e}_xA\cos(5\times10^6t-5z)\ (\text{V/m})$$

2 区域中的电场强度为

$$\boldsymbol{E}_2=\boldsymbol{e}_x[6\cos(5\times10^6t-5z)+2\cos(5\times10^6t+5z)]\ (\text{V/m})$$

(1) 求常数 A；

(2) 求 1 区域和 2 区域中的磁场强度 $\boldsymbol{H}_1$ 和 $\boldsymbol{H}_2$；

(3) 证明在 $z=0$ 处 $\boldsymbol{H}_1$ 和 $\boldsymbol{H}_2$ 满足边界条件。

解：(1)在无耗媒质的分界面 $z=0$ 处，有

$$\boldsymbol{E}_1=\boldsymbol{e}_xA\cos(5\times10^6t)$$

$$\boldsymbol{E}_2=\boldsymbol{e}_x[6\cos(5\times10^6t)+2\cos(5\times10^6t)]=\boldsymbol{e}_x8\cos(5\times10^6t)$$

因为 $\boldsymbol{E}_1$ 和 $\boldsymbol{E}_2$ 是切向电场，所以根据边界条件有：$E_{1x}=E_{2x}$，得：$A=8$ (V/m)

(2) 根据麦克斯韦方程 $\nabla\times\boldsymbol{E}=-\dfrac{\partial\boldsymbol{B}}{\partial t}$ 及介质中的本构关系 $\boldsymbol{B}=\mu\boldsymbol{H}$ 有

$$\nabla\times\boldsymbol{E}=-\mu\frac{\partial\boldsymbol{H}}{\partial t}$$

可得

$$\frac{\partial\boldsymbol{H}_1}{\partial t}=-\frac{1}{\mu_1}\nabla\times\boldsymbol{E}_1=-\frac{1}{\mu_1}\left(\boldsymbol{e}_y\frac{\partial E_{1x}}{\partial z}\right)=-\boldsymbol{e}_y\frac{40}{\mu_1}\sin(5\times10^6t-5z)$$

故

$$\boldsymbol{H}_1=\boldsymbol{e}_y\left[\frac{10}{\pi}\cos(5\times10^6t-5z)\right]\ (\text{A/m})$$

同理有

$$\boldsymbol{H}_2=\boldsymbol{e}_y\left[\frac{15}{\pi}\cos(5\times10^6t-5z)-\frac{5}{\pi}\cos(5\times10^6t+5z)\right]\ (\text{A/m})$$

(3) 将 $z=0$ 代入(2)中获得的 $\boldsymbol{H}_1$ 和 $\boldsymbol{H}_2$ 中有

$$\boldsymbol{H}_1=\boldsymbol{e}_y\left[\frac{10}{\pi}\cos(5\times10^6t)\right]\ (\text{A/m})$$

$$\boldsymbol{H}_2=\boldsymbol{e}_y\left[\frac{15}{\pi}\cos(5\times10^6t)-\frac{5}{\pi}\cos(5\times10^6t)\right]=\boldsymbol{e}_y\left[\frac{10}{\pi}\cos(5\times10^6t)\right]\ (\text{A/m})$$

因为 $\boldsymbol{H}_1$ 和 $\boldsymbol{H}_2$ 正好是切向分量，且两者相等，使得 $\boldsymbol{J}_S=0$，所以 $\boldsymbol{H}_1$ 和 $\boldsymbol{H}_2$ 满足边界条件。

5.4.3　理想介质和理想导体分界面上的边界条件

考虑两种介质中 1 区为理想介质($\sigma\to0$)，2 区为理想导体($\sigma\to\infty$)的情况。因为理想导体内部不存在电场，而在时变条件下，理想导体内部也不存在磁场，所以在时变条件下，理想导体内部不存在电磁场，即所有场量为零，$H_{2t}=0$，$E_{2t}=0$，$B_{2n}=0$ 和 $D_{2n}=0$。在这种情况下，边界条件简化为

$$\boldsymbol{n}\times\boldsymbol{H}_1=\boldsymbol{J}_S\ \text{或}\ H_{1t}=J_S \tag{5-28a}$$

$$\boldsymbol{n}\times\boldsymbol{E}_1=0\ \text{或}\ E_{1t}=E_{2t}=0 \tag{5-28b}$$

$$\boldsymbol{n}\cdot\boldsymbol{B}_1=0\ \text{或}\ B_{1n}=B_{2n}=0 \tag{5-28c}$$

$$\boldsymbol{n}\cdot\boldsymbol{D}_1=\rho_S\ \text{或}\ D_{1n}=\rho_S \tag{5-28d}$$

可见，自由面电流和自由面电荷仅分布于理想导体表面上，电场线垂直于理想导体表面，磁场线平行于理想导体表面。

理想导体实际上是不存在的，但它却是一个非常有用的概念。因为在实际中常遇到金属导体边界的情形。电磁波投射到金属表面时几乎是产生全反射，进入金属的功率仅是入射波功率的很小部分。如果忽略此微小的功率，则金属表面可以用理想导体表面代替，使边界条件变简单(E_t 变为零)，从而简化边值问题的分析。

例 5-5 如图 5-6 所示，在两导体平板($z=0$ 和 $z=d$)之间的空气中传播的电磁波，已知其电场强度为

$$\boldsymbol{E}=\boldsymbol{e}_y E_0 \sin\left(\frac{\pi}{d}z\right)\cos(\omega t-k_x x)$$

式中的 k_x 为常数。试求：

(1) 磁场强度 $\boldsymbol{H}$；

(2) 两导体表面上的面电流密度 $\boldsymbol{J}_S$。

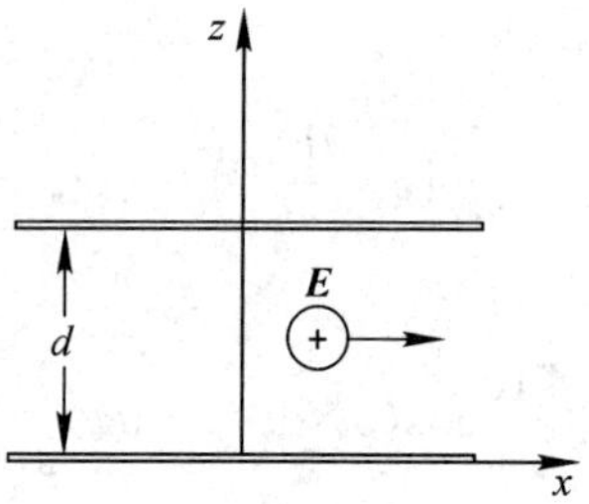

图 5-6 两导体平板截面图

解：(1)取如图 5-6 所示的坐标系，由$\nabla\times\boldsymbol{E}=-\mu_0\dfrac{\partial\boldsymbol{H}}{\partial t}$得

$$-\boldsymbol{e}_x\frac{\partial E}{\partial z}+\boldsymbol{e}_z\frac{\partial E}{\partial x}=-\mu_0\frac{\partial\boldsymbol{H}}{\partial t}$$

故

$$\boldsymbol{H}=-\frac{1}{\mu_0}E_0\left[-\boldsymbol{e}_x\int\frac{\pi}{d}\cos\left(\frac{\pi}{d}z\right)\cos(\omega t-k_x x)\mathrm{d}t+\boldsymbol{e}_z\int k_x\sin\frac{\pi}{d}z\sin(\omega t-k_x x)\mathrm{d}t\right]$$

$$=\boldsymbol{e}_x\frac{\pi}{\omega\mu_0 d}E_0\cos\left(\frac{\pi}{d}z\right)\sin(\omega t-k_x x)+\boldsymbol{e}_z\frac{k_x}{\omega\mu_0}E_0\sin\left(\frac{\pi}{d}z\right)\cos(\omega t-k_x x)$$

所以，$\boldsymbol{E}$ 和 $\boldsymbol{H}$ 都满足理想导体的边界条件。

(2) 导体表面电流存在于两导体相向的一面，在 $z=0$ 表面上，法线单位矢量 $\boldsymbol{n}=\boldsymbol{e}_z$，故

$$\boldsymbol{J}_S=\boldsymbol{n}\times\boldsymbol{H}=\boldsymbol{e}_z\times\boldsymbol{H}\big|_{z=0}=\boldsymbol{e}_y\frac{\pi}{\omega\mu_0 d}E_0\sin(\omega t-k_x x)$$

在 $z=d$ 表面上，法线单位矢量 $\boldsymbol{n}=-\boldsymbol{e}_z$，故

$$\boldsymbol{J}_S=\boldsymbol{n}\times\boldsymbol{H}=-\boldsymbol{e}_z\times\boldsymbol{H}\big|_{z=d}=\boldsymbol{e}_y\frac{\pi}{\omega\mu_0 d}E_0\sin(\omega t-k_x x)$$

5.5 时变电磁场的能量及功率

电磁场是一种物质，并且具有能量。时变电磁场随时间变化，空间各点的电场能量密

度、磁场能量密度也要随时间变化，各点能量密度的改变会引起能量流动，且伴随电场能量和磁场能量之间相互转化。表达时变电磁场中能量守恒与转换关系的定理称为坡印廷定理，该定理由英国物理学家坡印廷在 1884 年最初提出，它可由麦克斯韦方程组直接导出。

5.5.1　电磁场的能量

电场的能量密度为

$$w_e=\frac{1}{2}\boldsymbol{D}\cdot\boldsymbol{E}=\frac{1}{2}\varepsilon E^2 \tag{5-29a}$$

磁场的能量密度为

$$w_m=\frac{1}{2}\boldsymbol{B}\cdot\boldsymbol{H}=\frac{1}{2}\varepsilon H^2 \tag{5-29b}$$

时变电磁场中各场量随着空间位置和时间变化，且电场和磁场之间相互激发、相互转换，并以波动的形式在空间运动和传播，其能量密度为

$$w=w_e+w_m=\frac{1}{2}\varepsilon E^2+\frac{1}{2}\mu H^2 \tag{5-29c}$$

5.5.2　坡印廷定理

假设电磁场在电导率为 σ 的有耗媒介质中传播，电场会在此导电媒质中引起传导电流 $\boldsymbol{J}=\sigma\boldsymbol{E}$。依据焦耳定律的微分形式，由传导电流引起的单位体积内的损耗功率密度为 $p=\boldsymbol{J}\cdot\boldsymbol{E}$。根据能量守恒定律可知，单位体积内电磁能量必有一相应减少，或者有相应的能量补充以达到能量平衡。为了定量描述这一能量平衡关系，我们将麦克斯韦方程组中式(5-18a)变换得

$$\boldsymbol{J}=\nabla\times\boldsymbol{H}-\frac{\partial\boldsymbol{D}}{\partial t}$$

传导电流在体积 V 内引起的总功率损耗为

$$P=\int_V\boldsymbol{J}\cdot\boldsymbol{E}\mathrm{d}V=\int_V\left(\nabla\times\boldsymbol{H}-\frac{\partial\boldsymbol{D}}{\partial t}\right)\cdot\boldsymbol{E}\mathrm{d}V \tag{5-30}$$

运用矢量恒等式 $\nabla\cdot(\boldsymbol{E}\times\boldsymbol{H})=\boldsymbol{H}\cdot\nabla\times\boldsymbol{E}-\boldsymbol{E}\cdot\nabla\times\boldsymbol{H}$、麦克斯韦方程组中式(5-18b)和媒质的本构关系 $\boldsymbol{B}=\mu\boldsymbol{H}$，可得

$$\boldsymbol{E}\cdot\nabla\times\boldsymbol{H}=\boldsymbol{H}\cdot\nabla\times\boldsymbol{E}-\nabla\cdot(\boldsymbol{E}\times\boldsymbol{H})=-\boldsymbol{H}\cdot\mu\frac{\partial\boldsymbol{H}}{\partial t}-\nabla\cdot(\boldsymbol{E}\times\boldsymbol{H})$$

将上式代入式(5-30)中，有

$$P=\int_V\boldsymbol{J}\cdot\boldsymbol{E}\mathrm{d}V=-\int_V\left(\boldsymbol{H}\cdot\mu\frac{\partial\boldsymbol{H}}{\partial t}+\nabla\cdot(\boldsymbol{E}\times\boldsymbol{H})+\frac{\partial\boldsymbol{D}}{\partial t}\cdot\boldsymbol{E}\right)\mathrm{d}V$$

设包围体积 V 的闭合曲面为 S，利用散度定理和媒质的本构关系 $\boldsymbol{D}=\varepsilon\boldsymbol{E}$，可将上式改写为

$$-\oint_S(\boldsymbol{E}\times\boldsymbol{H})\cdot\mathrm{d}\boldsymbol{S}=\int_V\left(\boldsymbol{E}\cdot\varepsilon\frac{\partial\boldsymbol{E}}{\partial t}+\boldsymbol{H}\cdot\mu\frac{\partial\boldsymbol{H}}{\partial t}+\boldsymbol{J}\cdot\boldsymbol{E}\right)\mathrm{d}V \tag{5-31}$$

上式为各向同性的线性媒质的坡印廷定理。

注意到 $\boldsymbol{E}\cdot\mu\frac{\partial\boldsymbol{E}}{\partial t}=\frac{\partial}{\partial t}\left(\frac{1}{2}\mu E^2\right)=\frac{\partial}{\partial t}(w_e)$ 和 $\boldsymbol{H}\cdot\mu\frac{\partial\boldsymbol{H}}{\partial t}=\frac{\partial}{\partial t}\left(\frac{1}{2}\mu\boldsymbol{H}^2\right)=\frac{\partial}{\partial t}(w_m)$，坡印廷

定理也可写成

$$-\oint_S (\boldsymbol{E}\times\boldsymbol{H})\cdot \mathrm{d}\boldsymbol{S}=\frac{\partial}{\partial t}\int_V (w_{\mathrm{e}}+w_{\mathrm{m}})\,\mathrm{d}V+\int_V p\,\mathrm{d}V \tag{5-32}$$

上式右边第一项表示体积 V 中电磁能量随时间的增加率，第二项表示体积 V 中的热损耗功率（单位时间内以热能形式损耗在体积 V 中的能量），根据能量守恒定理，上式左边项 $-\oint_S (\boldsymbol{E}\times\boldsymbol{H})\cdot \mathrm{d}\boldsymbol{S}$ 表示通过 S 面流入的功率（单位时间内流入 S 面的总电磁能量）。

5.5.3 坡印廷矢量

根据式(5-32)，定义坡印廷矢量 $\boldsymbol{S}$ 为

$$\boldsymbol{S}=\boldsymbol{E}\times\boldsymbol{H} \tag{5-33}$$

$\boldsymbol{S}$ 也称为能流密度矢量，单位为 $\mathrm{W/m^2}$（瓦/米^2），其大小等于单位时间内穿过与能量流动方向相垂直的单位截面上的能量，方向表示该点能量流动的方向。可见，只要知道空间任一点的 $\boldsymbol{E}$ 和 $\boldsymbol{H}$，就可求得该点电磁能量流的大小和方向。以上各式中 $\boldsymbol{E}$ 和 $\boldsymbol{H}$ 都是随时间变化的，$\boldsymbol{S}$ 也是时间 t 的函数，表示该点的瞬时功率流密度。

例 5-6　如图 5-7 所示，试求一段半径为 a，电导率为 σ，载有直流电流 I 的长直导线表面的坡印廷矢量，并验证坡印廷定理。

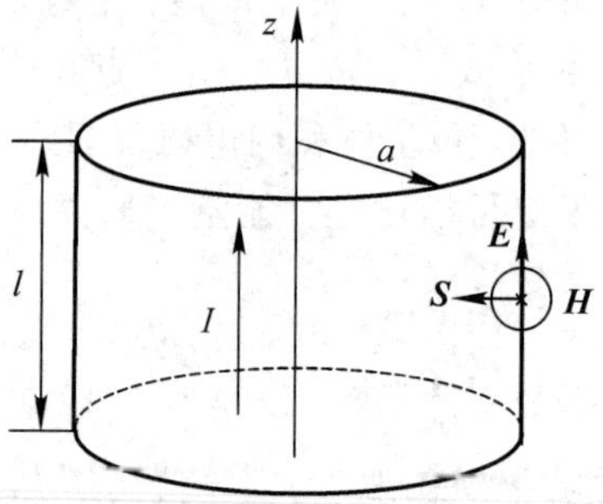

图 5-7　例 5-6 用图

解： 考虑长度为 l 的一段直导线，其轴线与圆柱坐标系的 z 轴重合，直流电流将均匀分布在导线的横截面上，于是有

$$\boldsymbol{J}=\boldsymbol{e}_z\frac{I}{\pi a^2},\ \boldsymbol{E}=\frac{\boldsymbol{J}}{\sigma}=\boldsymbol{e}_z\frac{I}{\pi a^2\sigma}$$

根据安培环路定律可求出导线表面上的磁场强度为

$$\boldsymbol{H}=\boldsymbol{e}_\phi\frac{I}{2\pi a}$$

故，导线表面的坡印廷矢量为

$$\boldsymbol{S}=\boldsymbol{E}\times\boldsymbol{H}=\boldsymbol{e}_z\frac{I}{\pi a^2\sigma}\times\boldsymbol{e}_\phi\frac{I}{2\pi a}=-\boldsymbol{e}_\rho\frac{I^2}{2\sigma\pi^2a^3}$$

其方向处处指向导线的表面。将坡印廷矢量沿导线段表面积分，有

$$-\oint_S \boldsymbol{S}\cdot \mathrm{d}\boldsymbol{S}=-\oint_S \boldsymbol{S}\cdot(-\boldsymbol{e}_\rho)\mathrm{d}S=\left(\frac{I^2}{2\sigma\pi^2a^3}\right)2\pi a l=I^2\left(\frac{1}{\sigma\pi a^2}\right)=I^2R$$

式中 R 为导线段的电阻。上式表明沿垂直于表面方向流入导体内部的能量正好等于导体中的欧姆热损耗功率。这验证了坡印廷定理。

例 5-7　已知无源自由空间中，时变电磁场电场强度为

$$\boldsymbol{E}=\boldsymbol{e}_x E_0 \cos(\omega\sqrt{\mu_0\varepsilon_0}\,z-\omega t)$$

求此电磁波的磁场强度、瞬时值能流密度矢量及其在一周内的平均值。

解：由麦克斯韦方程组中 $\nabla\times\boldsymbol{E}=-\mu_0\dfrac{\partial \boldsymbol{H}}{\partial t}$ 可得

$$\boldsymbol{H}=-\frac{1}{\mu_0}\int\nabla\times\boldsymbol{E}\,\mathrm{d}t=-\frac{1}{\mu_0}\int\left(\boldsymbol{e}_y\frac{\partial E_x}{\partial z}\right)\mathrm{d}t=\boldsymbol{e}_y E_0\omega\sqrt{\frac{\varepsilon_0}{\mu_0}}\int\sin(\omega\sqrt{\mu_0\varepsilon_0}\,z-\omega t)\,\mathrm{d}t$$

$$=\boldsymbol{e}_y E_0\sqrt{\frac{\varepsilon_0}{\mu_0}}\cos(\omega\sqrt{\mu_0\varepsilon_0}\,z-\omega t)=\boldsymbol{e}_y\sqrt{\frac{\varepsilon_0}{\mu_0}}E$$

瞬时值能流密度矢量为

$$\boldsymbol{S}=\boldsymbol{E}\times\boldsymbol{H}=\boldsymbol{e}_x E\times\left(\boldsymbol{e}_y\sqrt{\frac{\varepsilon_0}{\mu_0}}E\right)=\boldsymbol{e}_z\sqrt{\frac{\varepsilon_0}{\mu_0}}E^2=\boldsymbol{e}_z\sqrt{\frac{\varepsilon_0}{\mu_0}}\left[E_0\cos(\omega\sqrt{\mu_0\varepsilon_0}\,z-\omega t)\right]^2$$

平均能流密度为

$$\boldsymbol{S}_{\mathrm{av}}=\frac{1}{T}\int_0^T\boldsymbol{S}\,\mathrm{d}t=\boldsymbol{e}_z\frac{1}{2}\sqrt{\frac{\varepsilon_0}{\mu_0}}E_0^2$$

5.6　电场强度 *E* 和磁场强度 *H* 满足的波动方程

电磁波的存在是麦克斯韦方程组的一个重要结果。1865 年麦克斯韦从他的方程组出发推导出了波动方程，并得到了电磁波速度的一般表达式，由此预言电磁波的存在及电磁波与光波的同一性。随后，赫兹通过实验方法检测到了电磁波。

下面从限定形式的麦克斯韦方程组的微分形式(5-18a)～(5-18d)可导出 $\boldsymbol{E}$ 和 $\boldsymbol{H}$ 满足的波动方程。考虑各向同性线性均匀媒质的无源区域($\boldsymbol{J}=0$、$\rho=0$)且 $\sigma=0$ 的情况，麦克斯韦方程组简化为

$$\nabla\times\boldsymbol{H}=\varepsilon\frac{\partial\boldsymbol{E}}{\partial t}\tag{5-34a}$$

$$\nabla\times\boldsymbol{E}=-\mu\frac{\partial\boldsymbol{H}}{\partial t}\tag{5-34b}$$

$$\nabla\cdot\boldsymbol{H}=0\tag{5-34c}$$

$$\nabla\cdot\boldsymbol{E}=0\tag{5-34d}$$

对式(5-34b)两边取旋度，得

$$\nabla\times\nabla\times\boldsymbol{E}=-\mu\frac{\partial}{\partial t}(\nabla\times\boldsymbol{H})$$

应用矢量恒等式 $\nabla\times\nabla\times\boldsymbol{E}=\nabla(\nabla\cdot E)-\nabla^2\boldsymbol{E}$，并将式(5-34a)和式(5-34d)代入整理得

$$\nabla^2\boldsymbol{E}-\mu\varepsilon\frac{\partial^2\boldsymbol{E}}{\partial t^2}=0\tag{5-35a}$$

上式为 $\boldsymbol{E}$ 满足的无源空间的瞬时值矢量齐次波动方程，式中∇^2为矢量拉普拉斯算符。

用类似的方法可导出 $\boldsymbol{H}$ 满足的无源空间的瞬时值矢量齐次波动方程为

$$\nabla^2 \boldsymbol{H} - \mu\varepsilon \frac{\partial^2 \boldsymbol{H}}{\partial t^2} = 0 \tag{5-35b}$$

波动方程的解是在空间中一个特定方向传播的电磁波。研究电磁波的传播问题都可以归结为在给定边界条件和初始条件下求波动方程的解。但直接求解这类矢量方程难度很大，一般是设法将矢量波动方程分解为三个标量波动方程，下面以 $\boldsymbol{E}$ 满足的波动方程在直角坐标系中分解为例。

$$\frac{\partial^2 E_x}{\partial x^2} + \frac{\partial^2 E_x}{\partial y^2} + \frac{\partial^2 E_x}{\partial z^2} - \mu\varepsilon \frac{\partial^2 E_x}{\partial t^2} = 0 \tag{5-36a}$$

$$\frac{\partial^2 E_y}{\partial x^2} + \frac{\partial^2 E_y}{\partial y^2} + \frac{\partial^2 E_y}{\partial z^2} - \mu\varepsilon \frac{\partial^2 E_y}{\partial t^2} = 0 \tag{5-36b}$$

$$\frac{\partial^2 E_z}{\partial x^2} + \frac{\partial^2 E_z}{\partial y^2} + \frac{\partial^2 E_z}{\partial z^2} - \mu\varepsilon \frac{\partial^2 E_z}{\partial t^2} = 0 \tag{5-36c}$$

注意：在其他坐标系中分解得到的三个标量方程都具有复杂的形式。

5.7 时变电磁场中的位函数

在静态场中引入的标量电位 φ 和矢量磁位 $\boldsymbol{A}$ 使电场和磁场的分析得到了很大程度的简化。在时变电磁场中也可以引入一些辅助的位函数使电磁问题的分析得以化简。

1. 时变电磁场中的位函数

在时变电磁场中引入矢量磁位 $\boldsymbol{A}$，根据$\nabla \cdot \boldsymbol{B} = 0$ 和矢量恒等式$\nabla \cdot \nabla \times \boldsymbol{A} = 0$，可令

$$\boldsymbol{B} = \nabla \times \boldsymbol{A} \tag{5-37}$$

代入麦克斯韦方程组中式(5-18b)，得

$$\nabla \times \boldsymbol{E} = -\frac{\partial}{\partial t}(\nabla \times \boldsymbol{A}) = -\nabla \times \frac{\partial \boldsymbol{A}}{\partial t}$$

即

$$\nabla \times \left(\boldsymbol{E} + \frac{\partial \boldsymbol{A}}{\partial t}\right) = 0$$

利用矢量恒等式$\nabla \times \nabla\varphi = 0$，故可令

$$\boldsymbol{E} + \frac{\partial \boldsymbol{A}}{\partial t} = -\nabla\varphi \text{ 或 } \boldsymbol{E} = -\nabla\varphi - \frac{\partial \boldsymbol{A}}{\partial t} \tag{5-38}$$

上式为时变电磁场中 $\boldsymbol{B}$ 和 $\boldsymbol{E}$ 与标量电位 φ 和矢量磁位 $\boldsymbol{A}$ 之间的关系。可以看出，时变电磁场中引入的标量电位 φ 与静态场中不同，φ 不仅与 $\boldsymbol{E}$ 有关，也与 $\boldsymbol{A}$ 有关；$\boldsymbol{A}$ 与 $\boldsymbol{E}$ 也有关。故式中的 $\boldsymbol{A}$ 也称为动态矢量位，单位是 Wb/m。φ 也称为动态标量位，单位是 V。

2. 位函数满足的微分方程

在已知 $\boldsymbol{A}$ 和 φ 时，可根据式(5-37)和式(5-38)唯一地确定 $\boldsymbol{B}$ 和 $\boldsymbol{E}$；在相反的情况下，即已知 $\boldsymbol{B}$ 和 $\boldsymbol{E}$，却不能根据式(5-37)和式(5-38)唯一地确定 $\boldsymbol{A}$ 和 φ。如令 $\boldsymbol{A}' = \boldsymbol{A} + \nabla\psi$，

$\varphi'=\varphi-\dfrac{\partial\psi}{\partial t}$，则同样有

$$\nabla\times\boldsymbol{A}'=\nabla\times\boldsymbol{A}+\nabla\times\nabla\psi=\nabla\times\boldsymbol{A}=\boldsymbol{B}$$

$$-\nabla\varphi'-\frac{\partial\boldsymbol{A}'}{\partial t}=-\nabla\varphi+\frac{\partial}{\partial t}\nabla\psi-\frac{\partial\boldsymbol{A}}{\partial t}-\frac{\partial}{\partial t}\nabla\psi=-\nabla\varphi-\frac{\partial\boldsymbol{A}}{\partial t}=\boldsymbol{E}$$

可见，位函数从 $\boldsymbol{A}$、φ 变到 $\boldsymbol{A}'$、φ' 并未引起 $\boldsymbol{B}$ 和 $\boldsymbol{E}$ 的变化，因而有很多组 $\boldsymbol{A}$、φ 可供选择。为了唯一地确定 $\boldsymbol{A}$、φ，还须规定 $\boldsymbol{A}$ 的散度。

将式(5-37)和式(5-38)代入麦克斯韦方程组中式(5-18a)，得

$$\nabla\times\boldsymbol{H}=\frac{1}{\mu}\nabla\times\nabla\times\boldsymbol{A}=\boldsymbol{J}+\varepsilon\frac{\partial\boldsymbol{E}}{\partial t}=\boldsymbol{J}+\varepsilon\frac{\partial}{\partial t}\left(-\nabla\varphi-\frac{\partial\boldsymbol{A}}{\partial t}\right)$$

将上式利用矢量恒等式 $\nabla\times\nabla\times\boldsymbol{A}=\nabla(\nabla\cdot\boldsymbol{A})-\nabla^2\boldsymbol{A}$，整理得

$$\nabla^2\boldsymbol{A}-\mu\varepsilon\frac{\partial^2\boldsymbol{A}}{\partial t^2}=-\mu\boldsymbol{J}+\nabla\left(\nabla\cdot\boldsymbol{A}+\mu\varepsilon\frac{\partial\varphi}{\partial t}\right)\tag{5-39a}$$

同理，将式(5-37)和式(5-38)代入麦克斯韦方程组中式(5-18d)，得

$$\nabla\cdot\boldsymbol{E}=\nabla\cdot\left(-\nabla\varphi-\frac{\partial\boldsymbol{A}}{\partial t}\right)=\frac{\rho}{\varepsilon}$$

整理得

$$\nabla^2\varphi+\frac{\partial}{\partial t}(\nabla\cdot\boldsymbol{A})=-\frac{\rho}{\varepsilon}\tag{5-39b}$$

根据亥姆霍兹定理，对于矢量位 $\boldsymbol{A}$，必须知道它的旋度、散度及边界条件才能唯一确定。对于不同场合可以选择不同的规范条件，为使式(5-39a)简化，可以选择洛伦兹规范，即

$$\nabla\cdot\boldsymbol{A}=-\mu\varepsilon\frac{\partial\varphi}{\partial t}\tag{5-40}$$

上式代入式(5-39a)和式(5-39b)，得

$$\nabla^2\boldsymbol{A}-\mu\varepsilon\frac{\partial^2\boldsymbol{A}}{\partial t^2}=-\mu\boldsymbol{J}\tag{5-41a}$$

$$\nabla^2\varphi-\mu\varepsilon\frac{\partial^2\varphi}{\partial t^2}=-\frac{\rho}{\varepsilon}\tag{5-41b}$$

采用洛伦兹规范后使 $\boldsymbol{A}$ 和 φ 分离在两个方程里，式(5-41a)和式(5-41b)为位函数满足的微分方程，称为达朗贝尔方程。两式形式完全相同，其中 $\boldsymbol{A}$ 由源 $\boldsymbol{J}$ 决定，φ 由源 ρ 决定，尽管在时变电磁场中 $\boldsymbol{J}$ 和 ρ 是相互联系的，但还是为求解 $\boldsymbol{A}$ 和 φ 带来了方便。

例 5-8　在自由空间中，已知时变电磁场中矢量磁位为

$$\boldsymbol{A}=\boldsymbol{e}_x A_m\sin(\omega t-kz+\phi_x)$$

其中 A_m 为幅度，k 是常数。求：

(1) 磁场强度 $\boldsymbol{H}$；

(2) 电场强度 $\boldsymbol{E}$；

(3) 坡印廷矢量 $\boldsymbol{S}$。

解：(1)由式 $\boldsymbol{B}=\nabla\times\boldsymbol{A}$ 可得

$$\boldsymbol{B}=\nabla\times\boldsymbol{A}=\begin{vmatrix}\boldsymbol{e}_x & \boldsymbol{e}_y & \boldsymbol{e}_z \\ \dfrac{\partial}{\partial x} & \dfrac{\partial}{\partial y} & \dfrac{\partial}{\partial z} \\ A_x & 0 & 0\end{vmatrix}=\boldsymbol{e}_y\frac{\partial A_x}{\partial z}=-\boldsymbol{e}_y kA_{\mathrm{m}}\cos(\omega t-kz+\phi_x)$$

则可求得磁场强度为

$$\boldsymbol{H}=-\boldsymbol{e}_y\frac{k}{\mu_0}A_{\mathrm{m}}\cos(\omega t-kz+\phi_x)$$

(2) 由$\nabla\cdot\boldsymbol{A}=\dfrac{\partial A_x}{\partial x}+\dfrac{\partial A_y}{\partial y}+\dfrac{\partial A_z}{\partial z}=0$和$\nabla\cdot\boldsymbol{A}=-\mu\varepsilon\dfrac{\partial\varphi}{\partial t}$可得$\nabla\cdot\boldsymbol{A}=-\mu\varepsilon\dfrac{\partial\varphi}{\partial t}=0$，可求得$\varphi$与时间无关。因此可求得电场强度为

$$\boldsymbol{E}=-\nabla\varphi-\frac{\partial\boldsymbol{A}}{\partial t}=-\boldsymbol{e}_x\omega A_{\mathrm{m}}\cos(\omega t-kz+\phi_x)$$

(3) 坡印廷矢量为

$$\begin{aligned}\boldsymbol{S}&=\boldsymbol{E}\times\boldsymbol{H}=-\boldsymbol{e}_x\omega A_{\mathrm{m}}\cos(\omega t-kz+\phi_x)\times-\boldsymbol{e}_y\frac{k}{\mu_0}A_{\mathrm{m}}\cos(\omega t-kz+\phi_x)\\&=\boldsymbol{e}_z\frac{\omega k}{\mu_0}A_{\mathrm{m}}^2\cos^2(\omega t-kz+\phi_x)\end{aligned}$$

本章小结

1. 麦克斯韦方程组

积分形式	微分形式
$\oint_C\boldsymbol{H}\cdot\mathrm{d}\boldsymbol{l}=\int_S\left(\boldsymbol{J}+\dfrac{\partial\boldsymbol{D}}{\partial t}\right)\cdot\mathrm{d}\boldsymbol{S}$	$\nabla\times\boldsymbol{H}=\boldsymbol{J}+\dfrac{\partial\boldsymbol{D}}{\partial t}$
$\oint_C\boldsymbol{E}\cdot\mathrm{d}\boldsymbol{l}=-\int_S\dfrac{\partial\boldsymbol{B}}{\partial t}\cdot\mathrm{d}\boldsymbol{S}$	$\nabla\times\boldsymbol{E}=-\dfrac{\partial\boldsymbol{B}}{\partial t}$
$\oint_S\boldsymbol{B}\cdot\mathrm{d}\boldsymbol{S}=0$	$\nabla\cdot\boldsymbol{B}=0$
$\oint_S\boldsymbol{D}\cdot\mathrm{d}\boldsymbol{S}=Q$	$\nabla\cdot\boldsymbol{D}=\rho$

本构关系：$\boldsymbol{D}=\varepsilon\boldsymbol{E}$，$\boldsymbol{B}=\mu\boldsymbol{H}$，$\boldsymbol{J}=\sigma\boldsymbol{E}$

2. 时变电磁场的边界条件

(1) 一般介质分界面上场满足的边界条件：

$$\boldsymbol{n}\cdot(\boldsymbol{D}_1-\boldsymbol{D}_2)=\rho_S\text{ 或 }\boldsymbol{n}\cdot(\boldsymbol{D}_1-\boldsymbol{D}_2)=0(\rho_S=0)\text{、}\boldsymbol{n}\cdot(\boldsymbol{B}_1-\boldsymbol{B}_2)=0$$

$$\boldsymbol{n}\times(\boldsymbol{E}_1-\boldsymbol{E}_2)=0\text{、}\boldsymbol{n}\times(\boldsymbol{H}_1-\boldsymbol{H}_2)=J_S\text{ 或 }\boldsymbol{n}\times(\boldsymbol{H}_1-\boldsymbol{H}_2)=0(\boldsymbol{J}_S=0)$$

$$\frac{\tan\theta_1}{\tan\theta_2}=\frac{\varepsilon_1}{\varepsilon_2},\ \frac{\tan\theta_1}{\tan\theta_2}=\frac{\mu_1}{\mu_2}$$

(2) 两种理想介质($\sigma\to0$)分界面上场满足的边界条件($\rho_S=0$、$\boldsymbol{J}_S=0$)：

$$D_{1\mathrm{n}}=D_{2\mathrm{n}},\ B_{1\mathrm{n}}=B_{2\mathrm{n}},\ E_{1\mathrm{t}}=E_{2\mathrm{t}},\ H_{1\mathrm{t}}=H_{2\mathrm{t}}$$

(3) 理想导体($\sigma\to\infty$)表面上场满足的边界条件：

$$\boldsymbol{n}\cdot\boldsymbol{D}_1=\rho_S,\ \boldsymbol{n}\cdot\boldsymbol{B}_1=0,\ \boldsymbol{n}\times\boldsymbol{E}_1=0,\ \boldsymbol{n}\times\boldsymbol{H}_1=\boldsymbol{J}_S$$

3. 时变电磁场的能量

(1) 坡印廷定理：

$$-\oint_S(\boldsymbol{E}\times\boldsymbol{H})\cdot\mathrm{d}\boldsymbol{S}=\int_V\frac{\partial}{\partial t}\left(\frac{1}{2}\varepsilon E^2+\frac{1}{2}\mu H^2\right)\mathrm{d}V+\int_V\sigma E^2\mathrm{d}V$$

(2) 坡印廷矢量：

$$\boldsymbol{S}=\boldsymbol{E}\times\boldsymbol{H}$$

4. 无源区域内 $\boldsymbol{E}$ 和 $\boldsymbol{H}$ 的波动方程

$$\nabla^2\boldsymbol{E}-\mu\varepsilon\frac{\partial^2\boldsymbol{E}}{\partial t^2}=0,\ \nabla^2\boldsymbol{H}-\mu\varepsilon\frac{\partial^2\boldsymbol{H}}{\partial t^2}=0$$

5. 时变电磁场中的位函数

(1) 动态矢量位和标量位：

$$\boldsymbol{B}=\nabla\times\boldsymbol{A},\ \boldsymbol{E}=-\nabla\varphi-\frac{\partial\boldsymbol{A}}{\partial t}$$

(2) 动态矢量位和标量位满足的达朗贝尔方程$\left(\nabla\cdot\boldsymbol{A}=-\mu\varepsilon\dfrac{\partial\varphi}{\partial t}\right)$：

$$\nabla^2\boldsymbol{A}-\mu\varepsilon\frac{\partial^2\boldsymbol{A}}{\partial t^2}=\mu\boldsymbol{J},\ \nabla^2\varphi-\mu\varepsilon\frac{\partial^2\varphi}{\partial t^2}=-\frac{\rho}{\varepsilon}$$

思考题 5

5-1　什么是时变电磁场？

5-2　试从产生的原因、存在的区域以及引起的效应等方面比较传导电流和位移电流。

5-3　写出微分形式、积分形式的麦克斯韦方程组，并简要阐述其物理意义。

5-4　电流连续性方程能由麦克斯韦方程组导出吗？若能，试推导之；若不能，说明原因。

5-5　两种理想介质界面的边界条件是什么？试说明这些条件的物理意义。

5-6　理想导体表面的边界条件是什么？

5-7　坡印廷矢量是如何定义的？其物理意义是什么？

5-8　能量流动的方向与电场和磁场的方向有什么关系？

5-9　坡印廷定理的意义是什么？

5-10　穿过一个面的电磁功率如何计算？

习　题　5

5-1　一个 $h\times w$ 的单匝矩形线圈放在时变磁场 $\boldsymbol{B}=\boldsymbol{e}_yB_0\sin(\omega t)$ 中，开始时线圈面的法线 $\boldsymbol{n}$ 与 y 轴成 α 角，如题 5-1 图所示。求：

(1) 线圈静止时的感应电动势；

(2) 线圈以角速度 ω 绕轴旋转时的感应电动势。

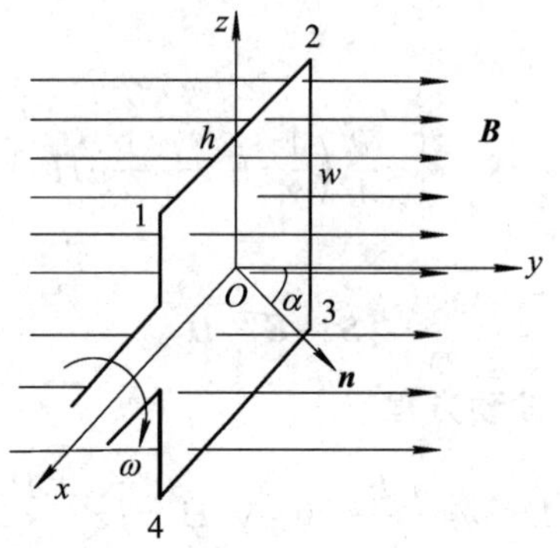

题 5-1 图

5-2　已知真空平板电容器的极板面积为 S，间距为 d，当外加电压 $U=U_0\sin(\omega t)$，计算电容器中的位移电流，证明它等于导线中的传导电流。

5-3　当电场 $\boldsymbol{E}=\boldsymbol{e}_x E_0\cos(\omega t)$(V/m)，$\omega=1000$ rad/s 时，计算下列媒质中传递电流密度与位移电流密度的振幅之比。

(1) 铜 $\sigma=5.7\times10^7$ S/m，$\varepsilon_r=1$；

(2) 蒸馏水 $\sigma=2\times10^{-4}$ S/m，$\varepsilon_r=80$；

(3) 聚苯乙烯 $\sigma=2\times10^{-16}$ S/m，$\varepsilon_r=2.53$。

5-4　已知无源的自由空间中磁感应强度 $\boldsymbol{B}=\boldsymbol{e}_y 10^{-7}\sin(\pi t)\cos(2\pi z)$ T，试求位移电流密度。

5-5　在无源的自由空间中电场强度 $\boldsymbol{E}=\boldsymbol{e}_y 10\cos(6\pi\times10^9 t-2z)$ V/m，求磁场强度 $\boldsymbol{H}$。

5-6　在无源的自由空间中电场强度矢量 $\boldsymbol{E}=\boldsymbol{e}_y 0.1\sin(10\pi x)\cos(3\sqrt{2}\pi\times10^9 t-kz)$ V/m，试求：

(1) 磁场强度 $\boldsymbol{H}$；

(2) 常数 k。

5-7　某一半径为 a 的圆形极板构成的平行电容器，其极板间距为 $d(a\ll d)$。设极板上均匀分布面电荷密度为 $\rho_S=\pm\rho_0\cos(\omega t)$，忽略边缘效应。

(1) 求极板间的电场强度和磁场强度；

(2) 问该场是否满足电磁场基本方程?

5-8　空气($\varepsilon_1=\varepsilon_0$)与电介质($\varepsilon_2=4\varepsilon_0$)的分界面是 $z=0$ 的平面，若已知空气的电场强度 $\boldsymbol{E}_1=2\boldsymbol{e}_x+4\boldsymbol{e}_z$，求电介质中的电场强度。

5-9　设 $z=0$ 为两种磁介质的分界面，磁介质 1($z>0$)的磁导率为 $\mu_1=3$，磁介质 2($z<0$)的磁导率为 $\mu_2=2$。已知分界面上的电流密度为 $\boldsymbol{J}_S=3\boldsymbol{e}_y$，磁介质 1 中的磁场强度为 $\boldsymbol{H}_1=\boldsymbol{e}_x+3\boldsymbol{e}_y+2\boldsymbol{e}_z$，试求磁介质 2 中的磁场强度。

5-10　法线方向为 $\boldsymbol{e}_z$ 的理想导体表面上有面电流密度为 $\boldsymbol{J}_S=\boldsymbol{e}_x\cos(\omega t)+\boldsymbol{e}_y\sin(\omega t)$，

求导体表面的切向磁场强度 $\boldsymbol{H}_t$。

5-11　设 $z=0$ 处为空气与理想导体的分界面，$z<0$ 一侧为理想导体。已知分界面处的磁场强度为 $\boldsymbol{H}=\boldsymbol{e}_x H_0\cos(\omega t-ky)$。试求：

(1) 理想导体表面的电流分布 J_S；

(2) 理想导体表面的电荷分布 ρ_S；

(3) 分界面处的电场强度。

5-12　如题 5-12 图所示，设在截面 $a\times b$ 的矩形金属波导中的时变电磁场量为

$$\boldsymbol{H}=\boldsymbol{e}_z H_{z0}\cos\left(\frac{\pi}{a}x\right)\sin(\omega t-\beta z)+\boldsymbol{e}_x H_{x0}\sin\left(\frac{\pi}{a}x\right)\cos(\omega t-\beta z)$$

$$\boldsymbol{E}=-\boldsymbol{e}_y E_{y0}\sin\left(\frac{\pi}{a}x\right)\cos(\omega t-\beta z)$$

求波导内壁上的电荷及电流。

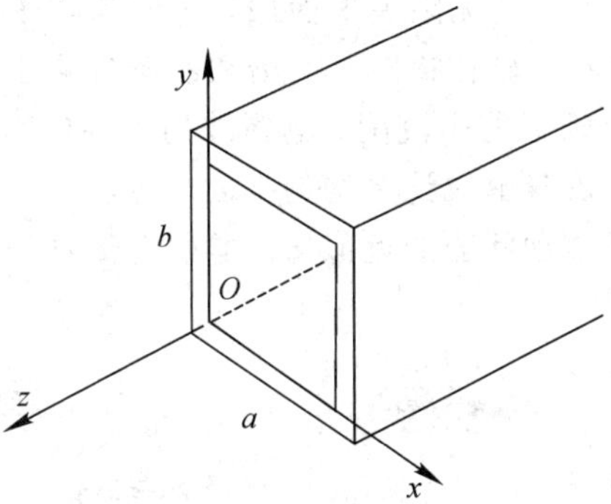

题 5-12 图

5-13　一个同轴线的内导体半径为 a，外导体半径为 b，内、外导体间为空气，且内、外导体均为理想导体，载有直流电流 I，内、外导体间的电压为 U。求同轴线的传输功率和能量流密度矢量。

5-14　已知自由空间电磁波为 $\boldsymbol{E}=\boldsymbol{e}_x E_{xm}\cos(\omega t-\beta z)$，$\boldsymbol{H}=\boldsymbol{e}_y H_{ym}\cos(\omega t-\beta z)$，试求：

(1) 坡印廷矢量瞬时值及平均值；

(2) 流入如图 5-14 所示平行六面体中的净功率及其平均值。

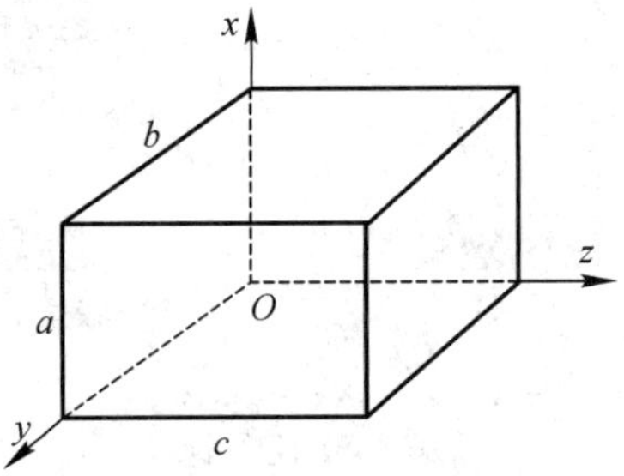

题 5-14 图

第 6 章　平面电磁波

麦克斯韦方程指出：在空间任意点，时变的电场将产生时变的磁场，时变的磁场将产生时变的电场；同时在位置上向邻近点推移。可以想象，当空间存在一个激发时变电磁场的波源时，必定会产生离开波源以一定速度向外传播的电磁波动。这种以有限速度传播的电磁波动称为电磁波。

平面电磁波是指电磁波的场矢量的等相位面与电磁波传播方向垂直的无限大平面，它是矢量波动方程的一个特解。均匀平面电磁波是指电磁波的电场和磁场矢量只沿着它的传播方向变化，在垂直于传播方向的无限大平面内，电场和磁场的振幅、方向和相位都保持不变的电磁波。当电磁波沿着 z 轴传播时，电场和磁场仅是坐标 z 的函数。在实际中，在距离电磁波源很远的观察点附近的小范围，电磁波的等相位面就可近似看成是平面，所以球面电磁波或柱面电磁波均可分解成许多均匀平面电磁波。均匀平面电磁波也是麦克斯韦方程最简单的解和许多实际波动问题的近似值。本章主要内容思维导图如下：

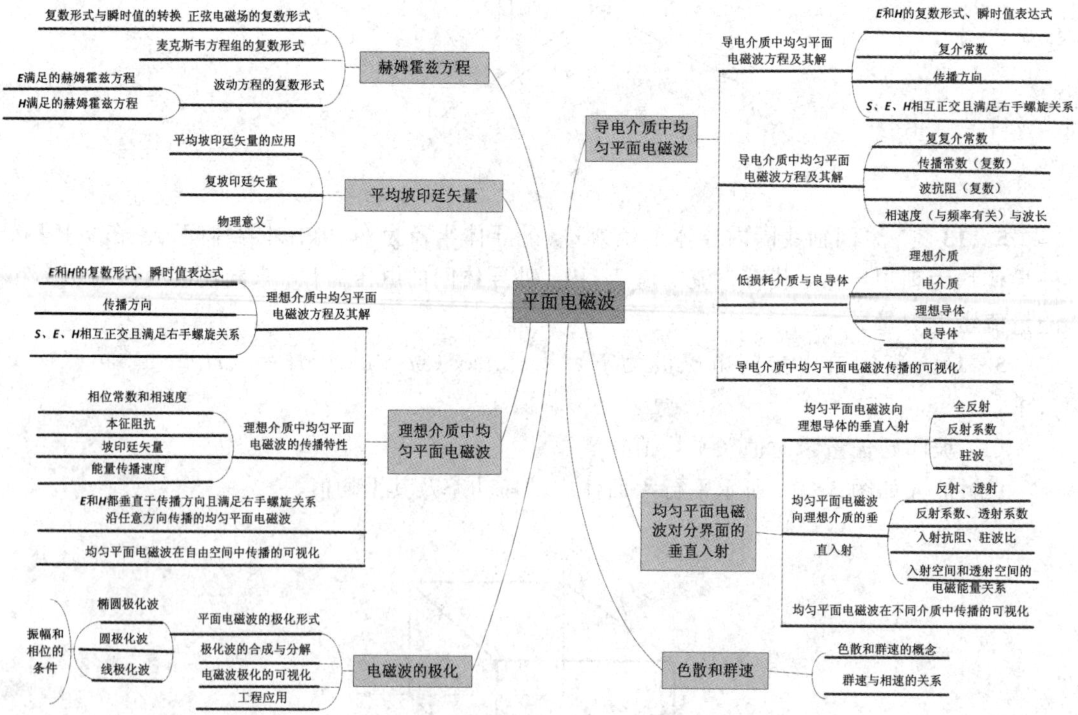

学习目标

· 通过学习正弦电磁场的复数表示法，能够熟练表达电场、磁场、电流密度和坡印廷矢量等物理量的复数形式，进行它们的复数表达式和瞬时值表达式之间的转化；学会运用复数形式的麦克斯韦方程组求解无源空间中电场或磁场；能够理解平均坡印廷矢量的物理意义并能熟练计算。

·通过学习亥姆霍兹方程及其求解，建立电磁波的概念，能够理解均匀平面电磁波的概念、性质，以及电磁波的表达式和传播规律、波的极化与色散；根据传播参数写出电磁场的表达式，或根据电磁场表达式求解相应的传播参数；学会分析波的极化形式并应用于实际工程中。

·通过学习导电介质中的均匀平面电磁波，能够理解均匀平面电磁波在损耗介质、低损耗介质和良导体中的传播特性，以及复介电常数、传播常数、相位常数、衰减常数、损耗角正切、趋肤效应和趋肤深度的物理意义；根据损耗角正切判断导电介质的特性，正确求解相应传播参数和电磁波，分析金属介质在高频或低频时的特性。

·学习均匀平面电磁波对分界面的垂直入射，能够理解理想导体和理想介质垂直入射时电磁波的传播规律及特点，以及行波、驻波、行驻波的形成机理和特点，能辨别行波、驻波的主要特征；正确求解反射系数、透射系数、合成波，以及分界面上的电流。

6.1 亥姆霍兹方程

亥姆霍兹方程是由复数麦克斯韦方程组的微分形式及其辅助方程推导出来的，它不仅包含了各方程的基本信息，还能完整地反映正弦电磁场中各场量之间的相互制约关系。因此，亥姆霍兹方程是揭示电磁波基本规律的关键。

6.1.1 正弦电磁场的复数表示

在很多实际情况中，电磁波的激发源一般以大致确定的频率做正弦振荡，因而辐射出的电磁波也以相同频率做正弦振荡。如无线广播或通信的载波，激光器辐射出的光波等都接近于正弦波。所以用正弦时间函数表示的时变电磁场在工程上占有很重要的地位。

时变电磁场的任一坐标分量随时间作正弦变化时，其振幅和初始相位也都是空间坐标的函数。在直角坐标系中，电场的瞬时值表达式为

$$\boldsymbol{E}(x, y, z, t)=\boldsymbol{e}_x E_x(x, y, z, t)+\boldsymbol{e}_y E_y(x, y, z, t)+\boldsymbol{e}_z E_z(x, y, z, t) \tag{6-1}$$

上式中 $\boldsymbol{E}$ 的各个坐标分量为

$$E_x(x, y, z, t)=E_{xm}(x, y, z)\cos[\omega t+\phi_x(x, y, z)]$$
$$E_y(x, y, z, t)=E_{ym}(x, y, z)\cos[\omega t+\phi_y(x, y, z)]$$
$$E_z(x, y, z, t)=E_{zm}(x, y, z)\cos[\omega t+\phi_z(x, y, z)]$$

上式中 E_{xm}，E_{ym}，E_{zm} 分别为各坐标分量的振幅；ϕ_x，ϕ_y，ϕ_z 分别为各坐标分量的空间相位；ω 为角频率。

为了使正弦电磁场场量的数学运算简化，可利用复数或相量来描述，例如对时间变量 t 进行降阶(把微积分方程变为代数方程)、减元(消去各项的共同时间因子 $e^{j\omega t}$)，式(6-1)中的 E_x 分量用复数形式可表示为

$$E_x(x, y, z, t)=\mathrm{Re}[E_{x\mathrm{m}}(x, y, z)\mathrm{e}^{\mathrm{j}(\omega t+\phi_x(x, y, z))}]$$
$$=\mathrm{Re}[E_{x\mathrm{m}}\mathrm{e}^{\mathrm{j}\phi_x}\mathrm{e}^{\mathrm{j}\omega t}]$$
$$=\mathrm{Re}[\dot{E}_{x\mathrm{m}}\mathrm{e}^{\mathrm{j}\omega t}] \tag{6-2}$$

式中 $\dot{E}_{x\mathrm{m}}=E_{x\mathrm{m}}\mathrm{e}^{\mathrm{j}\phi_x}$ 称为复振幅，它仅是空间坐标的函数，与时间 t 完全无关，因为它包含场量 E_x 的初相位，所以也称为相量。时间因子 $\mathrm{e}^{\mathrm{j}\omega t}$ 反映了电场强度随时间的变化。E_x 为实数，而 $\dot{E}_{x\mathrm{m}}$ 是复数，但是只要取其实部便可得到前者。转换关系如下：

$$E_x(x, y, z, t)\leftrightarrow\dot{E}_{x\mathrm{m}}(x, y, z)=E_{x\mathrm{m}}(x, y, z)\mathrm{e}^{\mathrm{j}\phi_x(x, y, z)} \tag{6-3}$$

此外，也把 $\dot{E}_{x\mathrm{m}}=E_{x\mathrm{m}}\mathrm{e}^{\mathrm{j}\phi_x}$ 称为 $E_x(x, y, z, t)=E_{x\mathrm{m}}(x, y, z)\cos[\omega t+\phi_x(x, y, z)]$的复数形式。按照式(6-2)，给定函数 $E_x(x, y, z, t)=E_{x\mathrm{m}}(x, y, z)\cos[\omega t+\phi_x(x, y, z)]$，有唯一的复数 $\dot{E}_{x\mathrm{m}}=E_{x\mathrm{m}}\mathrm{e}^{\mathrm{j}\phi_x}$ 与之对应；反之亦然。

同理，电场强度矢量也可用复数表示为

$$\boldsymbol{E}(x, y, z, t)=\mathrm{Re}[(\boldsymbol{e}_xE_{x\mathrm{m}}\mathrm{e}^{\mathrm{j}\phi_x}+\boldsymbol{e}_yE_{y\mathrm{m}}\mathrm{e}^{\mathrm{j}\phi_y}+\boldsymbol{e}_zE_{z\mathrm{m}}\mathrm{e}^{\mathrm{j}\phi_z})\mathrm{e}^{\mathrm{j}\omega t}]$$
$$=\mathrm{Re}[(\boldsymbol{e}_x\dot{E}_{x\mathrm{m}}+\boldsymbol{e}_y\dot{E}_{y\mathrm{m}}+\boldsymbol{e}_z\dot{E}_{z\mathrm{m}})\mathrm{e}^{\mathrm{j}\omega t}]$$
$$=\mathrm{Re}[\dot{\boldsymbol{E}}\mathrm{e}^{\mathrm{j}\omega t}] \tag{6-4}$$

式中 $\dot{\boldsymbol{E}}=\boldsymbol{e}_x\dot{E}_{x\mathrm{m}}+\boldsymbol{e}_y\dot{E}_{y\mathrm{m}}+\boldsymbol{e}_z\dot{E}_{z\mathrm{m}}$ 称为电场强度的复振幅矢量或复矢量，它只是空间坐标的函数，与时间 t 无关。这样我们就把时间 t 和空间 x，y，z 的四维(x, y, z, t)矢量函数简化成了空间(x, y, z)的三维函数，即

$$E(x, y, z, t)\leftrightarrow\dot{\boldsymbol{E}}_{x\mathrm{m}}(x, y, z)=\boldsymbol{e}_x\dot{E}+\boldsymbol{e}_y\dot{E}_{y\mathrm{m}}+\boldsymbol{e}_z\dot{E}_{z\mathrm{m}}$$

若要得出瞬时值，只要将其复振幅矢量乘以 $\mathrm{e}^{\mathrm{j}\omega t}$ 并取实部，便得到其相应的瞬时值

$$\boldsymbol{E}(x, y, z, t)=\mathrm{Re}[\dot{\boldsymbol{E}}(x, y, z)\mathrm{e}^{\mathrm{j}\omega t}]$$

例 6-1 把 $\boldsymbol{E}=\boldsymbol{e}_xE_0\cos(\omega t-kz)+\boldsymbol{e}_y2E_0\sin(\omega t-kz)$改写成复数形式。

解： $\boldsymbol{E}=\boldsymbol{e}_xE_0\cos(\omega t-kz)+\boldsymbol{e}_y2E_0\cos\left(\omega t-kz-\frac{\pi}{2}\right)$

$$=\mathrm{Re}[\boldsymbol{e}_xE_0\mathrm{e}^{\mathrm{j}(\omega t-kz)}+\boldsymbol{e}_y2E_0\mathrm{e}^{\mathrm{j}\left(\omega t-kz-\frac{\pi}{2}\right)}]$$
$$=\mathrm{Re}[(\boldsymbol{e}_xE_0\mathrm{e}^{-\mathrm{j}kz}+\boldsymbol{e}_y2E_0\mathrm{e}^{-\mathrm{j}\left(kz+\frac{\pi}{2}\right)})\mathrm{e}^{\mathrm{j}\omega t}]$$

$$\dot{\boldsymbol{E}}=(\boldsymbol{e}_x-\boldsymbol{e}_y2\mathrm{j})E_0\mathrm{e}^{-\mathrm{j}kz}$$

例 6-2 把 $\dot{\boldsymbol{E}}=\boldsymbol{e}_y2\mathrm{j}E_0\sin\theta\mathrm{e}^{-\mathrm{j}k_y\sin\theta}$ 改写成瞬时值表达式。

解： $\dot{\boldsymbol{E}}=\boldsymbol{e}_y2\mathrm{j}E_0\sin\theta\mathrm{e}^{-\mathrm{j}k_y\sin\theta}=\boldsymbol{e}_y2E_0\sin\theta\mathrm{e}^{-\mathrm{j}\left(k_y\sin\theta-\frac{\pi}{2}\right)}$

故瞬时值表达式为

$$\boldsymbol{E}=\mathrm{Re}[\dot{\boldsymbol{E}}\mathrm{e}^{\mathrm{j}\omega t}]=\mathrm{Re}[\boldsymbol{e}_y2E_0\sin\theta\mathrm{e}^{-\mathrm{j}\left(k_y\sin\theta-\frac{\pi}{2}\right)}\mathrm{e}^{\mathrm{j}\omega t}]=\boldsymbol{e}_y2E_0\sin\theta\cos\left(\omega t-k_y\sin\theta+\frac{\pi}{2}\right)$$

6.1.2 麦克斯韦方程组的复数表示

在复数运算中，对复数的微分和积分运算是分别对其实部和虚部进行的，并不改变其实部和虚部的性质。对 E_x 分量的复数形式进行微分运算得

$$\frac{\partial E_x(x,y,z,t)}{\partial t}=\frac{\partial}{\partial t}(\mathrm{Re}[\dot{E}_{xm}\mathrm{e}^{\mathrm{j}\omega t}])=\mathrm{Re}[\mathrm{j}\omega\dot{E}_{xm}\mathrm{e}^{\mathrm{j}\omega t}]$$

所以，采用复数表示时，正弦量对时间 t 的偏导数等价于该正弦量的复数形式乘以 $\mathrm{j}\omega$，即

$$\frac{\partial E_x(x,y,z,t)}{\partial t}\leftrightarrow\mathrm{j}\omega\dot{E}_{xm}(x,y,z)$$

运用上述规则，对麦克斯韦方程组中全电流定律 $\nabla\times\boldsymbol{H}=\boldsymbol{J}+\frac{\partial\boldsymbol{D}}{\partial t}$ 进行复数变换且微分运算得

$$\nabla\times\mathrm{Re}[\dot{\boldsymbol{H}}\mathrm{e}^{\mathrm{j}\omega t}]=\mathrm{Re}[\dot{\boldsymbol{J}}\mathrm{e}^{\mathrm{j}\omega t}]+\frac{\partial}{\partial t}\mathrm{Re}[\dot{\boldsymbol{D}}\mathrm{e}^{\mathrm{j}\omega t}]$$

$$\mathrm{Re}[\nabla\times\dot{\boldsymbol{H}}\mathrm{e}^{\mathrm{j}\omega t}]=\mathrm{Re}[\dot{\boldsymbol{J}}\mathrm{e}^{\mathrm{j}\omega t}]+\mathrm{Re}[\mathrm{j}\omega\dot{\boldsymbol{D}}\mathrm{e}^{\mathrm{j}\omega t}]$$

$$\mathrm{Re}[\nabla\times\dot{\boldsymbol{H}}\mathrm{e}^{\mathrm{j}\omega t}-\dot{\boldsymbol{J}}\mathrm{e}^{\mathrm{j}\omega t}-\mathrm{j}\omega\dot{\boldsymbol{D}}\mathrm{e}^{\mathrm{j}\omega t}]=0$$

$$\mathrm{Re}[(\nabla\times\dot{\boldsymbol{H}}-\dot{\boldsymbol{J}}-\mathrm{j}\omega\dot{\boldsymbol{D}})\mathrm{e}^{\mathrm{j}\omega t}]=0$$

故当 t 任意时，运用上述规则，可得式(5-18a)～(5-18d)对应的复数形式：

$$\nabla\times\dot{\boldsymbol{H}}=\dot{\boldsymbol{J}}+\mathrm{j}\omega\dot{\boldsymbol{D}}\tag{6-5a}$$

$$\nabla\times\dot{\boldsymbol{E}}=-\mathrm{j}\omega\dot{\boldsymbol{B}}\tag{6-5b}$$

$$\nabla\cdot\dot{\boldsymbol{B}}=0\tag{6-5c}$$

$$\nabla\cdot\dot{\boldsymbol{D}}=\dot{\rho}\tag{6-5d}$$

以及电流连续性方程的复数形式：

$$\nabla\cdot\dot{\boldsymbol{J}}=-\mathrm{j}\omega\dot{\rho}\tag{6-6}$$

不难看出，为了把用瞬时值表示的麦克斯韦方程的微分形式写成复数形式，从形式上讲，只要把场量和场源的瞬时值换成对应的复数形式，把微分方程中的 $\partial/\partial t$ 换成 $\mathrm{j}\omega$ 即可。

6.1.3　波动方程的复数表示

对正弦电磁场，电场矢量对时间的一阶、二阶导数为

$$\frac{\partial\boldsymbol{E}}{\partial t}=\frac{\partial}{\partial t}[\mathrm{Re}(\dot{\boldsymbol{E}}\mathrm{e}^{\mathrm{j}\omega t})]=\mathrm{Re}[\mathrm{j}\omega\dot{\boldsymbol{E}}\mathrm{e}^{\mathrm{j}\omega t}]\tag{6-7a}$$

$$\frac{\partial^2\boldsymbol{E}}{\partial t^2}=\mathrm{Re}\left[\frac{\partial^2}{\partial t^2}(\dot{\boldsymbol{E}}\mathrm{e}^{\mathrm{j}\omega t})\right]=\mathrm{Re}[-\omega^2\dot{\boldsymbol{E}}\mathrm{e}^{\mathrm{j}\omega t}]\tag{6-7b}$$

同理也有

$$\frac{\partial^2\boldsymbol{H}}{\partial t^2}=\mathrm{Re}[-\omega^2\dot{\boldsymbol{H}}\mathrm{e}^{\mathrm{j}\omega t}]\tag{6-8}$$

将式(6-7)、式(6-8)代入 $\boldsymbol{E}$、$\boldsymbol{H}$ 的波动方程式(5-35a)、式(5-35b)中，消除时间因子 $\mathrm{e}^{\mathrm{j}\omega t}$，可得

$$\nabla^2\boldsymbol{E}+k^2\boldsymbol{E}=0\tag{6-9a}$$

$$\nabla^2\boldsymbol{H}+k^2\boldsymbol{H}=0\tag{6-9b}$$

式中 $k^2=\omega^2\mu\varepsilon$，即 $k=\omega\sqrt{\mu\varepsilon}$。式(6-9a)和式(6-9b)称为 $\boldsymbol{E}$、$\boldsymbol{H}$ 的齐次波动方程的复数形式，也称亥姆霍兹方程。为了以后书写方便，表示复量的符号"·"均省去。

6.2 平均坡印廷矢量

对于正弦电磁场，电场强度和磁场强度的每一坐标分量都随时间作周期性的简谐变化，这时，每一点处的瞬时电磁功率流密度的时间平均值更具有实际意义。

对于正弦电磁场，当场矢量用复数表示时：

$$\boldsymbol{E}(t)=\mathrm{Re}[\boldsymbol{E}\mathrm{e}^{\mathrm{j}\omega t}]=\frac{1}{2}[\boldsymbol{E}\mathrm{e}^{\mathrm{j}\omega t}+\boldsymbol{E}^{*}\mathrm{e}^{-\mathrm{j}\omega t}] \tag{6-10a}$$

$$\boldsymbol{H}(t)=\mathrm{Re}[\boldsymbol{H}\mathrm{e}^{\mathrm{j}\omega t}]=\frac{1}{2}[\boldsymbol{H}\mathrm{e}^{\mathrm{j}\omega t}+\boldsymbol{H}^{*}\mathrm{e}^{-\mathrm{j}\omega t}] \tag{6-10b}$$

从而坡印廷矢量瞬时值可写为

$$\begin{aligned}\boldsymbol{S}(t)=\boldsymbol{E}(t)\times\boldsymbol{H}(t)&=\frac{1}{2}[\boldsymbol{E}\mathrm{e}^{\mathrm{j}\omega t}+\boldsymbol{E}^{*}\mathrm{e}^{-\mathrm{j}\omega t}]\times\frac{1}{2}[\boldsymbol{H}\mathrm{e}^{\mathrm{j}\omega t}+\boldsymbol{H}^{*}\mathrm{e}^{-\mathrm{j}\omega t}]\\&=\frac{1}{2}\cdot\frac{1}{2}[E\times\boldsymbol{H}^{*}+\boldsymbol{E}^{*}\times\boldsymbol{H}]+\frac{1}{2}\cdot\frac{1}{2}[\boldsymbol{E}\times\boldsymbol{H}\mathrm{e}^{\mathrm{j}2\omega t}+\boldsymbol{E}^{*}\times\boldsymbol{H}^{*}\mathrm{e}^{-\mathrm{j}2\omega t}]\\&=\frac{1}{2}\mathrm{Re}[\boldsymbol{E}\times\boldsymbol{H}^{*}]+\frac{1}{2}\mathrm{Re}[\boldsymbol{E}\times\boldsymbol{H}\mathrm{e}^{\mathrm{j}2\omega t}]\end{aligned} \tag{6-11}$$

它在一个周期 $T=2\pi/\omega$ 内的平均值为

$$\boldsymbol{S}_{\mathrm{av}}=\frac{1}{T}\int_{0}^{T}\boldsymbol{S}(t)\,\mathrm{d}t=\mathrm{Re}\left[\frac{1}{2}\boldsymbol{E}\times\boldsymbol{H}^{*}\right]=\mathrm{Re}[\boldsymbol{S}_{\mathrm{c}}] \tag{6-12}$$

式中 $\boldsymbol{S}_{\mathrm{c}}$ 称为复坡印廷矢量，它与时间 t 无关，表示复功率流密度，其实部为平均功率流密度(有功功率流密度)，虚部为无功功率流密度。

$$\boldsymbol{S}_{\mathrm{c}}=\frac{1}{2}\boldsymbol{E}\times\boldsymbol{H}^{*} \tag{6-13}$$

其中，电场强度 $\boldsymbol{E}$ 和磁场强度 $\boldsymbol{H}$ 是复振幅值而不是有效值；$\boldsymbol{E}^{*}$、$\boldsymbol{H}^{*}$ 分别是 $\boldsymbol{E}$、$\boldsymbol{H}$ 的共轭复数，$\boldsymbol{S}_{\mathrm{av}}$ 称为平均能流密度矢量或平均坡印廷矢量。

例 6-3 已知无源($\rho=0$，$\boldsymbol{J}=0$)的自由空间中，时变电磁场的电场强度复数形式为 $\boldsymbol{E}(z)=\boldsymbol{e}_{y}E_{0}\mathrm{e}^{-\mathrm{j}kz}$ V/m，式中 k，E_0 为常数。求：

(1) 磁场强度的复数形式 $\boldsymbol{H}(z)$；

(2) 坡印廷矢量的瞬时值 $\boldsymbol{S}(z,t)$；

(3) 复坡印廷矢量 $\boldsymbol{S}_{\mathrm{c}}$；

(4) 平均坡印廷矢量 $\boldsymbol{S}_{\mathrm{av}}$。

解：(1)由 $\nabla\times\boldsymbol{E}=-\mathrm{j}\omega\mu_0\boldsymbol{H}$，得磁场强度的复数形式 $\boldsymbol{H}(z)$：

$$\begin{aligned}\boldsymbol{H}(z)=-\frac{1}{\mathrm{j}\omega\mu_0}\nabla\times\boldsymbol{E}(z)&=-\frac{1}{\mathrm{j}\omega\mu_0}\begin{vmatrix}\boldsymbol{e}_x & \boldsymbol{e}_y & \boldsymbol{e}_z\\ \dfrac{\partial}{\partial x} & \dfrac{\partial}{\partial y} & \dfrac{\partial}{\partial z}\\ 0 & E_y & 0\end{vmatrix}\\&=\boldsymbol{e}_x\frac{1}{\mathrm{j}\omega\mu_0}\frac{\partial E_y}{\partial z}=\boldsymbol{e}_x\frac{1}{\mathrm{j}\omega\mu_0}\frac{\partial}{\partial z}(E_0e^{-\mathrm{j}kz})\\&=-\boldsymbol{e}_x\frac{kE_0}{\omega\mu_0}\mathrm{e}^{-\mathrm{j}kz}\end{aligned}$$

(2) 电场、磁场的瞬时值表达式为

$$\boldsymbol{E}(z,\ t)=\mathrm{Re}[\boldsymbol{E}(z)\mathrm{e}^{\mathrm{j}\omega t}]=\boldsymbol{e}_y E_0\cos(\omega t-kz)$$

$$\boldsymbol{H}(z,\ t)=\mathrm{Re}[\boldsymbol{H}(z)\mathrm{e}^{\mathrm{j}\omega t}]=-\boldsymbol{e}_x\frac{kE_0}{\omega\mu_0}\cos(\omega t-kz)$$

所以，坡印廷矢量的瞬时值 $\boldsymbol{S}(z,\ t)$ 为

$$\boldsymbol{S}(z,\ t)=\boldsymbol{E}(z,\ t)\times\boldsymbol{H}(z,\ t)=\boldsymbol{e}_z\frac{kE_0^2}{\omega\mu_0}\cos^2(\omega t-kz)$$

(3) 复坡印廷矢量 $\boldsymbol{S}_\mathrm{c}$ 为

$$\boldsymbol{S}_\mathrm{c}=\frac{1}{2}\boldsymbol{E}(z)\times\boldsymbol{H}^*(z)=\frac{1}{2}\left[(\boldsymbol{e}_y E_0\mathrm{e}^{-\mathrm{j}kz})\times\left(-\boldsymbol{e}_x\frac{kE_0}{\omega\mu_0}\mathrm{e}^{\mathrm{j}kz}\right)\right]=\boldsymbol{e}_z\frac{1}{2}\frac{kE_0^2}{\omega\mu_0}$$

(4) 平均坡印廷矢量 $\boldsymbol{S}_\mathrm{av}$ 为

$$\boldsymbol{S}_\mathrm{av}=\mathrm{Re}[\boldsymbol{S}_\mathrm{c}]=\frac{1}{2}\mathrm{Re}\left[\boldsymbol{e}_z\frac{kE_0^2}{\omega\mu_0}\right]=\boldsymbol{e}_z\frac{1}{2}\frac{kE_0^2}{\omega\mu_0}$$

结果表明，$\boldsymbol{E}$ 和 $\boldsymbol{H}$ 同初相位时，能量仅向一个方向流动。

例 6-4　角频率为 ω 的时变电磁场复数形式分别为 $\boldsymbol{E}(z)=\boldsymbol{e}_y E_0\mathrm{e}^{\mathrm{j}\varphi_x}$ V/m 和 $\boldsymbol{H}(z)=\boldsymbol{e}_x H_0\mathrm{e}^{\mathrm{j}\phi_y}$ A/m，式中 E_0，H_0 为常数。求电场和磁场相位差分别为：$\phi_x-\phi_y=0,\ \pi,\ \frac{\pi}{2},\ \frac{\pi}{4}$ 这 4 种情况下坡印廷矢量的瞬时值 $\boldsymbol{S}(z,\ t)$、复坡印廷矢量 $\boldsymbol{S}_\mathrm{c}$ 和平均坡印廷矢量 $\boldsymbol{S}_\mathrm{av}$。

解：角频率为 ω 的时变电磁场复数形式 $\boldsymbol{E}(z)=\boldsymbol{e}_y E_0\mathrm{e}^{\mathrm{j}\phi_x}$ 和 $\boldsymbol{H}(z)=\boldsymbol{e}_x H_0\mathrm{e}^{\mathrm{j}\phi_y}$ 对应的瞬时值形式分别为

$$\boldsymbol{E}(z,\ t)=\mathrm{Re}[\boldsymbol{E}(z)\mathrm{e}^{\mathrm{j}\omega t}]=\mathrm{Re}[\boldsymbol{e}_y E_0\mathrm{e}^{\mathrm{j}\phi_x}\mathrm{e}^{\mathrm{j}\omega t}]=\boldsymbol{e}_y E_0\cos(\omega t+\phi_x)$$

$$\boldsymbol{H}(z,\ t)=\mathrm{Re}[\boldsymbol{H}(z)\mathrm{e}^{\mathrm{j}\omega t}]=\mathrm{Re}[\boldsymbol{e}_x H_0\mathrm{e}^{\mathrm{j}\phi_x}\mathrm{e}^{\mathrm{j}\omega t}]=\boldsymbol{e}_x H_0\cos(\omega t+\phi_y)$$

坡印廷矢量的瞬时值 $\boldsymbol{S}(z,\ t)$、复坡印廷矢量 $\boldsymbol{S}_\mathrm{c}$ 和平均坡印廷矢量 $\boldsymbol{S}_\mathrm{av}$ 分别为

$$\begin{aligned}\boldsymbol{S}(z,\ t)&=\boldsymbol{E}(z,\ t)\times\boldsymbol{H}(z,\ t)=[\boldsymbol{e}_y E_0\cos(\omega t+\phi_x)]\times[\boldsymbol{e}_x H_0\cos(\omega t+\phi_y)]\\&=-\boldsymbol{e}_z\frac{1}{2}E_0H_0[\cos(2\omega t+\phi_x+\phi_y)+\cos(\phi_x-\phi_y)]\end{aligned}$$

$$\begin{aligned}\boldsymbol{S}_\mathrm{c}&=\frac{1}{2}\boldsymbol{E}(z)\times\boldsymbol{H}^*(z)=\frac{1}{2}(\boldsymbol{e}_y E_0\mathrm{e}^{\mathrm{j}\phi_x})\times(\boldsymbol{e}_x H_0\mathrm{e}^{-\mathrm{j}\phi_y})\\&=-\boldsymbol{e}_z\frac{1}{2}E_0H_0[\cos(\phi_x-\phi_y)+\mathrm{j}\sin(\phi_x-\phi_y)]\end{aligned}$$

$$\boldsymbol{S}_\mathrm{av}=\mathrm{Re}[\boldsymbol{S}_\mathrm{c}]=-\boldsymbol{e}_z\frac{1}{2}E_0H_0\cos(\phi_x-\phi_y)$$

(1) 当 $\phi_x-\phi_y=0$ 时，有

$$\boldsymbol{S}(z,\ t)=-\boldsymbol{e}_z\frac{1}{2}E_0H_0[\cos(2\omega t+\phi_x+\phi_y)+1]$$

$$\boldsymbol{S}_\mathrm{c}=-\boldsymbol{e}_z\frac{1}{2}E_0H_0$$

$$\boldsymbol{S}_\mathrm{av}=-\boldsymbol{e}_z\frac{1}{2}E_0H_0$$

能量仅向 $-\boldsymbol{e}_z$ 方向流动，此时复坡印廷矢量的虚部值为 0。

(2) 当 $\phi_x-\phi_y=\pi$ 时，有

$$S(z,t)=-e_z\frac{1}{2}E_0H_0[\cos(2\omega t+\phi_x+\phi_y)-1]$$

$$S_c=e_z\frac{1}{2}E_0H_0$$

$$S_{av}=e_z\frac{1}{2}E_0H_0$$

能量仅向 $+e_z$ 方向流动，此时复坡印廷矢量的虚部值为 0。

(3) 当 $\phi_x-\phi_y=\frac{\pi}{2}$ 时，有

$$S(z,t)=-e_z\frac{1}{2}E_0H_0\cos(2\omega t+\phi_x+\phi_y)$$

$$S_c=-e_z\mathrm{j}\frac{1}{2}E_0H_0$$

$$S_{av}=0$$

能量流动在 $-e_z$ 和 $+e_z$ 两个方向上交替变化，向两个方向流动的能量大小相同，没有平均能量流动，此时复坡印廷矢量的虚部值最大。

(4) 当 $\phi_x-\phi_y=\frac{\pi}{4}$ 时，有

$$S(z,t)=-e_z\frac{1}{2}E_0H_0\left[\cos(2\omega t+\phi_x+\phi_y)+\frac{\sqrt{2}}{2}\right]$$

$$S_c=-e_z\frac{1}{2}E_0H_0\left(\frac{\sqrt{2}}{2}+\mathrm{j}\frac{\sqrt{2}}{2}\right)$$

$$S_{av}=-e_z\frac{\sqrt{2}}{4}E_0H_0$$

由上述结果可以看出：能量流动在 $-e_z$ 和 $+e_z$ 两个方向上交替变化，向两个方向流动的能量大小不相同，有平均能量流动，此时复坡印廷矢量的虚部值为 $\frac{\sqrt{2}}{2}$。该结果表明，两个方向上交换的能量越多，复坡印廷矢量的虚部值就越大；无能量交换时，虚部为 0。

6.3 理想介质中的均匀平面电磁波

理想介质是指线性、均匀、各向同性且无损耗的介质。无损耗意味着描述介质电磁特征的电导率 $\sigma=0$，线性、均匀、各向同性意味着介质参数 ε 和 μ 是常数。如果该介质中存在均匀平面电磁波，为使分析方便，一般取等相位面平行于 xOy 面，也就是说只有在不同的 xy 面上场强才不同，在同一 xy 面上，场强处处相等，即 $\boldsymbol{E}$、$\boldsymbol{H}$ 与 x、y 无关。

6.3.1 理想介质中均匀平面电磁波方程及其解

假设所研究的区域为无源区，即 $\rho=0$、$\boldsymbol{J}=0$，且充满理想介质，那么电场强度 $\boldsymbol{E}$ 和磁场强度 $\boldsymbol{H}$ 只是 z 的函数，即 $\boldsymbol{E}(z)$和 $\boldsymbol{H}(z)$。因为 $\boldsymbol{E}$ 和 $\boldsymbol{H}$ 满足的方程在形式上相同，所以

可通过求解 $\boldsymbol{E}$ 满足的方程来得到 $\boldsymbol{H}$ 的解。

对 $\boldsymbol{E}(z)$满足的散度方程(高斯定理$\nabla\cdot\boldsymbol{E}=0$)求解

$$\nabla\cdot\boldsymbol{E}(z)=\frac{\partial E_x}{\partial x}+\frac{\partial E_y}{\partial y}+\frac{\partial E_z}{\partial z}=0$$

因为 $\boldsymbol{E}$ 与 x、y 无关，且 $\boldsymbol{E}$ 是 z 的函数，所以

$$\frac{\partial E_z}{\partial z}=0$$

从而 $E_z(z)=C$。电磁波没有相位不变化的分量，故 $C=0$，从而 $E_z(z)=0$。按上述类似分析法，可得 $H_z(z)=0$。这表明沿 z 方向传播的均匀平面电磁波的电场强度 $\boldsymbol{E}$ 和磁场强度 $\boldsymbol{H}$ 都没有沿传播方向的分量，即电场强度 $\boldsymbol{E}$ 和磁场强度 $\boldsymbol{H}$ 都与波的传播方向垂直，这种波又称为横电磁波(Transverse Electromagnetic Wave，简称 TEM 波)。

综上可得

$$\boldsymbol{E}=\boldsymbol{e}_xE_x(z)+\boldsymbol{e}_yE_y(z)$$
$$\boldsymbol{H}=\boldsymbol{e}_xH_x(z)+\boldsymbol{e}_yH_y(z)$$

对于沿 z 方向传播的均匀平面电磁波，电场强度 $\boldsymbol{E}$ 的分量 $E_x(z)$满足亥姆霍兹方程：

$$\frac{\mathrm{d}^2E_x(z)}{\mathrm{d}z^2}+k^2E_x(z)=0 \tag{6-14}$$

上式的通解为

$$E_x(z)=A_1\mathrm{e}^{-\mathrm{j}kz}+A_2\mathrm{e}^{\mathrm{j}kz} \tag{6-15a}$$

其中，$A_1=E_{1\mathrm{m}}\mathrm{e}^{\mathrm{j}\phi_1}$、$A_2=E_{2\mathrm{m}}\mathrm{e}^{\mathrm{j}\phi_2}$，$\phi_1$、$\phi_2$ 分别为 A_1、A_2 的辐角。写成瞬时表达式，则为

$$E_x(z,\ t)=\mathrm{Re}[E_x(z)\mathrm{e}^{\mathrm{j}\omega t}]=E_{1\mathrm{m}}\cos(\omega t-kz+\phi_1)+E_{2\mathrm{m}}\cos(\omega t+kz+\phi_2) \tag{6-15b}$$

6.3.2　理想介质中均匀平面电磁波的传播特性

式(6-15a)的第一项代表沿$+z$ 方向传播的均匀平面电磁波，第二项代表沿$-z$ 方向传播的均匀平面电磁波。由于无界的均匀媒质中只存在沿一个方向传播的波，这里讨论沿$+z$ 方向传播的均匀平面电磁波，即

$$E_x(z)=E_{x\mathrm{m}}\mathrm{e}^{-\mathrm{j}kz}\mathrm{e}^{\mathrm{j}\phi_x} \tag{6-16a}$$

瞬时表达式为

$$E_x(z,\ t)=E_{x\mathrm{m}}\cos(\omega t-kz+\phi_x) \tag{6-16b}$$

式中，$E_{x\mathrm{m}}$ 是实常数，表示电场强度的振幅值，ωt 称为时间相位，kz 称为空间相位，ϕ_x 称为初始相位。

1. 相位常数和相速度

由式(6-16b)可知，正弦均匀平面电磁波的等相位面方程为

$$\omega t-kz+\phi_x=\mathrm{const}(常数)$$

正弦均匀平面电磁波的等相位面行进的速度称为相速度，以 v_p 表示。根据相速的定义和等相位方程可得

$$v_\mathrm{p}=\frac{\mathrm{d}z}{\mathrm{d}t}=\frac{\omega}{k}=\frac{1}{\sqrt{\mu\varepsilon}} \tag{6-17}$$

由此可见，在理想介质中，均匀平面波的相速与频率无关，但与媒质参数有关。在自由空间 $\varepsilon=\varepsilon_0=\frac{1}{36\pi}\times10^{-9}$ F/m，$\mu=\mu_0=4\pi\times10^{-7}$ H/m，这时，

$$v_{\mathrm{p}}=v_0=\frac{1}{\sqrt{\mu_0\varepsilon_0}}=3\times10^8\ \mathrm{m/s} \tag{6-18}$$

为真空中的光速。

空间相位 kz 变化 2π 所经过的距离称为波长，以 λ 表示。按此定义有 $k\lambda=2\pi$，所以

$$\lambda=\frac{2\pi}{k} \tag{6-19}$$

此式表明波长除了与频率有关，还和媒质参数有关。因此，同一频率的电磁波有不同媒质中的波长是不相同的。式(6-19)还可以写成

$$k=\frac{2\pi}{\lambda} \tag{6-20}$$

k 称为波数。由于空间相位 kz 变化 2π 相当于一个全波，k 表示单位长度内所具有的全波数目，故 k 也被称为电磁波的相位常数，它表示传播方向上波行进单位距离时相位变化大小。

时间相位 ωt 变化 2π 所经历的时间称为周期，以 T 表示。而一秒内相位变化 2π 的次数称为频率，以 f 表示。由 $\omega T=2\pi$ 得

$$f=\frac{1}{T}=\frac{\omega}{2\pi} \tag{6-21}$$

由 $k=\omega\sqrt{\mu\varepsilon}$、式(6-17)和式(6-21)可知

$$v_{\mathrm{p}}=\lambda f \tag{6-22}$$

可见，电磁波的频率描述的是相位随时间的变化特性，而波长描述的是相位随空间的变化特性。

2. 本征阻抗

利用麦克斯韦方程 $\nabla\times\boldsymbol{E}=-\mathrm{j}\omega\mu\boldsymbol{H}$，可求得相应于电场强度 $\boldsymbol{E}$ 的磁场强度 $\boldsymbol{H}$ 为

$$\begin{aligned}\boldsymbol{H}&=-\frac{1}{\mathrm{j}\omega\mu}\nabla\times\boldsymbol{E}=\frac{\mathrm{j}}{\omega\mu}\begin{vmatrix}\boldsymbol{e}_x & \boldsymbol{e}_y & \boldsymbol{e}_z\\ \frac{\partial}{\partial x} & \frac{\partial}{\partial y} & \frac{\partial}{\partial z}\\ E_x(z) & 0 & 0\end{vmatrix}=\boldsymbol{e}_y\frac{\mathrm{j}}{\omega\mu}\frac{\partial E_x}{\partial z}\\ &=\boldsymbol{e}_y\frac{k}{\omega\mu}E_{x\mathrm{m}}\mathrm{e}^{-\mathrm{j}(kz-\phi_x)}=\boldsymbol{e}_y\sqrt{\frac{\varepsilon}{\mu}}E_{x\mathrm{m}}\mathrm{e}^{-\mathrm{j}(kz-\phi_x)}\\ &=\boldsymbol{e}_y\frac{1}{\eta}E_{x\mathrm{m}}\mathrm{e}^{-\mathrm{j}(kz-\phi_x)}\end{aligned} \tag{6-23a}$$

其瞬时值表达式为

$$\boldsymbol{H}=\boldsymbol{e}_y\frac{1}{\eta}E_{x\mathrm{m}}\cos(\omega t-kz+\phi_x) \tag{6-23b}$$

其中

$$\eta=\sqrt{\frac{\mu}{\varepsilon}}\ \Omega \tag{6-24}$$

η 是电场的振幅与磁场的振幅之比，具有阻抗的量纲，单位为欧姆(Ω)，它的值与媒质参数有关，因此它被称为媒质的本征阻抗(或波阻抗)。电磁波在真空中的本征阻抗为

$$\eta_0=\sqrt{\frac{\mu_0}{\varepsilon_0}}=120\pi\approx 377\ \Omega \tag{6-25}$$

3. 坡印廷矢量

下面我们讨论均匀平面电磁波的能量关系。由式(6-23a)可知，磁场与电场之间满足关系

$$\boldsymbol{H}=\frac{1}{\eta}\boldsymbol{e}_z\times\boldsymbol{E} \text{ 或 } \boldsymbol{E}=\eta\boldsymbol{H}\times\boldsymbol{e}_z \tag{6-26}$$

由此可见，电场 $\boldsymbol{E}$、磁场 $\boldsymbol{H}$ 与传播方向 $\boldsymbol{e}_z$ 之间相互垂直，且遵循右手螺旋关系，如图 6-1 所示。

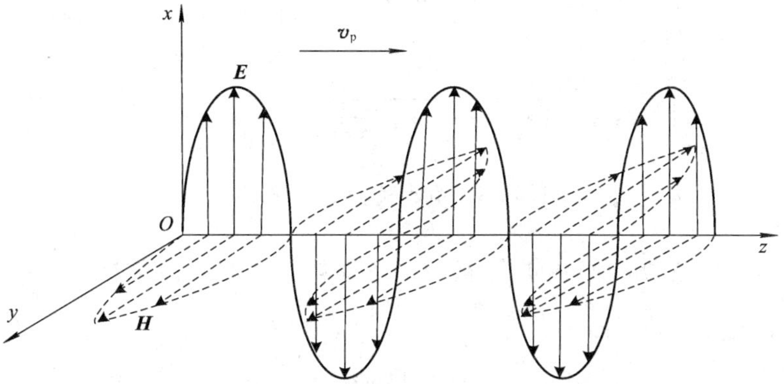

图 6-1　理想介质中均匀平面波的 $\boldsymbol{E}$ 和 $\boldsymbol{H}$

在理想介质中，瞬时坡印廷矢量为

$$\boldsymbol{S}=\boldsymbol{E}\times\boldsymbol{H}=\frac{1}{\eta}\boldsymbol{E}\times(\boldsymbol{e}_z\times\boldsymbol{E})=\boldsymbol{e}_z\frac{1}{\eta}|\boldsymbol{E}|^2 \tag{6-27a}$$

平均坡印廷矢量为

$$\boldsymbol{S}_{\text{av}}=\frac{1}{2}\text{Re}[\boldsymbol{E}\times\boldsymbol{H}^*]=\frac{1}{2\eta}\text{Re}[\boldsymbol{E}\times(\boldsymbol{e}_z\times\boldsymbol{E}^*)]=\boldsymbol{e}_z\frac{1}{2\eta}|\boldsymbol{E}|^2 \tag{6-27b}$$

由此可见，理想介质中的均匀平面电磁波的电磁能量仅沿波的传播方向流动，在传播过程中不仅各场量的幅度没有变化(电磁波无衰减)，其平均坡印廷矢量也是常数(没有能量损失)。

4. 能量传播速度

在理想介质中，由于 $|\boldsymbol{H}|=\dfrac{1}{\eta}|\boldsymbol{E}|$，因此有

$$\frac{1}{2}\varepsilon|\boldsymbol{E}|^2=\frac{1}{2}\mu|\boldsymbol{H}|^2 \tag{6-28a}$$

$$w=w_e+w_m=\frac{1}{2}\varepsilon|\boldsymbol{E}|^2+\frac{1}{2}\mu|\boldsymbol{H}|^2=\varepsilon|\boldsymbol{E}|^2=\mu|\boldsymbol{H}|^2 \tag{6-28b}$$

式(6-28a)和式(6-28a)表明，在理想介质中，均匀平面电磁波的任一时刻电场能量密度

和磁场能量密度相等，各为总电磁能量的一半。

为了说明均匀平面电磁波的能量传递速度即能速 v_e，可沿能流方向取一个圆柱体，长为 L，端面面积为 A，如图 6-2 所示。若该圆柱体内能量密度的平均值为 $w_{av}=\frac{1}{2}w$，能流密度的平均值为 S_{av}，则柱内总的储能为 $w_{av}AL$。在时间 t 内这部分储能若全部穿过端面 A，应有

$$S_{av}At=w_{av}AL$$

则有

$$S_{av}A=w_{av}A\frac{L}{t}=w_{av}Av_e$$

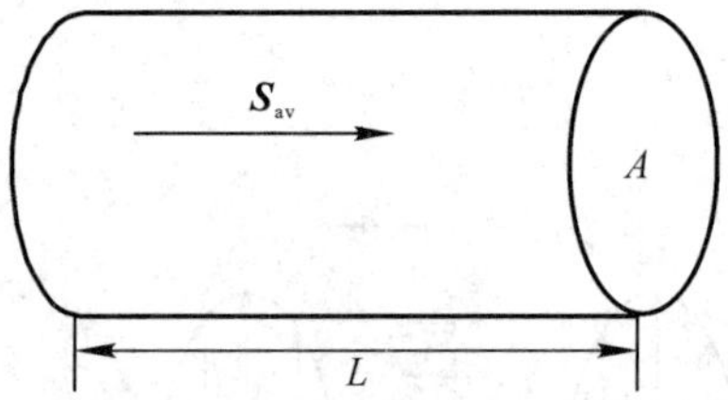

图 6-2 沿能流方向的圆柱体

其中，$v_e=\frac{L}{t}$ 表示单位时间内的能量位移，即能量速度，简称能速。将上式结合式(6-27b)和式(6-28b)可得

$$\boldsymbol{v}_e=\frac{\boldsymbol{S}_{av}}{w_{av}}=\frac{\boldsymbol{e}_z\frac{1}{2\eta}|\boldsymbol{E}|^2}{\frac{1}{2}\varepsilon|\boldsymbol{E}|^2}=\boldsymbol{e}_z\frac{1}{\sqrt{\mu\varepsilon}}=\boldsymbol{v}_p \tag{6-29}$$

此式表明，均匀平面电磁波的能量传播速度等于其相速。

例 6-5 自由空间中均匀平面波的电场强度表达式为：$\boldsymbol{E}=\boldsymbol{e}_x120\pi\cos(\omega t+\pi z)$ V/m。试分析：

(1) 波的传播方向、相速度 v_p、波阻抗 η、波长 λ 和频率 f；

(2) 相伴的磁场强度 $\boldsymbol{H}$ 的瞬时表达式；

(3) 平均坡印廷矢量 $\boldsymbol{S}_{av}$。

解：(1) 根据题意有 $k=\pi$，电磁波沿 $-\boldsymbol{e}_z$ 方向传播。

由于该平面波在自由空间中传播，其相速度 v_p 和波阻抗 η 的大小分别为

$$v=v_0=\frac{1}{\sqrt{\mu_0\varepsilon_0}}=3\times10^8\ \text{m/s},\ \eta=\eta_0=\sqrt{\frac{\mu_0}{\varepsilon_0}}=120\pi\approx377\ \Omega$$

波长 λ 和频率 f 分别为

$$\lambda=\frac{2\pi}{k}=\frac{2\pi}{\pi}=2\ \text{m},\ f=\frac{v_p}{\lambda}=\frac{3\times10^8}{2}=1.5\times10^8\ \text{Hz}$$

(2) 因为电磁波沿 $-\boldsymbol{e}_z$ 方向传播，所以相伴的磁场强度 $\boldsymbol{H}$ 的瞬时表达式为

$$\boldsymbol{H}=\frac{1}{\eta}(-\boldsymbol{e}_z)\times\boldsymbol{E}=\frac{1}{120\pi}(-\boldsymbol{e}_z)\times[\boldsymbol{e}_x120\pi\cos(\omega t+\pi z)]=-\boldsymbol{e}_y\cos(\omega t+\pi z)\ \text{A/m}$$

(3) 平均坡印廷矢量 $\boldsymbol{S}_{av}$ 为

$$\boldsymbol{S}_{av}=-\boldsymbol{e}_z\frac{1}{2\eta}|\boldsymbol{E}|^2=-\boldsymbol{e}_z\frac{1}{2\times120\pi}|120\pi|^2=-\boldsymbol{e}_z 60\pi\ \mathrm{W/m^2}$$

例 6-6　自由空间中均匀平面波沿 $-\boldsymbol{e}_y$ 方向传播，频率为 300 MHz，电场为 $\boldsymbol{e}_z$ 方向，幅值为 $E_0=1$ V/m。试求：

(1) 波长 λ；

(2) $\boldsymbol{E}$ 和 $\boldsymbol{H}$ 的复数和瞬时值表达式。

解： 根据题意有：$f=300\ \mathrm{MHz}=3\times10^8\ \mathrm{Hz}$，$v=3\times10^8$ m/s。

(1) $\lambda=\dfrac{v_p}{f}=\dfrac{3\times10^8}{3\times10^8}=1$ m

(2) 平面波沿 $-\boldsymbol{e}_y$ 方向传播，且 $k=\dfrac{2\pi}{\lambda}=2\pi$ rad/m，则有 $\boldsymbol{E}$ 和 $\boldsymbol{H}$ 的复数表达式分别为

$$\boldsymbol{E}=\boldsymbol{e}_z E_0 \mathrm{e}^{\mathrm{j}ky}=\boldsymbol{e}_z\mathrm{e}^{\mathrm{j}2\pi y}\ \mathrm{V/m}$$

$$\boldsymbol{H}=\frac{1}{\eta}(-\boldsymbol{e}_y)\times\boldsymbol{E}=\frac{1}{120\pi}(-\boldsymbol{e}_y)\times(\boldsymbol{e}_z\mathrm{e}^{\mathrm{j}2\pi y})=-\boldsymbol{e}_x\frac{1}{120\pi}\mathrm{e}^{\mathrm{j}2\pi y}\ \mathrm{A/m}$$

根据 $\omega=2\pi f=2\pi\times3\times10^8$ rad/s，则 $\boldsymbol{E}$ 和 $\boldsymbol{H}$ 的瞬时值表达式分别为

$$\boldsymbol{E}(t)=\mathrm{Re}[\boldsymbol{e}_z\mathrm{e}^{\mathrm{j}2\pi y}\mathrm{e}^{\mathrm{j}\omega t}]=\boldsymbol{e}_z\cos(2\pi\times3\times10^8 t+2\pi y)\ \mathrm{V/m}$$

$$\boldsymbol{H}(t)=\mathrm{Re}\left[-\boldsymbol{e}_x\frac{1}{120\pi}\mathrm{e}^{\mathrm{j}2\pi y}\mathrm{e}^{\mathrm{j}\omega t}\right]=-\boldsymbol{e}_x\frac{1}{120\pi}\cos(2\pi\times3\times10^8 t+2\pi y)\ \mathrm{V/m}$$

6.3.3　沿任意方向传播的均匀平面电磁波

在直角坐标系中，还是以理想介质中的均匀平面电磁波为例来讨论。图 6-3 所示为沿任意 $\boldsymbol{k}$ 方向传播的均匀平面电磁波，其电场可表示为

$$\boldsymbol{E}=\boldsymbol{E}_0\mathrm{e}^{-\mathrm{j}\boldsymbol{k}\cdot\boldsymbol{r}} \tag{6-30}$$

式中，$\boldsymbol{k}=k\boldsymbol{e}_k=k_x\boldsymbol{e}_x+k_y\boldsymbol{e}_y+k_z\boldsymbol{e}_z$ 称为传播矢量或波矢量，$\boldsymbol{e}_k$ 是波传播方向的单位矢量，k 是波数。$\boldsymbol{r}=x\boldsymbol{e}_x+y\boldsymbol{e}_y+z\boldsymbol{e}_z$，则有 $\boldsymbol{k}\cdot\boldsymbol{r}=k_x x+k_y y+k_z z$。

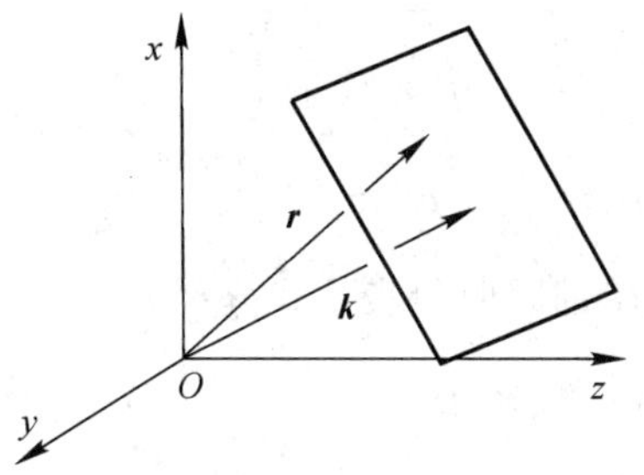

图 6-3　沿任意 $\boldsymbol{k}$ 方向传播的均匀平面电磁波

1. $\boldsymbol{E}$ 和 $\boldsymbol{H}$ 仍都垂直于传播方向

根据 $\nabla\cdot\boldsymbol{E}=0$ 和矢量恒等式 $\nabla\cdot(\psi\boldsymbol{A})=\psi\nabla\cdot\boldsymbol{A}+\nabla\psi\cdot\boldsymbol{A}$，将式(6-30)变换可得

$$\begin{aligned}\nabla\cdot\boldsymbol{E}&=\nabla\cdot(\boldsymbol{E}_0\mathrm{e}^{-\mathrm{j}\boldsymbol{k}\cdot\boldsymbol{r}})=\mathrm{e}^{-\mathrm{j}\boldsymbol{k}\cdot\boldsymbol{r}}\,\nabla\cdot\boldsymbol{E}_0+\nabla(\mathrm{e}^{-\mathrm{j}\boldsymbol{k}\cdot\boldsymbol{r}})\cdot\boldsymbol{E}_0\\&=(-\mathrm{j}k)\boldsymbol{e}_k\cdot\boldsymbol{E}_0\mathrm{e}^{-\mathrm{j}\boldsymbol{k}\cdot\boldsymbol{r}}=(-\mathrm{j}k)\boldsymbol{e}_k\cdot\boldsymbol{E}=0\end{aligned}$$

整理后得

$$e_k \cdot \boldsymbol{E}=0 \tag{6-31a}$$

上式表明，$\boldsymbol{E}$ 和 $\boldsymbol{k}$ 相互垂直。

用上述相同推导方法，也可得

$$e_k \cdot \boldsymbol{H}=0 \tag{6-31b}$$

2. E 和 H 之间的关系

根据$\nabla\times\boldsymbol{E}=-\mathrm{j}\omega\mu\boldsymbol{H}$ 和矢量恒等式$\nabla\times(\psi\boldsymbol{A})=\psi\nabla\times\boldsymbol{A}+\nabla\psi\times\boldsymbol{A}$，并结合式(6-30)可求得与 $\boldsymbol{E}$ 相伴的磁场矢量 $\boldsymbol{H}$：

$$\boldsymbol{H}=\frac{1}{-\mathrm{j}\omega\mu}\nabla\times\boldsymbol{E}=\frac{1}{-\mathrm{j}\omega\mu}\nabla\times(\boldsymbol{E}_0\mathrm{e}^{-\mathrm{j}\boldsymbol{k}\cdot\boldsymbol{r}})=\frac{1}{-\mathrm{j}\omega\mu}[\mathrm{e}^{-\mathrm{j}\boldsymbol{k}\cdot\boldsymbol{r}}\nabla\times\boldsymbol{E}_0+\nabla(\mathrm{e}^{-\mathrm{j}\boldsymbol{k}\cdot\boldsymbol{r}})\times\boldsymbol{E}_0]$$

$$=\frac{1}{-\mathrm{j}\omega\mu}(-\mathrm{j}k)\boldsymbol{e}_k\times\boldsymbol{E}_0\mathrm{e}^{-\mathrm{j}\boldsymbol{k}\cdot\boldsymbol{r}}=\frac{k}{\omega\mu}\boldsymbol{e}_k\times\boldsymbol{E}=\frac{1}{\eta}\boldsymbol{e}_k\times\boldsymbol{E} \tag{6-32a}$$

同理，与 $\boldsymbol{H}$ 相伴的电场矢量 $\boldsymbol{E}$：

$$\boldsymbol{H}=\boldsymbol{H}_0\mathrm{e}^{-\mathrm{j}\boldsymbol{k}\cdot\boldsymbol{r}},\ \boldsymbol{E}=-\frac{k}{\omega\varepsilon}\boldsymbol{e}_k\times\boldsymbol{H}=-\eta\boldsymbol{e}_k\times\boldsymbol{H} \tag{6-32b}$$

例 6-7　在无界理想媒质($\varepsilon=9\varepsilon_0$，$\mu=\mu_0$，$\sigma=0$)中均匀平面电磁波的频率 $f=10^8$ Hz，电场强度 $\boldsymbol{E}=\boldsymbol{e}_x4\mathrm{e}^{-\mathrm{j}kz}+\boldsymbol{e}_y3\mathrm{e}^{-\mathrm{j}kz+\mathrm{j}\frac{\pi}{3}}$ V/m。试求：

(1) 均匀平面电磁波的相速度 v_p、波长 λ、相位常数 k 和波阻抗 η；

(2) 电场强度 $\boldsymbol{E}$ 和磁场强度 $\boldsymbol{H}$ 的瞬时值表达式；

(3) 与电磁波传播方向垂直的单位面积上通过的平均功率 P_{av}。

解： (1) $v_\mathrm{p}=\dfrac{1}{\sqrt{\mu\varepsilon}}=\dfrac{1}{\sqrt{9\mu_0\varepsilon_0}}=\dfrac{1}{3}v_0=\dfrac{1}{3}\times3\times10^8=10^8$ m/s

$$\lambda=\frac{v_\mathrm{p}}{f}=1\ \mathrm{m}$$

$$k=\omega\sqrt{\mu\varepsilon}=\frac{\omega}{v_\mathrm{p}}=2\pi\ \mathrm{rad/m}$$

$$\eta=\sqrt{\frac{\mu}{\varepsilon}}=\sqrt{\frac{1}{9}}\eta_0=\frac{1}{3}\times120\pi=40\pi\ \Omega$$

(2) $\boldsymbol{H}=\dfrac{1}{\eta}\boldsymbol{e}_z\times\boldsymbol{E}=\dfrac{1}{40\pi}(\boldsymbol{e}_y4\mathrm{e}^{-\mathrm{j}kz}-\boldsymbol{e}_x3\mathrm{e}^{-\mathrm{j}kz+\mathrm{j}\frac{\pi}{3}})$ A/m

电场强度 $\boldsymbol{E}$ 和磁场强度 $\boldsymbol{H}$ 的瞬时值表达式分别为

$$\boldsymbol{E}(t)=\mathrm{Re}[\boldsymbol{E}\mathrm{e}^{\mathrm{j}\omega t}]=\boldsymbol{e}_x4\cos(2\pi\times10^8t-2\pi z)+\boldsymbol{e}_y3\cos\left(2\pi\times10^8t-2\pi z+\frac{\pi}{3}\right)\ \mathrm{V/m}$$

$$\boldsymbol{H}(t)=\mathrm{Re}[\boldsymbol{H}\mathrm{e}^{\mathrm{j}\omega t}]=-\boldsymbol{e}_x\frac{3}{40\pi}\cos\left(2\pi\times10^8t-2\pi z+\frac{\pi}{3}\right)+\boldsymbol{e}_y\frac{1}{10\pi}\cos(2\pi\times10^8-2\pi z)\ \mathrm{A/m}$$

(3) 平均坡印廷矢量为

$$\boldsymbol{S}_{\mathrm{av}}=\frac{1}{2}\mathrm{Re}[\boldsymbol{E}\times\boldsymbol{H}^*]$$

$$=\frac{1}{2}\mathrm{Re}\left[(\boldsymbol{e}_x4\mathrm{e}^{-\mathrm{j}kz}+\boldsymbol{e}_y3\mathrm{e}^{-\mathrm{j}kz+\mathrm{j}\frac{\pi}{3}})\times\left(-\boldsymbol{e}_x\frac{3}{40\pi}\mathrm{e}^{\mathrm{j}(kz-\frac{\pi}{3})}+\boldsymbol{e}_y\frac{1}{10\pi}\mathrm{e}^{\mathrm{j}kz}\right)\right]=\boldsymbol{e}_z\frac{5}{16\pi}\ \mathrm{W/m^2}$$

与电磁波传播方向垂直的单位面积上通过的平均功率 P_{av} 为

$$P_{av}=\int_S \boldsymbol{S}_{av}\cdot \mathrm{d}\boldsymbol{S}=\frac{5}{16\pi}\ \mathrm{W}$$

6.3.4 均匀平面电磁波在自由空间中传播的可视化

在自由空间中，介电常数和磁导率分别为 ε_0 和 μ_0，若电磁波为沿 $+x$ 轴方向传播的均匀平面波，$E_m=5$ V/m、$f=100$ MHz、$\phi_x=0$、$\phi_y=\frac{\pi}{2}$，则有 $\omega=2\pi f$、$k=\omega\sqrt{\mu_0\varepsilon_0}$、$\eta_0=\sqrt{\frac{\mu_0}{\varepsilon_0}}$，结合电场和磁场的瞬时值表达式：

$$\boldsymbol{E}(x,t)=\boldsymbol{e}_y E_m\cos(\omega t-kx+\phi_x)$$

$$\boldsymbol{H}(x,t)=\boldsymbol{e}_z\frac{E_m}{\eta_0}\cos(\omega t-kx+\phi_y)$$

利用 quiver3 函数，可以画出三维空间中电磁波传播时的电磁场矢量分布情况，并能直观体会均匀平面电磁波在均匀介质中的传播过程以及电场与磁场在电磁波传播过程中的变化规律。

```
u0=4*pi*1e-7;                                        % 自由空间中的磁导率
e0=1e-9/(36*pi);                                     % 自由空间中的电介质常数
Z0=(u0/e0)^0.5;                                      % 自由空间中的波阻抗
f=1e8;                                               % 电磁波的频率
omega=2*pi*f;                                        % 电磁波的角频率
k=omega *(u0*e0)^0.5;                                % 波数
phi_E=0;                                             % 电场的初相位
phi_H=pi/2;                                          % 磁场的初相位
EE=5;                                                % 电场的振幅
HH=EE/Z0;                                            % 磁场的振幅
t=0;                                                 % 设置初始时间
x=(0:0.1:20);                                        % 沿传播方向上设置的离散点
nill=zeros(size(x));                                 % 零向量
for i=1:30
    Ey=EE*cos(omega *t*1e-9-k*x+phi_E);              % 电场 Ey 的表达式
    Hz=HH*cos(omega *t*1e-9-k*x+phi_H);              % 磁场 Hz 的表达式
    plot3(x, nill, nill, 'black', 'LineWidth', 1);   % 绘制参考线 x 轴
    hold on;
    quiver3(x, nill, nill, nill, Ey, nill, 0.8, 'k');  % 沿 x 轴方向，绘制电场箭头图
    quiver3(x, nill, nill, nill, nill, Hz, 0.8, 'k');  % 沿 x 轴方向，绘制磁场箭头图
    mov(i)=getframe(gcf);                            % 捕捉动画帧
    pause(0.1);                                      % 暂停 0.1s
    t=t+0.01;
```

```
    hold off;
end
movie2avi(mov, 'EMWavePropagation.avi');              %转化并保存动画
```

3D 动画可视化截图如图 6-4 所示。

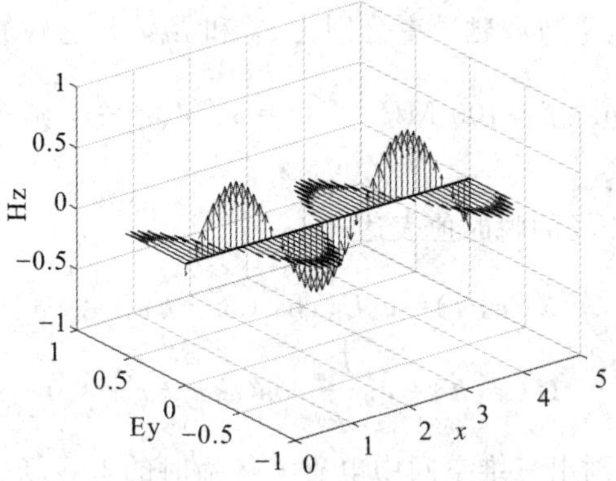

图 6-4　均匀平面电磁波传播 3D 动画截图

6.4　电磁波的极化

电磁波的极化是指在电磁波传播过程中场矢量方向随时间变化的规律，在光学中，称为光的偏振。考虑到电场强度、磁场强度和传播方向三者之间的关联性，一般利用电场强度 $\boldsymbol{E}(r, t)$的矢端(大小和方向)随时间变化而形成的轨迹形状来描述电磁波的极化。

电磁波的极化状态一般都是椭圆极化，但在某些特殊条件下会形成圆极化或者线极化。在椭圆极化或者圆极化的状态下，它们的轨迹随时间旋转的方向(顺时针或者逆时针)会有所不同。

6.4.1　平面电磁波的极化形式

下面讨论向$+z$方向传播的包含相同频率、相同传播方向的两个分量的平面电磁波，电场强度 $\boldsymbol{E}$ 的表达式为

$$\boldsymbol{E}=\boldsymbol{e}_x E_x+\boldsymbol{e}_y E_y=(\boldsymbol{e}_x E_{xm}\mathrm{e}^{\mathrm{j}\phi_x}+\boldsymbol{e}_y E_{ym}\mathrm{e}^{\mathrm{j}\phi_y})\mathrm{e}^{-\mathrm{j}kz} \tag{6-33}$$

电场强度矢量的两个分量的瞬时值为

$$E_x=E_{xm}\cos(\omega t-kz+\phi_x),\ E_y=E_{ym}\cos(\omega t-kz+\phi_y) \tag{6-34}$$

为讨论方便，下面取 $z=0$ 的给定点来分析式(6-34)所给的平面电磁波的两个分量取不同振幅和相位时，平面电磁波的极化形式。

1. 椭圆极化

一般情况下，E_x 和 E_y 的振幅 $E_{xm}\neq E_{ym}$，相位 ϕ_x 和 ϕ_y 之间为任意关系，即 $\phi=\phi_x-\phi_y$。对式(6-34)给出的 E_x 和 E_y 表达式消去参数 t 后，可得

$$\left(\frac{E_x}{E_{xm}}\right)^2-2\frac{E_x}{E_{xm}}\frac{E_y}{E_{ym}}\cos\phi+\left(\frac{E_y}{E_{ym}}\right)^2=\sin^2\phi \tag{6-35a}$$

上式为以 E_x 和 E_y 为变量的椭圆方程。说明合成电场强度矢量 $\boldsymbol{E}$ 端点的运动轨迹为椭圆，构成椭圆极化波，如图 6-5 所示。

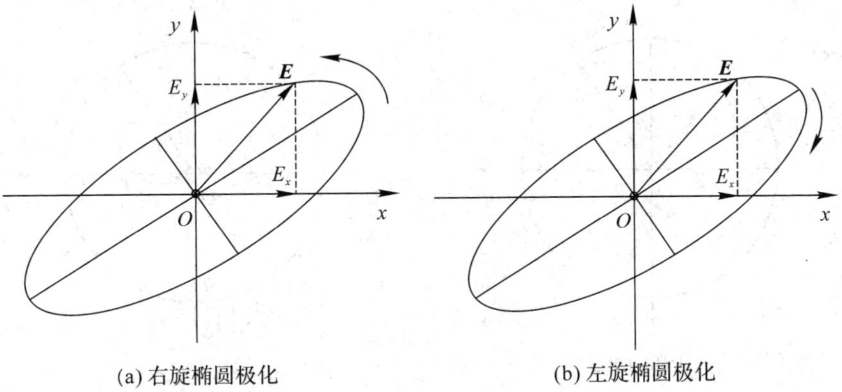

图 6-5　椭圆极化图

由于矢量 $\boldsymbol{E}$ 与 x 轴正向夹角 α 的关系为

$$\alpha=\arctan\frac{E_{ym}\cos(\omega t+\phi_y)}{E_{xm}\cos(\omega t+\phi_x)} \tag{6-35b}$$

矢量 $\boldsymbol{E}$ 的旋转角速度为

$$\frac{\mathrm{d}\alpha}{\mathrm{d}t}=\frac{E_{xm}E_{ym}\omega\sin(\phi_x-\phi_y)}{E_{xm}^2\cos^2(\omega t+\phi_x)+E_{ym}^2\cos^2(\omega t+\phi_y)}$$

可见，$0<\phi_x-\phi_y<\pi$ 时，$\frac{\mathrm{d}\alpha}{\mathrm{d}t}>0$，故为右旋椭圆极化，如图 6-5(a)所示；反之，$-\pi<\phi_x-\phi_y<0$ 时，$\frac{\mathrm{d}\alpha}{\mathrm{d}t}<0$，故为左旋椭圆极化，如图 6-5(b)所示。此外，矢量 $\boldsymbol{E}$ 的旋转角速度不再是常数，而是时间的函数。椭圆极化波有左旋和右旋之分，规定如下：将大拇指指向电磁波的传播方向，其余四指指向矢量 $\boldsymbol{E}$ 的矢端的旋转方向，符合右手螺旋关系的称为右旋椭圆极化波；符合左手螺旋关系的称为左旋椭圆极化波。

2. 圆极化

显然，圆极化可看作椭圆极化的特例。若 E_x 和 E_y 的振幅相等、但相位差为 $\frac{\pi}{2}$，即 $E_{xm}=E_{ym}$、$\phi_x-\phi_y=\pm\frac{\pi}{2}$，则式(6-35a)变为

$$\left(\frac{E_x}{E_{xm}}\right)^2+\left(\frac{E_y}{E_{ym}}\right)^2=1 \tag{6-36a}$$

此方程为圆方程。说明合成电场强度矢量 $\boldsymbol{E}$ 端点的运动轨迹为圆，构成圆极化波，如图 6-6 所示。合成波电场强度的大小为

$$E=\sqrt{E_x^2+E_y^2}=\sqrt{E_{xm}^2+E_{xm}^2}=E_{xm}=\text{const}(\text{常数}) \tag{6-36b}$$

合成波电场与 x 轴的夹角为

$$\alpha=\arctan\left(\frac{E_y}{E_x}\right)=\pm(\omega t+\phi_x) \tag{6-36c}$$

可见，合成波电场的大小不随时间改变，但方向却随时变化，其端点轨迹在一个圆上并以角速度 ω 旋转。

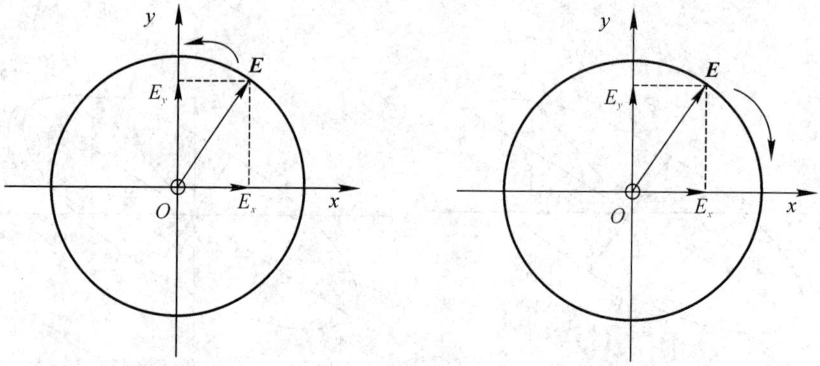

(a) 右旋圆极化　　(b) 左旋圆极化

图 6－6　圆极化图

若 $\alpha=+(\omega t+\phi_x)$，则矢量 $\boldsymbol{E}$ 将以角频率 ω 在 xOy 平面上沿逆时针方向作等角速度旋转，称为右旋圆极化，如图 6－6(a)所示；若 $\alpha=-(\omega t+\phi_x)$，则矢量 $\boldsymbol{E}$ 将以角频率 ω 在 xOy 平面上沿顺时针方向作等角速度旋转，称为左旋圆极化，如图 6－6(b)所示。

综上所述，对沿 $+z$ 方向传播的平面电磁波，$\phi_x-\phi_y=\pm\frac{\pi}{2}$ 且 $E_{xm}=E_{ym}$ 是形成圆极化波的前提条件；$\phi_x-\phi_y>0$ 对应右旋；$\phi_x-\phi_y<0$ 对应左旋。

3. 线极化

同样，线极化也可看作椭圆极化的特例。若 E_x 和 E_y 同相或者相位相差 π，即 $\phi=\phi_x-\phi_y=0$ 或者 $\pm\pi$，则式(6－35a)变为

$$E_y=\pm\frac{E_{ym}}{E_{xm}}E_x \tag{6-37a}$$

合成波电场强度的大小为

$$E=\sqrt{E_x^2+E_y^2}=\sqrt{E_{xm}^2+E_{ym}^2}\cos(\omega t+\phi_x) \tag{6-37b}$$

合成波电场与 x 轴的夹角为

$$\alpha=\pm\arctan\left(\frac{E_y}{E_x}\right)=\pm\arctan\left(\frac{E_{ym}}{E_{xm}}\right)=\text{const}(\text{常数}) \tag{6-37c}$$

由此可见，合成波电场的大小虽然随时间作正弦变化，但其矢端轨迹与 x 轴夹角始终保持不变，是一条直线，如图 6－7 所示，故称为线极化波。如果电场矢量只有水平方向的分量，称为水平极化波；如果电场矢量只有垂直方向的分量，称为垂直极化波。

综上所述，对沿 $+z$ 方向传播的平面电磁波，当 $\phi_x-\phi_y=0$ 或者 $|\phi_x-\phi_y|=\pi$ 时，就可以认定它为线极化波。

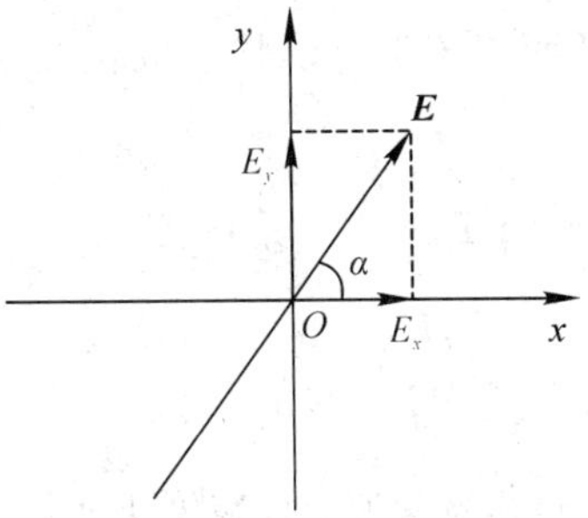

(a) $\phi_x = \phi_y$ 时线极化

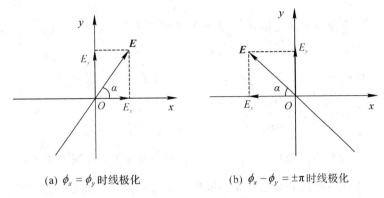

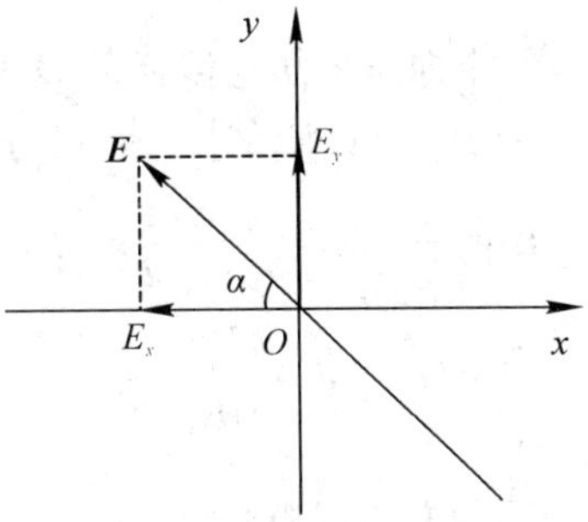

(b) $\phi_x - \phi_y = \pm\pi$ 时线极化

图 6－7　线极化图

例 6－8　判断下列平面电磁波的极化形式。

(1) $\boldsymbol{E}=E_0(-\boldsymbol{e}_x+\mathrm{j}\boldsymbol{e}_y)\mathrm{e}^{-\mathrm{j}kz}$；

(2) $\boldsymbol{E}=E_0(\mathrm{j}\boldsymbol{e}_x-2\mathrm{j}\boldsymbol{e}_y)\mathrm{e}^{\mathrm{j}kz}$；

(3) $\boldsymbol{E}=E_0(\boldsymbol{e}_x+3\mathrm{j}\boldsymbol{e}_y)\mathrm{e}^{-\mathrm{j}kz}$。

解：(1)由题意有：$\phi_x=\pi$ 和 $\phi_y=\dfrac{\pi}{2}$，则 $\phi_x-\phi_y=\dfrac{\pi}{2}$，且有 $E_{xm}=E_{ym}=E_0$ 和电磁波沿 $+z$ 方向传播，故该波为右旋圆极化波。

(2) 由题意有：$\phi_x=\dfrac{\pi}{2}$ 和 $\phi_y=-\dfrac{\pi}{2}$，则 $\phi_x-\phi_y=\pi$，故该波为线极化波。

(3) 由题意有：$\phi_x=0$ 和 $\phi_y=\dfrac{\pi}{2}$，则 $\phi_x-\phi_y=-\dfrac{\pi}{2}$，但 $E_{xm}\neq E_{ym}$，电磁波沿 $+z$ 方向传播，故该波为左旋椭圆极化波。

6.4.2　极化波的合成与分解

将式(6－34)的表达式重新写下：

$$E_x=E_{xm}\cos(\omega t-kz+\phi_x),\ E_y=E_{ym}\cos(\omega t-kz+\phi_y)$$

上式可用 E_x 和 E_y 的复振幅的矩阵形式表达：

$$\begin{bmatrix}E_x\\E_y\end{bmatrix}=\begin{bmatrix}E_{xm}\mathrm{e}^{\mathrm{j}\phi_x}\\E_{ym}\mathrm{e}^{\mathrm{j}\phi_y}\end{bmatrix}\mathrm{e}^{-\mathrm{j}kz}$$

根据 6.4.1 节的分析可知，该平面电磁波沿 $+z$ 方向传播，若：

(1) ϕ_x 和 ϕ_y 关系任意，且 $E_{xm}\neq E_{ym}$，当 $\phi_x-\phi_y>0$ 时，则该波为右旋椭圆极化波；当 $\phi_x-\phi_y<0$ 时，则该波为左旋椭圆极化波。

(2) $|\phi_x-\phi_y|=\dfrac{\pi}{2}$，且 $E_{xm}=E_{ym}$，当 $\phi_x-\phi_y>0$ 时，则该波为右旋圆极化波；当 $\phi_x-\phi_y<0$ 时，则该波为左旋圆极化波。

(3) $\phi_x=\phi_y$，该波为线极化波；或者 $|\phi_x-\phi_y|=\pi$，该波也为线极化波；或者电场矢量仅有 E_x(或者仅有 E_y)，该波也为线极化波。

例 6－9　证明任意一个线极化波可以分解为两个振幅相等、旋向相反的圆极化波的合成。

证明： 考查一个向 $+z$ 方向传播的线极化平面电磁波，设其线极化方向为 $+x$ 方向，电场强度为：$\boldsymbol{E}=\boldsymbol{e}_x E_x=\boldsymbol{e}_x E_0 \mathrm{e}^{-\mathrm{j}kz}$，它可分解为

$$\boldsymbol{E}=\frac{1}{2}\boldsymbol{e}_x E_0 \mathrm{e}^{-\mathrm{j}kz}+\frac{1}{2}\boldsymbol{e}_x E_0 \mathrm{e}^{-\mathrm{j}kz}+\frac{1}{2}\mathrm{j}\boldsymbol{e}_y E_0 \mathrm{e}^{-\mathrm{j}kz}-\frac{1}{2}\mathrm{j}\boldsymbol{e}_y E_0 \mathrm{e}^{-\mathrm{j}kz}$$
$$=(\boldsymbol{e}_x \quad \boldsymbol{e}_y)\begin{pmatrix}E_0\\ \mathrm{j}E_0\end{pmatrix}\frac{1}{2}\mathrm{e}^{-\mathrm{j}kz}+(\boldsymbol{e}_x \quad \boldsymbol{e}_y)\begin{pmatrix}E_0\\ \mathrm{j}E_0\end{pmatrix}\frac{1}{2}\mathrm{e}^{-\mathrm{j}kz}$$

上式中右边第一项为左旋圆极化波，第二项为右旋圆极化波，且两极化波的振幅都为$\frac{E_0}{2}$。

不难理解，任意一个椭圆极化波或圆极化波可分解成两个线极化波的合成；任意一个椭圆极化波也可分解为两个振幅不等、旋向相反的圆极化波的合成；两个线极化波也可以合成为新的线极化波或者其他形式的波。如：

（1）两个彼此正交、相位相差$\frac{\pi}{2}$，幅度不等的线极化波，其合成为椭圆极化波。两个幅度不等、旋向相反的圆极化波，可合成为椭圆极化波。

$$\boldsymbol{E}=(1+a)\boldsymbol{e}_x \mathrm{e}^{-\mathrm{j}kz}+(1-a)\mathrm{j}\boldsymbol{e}_y \mathrm{e}^{-\mathrm{j}kz}=\boldsymbol{e}_x \mathrm{e}^{-\mathrm{j}kz}+a\boldsymbol{e}_x \mathrm{e}^{-\mathrm{j}kz}+\mathrm{j}\boldsymbol{e}_y \mathrm{e}^{-\mathrm{j}kz}-a\mathrm{j}\boldsymbol{e}_y \mathrm{e}^{-\mathrm{j}kz}$$
$$=(\boldsymbol{e}_x \quad \boldsymbol{e}_y)\begin{pmatrix}1\\ j\end{pmatrix}\mathrm{e}^{\mathrm{j}kz}+(\boldsymbol{e}_x \quad \boldsymbol{e}_y)\begin{pmatrix}1\\ -j\end{pmatrix}a\,\mathrm{e}^{-\mathrm{j}kz}$$

式中 a 为不等于 0 和 ±1 的常数。

（2）两个彼此正交、相位相差$\frac{\pi}{2}$，幅度相等的线极化波，其合成为圆极化波。

$$\boldsymbol{E}=\boldsymbol{e}_x E_0 \mathrm{e}^{-\mathrm{j}kz}+\mathrm{j}\boldsymbol{e}_y E_0 \mathrm{e}^{-\mathrm{j}kz}=(\boldsymbol{e}_x \quad \boldsymbol{e}_y)\begin{pmatrix}1\\ j\end{pmatrix}E_0 \mathrm{e}^{-\mathrm{j}kz}$$

（3）两个彼此正交、相位相同的线极化波，其合成仍为线极化波。

$$\boldsymbol{E}=\boldsymbol{e}_x E_0 \mathrm{e}^{-\mathrm{j}kz}+\boldsymbol{e}_y E_0 \mathrm{e}^{-\mathrm{j}kz}=(\boldsymbol{e}_x \quad \boldsymbol{e}_y)\begin{pmatrix}1\\ 1\end{pmatrix}E_0 \mathrm{e}^{-\mathrm{j}kz}$$

6.4.3 电磁波极化的可视化

考虑均匀平面电磁波沿 $+x$ 方向传播，电场强度矢量 $\boldsymbol{E}$ 的一般瞬时值可表示为

$$\boldsymbol{E}=\boldsymbol{e}_y E_{y\mathrm{m}}\cos(\omega t-kx+\phi_y)+\boldsymbol{e}_z E_{z\mathrm{m}}\cos(\omega t-kx+\phi_z)$$

下面根据 $E_{y\mathrm{m}}$ 和 $E_{z\mathrm{m}}$、ϕ_y 和 ϕ_z 的关系，可确定电场强度合成矢量末端的轨迹。

（1）电磁波极化的 3D 可视化展示。

```
Eym=4;                          % y分量幅值
Ezm=2;                          % z分量幅值
omega=2*pi;                     % 角频率
k=0.5;                          % 波数
t=0;                            % 时间变量
x=0:0.1:50;                     % x轴坐标取样
nill=zeros(size(x));            % 与x取样序列规模相同的0序列
phiy=0;                         % Ey初相角
phiz=pi/2;                      % Ez初相角
```

```
for i=0：500
    Ey=Eym * cos(omega * t-k * x+phiy)；          % 计算 y 方向幅值瞬时序列
    Ez=Ezm * cos(omega * t-k * x+phiz)；          % 计算 z 方向幅值瞬时序列
    plot3(x, nill, nill, 'black', 'LineWidth', 1)；   % 画参考 x 轴线
    hold on;
    quiver3(x, nill, nill, nill, Ey, Ez)；          % 以(x, 0, 0)为起点画传输方向上每一点电场矢量图
    pause(0.01)；
    mov(i)=getframe(gcf)；
    t=t+0.01；
end
hold off；
movie2avi(mov, 'E3Dpolarization.avi')；
```

- Eym=4；Ezm=2；phiy=pi/2；phiz=0；为左旋椭圆极化波，如图 6－8(a)所示。phiy=0；phiz=pi/2；为右旋椭圆极化波，如图 6－8(b)所示。
- Eym=2；Ezm=2；phiy=pi/2；phiz=0；为左旋圆极化波，如图 6－9(a)所示。phiy=0；phiz=pi/2；为右旋圆极化波，如图 6－9(b)所示。

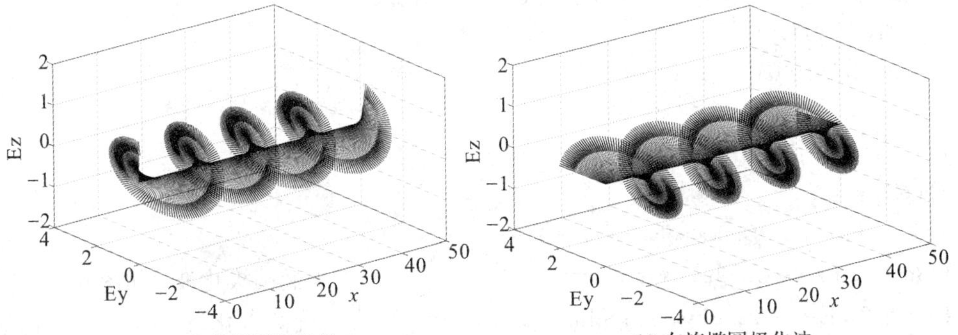

(a) 左旋椭圆极化波　　(b) 右旋椭圆极化波

图 6－8　椭圆极化波的 3D 动画截图

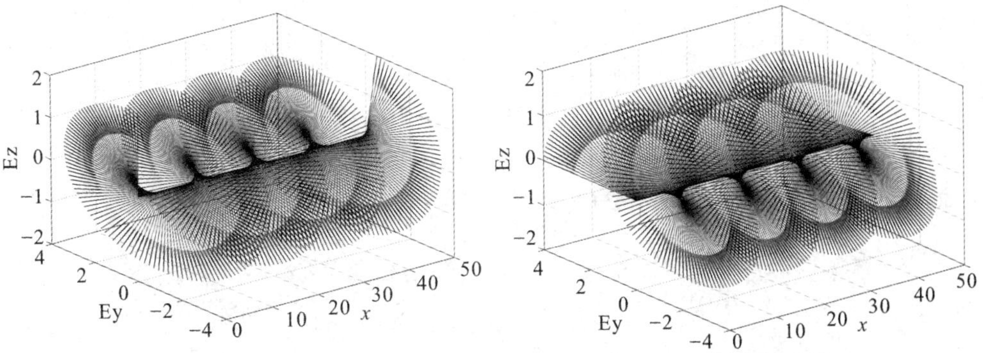

(a) 左旋圆极化波　　(b) 右旋圆极化波

图 6－9　圆极化波的 3D 动画截图

(2) 电磁波极化的 2D 可视化展示。

```
Eym=2; Ezm=2;                                  % y/z 分量的幅值
omega=2 * pi;                                  % 角频率
k=0.5;                                         % 波数
t=0;                                           % 时间变量
x=0;                                           % 沿传播方向取一个截面(x=0)
Scope=1.5 * max(Eym, Ezm);                     % 与 x 取样序列规模相同的 0 序列
phiy=0;                                        % Ey 初相角
m=0;                                           % 设置初相系数，用于改变相位差的关系
phiz=m * pi/2;                                 % Ez 初相角
for i=0: 100
    Ey=Eym * cos(omega * t-k * x+phiy);        % 计算 y 方向幅值瞬时序列
    Ez=Ezm * cos(omega * t-k * x+phiz);        % 计算 z 方向幅值瞬时序列
    quiver(0, 0, Ey, Ez, 1, 'k');              % 以(0, 0)为起点绘制电场矢量图
    hold on;
    plot(Ey, Ez, '*');                         % 以另一方式展示
    axis equal;
    axis([-Scope, Scope, -Scope, Scope]);      % 设置显示范围
    pause(0.01);
    mov(i)=getframe(gcf);
    t=t+0.01;
end
hold off;
movie2avi(mov, 'E2Dpticalpolarization.avi');
```

- Eym=4; Ezm=2; phiy=0; phiz=-pi/2; (m=-1)为左旋椭圆极化波，如图 6-10 所示。
- Eym=2; Ezm=2; phiy=0; phiz=pi/2; (m=1)为右旋圆极化波，如图 6-11 所示。
- Eym=2; Ezm=2; phiy=0; phiz=0; (m=0)为一、三象限线极化波，如图 6-12 左图所示。

phiy=0; phiz=pi; (m=2)为二、四象限线极化波，如图 6-12 右图所示。

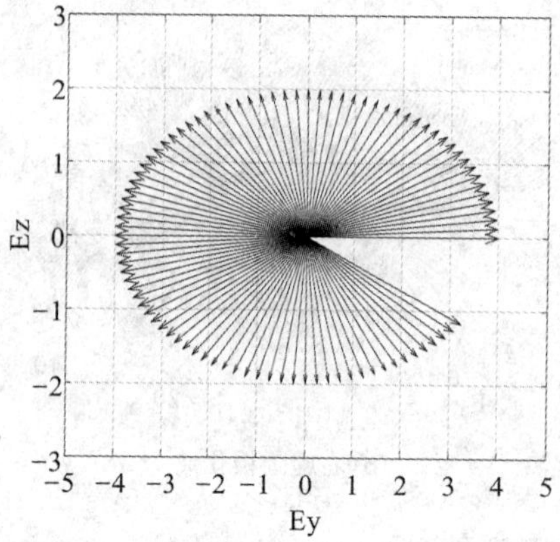

图 6-10　左旋椭圆极化波的 2D 动画截图

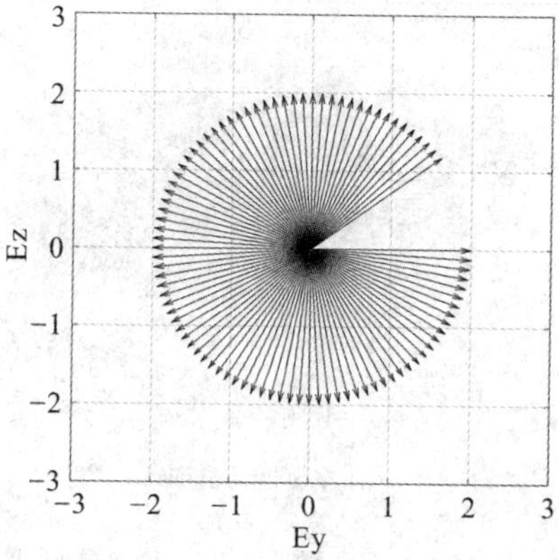

图 6-11　右旋圆极化波的 2D 动画截图

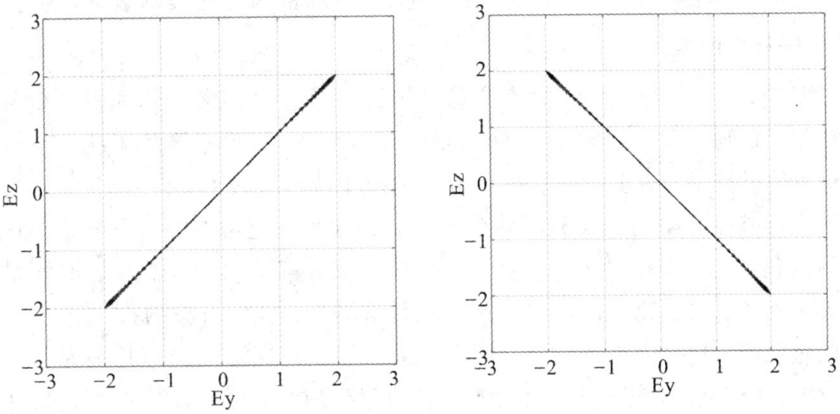

图 6－12　线极化波的 2D 动画截图

6.4.4　电磁波极化的工程应用

讨论电磁波的极化，有着重要的意义。一个天线如与地面平行放置，其远区电场强度矢量与地面平行，称为水平极化。一个线天线如与地面垂直放置，其远区电场强度矢量与地面垂直，称为垂直极化。很多情况下，系统必须利用圆极化才能进行正常工作。一个线极化波可以分解为两个振幅相等、旋向相反的圆极化波，所以，不同取向的线极化波都可由圆极化天线收到。

1. 在电视信号和无线电波中的应用

对于电视广播，电视信号发射的远区电磁波的电场强度矢量与地面平行，所以通常采用水平极化方式，电视接收天线应调整到与地面平行的位置，使电视接收天线的极化状态与入射电磁波的极化状态匹配，以获得最佳接收效果。大家细心点就会注意到电视共用天线的架设已经应用了这个原理。很多调频广播电台，波是圆极化的，接收天线就可任意方向放置，只要对准信号发来的方向。

调幅电台辐射的电磁波其电场垂直于地面平行于天线塔。因此，听众要获得最佳收听效果，就应将收音机的天线调整到入射电场强度矢量平行的位置，即与地面垂直，此时收音机天线的极化状态与入射电磁波的极化状态匹配。

2. 在通信(导航)中的应用

在通信(导航)中，携带信息的电磁波经过单程发射和接收。接收时应尽量以高的效率把该电磁波接收下来，除了天线定向性、增益和阻抗匹配等因素以外，接收天线的极化状态应与被接收电磁波的极化状态相匹配，才能最大限度地收进该电磁波的功率。在水平与垂直线极化情况下，极化匹配要求接收天线具有与被接收电磁波(或发射天线)相同的极化状态。

3. 在雷达中的应用

在二次雷达中，携带询问信号或应答信号的电磁波是单程发射和接收的，类似于通信(导航)情况，其极化匹配和环境效应的考虑与通信相同。但在占绝大多数的一次雷达中，雷达波被各种各样的目标所反射(散射)后再接收，此时的情况比通信复杂得多。

4. 在抗干扰中的应用

在和平时期，通信、导航、雷达等信息电子设备常会遇到来自其他设备的干扰。轻则降低信号质量，重则使联络或观察中断。战时，敌对双方将互相施放干扰，破坏对方的信息系统。利用偏振技术，对多种信息电子设备的抗干扰是有效的。

最新的干扰技术是随时测量被干扰设备发射站所发射电磁波的极化状态，自适应调整干扰电波的极化状态，保持最大的干扰效果。如果双方都采用这种极化实时测量和变化技术，则最终胜负将取决于速度的快慢。雷达与通信不同，目标回波的极化已不同于雷达波发射时的极化状态，且敌方无从测知。因此，雷达的变偏振抗干扰策略应是：先根据干扰调整接收偏振，使与干扰波偏振正交，将干扰抑制到最小；再调发射偏振，此时回波偏振随之改变，一直调到所需目标回波的信噪比达到最大为止。

此外，在光学工程中，利用材料对于不同极化波的传播特性可设计光学偏振片等。

例 6-10 电磁波在空气中传播，其电场强度矢量的复数表达式为

$$\boldsymbol{E}=10^{-4}(\boldsymbol{e}_x-\mathrm{j}\boldsymbol{e}_y)\mathrm{e}^{-\mathrm{j}20\pi z}\ \mathrm{V/m}$$

试求：(1) 工作频率 f、$\boldsymbol{E}$ 的瞬时值表达式；

(2) $\boldsymbol{H}$ 的复数和瞬时值表达式；

(3) 坡印廷矢量的瞬时值 $\boldsymbol{S}$ 和时间平均值 $\boldsymbol{S}_{\mathrm{av}}$；

(4) 此电磁波是何种极化，旋向如何。

解：(1)空气中传播的均匀平面电磁波的电场强度矢量的复数表达式为

$$\boldsymbol{E}=10^{-4}(\boldsymbol{e}_x-\mathrm{j}\boldsymbol{e}_y)\mathrm{e}^{-\mathrm{j}20\pi z}\ \mathrm{V/m}$$

所以有

$$k=20\pi\ \mathrm{rad/m},\ v=3\times10^8\ \mathrm{m/s},\ \lambda=\frac{2\pi}{k}=0.1\ \mathrm{m}$$

$$f=\frac{v}{\lambda}=3\times10^9\ \mathrm{Hz}$$

电场强度矢量的瞬时值为

$$\boldsymbol{E}(z,\ t)=\mathrm{Re}[\boldsymbol{E}\mathrm{e}^{\mathrm{j}\omega t}]=10^{-4}[\boldsymbol{e}_x\cos(6\pi\times10^9t-20\pi z)+\boldsymbol{e}_y\sin(6\pi\times10^9t-20\pi z)]\ \mathrm{V/m}$$

(2) $\boldsymbol{H}$ 的复数表达式为

$$\boldsymbol{H}=\frac{1}{\eta_0}\boldsymbol{e}_z\times\boldsymbol{E}=\frac{1}{120\pi}10^{-4}(\boldsymbol{e}_y+\mathrm{j}\boldsymbol{e}_x)\mathrm{e}^{-\mathrm{j}20\pi z}\ \mathrm{A/m}$$

$\boldsymbol{H}$ 的瞬时值表达式为

$$\boldsymbol{H}(z,\ t)=\mathrm{Re}[\boldsymbol{H}\mathrm{e}^{\mathrm{j}\omega t}]=\frac{10^{-4}}{120\pi}[\boldsymbol{e}_y\cos(6\pi\times10^9t-20\pi z)+\boldsymbol{e}_x\sin(6\pi\times10^9t-20\pi z)]\ \mathrm{A/m}$$

(3) 坡印廷矢量的瞬时值 $\boldsymbol{S}$ 为

$$\boldsymbol{S}(z,\ t)=\boldsymbol{E}(z,\ t)\times\boldsymbol{H}(z,\ t)=\frac{10^{-8}}{120\pi}\Big[\boldsymbol{e}_z\cos^2(6\pi\times10^9t-20\pi z)-\boldsymbol{e}_z\sin^2(6\pi\times10^9t-20\pi z)\Big]\ \mathrm{W/m^2}$$

坡印廷矢量的时间平均值 $\boldsymbol{S}_{\mathrm{av}}$ 为

$$\boldsymbol{S}_{\mathrm{av}}=\frac{1}{2}\mathrm{Re}[\boldsymbol{E}\times\boldsymbol{H}^*]=\boldsymbol{e}_z\frac{10^{-8}}{120\pi}$$

(4) 此电磁波是沿$+z$方向传播的，电场强度矢量在x方向和y方向分量的振幅相等，且$\phi_x=0$和$\phi_y=-\frac{\pi}{2}$，则$\phi_x-\phi_y=\frac{\pi}{2}$，故该电磁波为右旋圆极化波。

6.5 导电介质中的均匀平面电磁波

不同于理想介质($\sigma=0$)，在导电介质($\sigma\neq0$)中，电场将引起传导电流，这个传导电流会造成焦耳热损耗，从而导致电磁波在该介质中传播时会伴随能量的衰减。此外，损耗还会导致相应的传播特性和参数与理想介质中的不同。

6.5.1 导电介质中均匀平面电磁波方程及其解

导体是非常重要的一类介质，电导率σ(单位是 S/m)是其特征参数。对于线性各向同性导体，欧姆定律为

$$\boldsymbol{J}=\sigma\boldsymbol{E}$$

$\boldsymbol{J}$是传导电流密度。计算传导电流密度后，对于线性各向同性介质，全电流定律的微分形式为

$$\nabla\times\boldsymbol{H}=\sigma\boldsymbol{E}+\mathrm{j}\omega\varepsilon\boldsymbol{E}=\mathrm{j}\omega\left(\varepsilon-\mathrm{j}\frac{\sigma}{\omega}\right)\boldsymbol{E}$$

如果我们定义复介电常数ε_c为$\varepsilon_c=\varepsilon-\mathrm{j}\frac{\sigma}{\omega}$，上式中它是一个等效的复数介电系数，其虚部表示介质电导率的影响。

引入复介电常数后，无源、无界的导电介质中麦克斯韦方程组为

$$\nabla\times\boldsymbol{H}=\mathrm{j}\omega\varepsilon_c\boldsymbol{E} \tag{6-38a}$$

$$\nabla\times\boldsymbol{E}=-\mathrm{j}\omega\mu\boldsymbol{H} \tag{6-38b}$$

$$\nabla\cdot\boldsymbol{H}=0 \tag{6-38c}$$

$$\nabla\cdot\boldsymbol{E}=0 \tag{6-38d}$$

由此可见，导电介质中的麦克斯韦方程组和理想介质中的麦克斯韦方程组具有完全相同的形式。因此就电磁波在其中的传播而言，可以把导电介质等效地看作一种介质，其等效介电常数为复数。类似无源理想介质中相同的方法，可得到此情况下的齐次亥姆霍兹方程：

$$\nabla^2\boldsymbol{E}+k_c^2\boldsymbol{E}=0 \tag{6-39a}$$

$$\nabla^2\boldsymbol{H}+k_c^2\boldsymbol{H}=0 \tag{6-39b}$$

式中的$k_c^2=\omega^2\mu\varepsilon_c$，$k_c$是一复数，即

$$k_c=\omega\sqrt{\mu\varepsilon_c}=\omega\sqrt{\mu\left(\varepsilon-\mathrm{j}\frac{\sigma}{\omega}\right)} \tag{6-40}$$

直角坐标系中，对于沿$+z$方向传播的均匀平面电磁波，如果假定电场强度只有E_x分量，则式(6-39a)的一个解为

$$\boldsymbol{E}=\boldsymbol{e}_xE_x=\boldsymbol{e}_xE_0\mathrm{e}^{-\mathrm{j}k_cz} \tag{6-41a}$$

令 $k_c=\beta-j\alpha$，为传播常数，则 $\boldsymbol{E}=\boldsymbol{e}_x E_0 e^{-\alpha z} e^{-j\beta z}$，电场强度的瞬时值可以表示为

$$\boldsymbol{E}(z, t)=\boldsymbol{e}_x E_m e^{-\alpha z}\cos(\omega t-\beta z+\phi_0) \tag{6-41b}$$

其中 E_m、ϕ_0 分别表示电场强度的振幅值和初相角，即 $E_0=E_m e^{j\phi_0}$。

将式(6-41a)代入式(6-38b)中，整理可得与 $\boldsymbol{E}$ 相伴的磁场强度 $\boldsymbol{H}$ 的复数形式表达式为

$$\boldsymbol{H}=\frac{j}{\omega\mu}\nabla\times\boldsymbol{E}=\boldsymbol{e}_y\frac{E_0}{\eta_c}e^{-jk_c z}=\boldsymbol{e}_y\frac{E_0}{\eta_c}e^{-\alpha z}e^{-j\beta z} \tag{6-42a}$$

其中 $\eta_c=|\eta_c|e^{j\theta}$ 为导电介质中的波阻抗。

与 $\boldsymbol{E}$ 相伴的磁场强度 $\boldsymbol{H}$ 的瞬时值表达式为

$$\boldsymbol{H}(z, t)=\boldsymbol{e}_y\frac{E_m}{|\eta_c|}e^{-\alpha z}\cos(\omega t-\beta z+\phi_0-\theta) \tag{6-42b}$$

6.5.2 导电介质中均匀平面电磁波的传播特性

1. 复介电常数

复介电常数

$$\varepsilon_c=\varepsilon-j\frac{\sigma}{\omega} \tag{6-43}$$

它的虚部与实部之比为$\frac{\sigma}{\omega\varepsilon}$，我们定义导电介质的损耗角 δ_c 正切为

$$\tan|\delta_c|=\frac{\sigma}{\omega\varepsilon} \tag{6-44}$$

2. 传播常数、衰减常数和衰减量

由于 $k_c^2=\omega^2\mu\varepsilon_c$，且 $k_c=\beta-j\alpha$，因此$(\beta-j\alpha)^2=\omega^2\mu\left(\varepsilon-j\frac{\sigma}{\omega}\right)$，故有

$$\beta^2-\alpha^2-j2\alpha\beta=\omega^2\mu\varepsilon-j\omega\mu\sigma$$

从而有

$$\beta^2-\alpha^2=\omega^2\mu\varepsilon$$
$$2\alpha\beta=\omega\mu\sigma$$

由以上两方程解得

$$\alpha=\omega\sqrt{\frac{\mu\varepsilon}{2}\left[\sqrt{1+\left(\frac{\sigma}{\omega\varepsilon}\right)^2}-1\right]} \tag{6-45a}$$

$$\beta=\omega\sqrt{\frac{\mu\varepsilon}{2}\left[\sqrt{1+\left(\frac{\sigma}{\omega\varepsilon}\right)^2}+1\right]} \tag{6-45b}$$

可见，在导电介质中电场和磁场的振幅以因子 $e^{-\alpha z}$ 随传播距离 z 的增大而衰减，每单位距离衰减为原来的 $e^{-\alpha}$ 倍，故 α 称为电磁波的衰减常数，单位是 Np/m；β 表示每单位距离落后的相位，称为电磁波的相位常数，单位是 rad/m。

为分析其衰减特性，可假设该平面电磁波自 $z=z_0$ 传播到 $z=z_0+d$ 时，场强的振幅从 E_1 衰减到 E_2，根据式(6-41b)可得

$$E_1=|\boldsymbol{E}_1|\,|_{z_0}=E_1 e^{-\alpha z_0}$$

$$E_2=|\boldsymbol{E}_1||_{z_0+d}=E_1\mathrm{e}^{-\alpha(z_0+d)}$$

则平面波的衰减量用 Np(奈培)表示，有

$$L=\ln\frac{E_1}{E_2}=\ln\mathrm{e}^{\alpha d}=\alpha d\ \mathrm{Np} \tag{6-45c}$$

平面波的衰减量用 dB(分贝)表示，有

$$L=20\lg\frac{E_1}{E_2}=20\lg\mathrm{e}^{\alpha d}=20\alpha d\lg\mathrm{e}=8.686\alpha d\ \mathrm{dB} \tag{6-45d}$$

显然，Np 与 dB 的关系为：1Np=8.686 dB。

3. 波阻抗

由式(6-42a)可以导出导电介质中的波阻抗为

$$\eta_c=\frac{\mathrm{j}\omega\mu}{\alpha+\mathrm{j}\beta}=\sqrt{\frac{\mu}{\varepsilon-\mathrm{j}\dfrac{\sigma}{\omega}}}=\sqrt{\frac{\mu}{\varepsilon}}\left(1-\mathrm{j}\frac{\sigma}{\omega\varepsilon}\right)^{-\frac{1}{2}}=|\eta_c|\mathrm{e}^{\mathrm{j}\theta} \tag{6-46a}$$

式中

$$|\eta_c|=\sqrt{\frac{\mu}{\varepsilon}}\left[1+\left(\frac{\sigma}{\omega\varepsilon}\right)^2\right]^{-\frac{1}{4}}<\sqrt{\frac{\mu}{\varepsilon}} \tag{6-46b}$$

$$\theta=\frac{1}{2}\arctan\frac{\sigma}{\omega\varepsilon} \tag{6-46c}$$

由式(6-46a)～式(6-46c)可知，导电媒质的本征阻抗是一个复数，其模小于理想介质的本征阻抗，幅角 θ 在 $0\sim\dfrac{\pi}{4}$ 之间变化，具有感性相角。这意味着电场强度和磁场强度在空间上虽然仍互相垂直，但在时间上有相位差，二者不再同相，电场强度相位超前磁场强度相位，σ 愈大则超前愈多。如图 6-13 所示。

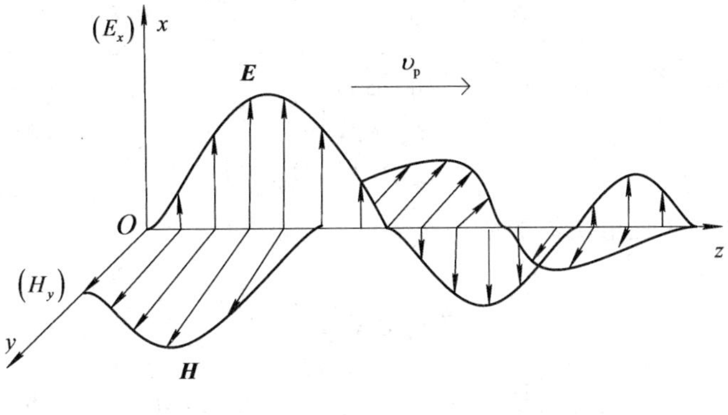

图 6-13　导电介质中的衰减波

4. 相速度与波长

导电介质中均匀平面波的相速为

$$v_p=\frac{\mathrm{d}z}{\mathrm{d}t}=\frac{\omega}{\beta}=\frac{1}{\sqrt{\mu\varepsilon}}\left[\frac{2}{\sqrt{1+\left(\dfrac{\sigma}{\omega\varepsilon}\right)^2}+1}\right]^{\frac{1}{2}}<\frac{1}{\sqrt{\mu\varepsilon}} \tag{6-47}$$

而波长

$$\lambda=\frac{2\pi}{\beta}=\frac{v_{\mathrm{p}}}{f} \tag{6-48}$$

由此可见，均匀平面电磁波在导电介质中传播时，波的相速和波长比介电常数和磁导率相同的理想介质的情况慢，且σ愈大，相速愈慢，波长愈短。此外，相速和波长还随频率而变化，频率低，则相速慢。这样，携带信号的电磁波其不同的频率分量将以不同的相速传播。经过一段距离后，它们的相位关系将发生变化，从而导致信号失真，这种现象称为色散。所以导电媒质是色散媒质。

6.5.3　电介质与良导体

通常，按$\dfrac{\sigma}{\omega\varepsilon}$的比值（导电介质中传导电流密度振幅与位移电流密度振幅之比$\dfrac{|\sigma\boldsymbol{E}|}{|\mathrm{j}\omega\varepsilon\boldsymbol{E}|}$）把介质分为三类：

$$\text{电介质：}\frac{\sigma}{\omega\varepsilon}\ll 1\text{；不良导体：}\frac{\sigma}{\omega\varepsilon}\approx 1\text{；良导体：}\frac{\sigma}{\omega\varepsilon}\gg 1$$

值得注意的是，介质属于电介质还是良导体，不仅与媒质参数有关，而且与频率有关。

1. 理想介质($\sigma=0$)

在理想介质中，由于$\sigma=0$，可得

$$\alpha=0,\ \beta=\omega\sqrt{\mu\varepsilon},\ \eta=\sqrt{\frac{\mu}{\varepsilon}} \tag{6-49}$$

2. 电介质$\left(\text{低损耗介质}\dfrac{\sigma}{\omega\varepsilon}\ll 1\right)$

电导率很小的介质称为电介质。由于

$$k_{\mathrm{c}}=\omega\sqrt{\mu\left(\varepsilon-\mathrm{j}\frac{\sigma}{\omega}\right)}=\omega\sqrt{\mu\varepsilon\left(1-\mathrm{j}\frac{\sigma}{\omega\varepsilon}\right)}$$

将$\sqrt{1-\mathrm{j}\dfrac{\sigma}{\omega\varepsilon}}$用泰勒级数简化，则$k_{\mathrm{c}}$近似表达为

$$k_{\mathrm{c}}\approx\omega\sqrt{\mu\varepsilon}\left(1-\mathrm{j}\frac{\sigma}{2\omega\varepsilon}\right)$$

因此，电介质中均匀平面电磁波的相关参数可以近似为

$$\alpha\approx\frac{\sigma}{2}\sqrt{\frac{\mu}{\varepsilon}},\ \beta\approx\omega\sqrt{\mu\varepsilon} \tag{6-50a}$$

$$\eta_{\mathrm{c}}=\sqrt{\frac{\mu}{\varepsilon}}\left(1-\mathrm{j}\frac{\sigma}{\omega\varepsilon}\right)^{-\frac{1}{2}}\approx\sqrt{\frac{\mu}{\varepsilon}}\left(1+\mathrm{j}\frac{\sigma}{2\omega\varepsilon}\right)\approx\sqrt{\frac{\mu}{\varepsilon}} \tag{6-50b}$$

可见此时相移常数和波阻抗近似与理想介质相同，衰减常数与频率无关，正比于电导率。因此均匀平面波在低损耗媒质中的传播特性，除了由微弱的损耗引起的振幅衰减外，与理想媒质中均匀平面电磁波的传播特性几乎相同。

3. 理想导体($\sigma\to\infty$)

在理想导体中，由于$\sigma\to\infty$，可得

$$\alpha=\beta\to\infty$$

$\alpha\to\infty$，说明电磁波在理想导体中立即衰减到零；$\beta\to\infty$，说明波长相速均为零。因此，电磁

波不能进入理想导体内部。

4. 良导体$\left(\dfrac{\sigma}{\omega\varepsilon}\gg 1\right)$

电导率很大的介质称为良导体，此时 k_c 近似为

$$k_c=\omega\sqrt{\mu\left(\varepsilon-\mathrm{j}\frac{\sigma}{\omega}\right)}\approx\omega\sqrt{\mu\varepsilon}\left(\frac{\sigma}{\mathrm{j}\omega\varepsilon}\right)^{\frac{1}{2}}=\sqrt{\frac{\omega\mu\sigma}{2}}(1-\mathrm{j})$$

此时均匀平面电磁波的相关参数可以近似为

$$\alpha=\beta=\sqrt{\frac{\omega\mu\sigma}{2}},\ v_p=\frac{\omega}{\beta}=\sqrt{\frac{2\omega}{\mu\sigma}},\ \lambda=\frac{2\pi}{\beta}=2\pi\sqrt{\frac{2}{\omega\mu\sigma}} \tag{6-51a}$$

$$\eta_c=\sqrt{\frac{\mu}{\varepsilon}}\left(1-\mathrm{j}\frac{\sigma}{\omega\varepsilon}\right)^{-\frac{1}{2}}\approx\sqrt{\frac{\mathrm{j}\omega\mu}{\sigma}}=\sqrt{\frac{\omega\mu}{2\sigma}}(1+\mathrm{j})=\sqrt{\frac{\omega\mu}{\sigma}}\mathrm{e}^{\mathrm{j}\frac{\pi}{4}} \tag{6-51b}$$

由此可见，高频率电磁波传入良导体后，由于良导体的电导率一般在 10^7 S/m 量级，因此电磁波在良导体中衰减极快。电磁波往往在微米量级的距离内就衰减得近于零了。因此高频电磁场只能存在于良导体表面的一个薄层内，这种现象称为趋肤效应。电磁波场强振幅衰减到表面处的$\dfrac{1}{\mathrm{e}}$的深度，称为趋肤深度(穿透深度)，以 δ 表示。

1) 趋肤深度 δ

趋肤深度 δ 满足等式

$$E_0\mathrm{e}^{-\alpha\delta}=E_0\cdot\frac{1}{\mathrm{e}}$$

$$\delta=\frac{1}{\alpha}=\sqrt{\frac{2}{\omega\mu\sigma}}=\sqrt{\frac{1}{\pi f\mu\sigma}} \tag{6-52}$$

可见导电性能越好(电导率越大)，工作频率越高，则趋肤深度越小。由于良导体的趋肤深度非常小，电磁波大部分能量集中于良导体表面的薄层内，因此金属片对无线电波都有很好的屏蔽作用。如中频变压器的屏蔽铝罩，晶体管的金属外壳都很好地起到隔离外部电磁场对其内部影响的作用。

2) 复坡印廷矢量与平均坡印廷矢量

良导体中均匀平面波的电磁场分量和电流密度为

$$E_x=E_0\mathrm{e}^{-\mathrm{j}k_c z}=E_0\mathrm{e}^{-\mathrm{j}(\beta-\mathrm{j}\alpha)z}=E_0\mathrm{e}^{-(1+\mathrm{j})\alpha z} \tag{6-53a}$$

$$H_y=\frac{E_x}{\eta_c}=H_0\mathrm{e}^{-(1+\mathrm{j})\alpha z},\ H_0=\frac{E_0}{\eta_c}=E_0\sqrt{\frac{\sigma}{\omega\mu}}\mathrm{e}^{-\mathrm{j}\frac{\pi}{4}} \tag{6-53b}$$

$$J_x=\sigma E_x=J_0\mathrm{e}^{-(1+\mathrm{j})\alpha z},\ J_0=\sigma E_0 \tag{6-53c}$$

H_0 和 J_0 是导体表面($z=0$)处的磁场强度复振幅和电流密度复振幅。复坡印廷矢量(复功率流密度矢量)为

$$\boldsymbol{S}=\frac{1}{2}\boldsymbol{E}\times\boldsymbol{H}^*=\boldsymbol{e}_z\frac{1}{2}E_xH_y^*=\boldsymbol{e}_z\frac{1}{2}E_0^2\mathrm{e}^{-2\alpha z}\sqrt{\frac{\sigma}{2\omega\mu}}(1+\mathrm{j}) \tag{6-54a}$$

平均坡印廷矢量(平均功率流密度)为

$$\boldsymbol{S}_{\mathrm{av}}=\mathrm{Re}[\boldsymbol{S}]=\boldsymbol{e}_z\frac{1}{2}E_0^2\mathrm{e}^{-2\alpha z}\sqrt{\frac{\sigma}{2\omega\mu}} \tag{6-54b}$$

在 $z=0$ 处，平均功率流密度为

$$\boldsymbol{S}_{\mathrm{av}}=\boldsymbol{e}_z\frac{1}{2}E_0^2\sqrt{\frac{\sigma}{2\omega\mu}}\quad(z=0)\tag{6-54c}$$

上式表明导体表面每单位面积所吸收的平均功率，也就是单位面积导体内传导电流的热损耗功率：

$$P_{\mathrm{c}}=\frac{1}{2}\int_V\sigma|\boldsymbol{E}|^2\mathrm{d}V=\frac{1}{2}\int_0^{\infty}\sigma|E_0|^2\mathrm{e}^{-2\alpha z}\mathrm{d}z=\frac{\sigma}{4\alpha}|E_0|^2=\frac{1}{2}|E_0|^2\sqrt{\frac{\sigma}{2\omega\mu}}\tag{6-54d}$$

可见，传入导体的电磁波实功率全部转化为热损耗功率。

例 6-11　海水的特性参数为 $\mu=\mu_0$、$\varepsilon_{\mathrm{r}}=81$ 和 $\sigma=4$ S/m。频率为 $f=100$ Hz 的均匀平面波在紧切海平面下侧处的电场强度为 1 V/m，求：

(1) 衰减系数、相位系数、本征阻抗、相速和波长；

(2) 100 m 深处电场强度。

解：$f=100$ Hz 时，

$$\frac{\sigma}{\omega\varepsilon}=\frac{4}{2\pi\times100\times81\varepsilon_0}=\frac{4\times36\pi\times10^9}{2\pi\times100\times81}=8.89\times10^6\geqslant1$$

可见，海水在频率为 100 Hz 时可视为良导体。

(1) $\alpha=\sqrt{\dfrac{\omega\mu\sigma}{2}}=\sqrt{\pi\times100\times4\pi\times10^{-7}\times4}\approx3.97\times10^{-2}$ Np/m

$$\beta=\sqrt{\frac{\omega\mu\sigma}{2}}\approx3.97\times10^{-2}\ \mathrm{rad/m}$$

$$\eta_{\mathrm{c}}=\sqrt{\frac{\omega\mu}{\sigma}}\mathrm{e}^{\mathrm{j}\frac{\pi}{4}}=\sqrt{\frac{2\pi\times100\times4\pi\times10^{-7}}{4}}\mathrm{e}^{\mathrm{j}\frac{\pi}{4}}\approx14.04\times10^{-3}\mathrm{e}^{\mathrm{j}\frac{\pi}{4}}\ \Omega$$

$$v_{\mathrm{p}}=\frac{\omega}{\beta}=\frac{2\pi\times100}{3.97\times10^{-2}}\approx1.58\times10^4\ \mathrm{m/s}$$

$$\lambda=\frac{2\pi}{\beta}=\frac{2\pi}{3.97\times10^{-2}}\approx1.58\times10^2\ \mathrm{m}$$

(2) 由于 $\delta=\dfrac{1}{\alpha}=\dfrac{1}{3.97\times10^{-2}}\approx25.2$ m，因此 100 m 深处场强为

$$E_0\mathrm{e}^{-100/25.2}=\mathrm{e}^{-100/25.2}\times1\ \mathrm{V/m}\approx0.0188\ \mathrm{V/m}$$

例 6-12　微波炉利用磁控管输出的 2.45 GHz 的微波加热食品。在该频率上，牛排的等效复介电常数 $\varepsilon'=40\varepsilon_0$，损耗角正切 $\tan\delta_{\mathrm{e}}=0.3$。

(1) 求微波传入牛排的趋肤深度 δ，在牛排内 8 mm 处的微波场强是表面处的百分比；

(2) 微波炉中盛牛排的盘子是用发泡聚苯乙烯制成的，其等效复介电常数的损耗角正切为 $\varepsilon'=1.03\varepsilon_0$，$\tan\delta_{\mathrm{e}}=0.3\times10^{-4}$。试说明为何用微波加热时牛排被烧熟了而盘子并没有被烧毁。

解：(1) 根据牛排的损耗角正切 $\tan\delta_{\mathrm{e}}=0.3$ 可判断，牛排为导电介质。微波传入牛排的趋肤深度为

$$\delta=\frac{1}{\alpha}=\left(\omega\sqrt{\frac{\mu\varepsilon}{2}\left(\sqrt{1+\left(\frac{\sigma}{\omega\varepsilon}\right)^2}-1\right)}\right)^{-1}\approx20.8\ \mathrm{mm}$$

在牛排内 8 mm 处的微波场强是表面处的百分比为

$$\frac{|E|}{|E_0|}=\mathrm{e}^{-z/\delta}=\mathrm{e}^{-8/20.8}\approx 68\%$$

(2) 发泡聚苯乙烯是低损耗介质，所以其趋肤深度为

$$\delta=\frac{1}{\alpha}=\frac{2}{\sigma}\sqrt{\frac{\varepsilon}{\mu}}=\frac{2}{\omega\left(\frac{\sigma}{\omega\varepsilon}\right)}\sqrt{\frac{1}{\mu\varepsilon}}=\frac{2v_0}{2\pi f\tan\delta_{\mathrm{e}}\sqrt{1.03}}\approx 1.28\times 10^3\ \mathrm{m}$$

说明：在微波加热时，由于牛排是导电介质，且趋肤深度为厘米量级，微波进入牛排几厘米后电磁能量就全部转化为热能，从而牛排被加热并烧熟了；而盘子是良介质，其趋肤深度很大，微波进入厚度很薄的盘子后几乎没有电磁能量的损失，因此盘子并没有被烧毁。

6.5.4 导电介质中均匀平面电磁波传播的可视化

考虑导电介质的介电常数为 $\varepsilon=\varepsilon_0\varepsilon_r=4\varepsilon_0$、磁导率为 $\mu=\mu_0\mu_r=\mu_0$、电导率为 σ，若频率为 f 的电磁波是沿 $+x$ 轴方向传播的均匀平面波，$E_m=100$ V/m、$\varphi_E=0$、$\theta=\frac{\pi}{2}$，则有 $\omega=2\pi f$、$\tan\delta_c=\frac{\sigma}{\omega\varepsilon}$、$|\eta_c|=\sqrt{\frac{\mu}{\varepsilon}}\left[1+\left(\frac{\sigma}{\omega\varepsilon}\right)^2\right]^{-\frac{1}{4}}$、$\alpha=\omega\sqrt{\frac{\mu\varepsilon}{2}\left(\sqrt{1+\left(\frac{\sigma}{\omega\varepsilon}\right)^2}-1\right)}$、$\beta=\omega\sqrt{\frac{\mu\varepsilon}{2}\left[\sqrt{1+\left(\frac{\sigma}{\omega\varepsilon}\right)^2}+1\right]}$，结合电场和磁场的瞬时值表达式：

$$\boldsymbol{E}(x,t)=\boldsymbol{e}_y E_m \mathrm{e}^{-\alpha x}\cos(\omega t-\beta x+\varphi_E)$$

$$\boldsymbol{H}(x,t)=\boldsymbol{e}_z \frac{E_m}{|\eta_c|}\mathrm{e}^{-\alpha x}\cos(\omega t-\beta x+\varphi_E-\theta)$$

利用 quiver3 函数，可以画出三维空间中导电介质中电磁波传播的电磁场矢量分布情况，并能直观体会均匀平面电磁波在导电介质中的传播过程，以及电场与磁场在电磁波传播过程中的变化规律。下面分两种情况显示。

(1)电磁波频率 $f=100$ MHz，导电介质的电导率 σ 分别为 0、0.001、0.1 和 1 S/m，即 $\tan\delta_c$ 对应为 0、0.045、4.5 和 45 时，电磁波传播过程中的变化规律如图 6-14 所示。

```
u0=4*pi*1e-7;                                  % 自由空间中的磁导率
ur=1;                                          % 相对磁导率
u=u0*ur;                                       % 导电介质的磁导率
e0=1e-9/(36*pi);                               % 自由空间中的电介质常数
er=4;                                          % 相对磁导率
e=e0*er;                                       % 导电介质的磁导率
sigma=0.1;                                     % 导电介质的电导率
f=1e8;                                         % 电磁波的频率
w=2*pi*f;                                      % 电磁波的角频率
tandelta=sigma/w/e;                            % 判断导电介质的属性
a=w*(u*e/2*((1+tandelta^2)^0.5-1))^0.5;        % 电磁波的衰减常数
b=w*(u*e/2*((1+tandelta^2)^0.5+1))^0.5;        % 电磁波的相位常数
```

```
Z=abs((u/e)^0.5*(1+(sigma/w/e)^2)^0.25);                    % 导电介质中的波阻抗
phi0=0;                                                      % 电场初始相位
theta=pi/2;                                                  % 磁场的相位延迟
EE=100;                                                      % 电场幅度
HH=EE/Z;                                                     % 磁场幅度
t=0;                                                         % 设置初始时间
x=(0:0.01:1);                                                % 沿传播方向上设置的离散点
nill=zeros(size(x));                                         % 零向量
for i=1:30
    Ey=EE*exp(-a*x).*cos(w*t*1e-9-b*x+phi0);                 % 电场 Ey 的表达式
    Hz=HH*exp(-a*x).*cos(w*t*1e-9-b*x+phi0+theta);           % 磁场 Hz 的表达式
    plot3(x, nill, nill, 'black', 'LineWidth', 1);           % 绘制参考线
    hold on;
    quiver3(x, nill, nill, nill, Ey, nill, 0.8, 'k');
    quiver3(x, nill, nill, nill, nill, Hz, 0.8, 'k');
    mov(i)=getframe(gcf);
    pause(0.1);
    t=t+0.01;
    hold off;
end
movie2avi(mov, ' Medium Propagation Animation.avi');
```

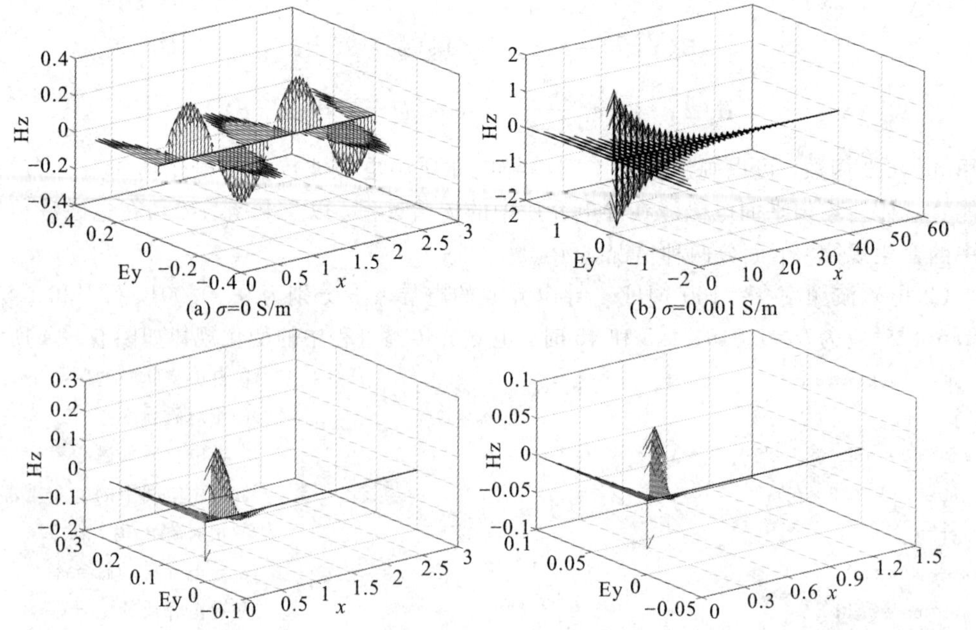

(a) σ=0 S/m　(b) σ=0.001 S/m　(c) σ=0.1 S/m　(d) σ=1 S/m

图 6-14　电磁波频率 f=100 MHz 不变，电导率 σ 分别为 0、0.001、0.1 和 1 S/m 时的 3D 显示

(2) 导电介质的电导率 σ=4 S/m，电磁波频率 f 分别为 100 MHz 和 100 Hz，即 $\tan\delta_c$ 对应为 180 和 1.8×10^8 时，电磁波传播过程中的变化规律如图 6-15 所示。

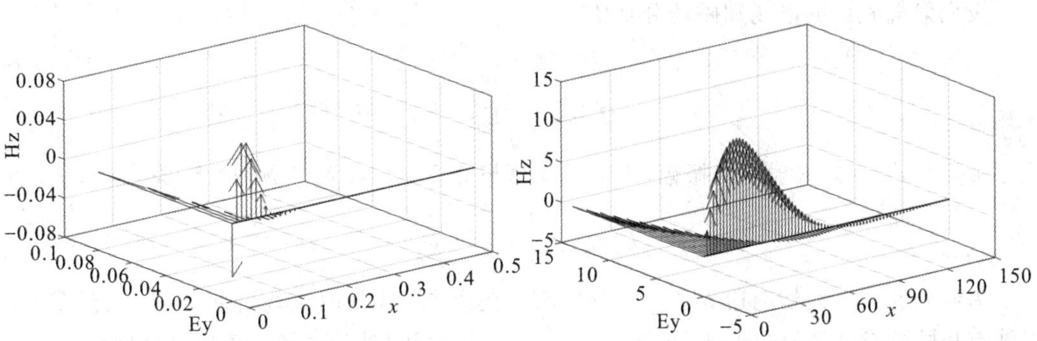

(a) f=100 MHz　　(b) f=100 Hz

图 6－15　导电介质的电导率 $\sigma=4$ S/m 不变，电磁波频率 f 分别为 100 MHz 和 100 Hz 时的 3D 显示

6.6　均匀平面电磁波对分界面的垂直入射

目前为止，已经讨论了均匀平面波在无界简单介质中的传播规律。现在考虑电磁波传播途径不同介质分界面的效应，为分析方便，仅考虑不同介质分界面为无限大平面的情况。所谓垂直入射，指的是均匀平面电磁波的传播方向与无限大分界平面垂直的情形。向分界平面垂直入射的均匀平面电磁波简称为垂直入射波。一般来说，电磁波在传播过程中遇到两种不同波阻抗的介质分界面时，在介质分界面上将有一部分电磁能量被反射回来，形成反射波；另一部分电磁能量可能透过分界面继续传播，形成透射波。下面以线极化均匀平面电磁波向无限大不同介质分界面垂直入射时的反射和透射，分析入射空间和透射空间中合成电磁波的传播规律和特性。

6.6.1　均匀平面电磁波向理想导体的垂直入射

如图 6－16 所示，直角坐标系的 xOy 平面($z=0$ 平面)是两种不同媒质的分界面。设分界面左边 $z<0$ 一侧是理想介质($\sigma_1=0$)，磁导率为 $\mu=\mu_0\mu_r$，介电常数为 $\varepsilon=\varepsilon_0\varepsilon_r$；分界面右边 $z>0$ 一侧是理想导体($\sigma_2\to\infty$)。设均匀平面电磁波沿 $+z$ 方向垂直投射到分界面上。由于理想导体内部电场、磁场都为零，均匀平面电磁波不能进入理想导体，因而将会被全反射，在理想介质一侧形成反射波。

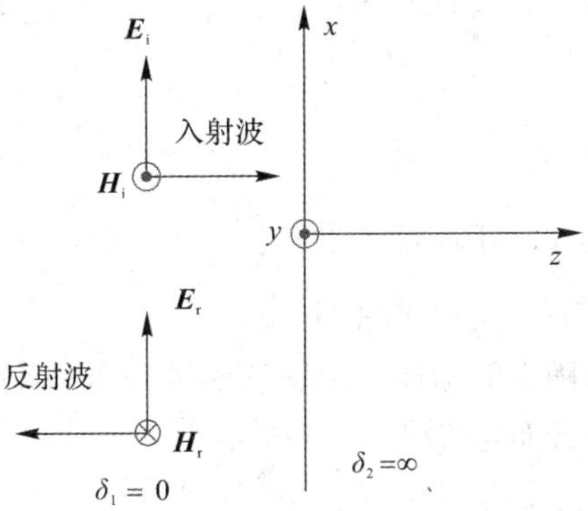

图 6－16　垂直入射到理想导体上的平面电磁波

设入射电磁波的电场和磁场分别依次为

$$\boldsymbol{E}_{\mathrm{i}}=\boldsymbol{e}_x E_{\mathrm{i0}}\mathrm{e}^{-\mathrm{j}kz} \tag{6-55a}$$

$$\boldsymbol{H}_{\mathrm{i}}=\boldsymbol{e}_y \frac{1}{\eta}E_{\mathrm{i0}}\mathrm{e}^{-\mathrm{j}kz} \tag{6-55b}$$

式中 E_{i0} 为 $z=0$ 处入射波的振幅，k 和 η 为理想介质中的相位常数和波阻抗，且有

$$k=\omega\sqrt{\mu\varepsilon},\ \eta=\sqrt{\frac{\mu}{\varepsilon}}$$

为使分界面上的切向边界条件在分界面上任意点、任何时刻均可能满足，设反射与入射波有相同的频率和极化，且沿 $-z$ 方向传播。于是反射波的电场和磁场可分别写为

$$\boldsymbol{E}_{\mathrm{r}}=\boldsymbol{e}_x E_{\mathrm{r0}}\mathrm{e}^{\mathrm{j}kz} \tag{6-55c}$$

$$\boldsymbol{H}_{\mathrm{r}}=-\boldsymbol{e}_y \frac{1}{\eta}E_{\mathrm{r0}}\mathrm{e}^{\mathrm{j}kz} \tag{6-55d}$$

式中 E_{r0} 为 $z=0$ 处反射波的振幅。

理想介质中总的合成电磁场为

$$\boldsymbol{E}=\boldsymbol{E}_{\mathrm{i}}+\boldsymbol{E}_{\mathrm{r}}=\boldsymbol{e}_x(E_{i0}\mathrm{e}^{-\mathrm{j}kz}+E_{\mathrm{r0}}\mathrm{e}^{\mathrm{j}kz}) \tag{6-56a}$$

$$\boldsymbol{H}=\boldsymbol{H}_{\mathrm{i}}+\boldsymbol{H}_{\mathrm{r}}=\boldsymbol{e}_y \frac{1}{\eta}(E_{\mathrm{i0}}\mathrm{e}^{-\mathrm{j}kz}-E_{\mathrm{r0}}\mathrm{e}^{\mathrm{j}kz}) \tag{6-56b}$$

显然，合成波电场强度矢量 $\boldsymbol{E}$ 只有 x 分量，而在理想导体与理想介质的分界面(xOy 平面即 $z=0$ 平面)上，E_x 分量是理想导体表面的切向分量，应满足电场强度矢量切向分量为零的边界条件，即 $\boldsymbol{e}_z\times\boldsymbol{E}=0$，所以

$$\boldsymbol{E}(0)=\boldsymbol{e}_x(E_{\mathrm{i0}}+E_{\mathrm{r0}})=0$$

从上式可得

$$E_{\mathrm{i0}}+E_{\mathrm{r0}}=0\ 或\ E_{\mathrm{r0}}=-E_{\mathrm{i0}}$$

定义反射系数 R 为

$$R=\frac{E_{\mathrm{r0}}}{E_{\mathrm{i0}}}=-1$$

说明电磁波垂直入射到理想导体表面上时会发生全反射。

把上式代入式(6－56a)和式(6－56b)，得到理想介质区的合成电场和磁场

$$\boldsymbol{E}=\boldsymbol{e}_x E_{\mathrm{i0}}(\mathrm{e}^{-\mathrm{j}kz}-\mathrm{e}^{\mathrm{j}kz})=-\boldsymbol{e}_x 2\mathrm{j}E_{\mathrm{i0}}\sin(kz) \tag{6-57a}$$

$$\boldsymbol{H}=\boldsymbol{e}_y \frac{E_{\mathrm{i0}}}{\eta}(\mathrm{e}^{-\mathrm{j}kz}+\mathrm{e}^{\mathrm{j}kz})=\boldsymbol{e}_y \frac{2E_{\mathrm{i0}}}{\eta}\cos(kz) \tag{6-57b}$$

它们相应的瞬时值为

$$\boldsymbol{E}(z,\ t)=\mathrm{Re}[\boldsymbol{E}\mathrm{e}^{\mathrm{j}\omega t}]=\boldsymbol{e}_x 2E_{\mathrm{i0}}\sin(kz)\sin(\omega t) \tag{6-58a}$$

$$\boldsymbol{H}(z,\ t)=\mathrm{Re}[\boldsymbol{H}\mathrm{e}^{\mathrm{j}\omega t}]=\boldsymbol{e}_y \frac{2E_{\mathrm{i0}}}{\eta}\cos(kz)\cos(\omega t) \tag{6-58b}$$

由式(6－58a)和式(6－58b)可以看出：

(1) 合成电磁场的振幅随空间坐标 z 按正弦函数分布，而在空间一点，电磁场随时间作简谐振动，这是一种驻波分布，如图 6－17 所示。

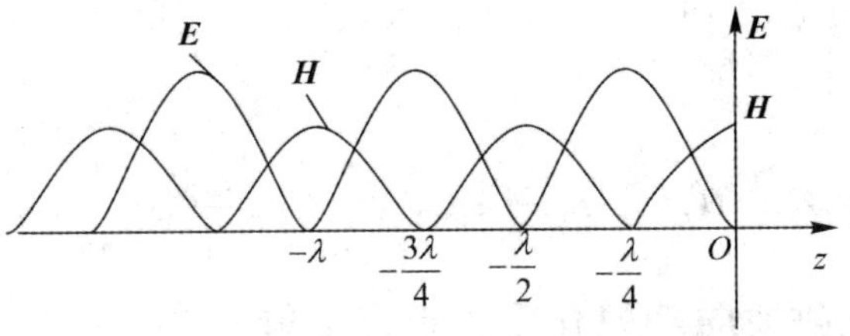

图 6-17 合成电磁场的振幅随空间坐标的分布

(2) 由于均匀平面波在理想导体表面上发生全反射，理想介质区入射波与反射波的叠加在自由空间中形成驻波。其分布为：在 $kz=-n\pi$ 或 $z=-n\dfrac{\lambda}{2}$ $(n=0, 1, 2, \cdots)$处，电场为零，磁场为最大值，我们称这样的点为电场波节点或磁场波腹点；在 $kz=-(2n+1)\dfrac{\pi}{2}$ 或 $z=-(2n+1)\dfrac{\lambda}{4}$处，磁场为零，电场为最大值，我们称这样的点为磁场波节点或电场波腹点。可见，$\boldsymbol{E}$ 和 $\boldsymbol{H}$ 的驻波在空间位置上错开$\dfrac{\lambda}{4}$，而在时间上 $\boldsymbol{E}$ 和 $\boldsymbol{H}$ 又有$\dfrac{\pi}{2}$的相差。

(3) 由于理想导体中无电磁场，在其表面两侧的磁场切向分量不连续，因此分界面上存在面电流。理想导体表面的面电流密度矢量为

$$\boldsymbol{J}_S=n\times\boldsymbol{H}\big|_{z=0}-\boldsymbol{e}_z\times\boldsymbol{e}_y\frac{2E_{i0}}{\eta}\cos(kz)\big|_{z=0}=\boldsymbol{e}_x\frac{2E_{i0}}{\eta} \tag{6-59}$$

(4) 在自由空间中，波的平均坡印廷矢量为

$$\boldsymbol{S}_{av}=\mathrm{Re}\left[\frac{1}{2}\boldsymbol{E}\times\boldsymbol{H}^*\right]=\mathrm{Re}\left[-\boldsymbol{e}_z\mathrm{j}\frac{4E_{i0}^2}{\eta}\sin(kz)\cos(kz)\right]=0 \tag{6-60}$$

可见，驻波不能传输电磁能量，而只存在电场能量和磁场能量的相互转换。

例 6-13 有一均匀平面电磁波沿 z 轴由理想介质垂直入射在理想导体表面($z=0$)，入射波的电场强度为

$$\boldsymbol{E}_i=\boldsymbol{e}_x100\sin(\omega t-kz)+\boldsymbol{e}_y200\cos(\omega t-kz)$$

求 $z<0$ 区域内的合成电场 $\boldsymbol{E}$ 和磁场 $\boldsymbol{H}$。

解： 入射波的电场强度的复数表达式为

$$\boldsymbol{E}_i=\boldsymbol{e}_x100\mathrm{e}^{-\mathrm{j}\left(kz+\frac{\pi}{2}\right)}+\boldsymbol{e}_y200\mathrm{e}^{-\mathrm{j}kz}$$

在理想导体表面，反射系数 $R=-1$，且反射波的传播方向反向，即沿 $-z$ 方向传播，则反射波的电场强度的复数表达为

$$\boldsymbol{E}_r=-\boldsymbol{e}_x100\mathrm{e}^{\mathrm{j}\left(kz-\frac{\pi}{2}\right)}-\boldsymbol{e}_y200\mathrm{e}^{\mathrm{j}kz}$$

合电场为

$$\boldsymbol{E}=\boldsymbol{E}_i+\boldsymbol{E}_r=-\boldsymbol{e}_x\mathrm{j}200\mathrm{e}^{-\mathrm{j}\frac{\pi}{2}}\sin(kz)-\boldsymbol{e}_y\mathrm{j}400\sin(kz)$$

由入射波电场和反射波电场可以写出入射波磁场和反射波磁场

$$\boldsymbol{H}_i=\frac{1}{\eta_0}\boldsymbol{e}_z\times\boldsymbol{E}_i=\boldsymbol{e}_y\frac{100}{\eta0}\mathrm{e}^{-\mathrm{j}\left(kz+\frac{\pi}{2}\right)}-\boldsymbol{e}_x\frac{200}{\eta_0}\mathrm{e}^{-\mathrm{j}kz}$$

$$\boldsymbol{H}_{\mathrm{r}}=\frac{1}{\eta_0}(-\boldsymbol{e}_z)\times\boldsymbol{E}_{\mathrm{r}}=\boldsymbol{e}_y\frac{100}{\eta_0}\mathrm{e}^{\mathrm{j}\left(kz-\frac{\pi}{2}\right)}-\boldsymbol{e}_x\frac{200}{\eta_0}\mathrm{e}^{\mathrm{j}kz}$$

合磁场为

$$\boldsymbol{H}=\boldsymbol{H}_{\mathrm{i}}+\boldsymbol{H}_{\mathrm{r}}=-\boldsymbol{e}_x\frac{400}{\eta_0}\cos(kz)+\boldsymbol{e}_y\frac{200}{\eta_0}\mathrm{e}^{-\mathrm{j}\frac{\pi}{2}}\cos(kz)$$

6.6.2 均匀平面电磁波向理想介质的垂直入射

1. 入射波、反射波和透射波

设不同介质分界面为一无限大平面，该平面的两侧均为线性、均匀且各向同性的理想介质，如图 6-18 所示。设分界面左边为Ⅰ区，介质参数为 μ_1、ε_1 和 $\sigma_1=0$；分界面右边为Ⅱ区，介质参数为 μ_2、ε_2 和 $\sigma_2=0$。当 x 方向极化、沿 z 轴正向传播的均匀平面电磁波由Ⅰ区向无限大分界面($z=0$)垂直入射时，由于两种介质的本征阻抗不同，使一部分入射波被分界面反射，形成沿 $-z$ 方向传播的反射波；另一部分则透过分界面进入Ⅱ区继续传播，形成沿 $+z$ 方向传播的透射波。由于分界面两侧电场强度的切向分量连续，所以反射波和透射波的电场强度矢量也只有 x 分量，即反射波和透射波沿 x 方向极化。

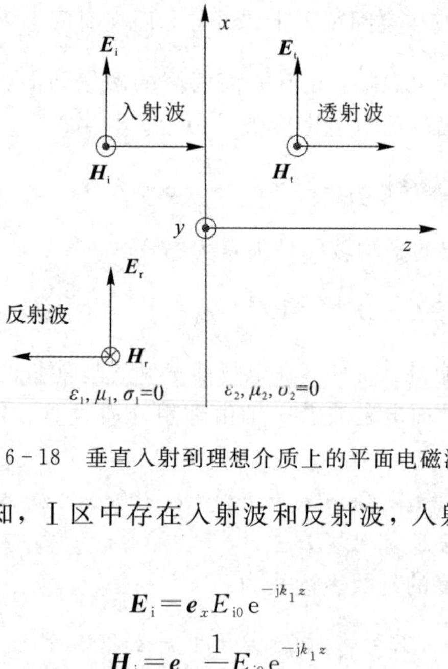

图 6-18 垂直入射到理想介质上的平面电磁波

根据 6.6.1 的分析可知，Ⅰ区中存在入射波和反射波，入射波的电场和磁场分别表示为

$$\boldsymbol{E}_{\mathrm{i}}=\boldsymbol{e}_xE_{\mathrm{i0}}\mathrm{e}^{-\mathrm{j}k_1z} \tag{6-61a}$$

$$\boldsymbol{H}_{\mathrm{i}}=\boldsymbol{e}_y\frac{1}{\eta_1}E_{\mathrm{i0}}\mathrm{e}^{-\mathrm{j}k_1z} \tag{6-61b}$$

式中 E_{i0} 为 $z=0$ 处入射波的振幅，k_1 和 η_1 为Ⅰ区中介质的相位常数和波阻抗，且有

$$k_1=\omega\sqrt{\mu_1\varepsilon_1}\,,\ \eta_1=\sqrt{\frac{\mu_1}{\varepsilon_1}}$$

为使分界面上的切向边界条件在分界面上任意点、任何时刻均可能满足，设反射与入射波有相同的频率和极化，且沿 $-z$ 方向传播。于是反射波的电场和磁场可分别写为

$$\boldsymbol{E}_{\mathrm{r}}=\boldsymbol{e}_xE_{\mathrm{r0}}\mathrm{e}^{\mathrm{j}k_1z} \tag{6-62a}$$

$$\boldsymbol{H}_{\mathrm{r}}=-\boldsymbol{e}_y\frac{1}{\eta_1}E_{\mathrm{r0}}\mathrm{e}^{\mathrm{j}k_1z} \tag{6-62b}$$

式中 E_{r0} 为 $z=0$ 处反射波的振幅。

Ⅱ区中只有透射波，其电场和磁场分别为

$$\boldsymbol{E}_t=\boldsymbol{e}_x E_{t0} e^{-jk_2 z} \tag{6-63a}$$

$$\boldsymbol{H}_t=\boldsymbol{e}_y \frac{1}{\eta_2} E_{t0} e^{-jk_2 z} \tag{6-63b}$$

式中 E_{t0} 为 $z=0$ 处透射波的振幅，k_2 和 η_2 为介质 2 中的相位常数和波阻抗，且有

$$k_2=\omega\sqrt{\mu_2\varepsilon_2},\ \eta_2=\sqrt{\frac{\mu_2}{\varepsilon_2}}$$

2. 反射系数和透射系数

在分界面上(即 $z=0$ 处)，电场强度切向分量连续的边界条件 $E_{1t}=E_{2t}$，可得

$$E_{i0}+E_{r0}=E_{t0} \tag{6-64}$$

磁场强度切向分量连续的边界条件 $H_{1t}=H_{2t}$，可得

$$\frac{1}{\eta_1}(E_{i0}-E_{r0})=\frac{1}{\eta_2}E_{t0} \tag{6-65}$$

若入射波的电场振幅 E_{i0} 为已知量，则联立求解式(6-64)和式(6-65)得

$$E_{r0}=E_{i0}\frac{\eta_2-\eta_1}{\eta_2+\eta_1} \tag{6-66a}$$

$$E_{t0}=E_{i0}\frac{2\eta_2}{\eta_2+\eta_1} \tag{6-66b}$$

将比值$\dfrac{E_{r0}}{E_{i0}}$和$\dfrac{E_{t0}}{E_{i0}}$分别定义为分界面上的反射系数 R 和透射系数 T，则由式(6-66a)和式(6-66b)可得

$$R=\frac{E_{r0}}{E_{i0}}=\frac{\eta_2-\eta_1}{\eta_2+\eta_1} \tag{6-67a}$$

$$T=\frac{E_{t0}}{E_{i0}}=\frac{2\eta_2}{\eta_2+\eta_1} \tag{6-67b}$$

一般情况下，R 和 T 是复数。这表明在分界面上的反射和透射将引入一个附加的相移，若Ⅰ、Ⅱ两区均为均匀理想介质，则 η_1 和 η_2 皆为实数。当 $\eta_1<\eta_2$ 时，在 $z=0$ 平面上的反射系数 R 为正，意味着反射电场与入射电场同相相加，电场为最大值，磁场为最小；反之，当 $\eta_1>\eta_2$ 时，R 为负，在 $z=0$ 平面上电场为最小值，磁场为最大。

由式(6-67a)和式(6-67b)不难看出，反射系数 R 和透射系数 T 之间的关系为

$$1+R=T \tag{6-68}$$

当Ⅱ区为理想导体时，$\eta_2=0$，则从式(6-67a)和式(6-67b)得 $R=-1$、$T=0$。故 $E_{r0}=-E_{i0}$ 和 $E_{t0}=0$，此时入射波将被全部反射，并在Ⅰ区形成驻波，与前述结果一致。

3. 入射空间和透射空间中的合成电磁波

Ⅰ区(入射空间)中的合成电磁场分别为

$$\boldsymbol{E}=\boldsymbol{E}_i+\boldsymbol{E}_r=\boldsymbol{e}_x(E_{i0}e^{-jk_1 z}+E_{r0}e^{jk_1 z})=\boldsymbol{e}_x(E_{i0}e^{-jk_1 z}+RE_{i0}e^{jk_1 z}) \tag{6-69a}$$

$$\boldsymbol{H}=\boldsymbol{H}_i+\boldsymbol{H}_r=\boldsymbol{e}_y\frac{1}{\eta_1}(E_{i0}e^{-jk_1 z}-RE_{i0}e^{jk_1 z}) \tag{6-69b}$$

对式(6-69a)和式(6-69b)分别进行整理得

$$\begin{aligned}\boldsymbol{E}&=\boldsymbol{e}_xE_{i0}\mathrm{e}^{-\mathrm{j}k_1z}+\boldsymbol{e}_xRE_{i0}\mathrm{e}^{\mathrm{j}k_1z}+\boldsymbol{e}_xRE_{i0}\mathrm{e}^{-\mathrm{j}k_1z}-\boldsymbol{e}_xRE_{i0}\mathrm{e}^{-\mathrm{j}k_1z}\\&=\boldsymbol{e}_x(1-R)E_{i0}\mathrm{e}^{-\mathrm{j}k_1z}+\boldsymbol{e}_x2RE_{i0}\cos(k_1z)\end{aligned}\tag{6-70a}$$

$$\begin{aligned}\boldsymbol{H}&=\boldsymbol{e}_y\frac{1}{\eta_1}E_{i0}\mathrm{e}^{-\mathrm{j}k_1z}-\boldsymbol{e}_y\frac{1}{\eta_1}RE_{i0}\mathrm{e}^{\mathrm{j}k_1z}+\boldsymbol{e}_y\frac{1}{\eta_1}RE_{i0}\mathrm{e}^{-\mathrm{j}k_1z}-\boldsymbol{e}_y\frac{1}{\eta_1}RE_{i0}\mathrm{e}^{-\mathrm{j}k_1z}\\&=\boldsymbol{e}_y\frac{1-R}{\eta_1}E_{i0}\mathrm{e}^{-\mathrm{j}k_1z}-\boldsymbol{e}_y\frac{2R}{\eta_1}\mathrm{j}E_{i0}\sin(k_1z)\end{aligned}\tag{6-70b}$$

式(6-70a)和式(6-70b)中，第一项是行波，第二项是驻波。可见，均匀平面电磁波垂直入射在两种理想介质的分界面时，入射空间中既有行波成分，也有驻波成分，将该空间中的电磁波称为行驻波状态。

将透射系数引入式(6-63a)和式(6-63b)后，Ⅱ区(透射空间)中的电场和磁场可以表示为

$$\boldsymbol{E}_\mathrm{t}=\boldsymbol{e}_xTE_{i0}\mathrm{e}^{-\mathrm{j}k_2z}\tag{6-71a}$$

$$\boldsymbol{H}_\mathrm{t}=\boldsymbol{e}_y\frac{1}{\eta_2}TE_{i0}\mathrm{e}^{-\mathrm{j}k_2z}\tag{6-71b}$$

显然，透射空间中的电磁波为向$+z$方向传播的行波。

4. 入端阻抗

式(6-69a)也可以整理为

$$\boldsymbol{E}=\boldsymbol{e}_x(E_{i0}\mathrm{e}^{-\mathrm{j}k_1z}+RE_{i0}\mathrm{e}^{\mathrm{j}k_1z})=\boldsymbol{e}_xE_{i0}\mathrm{e}^{-\mathrm{j}k_1z}(1+R\mathrm{e}^{\mathrm{j}2k_1z})\tag{6-72}$$

定义任意点z处的反射系数为

$$R(z)=R\mathrm{e}^{\mathrm{j}2k_1z}\tag{6-73}$$

式中R为分界面处($z=0$)的反射系数，把式(6-73)代入式(6-72)中，可得

$$\boldsymbol{E}=\boldsymbol{e}_xE_{i0}\mathrm{e}^{-\mathrm{j}k_1z}[1+R(z)]\tag{6-74a}$$

同理，由式(6-69b)可得

$$\boldsymbol{H}=\boldsymbol{e}_y\frac{1}{\eta_1}E_{i0}\mathrm{e}^{-\mathrm{j}k_1z}-\boldsymbol{e}_y\frac{1}{\eta_1}RE_{i0}\mathrm{e}^{\mathrm{j}k_1z}=\boldsymbol{e}_y\frac{E_{i0}}{\eta_1}\mathrm{e}^{-\mathrm{j}k_1z}[1-R(z)]\tag{6-74b}$$

定义入射端任一点z处的入端阻抗$\eta(z)$为

$$\eta(z)=\frac{E_x(z)}{H_y(z)}=\eta_1\frac{1+R(z)}{1-R(z)}\tag{6-75}$$

在均匀介质中，没有介质分界面时，$R(z)=0$，$\eta(z)=\eta_1$。

5. 驻波比

由式(6-69a)可得合成电场的振幅为

$$|\boldsymbol{E}|=E_{i0}|1+R\mathrm{e}^{\mathrm{j}2k_1z}|=E_{i0}|1+R\cos(2k_1z)+\mathrm{j}R\sin(2k_1z)|=E_{i0}\sqrt{1+R^2+2R\cos(2k_1z)}$$

由上式可知：

(1) 当$R>0$时，在$2k_1z=-2m\pi$，即$z=-\dfrac{m\pi}{k_1}$，$m=0, 1, 2, \cdots$处，

$$|\boldsymbol{E}|_{\max}=E_{i0}|1+R|$$

当$R>0$时，在$2k_1z=-(2m+1)\pi$，即$z=-\dfrac{(2m+1)\pi}{2k_1}$，$m=0, 1, 2, \cdots$处，

$$|\boldsymbol{E}|_{\min}=E_{i0}|1-R|$$

（2）当 $R<0$ 时，在 $2k_1z=-(2m+1)\pi$，即 $z=-\dfrac{(2m+1)\pi}{2k_1}$，$m=0, 1, 2, \cdots$ 处，

$$|\boldsymbol{E}|_{\max}=E_{i0}|1-R|$$

当 $R<0$ 时，在 $2k_1z=-2m\pi$，即 $z=-\dfrac{m\pi}{k_1}$，$m=0, 1, 2, \cdots$ 处，

$$|\boldsymbol{E}|_{\min}=E_{i0}|1+R|$$

工程上为了反映行驻波状态的驻波成分大小，定义合成波电场强度的最大值与最小值之比为驻波比(也称为驻波系数)，用 S 表示：

$$S=\frac{|\boldsymbol{E}|_{\max}}{|\boldsymbol{E}|_{\min}}=\frac{1+|R|}{1-|R|} \tag{6-76}$$

由上式可知，因为 $-1<R<1$，所以 $1<S<\infty$。S 越大，驻波分量越大，行波分量越小；$R=0$、$S=1$ 时，是行波，Ⅰ区中无反射波，因为全部入射波功率都透入Ⅱ区；$R=-1$、$S=\infty$ 时，是纯驻波，Ⅱ区中无透射波，因为入射波发生了全反射，如理想导体表面的反射。

6. 入射空间和透射空间中的电磁能量

下面我们来讨论电磁能量关系。Ⅰ区中，入射波向 $+z$ 方向传播的平均功率密度矢量为

$$\boldsymbol{S}_{\mathrm{av,\,i}}=\mathrm{Re}\left[\frac{1}{2}\boldsymbol{E}_{\mathrm{i}}\times\boldsymbol{H}_{\mathrm{i}}^{*}\right]=\boldsymbol{e}_z\,\frac{1}{2}\frac{E_{i0}^2}{\eta_1} \tag{6-77a}$$

反射波向 $-z$ 方向传播的平均功率密度矢量为

$$\boldsymbol{S}_{\mathrm{av,\,r}}=\mathrm{Re}\left[\frac{1}{2}\boldsymbol{E}_{\mathrm{r}}\times\boldsymbol{H}_{\mathrm{r}}^{*}\right]=-\boldsymbol{e}_z\,\frac{1}{2}\frac{|R|^2E_{i0}^2}{\eta_1}=-|R|^2\boldsymbol{S}_{\mathrm{av,\,i}} \tag{6-77b}$$

Ⅰ区中合成场向 $+z$ 方向传输的平均功率密度矢量为

$$\boldsymbol{S}_{\mathrm{av1}}=\mathrm{Re}\left[\frac{1}{2}\boldsymbol{E}_1\times\boldsymbol{H}_1^{*}\right]=\boldsymbol{e}_z\,\frac{1}{2}\frac{E_{i0}^2}{\eta_1}(1-|R|^2)=\boldsymbol{S}_{\mathrm{av,\,i}}(1-|R|^2) \tag{6-77c}$$

即Ⅰ区中向 $+z$ 方向传输的平均功率密度实际上等于入射波传播的功率减去反射波沿相反方向传播的功率。

Ⅱ区中向 $+z$ 方向传播的平均功率密度矢量为

$$\boldsymbol{S}_{\mathrm{av2}}=\boldsymbol{S}_{\mathrm{av,\,t}}=\mathrm{Re}\left[\frac{1}{2}\boldsymbol{E}_{\mathrm{t}}\times\boldsymbol{H}_{\mathrm{t}}^{*}\right]=\boldsymbol{e}_z\,\frac{1}{2}\frac{|T|^2E_{i0}^2}{\eta_2}=\frac{\eta_1}{\eta_2}|T|^2\boldsymbol{S}_{\mathrm{av,\,i}} \tag{6-78a}$$

利用式(6-67a)和式(6-67b)，不难证明

$$\boldsymbol{S}_{\mathrm{av1}}=\boldsymbol{S}_{\mathrm{av,\,i}}(1-|R|^2)=\frac{\eta_1}{\eta_2}|T|^2\boldsymbol{S}_{\mathrm{av,\,i}}=\boldsymbol{S}_{\mathrm{av2}} \tag{6-78b}$$

即Ⅰ区中的入射波功率等于Ⅰ区中的反射波功率和Ⅱ区中的透射波功率之和。这符合能量守恒定律。

例 6-14　频率为 $f=300$ MHz 的线极化均匀平面电磁波，其电场强度振幅值为 2 V/m，从空气垂直入射到 $\varepsilon_r=4$、$\mu_r=1$ 的理想介质平面上，求：

（1）反射系数 R、透射系数 T 和驻波比 S；

（2）入射波、反射波和透射波的电场和磁场；

（3）入射波的平均能流密度 $\boldsymbol{S}_{\mathrm{av,\,i}}$、反射波的平均能流密度 $\boldsymbol{S}_{\mathrm{av,\,r}}$ 和透射波的平均能流

密度 $S_{av,t}$。

解：设入射波为 $+x$ 方向的线极化波，沿 $+z$ 方向传播，依题意有

$$f=3\times10^8\ \text{Hz},\ v_1=v_0=3\times10^8\ \text{m/s}$$

(1) 波阻抗为

$$\eta_1=\sqrt{\frac{\mu_0}{\varepsilon_0}}=120\ \pi,\ \eta_2=\sqrt{\frac{\mu_0}{4\varepsilon_0}}=60\ \pi$$

反射系数 R、透射系数 T 和驻波比 S 分别为

$$R=\frac{\eta_2-\eta_1}{\eta_2+\eta_1}=-\frac{1}{3},\ T=\frac{2\eta_2}{\eta_2+\eta_1}=\frac{2}{3},\ S=\frac{1+|R|}{1-|R|}=2$$

(2) 入射波、反射波和透射波的电场和磁场分别为

$$\lambda_1=\frac{v_1}{f}=1\ \text{m},\ \lambda_2=\frac{v_2}{f}=\frac{c}{\sqrt{\mu_r\varepsilon_r}\cdot f}=0.5\ \text{m},\ k_1=\frac{2\pi}{\lambda_1}=2\ \pi,\ k_2=\frac{2\pi}{\lambda_2}=4\ \pi$$

$$\boldsymbol{E}_i=\boldsymbol{e}_xE_{i0}e^{-jk_1z}=\boldsymbol{e}_x2e^{-j2\pi z},\ \boldsymbol{H}_i=\boldsymbol{e}_y\frac{1}{\eta_1}E_{i0}e^{-jk_1z}=\boldsymbol{e}_y\frac{1}{60\pi}e^{-j2\pi z}$$

$$\boldsymbol{E}_r=\boldsymbol{e}_xRE_{i0}e^{jk_1z}=-\boldsymbol{e}_x\frac{2}{3}e^{j2\pi z},\ \boldsymbol{H}_r=-\boldsymbol{e}_y\frac{1}{\eta_1}RE_{i0}e^{jk_1z}=\boldsymbol{e}_y\frac{1}{180\pi}e^{j2\pi z}$$

$$\boldsymbol{E}_t=\boldsymbol{e}_xTE_{i0}e^{-jk_2z}=\boldsymbol{e}_x\frac{4}{3}e^{-j4\pi z},\ \boldsymbol{H}_t-\boldsymbol{e}_y\frac{1}{\eta_2}TE_{i0}e^{-jk_2z}-\boldsymbol{e}_y\frac{1}{45\pi}e^{-j4\pi z}$$

(3) 入射波、反射波、透射波的平均功率密度分别为

$$\boldsymbol{S}_{av,i}=\boldsymbol{e}_z\frac{1}{2}\frac{E_{i0}^2}{\eta_1}=\boldsymbol{e}_z\frac{1}{60\pi}\ \text{W/m}^2$$

$$\boldsymbol{S}_{av,r}=-\boldsymbol{e}_z\frac{1}{2}\frac{|R|^2E_{i0}^2}{\eta_1}=-|R|^2\boldsymbol{S}_{av,i}=-\boldsymbol{e}_z\frac{1}{540\pi}\ \text{W/m}^2$$

$$\boldsymbol{S}_{av,t}=\boldsymbol{e}_z\frac{1}{2}\frac{|T|^2E_{i0}^2}{\eta_2}=\frac{\eta_1}{\eta_2}|T|^2\boldsymbol{S}_{av,i}=\boldsymbol{e}_z\frac{2}{135\pi}\ \text{W/m}^2$$

显然

$$|\boldsymbol{S}_{av,i}|-|\boldsymbol{S}_{av,r}|=|\boldsymbol{S}_{av,i}|(1-|R|^2)=|\boldsymbol{S}_{av,t}|$$

6.6.3　均匀平面电磁波在不同介质中传播的可视化

1. 平面电磁波向理想导体的垂直入射

考虑平面电磁波沿 $+x$ 方向在介质中传播垂直入射到理想导体界面时会发生全反射，即 $R=-1$，介质中 $k=\omega\sqrt{\mu\varepsilon}$、$\eta=\sqrt{\frac{\mu}{\varepsilon}}$，入射波电场和磁场可表示为

$$\boldsymbol{E}_i(x,t)=\boldsymbol{e}_yE_{i0}\cos(\omega t-kx),\ \boldsymbol{H}_i(x,t)=\boldsymbol{e}_z\frac{1}{\eta}E_{i0}\cos(\omega t-kx)$$

反射波电场和磁场可表示为

$$\boldsymbol{E}_r(x,t)=-\boldsymbol{e}_yE_{i0}\cos(\omega t+kx),\ \boldsymbol{H}_r(x,t)=\boldsymbol{e}_z\frac{1}{\eta}E_{i0}\cos(\omega t+kx)$$

介质空间中的合成波可表示为

$$\boldsymbol{E}(x,t)=\boldsymbol{e}_y2E_{i0}\sin(kx)\sin(\omega t),\ \boldsymbol{H}(x,t)=\boldsymbol{e}_z\frac{2E_{i0}}{\eta}\cos(kx)\cos(\omega t)$$

参数的设置不影响平面电磁波向理想导体垂直入射过程中电磁波的传播规律，假设电磁波是经自由空间中传播至理想导体，参数给定了波数、频率以及电场/磁场的幅值。入射波和反射波的 3D 动画截图显示如图 6-19 所示，代码如下。

```
u0=4*pi*1e-7; e0=1e-9/(36*pi); Z0=(u0/e0)^0.5;          % 自由空间中的磁导率/电介质常数/波阻抗
omega=2*pi;                                               % 电磁波的角频率
k=2;                                                      % 波数
EEi=5; HHi=EEi/Z0;                                        % 电场/磁场的振幅
x1=(0:0.1:60); x2=(60:-0.1:0);                            % 入射/反射路径 x 方向坐标
Ei=zeros(size(x1)); Hi=zeros(size(x1));                   % 初始化入射电场/磁场
Er=zeros(size(x1)); Hr=zeros(size(x1));                   % 初始化反射电场/磁场
nill=zeros(size(x1));
l=10*ones(size(x1));                                      % 设置反射波平移量，便于观察
t=0;
for i=1:300
    if i<=101
        Ei(1:i)=EEi*cos(omega*t-k*x1(1:i));               % 计算入射电场
        Hi(1:i)=HHi*cos(omega*t-k*x1(1:i));               % 计算入射磁场
        quiver3(x1, nill, nill, nill, Ei, nill, 'k');     % 绘制入射电场
        quiver3(x1, nill, nill, nill, nill, Hi, 'k');     % 绘制入射磁场
    end;
    if i>101
        Ei=EEi*cos(omega*t-k*x1);                         % 波入射到界面，计算入射电场
        Hi=HHi*cos(omega*t-k*x1);                         % 波入射到界面，计算入射磁场
        if i<=202
            Er(1:i-101)=-EEi*cos(omega*t+k*x2(1:i-101));  % 绘制反射电场
            Hr(1:i-101)=HHi*cos(omega*t+k*x2(1:i-101));   % 绘制反射磁场
        end;
        if i>202
            Er=-EEi*cos(omega*t+k*x2);                    % 波从界面反射，计算反射电场
            Hr=HHi*cos(omega*t+k*x2);                     % 波从界面反射，计算反射磁场
        end
        quiver3(x1, nill, nill, nill, Ei, nill, 'k');     % 绘制入射电场
        quiver3(x1, nill, nill, nill, nill, Hi, 'k');     % 绘制入射磁场
        hold on;
        quiver3(x2, l, nill, nill, Er, nill, 'k');        % 绘制反射电场
        quiver3(x2, l, nill, nill, nill, Hr, 'k');        % 绘制反射磁场
    end
    axis([0, 10, -5, 15, -5, 5]);
    mov(i)=getframe(gcf);
    pause(0.1);
    t=t+0.01;
    hold off;
end
```

```
movie2avi(mov, 'NItoIC.avi');
```

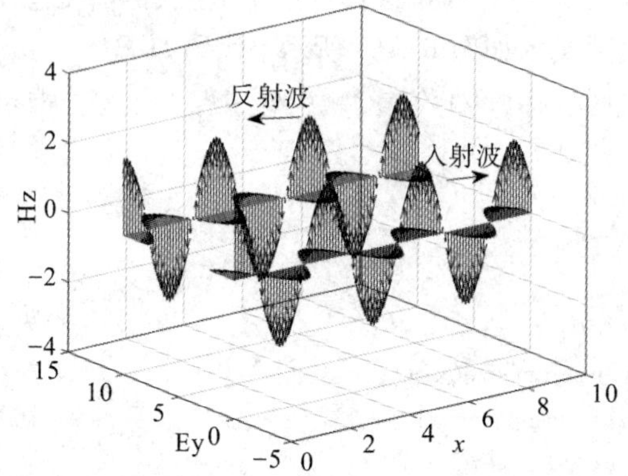

图 6-19　平面电磁波垂直入射到理想导体的 3D 动画截图

通过对合成波电场与入射波电场的 2D 显示(如图 6-20)，直观展现了驻波与行波随时间变化的情形，代码如下。

```
k=pi/2;                                            % 波数
Ei0=2;                                             % 电场的振幅
x=linspace(0, 6, 500);                             % 沿波传播+x方向设置范围和离散点
T=2;                                               % 波的周期
omega=2*pi/T;                                      % 波的角频率
t=(0: 4)/4*T/4;                                    % 设置驻波观察时刻
for i=1: length(t)
    Ey(i, :)=2*Ei0*sin(k*x)*sin(omega*t(i));       % 计算合成波驻波电场
end
figure;
subplot(211);
plot(x, Ey, 'k');
t=(0: 4)/4*T/2;                                    % 设置行波观察时刻
for i=1: length(t)
    Ey(i, :)=Ei0*cos(omega*t(i)-k*x);              % 计算入射行波电场
end
subplot(212);
plot(x, Ey, 'k');
```

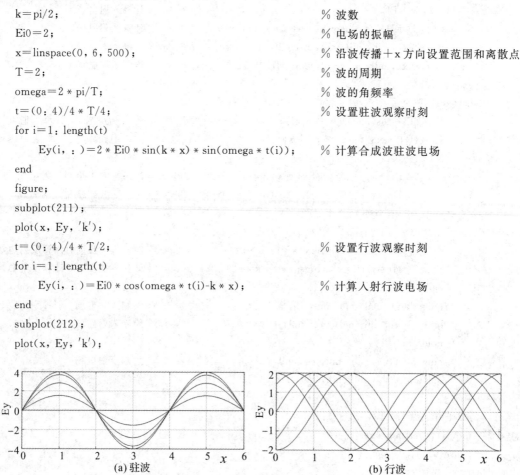

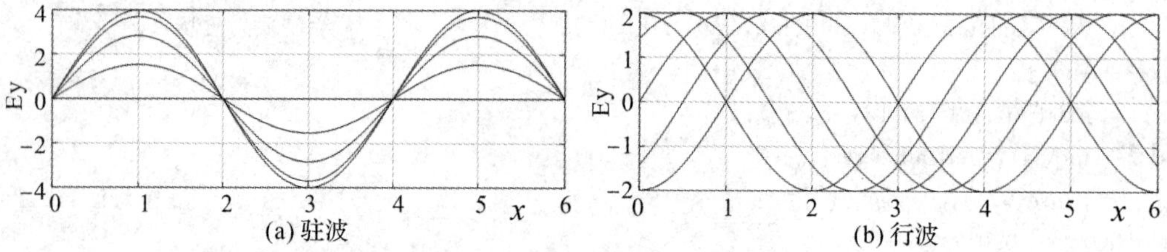

图 6-20　驻波与行波的 2D 截图

2. 平面电磁波向理想介质的垂直入射

考虑平面电磁波沿 $+x$ 方向在介质中传播垂直入射到理想介质界面时会发生部分反射与部分透射，介质 1 中 $k_1=\omega\sqrt{\mu_1\varepsilon_1}$、$\eta_1=\sqrt{\dfrac{\mu_1}{\varepsilon_1}}$；介质 2 中 $k_2=\omega\sqrt{\mu_2\varepsilon_2}$、$\eta_2=\sqrt{\dfrac{\mu_2}{\varepsilon_2}}$；则有 $R=\dfrac{\eta_2-\eta_1}{\eta_2+\eta_1}$，$T=\dfrac{2\eta_2}{\eta_2+\eta_1}$，入射波电场和磁场可表示为

$$\boldsymbol{E}_{\mathrm{i}}(x,t)=\boldsymbol{e}_y E_{\mathrm{i0}}\cos(\omega t-k_1x),\ \boldsymbol{H}_{\mathrm{i}}(x,t)=\boldsymbol{e}_z\frac{1}{\eta_1}E_{\mathrm{i0}}\cos(\omega t-k_1x)$$

反射波电场和磁场可表示为

$$\boldsymbol{E}_{\mathrm{r}}(x,t)=\boldsymbol{e}_y RE_{\mathrm{i0}}\cos(\omega t+k_1x),\ \boldsymbol{H}_{\mathrm{r}}(x,t)=-\boldsymbol{e}_z\frac{1}{\eta_1}RE_{\mathrm{i0}}\cos(\omega t+k_1x)$$

透射波电场和磁场可表示为

$$\boldsymbol{E}_{\mathrm{t}}(x,t)=\boldsymbol{e}_y TE_{\mathrm{i0}}\cos(\omega t-k_2x),\ \boldsymbol{H}_{\mathrm{t}}(x,t)=\boldsymbol{e}_z\frac{1}{\eta_2}TE_{\mathrm{i0}}\cos(\omega t-k_2x)$$

入射波、反射波和透射波的 3D 动画截图显示如图 6－21 所示，代码如下。

```
u1=1; u2=1;                                          % 两种介质的磁导率
omega=2*pi;                                          % 波的角频率
e1=1; e2=2;                                          % 两种介质的电介常数
k1=omega *sqrt(u1*e1); k2=omega *sqrt(u2*e2);        % 两种介质中的波数
Z1=3/4; Z2=-3/2;                                     % 两种介质中的波阻抗
R=sqrt(3)-2; T=sqrt(3)-1;                            % 反射/透射系数
x1=(-30: 0.1: 0); x2=(0: -0.1: -30); x3=(0: 0.1: 30);   % 入射/反射/透射路径 x 坐标
EEi=3; HH1=R*EEi/Z1; HH2=T*EEi/Z2;                   % 电场/磁场的振幅
Eiy=zeros(size(x1)); Hiz=zeros(size(x1));            % 初始化入射电场/磁场
Ery=zeros(size(x1)); Hrz=zeros(size(x1));            % 初始化反射电场/磁场
Ety=zeros(size(x1)); Htz=zeros(size(x1));            % 初始化透射电场/磁场
nill=zeros(size(x1));
m=10*ones(size(x2));                                 % 设置反射波的偏移，便于观察
X=[0; 0; 0; 0]; Y=[-5; 15; 15; -5]; Z=[-5; -5; 5; 5];   % 设置理想介质分界面
t=0;
for i=1: 300
    if i<=101
        Eiy(1: i)=EEi*cos(omega*t-k1*x1(1: i));      % 计算入射电场
        Hiz(1: i)=EEi/Z1*cos(omega*t+k1*x1(1: i));   % 计算入射磁场
        quiver3(x1, nill, nill, nill, Eiy, nill, 'k');
        hold on;
        quiver3(x1, nill, nill, nill, nill, Hiz, 'k');
    end;
    if i>101
        Eiy=cos(omega*t-k1*x1);
        Hiz=EEi/Z1*cos(omega*t+k1*x1);
```

```
        if i<=202
            Ery(1: i-101)=R * EEi * cos(omega * t-k1 * x2(1: i-101));
            Hrz(1: i-101)=HH1 * cos(omega * t-k1 * x2(1: i-101));
            Ety(1: i-101)=T * EEi * cos(omega * t-k2 * x3(1: i-101));
            Htz(1: i-101)=HH2 * cos(omega * t-k2 * x3(1: i-101));
        end;
        if i>202
          Ery=R * EEi * cos(omega * t-k1 * x2);              % 计算反射电场
          Hrz=HH1 * cos(omega * t-k1 * x2);                  % 计算反射磁场
          Ety=T * EEi * cos(omega * t-k2 * x3);              % 计算透射电场
          Htz=HH2 * cos(omega * t-k2 * x3);                  % 计算透射磁场
        end
        quiver3(x1, nill, nill, nill, Eiy, nill, 'k');       % 绘制入射波电场矢量线
        hold on;
        quiver3(x1, nill, nill, nill, nill, Hiz, 'k');       % 绘制入射波磁场矢量线
        fill3(X, Y, Z, [1.0, 1.0, 1.0]);
        quiver3(x2, m, nill, nill, Ery, nill, 'r');          % 绘制反射波电场矢量线
        quiver3(x2, m, nill, nill, nill, Hrz, 'r');          % 绘制反射波磁场矢量线
        quiver3(x3, nill, nill, nill, Ety, nill, 'b');       % 绘制透射波电场矢量线
        quiver3(x3, nill, nill, nill, nill, Htz, 'b');       % 绘制透射波磁场矢量线
    end
    axis([-15, 15, -5, 15, -6, 6]);
    mov(i)=getframe(gcf);
    pause(0.1);
    t=t+0.01;
    hold off;
end
movie2avi(mov, ' InReTrwave.avi');
```

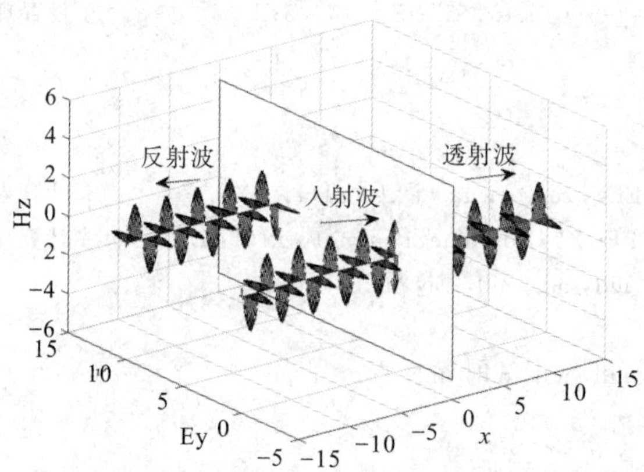

图 6-21　平面电磁波垂直入射到理想介质的 3D 动画截图

6.7　色散和群速

6.7.1　色散和群速的概念

色散的概念源于光学。当一束阳光投射到三棱镜上时，在三棱镜的另一边就可看到红、橙、黄、绿、蓝、青、紫七色光散开的图像，这就是光波段电磁波的色散现象。这是由于不同频率的光在棱镜中具有不同的介电系数(或折射率)，即具有不同的相速度所致。当信号加到电磁波载体上传播时，因为任何信号可表示为任一时间函数，我们总可用傅里叶展开式将信号表示为无数不同频率正弦波的叠加。如果两个频率正弦波的相速相同，那么信号传播一段距离后其合成波形与初始波形不会有变化。如果信号所包含的各频率分量相速不等，那么信号传播一段距离后，信号各分量合成的波形将与起始时的波形不同。图 6-22 表示矩形脉冲波经光纤长距离传输后因色散畸变为一钟形波，光脉冲变宽后有可能使接收端的前后两个脉冲无法分辨，从而限制光纤传输的最大码率。

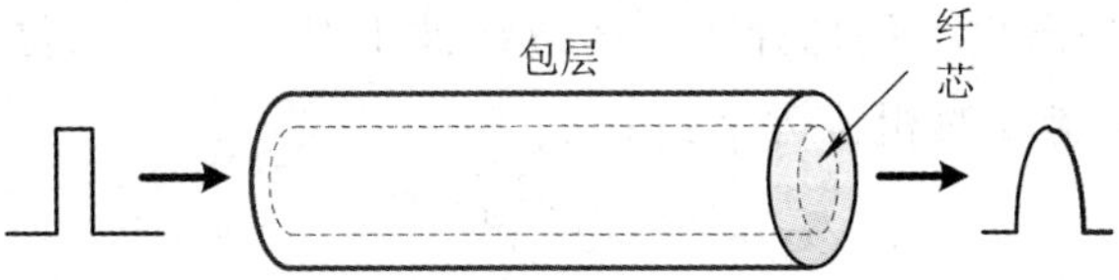

图 6-22　光纤色散引起传输信号的畸变

对于理想介质，$k=\omega\sqrt{\mu\varepsilon}$，$k$ 与 ω 成正比，相速 v_p 与频率 ω 无关，所以理想介质是非色散介质。如果 k 与 ω 不成线性关系，相速 v_p 与频率 ω 有关，这种介质就称为色散介质。对于有损耗介质，有

$$k=\omega\sqrt{\mu\varepsilon}=\omega\sqrt{\mu\varepsilon\left(1-\mathrm{j}\frac{\delta}{\omega\varepsilon}\right)}$$

k 是 ω 的复杂函数，v_p 与 ω 有关，所以有损耗介质一定是色散的。反过来，色散介质一定是有损耗的。

以 $\boldsymbol{E}(z, t)=\boldsymbol{E}_0\cos(\omega t-kz)$ 表示的平面电磁波是在时间、空间上无限延伸的单频率的电磁波，叫做单色波。单色波不能传播信息，并且理想的单频正弦电磁波实际上也是不存在的。实际工程中的电磁波在时间和空间上是有限的，它由不同频率的正弦波(谐波)叠加而成，称为非单色波。那么非单色波的传播与单色波的传播有什么区别呢？下面讨论一种最简单的情况。

假定色散介质中同时存在着两个电场强度方向相同、振幅相同、频率不同，向 $+z$ 方向传播的正弦线极化电磁波，如图 6-23(a)所示，它们的角频率和相位常数分别为 $\omega_0+\Delta\omega$ 和 $\omega_0-\Delta\omega$，$k_0+\Delta k$ 和 $k_0-\Delta k$，且有 $\Delta\omega\ll\omega_0$ 和 $\Delta k\ll k_0$，那么电场强度表达式为

$$E_1=E_0\cos[(\omega_0+\Delta\omega)t-(k_0+\Delta k)z]$$

$$E_2=E_0\cos[(\omega_0-\Delta\omega)t-(k_0-\Delta k)z]$$

合成电磁波的场强表达式为

$$E(t)=E_1+E_2=E_0\cos[(\omega_0+\Delta\omega)t-(k_0+\Delta k)z]+E_0\cos[(\omega_0-\Delta\omega)t-(k_0-\Delta k)z]$$
$$=2E_0\cos(t\Delta\omega-z\Delta k)\cos(\omega_0 t-k_0 z) \tag{6-79}$$

上式可看成：角频率是 ω_0 而振幅按 $\cos(t\Delta\omega-z\Delta k)$ 缓慢变化的向 $+z$ 方向传播的调制波，这个振幅随时间按余弦变化的调制波称为包络波，如图 6-23(b)中的虚线所示。

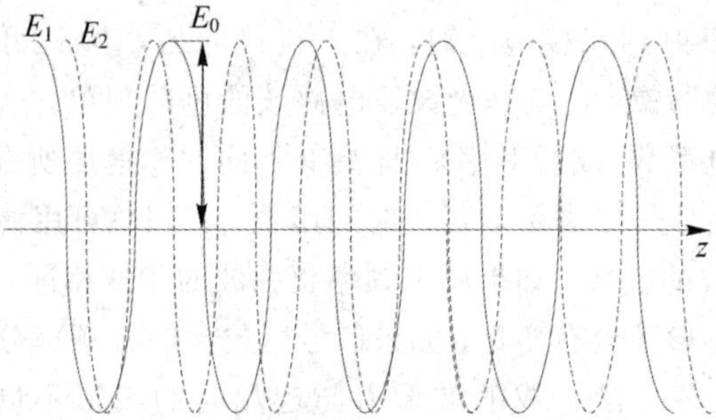

(a) 振幅相同、频率不同的两列正弦电磁波

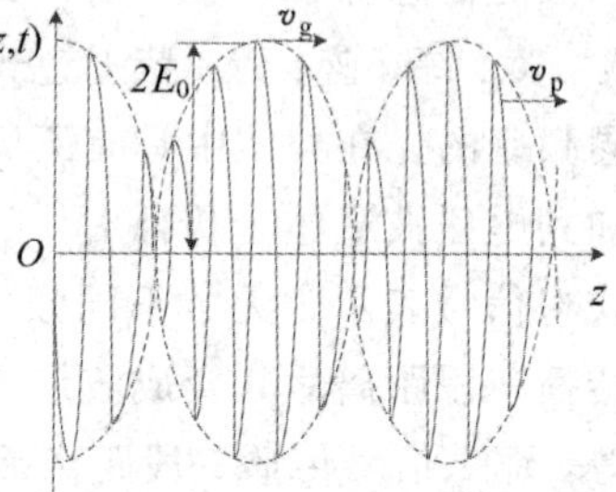

(b) 调幅的正弦电磁波

图 6-23　相速与群速

群速 v_g 的定义是调幅包络的速度，即包络波上某一恒定相位点推进的速度，如图 6-23(b)所示。令调制波的相位为常数：

$$t\Delta\omega-z\Delta\beta=C$$

由此得 $v_g=\frac{dz}{dt}=\frac{\Delta\omega}{\Delta\beta}$，当 $\Delta\omega\to 0$ 时，群速 v_g 可写为

$$v_g=\frac{d\omega}{d\beta} \tag{6-80}$$

其单位为 m/s。

由于群速是波的包络上一个点的传播速度，只有当导引电磁波结构的色散比较小时，才能在一个不大的频率范围内，将整个信号包络近似认为以 v_g 速度在传播。若信号频谱很宽，则信号包络在传播过程中将发生畸变。因此，群速只对窄频带信号才有意义。

6.7.2　群速与相速的关系

由群速和相速的定义得知

$$v_g=\frac{d\omega}{d\beta}=\frac{d(v_p\beta)}{d\beta}=v_p+\beta\frac{dv_p}{d\beta}=v_p+\frac{\omega}{v_p}\frac{dv_p}{d\omega}v_g$$

从而得

$$v_g=\frac{v_p}{1-\frac{\omega}{v_p}\frac{dv_p}{d\omega}} \tag{6-81}$$

对上式进行分析可知：

(1) $\frac{dv_p}{d\omega}=0$，即 v_p 与频率无关，则 $v_g=v_p$。

对于平行双导线和同轴线，当工作于 TEM 模时，v_p 与频率无关，$v_p=v_g$，且都等于

传输线所在介质的光速。

$$v_p = v_g = \frac{1}{\sqrt{\mu_0 \varepsilon_0}}$$

(2) $\frac{dv_p}{d\omega} \neq 0$，即 v_p 是频率的函数，则 $v_g \neq v_p$，这时又分两种情况：

① $\frac{dv_p}{d\omega} < 0$，则 $v_g < v_p$，这类色散称为正常色散；

② $\frac{dv_p}{d\omega} > 0$，则 $v_g > v_p$，这类色散被称为非正常色散。

这里"正常""非正常"并没有特别的含义，只是表示两种不同的色散类型。导体的色散就是非正常色散。此外，电磁波在诸如波导、光纤等导波系统中传播时，也有色散现象。在工程中，不希望信号通过色散介质传输时发生畸变失真，工程技术人员就必须预知色散介质对信号的影响，采取措施减少色散的影响，或对信号进行必要的均衡补偿。

本章小结

1. 正弦电磁场的复数表示

$$E_x(x, y, z, t) = \mathrm{Re}[\dot{E}_{xm}(x, y, z)e^{j\omega t}] \leftrightarrow \dot{E}_{xm}(x, y, z) = E_{xm}(x, y, z)e^{j\phi_x(x, y, z)}$$

$$\frac{\partial E_x(x, y, z, t)}{\partial t} \leftrightarrow j\omega \dot{E}_{xm}(x, y, z)$$

(1) 麦克斯韦方程组的复数表示：

$$\nabla \times \dot{\boldsymbol{H}} = \dot{\boldsymbol{J}} + j\omega \dot{\boldsymbol{D}},\ \nabla \times \dot{\boldsymbol{E}} = -j\omega \dot{\boldsymbol{B}},\ \nabla \cdot \dot{\boldsymbol{B}} = 0,\ \nabla \cdot \dot{\boldsymbol{D}} = \dot{\rho}$$

(2) 电流连续性方程的复数表示：

$$\nabla \cdot \dot{\boldsymbol{J}} = -j\omega \dot{\rho}$$

(3) 波动方程的复数表示(亥姆霍兹方程)：

$$\nabla^2 \boldsymbol{E} + k^2 \boldsymbol{E} = 0,\ \nabla^2 \boldsymbol{H} + k^2 \boldsymbol{H} = 0,\ k = \omega\sqrt{\mu\varepsilon}$$

(4) 平均坡印廷矢量：

$$\boldsymbol{S}_{av} = \frac{1}{T}\int_0^T \boldsymbol{S}(t)\,dt = \mathrm{Re}\left[\frac{1}{2}\boldsymbol{E} \times \boldsymbol{H}^*\right] = \mathrm{Re}[\boldsymbol{S}_c],\ \boldsymbol{S}_c = \frac{1}{2}\boldsymbol{E} \times \boldsymbol{H}^*$$

2. 理想介质中的均匀平面电磁波

(1) 沿 $+z$ 方向传播的均匀平面电磁波：

$$E_x(z) = E_{xm}e^{-jkz}e^{j\phi_x},\ E_x(z, t) = E_{xm}\cos(\omega t - kz + \phi_x)$$

$$\boldsymbol{H} = \boldsymbol{e}_y \frac{1}{\eta}E_{xm}e^{-j(kz - \phi_x)},\ \boldsymbol{H} = \boldsymbol{e}_y \frac{1}{\eta}E_{xm}\cos(\omega t - kz + \phi_x)$$

$$\boldsymbol{H} = \frac{1}{\eta}\boldsymbol{e}_z \times \boldsymbol{E} \text{ 或 } \boldsymbol{E} = \eta \boldsymbol{H} \times \boldsymbol{e}_z$$

(2) 均匀平面电磁波的传播特性：

$$\varepsilon_0=\frac{1}{36\pi}\times10^{-9}\ \mathrm{F/m},\ \mu_0=4\pi\times10^{-7}\ \mathrm{H/m}$$

$$v_p=\frac{\omega}{k}=\frac{1}{\sqrt{\mu\varepsilon}},\ \lambda=\frac{2\pi}{k},\ k=\frac{2\pi}{\lambda},\ f=\frac{1}{T}=\frac{\omega}{2\pi},\ v_p=\lambda f,\ \eta=\sqrt{\frac{\mu}{\varepsilon}}$$

$$v_0=\frac{1}{\sqrt{\mu_0\varepsilon_0}}=3\times10^8\ \mathrm{m/s},\ \eta_0=\sqrt{\frac{\mu_0}{\varepsilon_0}}=120\pi\approx377\ \Omega$$

$$\boldsymbol{S}_{av}=\boldsymbol{e}_z\frac{1}{2\eta}|\boldsymbol{E}|^2,\ w_e=w_m=\frac{1}{2}\varepsilon|\boldsymbol{E}|^2=\frac{1}{2}\mu|\boldsymbol{H}|^2$$

(3) 沿任意方向($+k$)传播的均匀平面电磁波:

$$\boldsymbol{E}=\boldsymbol{E}_0\mathrm{e}^{-\mathrm{j}\boldsymbol{k}\cdot\boldsymbol{r}},\ \boldsymbol{e}_k\cdot\boldsymbol{E}=0,\ \boldsymbol{H}=\frac{1}{\eta}\boldsymbol{e}_k\times\boldsymbol{E}$$

$$\boldsymbol{H}=\boldsymbol{H}_0\mathrm{e}^{-\mathrm{j}\boldsymbol{k}\cdot\boldsymbol{r}},\ \boldsymbol{e}_k\cdot\boldsymbol{H}=0,\ \boldsymbol{E}=-\eta\boldsymbol{e}_k\times\boldsymbol{H}$$

3. 电磁波的极化

$$E_x=E_{xm}\cos(\omega t-kz+\phi_x),\ E_y=E_{ym}\cos(\omega t-kz+\phi_y)$$

(1) 椭圆极化的条件:

$E_{xm}\neq E_{ym}$ 或 $\phi_x-\phi_y\neq\pm\frac{\pi}{2}$、$|\phi_x-\phi_y|\neq\pi$ 或 $\phi_x\neq\phi_y$。

电磁波沿$+z$方向传播,$\phi_x-\phi_y>0$,右旋;$\phi_x-\phi_y<0$,左旋。

* 电磁波沿$-z$方向传播,$\phi_x-\phi_y>0$,左旋;$\phi_x-\phi_y<0$,右旋。

(1) 圆极化的条件:

$E_{xm}=E_{ym}$ 且 $\phi_x-\phi_y=\pm\frac{\pi}{2}$。

电磁波沿$+z$方向传播,$\phi_x-\phi_y>0$,右旋;$\phi_x-\phi_y<0$,左旋。

* 电磁波沿$-z$方向传播,$\phi_x\ \ \phi_y>0$,左旋;$\phi_x-\phi_y<0$,右旋。

(3) 直线极化的条件:

$\phi_x-\phi_y=0$ 或 $|\phi_x-\phi_y|=\pi$

4. 导电介质中的均匀平面电磁波

$$\nabla^2\boldsymbol{E}+k_c^2\boldsymbol{E}=0,\ \nabla^2\boldsymbol{H}+k_c^2\boldsymbol{H}=0,\ k_c=\omega\sqrt{\mu\varepsilon_c}$$

$$\boldsymbol{E}=\boldsymbol{e}_xE_0\mathrm{e}^{-\mathrm{j}k_cz},\ \boldsymbol{E}(z,t)=\boldsymbol{e}_xE_m\mathrm{e}^{-\alpha z}\cos(\omega t-\beta z+\phi_0)$$

$$\boldsymbol{H}=\boldsymbol{e}_y\frac{E_0}{\eta_c}\mathrm{e}^{-\alpha z}\mathrm{e}^{-\mathrm{j}\beta z},\ \boldsymbol{H}(z,t)=\boldsymbol{e}_y\frac{E_m}{|\eta_c|}\mathrm{e}^{-\alpha z}\cos(\omega t-\beta z+\phi_0-\theta)$$

$$k_c=\beta-\mathrm{j}\alpha,\ \varepsilon_c=\varepsilon-\mathrm{j}\frac{\sigma}{\omega},\ \eta_1=|\eta_c|\mathrm{e}^{\mathrm{j}\theta},\ v_p=\frac{\omega}{\beta},\ \lambda=\frac{2\pi}{\beta}$$

依据损耗角正切 $\tan|\delta_c|=\frac{\sigma}{\omega\varepsilon}$对不同频率下的不同导电介质进行分类:

(1) $\tan|\delta_c|\to0$ 理想介质:

$$\alpha=0,\ \beta=\omega\sqrt{\mu\varepsilon},\ \eta=\sqrt{\frac{\mu}{\varepsilon}}$$

(2) $\tan|\delta_c|\ll 1$ 电介质(低损耗介质)：

$$\alpha\approx\frac{\sigma}{2}\sqrt{\frac{\mu}{\varepsilon}},\ \beta\approx\omega\sqrt{\mu\varepsilon},\ \eta_c\approx\sqrt{\frac{\mu}{\varepsilon}}$$

(3) $\tan|\delta_c|\to 1$ 不良导体(一般损耗介质)：

$$\alpha=\omega\sqrt{\frac{\mu\varepsilon}{2}\left[\sqrt{1+\left(\frac{\sigma}{\omega\varepsilon}\right)^2}-1\right]},\ \beta=\omega\sqrt{\frac{\mu\varepsilon}{2}\left[\sqrt{1+\left(\frac{\sigma}{\omega\varepsilon}\right)^2}+1\right]}$$

$$\eta_c=\sqrt{\frac{\mu}{\varepsilon}}\left(1-\mathrm{j}\frac{\sigma}{\omega\varepsilon}\right)^{-\frac{1}{2}}=|\eta_c|\mathrm{e}^{\mathrm{j}\theta},\ \theta=\frac{1}{2}\arctan\frac{\sigma}{\omega\varepsilon}$$

(4) $\tan|\delta_c|\gg 1$ 良导体：

$$\alpha=\beta=\sqrt{\frac{\omega\mu\sigma}{2}},\ \eta_c=\sqrt{\frac{\omega\mu}{\sigma}}\mathrm{e}^{\mathrm{j}\frac{\pi}{4}},\ \delta=\frac{1}{\alpha}=\sqrt{\frac{2}{\omega\mu\sigma}}=\sqrt{\frac{1}{\pi f\mu\sigma}}$$

$$E_x=E_0\mathrm{e}^{-(1+\mathrm{j})\alpha z},\ H_y=\frac{E_x}{\eta_c}=E_0\sqrt{\frac{\sigma}{\omega\mu}}\mathrm{e}^{-\mathrm{j}\frac{\pi}{4}}\mathrm{e}^{-(1+\mathrm{j})\alpha z}$$

$$\boldsymbol{S}_{\mathrm{av}}=\boldsymbol{e}_z\frac{1}{2}E_0^2\mathrm{e}^{-2\alpha z}\sqrt{\frac{\sigma}{2\omega\mu}},\ P_c=\frac{1}{2}|E_0|^2\sqrt{\frac{\sigma}{2\omega\mu}}$$

(5) $\tan|\delta_c|\to\infty$ 理想导体：

$\alpha=\beta\to\infty$ 说明电磁波不能进入理想导体内部。

5. 均匀平面电磁波对分界面的垂直入射

(1) 均匀平面电磁波向理想导体的垂直入射：

入射波：$\boldsymbol{E}_\mathrm{i}=\boldsymbol{e}_xE_{\mathrm{i}0}\mathrm{e}^{-\mathrm{j}kz}$，$\boldsymbol{H}_\mathrm{i}=\boldsymbol{e}_y\dfrac{1}{\eta}E_{\mathrm{i}0}\mathrm{e}^{-\mathrm{j}kz}$，$k=\omega\sqrt{\mu\varepsilon}$，$\eta=\sqrt{\dfrac{\mu}{\varepsilon}}$

反射波：$\boldsymbol{E}_\mathrm{r}=\boldsymbol{e}_xE_{\mathrm{r}0}\mathrm{e}^{\mathrm{j}kz}=-\boldsymbol{e}_xE_{\mathrm{i}0}\mathrm{e}^{\mathrm{j}kz}$，$\boldsymbol{H}_\mathrm{r}=-\boldsymbol{e}_y\dfrac{1}{\eta}E_{\mathrm{r}0}\mathrm{e}^{\mathrm{j}kz}=\boldsymbol{e}_y\dfrac{1}{\eta}E_{\mathrm{i}0}\mathrm{e}^{\mathrm{j}kz}$，$R=-1$

合成波：$\boldsymbol{E}=-\boldsymbol{e}_x2\mathrm{j}E_{\mathrm{i}0}\sin(kz)$，$\boldsymbol{E}(z,t)=\boldsymbol{e}_x2E_{\mathrm{i}0}\sin(kz)\sin(\omega t)$

$$\boldsymbol{H}=\boldsymbol{e}_y\frac{2E_{\mathrm{i}0}}{\eta}\cos(kz),\ \boldsymbol{H}(z,t)=\boldsymbol{e}_y\frac{2E_{\mathrm{i}0}}{\eta}\cos(kz)\cos(\omega t)$$

理想导体表面的面电流密度矢量：$\boldsymbol{J}_S=n\times\boldsymbol{H}|_{z=0}=\boldsymbol{e}_x\dfrac{2E_{\mathrm{i}0}}{\eta}$

(2) 均匀平面电磁波向理想介质的垂直入射：

入射波：$\boldsymbol{E}_\mathrm{i}=\boldsymbol{e}_xE_{\mathrm{i}0}\mathrm{e}^{-\mathrm{j}k_1z}$，$\boldsymbol{H}_\mathrm{i}=\boldsymbol{e}_y\dfrac{1}{\eta_1}E_{\mathrm{i}0}\mathrm{e}^{-\mathrm{j}k_1z}$，$k_1=\omega\sqrt{\mu_1\varepsilon_1}$，$\eta_1=\sqrt{\dfrac{\mu_1}{\varepsilon_1}}$

反射波：$\boldsymbol{E}_\mathrm{r}=\boldsymbol{e}_xE_{\mathrm{r}0}\mathrm{e}^{\mathrm{j}k_1z}$，$\boldsymbol{H}_\mathrm{r}=-\boldsymbol{e}_y\dfrac{1}{\eta_1}E_{\mathrm{r}0}\mathrm{e}^{\mathrm{j}k_1z}$

透射波：$\boldsymbol{E}_\mathrm{t}=\boldsymbol{e}_xE_{\mathrm{t}0}\mathrm{e}^{-\mathrm{j}k_2z}$，$\boldsymbol{H}_\mathrm{t}=\boldsymbol{e}_y\dfrac{1}{\eta_2}E_{\mathrm{t}0}\mathrm{e}^{-\mathrm{j}k_2z}$，$k_2=\omega\sqrt{\mu_2\varepsilon_2}$，$\eta_2=\sqrt{\dfrac{\mu_2}{\varepsilon_2}}$

反射系数：$R=\dfrac{\eta_2-\eta_1}{\eta_2+\eta_1}$

透射系数：$T=\dfrac{2\eta_2}{\eta_2+\eta_1}$，$1+R=T$

入射空间的合成波：$\boldsymbol{E}=\boldsymbol{e}_x(E_{i0}e^{-jk_1z}+RE_{i0}e^{jk_1z})$，$\boldsymbol{H}=\boldsymbol{e}_y\dfrac{1}{\eta_1}(E_{i0}e^{-jk_1z}-RE_{i0}e^{jk_1z})$

透射空间的合成波：$\boldsymbol{E}_t=\boldsymbol{e}_xTE_{i0}e^{-jk_2z}$，$\boldsymbol{H}_t=\boldsymbol{e}_y\dfrac{1}{\eta_2}TE_{i0}e^{-jk_2z}$

入端阻抗：$\eta(z)=\eta_1\dfrac{1+R(z)}{1-R(z)}$，$R(z)=Re^{j2k_1z}$

驻波比：$S=\dfrac{1+|R|}{1-|R|}$

平均功率流密度：$\boldsymbol{S}_{av,i}=\mathrm{Re}\left[\dfrac{1}{2}\boldsymbol{E}_i\times\boldsymbol{H}_i^*\right]=\boldsymbol{e}_z\dfrac{1}{2}\dfrac{E_{i0}^2}{\eta_1}$

$$S_{av,r}=\mathrm{Re}\left[\frac{1}{2}\boldsymbol{E}_r\times\boldsymbol{H}_r^*\right]=-|R|^2\boldsymbol{S}_{av,i}$$

$$\boldsymbol{S}_{av,t}=\frac{\eta_1}{\eta_2}|T|^2\boldsymbol{S}_{av,i}$$

6. 色散和群速

$$k=\omega\sqrt{\mu\varepsilon}=\omega\sqrt{\mu\varepsilon\left(1-j\frac{\delta}{\omega\varepsilon}\right)},\ v_p=\frac{\omega}{\beta},\ v_g=\frac{d\omega}{d\beta}$$

思 考 题 6

6-1　对于正弦电磁场，为什么用正弦场的复数形式就可以表示相应的正弦场？

6-2　复坡印廷矢量是怎么定义的？其实部和虚部的物理意义是什么？

6-3　什么是均匀平面电磁波？什么条件下的波可看作是平面波？平面波与均匀平面波有何区别？

6-4　哪些重要参数可表征均匀平面波的传播特性？

6-5　同一频率的波在不同介质中传播时相速相同吗？

6-6　同一频率的波在不同介质中传播时波长相同吗？

6-7　均匀平面电磁波的电场和磁场之间有什么关系？

6-8　什么是TEM波？均匀平面电磁波是TEM波吗？

6-9　如何理解波的极化特性？线极化、圆极化、椭圆极化满足什么条件？

6-10　电磁波在良导体中传播有什么特点？

6-11　什么是损耗角正切？通过损耗角正切能否判断导电介质的特性？

6-12　趋肤深度是如何定义的？它与衰减常数有何关系？

6-13　陈述反射系数和透射系数，它们之间存在什么关系？

6-14　什么是驻波？它与行波有何区别？

6-15　试解释为什么相邻电场波节点会相距$\dfrac{\lambda}{2}$？

6-16　均匀平面电磁波斜投射到理想导体表面上经反射后合成波有什么特点？

6-17　什么是群速？它与相速有何区别？

6-18　什么是波的色散？色散对信号传输有何影响？

习 题 6

6-1 将下列用复数形式表示的场矢量变换成瞬时值表达式，或做相反的变换。

(1) $\dot{\boldsymbol{E}}=\boldsymbol{e}_x\dot{\boldsymbol{E}}_0$；

(2) $\dot{\boldsymbol{E}}=\boldsymbol{e}_x\mathrm{j}E_0\mathrm{e}^{-\mathrm{j}kz}$；

(3) $\boldsymbol{E}=\boldsymbol{e}_xE_0\cos(\omega t-kz)+\boldsymbol{e}_y2E_0\sin(\omega t-kz)$。

6-2 已知正弦电磁场的电场强度的瞬时值表达式为

$$\boldsymbol{E}(z,t)=\boldsymbol{e}_x0.3\sin(\omega t-kz)+\boldsymbol{e}_y0.2\cos\left(\omega t-kz-\frac{\pi}{4}\right)\ \mathrm{V/m}$$

试求：(1) 电场的复矢量；

(2) 磁场强度的复矢量和瞬时值表达式。

6-3 在自由空间中，已知电场强度为 $\boldsymbol{E}(t)=\boldsymbol{e}_yE_0\sin(k_xx)\cos(\omega t-kz)$，试求 $\boldsymbol{H}(t)$。

6-4 已知在无源自由空间中 $\boldsymbol{H}=-\mathrm{j}\,\boldsymbol{e}_y2\cos(10\sqrt{3}\pi x)\mathrm{e}^{-\mathrm{j}kz}\ \mathrm{A/m}$，$f=3\times10^9\ \mathrm{Hz}$，试求 $\boldsymbol{E}$ 和 k。

6-5 理想介质（参数为 $\mu=\mu_0$、$\varepsilon=\varepsilon_r\varepsilon_0$、$\sigma=0$）中有一均匀平面波沿 x 方向传播，已知其电场强度的瞬时值表达式为：$\boldsymbol{E}(x,t)=\boldsymbol{e}_y377\cos(10^9t-5x)\mathrm{V/m}$，试求：

(1) 该理想介质的相对介电常数；

(2) 与电场强度 $\boldsymbol{E}(x,t)$ 相伴的磁场强度 $\boldsymbol{H}(x,t)$；

(3) 该平面波的平均功率密度。

6-6 设电场强度和磁场强度的瞬时值表达式分别为 $\boldsymbol{E}=\boldsymbol{E}_0\cos(\omega t+\varphi_{\mathrm{E}})$ 和 $\boldsymbol{H}=\boldsymbol{H}_0\cos(\omega t+\varphi_{\mathrm{H}})$。试运用不同方法证明坡印廷矢量的平均值为

$$\boldsymbol{S}_{\mathrm{av}}=\frac{1}{2}\boldsymbol{E}_0\times\boldsymbol{H}_0\cos(\varphi_{\mathrm{E}}-\varphi_{\mathrm{H}})$$

6-7 在无源的自由空间中的电场强度为 $\boldsymbol{E}=\boldsymbol{e}_xE_0\cos(\omega t-kz)$。

(1) 求磁场强度 $\boldsymbol{H}$ 的瞬时值表达式；

(2) 证明 ω/k 等于光速 v_0；

(3) 求坡印廷矢量的平均值 $\boldsymbol{S}_{\mathrm{av}}$。

6-8 已知真空传播的平面电磁波电场强度为 $E_x=100\cos(\omega t-2\pi z)\mathrm{V/m}$，试求：

(1) 该波的波长 λ、波阻抗 η、相速度 v 和频率 f；

(2) 磁场强度 $\boldsymbol{H}$；

(3) 平均能流密度矢量 $\boldsymbol{S}_{\mathrm{av}}$。

6-9 已知天线所发射的球面电磁波的电场强度和磁场强度分别为

$$\boldsymbol{E}=\boldsymbol{e}_\theta A_0\frac{\sin\theta}{r}\sin(\omega t-kr),\ \boldsymbol{H}=\boldsymbol{e}_\varphi\frac{1}{\eta_0}A_0\frac{\sin\theta}{r}\sin(\omega t-kr)$$

求天线的发射功率。

6-10 频率 $f=10^8$ Hz 的均匀平面电磁波在理想介质中沿 $-z$ 轴方向传播，其介质特性参数分别为 $\varepsilon_r=4$、$\mu_r=1$、$\sigma=0$。设电场的取向与 x 和 y 轴的正方向都成 45°角，而

且当 $t=0$、$z=\frac{1}{8}$ m 时，电场强度的大小等于其振幅值，即$\sqrt{2}\times10^{-4}$。求电场强度和磁场强度的复数表达式。

6-11 有一均匀平面电磁波的磁场强度 $\boldsymbol{H}$ 以相位常数 30 rad/m 在空气中沿 $-\boldsymbol{e}_z$ 方向传播。当 $t=0$ 时，在 $z=0$ 处，$\boldsymbol{H}$ 的大小等于其振幅值$\frac{1}{3\pi}$ A/m，方向为$-\boldsymbol{e}_y$，试写出 $\boldsymbol{H}$ 和 $\boldsymbol{E}$ 的瞬时值表示式，并求该波的频率和波长。

6-12 在自由空间中，已知电场强度 $\boldsymbol{E}(z,t)=\boldsymbol{e}_y 10^3\sin(\omega t-kz)$ V/m，试求磁场强度 $\boldsymbol{H}(z,t)$。

6-13 在理想介质中有 $\boldsymbol{E}=\boldsymbol{e}_x 120\pi\cos(10\times10^7\pi t-2\pi z)$ 和 $\boldsymbol{H}=\boldsymbol{e}_y 2\cos(10\times10^7\pi t-2\pi z)$，试求：$f$、$\lambda$、$\mu_r$ 和 ε_r。

6-14 自由空间中均匀平面波的磁场强度的复矢量为 $\boldsymbol{H}=(-\boldsymbol{e}_x A+4\boldsymbol{e}_z)\mathrm{e}^{-\mathrm{j}\pi(4x+3z)}$ A/m，试求：

(1) 波矢量 $\boldsymbol{k}$ 和波长；

(2) 常数 A；

(3) 电场强度的复矢量；

(4) 平均坡印廷矢量。

6-15 说明下列各式表示的均匀平面波的极化形式和传播方向。

(1) $\boldsymbol{E}=(\boldsymbol{e}_x+\mathrm{j}\boldsymbol{e}_y)E_1\mathrm{e}^{\mathrm{j}kz}$；

(2) $\boldsymbol{E}=\boldsymbol{e}_x E_m\sin(\omega t-kz)+\boldsymbol{e}_y E_m\cos(\omega t-kz)$；

(3) $\boldsymbol{E}=(\boldsymbol{e}_x-\mathrm{j}\boldsymbol{e}_y)E_0\mathrm{e}^{-\mathrm{j}kz}$；

(4) $\boldsymbol{E}=\boldsymbol{e}_x E_m\sin\left(\omega t-kz+\frac{\pi}{4}\right)+\boldsymbol{e}_y E_m\cos\left(\omega t-kz-\frac{\pi}{4}\right)$；

(5) $\boldsymbol{E}=\boldsymbol{e}_x E_0\sin(\omega t-kz)+\boldsymbol{e}_y 2E_0\cos(\omega t-kz)$；

(6) $\boldsymbol{E}=\boldsymbol{e}_x E_m\sin\left(\omega t-kz-\frac{\pi}{4}\right)+\boldsymbol{e}_y E_m\cos(\omega t-kz)$。

6-16 在真空中传播的均匀平面电磁波 $\boldsymbol{E}=(\boldsymbol{e}_x-\mathrm{j}\boldsymbol{e}_y)10^{-4}\mathrm{e}^{-\mathrm{j}20\pi z}$ V/m，求：

(1) 工作频率 f；

(2) 磁场强度矢量的复数表达式；

(3) 坡印廷矢量的瞬时值表达式和时间平均值；

(4) 此电磁波是何种极化，旋转方向如何。

6-17 海水的电导率 $\sigma=4$ S/m，相对介电常数 $\varepsilon_r=81$，相对磁导率 $\mu_r=1$，试分别计算频率 f 为 10 kHz、1 MHz 和 1 GHz 时的电磁波在海水中的波长、衰减系数和波阻抗。

6-18 在自由空间传播的均匀平面波的电场强度的复矢量为

$$\boldsymbol{E}=\boldsymbol{e}_x 10^{-4}\mathrm{e}^{\mathrm{j}(\omega t-20\pi z)}+\boldsymbol{e}_y 10^{-4}\mathrm{e}^{\mathrm{j}(\omega t-20\pi z+\frac{\pi}{2})}\ \mathrm{V/m}$$

试求：(1)平面波的传播方向；

(2) 平面波的频率 f；

(3) 波的极化方式；

(4) 与 $\boldsymbol{E}$ 相伴的磁场强度 $\boldsymbol{H}$ 的复矢量；

(5) 平面波流过与传播方向垂直的单位面积的平均功率。

6-19　频率 $f=100$ MHz 的均匀平面波，从空气中垂直入射到 $z=0$ 处的理想导体表面。假设入射波电场强度的振幅 $E_{im}=6$ mV/m，沿 x 方向极化。

(1) 写出入射波电场强度、磁场强度的复数表达式和瞬时值表达式；

(2) 写出反射波电场强度、磁场强度的复数表达式和瞬时值表达式；

(3) 写出空气中合成波电场强度、磁场强度的复数表达式和瞬时值表达式；

(4) 确定距导体平面最近的合成波电场强度为零的位置。

6-20　频率 $f=1.8$ MHz的均匀平面电磁波的电磁参数分别为 $\mu_r=1.6$、$\varepsilon_r=25$、$\sigma=2.5$ S/m 的损耗介质中传播，其电场强度的复矢量为 $\boldsymbol{E}=\boldsymbol{e}_x 0.1\mathrm{e}^{-\alpha z}\cos(2\pi ft-\beta z)$ V/m。试计算：

(1) 相位常数 β、波长 λ 和相速度 v_p；

(2) 衰减常数 α 和趋肤深度 δ；

(3) 本征阻抗 η。

6-21　已知海水的特性参数为：$\mu=\mu_0$、$\varepsilon_r=81$ 和 $\sigma=4$ S/m。作为良导体欲使 90%以上的电磁能量(紧靠海平面下部)进入 1 m 以下的深度，电磁波的频率应如何选择。

6-22　海水的特性参数为：$\mu=\mu_0$、$\varepsilon_r=81$ 和 $\sigma=4$ S/m。已知频率为 $f=1$ kHz 的均匀平面波在海水中沿 z 轴方向传播，设 $\boldsymbol{E}=\boldsymbol{e}_x E_m$，其振幅为 1 V/m，求：

(1) 衰减系数 α、相位系数 β、本征阻抗 η、相速 v_p 和波长 λ；

(2) 写出电场强度和磁场强度的瞬时值表达式 $\boldsymbol{E}(z, t)$和 $\boldsymbol{H}(z, t)$。

6-23　均匀平面电磁波在 $\varepsilon_1=4\varepsilon_0$ 的介质 1 中沿 z 方向传播。在 $z=0$ 处入射到 $\varepsilon_2=9\varepsilon_0$ 的介质 2 中，若入射波在分界面处最大值为 0.1 V/m，角频率为 100 Mrad/s，求：

(1) 反射系数 R 和透射系数 T；

(2) 入射波 $\boldsymbol{E}_i$ 和 $\boldsymbol{H}_i$、反射波 $\boldsymbol{E}_r$ 和 $\boldsymbol{H}_r$ 和透射波 $\boldsymbol{E}_t$ 和 $\boldsymbol{H}_t$；

(3) 入射波功率 $\boldsymbol{S}_{av,i}$、反射波功率 $\boldsymbol{S}_{av,r}$ 和透射波功率 $\boldsymbol{S}_{av,t}$。

6-24　一种非导电的铁氧体类吸收材料，以铝板做基片，该铁氧体材料的参数为 $\mu_r=60(2-\mathrm{j})$、$\varepsilon_r=60(2-\mathrm{j})$，厚度 $d=5$ mm。当频率 $f=300$ MHz 的均匀平面电磁波垂直入射到边界面上时，请回答下面问题：

(1) 到达铁氧体材料的表面时的电磁波会发生反射么？

(2) 经铝板反射后的反射波相对于入射波衰减了多少？

(3) 根据(1)和(2)的结论，你有何启发？

6-25　设无线电装置中的屏蔽罩由铜制成，设铜的电导率为 5.8×10^7 S/m。

(1) 铜的厚度至少为 5 个趋肤深度，为防止 200 kHz～3 GHz 的无线电干扰，铜的厚度是多少？

(2) 若要屏蔽 10 kHz～3 GHz 的无线电干扰，铜的厚度应为多少？

第 7 章 导行电磁波

导行电磁波是全部或绝大部分电磁能量被约束在有限横截面的导波系统内沿确定方向传输的电磁波。导波系统是用来引导传输电磁波能量和信息的装置，如信号从发射机到天线或从天线到接收机的传送。常见的导波系统如图 7-1 所示，有传输线(如双导线、同轴线)、金属波导(如矩形波导、圆波导)、介质波导(如光纤)、表面波导(如带状线、微带线)。本章主要研究电磁波沿导波系统传播的规律，以及导行电磁波的基本方法。

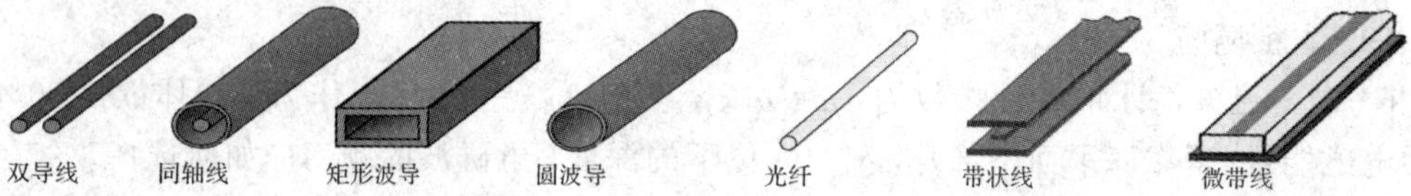

图 7-1 儿种常见的导波系统

本章主要内容思维导图如下：

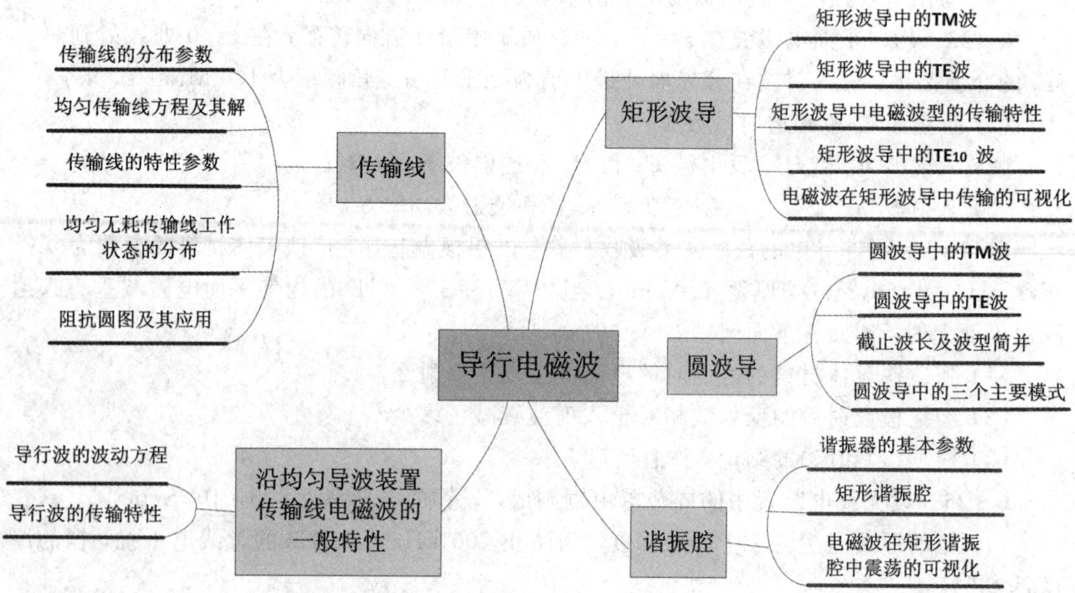

学 习 目 标

· 通过学习传输线的内容，理解分布参数的概念、传输线上电压波和电流波的特点及波导中纵向场分析的思路，建立传输线波动方程。

· 通过学习传输线的特性参量，掌握求解传输线波动方程的方法，其中涉及的相关物理量如传播常数、截止波长、波阻抗(特性阻抗)、输入阻抗、反射系数、驻波比等。能够利用传输线上波的传输特性参数分析波的传播规律。

· 通过学习矩形波导和圆波导中电磁波的传输规律，掌握三种传输模式的分类方法和传播特性参数(如截止波长、相移常数、相速度、波阻抗等)的计算，并能应用它们分析具体波导中的传播特性，掌握波导尺寸设计原理。

· 通过学习谐振腔，能够了解振荡模式的特点，掌握振荡频率的计算公式，理解品质因数的物理意义，了解其计算方法。

7.1 传 输 线

本节将讨论传输 TEM 波的平行双线导波系统，采用“路”的分析方法，把传输线作为分布参数电路，得到由传输线单位长度电阻、电感、电容和电导组成的等效电路，而研究波沿传输线的纵向传输特性。

7.1.1 传输线的分布参数及其等效电路

传输线有长线和短线之分。所谓长线，是指传输线的几何长度 l 与线上传输电磁波的波长 λ 比值($\frac{l}{\lambda}$称为电长度，以角度形式表示时称为波长度数)大于或接近于 1，反之称为短线。长线上各点的电流(电压)的大小和相位均不相等，需采用分布参数电路分析；短线上各点的电流(电压)的大小和相位近似相等，可采用集中参数电路分析。如在微波段工作的传输线，满足长线的条件，应采用分布参数电路分析。

根据传输线上的分布参数是否均匀分布可将其分为均匀传输线和不均匀传输线。本章内容只限于分析均匀传输线。

如果长线的分布参数是沿线均匀分布的，且不随位置而变化，则称为均匀传输线。均匀传输线一般有四个分布参数，分别用单位长度传输线上的分布电阻 R_0(Ω/m)、分布电导 G_0(S/m)、分布电感 L_0(H/m)和分布电容 C_0(F/m)来描述，它们的值取决于传输线的类型、尺寸、导体材料和周围介质参数，可用静态场方法求得。两种典型双导体传输线的分布参数计算公式列于表 7-1 中。表中 μ、ε 分别为双导线周围介质的磁导率和介电常数。

表 7－1　两种双导体传输线的分布参数计算公式

传输线 / 分布参数	双导线	同轴线
	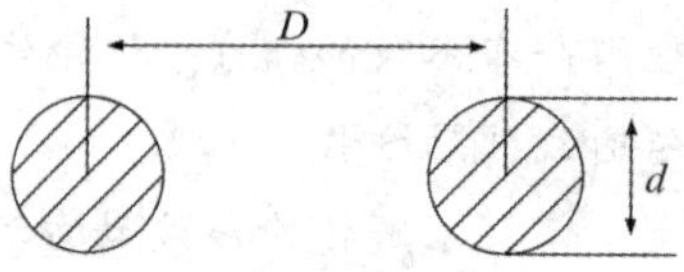	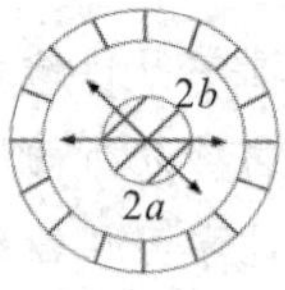
$R(\Omega/\mathrm{m})$	$\dfrac{2}{\pi d}\sqrt{\dfrac{\omega\mu_1}{2\sigma_1}}$	$\sqrt{\dfrac{f\mu_1}{4f\pi\sigma_1}}\cdot\left(\dfrac{1}{a}+\dfrac{1}{b}\right)$
$L(\mathrm{H/m})$	$\dfrac{\mu}{\pi}\ln\dfrac{D+\sqrt{D^2-d^2}}{d}$	$\dfrac{\mu}{2\pi}\ln\dfrac{b}{a}$
$C(\mathrm{F/m})$	$\pi\varepsilon/\ln\dfrac{D+\sqrt{D^2-d^2}}{d}$	$2\pi\varepsilon/\ln\dfrac{b}{a}$
$G(\mathrm{S/m})$	$\pi\sigma/\ln\dfrac{D+\sqrt{D^2-d^2}}{d}$	$2\pi\sigma/\ln\dfrac{b}{a}$

注：ε、μ 和 σ 分别为介质的介电常数、磁导率和电导率；μ_1 和 σ_1 分别为导体的磁导率和电导率。

有了分布参数的概念，我们可以把均匀传输线分割成许多小的微线元段 $\mathrm{d}z$（$\mathrm{d}z\ll\lambda$，λ 为工作波长），这样每个微线元段可看作集中参数电路，用一个 π 型网络来等效。于是整个传输线可等效成无穷多个 π 型网络的级联，如图 7－2 所示。

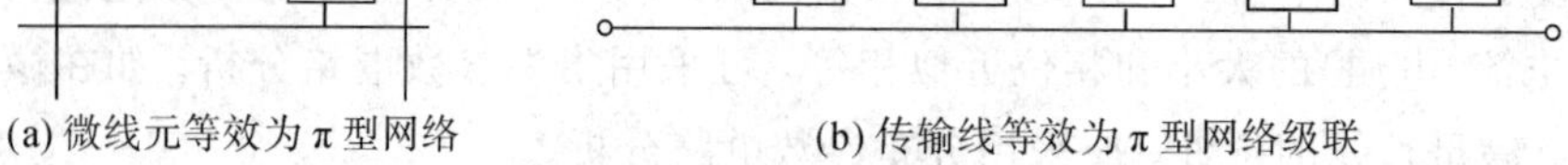

(a) 微线元等效为 π 型网络　　(b) 传输线等效为 π 型网络级联

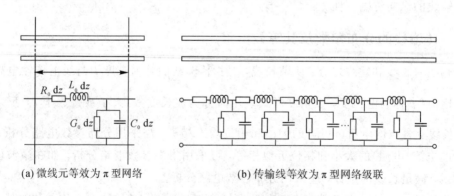

图 7－2　π 型网络的级联等效电路

7.1.2　均匀传输线方程及其解

1. 均匀传输线方程

均匀传输线方程是研究传输线上的电压、电流变化规律及其相互关系的方程。它可由均匀传输线的等效电路导出。

对于均匀传输线，取一微线元段 $\mathrm{d}z$，其分布参数分别为 $R_0\mathrm{d}z$、$G_0\mathrm{d}z$、$L_0\mathrm{d}z$、$C_0\mathrm{d}z$，

等效电路如图 7-2 所示。传输线始端接角频率为 w 的正弦信号源，终端接负载阻抗 Z_L，坐标原点选在始端。设在时刻 t，距始端 z 处的电压和电流分别为 u 和 i，经过 dz 段后电压和电流分别为 $u-\mathrm{d}u$ 和 $i-\mathrm{d}i$。根据基尔霍夫定律并忽略方程中高阶小量可得传输线上电压、电流瞬时变化的传输线方程为

$$\mathrm{d}u(z, t)=R_0\mathrm{d}z i(z, t)+L_0\mathrm{d}z\frac{\partial i(z, t)}{\partial t} \tag{7-1a}$$

$$\mathrm{d}i(z, t)=G_0\mathrm{d}z u(z, t)+C_0\mathrm{d}z\frac{\partial u(z, t)}{\partial t} \tag{7-1b}$$

由于电压和电流随时间作简谐变化，因而其瞬时值 u、i 与复数振幅 U、I 的关系为

$$u(z, t)=\mathrm{Re}[U(z)\mathrm{e}^{\mathrm{j}\omega t}] \tag{7-2a}$$

$$i(z, t)=\mathrm{Re}[I(z)\mathrm{e}^{\mathrm{j}\omega t}] \tag{7-2b}$$

将式(7-2)代入式(7-1a)和式(7-1b)，消去等式两边的因子 $\mathrm{e}^{\mathrm{j}\omega t}$ 可得

$$\frac{\mathrm{d}U(z)}{\mathrm{d}z}=(R_0+\mathrm{j}\omega L_0)I(z)$$

$$\frac{\mathrm{d}I(z)}{\mathrm{d}z}=(G_0+\mathrm{j}\omega C_0)U(z)$$

令 $R_0+\mathrm{j}wL_0=Z$，$G_0+\mathrm{j}wC_0=Y$，则得传输线方程为

$$\frac{\mathrm{d}U(z)}{\mathrm{d}z}=ZI(z) \tag{7-3a}$$

$$\frac{\mathrm{d}I(z)}{\mathrm{d}z}=YU(z) \tag{7-3b}$$

式中 Z 表示单位长度的串联阻抗，Y 表示单位长度的并联导纳。式(7-3)表明：传输线上电压的变化是由串联阻抗的降压作用造成的，而电流的变化是由并联导纳的分流作用造成的。

2. 均匀传输线方程的解

将式(7-3)两边对 z 再求一次微分，并令 $\gamma^2=ZY=(R_0+\mathrm{j}wL_0)(G_0+\mathrm{j}wC_0)$，可得

$$\frac{\mathrm{d}^2U(z)}{\mathrm{d}z^2}-\gamma^2U(z)=0 \tag{7-4a}$$

$$\frac{\mathrm{d}^2I(z)}{\mathrm{d}z^2}-\gamma^2I(z)=0 \tag{7-4b}$$

式(7-4)称为均匀传输线的波动方程，这是一个标准的二阶齐次微分方程组，其通解为

$$U(z)=A_1\mathrm{e}^{-\gamma z}+A_2\mathrm{e}^{\gamma z} \tag{7-5a}$$

$$I(z)=\frac{1}{Z_0}(A_1\mathrm{e}^{-\gamma z}-A_2\mathrm{e}^{\gamma z}) \tag{7-5b}$$

式中 $Z_0=\sqrt{\dfrac{R_0+\mathrm{j}\omega L_0}{G_0+\mathrm{j}\omega C_0}}$，$\gamma=\sqrt{(R_0+\mathrm{j}\omega L_0)(G_0+\mathrm{j}\omega C_0)}=\alpha+\mathrm{j}\beta$。其中 Z_0 为传输线的特性阻抗，γ 称为传输线上波的传播常数，其实部为 α 、虚部为 β 。式(7-5)中的 A_1、A_2 为待定常数，其值由传输线的边界条件确定。

下面讨论一种特解，在图 7-3 中，假定已知终端电压 U_2 和电流 I_2，为了方便起见将坐标原点 $z=0$ 选在终端，则式(7-5)应改写为

$$U(z)=A_1 e^{\gamma z}+A_2 e^{-\gamma z} \tag{7-6a}$$

$$I(z)=\frac{1}{Z_0}(A_1 e^{\gamma z}-A_2 e^{-\gamma z}) \tag{7-6b}$$

将终端条件 $U(0)=U_2$，$I(0)=I_2$ 代入式(7-6a)、式(7-6b)求得

$$A_1=\frac{1}{2}(U_2+Z_0 I_2),\ A_2=\frac{1}{2}(U_2-Z_0 I_2)$$

将 A_1、A_2 代入式(7-6a)、式(7-6b)得

$$U(z)=\frac{U_2+Z_0 I_2}{2}e^{\gamma z}+\frac{U_2-Z_0 I_2}{2}e^{-\gamma z} \tag{7-6c}$$

$$I(z)=\frac{U_2+Z_0 I_2}{2Z_0}e^{\gamma z}-\frac{U_2-Z_0 I_2}{2Z_0}e^{-\gamma z} \tag{7-6d}$$

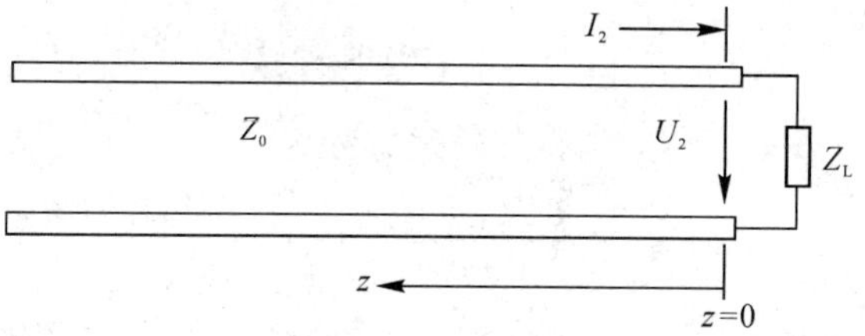

图 7-3　传输线终端负载

3. 入射波和反射波

根据复数振幅与瞬时值间的关系，可求得传输线上电压和电流的瞬时值表达式(为了简便起见，设 A_1、A_2 为实数，并近似认为 Z_0 也为实数)分别为

$$\begin{aligned}u(z,\ t)&=\mathrm{Re}[U(z)e^{j\omega t}]\\&=A_1 e^{-\alpha z}\cos(\omega t-\beta z)+A_2 e^{\alpha z}\cos(\omega t+\beta z)\\&=u_i(z,\ t)+u_r(z,\ t)\end{aligned} \tag{7-7a}$$

$$\begin{aligned}i(z,\ t)&=\mathrm{Re}[I(z)e^{j\omega t}]\\&=\frac{A_1}{Z_0}e^{-\alpha z}\cos(\omega t-\beta z)-\frac{A_2}{Z_0}e^{\alpha z}\cos(\omega t+\beta z)\\&=i_i(z,\ t)+i_r(z,\ t)\end{aligned} \tag{7-7b}$$

上式表明，传输线上任一点处的电压和电流均由两部分组成，第一部分表示由信号源向负载方向传播的行波称之为入射波。其中，$u_i(z,\ t)$为电压入射波，$i_i(z,\ t)$为电流入射波。入射波的振幅随传播方向距离 z 的增加按指数规律衰减，相位随 z 的增加而滞后。第二部分表示由负载向信号源方向传播的行波，称之为反射波。其中 $u_r(z,\ t)$为电压反射波，$i_r(z,\ t)$为电流反射波。反射波的振幅随距离 z 的增加而增加，相位随 z 的增加而超前。入射波和反射波沿线的瞬时分布图如图 7-4 所示。

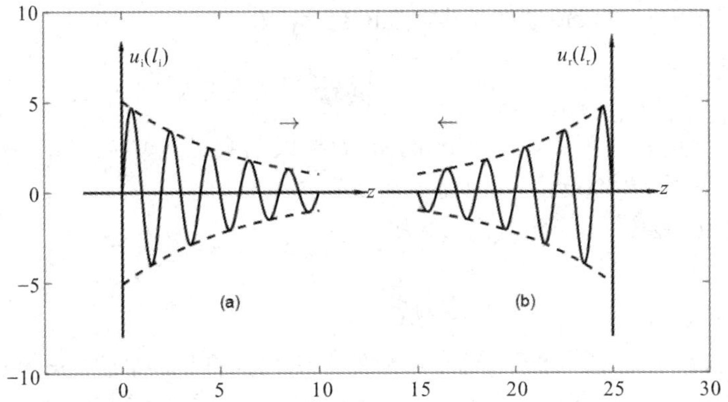

图 7-4 入射波和反射波沿线的瞬时分布图

传输线上任一点处的电压或电流都等于该处相应的入射波和反射波的叠加。当 Z_0 为实数时，$u_i(z, t)$与 $i_i(z, t)$同相，而 $u_r(z, t)$与 $i_r(z, t)$反相。

7.1.3 传输线的特性参量

传输线的特性参量主要包括：传播常数、特性阻抗、相速、相波长、输入阻抗、反射系数、驻波比和行波系数等。下面分别加以介绍。

1. 传播常数 γ

传播常数 γ 一般为复数，可表示为

$$\gamma=\sqrt{(R_0+j\omega L_0)(G_0+j\omega C_0)}=\alpha+j\beta \tag{7-8}$$

其中，实部 α 称为衰减常数，表示行波每经过单位长度后振幅的衰减倍数，单位为分贝/米(dB/m)或奈培/米(Np/m)；虚部 β 称为相移常数，表示行波每经过单位长度后相位滞后的弧度数，单位为弧度/米(rad/m)。

对于无耗传输线($R_0=0$, $G_0=0$)，则有

$$\alpha=0,\ \beta=\omega\sqrt{L_0C_0} \tag{7-9}$$

2. 特性阻抗 Z_0

传输线的特性阻抗定义为传输线上入射波电压 $U_i(z)$ 与入射波电流 $I_i(z)$之比，或反射波电压 $U_r(z)$与反射波电流 $I_r(z)$之比的负值，用 Z_0 表示，即

$$Z_0=\frac{U_i(z)}{I_i(z)}=-\frac{U_r(z)}{I_r(z)}=\sqrt{\frac{R_0+j\omega L_0}{G_0+j\omega C_0}} \tag{7-10}$$

可见，一般情况下传输线的特性阻抗与频率有关，为一复数。特性阻抗的倒数称为特性导纳，用 Y_0 表示，即 $Y_0=\frac{1}{Z_0}$。

对于无耗传输线($R_0=0$, $G_0=0$)，则有

$$Z_0=\sqrt{\frac{L_0}{C_0}} \tag{7-11}$$

可见，在无耗或低耗情况下，传输线的特性阻抗为一实数(纯电阻)，它仅决定于分布参数 L_0 和 C_0，与频率无关。

对工程上常用的双导线传输线，其特性阻抗 Z_0 为

$$Z_0=\sqrt{\frac{L_0}{C_0}}=120\ln\frac{2D}{d}\ \text{（空气介质）}$$

式中，D 为两根导线间的距离，单位 mm；d 为导线的直径，单位 mm。一般 Z_0 在 100～1000 Ω 之间，常用的有 200 Ω、300 Ω、400 Ω 和 600 Ω。

对于同轴线传输线，其特性阻抗 Z_0 为

$$Z_0=\sqrt{\frac{L_0}{C_0}}=\frac{60}{\sqrt{\varepsilon_r}}\ln\frac{b}{a}$$

式中，a 为内导线的外直径，单位 mm；b 为外导线的内直径，单位 mm；ε_r 为填充介质的介电常数。一般 Z_0 在 40～150 Ω 之间，常用的有 50 Ω 和 75 Ω 两种。

3. 相速 v_p

传输线上的入射波和反射波以相同的速度向相反方向传播。相速 v_p 是指波的等相位面移动速度。相速 v_p 为

$$v_p=\frac{dz}{dt}=\frac{\omega}{\beta} \tag{7-12}$$

对于微波传输线，因为 $\beta=\omega\sqrt{L_0C_0}$，所以有

$$v_p=\frac{1}{\sqrt{L_0C_0}} \tag{7-13}$$

将表 7-1 中的双导线或同轴线的 L_0 和 C_0 代入上式，求得双导线和同轴线上行波的相速度均为

$$v_p=\frac{1}{\sqrt{\mu\varepsilon}}=\frac{v_0}{\sqrt{\varepsilon_r}}$$

式中 v_0 为光速。由此可见，双导线和同轴线上行波电压和行波电流的相速等于传输线周围介质中的光速，它和频率无关，只决定于周围介质特性参量 ε_r，这种波称为非色散波。

4. 相波长 λ_p

所谓相波长 λ_p，定义为波在一个周期 T 内等相位面沿传输线移动的距离，即

$$\lambda_p=v_pT=\frac{v_p}{f}=\frac{2\pi}{\beta}=\frac{\lambda_0}{\sqrt{\varepsilon_r}} \tag{7-14}$$

式中 f 为电磁波频率，T 为振荡周期，λ_0 为真空中电磁波的波长。可见传输线上行波的波长也和周围介质有关。

以上四个特性参数可归纳如下：

$$\begin{cases} Z_0=\sqrt{\dfrac{L_0}{C_0}}=\dfrac{1}{v_pC_0} \\ \beta=\omega\sqrt{L_0C_0}=\dfrac{2\pi}{\lambda_p} \\ v_p=\dfrac{\omega}{\beta}=\dfrac{v_0}{\sqrt{\varepsilon_r}} \\ \lambda_p=\dfrac{2\pi}{\beta}=\dfrac{\lambda_0}{\sqrt{\varepsilon_r}} \end{cases}$$

四个特性参数中后三个很容易确定，而特性阻抗 Z_0 需求出传输线的单位长度的分布电容 C_0 才可确定，因此，求解传输线的特性参数往往归结为求解传输线的单位长度分布电容 C_0。

5. 输入阻抗 Z_{in}

阻抗是传输线理论中一个很重要的概念，它可用来很方便地分析传输线的工作状态。如图 7-5 所示，传输线终端接负载阻抗 Z_L 时距离终端 z 处向负载方向看去的输入阻抗定义为该处的电压 $U(z)$ 与电流 $I(z)$ 之比，即

$$Z_{in}=\frac{U(z)}{I(z)} \tag{7-15}$$

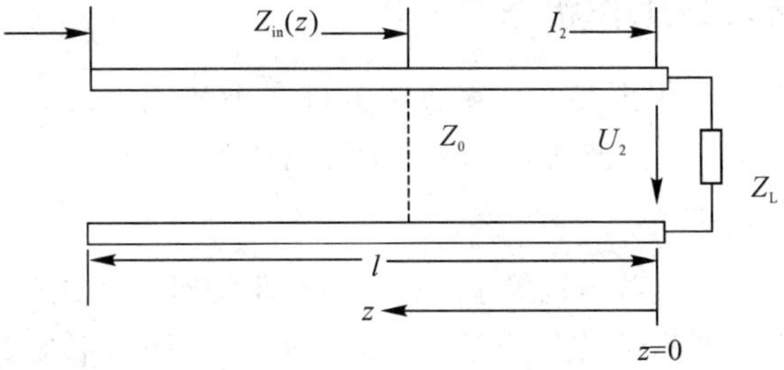

图 7-5　传输线的输入阻抗

对于均匀无耗传输线，将传播常数 $\gamma=j\beta$ 代入式(7-6b)，可得

$$Z_{in}(z)=\frac{U(z)}{I(z)}=Z_0\frac{Z_L+jZ_0\tan(\beta z)}{Z_0+jZ_L\tan(\beta z)} \tag{7-16}$$

其中 $Z_L=\dfrac{U_2}{I_2}$ 为负载阻抗。式(7-16)表明：均匀无耗传输线上 z 处的输入阻抗 $Z_{in}(z)$ 与 Z_0、Z_L、z 及工作频率有关。

6. 反射系数 R

距终端 z 处的反射系数定义为反射波电压 $U_r(z)$（或电流 $I_r(z)$）与入射波电压 $U_i(z)$（或电流 $I_i(z)$）之比，即

$$\begin{cases} R_u(z)=\dfrac{U_r(z)}{U_i(z)}=\dfrac{A_2e^{-j\beta z}}{A_1e^{j\beta z}}=\dfrac{A_2}{A_1}e^{-2j\beta z}=R_Le^{-2j\beta z}=|R_L|e^{j\varphi_L}e^{-2j\beta z} \\ R_i(z)=\dfrac{I_r(z)}{I_i(z)}=-\dfrac{A_2}{A_1}e^{-2j\beta z}=-R_u(z) \end{cases} \tag{7-17}$$

可见，传输线上任意点处的电压反射系数与电流反射系数大小相等，相位相差 π。由于电压反射系数较易测定，因此若不加说明，以后提到的反射系数均指电压反射系数，并均用符号 $R(z)$ 表示。

7. 驻波比 S 和行波系数 K

电压（或电流）驻波比 S 定义为传输线上电压（或电流）的最大值与最小值之比，行波系数 K 定义为传输线上电压（或电流）的最小值与最大值之比，即

$$S=\frac{|U|_{max}}{|U|_{min}}=\frac{|I|_{max}}{|I|_{min}}=\frac{1}{K} \tag{7-18}$$

显然，当传输线上入射波与反射波同相叠加时合成波出现最大值；而反相叠加时出现最小值。由此可得驻波比与反射系数的关系式为

$$S=\frac{|U|_{\max}}{|U|_{\min}}=\frac{1+|R|}{1-|R|} \tag{7-19}$$

因此，传输线上反射波的大小，可用反射系数的模、驻波比和行波系数三个参量来描述。反射系数模的变化范围为 $0\leqslant|R|\leqslant1$；驻波比的变化范围为 $1\leqslant S\leqslant\infty$；行波系数的变化范围为 $0\leqslant K\leqslant1$。传输线的工作状态一般分为三种：

(1) 负载无反射的行波状态，即阻抗匹配状态，此时有 $|R|=0$，$S=1$，$K=1$；

(2) 负载全反射的驻波状态，此时有 $|R|=1$，$S=\infty$，$K=0$；

(3) 负载部分反射的行驻波状态，此时有 $0<|R|<1$，$1<S<\infty$，$0<K<1$。

7.1.4　均匀无耗传输线工作状态的分析

对于均匀无耗传输线，根据终端所接负载阻抗大小和性质的不同，其工作状态分为三种：行波状态、驻波状态、行驻波状态。现分别讨论如下。

1. 行波状态(无反射情况)

当传输线为半无限长或负载阻抗等于传输线特性阻抗时，根据式(7-17)可得 $R(z)=0$，再由式(7-19)可得 $S=1$，此时线上只有入射波，没有反射波，传输线工作于行波状态。行波状态意味着入射波功率全部被负载吸收，即负载与传输线相匹配。行波状态下，线上电压、电流的复数表达式为

$$U(z)=U_i(z)=A_1\mathrm{e}^{-\mathrm{j}\beta z}$$

$$I(z)=I_i(z)=\frac{A_1}{Z_0}\mathrm{e}^{-\mathrm{j}\beta z}$$

电压、电流的瞬时值表达式为(设 A_1 为实数)

$$u(z,t)=u_i(z,t)=A_1\cos(\omega t-\beta z) \tag{7-20a}$$

$$i(z,t)=i_i(z,t)=\frac{A_1}{Z_0}\cos(\omega t-\beta z) \tag{7-20b}$$

行波状态下的分布规律：

(1) 线上电压和电流的振幅恒定不变；

(2) 电压行波与电流行波同相，它们的相位是位置 z 和时间 t 的函数：$\varphi=\omega t-\beta z$；

(3) 线上的输入阻抗处处相等且均等于特性阻抗，即 $Z_{in}(z)=Z_0$。

2. 驻波状态(全反射情况)

当传输线终端短路($Z_L=0$)、开路($Z_L=\infty$)或接纯电抗负载($Z_L=\mathrm{j}X_L$)时，终端的入射波将被全反射，沿线入射波与反射波叠加形成驻波分布。驻波状态意味着入射波功率一点也没有被负载吸收，即负载与传输线完全失配。驻波状态下有 $|R|=1$、$S=\infty$、$K=0$。

1) 终端短路($Z_L=0$)

当终端短路时，由于负载阻抗 $Z_L=0$，因而终端电压 $U_2=0$，终端电压入射波与反射波等幅反相；而电流入射波与反射波等幅同相。故终端的电压反射系数 $R_L=-1$。沿线电压、电流的复数表达式为

$$U(z)=U_{i2}\mathrm{e}^{\mathrm{j}\beta z}+U_{r2}\mathrm{e}^{-\mathrm{j}\beta z}=U_{i2}(\mathrm{e}^{\mathrm{j}\beta z}-\mathrm{e}^{-\mathrm{j}\beta z})=\mathrm{j}2U_{i2}\sin(\beta z)$$

$$I(z)=I_{i2}\mathrm{e}^{\mathrm{j}\beta z}+I_{r2}\mathrm{e}^{-\mathrm{j}\beta z}=I_{i2}(\mathrm{e}^{\mathrm{j}\beta z}+\mathrm{e}^{-\mathrm{j}\beta z})=2I_{i2}\cos(\beta z)$$

沿线电压、电流的瞬时值表达式为

$$u(z,\ t)=2\,|U_{i2}|\sin(\beta z)\cos\left(\omega t+\phi_2+\frac{\pi}{2}\right) \tag{7-21a}$$

$$i(z,\ t)=2\,|I_{i2}|\cos(\beta z)\cos(\omega t+\phi_2) \tag{7-21b}$$

根据式(7-21)，可画出沿线电压电流的瞬时分布和振幅分布，如图 7-6(b)和 7—6(c)所示。由此可见，短路时的驻波状态分布规律：

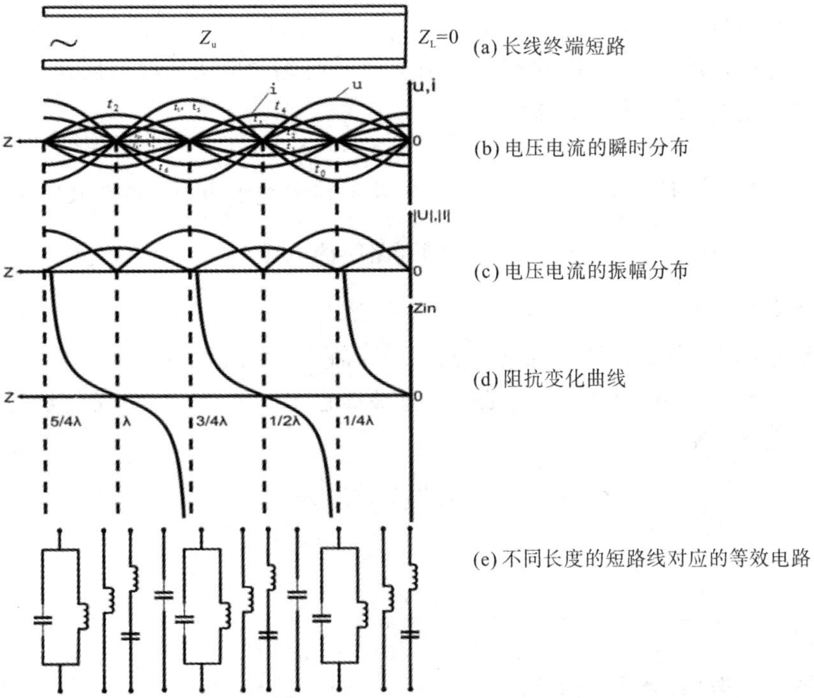

图 7-6　传输线终端短路时的电压、电流及阻抗的分布

(1) 瞬时电压或电流在传输线的某个固定位置上随时间 t 作正弦或余弦变化，而在某一时刻随位置 z 也作正弦或余弦变化，但瞬时电压和电流的时间相位差和空间相位差均为 $\frac{\pi}{2}$，这表明传输线上没有功率传输。

(2) 当 $z=(2n+1)\frac{\lambda}{4}$ $(n=0, 1, \cdots)$时，电压振幅恒为最大值，即 $|U|_{max}=2|U_{i2}|$，而电流振幅恒为零，即 $|I|_{min}=0$，这些点称之为电压的波腹点和电流的波节点；当 $z=\frac{n\lambda}{2}$ $(n=0, 1, \cdots)$时，电流振幅恒为最大值，即 $|I|_{max}=2|I_{i2}|$，而电压振幅恒为零，即 $|U|_{min}=0$。这些点称之为电流的波腹点和电压的波节点。可见，波腹点和波节点相距 $\frac{\lambda}{4}$。

(3) 传输线终端短路时，输入阻抗为

$$Z_{in}(z)=jZ_0\tan(\beta z)=jZ_0\tan\frac{2\pi z}{\lambda}=jX_{in}$$

当工作频率固定时，$Z_{in}(z)$为纯电抗，且随 z 按正切规律变化，如图 7-6(d)所示。在 $0<z<\frac{\lambda}{4}$ 范围内，$X_{in}>0$ 呈感性，短路线等效为一电感；当 $z=\frac{\lambda}{4}$ 时，$X_{in}=\infty$，即 $\frac{\lambda}{4}$ 的短

路线等效为一并联谐振回路；在$\frac{\lambda}{4}<z<\frac{\lambda}{2}$范围内，$X_{in}<0$呈容性，短路线等效为一电容；当$z=\frac{\lambda}{2}$时，$X_{in}=0$，即$\frac{\lambda}{2}$的短路线等效为一串联谐振回路，如图 7-6(e)所示。总之，沿线每经过$\frac{\lambda}{4}$，阻抗性质变化一次；每经过$\frac{\lambda}{2}$，阻抗回到原有值。

2）终端开路($Z_L=\infty$)

由于负载阻抗$Z_L=\infty$，因而终端电流$I_2=0$故终端的电压反射系数$R_L=1$。终端为电压波节点，电流博腹点，输入阻抗为

$$Z_{in}(z)=-jZ_0\cot(\beta z) \tag{7-22}$$

与终端短路相比不难看出，只要将终端短路的传输线上电压、电流及阻抗分布从终端开始去掉长度$\frac{\lambda}{4}$，余下线上的分布即为终端开路时的电压、电流及阻抗分布。

3）终端接纯电抗负载($Z_L=jX_L$)

均匀无耗传输线终端接纯电抗负载$Z_L=jX_L$时，因负载不消耗能量，终端仍将产生全反射，入射波与反射波叠加结果，终端既不是波腹也不是波节，但沿线仍是驻波分布。此时终端电压反射系数为

$$R_L=\frac{Z_L-Z_0}{Z_L+Z_0}=\frac{jX_L-Z_0}{jX_L+Z_0}=|R_L e^{j\varphi_L}|$$

式中

$$|R_L|=1,\ \varphi_L=\arctan\frac{2X_LZ_0}{X_L^2-Z_0^2} \tag{7-23}$$

3. 行驻波状态(部分反射情况)

当均匀无耗传输线终端接一般复阻抗$Z_L=Y_L+jX_L$时，线上既有行波又有驻波，因此传输线工作在行驻波状态。行波与驻波的相对大小决定于负载与传输线的失配程度。此时，沿线电压、电流复数振幅的一般表达式为

$$\begin{cases}U(z)=U_i(z)[1+|R_L|e^{-j(2\beta z-\varphi_L)}]\\ I(z)=I_i(z)[1-|R_L|e^{-j(2\beta z-\varphi_L)}]\end{cases} \tag{7-24}$$

由上式可见，沿传输线依然出现电压的波腹点和波节点，在电压的波腹点和波节点，阻抗分别为最大值和最小值，两者相距$\frac{\lambda}{4}$，且均为纯电阻，它们分别为

$$Y_{in}(\text{波腹})=\frac{|U|_{max}}{|I|_{min}}=Z_0\frac{1+|R|}{1-|R|}=Z_0S \tag{7-25a}$$

$$Y_{in}(\text{波节})=\frac{|U|_{min}}{|I|_{max}}=Z_0\frac{1-|R|}{1+|R|}=\frac{Z_0}{S} \tag{7-25b}$$

且每隔$\frac{\lambda}{4}$，阻抗性质变换一次；每隔$\frac{\lambda}{2}$，阻抗性质重复一次。

7.1.5 阻抗圆图及其应用

在微波工程中，常用阻抗圆图来解决输入阻抗、负载阻抗、反射系数和驻波比等参量

的计算问题，此外还有阻抗匹配方面的问题。为了使阻抗圆图适用于任意特性阻抗传输线的计算，故圆图上的阻抗均采用归一化阻抗。引入反射系数 $R(z)$，则有 $U(z)=U_i(z)+U_r(z)=U_i(z)[1+R(z)]$和 $I(z)=I_i(z)+I_r(z)=I_i(z)[1+R(z)]$，将其代入式(7-16)可得归一化阻抗与该点反射系数的关系为

$$\tilde{Z}(z)=\frac{Z_{in}(z)}{Z_0}=\frac{1+R(z)}{1-R(z)} \tag{7-26a}$$

或

$$R(z)=\frac{\tilde{Z}(z)-1}{\tilde{Z}(z)+1} \tag{7-26c}$$

$$R_L=\frac{\tilde{Z}_L-1}{\tilde{Z}_L+1} \tag{7-26d}$$

且 $R(z)=R_L e^{-j2\beta z}$，式中，$\tilde{Z}(z)$和 $\tilde{Z}_L$ 分别为任意点和负载的归一化阻抗，$R(z)$和 R_L 分别为任意点和终端的反射系数。根据上述关系式，在极坐标系中绘制的曲线图称为极坐标圆图，又称为史密斯(Smith)圆图。

阻抗圆图由等反射系数圆和等阻抗圆组成。下面分别加以讨论。

1. 等反射系数圆

对于特性阻抗为 Z_0 的均匀无耗传输线，当终端接负载阻抗 Z_L 时，距离终端 z 处的反射系数 $R(z)$为

$$R(z)=Re^{j\phi}=|R|\cos\phi+j|R|\sin\phi=R_u+jR_v \tag{7-27}$$

其中$|R|^2=R_u^2+R_v^2$，$\phi=\arctan\dfrac{R_v}{R_u}$。式(7-27)表明，在复平面上等反射系数模$|R|$的轨迹是以坐标原点为圆心、$|R|$为半径的圆，这个圆称为等反射系数圆。由于反射系数的模与驻波比是一一对应的，故又称为等驻波比圆。不同反射系数的模，就对应不同大小的等反射系数圆。其中半径等于 1 的圆称为等反射系数单位圆。因为$|R|\leqslant 1$，所以全部的等反射系数圆都位于单位圆内，图 7-7 为传等反射系数圆及其波长度数标注。

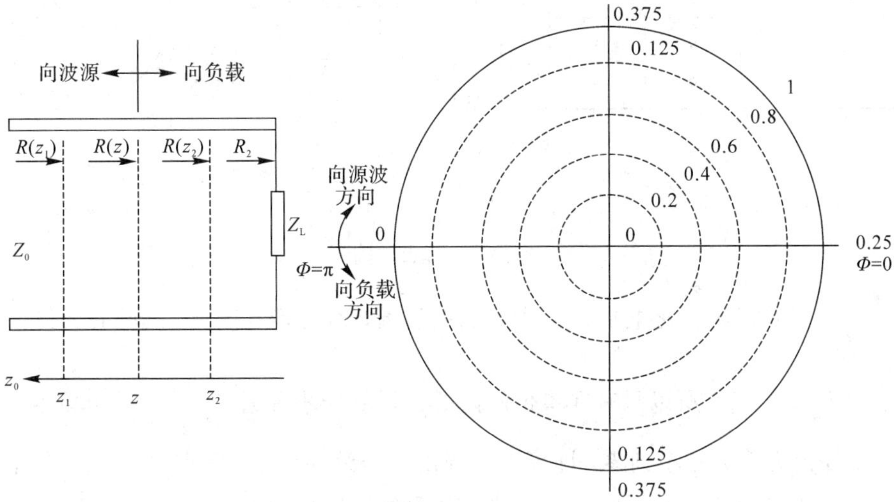

图 7-7　传等反射系数圆及其波长度数标注

2. 等阻抗圆

将 $R(z)=R_u+jR_v$ 代入式(7-26a)并化简得

$$\widetilde{Z}(z)=\frac{1+R(z)}{1-R(z)}=\frac{1+(R_u+jR_v)}{1-(R_u+jR_v)}=\frac{1-(R_u^2+R_v^2)}{(1-R_u)^2+R_v^2}+j\frac{2R_v}{(1-R_u)^2+R_v^2}=r+jx$$

其中

$$r=\frac{1-(R_u^2+R_v^2)}{(1-R_u)^2+R_v^2},\ x=\frac{2R_v}{(1-R_u)^2+R_v^2} \tag{7-28}$$

这里 r 称为归一化电阻，x 称为归一化电抗。式(7-28)可整理为如下两个方程：

$$\left(R_u-\frac{r}{r+1}\right)^2+R_v^2=\frac{1}{(r+1)^2} \tag{7-29a}$$

$$(R_u-1)^2+\left(R_v-\frac{1}{x}\right)^2=\frac{1}{x^2} \tag{7-29b}$$

显然，上述两个方程在复平面 R_u+jR_v 内是以 r 和 x 为参量的一组圆的方程。

式(7-29a)是以归一化电阻 r 为参量的一组圆，称为等电阻圆。其圆心为 $\left(\frac{r}{r+1},\ 0\right)$，半径为 $\frac{1}{r+1}$。其中 $r=0$ 对应的等电阻圆为单位圆，当 r 由零增加到无限大时，则等电阻圆由单位圆缩小为一点(D 点(1, 0))。等电阻圆的大小随 r 的变化如图 7-8 所示。由图可见，所有的等电阻圆都相切于 D 点(1, 0)。

$\overline{Y}$	0	0.5	1	2	∞
圆心 $\left(\frac{\overline{Y}}{\overline{Y}+1},\ 0\right)$	(0, 0)	$\left(\frac{1}{3},\ 0\right)$	$\left(\frac{1}{2},\ 0\right)$	$\left(\frac{2}{3},\ 0\right)$	(1, 0)
半径 $=\frac{1}{\overline{Y}+1}$	1	$\frac{2}{3}$	$\frac{1}{2}$	$\frac{1}{3}$	0

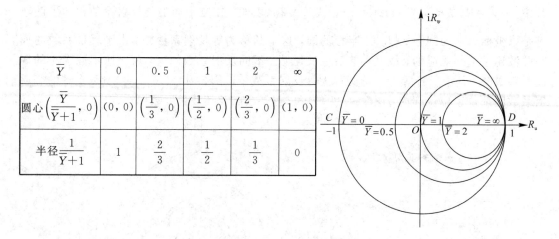

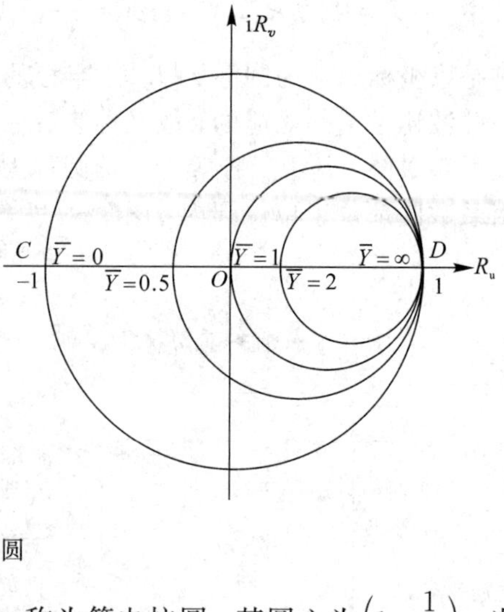

图 7-8　等电阻圆

式(7-29b)是以归一化电抗 x 为参量的一组圆，称为等电抗圆。其圆心为 $\left(1,\ \frac{1}{x}\right)$，半径为 $\frac{1}{x}$。因为 $|R|\leqslant 1$，所以只有在单位圆内的圆弧部分才有意义。当 $|x|$ 由零增大到无限大时，则半径由无限大减小到零，即等电抗圆由直线缩为一点(D 点(1, 0))。等电抗圆的大小随 x 的变化如图 7-9 所示。由图可见，所有的等电抗圆也都相切于 D 点(1, 0)；x 为正值(即感性)的等电抗圆均在上半平面，x 为负值(即容性)的等电抗圆均在下半平面。

$\widetilde{X}$	0	±0.5	±1	±2	±∞
圆心$\left(1,\ \frac{1}{\widetilde{X}}\right)$	(1, ±∞)	(1, ±2)	(1, ±1)	$\left(1,\ \pm\frac{1}{2}\right)$	(1, 0)
半径$\frac{1}{\widetilde{X}}$	∞	2	1	$\frac{1}{2}$	0

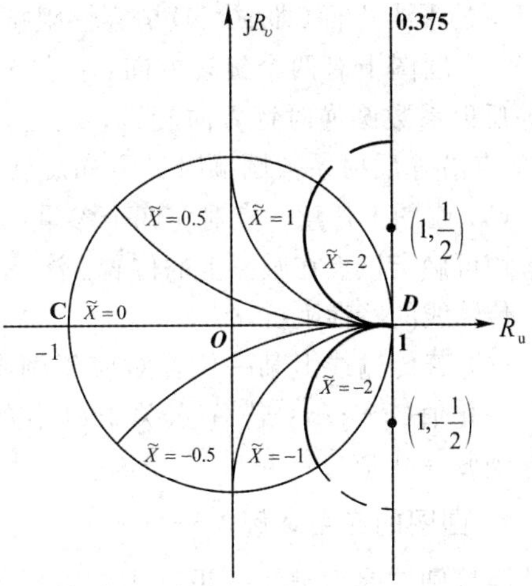

图 7－9　等电抗圆

3. 阻抗圆图

将等电阻圆和等电抗圆绘制在同一张图上，即得到阻抗圆图(见图 7－10)。工程上使用的 Smith 圆图，通常等反射系数圆并不画出，等相角线也不画出而是代以波长度数标度。

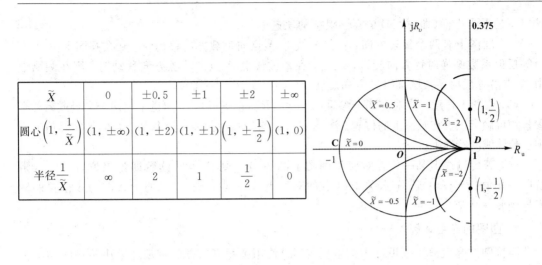

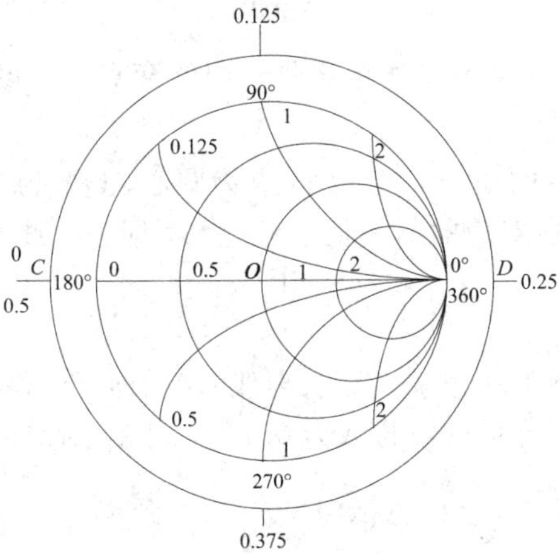

图 7－10　阻抗圆图

由上面的分析可知，阻抗圆图具有如下几个特点：

(1) 圆图上有三个特殊点：

短路点(C 点)，其坐标为(−1, 0)。此处对应于 $r=0$，$x=0$，$|R|=1$，$S=\infty$，$\phi=\pi$。

开路点(D 点)，其坐标为(1, 0)。此处对应于 $r=\infty$，$x=\infty$，$|R|=1$，$S=\infty$，$\phi=0$。

匹配点(O 点)其坐标为(0, 0)。此处对应于 $r=1$，$x=0$，$|R|=0$，$S=1$。

(2) 圆图上有三条特殊线：圆图上实轴 $\overline{CD}$ 为 $x=0$ 的轨迹，其中正实半轴 $\overline{OD}$ 为电压波腹点的轨迹，线上 r 的值即为驻波比的读数；负实半轴 $\overline{OC}$ 为电压波节点的轨迹，线上 r 的值即为行波系数 K 的读数；最外面的单位圆为 $r=0$ 的纯电抗轨迹，即为 $|R|=1$ 的全反射系数圆的轨迹。

(3) 圆图上有两个特殊面：圆图实轴以上的上半平面(即 $x>0$)是感性阻抗的轨迹；实

轴以下的下半平面(即 $x<0$)是容性阻抗的轨迹。

(4) 圆图上有两个旋转方向：在传输线上 A 点向负载方向移动时，则在圆图上由 A 点沿等反射系数圆逆时针方向旋转；反之，在传输线上 A 点向波源方向移动时，则在圆圈上由 A 点沿等反射系数圆顺时针方向旋转。

(5) 圆图上任意一点对应四个参量：r、x、$|R|$(或 S)和 ϕ 。知道了前两个参量或后两个参量均可确定该点在圆图上的位置。注意 r 和 x 均为归一化值，如果要求它们的实际值分别乘上传输线的特性阻抗 Z_0。

(6) 若传输线上某一位置对应于圆图上的 A 点，则 A 点的读数即为该位置的输入阻抗归一化值($r+\mathrm{j}x$)；若 A 点关于 O 点的对称点为 A'点，则 A'点的读数即为该位置的输入导纳归一化值($g+\mathrm{j}b$)。

4. 圆图的应用举例

阻抗圆图是微波工程设计中的重要工具，使用圆图可以方便直观地解决传输线的有关计算问题。下面举例来说明圆图的使用方法。

例 7-1　已知传输线的特性阻抗 $Z_0=300\ \Omega$，终端接负载阻抗 $Z_L=180+\mathrm{j}240\ \Omega$，求终端电压反射系数 R_L。

解：(1) 计算归一化负载阻抗值：

$$\tilde{Z}_L=\frac{Z_L}{Z_0}=\frac{180+\mathrm{j}240}{300}=0.6+\mathrm{j}0.8$$

在阻抗圆图上找到 $r=0.6$ 和 $x=0.8$ 两个圆的交点 A，该点即为 $\tilde{Z}_L$ 在圆图上的位置，如图 7-11 所示。

(2) 确定终端反射系数的模$|R_L|$。以 O 点为圆心、$\overline{OA}$ 为半径画一个等反射系数圆，交正实半轴于 B 点，B 点所对应的归一化电阻 $r=3$，即为驻波比 S 的值。于是有

$$|R_L|=\frac{S-1}{S+1}=\frac{3-1}{3+1}=0.5$$

(3) 确定终端反射系数的相角 ϕ_L。延长射线 $\overline{OA}$，即可读得 $\phi_L=90°$。若圆图上仅有波长度数标度，且读得向波源方向的波长数为 0.125，则 ϕ_L 对应的波长度数变化量为

$$\Delta\frac{z}{\lambda}=\left(\frac{z}{\lambda}\right)_B-\left(\frac{z}{\lambda}\right)_A=0.25-0.125=0.125$$

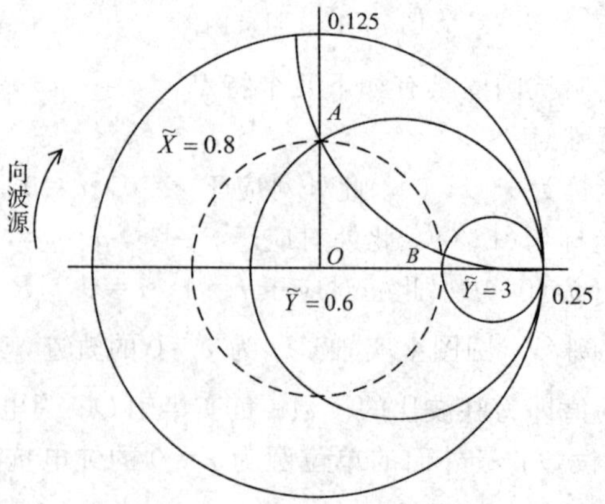

图 7-11　例 7-1 解题示意图

此值对应的 ϕ_L 度数为

$$\phi_L=2\beta\Delta z=2\frac{2\pi}{\lambda}\Delta z=4\pi\cdot\Delta\frac{z}{\lambda}=720°\times0.125=90°$$

故终端反射系数为

$$R_L=0.5e^{j90°}$$

例 7-2　已知传输线的特性阻抗 $Z_0=50\ \Omega$，微波信号的波长 $\lambda=10$ cm，终端反射系数 $R_L=0.2e^{j50°}$，求：

(1) 电压波腹点和波节点的阻抗；

(2) 终端负载阻抗 Z_L；

(3) 靠近终端第一个电压波腹点及波节点距终端的距离 z。

解：(1) 由反射系数模 $|R_L|$ 仅可求得驻波比为

$$S=\frac{1+|R_L|}{1-|R_L|}=\frac{1+0.2}{1-0.2}=1.5$$

则电压波腹点和波节点的阻抗为

$$Y(\text{波腹})=Z_0\cdot S=50\times1.5=75\ \Omega$$

$$Y(\text{波节})=Z_0/S=50/1.5\approx33.3\ \Omega$$

(2) 确定负载阻抗 Z_L。将 $\phi_L=2\beta\Delta z=2\dfrac{360°}{\lambda}\Delta z=2\times360°\Delta\dfrac{z}{\lambda}=50°$ 换算为相应的波长数变化量，可得

$$\Delta\frac{z}{\lambda}=\frac{50°}{360°}\times\frac{1}{2}\approx0.07$$

由 $S=1.5$ 的反射系数圆与正实半轴的交点 A 向负载方向逆时针转过波长数 0.07 到 B 点，B 点即为终端负载在圆图上的位置，如图 7-12 所示相应的 $\tilde{Z}_L$ 和 Z_L 分别为

$$\tilde{Z}_L=\tilde{Y}+j\tilde{X}=1.2+j0.4$$

$$Z_L=Z_0\tilde{Z}_L=Z_0(\tilde{Y}+j\tilde{X})=50\times(1.2+j0.4)=60+j20\ \Omega$$

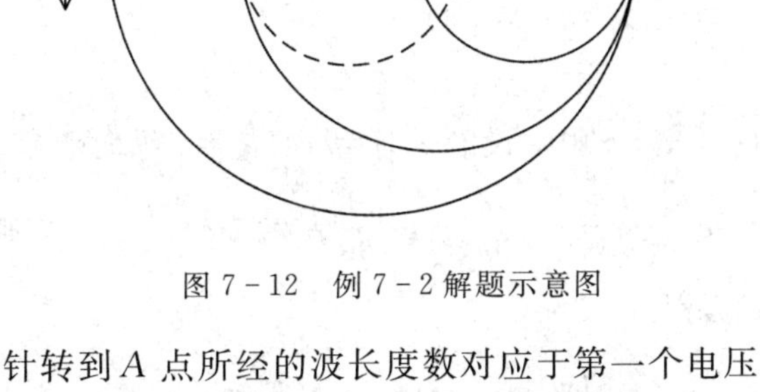

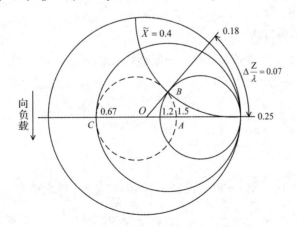

图 7-12　例 7-2 解题示意图

(3) 由 B 点顺时针转到 A 点所经的波长度数对应于第一个电压波腹点到终端的距离 z 为

$$z(\text{波腹})=0.07\lambda=0.07\times10=0.7\ \text{cm}$$

第一个电压波节点 C 距终端的距离 z 为

$$z(\text{波节})=(0.07+0.25)\times10=0.32\times10=3.2\ \text{cm}$$

7.2 沿均匀导波装置传输电磁波的一般特性

微波传输线是引导电磁波沿一定方向传输的系统，故又称作导波系统。被传输的电磁波又称作导行波。导行波一方面要满足麦克斯韦方程，另一方面又要满足导体或介质的边界条件；也就是说，麦克斯韦方程和边界条件决定了导行波在导波系统中的电磁场分布规律和传播特性。

微波传输线采用电磁场理论来分析其基本特点和传输规律。

7.2.1 导行波的波动方程

理想导波系统一般指规则的金属波导管，分析时一般只讨论远离场源的区域，并常采用广义正交坐标系(u_1, u_2, z)，其中 u_1 和 u_2 为波导横截面上的坐标，z 为波导纵向坐标。导波系统中电场和磁场在广义正交坐标系中可用其横向分量和纵向分量来表示

$$E(u_1, u_2, z)=E_T(u_1, u_2, z)+E_Z(u_1, u_2, z)=E_T+E_Z$$

$$H(u_1, u_2, z)=H_T(u_1, u_2, z)+H_Z(u_1, u_2, z)=H_T+H_Z$$

式中，E_T 和 H_T 分别为电场和磁场的横向分量，E_Z 和 H_Z 分别为电场和磁场的纵向分量。

导波系统中的电磁波按纵向场分量的有无，可分为以下三种波型(或模)：

(1) 横磁波(TM 波)，又称电波(E 波)：$H_Z=0$，$E_Z\neq0$；

(2) 横电波(TE 波)，又称磁波(H 波)：$E_Z=0$，$H_Z\neq0$；

(3) 横电磁波(TEM 波)：$H_Z=0$，$E_Z=0$。

其中横电磁波只存在于多导体系统中，它是非色散波；而横磁波和横电波一般存在于单导体系统中，它们是色散波。

1. 导波方程及求解方法

分析均匀导波系统的各种传输特性时一般都假定远离场源，即在无源区($J=0$ 和 $\rho=0$)，此时麦克斯韦方程组具有下列形式：

$$\nabla\times E=-\mathrm{j}\omega\mu H$$

$$\nabla\times H=\mathrm{j}\omega\varepsilon E$$

$$\nabla\cdot D=0$$

$$\nabla\cdot B=0$$

在广义正交坐标系(u_1, u_2, z)中，设沿 z 向(纵向)传播，纵向坐标 z 与横向坐标(u_1, u_2)无关，则把哈密顿算子$\nabla=\boldsymbol{e}_{u_1}\dfrac{\partial}{\partial u_1}+\boldsymbol{e}_{u_2}\dfrac{\partial}{\partial u_2}+\boldsymbol{e}_z\dfrac{\partial}{\partial z}=\nabla_T+\boldsymbol{e}_z\dfrac{\partial}{\partial z}$带入亥姆霍兹方程可得正弦电磁场的纵向场满足的波动方程：

$$\left(\nabla_T^2+\frac{\partial^2}{\partial z_2}\right)E_z+k^2E_z=0$$

$$\left(\nabla_T^2+\frac{\partial^2}{\partial z_2}\right)H_z+k^2H_z=0$$

2. 纵向场的求解方法

令 $E_z(u_1, u_2, z)=\phi(u_1, u_2)U(z)$，$H_z(u_1, u_2, z)=\psi(u_1, u_2)I(z)$，代入上述波动方程，可得

$$\begin{cases}\left(\nabla_T^2+\dfrac{\partial^2}{\partial z^2}\right)\phi(u_1, u_2)U(z)+k^2\phi(u_1, u_2)U(z)=0\\\left(\nabla_T^2+\dfrac{\partial^2}{\partial z^2}\right)\psi(u_1, u_2)I(z)+k^2\psi(u_1, u_2)I(z)=0\end{cases}\tag{7-30a}$$

以电场为例进行求解，整理式(7-30a)后，可得

$$\nabla_T^2\phi(u_1, u_2)U(z)+\phi(u_1, u_2)\frac{\mathrm{d}^2U(z)}{\partial z^2}+k^2\phi(u_1, u_2)U(z)=0\tag{7-30b}$$

将式(7-30b)中两个等式两边分别同除以 $\phi(u_1, u_2)U(z)$，并移项得

$$\frac{\nabla_T^2\phi(u_1, u_2)}{\phi(u_1, u_2)}+\frac{\dfrac{\mathrm{d}^2U(z)}{\mathrm{d}z^2}}{U(z)}=-k^2\tag{7-30c}$$

令 $\dfrac{\nabla_T^2\phi(u_1, u_2)}{\phi(u_1, u_2)}=-k_c^2$，可得

$$\nabla_T^2\phi(u_1, u_2)+k_c^2\phi(u_1, u_2)=0\tag{7-30d}$$

将 $\gamma^2=k_c^2-k^2$ 代入式(7-30c)，利用分离变量法可求得

$$\frac{\mathrm{d}^2U(z)}{\mathrm{d}z^2}-\gamma^2U(z)=0\tag{7-30e}$$

同理，求解磁场参量可得

$$\nabla_T^2\psi(u_1, u_2)+k_c^2\psi(u_1, u_2)=0\tag{7-30f}$$

$$\frac{\mathrm{d}^2I(z)}{\mathrm{d}z^2}-\gamma^2I(z)=0\tag{7-30g}$$

式中 γ 为传播常数。式(7-30d)和式(7-30f)分别为电场与磁场的横向分布函数 $\phi(u_1, u_2)$、$\psi(u_1, u_2)$满足的标量亥姆霍茨方程，由此式及 ϕ、ψ 的边界条件，就可确定横向分布函数；式(7-30e)和式(7-30g)分别为模式电压 $U(z)$ 、模式电流 $I(z)$满足的波动方程，由此式可求解纵向问题的基本关系式。由于 $U(z)$和 $I(z)$是按 $e^{\pm\gamma z}$ 规律变化的，则式(7-30e)和式(7-30g)的通解为

$$\begin{cases}U(z)=A_1e^{-\gamma z}+A_2e^{\gamma z}\\I(z)=\dfrac{1}{Z}(A_1e^{-\gamma z}-A_2e^{\gamma z})\end{cases}\tag{7-31}$$

其中

$$Z=\frac{E_{u_1}}{H_{u_2}}=-\frac{E_{u_2}}{H_{u_1}}\tag{7-32}$$

这里 Z 称为波阻抗，k_c 由波导的边界条件决定，A_1 和 A_2 分别表示波导始端的模式电压入射波和反射波，它们由波导端点条件决定。

7.2.2　导行波的传输特性

1. 传播常数和截止波长

由上一节可知，导波系统中的传播常数为

$$\gamma=\sqrt{k_c^2-k^2}=\sqrt{k_c^2-\omega^2\mu\varepsilon} \tag{7-33}$$

对于 TEM 波，$k_c=0$，$\gamma=\mathrm{j}\omega\sqrt{\mu\varepsilon}=\mathrm{j}\beta$ 为虚数；但对于 TM 波和 TE 波，$k_c\neq 0$ 为一实数，对一定的 k_c 和 μ、ε，随着频率的变化，γ 可能为虚数也可能为实数，对特定的频率，γ 还可以等于零。下面以导波系统中的电场为例介绍各种情况下场的变化规律。

当 $k_c<k$，$\gamma=\mathrm{j}\sqrt{k^2-k_c^2}=\mathrm{j}\beta$（虚数）时，无损导行波的场设为

$$\boldsymbol{E}=\boldsymbol{E}(u_1, u_2)\mathrm{e}^{\mathrm{j}(\omega t-\beta z)}$$

相应的瞬时值为

$$\boldsymbol{E}(t)=\mathrm{Re}[\boldsymbol{E}(u_1, u_2)\mathrm{e}^{\mathrm{j}(\omega t-\beta z)}]=\boldsymbol{E}(u_1, u_2)\cos(\omega t-\beta z)$$

此时导行波的相移常数为

$$\beta=\sqrt{k^2-k_c^2}=\frac{2\pi}{\lambda}\sqrt{1-\left(\frac{\lambda}{\lambda_c}\right)^2} \tag{7-34a}$$

显然这是沿 z 轴方向无衰减地传输的行波。这种状态称为传输状态。

当 $k_c>k$，$\gamma=\sqrt{k_c^2-k^2}=\alpha$（实数）时，有损导行波的场设为

$$\boldsymbol{E}=\boldsymbol{E}(u_1, u_2)\mathrm{e}^{-\alpha z}\mathrm{e}^{\mathrm{j}\omega t}$$

相应的瞬时值为

$$\boldsymbol{E}(t)=\mathrm{Re}[\boldsymbol{E}(u_1, u_2)\mathrm{e}^{-\alpha z}\mathrm{e}^{\mathrm{j}\omega t}]=\boldsymbol{E}(u_1, u_2)\mathrm{e}^{-\alpha z}\cos(\omega t)$$

此时导行波的衰减常数为

$$\alpha=\sqrt{k_c^2-k^2}=\frac{2\pi}{\lambda}\sqrt{\left(\frac{\lambda}{\lambda_c}\right)^2-1} \tag{7-34b}$$

显然，这不是波，不能沿导波系统传输；其时变规律是一种“原地振动”，振幅沿 z 轴以指数规律衰减。这种状态称为截止状态。

当 $k_c=k$，$\gamma=0$ 时，系统处于传输和截止状态之间的临界状态。此时对应的频率称为临界频率或截止频率，记为 f_c，可由下式确定。

$$f_c=\frac{k_c}{2\pi\sqrt{\mu\varepsilon}}=\frac{k_c}{2\pi}v \tag{7-35a}$$

由 $f\lambda=v$，可得相应的临界波长或截止波长 λ_c 为

$$\lambda_c=\frac{v}{f_c}=\frac{2\pi}{k_c} \tag{7-35b}$$

式中，k_c 称为截止波数，即

$$k_c=\frac{2\pi}{\lambda_c} \tag{7-35c}$$

这样，在定义了截止波长 λ_c 和截止频率 f_c 之后，导波系统传输 TM 波和 TE 波的条件可记为

$$f>f_c \text{ 或 } \lambda<\lambda_c \tag{7-36a}$$

而截止条件可记为

$$f<f_c \text{或} \lambda>\lambda_c \tag{7-36b}$$

对于 TEM 波，由于 $k_c=0$，故有 $f_c=0$ 和 $\lambda_c=\infty$。可见 TEM 波在任何频率下都能满足传输条件 $f>f_c$ 或 $\lambda<\lambda_c$，因此均处于传输状态。

2. 波的传播速度

1）相速 v_p 和相波长 λ_p

相速 v_p 是指导波系统中传输电磁波的等相位面沿轴向移动的速度，即

$$v_p=\frac{dz}{dt}=\frac{\omega}{\beta} \tag{7-37a}$$

若将等相位面在一个周期 T 内移动的距离定义为相波长 λ_p，则有

$$\lambda_p=v_pT=\frac{\omega}{\beta}T=\frac{2\pi}{\beta} \tag{7-37b}$$

对于 TEM 波，$\beta=\omega\sqrt{\mu\varepsilon}$，则相速为

$$v_p=\frac{\omega}{\beta}=\frac{\omega}{\omega\sqrt{\mu\varepsilon}}=\frac{1}{\sqrt{\mu\varepsilon}}=v \tag{7-38a}$$

其相波长为

$$\lambda_p=\frac{2\pi}{\beta}=\frac{2\pi}{\omega\sqrt{\mu\varepsilon}}=\frac{v}{f}=\lambda \tag{7-38b}$$

对于 TE 波和 TM 波，分别可得相速和相波长的表达式为

$$v_p=\frac{v}{\sqrt{1-\left(\frac{\lambda}{\lambda_c}\right)^2}} \tag{7-39a}$$

$$\lambda_p=\frac{\lambda}{\sqrt{1-\left(\frac{\lambda}{\lambda_c}\right)^2}} \tag{7-39b}$$

上式中的因子 $\sqrt{1-\left(\frac{\lambda}{\lambda_c}\right)^2}$ 称为波型因子。

2）群速 v_g

群速是指调制波的包络传播的速度，用 v_g 表示，即

$$v_g=\frac{d\omega}{d\beta} \tag{7-40a}$$

由 $\beta^2=\omega^2\mu\varepsilon-k_c^2$，得 $\omega=\sqrt{\frac{\beta^2+k_c^2}{\mu\varepsilon}}$。对 β 求导得 TE 波和 TM 波的群速为

$$v_g=\frac{d\omega}{d\beta}=\frac{1}{\sqrt{\mu\varepsilon}}\frac{\beta}{\sqrt{\beta^2+k_c^2}}=v\sqrt{1-\left(\frac{k_c}{k}\right)^2}=v\sqrt{1-\left(\frac{\lambda}{\lambda_c}\right)^2} \tag{7-40b}$$

可见 $v_g<v$。

群速、相速和光速三者的关系为：$v_g\cdot v_p=v^2$。对于 TEM 波（$\lambda_c\to\infty$），则有

$$v_g=v_p=v \tag{7-40c}$$

3. 波阻抗

波阻抗是电磁波的一个基本参量。它定义为相互正交的横向电场与横向磁场之比，即

$$Z=\frac{E_{u_1}}{H_{u_2}}=-\frac{E_{u_2}}{H_{u_1}} \tag{7-41a}$$

式中下标 u_1、u_2 分别表示场强在广义坐标系中的横向坐标分量。

对于 TEM 波，由于 $\lambda_c \to \infty$，因此对所有的工作波长 λ，TEM 波均处于传输状态。按式(7-41a)定义带入电场强度和与之相伴的磁场强度表达式，可得波阻抗为

$$Z_{\text{TEM}}=\frac{\omega\mu}{k}=\sqrt{\frac{\mu}{\varepsilon}}=\eta \tag{7-41b}$$

其中，η 为平面波的波阻抗。当媒质为空气时，$\eta=\eta_0=\sqrt{\frac{\mu_0}{\varepsilon_0}}=120\pi\approx 377\ \Omega$。

对于 TE 波和 TM 波，由于对不同的工作波长 λ，它们可呈现传输状态或截止状态，因此它们的波阻抗也呈现为不同的性质。当 $f>f_c$ 或 $\lambda<\lambda_c$ 时，TE 波和 TM 波处于传输状态，此时波阻抗为实数，呈电阻性质，即

$$Z_{\text{TE}}=\frac{\omega\mu}{\beta}=\frac{\omega\mu}{k}\frac{1}{\sqrt{1-\left(\frac{k_c}{k}\right)^2}}=\frac{\eta}{\sqrt{1-\left(\frac{\lambda}{\lambda_c}\right)^2}} \tag{7-41c}$$

$$Z_{\text{TM}}=\frac{\beta}{\omega\varepsilon}=\frac{k}{\omega\varepsilon}\sqrt{1-\left(\frac{k_c}{k}\right)^2}=\eta\sqrt{1-\left(\frac{\lambda}{\lambda_c}\right)^2} \tag{7-41d}$$

当 $f<f_c$ 或 $\lambda>\lambda_c$ 时，TE 波和 TM 波处于截止状态，此时波阻抗为虚数，是电抗性质，即

$$Z_{\text{TE}}=\mathrm{j}\,\frac{\omega\mu}{\alpha},\ Z_{\text{TM}}=-\mathrm{j}\,\frac{\alpha}{\omega\varepsilon}$$

式中 $\alpha=\frac{2\pi}{\lambda}\sqrt{\left(\frac{\lambda}{\lambda_c}\right)^2-1}$，由此可见，在截止状态时，$Z_{\text{TE}}$ 为感抗，表明 TE 波型的消失波存储净磁能；Z_{TM} 为容抗，表明 TM 波型的消失波存储净电能。

7.3 矩形波导

矩形波导是横截面为矩形的空心金属管，如图 7-13 所示。图中 a 和 b 分别为矩形波导的宽壁和窄壁尺寸。

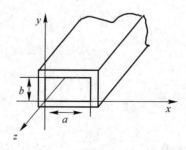

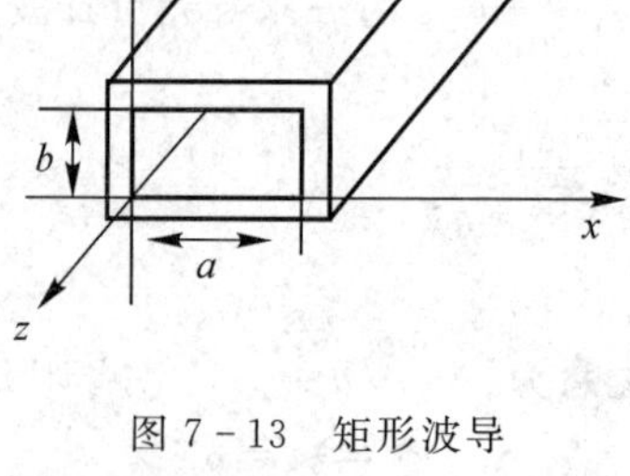

图 7-13　矩形波导

由于矩形波导为单导体的金属管，根据边界条件，波导中不可能传输 TEM 波，只能传输 TE 波或 TM 波。

7.3.1　矩形波导中的 TM 波($H_z=0$)

将 TM 波横向分布函数 ϕ 的亥姆霍兹方程用直角坐标展开：

$$\frac{\partial^2\phi(x,y)}{\partial x^2}+\frac{\partial^2\phi(x,y)}{\partial y^2}+k_c^2\phi(x,y)=0 \tag{7-42}$$

令 $\phi(x,y)=X(x)Y(y)$ 和 $k_c^2=k_x^2+k_y^2$，利用分离变量法，求得其通解为

$$X(x)=C_1\cos(k_x x)+C_2\sin(k_x x) \tag{7-43a}$$

$$Y(y)=C_3\cos(k_y y)+C_4\sin(k_y y) \tag{7-43b}$$

将上式代入 $\phi(x,y)$的表达式，得

$$\phi(x,y)=[C_1\cos(k_x x)+C_2\sin(k_x x)][C_3\cos(k_y y)+C_4\sin(k_y y)] \tag{7-44a}$$

利用 TM 波的边界条件$\phi|_c=0$ 求得横向分布函数为

$$\phi(x,y)=K\sin\left(\frac{m\pi}{a}x\right)\sin\left(\frac{n\pi}{b}y\right) \tag{7-44b}$$

则有截止波数为

$$k_c=\sqrt{k_x^2+k_y^2}=\sqrt{\left(\frac{m\pi}{a}\right)^2+\left(\frac{n\pi}{b}\right)^2} \tag{7-44c}$$

当 $k>k_c$时，TM 波沿传输方向的模式电压和模式电流分别为

$$U(z)=A\mathrm{e}^{-\mathrm{j}\beta z} \tag{7-45a}$$

$$I(z)=\frac{\omega\varepsilon}{\beta}A\mathrm{e}^{-\mathrm{j}\beta z} \tag{7-45b}$$

式中

$$\beta=(k^2-k_c^2)^{\frac{1}{2}}=\left[\omega^2\mu\varepsilon-\left(\frac{m\pi}{a}\right)^2-\left(\frac{n\pi}{b}\right)^2\right]^{\frac{1}{2}}$$

由此得 TM 全部场分量的复数表示式为

$$E_x=-U_0\left(\frac{m\pi}{a}\right)\cos\left(\frac{m\pi}{a}x\right)\sin\left(\frac{n\pi}{b}y\right)\mathrm{e}^{\mathrm{j}(\omega t-\beta z)} \tag{7-46a}$$

$$E_y=-U_0\left(\frac{n\pi}{b}\right)\sin\left(\frac{m\pi}{a}x\right)\cos\left(\frac{n\pi}{b}y\right)\mathrm{e}^{\mathrm{j}(\omega t-\beta z)} \tag{7-46b}$$

$$H_x=\frac{\omega\varepsilon}{\beta}U_0\left(\frac{n\pi}{b}\right)\sin\left(\frac{m\pi}{a}x\right)\cos\left(\frac{n\pi}{b}y\right)\mathrm{e}^{\mathrm{j}(\omega t-\beta z)} \tag{7-46c}$$

$$H_y=-\frac{\omega\varepsilon}{\beta}U_0\left(\frac{m\pi}{a}\right)\cos\left(\frac{m\pi}{a}x\right)\sin\left(\frac{n\pi}{b}y\right)\mathrm{e}^{\mathrm{j}(\omega t-\beta z)} \tag{7-46d}$$

$$E_z=-\mathrm{j}\frac{k_c^2}{\beta}U_0\sin\left(\frac{m\pi}{a}x\right)\sin\left(\frac{n\pi}{b}y\right)\mathrm{e}^{\mathrm{j}(\omega t-\beta z)} \tag{7-46e}$$

$$H_z=0 \tag{7-46f}$$

式中 m 和 n 分别代表场强沿 x 轴和 y 轴方向分布的半波数。一组 m，n 值代表一种横磁波波型，记作 TM_{mn}。由于 $m=0$ 或 $n=0$ 时，所有场分量均为零，因此矩形波导中不存在

TM_{00}、TM_{m0} 及 TM_{0n} 等波型。所以 TM_{11} 是最简单的波型，其余波型为高次波型。

7.3.2 矩形波导中的 TE 波($E_z=0$)

TE 波横向场分布函数 ψ 的亥姆霍兹方程为

$$\nabla_T^2\psi(x,\ y)+k_c^2\psi(x,\ y)=0$$

令 $\phi(x,\ y)=X(x)Y(y)$ 和 $k_c^2=k_x^2+k_y^2$，用类似于 TM 波中 $\phi(x,\ y)$ 的求解过程，可得

$$\psi(x,\ y)=[C_1\cos(k_x x)+C_2\sin(k_x x)][C_3\cos(k_y y)+C_4\sin(k_y y)] \tag{7-47}$$

利用 TE 波的边界条件 $\left.\dfrac{\partial\psi}{\partial n}\right|_c=0$ 求得横向分布函数为

$$\psi(x,\ y)=K\cos\left(\frac{m\pi}{a}x\right)\cos\left(\frac{n\pi}{b}y\right) \tag{7-48a}$$

截止波数为

$$k_c=\sqrt{k_x^2+k_y^2}=\sqrt{\left(\frac{m\pi}{a}\right)^2+\left(\frac{n\pi}{b}\right)^2} \tag{7-48b}$$

当 $k>k_c$ 时，TE 波沿传输方向的模式电压和模式电流分别为

$$\left.\begin{aligned}U(z)&=A\mathrm{e}^{-\mathrm{j}\beta z}\\ I(z)&=\frac{\beta}{\omega\mu}A\mathrm{e}^{-\mathrm{j}\beta z}\end{aligned}\right\} \tag{7-48c}$$

式中

$$\beta=(k^2-k_c^2)^{\frac{1}{2}}=\left[\omega^2\mu\varepsilon-\left(\frac{m\pi}{a}\right)^2-\left(\frac{n\pi}{b}\right)^2\right]^{\frac{1}{2}}$$

由此得 TE 波全部场分量的复数表示式为

$$E_x=U_0\left(\frac{n\pi}{b}\right)\cos\left(\frac{m\pi}{a}x\right)\sin\left(\frac{n\pi}{b}y\right)\mathrm{e}^{\mathrm{j}(\omega t-\beta z)} \tag{7-49a}$$

$$E_y=-U_0\left(\frac{m\pi}{a}\right)\sin\left(\frac{m\pi}{a}x\right)\cos\left(\frac{n\pi}{b}y\right)\mathrm{e}^{\mathrm{j}(\omega t-\beta z)} \tag{7-49b}$$

$$H_x=\frac{\beta}{\omega\mu}U_0\left(\frac{m\pi}{a}\right)\sin\left(\frac{m\pi}{a}x\right)\cos\left(\frac{n\pi}{b}y\right)\mathrm{e}^{\mathrm{j}(\omega t-\beta z)} \tag{7-49c}$$

$$H_y=\frac{\beta}{\omega\mu}U_0\left(\frac{n\pi}{b}\right)\cos\left(\frac{m\pi}{a}x\right)\sin\left(\frac{n\pi}{b}y\right)\mathrm{e}^{\mathrm{j}(\omega t-\beta z)} \tag{7-49d}$$

$$H_z=-\mathrm{j}\frac{k_c^2}{\omega\mu}U_0\cos\left(\frac{m\pi}{a}x\right)\cos\left(\frac{n\pi}{b}y\right)\mathrm{e}^{\mathrm{j}(\omega t-\beta z)} \tag{7-49e}$$

$$E_z=0 \tag{7-49f}$$

式中 m 和 n 分别代表场强沿 x 轴和 y 轴方向分布的半波数。一组 m，n 值代表一种横电波波型，记作 TE_{mn}。由于 $m=0$ 及 $n=0$ 时所有场分量才为零，因此矩形波导中存在 TE_{m0} 和 TE_{0n} 等波型。若 $a>b$，则 TE_{10} 模是最低次波型，其余波型为高次波型。

7.3.3 矩形波导中电磁波型的传输特性

由前面的分析知道矩形波导中 TE 波和 TM 波的截止波数均为

$$k_c=\sqrt{\left(\frac{m\pi}{a}\right)^2+\left(\frac{n\pi}{b}\right)^2}$$

所以 TE 波和 TM 波的截止波长 λ_c 和截止频率 f_c 分别为

$$\lambda_c=\frac{2\pi}{k_c}=\frac{2}{\sqrt{\left(\frac{m}{a}\right)^2+\left(\frac{n}{b}\right)^2}} \tag{7-50a}$$

$$f_c=\frac{v}{\lambda_c}=\frac{1}{2\sqrt{\mu\varepsilon}}\sqrt{\left(\frac{m}{a}\right)^2+\left(\frac{n}{b}\right)^2} \tag{7-50b}$$

可见，截止波长不仅与波导尺寸 a 和 b 有关，而且与决定波型的 m 和 n 有关，此外，截止频率还与介质特性有关。由于不同的 m、n 代表不同的波型，具有不同的场分布；但对同一组 m、n 值，TE 波和 TM 波有相同的截止波长(频率)，即 $(\lambda_c)_{TMmn}=(\lambda_c)_{TEmn}$。这种截止波长(频率)相同而场分布不同的一对波型称为“简并波”。矩形波导中的波型一般都是简并的波型，但 TE_{m0} 和 TE_{0n} 是非简并波，因为矩形波导中不存在 TM_{m0} 波和 TM_{0n} 波。

当波导尺寸 a 和 b 给定时，将不同 m 和 n 代入式(7-50a)中即可得到不同波型的截止波长。

例如：对于常用 BJ-100 型波导，其标称尺寸为 $a\times b=22.86\ \text{mm}\times10.16\ \text{mm}$，故可计算出各波型的 λ_c 值，其分布如图 7-14 所示。

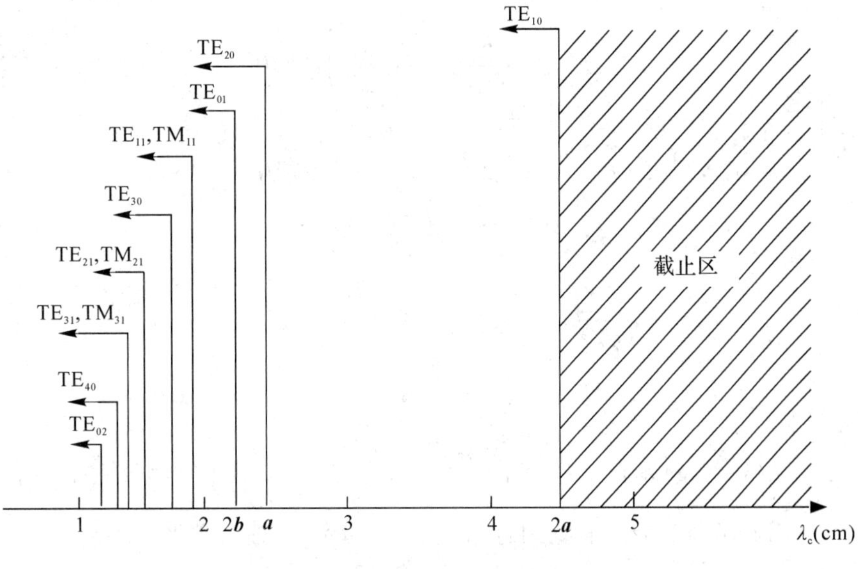

图 7-14　BJ-100 型波导不同波型截止波长的分布图

从图 7-14 中可以看出，TE_{10} 模的截止波长最长，它右边的阴影区域为截止区。

(1) 当工作波长 $\lambda=5$ cm 时，波导对所有的波型都截止，此时的波导称为“截止波导”；

(2) 当工作波长 $\lambda=4$ cm 时，波导只能传输 TE_{10} 模，此时的波导称为“单模波导”；

(3) 当工作波长 $\lambda=1.5$ cm 时，波导可同时传输 TE_{10}、TE_{20}、TE_{01}、TE_{11}、TM_{11} 及 TE_{30} 等波型，此时的波导称为“多模波导”。

通常矩形波导工作在 TE_{10} 单模传输情况，这是因为 TE_{10} 模容易实现单模传输。而且，当工作频率一定时传输 TE_{10} 模的波导尺寸最小；若波导尺寸一定，则实现单模传输的频带最宽。为了实现 TE_{10} 单模传输，则要求电磁波的工作波长必须满足下列条件：

$$\lambda_c(TE_{20})<\lambda<\lambda_c(TE_{10}),\ \lambda>\lambda_c(TE_{01}) \tag{7-51a}$$

即

$$a<\lambda<2a,\ \lambda>2b \tag{7-51b}$$

当工作波长给定时，若要实现 TE_{10} 单模传输，则波导尺寸必须满足：

$$\frac{\lambda}{2}<a<\lambda,\ b<\frac{\lambda}{2} \tag{7-51c}$$

7.3.4　矩形波导中 TE_{10} 模

1. TE_{10} 模的特性

为了对 TE_{10} 模进行定性或定量分析，一般需从它的场分布图出发。所谓场分布图，就是在固定时刻，用电力线和磁力线表示某种波型场强空间变化规律的图形。

根据式(7-49)，当 $m=1$，$n=0$ 时，可得 TE_{10} 模的场分量为

$$E_y=-U_0\left(\frac{\pi}{a}\right)\sin\left(\frac{\pi}{a}x\right)e^{j(\omega t-\beta z)} \tag{7-52a}$$

$$H_x=\frac{\beta}{\omega\mu}U_0\left(\frac{\pi}{a}\right)\sin\left(\frac{\pi}{a}x\right)e^{j(\omega t-\beta z)} \tag{7-52b}$$

$$H_z=-j\frac{k_c^2}{\omega\mu}U_0\cos\left(\frac{\pi}{a}x\right)e^{j(\omega t-\beta z)} \tag{7-52c}$$

$$E_x=H_y=E_z=0 \tag{7-52d}$$

令 $-\pi U_0/a=E_0$，则式(7-52a)～式(5-52d)可化简为

$$E_y=E_0\sin\left(\frac{\pi}{a}x\right)e^{j(\omega t-\beta z)} \tag{7-52e}$$

$$H_x=-\frac{\beta}{\omega\mu}E_0\sin\left(\frac{\pi}{a}x\right)e^{j(\omega t-\beta z)} \tag{7-52f}$$

$$H_z=j\frac{1}{\omega\mu}\frac{\pi}{a}E_0\cos\left(\frac{\pi}{a}x\right)e^{j(\omega t-\beta z)} \tag{7-52g}$$

式(7-52e)～式(5-52g)表明 TE_{10} 模的场分量 E_y、H_x 和 H_z 间相位差 $\frac{\pi}{2}$，由于 $n=0$，场强与 y 无关，因此场分量沿 y 轴均匀分布。各场分量沿 x 轴的变化规律为

$$E_y\propto\sin\left(\frac{\pi}{a}x\right),\ H_x\propto\sin\left(\frac{\pi}{a}x\right),\ H_z\propto\cos\left(\frac{\pi}{a}x\right)$$

场分量沿 x 轴的变化曲线如图 7-15(a)所示。在 $x=0$ 及 $x=a$ 处，$E_y=0$，$H_x=0$，而 H_z 达最大值；在 $x=\frac{a}{2}$ 处，E_y 和 H_x 达最大值，而 $H_z=0$。场分量随 z 的分布曲线如图 7-15(b)所示。波导横截面上的场分布如图 7-15(c)所示。某一时刻 TE_{10} 模完整的场分布如图 7-15(d)所示，随时间的推移场分布图以相速 v_p 沿传输方向移动。

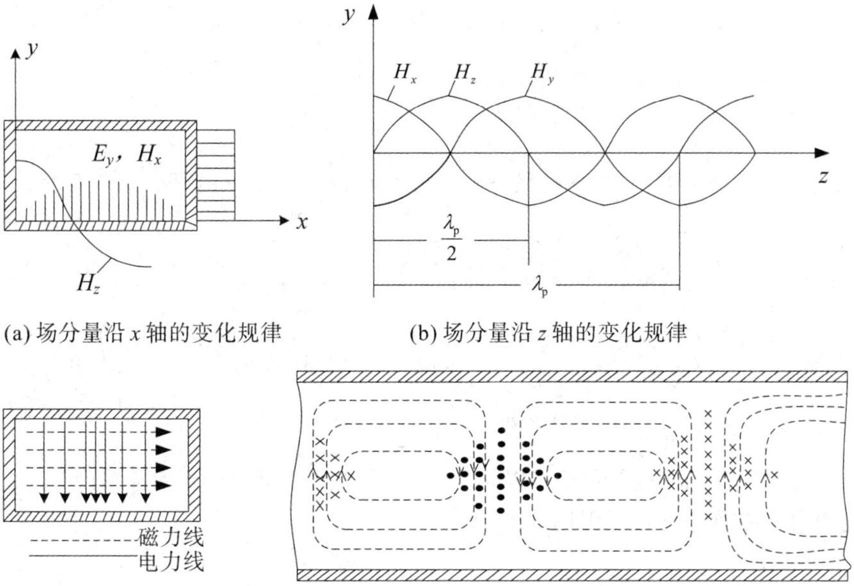

(a) 场分量沿 x 轴的变化规律　(b) 场分量沿 z 轴的变化规律

(c) 矩形波导横截面上的场分布　(d) 矩形波导纵剖面上的场分布

图 7－15　矩形波导 TE_{10} 模场分量的分布规律

2. 壁电流分布

当波导内传输电磁波时，波导内壁上将会感应高频电流。这种电流属传导电流，称为壁电流。由于假定波导壁是由理想导体构成，因此壁电流只存在于波导的内表面。

壁电流是由波导壁上磁场的切向分量产生的，它们之间的关系式为

$$\boldsymbol{J}_S=\boldsymbol{n}\times\boldsymbol{H}_t \tag{7-53}$$

式中 $\boldsymbol{n}$ 为波导内壁的法向单位矢量，$\boldsymbol{H}_t$ 为波导壁上的切向磁场。根据矩形波导 TE_{10} 模的各磁场分量，由式(7－53)可知，在左右两侧壁上壁电流分量 J_S 由 H_z 确定；在上下两壁上，壁电流分量 J_{Sz} 由 H_x 确定，而 J_{Sx} 或 J_{Sy} 由 H_z 确定。则矩形波导各壁的壁面电流计算如下：

$$\begin{aligned}\boldsymbol{J}_S\big|_{x=0}&=\boldsymbol{n}\times H_t=\boldsymbol{e}_x\times\boldsymbol{e}_zH_z=-\boldsymbol{e}_yH_z=-\boldsymbol{e}_y\left[\mathrm{j}\,\frac{\pi}{a\omega\mu}E_0\cos\left(\frac{\pi}{a}x\right)\mathrm{e}^{\mathrm{j}(\omega t-\beta z)}\right]\Bigg|_{x=0}\\&=-\boldsymbol{e}_y\left[\mathrm{j}\,\frac{\pi}{a\omega\mu}E_0\mathrm{e}^{\mathrm{j}(\omega t-\beta z)}\right]=-\boldsymbol{e}_yJ_y\end{aligned}$$

$$\begin{aligned}\boldsymbol{J}_S\big|_{x=a}&=\boldsymbol{n}\times H_t=-\boldsymbol{e}_x\times\boldsymbol{e}_zH_z=\boldsymbol{e}_yH_z=\boldsymbol{e}_y\left[\mathrm{j}\,\frac{\pi}{a\omega\mu}E_0\cos\left(\frac{\pi}{a}x\right)\mathrm{e}^{\mathrm{j}(\omega t-\beta z)}\right]\Bigg|_{x=a}\\&=-\boldsymbol{e}_y\left[\mathrm{j}\,\frac{\pi}{a\omega\mu}E_0\mathrm{e}^{\mathrm{j}(\omega t-\beta z)}\right]=-\boldsymbol{e}_yJ_y\end{aligned}$$

$$\begin{aligned}\boldsymbol{J}_{Sx}\big|_{y=0}&=\boldsymbol{n}\times\boldsymbol{H}_t=\boldsymbol{e}_y\times\boldsymbol{e}_xH_x=-\boldsymbol{e}_zH_x=-\boldsymbol{e}_z\left[-\frac{\beta}{\omega\mu}E_0\sin\left(\frac{\pi}{a}x\right)\mathrm{e}^{\mathrm{j}(\omega t-\beta z)}\right]\Bigg|_{y=0}\\&=\boldsymbol{e}_z\left[\frac{\beta}{\omega\mu}E_0\sin\left(\frac{\pi}{a}x\right)\mathrm{e}^{\mathrm{j}(\omega t-\beta z)}\right]=\boldsymbol{e}_zJ_z\end{aligned}$$

$$\boldsymbol{J}_{Sx}\big|_{y=b}=\boldsymbol{n}\times\boldsymbol{H}_{\mathrm{t}}=-\boldsymbol{e}_y\times\boldsymbol{e}_x H_x=\boldsymbol{e}_z H_x=\boldsymbol{e}_z\left[-\frac{\beta}{\omega\mu}E_0\sin\left(\frac{\pi}{a}x\right)\mathrm{e}^{\mathrm{j}(\omega t-\beta z)}\right]\Bigg|_{y=b}$$

$$=-\boldsymbol{e}_z\left[\frac{\beta}{\omega\mu}E_0\sin\left(\frac{\pi}{a}x\right)\mathrm{e}^{\mathrm{j}(\omega t-\beta z)}\right]=-\boldsymbol{e}_z J_z$$

$$\boldsymbol{J}_{Sz}\big|_{y=0}=\boldsymbol{n}\times\boldsymbol{H}_t=\boldsymbol{e}_y\times\boldsymbol{e}_z H_z=\boldsymbol{e}_x H_z=\boldsymbol{e}_x\left[\mathrm{j}\,\frac{\pi}{a\omega\mu}E_0\cos\left(\frac{\pi}{a}x\right)\mathrm{e}^{\mathrm{j}(\omega t-\beta z)}\right]\Bigg|_{y=0}$$

$$=\boldsymbol{e}_x\left[\mathrm{j}\,\frac{\pi}{a\omega\mu}E_0\cos\left(\frac{\pi}{a}x\right)\mathrm{e}^{\mathrm{j}(\omega t-\beta z)}\right]=\boldsymbol{e}_x J_x$$

$$\boldsymbol{J}_{Sz}\big|_{y=b}=\boldsymbol{n}\times\boldsymbol{H}_{\mathrm{t}}=-\boldsymbol{e}_y\times\boldsymbol{e}_z H_z=-\boldsymbol{e}_x H_z=-\boldsymbol{e}_x\left[\mathrm{j}\,\frac{\pi}{a\omega\mu}E_0\cos\left(\frac{\pi}{a}x\right)\mathrm{e}^{\mathrm{j}(\omega t-\beta z)}\right]\Bigg|_{y=b}$$

$$=-\boldsymbol{e}_x\left[\mathrm{j}\,\frac{\pi}{a\omega\mu}E_0\cos\left(\frac{\pi}{a}x\right)\mathrm{e}^{\mathrm{j}(\omega t-\beta z)}\right]=-\boldsymbol{e}_x J_x$$

因此，由 TE_{10} 模的磁场分布可以描绘出其壁电流分布图，矩形波导 TE_{10} 模的场分布及模壁电流分布如图 7－16 和图 7－17 所示。

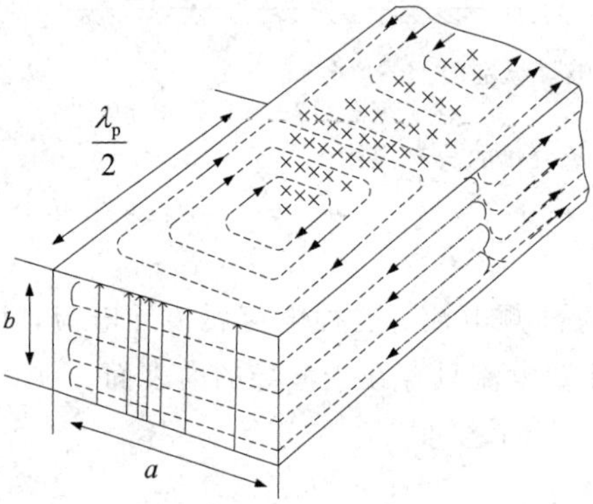

图 7－16　矩形波导 TE_{10} 模的场分布图

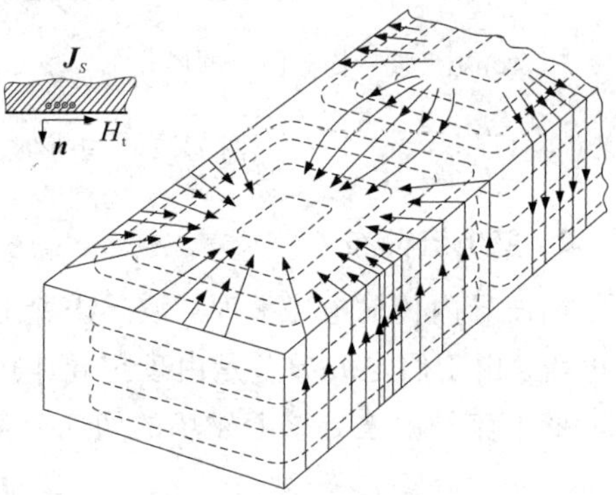

图 7－17 矩形波导的 TE_{10} 模壁电流分布

7.3.5　电磁波在矩形波导中传输的可视化

为了解决电磁理论概念抽象、时空分布复杂等教学难题，本节介绍 MATLAB 在该领域驻波、行波等方面动画演示中的应用。主要介绍 MATLAB 动画技术分类、特点和实施步骤。在 MATLAB 中实现动画制作需要用到 getframe、movie 和 movie2avi 等函数，本节先简单介绍相关函数，然后再运用函数完成实例演示。

1. 动画演示函数

在 MATLAB 中，创建动画的过程分两步。第一步，调用 getframe 函数生成每个帧的信息。getframe 函数可以捕捉每一个帧画面，并将画面数据保存为一个结构。一般配合 for 循环语句得到一系列动画帧，并按顺序存储于一个阵列中，从而完成动画矩阵的建立。第二步，调用 movie2avi 函数将阵列中的一系列动画帧转换成视频.avi 文件，这样可以实现脱离 MATLAB 环境的动画播放。如果需要实时播放而不保存在文件中，则使用 movie 命令播放这些动画帧序列即可。

编程的基本思路如下：定义时间变量、空间变量和相应的函数式，通过循环不断增加时间变量，作图并保持一定时间后擦除原图，再重作图，并在一段时间内连续演示，这样就形成了动画。

getframe 函数有以下三种调用格式：

(1) F＝getf rame，从当前图形框中得到动画帧；

(2) F＝getf rame(h)，从图形句柄 h 中得到动画帧；

(3) F＝getframe(h，rect)，从图形句柄 h 的指定区域 rect 中得到动画帧。

movie2avi 函数调用形式如下：

movie2avi(mov，"filename")，将 getframe 捕捉到的一系列帧图像 mov 转换并写入到 filename 中。

movie 函数使用比较简单，其基本格式如下：

Movie(mov，n，fps)，将保存在 mov 变量中的帧序列按照 fps 设定的速度(帧/秒)播放 n 次。如果采用默认设置，也可以简单用 movie(mov)来播放动画帧序列。

2. 矩形波导中传输的电磁波

TE_{10} 模是矩形波导中最常用的一种模式，它具有最低的截止频率和最长的截止波长，因此称其为矩形波导的基模。当工作频率 $f>f_c$ 时，波导中只传输 TE_{10} 模，即实现单模传输。此时有 $m=1$，$n=0$，$kx=\frac{\pi}{a}$，$ky=0$，则 TE_{10} 模电磁场的各场分量复数表达式为

$$E_y=E_0\sin\left(\frac{\pi}{a}x\right)e^{j(\omega t-\beta z)}$$

$$H_x=-\frac{\beta}{\omega\mu}E_0\sin\left(\frac{\pi}{a}x\right)e^{j(\omega t-\beta z)}$$

$$H_z=j\frac{1}{\omega\mu}\frac{\pi}{a}E_0\cos\left(\frac{\pi}{a}x\right)e^{j(\omega t-\beta z)}$$

式中 E_0 为待定常数，它是波导内 TE_{10} 模的 E_y 振幅，其值由激励波导内场的功率决定。

瞬时值表达式为

$$E_y=E_0\sin\left(\frac{\pi}{a}x\right)\sin(\omega t-\beta z)$$

$$H_x=-\frac{\beta}{\omega\mu}E_0\sin\left(\frac{\pi}{a}x\right)\cos(\omega t-\beta z)$$

$$H_z=\frac{1}{\omega\mu}\frac{\pi}{a}E_0\cos\left(\frac{\pi}{a}x\right)\sin(\omega t-\beta z)$$

运用 MATLAB 编程绘出 TE_{10} 模在波导中传输的动态图，具体 MATLAB 程序如下：

```
ao=22.86;
bo=10.16;                          % 矩形波导尺寸，单位为 mm
u=4 * pi * 10^(-7);                % 磁导率
d=8;                               % 箭头个数
H0=1;
f=9.84 * 10^9;                     % 工作频率
T=1/f;
t=0;
```

```
a=ao/1000;                                  % 单位换算成 m
b=bo/1000;                                  % 单位换算成 m
lamdac=2 * a;                               % TE10 模的截止波长
lamda0=3 * 10^8/f;                          % 工作波长
if(lamda0>lamdac)                           % 工作波长大于截至波长则模式截至，停止运算
    return;
else
    clf;
    lamdag=lamda0/((1 -(lamda0/lamdac)^2)^0.5);  % 波导波长
    c=lamdag;                               % 传输方向长度取一个波导波长
    Beta=2 * pi/lamdag;                     % 相移常数
    w=Beta * 3 * 10^8;                      % 角频率
    t=0;                                    % 初始时刻
    x=0: a/d: a;
    y=0: b/d: b;
    z=0: c/d: c;
    [x1, y1, z1]=meshgrid(x, y, z);
    for i=1: 30
        hx=-Beta. * a. * H0. * sin(pi./a. *  x1). * cos(w * t -Beta. * z1)./pi;
        hz=H0 . * cos(pi./a. * x1). * sin(w * t -z1. *  Beta);
        hy=zeros( size(y1));                % 磁场的三个分量赋值
        H=quiver3(z1, x1, y1, hz, hx, hy, 'b');
        hold on;
        x2=x1 -0.001;
        y2=y1 -0.001;
        z2=z1 -0.001;
        ex=zeros( size(x2));
        ey=w. * u. * a. *  H0. * sin( pi./a. * x2). *  cos( w  *  t -Beta . *  z2)./pi;
        ez=zeros( size(z2));                % 电场的三个分量赋值
        E=quiver3 ( z2, x2, y2, ez, ex, ey, 'r');
        view(-25, 60);
        mov(i)=getframe(gcf);
        hold on;
        pause(0.01);
        t=t+T * 0.1;
        hold off;
    end
end
videowriter(mov, '矩形波导中的 TE 模.avi');
```

如图 7-18 所示为电力线与磁力线在不同时刻的截图。

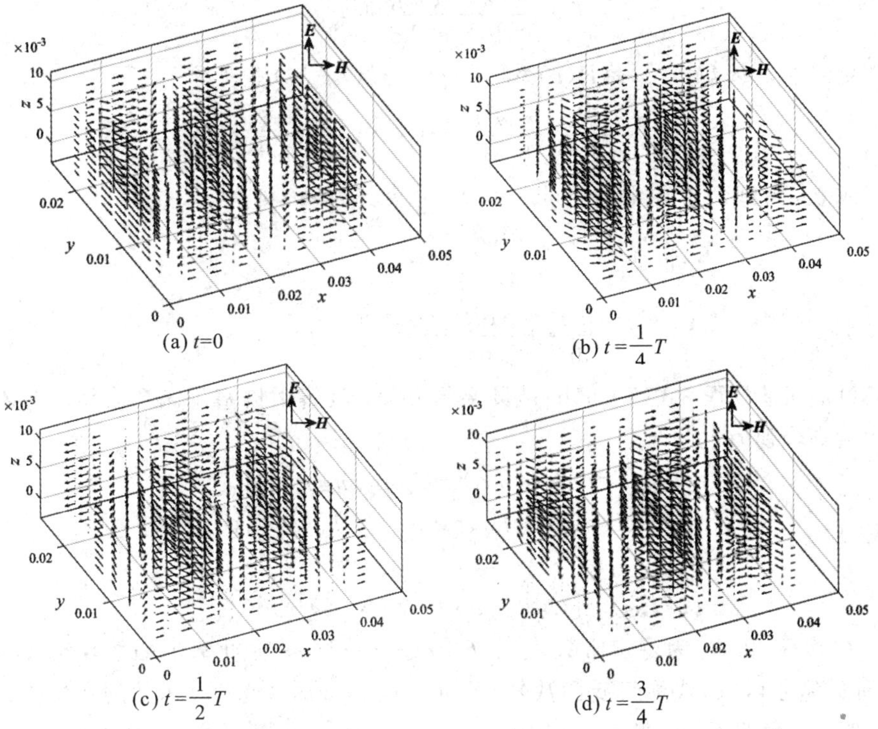

图 7-18　矩形波导中 TE_{10} 模的电磁场分布

7.4 圆 波 导

圆波导是横截面为圆形的空心金属管，如图 7-19 所示，其尺寸为半径 R。

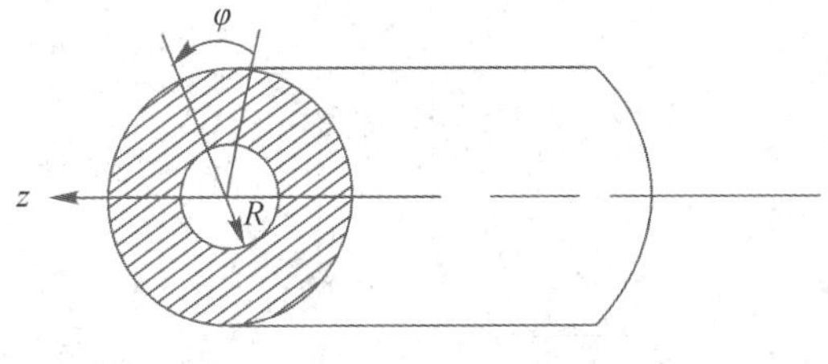

图 7-19　圆波导

由于圆波导具有轴对称性，因此宜采用圆柱坐标来分析。分析圆波导中电磁波传输特性的方法类似于矩形波导。首先求解横向分布函数 $\phi(r, \varphi)$，再根据圆波导 TE 波和 TM 波的边界条件确定截止波数 k_c，最后运用波导的基本关系式得到相应波型的场分量表达式。

对于圆波导有

$$\nabla^2=\frac{1}{r}\frac{\partial}{\partial r}\left(r\frac{\partial}{\partial r}\right)+\frac{1}{r^2}\frac{\partial^2}{\partial \varphi^2}+\frac{\partial^2}{\partial z^2}$$

将横向分布函数 $\phi(r, \varphi)$ 的亥姆霍兹方程在圆柱坐标系中展开得

$$\frac{\partial^2 \phi}{\partial r^2}+\frac{1}{r}\frac{\partial \phi}{\partial r}+\frac{1}{r^2}\frac{\partial^2 \phi}{\partial \varphi^2}+k_c^2\phi=0 \tag{7-54}$$

利用分离变量法，令 $\phi(r, \varphi)=R(r)\Phi(\varphi)$，代入式(7-54)整理得

$$\frac{r}{R}\frac{\partial R}{\partial r}+\frac{r^2}{R}\frac{\partial^2 R}{\partial r^2}+k_c^2 r^2=-\frac{1}{\Phi}\frac{\partial^2 \Phi}{\partial \varphi^2}$$

要使上式成立，等式两边必须等于同一常数，并令其为 m^2 则有

$$\frac{\mathrm{d}^2\Phi}{\mathrm{d}\varphi^2}+m^2\Phi=0 \tag{7-55a}$$

$$r^2\frac{\mathrm{d}^2R}{\mathrm{d}r^2}+r\frac{\mathrm{d}R}{\mathrm{d}r}+(k_c^2-m^2)R=0 \tag{7-55b}$$

式(7-55a)是简谐方程，式(7-55b)是贝塞尔方程，其解由贝塞尔函数表示。上述两个微分方程的通解分别为

$$\Phi(\varphi)=C_1\cos(m\varphi)+C_2\sin(m\varphi)=C_{\sin(m\varphi)}^{\cos(m\varphi)}$$
$$R(r)=C_3J_m(k_c r)+C_4N_m(k_c r)$$

则

$$\phi(r, \varphi)=[C_3J_m(k_c r)+C_4N_m(k_c r)]C_{\sin(m\varphi)}^{\cos(m\varphi)} \tag{7-55c}$$

式中 C_1、C_2、C_3 和 C_4 为待定常数，$J_m(k_c r)$是第一类 m 阶贝塞尔函数，$N_m(k_c r)$是第二类 m 阶贝塞尔函数(或称纽曼函数)。当 $m=0, 1, 2$ 时，这两种函数的变化曲线分别如图 7-20 所示。由图可知，当 $k_c r\to 0$ 时，$N_m(k_c r)\to\infty$。而场量在 $r=0$ 处总是一有限值，所以必须有 $C_4=0$。令 $CC_3=K$，则式(7-55c)简化为

$$\phi(r, \varphi)=KJ_m(k_c r)_{\sin(m\varphi)}^{\cos(m\varphi)} \tag{7-55d}$$

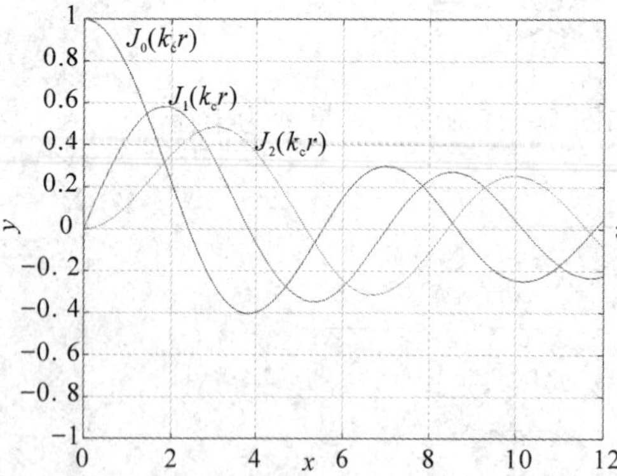

(a) 0、1、2阶第一类贝塞尔函数图

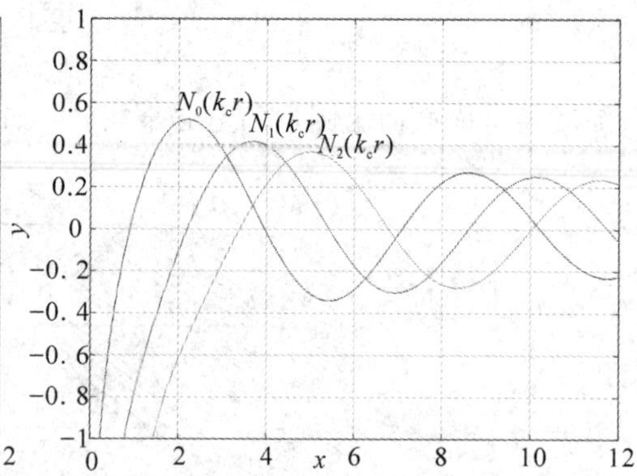

(b) 0、1、2阶第二类贝塞尔函数图

图 7-20 贝塞尔函数变化曲线

下面根据边界条件，分别求圆波导 TM 波和 TE 波的场分量表达式。

7.4.1 圆波导中的 TM 波

将 TM 波的边界条件$\phi(r, \varphi)\big|_{r=R}=0$ 代入式(7-55d)可得

$$J_m(k_c R)=0$$

设 v_{mn} 为 $J_m(k_c R)=0$ 的第 n 个根，即第一类 m 阶贝塞尔函数的第 n 个根，这里 $n=$

1，2，3，…。由 $k_cR=v_{mn}$ 可得 TM 波的截止波数为

$$k_c=\frac{v_{mn}}{R} \tag{7-56a}$$

于是，得到 TM 波的横向分布函数为

$$\phi(r,\varphi)=KJ_m\left(\frac{v_{mn}}{R}r\right)\begin{matrix}\cos(m\varphi)\\ \sin(m\varphi)\end{matrix} \tag{7-56b}$$

由此可得 TM 波的各场分量表达式：

$$E_r=E_0J'_m\left(\frac{v_{mn}}{R}r\right)\begin{matrix}\cos(m\varphi)\\ \sin(m\varphi)\end{matrix}\mathrm{e}^{\mathrm{j}(\omega t-\beta z)} \tag{7-57a}$$

$$E_\varphi=\mp\frac{R}{v_{mn}}\frac{m}{r}E_0J_m\left(\frac{v_{mn}}{R}r\right)\begin{matrix}\sin(m\varphi)\\ \cos(m\varphi)\end{matrix}\mathrm{e}^{\mathrm{j}(\omega t-\beta z)} \tag{7-57b}$$

$$H_r=\pm\frac{R}{v_{mn}}\frac{\omega\varepsilon}{\beta}\frac{m}{r}E_0J_m\left(\frac{v_{mn}}{R}r\right)\begin{matrix}\sin(m\varphi)\\ \cos(m\varphi)\end{matrix}\mathrm{e}^{\mathrm{j}(\omega t-\beta z)} \tag{7-57c}$$

$$E_z=\mathrm{j}\frac{v_{mn}}{R\beta}E_0J_m\left(\frac{v_{mn}}{R}r\right)\begin{matrix}\cos(m\varphi)\\ \sin(m\varphi)\end{matrix}\mathrm{e}^{\mathrm{j}(\omega t-\beta z)} \tag{7-57d}$$

$$H_z=0 \tag{7-57e}$$

因为 $n\neq0$，所以圆波导中不存在 TM_{m0} 波，但存在 TM_{0n} 波和 TM_{mn} 波。圆波导 TM 波的波阻抗为

$$Z_{TM}=\frac{E_r}{H_\varphi}=-\frac{E_\varphi}{H_r}=\frac{\beta}{\omega\varepsilon} \tag{7-58a}$$

其中，相移常数 β 的表达式为

$$\beta=\sqrt{\omega^2\mu\varepsilon-\left(\frac{v_{mn}}{R}\right)^2} \tag{7-58b}$$

7.4.2　圆波导中的 TE 波

对于 TE 波，与上述方法类似，可求得它的各场分量表达式为

$$E_\varphi=E_0J'_m\left(\frac{\mu_{mn}}{R}r\right)\begin{matrix}\cos(m\varphi)\\ \sin(m\varphi)\end{matrix}\mathrm{e}^{\mathrm{j}(\omega t-\beta z)} \tag{7-59a}$$

$$E_r=\pm\frac{R}{\mu_{mn}}\frac{m}{r}E_0J_m\left(\frac{\mu_{mn}}{R}r\right)\begin{matrix}\sin(m\varphi)\\ \cos(m\varphi)\end{matrix}\mathrm{e}^{\mathrm{j}(\omega t-\beta z)} \tag{7-59b}$$

$$H_\varphi=\mp\frac{R}{\mu_{mn}}\frac{\beta}{\omega\mu}\frac{m}{r}E_0J_m\left(\frac{\mu_{mn}}{R}r\right)\begin{matrix}\sin(m\varphi)\\ \cos(m\varphi)\end{matrix}\mathrm{e}^{\mathrm{j}(\omega t-\beta z)} \tag{7-59c}$$

$$H_r=\frac{\beta}{\omega\mu}E_0J'_m\left(\frac{\mu_{mn}}{R}r\right)\begin{matrix}\cos(m\varphi)\\ \sin(m\varphi)\end{matrix}\mathrm{e}^{\mathrm{j}(\omega t-\beta z)} \tag{7-59d}$$

$$H_z=\mathrm{j}\frac{\mu_{mn}}{R}\frac{1}{\omega\mu}E_0J_m\left(\frac{\mu_{mn}}{R}r\right)\begin{matrix}\cos(m\varphi)\\ \sin(m\varphi)\end{matrix}\mathrm{e}^{\mathrm{j}(\omega t-\beta z)} \tag{7-59e}$$

$$E_z=0 \tag{7-59f}$$

式中：μ_{mn} 为第一类 m 阶贝塞尔函数导函数的第 n 个根，即 $k_cR=\mu_{mn}(n=1,2,\cdots)$。于是，圆波导中 TE 波的截止波数为

$$k_c=\frac{\mu_{mn}}{R} \tag{7-60a}$$

显然圆波导中不存在 TE_{m0} 波，但存在 TE_{0n} 波和 TE_{mn} 波。圆波导 TE 波的波阻抗为

$$Z_{TE}=\frac{E_r}{H_\varphi}=-\frac{E_\varphi}{H_r}=\frac{\omega\mu}{\beta} \tag{7-60b}$$

其中，相移常数 β 的表达式为

$$\beta=\sqrt{\omega^2\mu\varepsilon-\left(\frac{\mu_{mn}}{R}\right)^2} \tag{7-60c}$$

7.4.3 截止波长及波型简并

由 TM 波和 TE 波的截止波数可求得相应的截止波长，它们分别为

$$\lambda_c(TM_{mn})=\frac{2\pi R}{v_{mn}},\ \lambda_c(TE_{mn})=\frac{2\pi R}{\mu_{mn}} \tag{7-61}$$

表 7-2 和表 7-3 列出了圆波导中一些 TM 波和 TE 波的截止波长 λ_c 值。

表 7-2 $J_m(x)$的 v_{mn} 值

m \ n	1	2	3	4
0	2.4048	5.5201	8.6537	11.7915
1	3.8317	7.0156	10.1735	13.3237
2	5.356	8.4172	11.6198	14.7960
3	6.3802	9.7610	13.0152	16.2235

表 7—3 $J'_m(x)$的 μ_{mn} 值

m \ n	1	2	3	4
0	3.8317	7.0156	10.1735	13.3237
1	1.8412	5.3314	8.5363	11.7060
2	3.0542	6.7061	9.9695	13.1704
3	4.2012	8.0152	11.3459	14.5858

由表中的 λ_c 值可画出圆波导不同波型的截止波长分布图，如图 7-21 所示。其中 TE_{11} 模的截止波长最长，因此 TE_{11} 模是圆波导传输的主模，TE_{11} 单模传输的条件为：$2.62R<\lambda<3.41R$。

圆波导波型下标 m 代表场沿圆周方向分布的整驻波数，n 代表沿半径方向场分量出现的最大值个数。不同的 m 和 n 值代表不同的波型，具有不同的场分布。

圆波导波型的简并有两种类型。一种是极化简并，即同一组 m 和 n 值，场沿 φ 方向存在 $\sin(m\varphi)$ 和 $\cos(m\varphi)$ 两种分布，二者的传播特性相同，但极化面互相垂直。另一种是 $E-H$ 简并，即截止波长 λ_c 值相同 E 波和 H 波的简并。根据贝塞尔函数的性质 $J'_0(x)=-J_1(x)$，所以它们的零点相等，即 $\mu_{0n}=v_{1n}$，故圆波导中的 TE_{0n} 模和 TM_{1n} 模

属于这类简并。和矩形波导不同，由于 TE，TM 截止波长的不同物理意义，TE_{mn} 和 TM_{mn} 不发生简并。

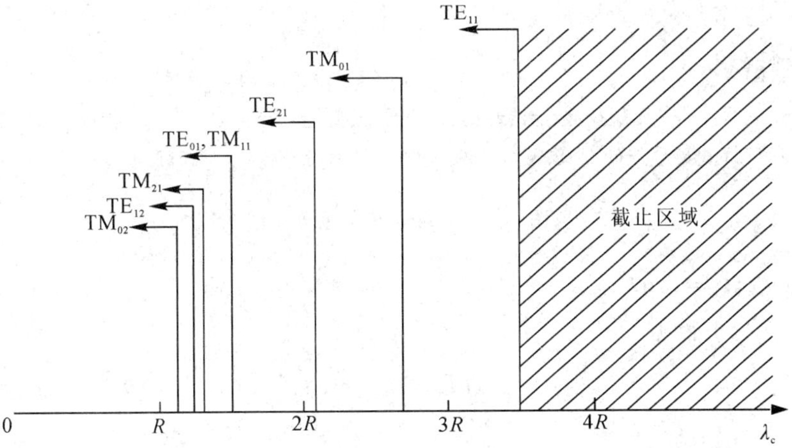

图 7－21　圆波导波型 λ_c 的分布图

7.4.4　圆波导中的三个主要模式

圆波导中有无限多个模式存在，最常用的三个主要模式为 TE_{11}、TE_{01} 和 TM_{01} 模。下面分别介绍这三种模式的特点和它们的应用。

1. TE_{11} 模($\lambda_c = 3.41R$)

TE_{11} 模中的 $m=1$，$n=1$，其场表示为

$$E_r = -\mathrm{j}\frac{\omega\mu}{k_c^2 r}H_0 J_1\left(\frac{\mu_{11}}{R}r\right)\sin\varphi \mathrm{e}^{-\mathrm{j}\beta z}$$

$$E_\varphi = \mathrm{j}\frac{\omega\mu}{k_c}H_0 J'_1\left(\frac{\mu_{11}}{R}r\right)\cos\varphi \mathrm{e}^{-\mathrm{j}\beta z}$$

$$H_r = -\mathrm{j}\frac{\beta}{k_c}H_0 J'_1\left(\frac{\mu_{11}}{R}r\right)\cos\varphi \mathrm{e}^{-\mathrm{j}\beta z}$$

$$H_\varphi = \mathrm{j}\frac{\beta}{k_c^2}H_0 J'_1\left(\frac{\mu_{11}}{R}r\right)\cos\varphi \mathrm{e}^{-\mathrm{j}\beta z}$$

$$H_z = H_0 J_1\left(\frac{\mu_{11}}{R}r\right)\cos\varphi \mathrm{e}^{-\mathrm{j}\beta z}$$

相波长为

$$\lambda_p = \frac{\lambda}{\sqrt{1-\left(\frac{\lambda}{3.41R}\right)^2}}$$

TE_{11} 模的场分布如图 7－22 所示。其中图 7－22(a)表示圆波导横截面上的电磁场分布；图 7－22(b)表示圆波导纵剖面上的电场分布；图 7－22(c)表示圆波导壁上的壁电流分布。

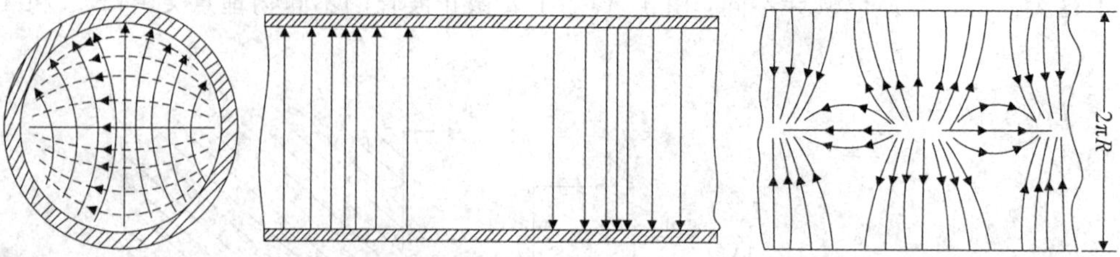

(a) 圆波导横截面上的电磁场分布　(b) 圆波导纵剖面上的电场分布　(c) 圆波导壁上的壁电流分布

图 7-22　TE_{11} 模的场分布图

2. TE_{01} 模($\lambda_c = 1.64R$)

TE_{01} 模的场方程为

$$E_\varphi = -j\frac{\omega\mu R}{3.832}H_0 J_1\left(\frac{3.832}{R}r\right)e^{-j\beta z}$$

$$E_r = -j\frac{\beta R}{3.832}H_0 J_1\left(\frac{3.832}{R}r\right)e^{-j\beta z}$$

$$E_z = H_0 J_1\left(\frac{3.832}{R}r\right)e^{-j\beta z}$$

截止波长为

$$\lambda_c = \frac{2\pi R}{3.832} = 1.641R$$

相波长为

$$\lambda_p = \frac{\lambda}{\sqrt{1-\left(\frac{\lambda}{1.64R}\right)^2}}$$

为了揭示 TE_{01} 的小衰减特点，让我们考察其壁电流：

$$\boldsymbol{J}_S = \boldsymbol{n}\times\boldsymbol{H}_z$$

可见，电流只有负方向分量，也即 TE_{01} 模壁电流只有横向分量，衰减常数 α 随 f 上升而下降。

$$a_{H01} = \frac{R_S}{R\sqrt{\frac{\mu}{\varepsilon}}} = \frac{\left(\frac{\lambda}{\lambda_c}\right)^2}{\sqrt{1-\left(\frac{\lambda}{\lambda_c}\right)^2}}\cdot 8.686$$

所以，TE_{01} 波可以做高 Q 谐振腔和毫米波远距离传输。

TE_{01} 模的场分布如图 7-23 所示。其中，图 7-23(a)表示圆波导横截面上的电磁场分布；图 7-23(b)表示圆波导纵剖面上的电磁场分布；图 7-23(c)表示圆波导壁上的壁电流的分布。

3. TM_{01} 模($\lambda_c = 2.62R$)

TM_{01} 模的场方程为

$$E_r = -j\frac{\beta}{k_c}E_0 J'_0\left(\frac{v_{01}}{R}r\right)e^{-j\beta z}$$

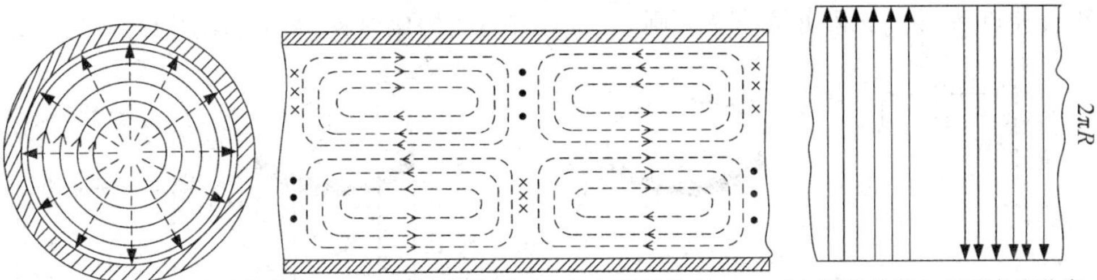

(a) 圆波导横截面上的电磁场分布 (b) 圆波导纵剖面上的电磁场分布 (c) 圆波导壁上的壁电流分布

图 7 - 23 TE_{01} 模的场分布图

$$E_z = E_0 J_0\left(\frac{v_{01}}{R}r\right)e^{-j\beta z} H_\varphi = -j\frac{\omega\varepsilon}{k_c}E_0 J'_0\left(\frac{v_{01}}{R}r\right)e^{-j\beta z}$$

其中，$v_{01}=2.405$，$\lambda_c=2.62R$。

相波长为

$$\lambda_p = \frac{\lambda}{\sqrt{1-\left(\frac{\lambda}{2.62R}\right)^2}}$$

TM_{01} 模的场分布如图 7 - 24 所示。其中图 7 - 24(a)表示圆波导横截面上的电磁场分布；图 7 - 24(b)表示圆波导纵剖面上的电磁场分布；图 7 - 24(c)表示圆波导壁上壁电流分布。

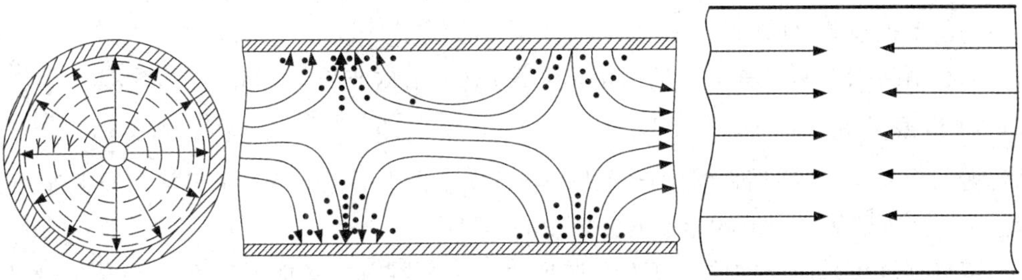

(a) 圆波导横截面上的电磁场分布 (b) 圆波导纵剖面上的电磁场分布 (c) 圆波导壁上的壁电流分布

图 7 - 24 TM_{01} 模的场分布图

7.5 谐 振 腔

谐振腔也叫共振腔。微波中用作谐振电路的金属空腔，相当于低频集中参数的 LC 谐振回路，是一种基本的微波元件。它可由一段两端短路或两端开路的传输线段组成，电磁波在其上是驻波分布，即电磁能量不能传输，只能来回振荡。因此，微波谐振器是具有储能与选频特性的微波元件。微波谐振器的结构形式很多，大体上与微波传输线的类型一致，即可分为矩形谐振器、圆柱谐振器、同轴谐振器、带状线谐振器和微带线谐振器等传输线型谐振器和非传输线型谐振器。

微波谐振器可以定性地看作是由集中参数 LC 谐振回路过渡而来的，如图 7 - 25 所示。为了提高回路的谐振频率，需要减小 L 和 C 的数值。增大电容极板的间距可使 C 的数值减小；减小电感线圈的匝数可使 L 的数值减小，直到线圈变成一根直导线，而多根直导线

并联会使 L 更小，无限并联下去，则 L 由一圆柱面构成时便得到图示的谐振器。

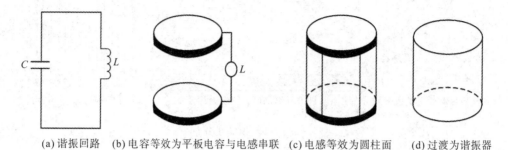

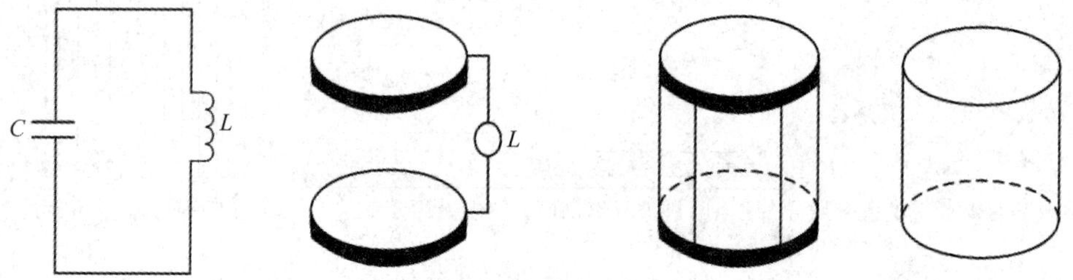

(a) 谐振回路 (b) 电容等效为平板电容与电感串联 (c) 电感等效为圆柱面 (d) 过渡为谐振器

图 7-25 谐振回路过渡为谐振器

7.5.1 谐振器的基本参量

微波谐振器中电磁能量分布在谐振腔的整个空间，且呈驻波分布。当电场能量最大时，磁场能量为最小，反之亦然。在谐振状态下，微波谐振器存储的电磁能量随时间相互转换，可见振荡过程就是电磁能量的转换过程。

微波谐振器一般有无限多个谐振频率；微波谐振器可以集中较多的能量，且损耗较小，因此微波谐振器的品质因数远大于 LC 集中参数回路的品质因数，另外，微波谐振器有不同的谐振模式(即谐振波型)。

微波谐振器有两个基本参量：谐振频率 f_0(或谐振波长 λ_0)和品质因数 Q。

1. 谐振频率 f_0

谐振频率 f_0 是指谐振器中该模式的场量发生谐振时的频率，也经常用谐振波长 λ_0 表示。它是描述谐振器中电磁能量振荡规律的参量。

谐振频率可采用电纳法分析。在谐振时，谐振器内电场能量和磁场能量彼此相互转换，其谐振器内总的电纳为零。如果采用某种方法得到谐振器的等效电路，并将所有的等效电纳归算到同一个参考面上，则谐振时，此参考面上总的电纳为零，即

$$\sum B(f_0)=0 \tag{7-62}$$

由式(7-62)便可以求得谐振频率。

2. 品质因数 Q

品质因数 Q 是微波谐振器的一个主要参量，它描述了谐振器选择性的优劣和能量损耗的大小，其定义为

$$Q=2\pi\left.\frac{\text{谐振器内储存电磁能量}}{\text{一个周期内损耗的电磁能量}}\right|_{\text{谐振时}}=\omega_0\frac{W_0}{P_L} \tag{7-63}$$

式中 W_0 为谐振器中的储能，P_L 为谐振器中的损耗功率。

在谐振时，谐振器中电磁场的总储能为

$$W_0=\frac{\varepsilon}{2}\int_V \boldsymbol{E}\cdot\boldsymbol{E}^*\,\mathrm{d}V=\frac{\mu}{2}\int_V \boldsymbol{H}\cdot\boldsymbol{H}^*\,\mathrm{d}V \tag{7-64}$$

式中 V 为谐振器的体积，ε 和 μ 为谐振器内媒质的介电常数和磁导率。

谐振器的功率损耗一般主要是导体损耗，它可由下式计算：

$$P_L=\frac{1}{2}\oint_S |J_l|^2 R_S \mathrm{d}S=\frac{R_S}{2}\oint_S |H_t|^2 \mathrm{d}S \tag{7-65}$$

式中 S 为谐振器导体内壁的表面积；R_S 为导体内表面电阻；J_l 为导体内表面的电流线密度；H_t 为导体内表面的切向磁场。

将式(7－64)和式(7－65)代入式(7－63)，可得

$$Q=\omega_0 \frac{\mu}{R_S}\frac{\int_V |\boldsymbol{H}|^2 \mathrm{d}V}{\oint_S |H_t|^2 \mathrm{d}S} \tag{7-66}$$

式中 $R_S=\dfrac{1}{\delta\sigma}$，$\sigma$ 为导体的电导率，δ 为导体表面的趋肤深度，即 $\delta=\sqrt{\dfrac{2}{\omega_0\sigma\mu}}$，故 $\omega_0\dfrac{\mu}{R_S}=\dfrac{2}{\delta}$，因此有

$$Q=\frac{2}{\delta}\frac{\int_V |\boldsymbol{H}|^2 \mathrm{d}V}{\oint_S |H_t|^2 \mathrm{d}S} \tag{7-67}$$

7.5.2　矩形谐振腔

矩形谐振腔是由一段两端短路的矩形波导构成的，它的横截面尺寸为 $a\times b$，长度为 l，如图 7－26 所示。

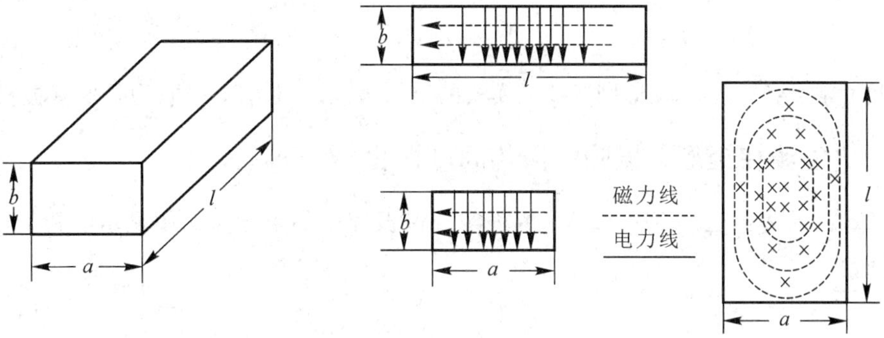

图 7－26　矩形谐振腔及场分布

1. 谐振模式及其场分布

矩形谐振腔中场分布的分析，可借助于矩形波导中传输模式的场分布来求解，使它满足 $z=0$ 和 $z=l$ 两个短路面的边界条件，即可求得矩形腔中的场分布。矩形波导中传输的电磁波模式有 TE 模和 TM 模，相应谐振腔中同样有 TE 谐振模和 TM 谐振模，分别以 TE_{mnp} 和 TM_{mnp} 表示，其中下标 m、n 和 p 分别表示场分量的波导宽壁、窄壁和腔长度方向上分布的驻波数。在众多谐振模中，TE_{101} 为最低谐振模。其场分布如图 7－26 所示。

2. 谐振波长

谐振条件与 $\dfrac{\lambda}{2}$ 型同轴谐振腔相同，但由于波导中传输的波是色散波，故波长应为波导

的相波长 λ_p，即

$$l=\frac{p}{2}\lambda_p \quad (p=1, 2, \cdots) \tag{7-68}$$

而

$$\lambda_p=\frac{\lambda_0}{\sqrt{1-\left(\frac{\lambda_0}{\lambda_c}\right)^2}} \tag{7-69}$$

将式(7-68)代入式(7-69)，整理后便得到矩形谐振腔谐振波长计算公式：

$$\lambda_0=\frac{1}{\sqrt{\left(\frac{1}{\lambda_c}\right)^2+\left(\frac{p}{2l}\right)^2}} \tag{7-70}$$

式中 λ_c 为波导中相应模式的截止波长。此式也适用于圆柱谐振腔。对于矩形腔有

$$\lambda_c=\frac{2}{\sqrt{\left(\frac{m}{a}\right)^2+\left(\frac{n}{b}\right)^2}}$$

则

$$\lambda_0=\frac{2}{\sqrt{\left(\frac{m}{a}\right)^2+\left(\frac{n}{b}\right)^2+\left(\frac{p}{l}\right)^2}} \tag{7-71}$$

把 $m=1$，$n=0$ 和 $p=1$ 代入上式，便得到 TE_{101} 模的谐振波长为

$$\lambda_0=\frac{2al}{\sqrt{a^2+l^2}} \tag{7-72}$$

当波导尺寸满足 $b<a<l$ 时，则 TE_{101} 模式的谐振波长 λ_0 最长，故它为最低谐振模式。

7.5.3　电磁波在矩形谐振腔中振荡的可视化

以 TE_{101} 模为例运用 MATLAB 编程实现谐振腔中的动态振荡图显示，由 TE_{101} 模的场表达式：

$$\left.\begin{aligned}
E_y&=E_0\sin\left(\frac{\pi}{a}x\right)\cos(\omega t-\beta z)\sin\frac{\pi z}{c}\\
H_x&=-\frac{\beta}{\omega\mu}E_0\sin\left(\frac{\pi}{a}x\right)\cos(\omega t-\beta z)\cos\frac{\pi z}{c}\\
H_z&=\frac{1}{\omega\mu}\frac{\pi}{a}E_0\cos\left(\frac{\pi}{a}x\right)\sin(\omega t-\beta z)\cos\frac{\pi z}{c}
\end{aligned}\right\}$$

其中，E_0 为待定常数，它是波导内 TE_{10} 模的 E_y 振幅，其值由激励波导内场的功率决定。

代码如下：

```
a=22.86;
b=10.16;
c=22.86;                                  % 谐振腔尺寸+单位为 mm
a=a/1000;
b=b/1000;
```

```
c=c/1000;                                           % 转化单位为 m
d=8;                                                % 决定矢量的密集程度
H0=1;                                               % 磁场 z 分量振幅
f=2.9153 * 10^10;
T=1/f;                                              % 频率和周期
t=0;
lamdac=2 * a;                                       % TE101 截止波长
lamda0=3 * 10^8/f;                                  % 工作波长
lamdag=lamda0/((1 -(lamda0/lamdac)^2)^0.5);         % 波导波长
u=4 * pi * 10^( -7);                                % 磁导率
if (lamda0> lamdac)
    return;
else
    Beta=2 * pi/lamdag;                             % 相移常数
    w=Beta * 3 * 10^8;                              % 角频率
    t=0;                                            % 初始时刻
    x=0: a/d: a;
    y=0: b/d: b;
    z=0: c/d: c;
    [x1, y1, z1]=meshgrid(x, y, z);
    for i=1: 30
        hx=a/c * H0. * sin(pi. /a. * x1). * cos(pi. /c. * z1) * cos(w * t);
        hz=H0 . * cos(pi. /a. * x1). * sin(pi. /c. * z1) * cos(w * t);
        hy=zeros( size(y1));                        % 磁场的三个分量赋值
        H=quiver3(z1, x1, y1, hz, hx, hy, 'b')
        hold on;
        x2=x1 -0.001;
        y2=y1 -0.001;
        z2=z1 -0.001;
        ex=zeros( size(x2));
        ey=w. * u. * a. * H0. * sin( pi. /a. * x2). * cos(w * t-z2) * sin(pi. /c. * z2);
        ez=zeros( size(z2));                        % 电场的三个分量赋值
        E=quiver3 ( z2, x2, y2, ez, ex, ey, 'r');
        view(- 25, 60);
        mov(i)=getframe(gcf);
        hold on;
        pause(0.01);
        t=t+T * 0.1;
        hold off;
    end
end
videowriter(mov, '矩形谐振腔中的 TE101 模.avi');
```

如图 7 - 27 所示为不同时刻矩形谐振腔中 TE_{101} 模的电力线和磁力线的分布图。从图中可以观察到谐振腔中电磁场的明显驻波特征。

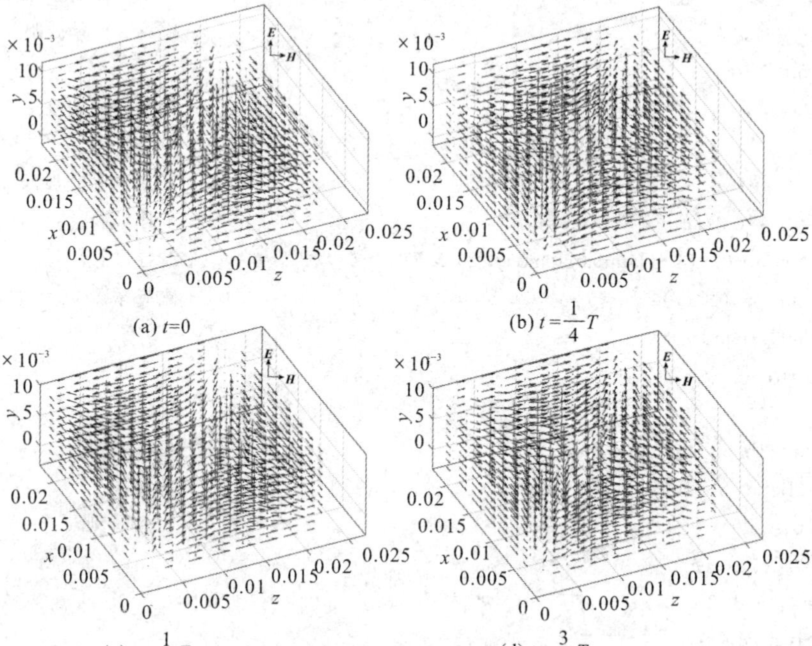

(a) $t=0$　(b) $t=\frac{1}{4}T$

(c) $t=\frac{1}{2}T$　(d) $t=\frac{3}{4}T$

图 7-27　矩形谐振腔中 TE_{101} 模的电磁场分布

本章小结

本章在对导行波的分类的基础上推导了导行系统传播满足的特点与应用(TE、TM、TEM)和基本求解方法，给出了导行系统、导行波、导波场满足的方程。

1. 传输线分类

按照传输电磁波的波型分类，传输线可分为以下三种：

(1) TEM 波传输线：双导线、同轴线、带状线、微带线；

(2) 波导传输线：矩形波导、圆波导、椭圆波导、脊波导；

(3) 表面波传输线：介质波导、镜像线、单根线。

2. 电路理论分类

(1) 分布参数电路、集中参数电路；

(2) 长线、短线 。

3. 均匀传输线方程

均匀无耗传输线方程为

$$\begin{cases}\dfrac{dU(z)}{dz^2}-\gamma^2U(z)=0\\[2mm]\dfrac{dI(z)}{dz^2}-\gamma^2I(z)=0\end{cases}\quad 其解为：\begin{cases}U(z)=A_1e^{-\gamma z}+A_2e^{\gamma z}\\[2mm]I(z)=\dfrac{1}{Z_0}(A_1e^{-\gamma z}-A_2e^{\gamma z})\end{cases}$$

4. 传输线的特性参量

(1) 传播常数：$Z_0=\sqrt{\dfrac{R_0+j\omega L_0}{G_0+j\omega C_0}}$

(2) 特性阻抗：$\gamma=\sqrt{(R_0+j\omega L_0)(G_0+j\omega C_0)}=\alpha+j\beta$

(3) 相速和相波长：$v_p=\dfrac{\omega}{\beta}$，$v_p=\dfrac{1}{\sqrt{L_0C_0}}$，$\lambda_p=v_pT=\dfrac{v_p}{f}=\dfrac{2\pi}{\beta}$

(4) 输入阻抗：$Z_{in}=Z_0\dfrac{Z_L+jZ_0\tan(\beta z)}{Z_0+jZ_L\tan(\beta z)}$

$$\begin{cases} Z_{in}(l)=Z_L & l=n\dfrac{\lambda}{2}\quad (n=0,1,2,\cdots) \\ Z_{in}(l)=\dfrac{Z_0^2}{Z_L} & l=(2n+1)\dfrac{\lambda}{4}\quad (n=0,1,2,\cdots) \end{cases}$$

(5) 反射系数：

$$R(z)=\frac{U_r(z)}{U_i(z)}=\frac{A_2e^{-j\beta z}}{A_1e^{-j\beta z}}=\frac{A_2}{A_1}e^{-j2\beta z}$$

$$Z_{in}(z)=\frac{U(z)}{I(z)}=Z_0\frac{1+R(z)}{1-R(z)}$$

$$R(z)=R_Le^{-j2\beta z}=|R_L|e^{-j(\varphi_L 2\beta z)}=|R_L|e^{j\varphi}$$

(6) 驻波系数与行波系数：

$$S=\frac{|U|_{max}}{|U|_{min}}=\frac{1+|R|}{1-|R|}$$

$$|R|=\frac{S-1}{S+1}$$

$$K=\frac{|U|_{min}}{|U|_{max}}=\frac{|I|_{min}}{|I|_{max}}=\frac{1-|R|}{1+|R|}=\frac{1}{S}$$

$$Z_L=Z_0\frac{1+R_L}{1-R_L},\ R(z)=\frac{Z_{in}(z)-Z_0}{Z_{in}(z)+Z_0},\ R_L=\frac{Z_L-Z_0}{Z_L+Z_0}$$

$$\alpha=0,\ \beta=\omega\sqrt{L_0C_0}$$

5. 均匀无耗传输线的工作状态

终端接的不同性质的负载，均匀无耗传输线有三种工作状态：

(1) 当 $Z_L=Z_0$ 时，传输线工作于行波状态。线上只有入射波存在，电压电流振幅不变，相位沿传播方向滞后；沿线的阻抗均等于特性阻抗；电磁能量全部被负载吸收。

(2) 当 $Z_L=0$，∞，$\pm jX$ 时，传输线工作于驻波状态。线上入射波和反射波的振幅相等，驻波的波腹为入射波的两倍，波节为零；电压波腹点的阻抗为无限大，电压波节点的阻抗为零，沿线其余各点的阻抗均为纯电抗；没有电磁能量的传输，只有电磁能量的交换。

(3) 当 $Z_L=Y_L+jX$ 时，传输线工作于行驻波状态。行驻波的波腹小于两倍入射波，波节不为零；电压波腹点的阻抗为最大的纯电阻 $Y_{max}=Z_0S$，电压波节点的阻抗为最小的纯电阻 $Y_{min}=\dfrac{Z_0}{S}$；电磁能量一部分被负载吸收，另一部分被负载反射回去。

6. 传输线上反射波的特征参数

表征传输线上反射波的大小的参数有反射系数 R，驻波比 S 和行波系数 K。关系为

$$\boldsymbol{S}=\frac{1}{K}=\frac{1+|R|}{1-|R|}$$

其数值大小和工作状态的关系如表 7-4 所示。

表 7-4 R、S 和 K 的数值大小和工作状态关系

工作状态	行 波	驻 波	行驻波
R	0	1	$0<\|R\|<1$
S	1	∞	$1<S<\infty$
K	1	0	$0<K<1$

7. 导行波系统

以矩形金属波导的求解为引线，探讨了场解的基本规律，介绍了相关的公式及概念。随后介绍了圆形波导。

导行波系统中，对于不同频率的电磁波有两种工作状态——传输与截止。介于传输与截止之间的临界状态，即由 $\gamma=0$ 所确定的状态，该状态所确定的频率称为截止频率，该频率所对应的波长称为截止波长。

截止波长是由截止频率所确定的波长，且 $\lambda_c=\dfrac{v_0}{f_c\sqrt{\varepsilon_r}}$。在 $\gamma^2<0$ 时才能存在导行波，则由 $\gamma^2=k_c^2-k^2<0$ 可知，此时应有 $k_c^2<k^2$，即 $\omega_c^2\mu\varepsilon<\omega\mu\varepsilon$，所以，只有 $f>f_c$ 或 $\lambda<\lambda_c$ 的电磁波才能在波导中传输。

工作波长就是 TEM 波的相波长。它由频率和光速所确定，即 $\lambda=\dfrac{v_0}{f\sqrt{\varepsilon_r}}=\dfrac{\lambda_0}{\sqrt{\varepsilon_r}}$，式中 λ_0 称为自由空间的工作波长，且 $\lambda_0=\dfrac{v_0}{f}$。

波导波长是理想导波系统中的相波长，即导波系统内电磁波的相位改变 2π 所经过的距离。

波导波长与 λ，λ_c 的关系为

$$\lambda_g=\frac{\lambda}{\sqrt{1-\left(\dfrac{\lambda}{\lambda_c}\right)^2}}$$

8. 特性参量

(1) 相速：

$$v_p=\frac{v_0/\sqrt{\varepsilon_r}}{\sqrt{1-\left(\dfrac{\lambda}{\lambda_c}\right)^2}}$$

其大于媒质中的光速，与波导的口面尺寸、电磁波的频率(或波长)、波导中的媒质及媒质

中的光速有关。

（2）群速：

$$v_g=\frac{c}{\sqrt{\varepsilon_r}}\sqrt{1-\left(\frac{\lambda}{\lambda_c}\right)^2}$$

其小于媒质中的光速，与频率、波导的口面尺寸、波导中的媒质 ε_r 及媒质中的光速有关。群速、相速、光速的关系是

$$v_p\cdot v_g=\left(\frac{v_0}{\sqrt{\varepsilon_r}}\right)^2$$

（3）截止波长：

$$\lambda_c=\frac{2}{\sqrt{\left(\frac{m}{a}\right)^2+\left(\frac{n}{b}\right)^2}}$$

它与传输模式、波导的截面尺寸有关。

（4）波导波长：

$$\lambda_g=\frac{\lambda}{\sqrt{1-\left(\frac{\lambda}{\lambda_c}\right)^2}}$$

它与工作波长(频率)、截止波长有关。

9. 微波谐振器

微波谐振器是一种储能和选频元件，其作用相当于低频电路中的谐振回路。这里主要讨论了谐振器的分析方法、基本参量、基本特性及其等效电路。

微波谐振器与低频集中参数 LC 谐振回路的外特性是相同的，因此可以用等效电路来分析，尤其带有耦合装置的谐振器更适宜用等效电路法进行分析。

对于传输线型谐振器的场分布的分析，采用使原有传输线的场分布满足两端面的边界条件，即可得到由该传输线组成的谐振器中的场分布。谐振器中的场分布是呈驻波分布的。

各种形式传输线，只要满足谐振条件都可用来构成谐振器。由两端短路或开路的传输线构成的谐振器，其谐振条件为 $l=\frac{n\lambda_p}{2}$；由一端短路，另一端开路的传输线构成的谐振器，其谐振条件为 $l=\frac{(2n+1)\lambda_p}{4}$；由一端短路，另一端为容性电纳负载的传输线构成的谐振器，其谐振条件为 $l=\frac{\lambda_0}{2\pi\ \mathrm{arccot}(Z_0\omega_0 C)}$。式中 λ_p 为构成谐振器的传输线中电磁波的相波长。

思考题 7

7-1　传输线长度为 10 cm，当信号源频率为 937.5 MHz 时，此传输线是长线还是短线？当信号源频率为 6 MHz 时，此传输线是长线还是短线？

7-2　电磁波的波型是如何划分的，有哪几种波型？

7-3　何谓波导截止波长 λ_c？工作波长 λ 大于 λ_c，或小于 λ_c 时，电磁波的特性有何不同？

7-4　什么是相速、相波长和群速？对于 TE 波、TM 波和 TEM 波，它们的相速、相和群速有何不同？

7-5　何谓波导的色散特性？波导为什么存在色散特性？波导中的色散与无限大空间中导电媒质的色散有何不同？

7-6　矩形波导中的波型如何标志，波型指数 m 和 n 的物理意义如何，矩形波导中有哪些波型不存在？

7-7　圆波导中的波型如何标志，波型指数 m 和 n 的物理意义如何，圆波导中有哪波型不存在？

7-8　何谓波导的简并波，矩形波导和圆波导中的简并有何异同？

7-9　截面尺寸 $a=2b=23$ mm 的矩形波导，工作频率为 10 GHz 的脉冲调制载波通过此波导传输，当波导长度为 100 m 时，所产生的脉冲延迟时间是多少？

7-10　一个空气填充的矩形波导，要求只传输 TE_{10} 模，信号源的频率为 10 GHz，试确定波导的尺寸，并求出相速 v_p、群速 v_g、及相波长 λ_g。

7-11　空气填充的矩形波导，其尺寸为 $a\times b=109.2\ \text{mm}\times 54.6\ \text{mm}$，当工作频率为 5 GHz，此波导能传输哪些波型？

7-12　圆波导的直径为 5 cm，当传输电磁波的工作波长分别为 8 cm、6 cm 及 3 cm 时，波导中分别可能出现哪些波型？

7-13　矩形波导传输的电磁波的工作频率分别为 37.5 GHz 和 9.375 GHz，试问分别选择什么样的尺寸，才能保证 TE_{10} 单模传输？

7-14　要求圆波导只传输 TE_{11} 模，信号工作波长为 5 cm，试问圆波导半径应取何值？

7-15　已知 $a=5$ cm，$b=3$ cm，$l=6$ cm，工作模式为 TE_{101} 矩形谐振腔的谐振波长 λ_0 为何值。

习　题　7

7-1　在一均匀无耗传输线上传输频率为 3 GHz 的信号，已知其特性阻抗 $Z=100\ \Omega$，终端接 $Z_1=75+\mathrm{j}100\ \Omega$ 的负载，试求：

(1) 传输线上的驻波系数；

(2) 离终端 10 cm 处的反射系数；

(3) 离终端 2.5 cm 处的输入阻抗。

7-2　由若干段均匀无耗传输线组成的电路如题 7-2 图所示。已知 $E_g=50$ V，$Z_0=Z_g=Z_{11}=100\ \Omega$，$Z_{01}=150\ \Omega$，$Z_{12}=225\ \Omega$。

(1) 分析各段的工作状态并求其驻波比；

(2) 画出 ac 段电压、电流振幅分布图并标出极值；

(3) 求各负载吸收的功率。

7-3　一均匀无耗传输线的特性阻抗为 500 Ω，负载阻抗 $Z_1=200-\mathrm{j}250\ \Omega$，通过$\dfrac{\lambda}{4}$阻抗变换器及并联支节线实现匹配，如题 7-3 图所示。已知工作频率 $f=300$ MHz，试用公式与圆图两种方法求$\dfrac{\lambda}{4}$阻抗变换段的特性阻抗 Z_{01} 及并联短路支节线的最短长度 $l_{\min}$。

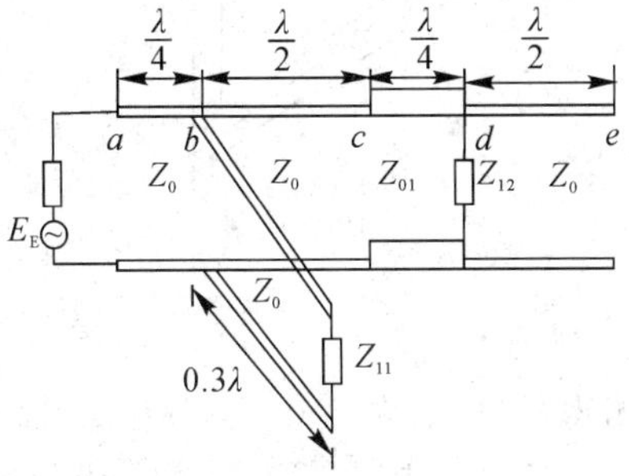

题 7-2 图

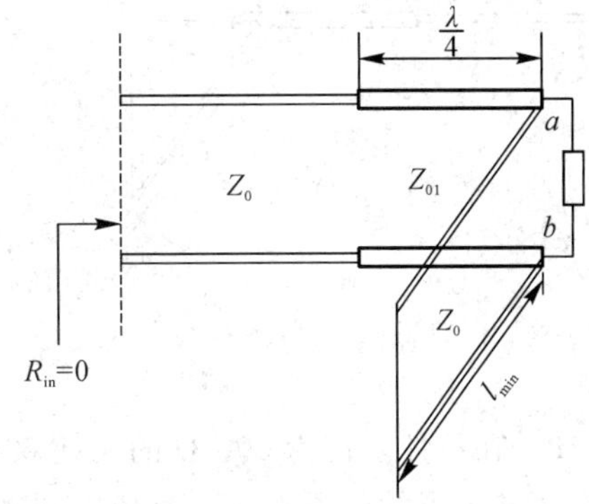

题 7-3 图

7-4　设一特性阻抗为 50 Ω 的均匀传输线终端接负载 $Y_1=100\ \Omega$，求负载反射系数 R_1，在距离负载 0.2 λ，0.25 λ 及 0.5 λ 处的输入阻抗及反射系数。

7-5　求内、外导体直径分别为 0.25 cm 和 0.75 cm 的空气同轴线的特性阻抗。若在内、外两导体间填充介电常数 $\varepsilon_r=2.25$ 的介质，求其特性阻抗及 $f=300$ MHz 时的波长。

7-6　设特性阻抗为 Z_0 的无耗传输线的驻波比为 S，第一个电压波节点离负载的距离为 $l_{\min 1}$，试证明此时终端负载应为

$$Z_1=Z_0\frac{1-\mathrm{j}S\tan(\beta l_{\min 1})}{S-\mathrm{j}\tan(\beta l_{\min 1})}$$

7-7　有一特性阻抗为 $Z_0=50\ \pi$ 的无耗均匀传输线，导体间的媒质参数 $\varepsilon_r=2.25$，$\mu_r=1$，终端接有 $R_1=1\ \Omega$ 的负载。当 $f=100$ MHz 时，其线长度为$\dfrac{\lambda}{4}$，试求：

(1) 传输线实际长度；

(2) 负载终端反射系数；

(3) 输入端反射系数；

(4) 输入端阻抗。

7-8　设某一均匀无耗传输线特性阻抗为 $Z_0=50\ \Omega$，终端接有未知负载 Z_1，现在传输线上测得电压最大值和最小值分别为 100 mV 和 20 mV，第一个电压波节的位置离负载 $l_{\min 1}=\dfrac{\lambda}{3}$，试求该负载阻抗 Z_1。

7-9　设特性阻抗为 $Z_0=50\ \Omega$ 的均匀无耗传输线，终端接有负载阻抗 $Z_1=100+\mathrm{j}75\ \Omega$ 的复阻抗时，可用以下方法实现$\dfrac{\lambda}{4}$阻抗变换器匹配：在终端或在$\dfrac{\lambda}{4}$阻抗变换器前并接一段终端短路线，如题 7—9 图(a)、(b)所示，试分别求这两种情况下$\dfrac{\lambda}{4}$阻抗变换器的特性阻抗 Z_{01}

及短路线长度 l。

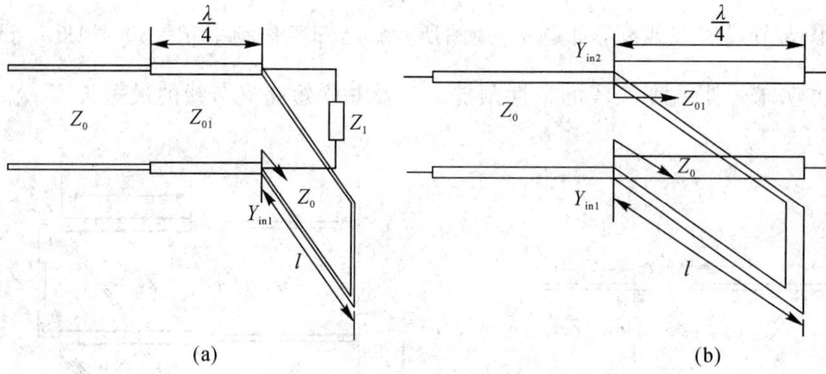

题 7-9 图

7-10　在特性阻抗为 600 Ω 的无耗双导线上测得 $|U|_{max}$ 为 200 V，$|U|_{min}$ 为 40 V，第一个电压波节点的位置 $l_{min1}=0.15\lambda$，求负载 Z_1。若用并联支节进行匹配，求出支节的位置和长度。

7-11　一均匀无耗传输线的特性阻抗为 70 Ω，负载阻抗为 $Z_1=70+j140$ Ω，工作波长 $\lambda=20$ cm，试设计串联支节匹配器的位置和长度。

7-12　特性阻抗为 50 Ω 的无耗传输线，终端接阻抗为 $Z_1=25+j75$ Ω 的负载，采用单支节匹配，使用 Smith 圆图和公式计算两种方法求支节的位置和长度。

7-13　空心矩形金属波导的尺寸为 $a\times b=22.86$ mm×10.16 mm，当信源的波长分别为 10 cm、8 cm 和 3.2 cm 时，试问：

(1) 哪些波长的波可以在该波导中传输？对于可传输的波在波导内可能存在哪些模式？

(2) 若信源的波长仍如上所述，而波导尺寸为 $a\times b=72.14$ mm×30.4 mm，此时情况又如何？

7-14　矩形波导截面尺寸为 $a\times b=72$ mm×30 mm，波导内充满空气，信号源频率为 3 GHz，试求：

(1) 波导中可以传播的模式；

(2) 该模式的截止波长 λ_c、相移常数 β、波导波长 λ_g、相速 v_p、群速和波阻抗。

7-15　一圆波导的半径 $a=3.8$ cm，空气介质填充。试求：

(1) TE_{11}、TE_{01}、TM_{01} 三种模式的截止波长；

(2) 当工作波长为 $\lambda=10$ cm 时，最低次模的波导波长 λ_g；

(3) 传输模单模工作的频率范围。

7-16　设矩形谐振腔由黄铜制成，其电导率 $\sigma=1.46\times10^7$ S/m，它的尺寸为 $a=5$ cm，$b=3$ cm，$l=6$ cm，试求 TE_{101} 模式的谐振波长和无载品质因数 Q_0 的值。

第 8 章　电磁波的辐射

时变电磁场的能量可以脱离场源，以电磁波的形式在空间向远处传播而不再返回场源，这种现象称为电磁波的辐射。电子系统中辐射或接收电磁波的装置称为天线。电磁波作为信息的载体或探测未知物质世界的手段，构成现代无线电技术的基础，在通信、广播、电视、雷达、导航、电子对抗、遥测与遥感、射电天文等众多领域有着广泛的应用。

本章由辐射的基本概念出发，具体研究电偶极子和磁偶极子两种基本辐射单元所产生的辐射电磁场，天线的辐射特性及其主要参数。本章主要内容思维导图如下：

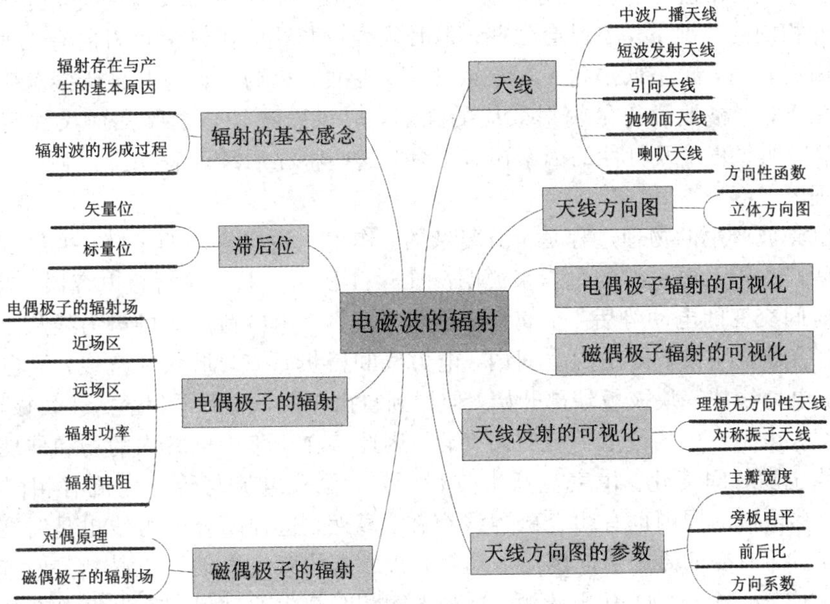

学 习 目 标

- 通过学习电偶极子、磁偶极子的辐射场，能够理解电磁辐射的基本原理。
- 通过学习天线方向图，掌握天线方向性函数的概念、天线方向图的基本结构。
- 通过学习天线的可视化，掌握使用计算机绘制天线三维方向图和平面方向图的方法。

8.1　辐射的基本概念

辐射是随时间交变的电磁波脱离波源电路向自由空间传播，不回到波源的现象。也是电磁能量脱离波源在自由空间向外传输的过程。

辐射是一种特殊的电磁现象，表现在：(1)辐射只在时变场条件下呈现；(2)只有在辐射电磁波的波长与产生辐射的电路的几何尺寸大小可比拟时，辐射现象才较明显；(3)只有在开放电路的情况下，才有明显的辐射，在封闭电路条件下，即使满足上述条件(1)和(2)，辐射不明显，甚至无辐射。

辐射存在及产生的基本原因是：(1)在时变电磁场条件下，位移电流的存在；(2)开放性电路的存在；(3)电磁波在自由空间传播的速度为有限值。总之，从电路伸展到自由空间的位移电流及电与磁的互相转化规律是产生辐射的第一必要条件，而波速为有限位则是第二个必要条件。

从上述产生辐射的基本原因中可以推出，要使辐射明显，则需要：(1)从电路伸展到自由空间的位移电流线数要多，这就要求电路对位移电流的“束缚”要小，也即开放，相应的电路称为开放电路；(2)电路的几何尺寸能与电磁波的波长相比拟，这样电路对位移电流的“束缚”会小些。在这里有一个明显的事实，即电磁波的频率高，位移电流值也大一些，在其他条件相同的情况下，辐射会强些。但必须强调指出，在讨论辐射的有无时，不要单纯说频率高有辐射，频率低辐射不明显或几乎无辐射，因为现代超长波天线就工作在不高的工作频率下，严格地说衡量辐射效应的强弱，应该以波长与电路几何尺寸间关系为标准。影响辐射明显程度及特性的因素还有很多，这些将在后续课程中深入研究，此处仅研究基本原理。

辐射电磁波产生的物理过程是十分复杂的。作为一种概念性的了解，可通过集中电容在自由空间产生辐射电磁波的过程来说明。图 8-1 所示为某一平行板电容器，当该电容器上接以随时间交变的电动势后，金属板上就带有电荷。由电荷产生的电力线从上极板到下极板，在电容器金属极板限定的空间内，电力线和极板垂直，形状为直线，但在极板的两端边缘上，电力线从一块极板端部开始，伸展到自由空间，然后再到达另一块极板的端部，形状为曲线。由于产生场的电荷随时间变化，因此存在于集中电容内的场和伸展到自由空间的电力线也随时间变化。由麦克斯韦方程可知，位移电流与传导电流有相同的电磁特性，即在位移电流的周围也有闭合磁力线存在。显然，这种闭合磁力线也是时变的。根据电磁感应定律，时变的磁场引起感应电动势，新形成的感应电动势也必然是时变的，此感应电动势又成为一个新的位移电流源，这种电磁相互感生的过程一直由集中电容开始向外扩展出去，同时电磁能量由集中电容向外扩散，形成辐射波。一般说来，通过上述分析，我们已经可以对辐射过程有个概念性的了解，但严格说来，这种由集中电容开始的向外扩展过程，能否完成电磁能量的辐射，是和波的传播速度大小有关的，因为当时变的电流幅值由小变大时，所形成的辐射也由弱变强，电磁能量由集中电容向外传输，反之当时变电流的幅值由大变小时，则电磁能量应该由外部向集中电容收缩。当波的传播速度有限时，远

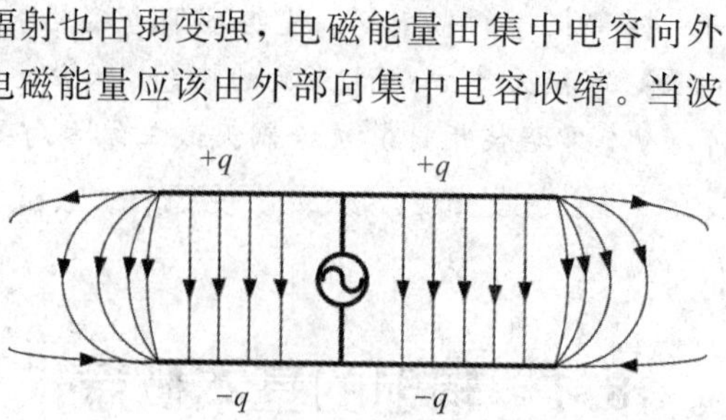

图 8-1　电容器形成辐射的过程

离集中电容向外扩散的电磁波，在时变电流幅值变化到零时，就来不及缩回到集中电容，并且被紧接着的下一个半周期内所形成的向外扩散的波推向更远。这样就完成了远离集中电容的那部分波脱离集中电容的过程，成为独立的辐射波。

上面简单地叙述了辐射波的形成过程。从上面的叙述中，可以看出图 8-1 上集中电容辐射电磁能量的能力是很差的，因为绝大部分电力线均被“束缚”在两块极板所限定的空间内，而辐射电磁能的大小是与位移电流值成比例的。因此，为了获得明显的辐射，必须设法使被“束缚”的电力线与两端部边缘的电力线一样伸展到外部自由空间去。方法之一是将电容器的两块极板放在同一平面上，如图 8-2 所示，当接上外部时变的电源时，所形成的全部电力线均伸展在自由空间，由此形成的辐射要比图 8-1 形成的辐射明显得多。

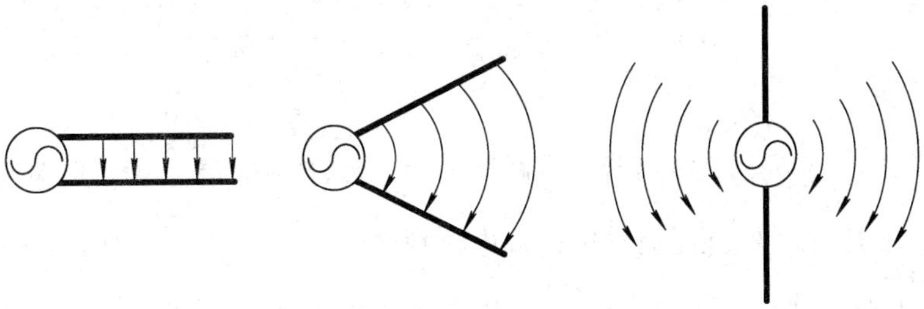

图 8-2　改善辐射的开放电路

8.2 滞 后 位

在洛伦兹条件下，矢量位 $\boldsymbol{A}$ 和标量位 φ 满足如下方程：

$$\nabla^2\boldsymbol{A}+k^2\boldsymbol{A}=-\mu_0\boldsymbol{J} \tag{8-1a}$$

$$\nabla^2\varphi+k^2\varphi=-\frac{\rho}{\varepsilon_0} \tag{8-1b}$$

式中 $k^2=\omega^2\mu_0\varepsilon_0$。式(8-1a)和式(8-1b)称为非齐次亥姆霍兹方程。时谐场中，电流源 $\boldsymbol{J}$ 和电荷源 ρ 之间以电流连续性方程 $\nabla\cdot\boldsymbol{J}=-\mathrm{j}\omega\rho$ 联系起来，而矢量位 $\boldsymbol{A}$ 和标量位 φ 之间通过洛仑兹条件 $\nabla\cdot\boldsymbol{A}=-\mathrm{j}\omega\mu_0\varepsilon_0\varphi$ 联系起来。电磁场与矢量位 $\boldsymbol{A}$ 和标量位 φ 之间的关系式为

$$\boldsymbol{B}=\nabla\times\boldsymbol{A} \tag{8-2a}$$

$$\boldsymbol{E}=-\mathrm{j}\omega\left[\frac{\nabla(\nabla\cdot\boldsymbol{A})}{k^2}+\boldsymbol{A}\right] \tag{8-2b}$$

可见只要解出式(8-1a)中的 $\boldsymbol{A}$，即可由式(8-2a)和式(8-2b)求出 $\boldsymbol{B}$ 和 $\boldsymbol{E}$。

求解方程式(8-1a)和式(8-1b)的数学方法仍较复杂，这里省略求解的过程，只给出结果如下：

$$\boldsymbol{A}(r)=\frac{\mu_0}{4\pi}\int_V\frac{\boldsymbol{J}(r')}{|\boldsymbol{r}-\boldsymbol{r}'|}\mathrm{e}^{-\mathrm{j}k|r-r'|}\,\mathrm{d}V \tag{8-3a}$$

$$\varphi(r)=\frac{1}{4\pi\varepsilon_0}\int_V\frac{\rho(r')}{|\boldsymbol{r}-\boldsymbol{r}'|}\mathrm{e}^{-\mathrm{j}k|r-r'|}\,\mathrm{d}V \tag{8-3b}$$

式中 $\boldsymbol{r}$ 是位函数的位置矢量，$\boldsymbol{r}'$ 是源的位置矢量，$|\boldsymbol{r}-\boldsymbol{r}'|$ 是观察点与源点之间的距离，积

分包括所有的 $\boldsymbol{r}'$。如果把 $k=\dfrac{\omega}{v}$ 代入上式，并重新引入时间因子 $e^{j\omega t}$，则得

$$\boldsymbol{A}(r,t)=\frac{\mu_0}{4\pi}\int_V \frac{\boldsymbol{J}(r')}{|\boldsymbol{r}-\boldsymbol{r}'|}e^{j\omega\left(t-\frac{|\boldsymbol{r}-\boldsymbol{r}'|}{v}\right)}\,dV \tag{8-4a}$$

$$\varphi(r,t)=\frac{1}{4\pi\varepsilon_0}\int_V \frac{\rho(r')}{|\boldsymbol{r}-\boldsymbol{r}'|}e^{j\omega\left(t-\frac{|\boldsymbol{r}-\boldsymbol{r}'|}{v}\right)}\,dV \tag{8-4b}$$

从式(8-4a)和式(8-4b)可以看出，当 $\omega=0$ 时，式(8-4a)和式(8-4b)都还原到静态场的解：

$$\boldsymbol{A}(r)=\frac{\mu_0}{4\pi}\int_V \frac{\boldsymbol{J}(r')}{|\boldsymbol{r}-\boldsymbol{r}'|}dV$$

$$\varphi(r)=\frac{1}{4\pi\varepsilon_0}\int_V \frac{\rho(r')}{|\boldsymbol{r}-\boldsymbol{r}'|}dV$$

时间因子 $e^{j\omega\left(t-\frac{|\boldsymbol{r}-\boldsymbol{r}'|}{v}\right)}$ 表明，对离开源点距离为 $|\boldsymbol{r}-\boldsymbol{r}'|$ 的场点 P，某一时刻 t 的矢量位 $\boldsymbol{A}$ 和标量位 φ 并不是由时刻 t 的场源（电荷或电流）所决定，而是由略早时刻 $t-\dfrac{|\boldsymbol{r}-\boldsymbol{r}'|}{v}$ 的场源（电荷或电流）所决定。换句话说，场点位函数的变化滞后于场源的变化，滞后的时间 $\dfrac{|\boldsymbol{r}-\boldsymbol{r}'|}{v}$ 就是电磁波传播距离 $|\boldsymbol{r}-\boldsymbol{r}'|$ 所需要的时间。基于这种位函数的滞后，我们把式(8-4a)和(8-4b)的矢量位 $\boldsymbol{A}$ 和标量位 φ 均称为滞后位。

8.3　电偶极子的辐射

电偶极子是最基本的电磁辐射单元。它是一段载有高频电流的短导线，当其导线长度远小于工作波长($l\ll\lambda$)，且导线直径与导线长度之比远小于 $1\left(\dfrac{d}{l}\ll 1\right)$ 时，可近似地认为导线上各点电流的幅值和相位相同。这样的一段直导线也称为电基本振子，它是构成复杂天线的基础。电基本振子在辐射电磁波的过程中，导线上流动的电流会在导线的两端点形成电量相等、符号相反的电荷的积聚，与静电场中电偶极子十分相似，如图 8-3 所示。

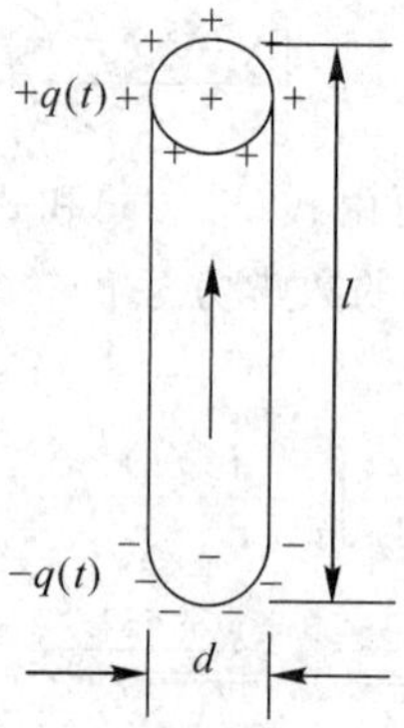

图 8-3　电偶极子

8.3.1　电偶极子的辐射场

设长为 l，沿 z 轴方向，电流线密度为 $\boldsymbol{J}$ 的电偶极子位于坐标原点，如图 8-4 所示。取短导线的长度为 $\mathrm{d}l$，导线截面积为 S，因为短导线仅占有一个很小的体积 $\mathrm{d}V=\mathrm{d}l\,\boldsymbol{e}_z\cdot\boldsymbol{S}$，所以有 $\boldsymbol{J}\mathrm{d}V=I\mathrm{d}l\,\boldsymbol{e}_z$。

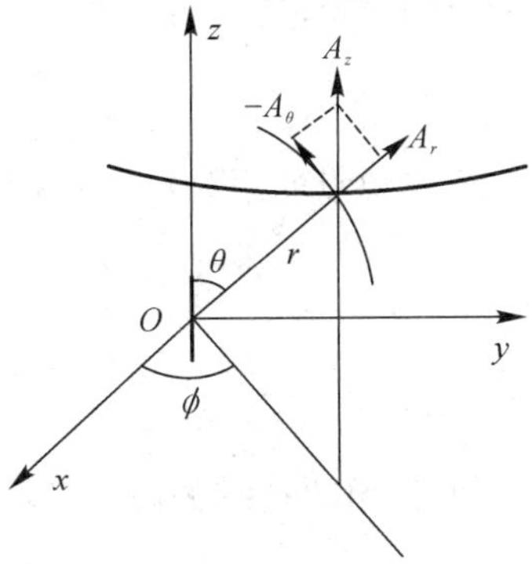

图 8-4　球坐标系下的电偶极子

又由于短导线放置在坐标原点，$\mathrm{d}l$ 很小，因此可取 $\boldsymbol{r}'=0$，从而有 $|\boldsymbol{r}-\boldsymbol{r}'|\approx r$。由此得出电偶极子在场点 P 产生的矢量位 $\boldsymbol{A}$ 为

$$\boldsymbol{A}(r)=\frac{\mu_0}{4\pi}\int_l \frac{I\mathrm{d}l\boldsymbol{e}_z}{|\boldsymbol{r}-\boldsymbol{r}'|}\mathrm{e}^{-\mathrm{j}k|\boldsymbol{r}-\boldsymbol{r}'|}=\boldsymbol{e}_z\frac{\mu_0}{4\pi}\frac{I\mathrm{d}l}{r}\mathrm{e}^{-\mathrm{j}kr} \tag{8-5}$$

采用球坐标系，矢量位 $\boldsymbol{A}$ 在球坐标系中的三个分量为

$$A_r=A_z\cos\theta,\ A_\theta=-A_z\sin\theta,\ A_\phi=0 \tag{8-6}$$

将上式代入式(8-2a)可求出电偶极子在场点 P 产生的磁场 $\boldsymbol{H}$ 为

$$\boldsymbol{H}(r)=\frac{1}{\mu_0}\nabla\times\boldsymbol{A}=\frac{1}{\mu_0 r^2\sin\theta}\begin{vmatrix}\boldsymbol{e}_r & r\boldsymbol{e}_\theta & r\sin\theta\boldsymbol{e}_\phi\\ \dfrac{\partial}{\partial r} & \dfrac{\partial}{\partial\theta} & \dfrac{\partial}{\partial\phi}\\ A_z\cos\theta & -rA_z\sin\theta & 0\end{vmatrix} \tag{8-7}$$

由此可解得

$$H_r=H_\theta=0 \tag{8-8a}$$

$$H_\phi=\frac{k^2I\mathrm{d}l\sin\theta}{4\pi}\left[\frac{\mathrm{j}}{kr}+\frac{1}{(kr)^2}\right]\mathrm{e}^{-\mathrm{j}kr} \tag{8-8b}$$

将式(8-8a)和式(8-8b)代入无源区中的麦克斯韦方程 $\nabla\times\boldsymbol{H}=-\mathrm{j}\omega\varepsilon_0\boldsymbol{E}$，可得电场强度的三个分量为

$$E_r=\frac{2I\mathrm{d}l}{4\pi\omega\varepsilon_0}k^3\cos\theta\left[\frac{1}{(kr)^2}-\frac{\mathrm{j}}{(kr)^3}\right]\mathrm{e}^{-\mathrm{j}kr} \tag{8-9a}$$

$$E_\theta=\frac{I\mathrm{d}l}{4\pi\omega\varepsilon_0}k^3\sin\theta\left[\frac{\mathrm{j}}{kr}+\frac{1}{(kr)^2}-\frac{\mathrm{j}}{(kr)^3}\right]\mathrm{e}^{-\mathrm{j}kr} \tag{8-9b}$$

$$E_\phi=0 \tag{8-9c}$$

由上可见，$\boldsymbol{E}$ 和 $\boldsymbol{H}$ 互相垂直，$\boldsymbol{E}$ 在过振子的平面内，而 $\boldsymbol{H}$ 则在与赤道平面平行的平面内；磁场强度只有一个分量 H_ϕ，而电场强度有两个分量 E_r 和 E_θ。无论哪个分量都随距离 r

的增加而减小，只是它们的成分(不同项)有的随 r 减小的快，有的则减小得慢。此外，在源点的近区和远区，占优势的成分是不同的。

8.3.2 近区场和远区场

式(8-8)和式(8-9)给出的电磁场的表达式比较复杂，按 kr 的取值大小，分别研究靠近和远离电偶极子的各区域中的场的特性是十分有益的。

1. 近区场

当 $kr\ll 1$ 时，$r\ll\dfrac{\lambda}{2\pi}$，即场点 P 与源点的距离 r 远小于波长 λ 的区域称为近区。在近区中，

$$\frac{1}{kr}\ll\frac{1}{(kr)^2}\ll\frac{1}{(kr)^3},\ \mathrm{e}^{-\mathrm{j}kr}\approx 1$$

故在式(8-8)和式(8-9)中，起主要作用的是 $\dfrac{1}{kr}$ 的高次幂项，保留这一高次幂项得

$$E_r\approx -\mathrm{j}\,\frac{2I\mathrm{d}l\cos\theta}{4\pi\omega\varepsilon_0 r^3}=-\mathrm{j}\,\frac{I\mathrm{d}l}{2\pi\varepsilon_0 r^3}\cos\theta \tag{8-10a}$$

$$E_\theta\approx -\mathrm{j}\,\frac{I\mathrm{d}l}{4\pi\omega\varepsilon_0 r^3}\sin\theta \tag{8-10b}$$

$$H_\phi\approx\frac{I\mathrm{d}l\sin\theta}{4\pi r^2} \tag{8-10c}$$

由于已经把载流短导线看成一个振荡电偶极子，其上下两端的电荷与电流的关系满足式 $I=\mathrm{j}\omega q$。由式(8-10)可见，在近场区内，时变电偶极子的电场复振幅与静态场的“静”电偶极子的电场表达式相同；磁场表达式则与静磁场中用毕奥-沙伐定律计算电流元 $I\mathrm{d}l$ 所得的公式相同，故时变电偶极子的近区场与静态场有相同的性质，因此称为似稳场(准静态场)。此外，磁场 $\boldsymbol{H}$ 和电场 $\boldsymbol{E}$ 之间有 90°相位差，因此向外传播的平均坡印廷矢量为零。这意味着在近场区，只存在电场和磁场之间的能量交换，没有电磁能量向外辐射，故称该区域中的场为感应场。

2. 远区场

当 $kr\gg 1$ 时，$r\gg\dfrac{\lambda}{2\pi}$，即场点 P 与源点的距离 r 远大于波长 λ 的区域称为远区。在远区中，

$$\frac{1}{kr}\gg\frac{1}{(kr)^2}\gg\frac{1}{(kr)^3}$$

故在式(8-8)和式(8-9)中，起主要作用的是 $\dfrac{1}{kr}$ 的低次幂项，且相位因子 $\mathrm{e}^{-\mathrm{j}kr}$ 必须考虑。

$$E_r\approx E_\phi\approx H_r\approx H_\theta\approx 0 \tag{8-11a}$$

$$E_\theta\approx\mathrm{j}\,\frac{I\mathrm{d}l}{4\pi\omega\varepsilon_0 r}k^2\mathrm{e}^{-\mathrm{j}kr}\sin\theta=\mathrm{j}\,\frac{I\mathrm{d}l}{2\lambda r}\eta_0\mathrm{e}^{-\mathrm{j}kr}\sin\theta \tag{8-11b}$$

$$H_\phi\approx\mathrm{j}\,\frac{kI\mathrm{d}l}{4\pi r}\mathrm{e}^{-\mathrm{j}kr}\sin\theta=\mathrm{j}\,\frac{I\mathrm{d}l}{2\lambda r}\mathrm{e}^{-\mathrm{j}kr}\sin\theta \tag{8-11c}$$

从上式可以看出，电场与磁场在时间上同相，因此平均坡印延矢量不等零。这表明有电磁能量向外辐射，辐射方向是半径方向，故把远区场称为辐射场。

从式(8-11)中可得出电偶极子远区场有以下特点：

(1) 场的方向：电场只有 E_θ 分量；磁场只有 H_φ 分量，其复坡印延矢量为

$$\boldsymbol{S}=\frac{1}{2}\boldsymbol{E}\times\boldsymbol{H}^*=\boldsymbol{e}_r\frac{1}{2}E_\theta H_\phi^*=\boldsymbol{e}_r\frac{1}{2}\frac{|E_\theta|^2}{\eta_0} \tag{8-12}$$

可见，$\boldsymbol{E}$、$\boldsymbol{H}$ 互相垂直，并都与传播方向 $\boldsymbol{e}_r$ 相垂直。因此电偶极子的远区场是横电磁波(TEM 波)。

(2) 场的相位：无论 E_θ 或 H_ϕ，其空间相位因子都是 $-kr$，即其空间相位随离源点的距离 r 增大而滞后，等相位面是 r 为常数的球面，所以远区辐射场是球面波。由于等相位面上任意点的 $\boldsymbol{E}$、$\boldsymbol{H}$ 振幅不同，因此又是非均匀平面波。$\dfrac{E_\theta}{H_\phi}=\eta_0$ 是一常数，等于媒质的波阻抗。

(3) 场的振幅：远区场的振幅与 r 成反比；与 I、$\dfrac{\mathrm{d}l}{\lambda}$ 成正比，值得注意，场的振幅与电长度 $\dfrac{\mathrm{d}l}{\lambda}$ 有关，而不是仅与几何尺寸 $\mathrm{d}l$ 有关。

(4) 场的方向性：远区场的振幅还正比于 $\sin\theta$，在垂直于天线轴的方向($\theta=90°$)。辐射场最大；沿着天线轴的方向($\theta=0°$)，辐射场为零。这说明电偶极子的辐射具有方向性，这种方向性也是天线的一个主要特性。

8.3.3　辐射功率和辐射电阻

电偶极子向自由空间辐射的总功率 P_r 是以电偶极子为球心，r 为半径($r\gg\lambda$)的球面上平均坡印延矢量的积分。因为电偶极子天线在远区任一点的平均坡印延矢量为

$$\begin{aligned}\boldsymbol{S}_{av}&=\mathrm{Re}\left[\frac{1}{2}\boldsymbol{E}\times\boldsymbol{H}^*\right]=\mathrm{Re}\left[\boldsymbol{e}_r\frac{1}{2}E_\theta H_\phi^*\right]\\&=\boldsymbol{e}_r\frac{1}{2}\frac{|E_\theta|^2}{\eta_0}\boldsymbol{e}_r\frac{1}{2}\eta_0|H_\phi|^2=\boldsymbol{e}_r\frac{1}{2}\eta_0\left(\frac{I\mathrm{d}l}{2\lambda r}\sin\theta\right)^2\end{aligned} \tag{8-13}$$

所以辐射功率为

$$\begin{aligned}P_r&=\oint_S\boldsymbol{S}_{av}\cdot\mathrm{d}S\\&=\int_0^{2\pi}\int_0^{\pi}\frac{1}{2}\eta_0\left(\frac{I\mathrm{d}l}{2\lambda r}\sin\theta\right)^2\cdot r^2\sin\theta\,\mathrm{d}\theta\,\mathrm{d}\varphi\\&=\frac{\eta_0}{2}\left(\frac{I\mathrm{d}l}{2\lambda}\right)^2 2\pi\int_0^{\pi}\sin^3\theta\,\mathrm{d}\theta\\&=\frac{\eta_0}{3}\pi\left(\frac{I\mathrm{d}l}{2\lambda}\right)^2\end{aligned} \tag{8-14}$$

以空气中的波阻抗 $\eta_0=120\pi$ 代入式(8-14)，可得

$$P_r=40\pi^2\left(\frac{I\mathrm{d}l}{2\lambda_0}\right)^2 \tag{8-15}$$

式中 I 的单位为A(安)，P_{r} 的单位为W(瓦)。由式(8-15)可见，电偶极子的辐射功率随振子上流动的电流和振子长度的增加而增加，当电流和振子长度不变时，频率越高，辐射功率越大。

电偶极子辐射出去的电磁能量既然不能返回波源，因此对波源而言也是一种损耗。利用电路理论的概念，引入一个等效电阻。设此电阻消耗的功率等于辐射功率，则有

$$P_{\mathrm{r}}=\frac{1}{2}I^2R_r$$

式中 R_{r} 称为电偶极子的辐射电阻。由式(8-15)可得电偶极子的辐射电阻为

$$R_{\mathrm{r}}=\frac{2P_{\mathrm{r}}}{|I|^2}=80\pi^2\left(\frac{\mathrm{d}l}{\lambda_0}\right)^2 \tag{8-16}$$

显然，辐射电阻可以衡量天线的辐射能力，它仅仅取决于天线的结构和工作波长，是天线的一个重要参数。

例 8-1　计算长度 $\mathrm{d}l=0.1\lambda_0$ 的电偶极子当电流振幅值为2 mA时的辐射电阻和辐射功率。

解： 由式(8-16)知辐射电阻为

$$R_{\mathrm{r}}-80\pi^2\left(\frac{\mathrm{d}l}{\lambda_0}\right)^2=80\pi^2\times(0.1)^2\approx 7.896\ \Omega$$

辐射功率为

$$P_{\mathrm{r}}=\frac{1}{2}I^2R_r=\frac{1}{2}(2\times10^{-3})^2\times7.896\approx15.79\times10^{-6}\ \mathrm{W}$$

8.4　磁偶极子的辐射

磁偶极子又称磁基本振子，是指载有高频均匀时谐电流 $i=I_{\mathrm{m}}\mathrm{e}^{\mathrm{j}\omega t}$，其复振幅为 $I=I_{\mathrm{m}}\mathrm{e}^{\mathrm{j}\varphi}$ 的半径为 $a(a\ll\lambda)$ 的平面电流圆环，因而可认为其上的电流是等幅同相的。

计算载流小圆环辐射的方法有两种，一种是利用对偶原理，另一种是采用与上节求解电偶极子相类似的方法，求解磁偶极子的辐射场。本节采用对偶原理讨论磁偶极子的辐射场。

8.4.1　对偶原理

在稳态电磁场中，电场的源是静止的电荷，磁场的源是恒定电流。引入假想的磁荷和磁流概念之后，将一部分原本是由电荷和电流产生的电磁场用能够产生同样电磁场的等效磁荷和等效磁流来代替，即将“电源”换成“磁源”，可以大大简化计算工作量。稳态电磁场具有这种特性，时变电磁场也具有这种特性。因此麦克斯韦方程组可修改为

$$\nabla\times\boldsymbol{H}=\boldsymbol{J}+\mathrm{j}\omega\varepsilon\boldsymbol{E} \tag{8-17a}$$

$$\nabla\times\boldsymbol{E}=-\boldsymbol{J}_{\mathrm{m}}-\mathrm{j}\omega\mu\boldsymbol{H} \tag{8-17b}$$

$$\nabla\cdot\boldsymbol{D}=\rho \tag{8-17c}$$

$$\nabla\cdot\boldsymbol{B}=\rho_{\mathrm{m}} \tag{8-17d}$$

式(8-17)称为广义麦克斯韦方程组。式中下标m表示磁量，$\boldsymbol{J}_{\mathrm{m}}$ 是磁流密度，其量纲为 $\mathrm{V/m^2}$，

ρ_m 是磁荷密度，其量纲为 Wb/m^3（韦伯每立方米）。式(8－17a)中等号右边是正号，表示电流与磁场之间由右手螺旋法则确定方向；式(8－17b)中等号右边磁流密度前的负号表示由磁流产生的电场的方向，由左手螺旋法则确定。

必须指出，磁流和磁荷的概念已在天线和微波技术领域中得到广泛应用，而且由此获得的计算结果已被实验证实，这就说明，由于磁流和磁荷的引入形成的广义麦克斯韦方程仍能正确地描述电磁场。

由于麦克斯韦方程组中的算子(旋度、散度和微分)都是线性算子，因此可将广义麦克斯韦方程分解为两个方程组之和，第一个方程组是只有电荷与电流存在时，由它们所产生的场 $\boldsymbol{E}_e$ 和 $\boldsymbol{H}_e$ 所满足的关系式为

$$\nabla\times\boldsymbol{H}_e=\boldsymbol{J}+j\omega\varepsilon\boldsymbol{E}_e \tag{8-18a}$$

$$\nabla\times\boldsymbol{E}_e=-j\omega\mu\boldsymbol{H}_e \tag{8-18b}$$

$$\nabla\cdot\boldsymbol{D}_e=\rho \tag{8-18c}$$

$$\nabla\cdot\boldsymbol{B}_e=0 \tag{8-18d}$$

另一个方程组是在只有磁荷和磁流存在时，由它们产生的场 $\boldsymbol{E}_m$ 和 $\boldsymbol{H}_m$ 所应满足的关系式为

$$\nabla\times\boldsymbol{H}_m=j\omega\varepsilon\boldsymbol{E}_m \tag{8-19a}$$

$$\nabla\times\boldsymbol{E}_m=-\boldsymbol{J}_m\Delta-j\omega\mu\boldsymbol{H}_m \tag{8-19b}$$

$$\nabla\cdot\boldsymbol{D}_m=0 \tag{8-19c}$$

$$\nabla\cdot\boldsymbol{B}_e=\rho_m \tag{8-19d}$$

磁流密度和磁荷密度间的关系如下：

$$\nabla\times\boldsymbol{J}_m=-\frac{\partial\rho_m}{\partial t} \tag{8-20}$$

上式称为磁流连续性方程，其意义与电流连续性方程相同。

由上可见，如果对式(8－18)作以下变量代换：

$$\boldsymbol{H}_e\to-\boldsymbol{E}_m,\ \boldsymbol{E}_e\to\boldsymbol{H}_m,\ \varepsilon\to\mu,\ \mu\to\varepsilon,\ \rho\to\rho_m,\ \boldsymbol{J}\to\boldsymbol{J}_m \tag{8-21}$$

就可得到式(8－19)。这种对应关系称为电磁场的对偶原理。

8.4.2　磁偶极子的辐射场

令载流圆环位于 xOy 面上，圆环中心位于原点，圆环的面积为 S，如图 8－5 所示。应用对偶原理，磁偶极子的辐射场可利用电偶极子的辐射场对偶给出。

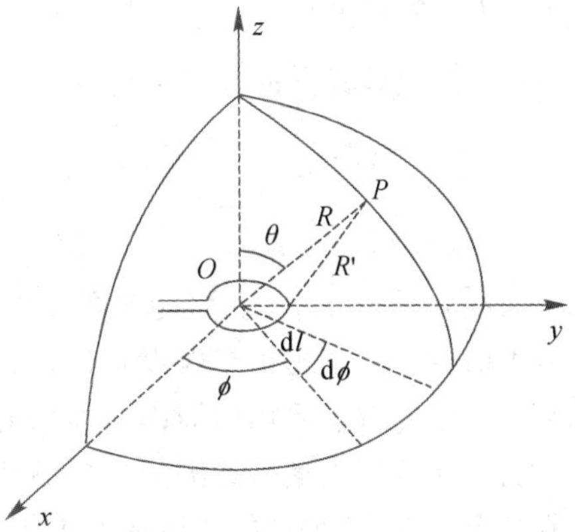

图 8－5　载流小圆环

令磁偶极矩：

$$\boldsymbol{p}_m=q_m dl=\boldsymbol{e}_z q_m dl=\boldsymbol{e}_z\mu_0 iS$$

q_m 为假想磁荷，这样将载流小圆环等效为相距为 dl，两端磁荷分别为 $+q_m$ 和 $-q_m$ 的磁偶极子。

由此可以引入假想的磁流：

$$i_{\mathrm{m}}=\frac{\mathrm{d}q_{\mathrm{m}}}{\mathrm{d}t}=\frac{\mu_0 S}{\mathrm{d}l}\frac{\mathrm{d}i}{\mathrm{d}t}=\frac{\mu_0 S}{\mathrm{d}l}\frac{\mathrm{d}}{\mathrm{d}t}(I\mathrm{e}^{\mathrm{j}\omega t})=I_{\mathrm{m}}\mathrm{e}^{\mathrm{j}\omega t}$$

即

$$I_{\mathrm{m}}=\frac{\mathrm{j}\omega\mu_0 IS}{\mathrm{d}l}$$

将式(8-21)中的对偶关系应用于式(8-8)和式(8-9)，可求得磁偶极子的电磁场各分量分别为

$$E_r=E_\theta=0 \tag{8-22a}$$

$$E_\phi=-\mathrm{j}\,\frac{\omega\mu_0 ISk^2\sin\theta}{2\pi}\left[\frac{\mathrm{j}}{kr}+\frac{1}{(kr)^2}\right]\mathrm{e}^{-\mathrm{j}kr} \tag{8-22b}$$

$$H_r=\mathrm{j}\,\frac{IS}{2\pi}k^3\cos\theta\left[\frac{1}{(kr)^2}-\frac{\mathrm{j}}{(kr)^3}\right]\mathrm{e}^{-\mathrm{j}kr} \tag{8-23a}$$

$$H_\theta=\mathrm{j}\,\frac{IS}{4\pi}k^3\sin\theta\left[\frac{\mathrm{j}}{kr}+\frac{1}{(kr)^2}-\frac{\mathrm{j}}{(kr)^3}\right]\mathrm{e}^{-\mathrm{j}kr} \tag{8-23b}$$

$$H_\phi=0 \tag{8-23c}$$

磁偶极子的电磁场也可以分成近区场和远区场来研究。不难看出，前面对电偶极子电磁场性质的讨论也适应于磁偶极子。对远区场($kr\gg1$)，只保留 $\boldsymbol{E}$、$\boldsymbol{H}$ 表达式中含$\dfrac{1}{kr}$的项，可由式(8-22)和(8-23)得到磁偶极子的远区辐射场为

$$H_\theta=-\frac{ISk^2\sin\theta}{4\pi r}\mathrm{e}^{-\mathrm{j}kr} \tag{8-24a}$$

$$E_\phi=\frac{\omega\mu_0 ISk\sin\theta}{4\pi r}\mathrm{e}^{-\mathrm{j}kr}=\eta_0\,\frac{ISk^2\sin\theta}{4\pi r}\mathrm{e}^{-\mathrm{j}kr}=-\eta_0 H_\theta \tag{8-24b}$$

由上式可以看出，磁偶极子的远区辐射场具有以下特点：

(1) 磁偶极子的辐射场也是 TEM 非均匀球面波；

(2) $\dfrac{E_\phi}{-H_\theta}=\eta_0$；

(3) 电磁场的振幅与$\dfrac{1}{r}$成正比；

(4) 与电偶极子的远区场比较，只是 $\boldsymbol{E}$、$\boldsymbol{H}$ 的取向互换，远区场的性质相同。

8.5 天　　线

天线是雷达技术、无线电通信、导航和无线电遥测遥控等必不可少的设备之一。天线在发射时的作用是把由馈电设备送来的发射机产生的高频能量(连续波或脉冲波)转变为相同频率的电磁波能量而向周围空间辐射。因此，可以把天线看作一个换能器。

为了实现定点通信或测量目标的角坐标和有效地使用能量，天线应使无线电波能量集中在一定的波束(锥形的或扇形的等等)内向空间一定的方向辐射出去。如果不是定点通信而是广播服务或者和可能出现在各个方向上的移动对象通信，那么需要天线在其周围有相同的辐射(例如全向天线)。天线在接收时的作用是有选择地接收一定方向上发射来的，或

来自目标反射的电磁波，并把它转变为同频率的电流加到接收机输入端作为接收机的输入信号。接收天线在收到有用信号的同时，还会收到我们不需要的干扰信号。为了排除干扰，除利用接收机的频率选择性，还要利用天线在方向上的选择性，即要求接收天线只接收来自一定方向的无线电波。

综上所述，天线性能的优劣是雷达和通信等工作质量的重要因素。它还关系到雷达和通信体系的改进。

天线有很多种，下面介绍几种常见的天线。

8.5.1 中波广播天线

中波主要依靠地波传播，中波广播采用垂直极化波的形式。中波频率低，天线的实际尺寸长，在制造上会产生很多麻烦。为了增加天线的辐射能力，又缩短天线的实际高度，常采用天线末端加顶的办法。所以中波发射天线常选用桅杆式单端振子和加顶的垂直接地天线，如图 8-6 所示为拉杆式天线的示意图。

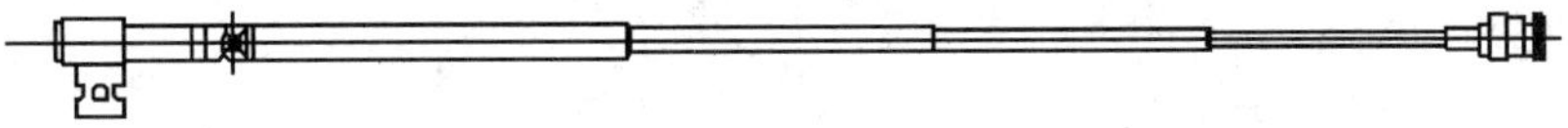

图 8-6　拉杆式天线

8.5.2 短波发射天线

短波是依靠天波传播，不必过多考虑地面的影响，加上大部分工业干扰所产生的电磁辐射属于垂直极化型的，因此短波发射天线大多采用水平线型振子，这样也有利于减少地对传播的影响。短波发射天线有笼形天线、同相水平天线阵等，如图 8-7 所示。

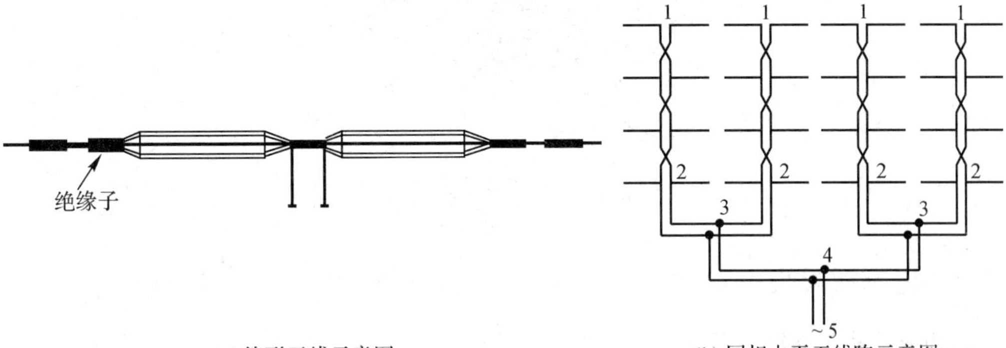

(a) 笼形天线示意图　(b) 同相水平天线阵示意图

图 8-7　短波发射天线

8.5.3 引向天线

引向天线又称为八木天线，它的优点是结构简单、馈电方便、增益较高、易于制作。在超短波段，特别在电视室外接收系统中广泛采用。

引向天线由一个辐射器(如折合振子)、一个反射器和若干个引向器组成，如图 8-8 所示。由于仅有一个辐射器，使得馈电远较阵列式天线方便。而反射器和引向器是不馈电的，统称为无源极子。所有振子的中点都是电压的节点，均固定在一根金属棒上。由一个辐射器和一根反射器组成的天线阵称为二单元引向天线；若增加一根引向器，则称为三单元引向天线，增加 n 根引向器，则称为 $n+2$ 单元引向天线。一般来说，引向器越多，方向性越好，天线增益也越好。

在实际使用中，反射器稍长于辐射器，而略大于半波长，但引向器一般稍短于辐射器。电磁能由有源振子发射后，在邻近空间存在辐射场和感应场，而这些金属棒组成的无源振子会产生感应电势和引向电流，从而在空间建立次级辐射场。这些场和有源振子发射的原始场在空间每一点均会相互干扰，影响到空间的场强分布，从而改变天线的方向性。显然调整相邻振子的间距和无源振子的长度会直接影响整个天线的方向性。

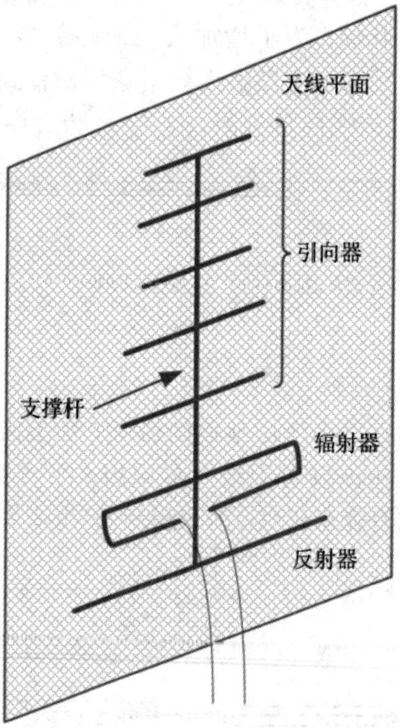

图 8-8　引向天线示意图

8.5.4　抛物面天线

抛物面天线是在微波通信、雷达和射电天文等方面用得最广泛的一种口径面天线。它由照射器和抛物面反射器两部分组成，类似于探照灯。由照射器产生的球面波或柱面波通过抛物面校正后形成平面波，从而获得良好的方向性。

常用的抛物面有以下几种：

(1) 旋转抛物面：由抛物线围绕其轴线旋转而成，它的孔径为圆形；

(2) 抛物柱面：由一根抛物线沿着它所在平面的法线平移的而成，它的孔径成矩形；

(3) 等电平切割抛物面：由圆孔径抛物面切割面而成，它的孔径呈椭圆形。若椭圆孔径的长轴位于垂直面，则垂直波束窄于水平波束，测高雷达常采用这种截面。

如图 8-9 所示为上述三种抛物面的示意图。

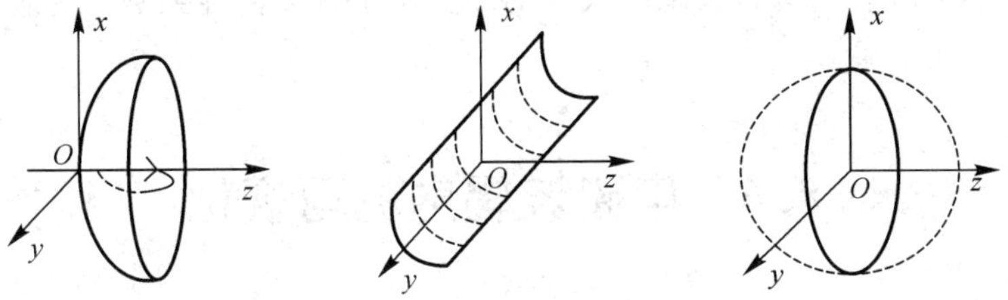

(a) 旋转抛物面 (b) 抛物柱面 (c) 等电平切割抛物面

图 8-9 三种抛物面

抛物面天线的孔径远大于波长，天线增益也远较前述几种线型天线大几个数量级，在微波段和毫米波段广为应用。

8.5.5 喇叭天线

喇叭天线是最简单的口径天线，它既可用作反射面天线或透镜天线的馈源、阵列天线的辐射单元，也可用作微波中继站或卫星上的独立天线。在天线测量中，被广泛用作为标准增益天线。在 1 GHz 左右的微波波段中也常使用喇叭天线。喇叭天线的优点是具有较高的增益，较低的电压驻波比(VSWR)，宽工作频带，功率容量大，重量轻和易于制造等。还有一个特点是，喇叭天线的理论计算结果与实际值非常接近。图 8-10 给出了四种基本类型的喇叭天线的几何结构图。这些喇叭天线都是由载主模的矩形波导或圆波导的开口面逐渐扩张而成。

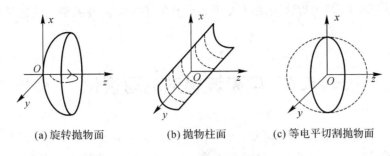

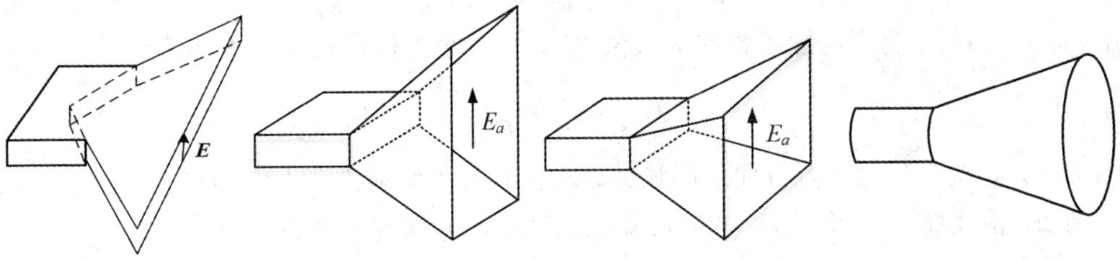

(a) H面扇形喇叭 (b) E面扇形喇叭 (c) 角锥形喇叭 (d) 圆锥形喇叭

图 8-10 喇叭天线的基本结构

凡是由波导的宽壁(H 面)尺寸逐渐扩展而窄壁(E 面)尺寸保持不变形成的喇叭，称为 H 面扇形喇叭，如图 8-10(a)所示；凡是由波导的窄壁(E 面)尺寸逐渐扩展而宽壁(H 面)尺寸保持不变形成的喇叭，称为 E 面扇形喇叭，如 8-10(b)所示；若波导的四壁尺寸均逐渐扩展就形成角锥形喇叭，如图 8-10(c)所示；由圆波导均匀展开形式圆锥形喇叭，如图 8-10(d)所示。此外，为了改善喇叭的辐射特性，还有多模喇叭、波纹喇叭和介质加载喇叭等形式。

喇叭天线的工作类似于日常所用的为声波提供方向性的声波喇叭筒。喇叭天线起着由波导模到自由空间模缓慢过渡的作用，这种缓慢过渡减弱了反射波而加强了行波。由行波天线的分析得知，行波特性使天线能够获得低驻波比和宽频带特性。喇叭天线的辐射效率较高，通常取 $\eta_r \approx 1$，故可以认为喇叭天线的增益等于其方向性系数。其他的面天线也是如此。

8.6　电磁波辐射的可视化

从式(8-11)和式(8-24)中可知，无论是电偶极子还是磁偶极子，其远区辐射场的电场、磁场都有因子 $\sin\theta$。如果在远区距离天线 r 处观察电场、磁场的强度变化，会发现其都是 θ 的函数，说明在不同的方向上辐射强度不相等，也就是说辐射有方向性。以电偶极子的电场为例：

$$E_\theta = \mathrm{j}\,\frac{I\mathrm{d}l}{2\lambda r}\eta_0\,\mathrm{e}^{-\mathrm{j}kr}\sin\theta \tag{8-25}$$

观察式(8-25)可以发现在垂直于天线轴的方向($\theta=90°$)辐射场最大，沿着天线轴的方向($\theta=0°$)辐射场为零，在其他方向场强正比于 $\sin\theta$。

天线的方向图可以十分形象地描述天线的方向性，在天线理论和工程中被大量使用。

1. 方向性函数

天线的方向性函数是指以天线为中心，在远区相同距离 r 的条件下。天线辐射场的相对值与空间方向的函数关系，用 $f(\theta,\phi)$表示，根据方向性函数绘制的图形称为方向图。

为了便于比较不同天线的方向特性，常采用归一化的方向性函数，定义为

$$F(\theta,\phi)=\frac{f(\theta,\phi)}{|f(\theta,\phi)|_{\max}}$$

其中$|f(\theta,\phi)|_{\max}$为方向性函数的最大值。$F(\theta,\phi)$也可以使用以下表达式求解：

$$F(\theta,\phi)=\frac{|E(\theta,\phi)|}{|E_{\max}|} \tag{8-26}$$

其中 $E(\theta,\phi)$为天线在任意方向上的场强，$E_{\max}$ 在最大辐射方向上的场强。

例如，由式(8-25)和式(8-26)可知电偶极子的方向性函数为

$$f(\theta,\phi)=\sin\theta \tag{8-27}$$

归一化方向性函数为

$$F(\theta,\phi)=|\sin\theta| \tag{8-28}$$

2. 天线方向图

按照方向性函数画得的几何图形称为天线方向图。一般来说，天线的方向图是一个立体图形，可以形象地描述天线的方向性。如图 8-11(a)所示为电偶极子的立体方向图。但有时为方便，常采用与场矢量相平行的两个平面表示方向图。定义分别如下：

(1) E 平面方向图：电场矢量所在平面的方向图。对于沿 z 轴放置的电偶极子，E 面即为子午平面。如图 8-11(b)所示为电偶极子的 E 平面方向图。

(2) H 平面方向图：磁场矢量所在平面的方向图。对于沿 z 轴放置的电偶极子，H 面即为赤道平面。图 8-11(c)所示为电偶极子的 H 平面方向图。

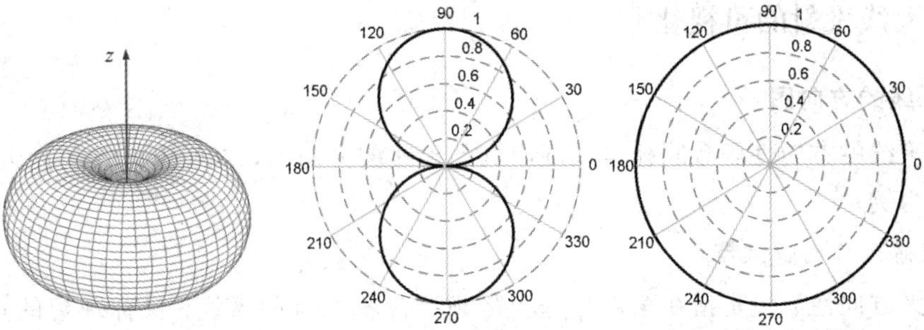

(a) 立体方向图　　(b) E平面方向图　　(c) H平面方向图

图 8-11　电偶极子的方向图

8.6.1　电偶极子辐射的可视化

天线的三维立体方向图可以很直观的显示天线的方向特性，然而画起来却通常较为复杂。使用 MATLAB 软件编程可以实现电偶极子辐射的可视化。根据式(8-28)绘制电偶极子的立体方向图如图 8-12 所示。

```
theta=meshgrid(eps: pi/180: pi);
phi=meshgrid(eps: 2*pi/180: 2*pi)';
f=abs(sin(theta));                  % 方向性函数
fmax=max(max(f));
F=f/fmax;                           % 归一化方向性函数
[x, y, z]=sph2cart(phi, pi/2-theta, F);
mesh(x, y, z);                      % 绘制立体方向图
axis([-1 1 -1 1 -1 1]);             % 限制坐标长度
```

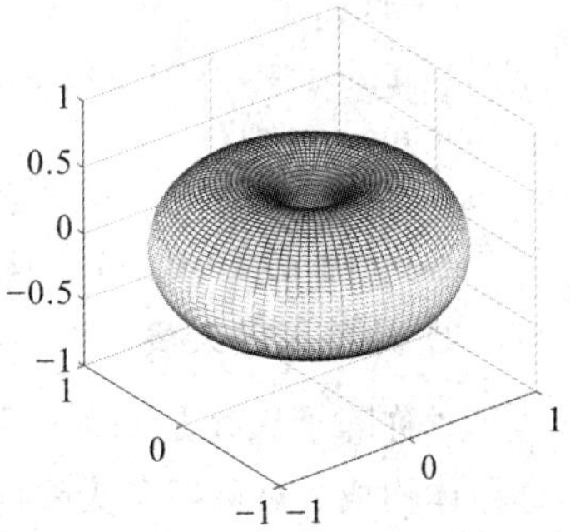

图 8-12　电偶极子立体方向图

8.6.2　磁偶极子辐射的可视化

由式(8-24)和式(8-26)可知磁偶极子的方向性函数为

$$f(\theta, \phi)=\sin\theta \tag{8-29}$$

归一化方向性函数为

$$F(\theta, \phi)=|\sin\theta| \tag{8-30}$$

根据式(8-30)编程可以绘制磁偶极子的立体方向图，如图 8-13 所示。

```
theta2=meshgrid(eps: 2*pi/180: 2*pi);
phi2=meshgrid(eps: 2*pi/180: 2*pi)';
f2=abs(sin(theta2));                % 方向性函数
f2max=max(max(f2));
F2=f2/f2max;                        % 归一化方向性函数
[x, y, z]=sph2cart(phi, pi/2-theta, F2);
mesh(x, y, z);                      % 绘制立体方向图
axis([-1 1 -1 1 -1 1]);             % 限制坐标长度
title('磁偶极子空间立体方向图');
```

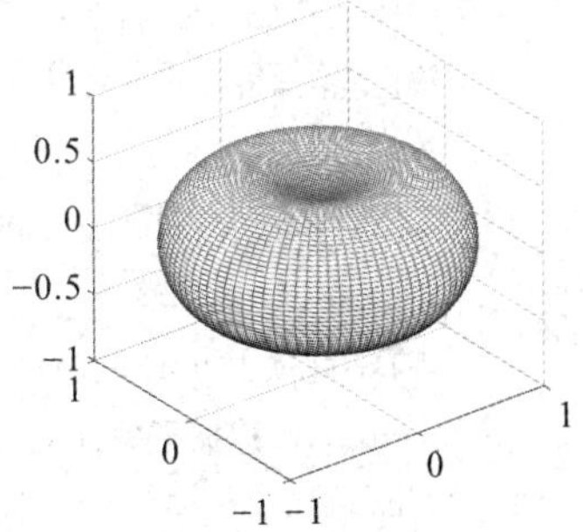

图 8-13　磁偶极子立体方向图

8.6.3 天线发射的可视化

1. 天线的方向图

根据天线的方向性函数同样可以画出其他天线的方向图，以理想无方向性天线和对称振子天线为例。

1）理想无方向性天线

理想无方向性天线是指在全部方向上辐射强度都相等的天线，又称理想的点源天线，它向四面八方辐射的强度都相等。这种点源只是理论上的一种假设，实际上并不存在。显然，其归一化方向性函数为

$$F(\theta, \phi)=1 \tag{8-31}$$

根据式(8-31)编程可以绘制理想点源的立体方向图，如图8-14所示。

```
theta3=meshgrid(eps: 2*pi/50: 2*pi);
phi3=meshgrid(eps: 2*pi/50: 2*pi)';
F3=1;                                   % 归一化方向性函数
[x, y, z]=sph2cart(phi, pi/2-theta, F3);
mesh(x, y, z);                          % 绘制立体方向图
axis([-1 1 -1 1 -1 1]);                 % 限制坐标长度
title('理想点源天线空间立体方向图');
```

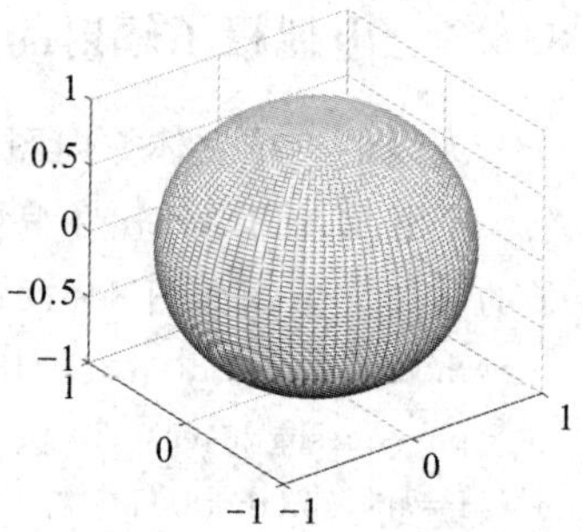

图8-14　理想点源天线立体方向图

2）对称振子天线

对称阵子天线是一种应用广泛且结构简单的基本线天线，由两段粗细和长度均相同的直导体构成。对称振子天线的方向性函数为

$$f(\theta, \phi)=\frac{\cos(\beta h\cos\theta)-\cos\beta h}{\sin\theta} \tag{8-32}$$

根据式(8-32)编程可以绘制不同长度情况下对称振子天线的立体方向图，如图8-15所示。

```
for i=1: 40
    h=i*0.05;
    theta4=meshgrid(eps: 2*pi/180: 2*pi);
    phi4=meshgrid(eps: 2*pi/180: 2*pi)';
    f4=abs(cos(2.*pi.*h.*cos(theta4))-cos(2*pi*h))./(sin(theta4)+eps); % 方向性函数
    f4max=max(max(f4));
    F4=f4/f4max;                                   % 归一化方向性函数
    [x, y, z]=sph2cart(phi4, pi/2-theta4, F4);
    mesh(x, y, z);                                 % 绘制立体方向图
    axis([-1 1 -1 1 -1 1]);                        % 限制坐标长度
    title('对称振子空间立体方向图');
    pause ;                                        % 按空格键改变长度
end
```

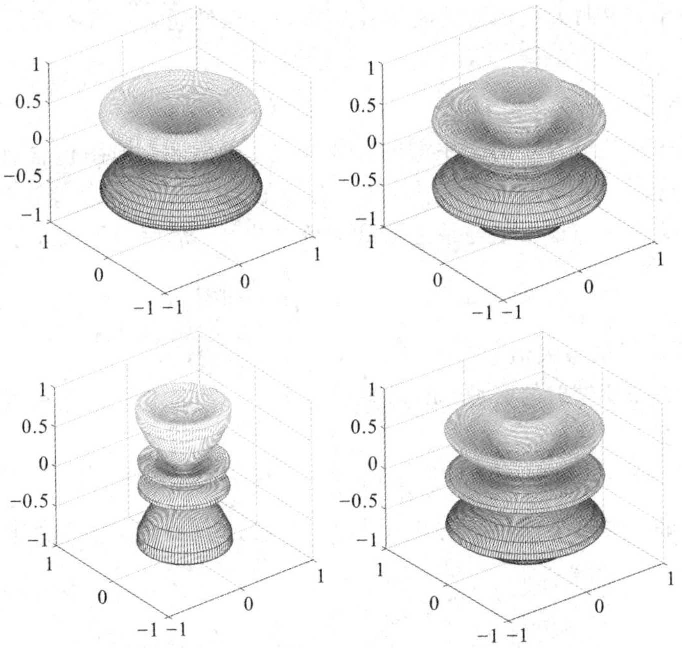

图 8-15　不同长度下对称振子天线立体方向图

2. 天线方向图的参数

为了方便对各种天线的方向图特性进行比较，就需要规定一些特性参数。方向图参数主要有主瓣宽度、旁瓣电平、前后比以及方向系数等。

1）主瓣宽度

天线的方向图由一个或多个波瓣构成。天线辐射最强的方向所在的波瓣称为主瓣，主瓣宽度是衡量主瓣尖锐程度的物理量。

如图 8-16 所示，主瓣宽度分为半功率波瓣宽度和零功率波瓣宽度。在主瓣中辐射功率密度下降为最大值的一半（即场强最大值的$\frac{1}{\sqrt{2}}$）的两个矢径的夹角称为主瓣的半功率波瓣宽度，记为 $2\theta_{0.5}$。在主瓣中辐射功率密度下降为零的两个矢径的夹角称为主瓣的零功率波瓣宽度，记为 $2\theta_0$。

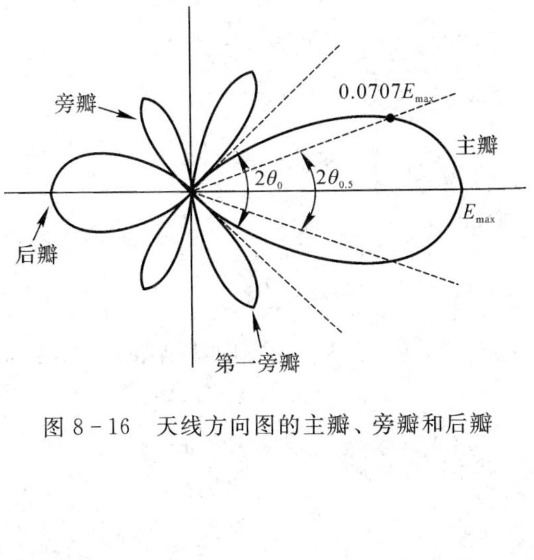

图 8-16　天线方向图的主瓣、旁瓣和后瓣

主瓣宽度越窄，说明天线辐射的能量越集中，定向性越好。有些天线的半功率波瓣宽度可以小于1°。

2）*旁瓣电平*

旁瓣电平用来描述旁瓣相对于主瓣的强弱程度。通常，方向图包含有许多旁瓣，主瓣两边依次为第一旁瓣、第二旁瓣等，一般第一旁瓣最大。

旁瓣电平定义为旁瓣最大值与最主瓣最大值之比。一般用分贝来表示，记为FSLL。

$$\text{FSLL}=20\lg\frac{|E_2|}{|E_{\max}|}\text{dB} \tag{8-33}$$

其中$|E_2|$为旁瓣电场的最大值。

旁瓣通常为不需要辐射的区域，所以旁瓣电平应尽可能低。在天线的实际应用中，旁瓣的位置也很重要。

3）*前后比*

前后比是指最大辐射方向（前向）电平与其相反方向（后向）电平之比。通常以分贝为单位。

4）*方向系数*

方向图形象地表示出了天线的方向性，但为了更精确地比较不同天线的方向性，有必要再规定一个表示方向性的参数，即方向系数。方向系数的定义为，在辐射功率相同的条件下，天线在其最大辐射方向上某一距离处的辐射功率密度，与无方向性天线在同一距离处辐射功率密度之比，并记为D。由这个定义出发，可导出方向系数的基本计算公式。

设天线的辐射功率为P_r，它在最大辐射方向上距离r处产生的辐射功率密度和场强分别为$P_{\max}$和$E_{\max}$；又设有一辐射功率相同的无方向性天线，它在相同距离上产生的辐射功率密度和场强分别为P_0和E_0，则按方向系数的定义有

$$D=\frac{P_{\max}}{P_0}=\frac{|E_{\max}|^2}{|E_0|^2} \tag{8-34}$$

对于无方向性天线，它产生的辐射功率密度可表示为

$$P_0=\frac{P_r}{4\pi r^2}$$

功率密度P_0和E_0间的关系式为

$$P_0=\frac{|E_0|^2}{240\pi}$$

因而有

$$|E_0|^2=\frac{60P_r}{r^2} \tag{8-35}$$

将式(8-35)代入式(8-34)可得

$$D=\frac{r^2|E_{\max}|^2}{60P_r} \tag{8-36}$$

式中的P_r也是天线的辐射功率，设其归一化方向性函数$F(\theta,\phi)$，则其任意方向的场强与功率密度分别为

$$|E(\theta,\phi)|=|E_{\max}|\cdot|F(\theta,\phi)|$$

$$p(\theta,\ \phi)=\frac{|E(\theta,\ \phi)|^2}{2\eta_0}=\frac{|E_{\max}|^2\cdot|F(\theta,\ \phi)|^2}{240\pi}$$

在半径为 r 的球面上对功率密度进行面积分，得辐射功率为

$$P_r=\oint_S p(\theta,\ \phi)\mathrm{d}S=\frac{r^2|E_{\max}|^2}{240\pi}\int_0^{2\pi}\int_0^{\pi}|F(\theta,\ \varphi)|^2\sin\theta\,\mathrm{d}\theta\,\mathrm{d}\phi$$

将上式代入式(8-36)，即得

$$D=\frac{4\pi}{\int_0^{2\pi}\int_0^{\pi}|F(\theta,\ \varphi)|^2\sin\theta\,\mathrm{d}\theta\,\mathrm{d}\phi} \tag{8-37}$$

实际的天线均有方向性。方向性系数越大，天线的方向性越强。

本章小结

1. 随时间交变的电磁波脱离波源向自由空间传播，不回到波源的现象称为电磁辐射。动态场中引入的标量位 $\varphi(r,\ t)$和矢量位 $\boldsymbol{A}(r,\ t)$均称为滞后位，它们的表达式如下：

$$\varphi(r,\ t)=\frac{1}{4\pi\varepsilon_0}\int_V\frac{\rho(r')}{|\boldsymbol{r}-\boldsymbol{r}'|}\mathrm{e}^{\mathrm{j}\omega\left(t-\frac{|r-r'|}{v}\right)}\mathrm{d}V,\ \boldsymbol{A}(r,\ t)=\frac{\mu_0}{4\pi}\int_V\frac{\boldsymbol{J}(r')}{|\boldsymbol{r}-\boldsymbol{r}'|}\mathrm{e}^{\mathrm{j}\omega\left(t-\frac{|r-r'|}{v}\right)}\mathrm{d}V$$

它们的值是由时间提前的源决定的，滞后的时间是电磁波传播所需要的时间。利用上式可求解电偶极子的辐射场，由此可推导其辐射功率、辐射电阻等参量。

2. 电磁场的对偶原理提供了解决电磁对偶问题的另一种方法，利用对偶原理确定磁偶极子的辐射场更简单。

3. 辐射和接收电磁能量的装置称为天线。

思考题 8

8-1　如何理解辐射的含义？

8-2　试解释滞后位的意义，并写出滞后位满足的方程。

8-3　分别写出电偶极子辐射的近区场和远区场，并说明其特性。

8-4　磁偶极子辐射场与电偶极子辐射场有哪些不同？

8-5　天线方向图的参数有哪些？简述它们的基本含义。

8-6　什么是理想无方向天线，它的方向函数是什么？

8-7　什么是 E 平面方向图？什么是 H 平面方向图？

习　题　8

8-1　以电偶极子为例，说明天线场区的划分方法以及各场区电磁场特性的不同。

8-2　频率 $f=10$ MHz 的功率源馈送给电偶极子的电流为 25 A。设电偶极子的长度 $l=50$ cm，试求：

(1) 分别计算赤道平面上离原点 50 cm 和 10 km 处的电场强度和磁场强度；

(2) 计算 $r=10$ km 处的平均功率密度；

(3) 计算辐射电阻。

8－3　假设一电偶极子在垂直于它的轴线的方向上距离 100 km 处所产生的电磁强度的振幅等于 100 μV/m，试求电偶极子所辐射的功率。

8－4　计算一长度等于 0.2λ 的电偶极子的辐射电阻。

8－5　计算电偶极子的半功率波瓣宽度和零功率波瓣宽度。

8－6　计算理想无方向天线的方向系数。

8－7　计算电偶极子的方向系数，并比较其与理想无方向天线的方向性孰好孰坏。

8－8　已知某天线的 E 平面归一化方向函数为

$$F(\theta)=\left|\frac{\cos\left(\frac{\pi}{2}\cos\theta\right)}{\sin\theta}\right|\left|\cos\frac{\pi}{4}(1+\sin\theta)\right|$$

画出其 E 平面方向图。

8－9　已知某天线的 H 平面归一化方向函数为

$$F(\phi)=\left|\cos\frac{\pi}{4}(1+\sin\phi)\right|$$

画出其 H 平面方向图。

8－10　已知某天线的归一化方向函数为

$$F(\theta)=\begin{cases}\cos^2\theta & \left|\theta\leqslant\frac{\pi}{2}\right| \\ 0 & \left|\theta>\frac{\pi}{2}\right|\end{cases}$$

求其方向系数 D。

8－11　已知某天线的 E 平面归一化方向函数为

$$F(\theta)=\left|\cos\left(\frac{\pi}{4}\cos\theta-\frac{\pi}{4}\right)\right|$$

画出其 E 平面方向图。

8－12　已知某天线的 E 平面方向函数为

$$F(\theta)=\left|\sin\left(\frac{\pi}{4}\sin\theta-\frac{\pi}{4}\right)\right|$$

求其半功率波瓣宽度。

第 9 章　电磁场与电磁波实验

电磁场与电磁波实验是电磁理论的有益补充，通过实验我们可以观察和理解许多电磁现象，巩固和拓展所学理论中的相关知识点，培养学生学习电磁理论的兴趣、分析电磁现象和运用电磁理论解决实际问题的能力。本章主要内容思维导图如下：

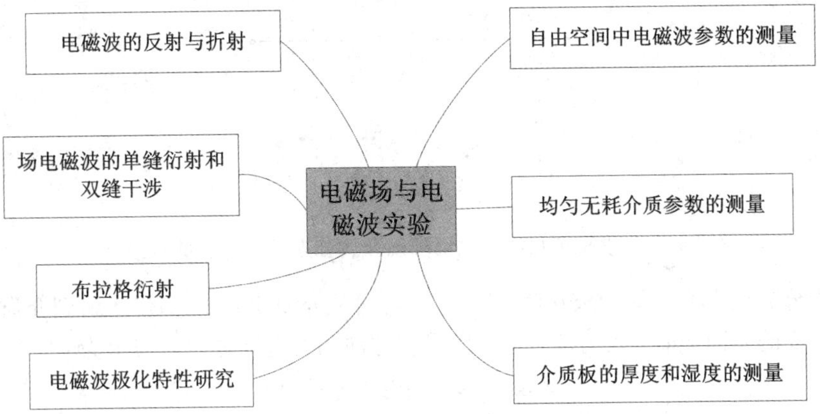

学习目标

· 学习电磁波的反射与折射原理及其验证方法，能够分析电磁波全反射和全折射的条件，并会用微波分光仪验证电磁波的反射定律和折射定律。

· 学习电磁波的单缝衍射和双缝干涉、布拉格衍射的原理，加深理解电磁波的波动性、产生衍射和干涉现象的条件及其特征，学会用实验方法进行验证。

· 研究电磁波极化特性，学会产生不同极化波及其检测方法，并能将此方法用于工程中。

· 学习电磁波参数的测量方法，学会用微波分光仪正确测量自由空间和均匀无耗介质中电磁波的波长、相位常数、波速等参数，能够将所学方法应用于实际工程中相关参数的测量。

9.1　电磁波的反射与折射

当电磁波入射到两种不同介质的分界面时，在分界面处会发生反射和折射。为讨论和分析问题简便，下面所提到的电磁波均指均匀平面电磁波。为了描述入射波的偏振，把分界面的法线与入射波射线构成的平面称为入射平面。若入射波的电场矢量平行于入射平面，则该入射波称为平行极化波；若入射波的电场矢量垂直于入射平面，则该入射波称为垂直极化波。下面研究电磁波在不同介质分界面的反射和折射。

9.1.1 电磁波在理想介质分界面上的反射和折射

如图 9 - 1 所示为平行极化波入射到理想介质分界面时各场量的变化情况。

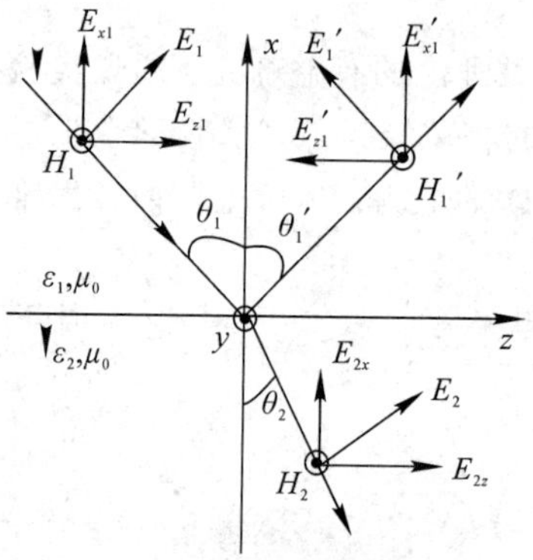

图 9 - 1 平行极化波入射到理想介质分界面时各场量的分布

在介质分界面上有一平行极化波，以 θ_1 入射角从介质 1(ε_1、μ_0)斜入射到介质 2(ε_2、μ_0)所在的区域 2 的界面上时，入射波方向、反射波方向和折射波方向可表示为

$$\boldsymbol{e}_{n1}^{+}=-\boldsymbol{e}_x\cos\theta_1+\boldsymbol{e}_z\sin\theta_1 \tag{9-1a}$$

$$\boldsymbol{e}_{n1}^{-}=\boldsymbol{e}_x\cos\theta'_1+\boldsymbol{e}_z\sin\theta'_1 \tag{9-1b}$$

$$\boldsymbol{e}_{n2}=-\boldsymbol{e}_x\cos\theta_2+\boldsymbol{e}_z\sin\theta_2 \tag{9-1c}$$

入射波的电场强度和磁场强度分别为

$$\boldsymbol{E}_1=\boldsymbol{E}_{01}\mathrm{e}^{-\mathrm{j}k_1\boldsymbol{e}_{n1}^{+}\cdot\boldsymbol{r}}=\boldsymbol{E}_{01}\mathrm{e}^{-\mathrm{j}k_1(-x\cos\theta_1+z\sin\theta_1)} \tag{9-2a}$$

$$\boldsymbol{H}_1=\boldsymbol{e}_y\frac{E_{01}}{\eta_1}\mathrm{e}^{\mathrm{j}k_1(-x\cos\theta_1+z\sin\theta_1)} \tag{9-2b}$$

反射波的电场强度和磁场强度分别为

$$\boldsymbol{E}'_1=\boldsymbol{E}'_{01}\mathrm{e}^{-\mathrm{j}k_1\boldsymbol{e}_{n1}^{-}\cdot\boldsymbol{r}}=\mathrm{E}'_{01}\mathrm{e}^{-\mathrm{j}k_1(x\cos\theta'_1+z\sin\theta'_1)} \tag{9-3a}$$

$$\boldsymbol{H}_1=\boldsymbol{e}_y\frac{E'_{01}}{\eta_1}\mathrm{e}^{-\mathrm{j}k_1(x\cos\theta'_1+z\sin\theta'_1)} \tag{9-3b}$$

$z>0$ 的空间中入射波与反射波的合成电场为

$$\boldsymbol{E}(x,z)=\boldsymbol{E}_1+\boldsymbol{E}'_1=\boldsymbol{E}_{01}\mathrm{e}^{-\mathrm{j}k_1(-x\cos\theta_1+z\sin\theta_1)}+\boldsymbol{E}'_{01}\mathrm{e}^{-\mathrm{j}k_1(x\cos\theta'_1+z\sin\theta'_1)} \tag{9-4}$$

分解为 x 分量和 z 分量

$$E_x(x,z)=E_{01}\sin\theta_1\mathrm{e}^{-\mathrm{j}k_1(-x\cos\theta_1+z\sin\theta_1)}+\boldsymbol{E}'_{01}\sin\theta'_1\mathrm{e}^{-\mathrm{j}k_1(x\cos\theta'_1+z\sin\theta'_1)} \tag{9-5a}$$

$$E_z(x,z)=E_{01}\cos\theta_1\mathrm{e}^{-\mathrm{j}k_1(-x\cos\theta_1+z\sin\theta_1)}-E'_{01}\cos\theta'_1\mathrm{e}^{-\mathrm{j}k_1(x\cos\theta'_1+z\sin\theta'_1)} \tag{9-5b}$$

$z<0$ 的空间中折射波的电场强度和磁场强度分别为

$$\boldsymbol{E}_2=\boldsymbol{E}_{02}\mathrm{e}^{-\mathrm{j}k_2\boldsymbol{e}_{n2}\cdot\boldsymbol{r}}=E_{02}(\boldsymbol{e}_x\sin\theta_2+\boldsymbol{e}_z\cos\theta_2)\mathrm{e}^{-\mathrm{j}k_2(-x\cos\theta_2+z\sin\theta_2)} \tag{9-6a}$$

$$\boldsymbol{H}_2=\boldsymbol{e}_y\frac{E_{02}}{\eta_2}\mathrm{e}^{-\mathrm{j}k_2(-x\cos\theta_2+z\sin\theta_2)} \tag{9-6b}$$

以上各式中 η_1、η_2 分别表示波在两种介质中的波阻抗。由边界条件可知，在分界面上 $x=0$ 处，有 $E_{1t}=E_{2t}$，$H_{1t}=H_{2t}$。根据图 9-1 所示，应有 $E_z=E_{2z}$，即

$$E_{01}\cos\theta_1 e^{-jk_1 z\sin\theta_1}-E'_{01}\cos\theta'_1 e^{-jk_1 z\sin\theta'_1}=E_{02}\cos\theta_2 e^{-jk_2 z\sin\theta_2} \tag{9-7}$$

考虑到上述边界条件在入射波以任何角度入射到边界面上的任何位置时都必须满足，即上式的成立应该与 θ_1、θ'_1、θ_2、z 无关。显然据此可得 $k_1\sin\theta_1=k_1\sin\theta'_1=k_2\sin\theta_2$，即

$$\theta_1=\theta'_1 \tag{9-8}$$

上式表明，介质分界面上反射角等于入射角，即反射定律仍然适用，

$$\frac{\sin\theta_2}{\sin\theta_1}=\frac{k_1}{k_2}=\frac{\omega\sqrt{\mu_0\varepsilon_1}}{\omega\sqrt{\mu_0\varepsilon_2}}=\frac{\sqrt{\varepsilon_1}}{\sqrt{\varepsilon_2}} \tag{9-9a}$$

上式也可表示为

$$n_1\sin\theta_1=n_2\sin\theta_2 \tag{9-9b}$$

式(9-9a)或者式(9-9b)是用来描述折射角和入射角的关系的斯耐尔折射定律，其中 $n=\sqrt{\varepsilon_r}$ 为介质的折射率。

在 $x=0$ 处，把式(9-8)代入式(9-7)，并根据 $E_{1t}=E_{2t}$，$H_{1t}=H_{2t}$，可得

$$(E_{01}-E'_{01})\cos\theta_1=E_{02}\cos\theta_2 \tag{9-10a}$$

$$\frac{1}{\eta_1}(E_{01}+E'_{01})=\frac{1}{\eta_2}E_{02} \tag{9-10b}$$

对式(9-10a)和式(9-10b)联立求解，得平行极化波在介质分界面上的反射系数 $R_{/\!/}$ 和折射系数 $T_{/\!/}$ 分别为

$$R_{/\!/}=\frac{E'_{01}}{E_{01}}=\frac{\eta_1\cos\theta_1-\eta_2\cos\theta_2}{\eta_1\cos\theta_1+\eta_2\cos\theta_2}=\frac{\dfrac{\varepsilon_2}{\varepsilon_1}\cos\theta_1-\sqrt{\dfrac{\varepsilon_2}{\varepsilon_1}-\sin^2\theta_1}}{\dfrac{\varepsilon_2}{\varepsilon_1}\cos\theta_1+\sqrt{\dfrac{\varepsilon_2}{\varepsilon_1}-\sin^2\theta_1}} \tag{9-11a}$$

$$T_{/\!/}=\frac{E_{02}}{E_{01}}=\frac{2\eta_2\cos\theta_1}{\eta_1\cos\theta_1+\eta_2\cos\theta_2}=\frac{2\cos\theta_1\sqrt{\dfrac{\varepsilon_2}{\varepsilon_1}}}{\dfrac{\varepsilon_2}{\varepsilon_1}\cos\theta_1+\sqrt{\dfrac{\varepsilon_2}{\varepsilon_1}-\sin^2\theta_1}} \tag{9-11b}$$

9.1.2　电磁波在介质分界面上无反射(全折射)的条件

根据 9.1.1 节理论，下面讨论电磁波在介质分界面上发生全折射和全反折射的条件，为反射定律和折射定律的实验验证提供理论依据。

1. 平行极化波斜入射到介质分界面上的折射

当平行极化波斜入射到介质分界面上发生全折射时，有 $R_{/\!/}=0$，根据式(9-11a)可得全折射时的入射角为

$$\theta_1=\theta_{p1}=\arcsin\left(\sqrt{\frac{\varepsilon_2}{\varepsilon_1+\varepsilon_2}}\right) \tag{9-12}$$

全折射角 θ_{p1} 又称布儒斯特角，它表示在 ε_1 内传播的波，在 ε_1、ε_2 分界面上实现全折射时的入射角。

平行极化波斜入射到厚度为 d 的介质板上，如图 9-2 所示；当 $\theta_1=\theta_{p1}$ 时，入射波在第一个界面上发生全折射，折射波入射在第二个界面上，仍然满足式(9-12)中的条件发生全折射，在介质板后面就可以接收到全部的入射波信号。

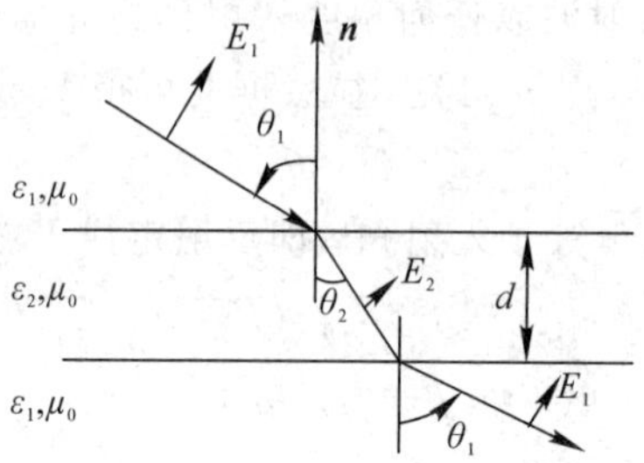

图 9-2　斜入射时全折射示意图

2. 垂直极化波不可能发生全折射

垂直极化波入射到两种介质的分界面上，反射系数和折射系数分别为

$$R_{\perp}=\frac{\cos\theta_1-\sqrt{\frac{\varepsilon_2}{\varepsilon_1}-\sin^2\theta_1}}{\cos\theta_1+\sqrt{\frac{\varepsilon_2}{\varepsilon_1}-\sin^2\theta_1}} \tag{9-13a}$$

$$T_{\perp}=\frac{2\cos\theta_1}{\cos\theta_1+\sqrt{\frac{\varepsilon_2}{\varepsilon_1}-\sin^2\theta_1}} \tag{9-13b}$$

要想发生全折射，则 $R_{\perp}=0$，即$\frac{\varepsilon_1}{\varepsilon_2}=1$，显然，这与两种介质构成的分界面的前提条件不符，即垂直极化波在斜入射时不可能出现全折射现象。

9.1.3 电磁波斜入射到良导体表面上的反射

入射波斜入射到介质分界面上的情况是采用反射系数和折射系数进行表征的，当平行极化波斜入射到良导体表面上时，由于

$$\eta_2=\sqrt{\frac{\pi f\mu_2}{\sigma_2}}(1+\mathrm{j})=\sqrt{\frac{\omega\mu_2}{\sigma_2}}\mathrm{e}^{\mathrm{j}\frac{\pi}{4}} \tag{9-14}$$

当 $\sigma_2\to\infty$时，$\eta_2\to 0$，根据式(9-11a)和式(9-11b)可得

$$\begin{cases}R_{/\!/}=1,\ T_{/\!/}=0\\ E'_{01}=E_{01},\ \theta'_1=\theta_1\end{cases} \tag{9-15}$$

可见，在良导体表面上斜入射的电磁波，其反射波的电场强度与入射波的电场强度相等。

9.1.4 反射定律和折射定律的验证

验证原理示意图如图 9-3 和图 9-4 所示。实验中，我们在测量电磁波的反射角和折射角时，需要先将实验平台上的发射喇叭天线和接收喇叭天线的轴线调整在一条直线上，然后分别微调发射喇叭天线或接收喇叭天线的方向，使接收表(常用微安表)的指示值最

大，确保发射天线与接收天线互相对正。

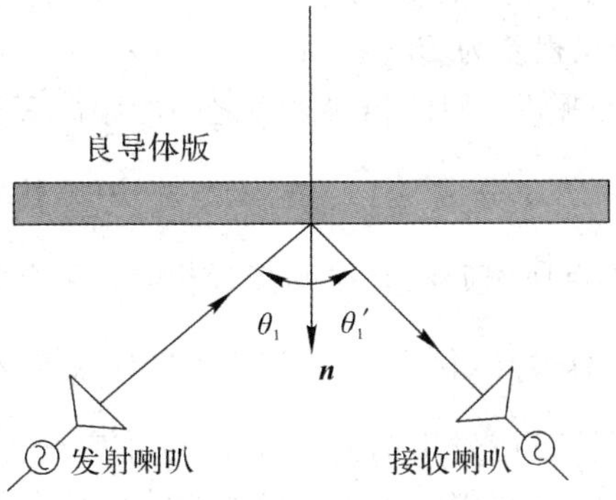

图 9-3　导体板上发生反射的示意图

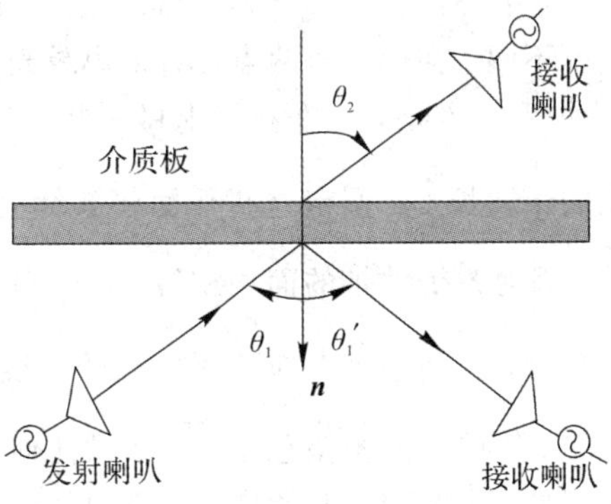

图 9-4　介质板上发生反射和折射的示意图

1. 电磁波在良导体表面反射定律验证

把良导体板放在转台上，如图 9-3 所示，使良导体板平面对准转台上的 90°刻线，这时转台上的 0°刻线与良导体板的法线方向一致。使发射喇叭天线发射的电磁波入射到良导体板上的入射角 θ_1 从 30°开始，每隔 1°，逐步增加至 65°，每一个入射角 θ_1 都可通过接收喇叭天线在入射空间且在分界面法线另一侧测出反射波场强 $\boldsymbol{E}'_1$(用微安表指示的电流值)等于入射波场强 $\boldsymbol{E}_1$(用微安表指示的电流值)时的角度 θ'_1，验证 $\theta'_1=\theta_1$。

如果把接收天线转到良导体板后(180°刻线处)，可观察是否有折射现象。

2. 电磁波在介质板上的反射和折射定律验证

取下良导体板，换上某一厚度的介质板，如图 9-4 所示，调整介质板的位置，使其处于和喇叭天线轴线相垂直的位置。使电磁波入射到介质板上的入射角 θ_1 从 30°开始，每隔 1°，逐步增加至 65°，每一个入射角 θ_1 都可以通过接收喇叭在介质板的同侧且在分界面法线另一侧测出反射波场强 $\boldsymbol{E}'_1$(用微安表指示的电流值)为最大值时的反射角 θ'_1，验证 $\theta'_1=\theta_1$。

使介质板的入射角 θ_1 从 30°开始，每隔 1°，逐步增加至 65°，每一个入射角 θ_1 都可以通过接收喇叭在介质板的另一侧且在分界面法线另一侧测出折射波场强 $\boldsymbol{E}_2$(用微安表指示的电流值)为最大值时的折射角 θ_2，验证折射定律。

9.2　电磁波的单缝衍射和双缝干涉

当某一平行单色光垂直照射到宽度为 a 的狭缝时，在狭缝的右边，会发生衍射现象；当某一平面波垂直入射到金属板的两条狭缝上时，则每一条狭缝就是次级波波源，由两缝发出的次级波是相干波，因此在金属板的背面空间中，将产生干涉现象。下面研究衍射角与衍射强度的关系及干涉角与干涉强度的关系。

9.2.1　单缝衍射原理

如图 9-5 所示，当某一平行单色光垂直照射到宽度 a 的狭缝时，在狭缝的右边，只有位于缝所在处的波阵面 AB 上各点的子波向各个方向传播。如果在狭缝右边置一柱形屏幕，狭缝中心位于柱形屏幕的轴线上，θ 表示光线与狭缝面法线之间的夹角，角不同，P 点位置就不同。在 A、B 两点，两条边缘光线之间的光程差为 $BC=a\sin\theta$。

如图 9-6 所示，在狭缝上做一些平行于 AC 的平面，使两相邻平面之间的距离等于入射光的半波长$\frac{\lambda}{2}$，假定这些平面将狭缝处的波阵面 AB 分成 AA_1、A_1A_2、A_2B 等整数个波带，因为各个波带的面积相等，所以各个波带 P 点所引起的光振幅接近相等。两个相邻半波带上，任何两个对应点所发出的光线的光程差总是$\frac{\lambda}{2}$(例如 A_1A_2 带上的 G 点与 A_2B 带上的 G' 点)，位相差总是 π，结果任何两个相邻波带所发出的光线在 P 点将完全抵消。由此可见，当对应于某给定角度 θ 使 BC 是半波长的偶数倍时，即狭缝处波阵面可分成偶数个波带时，所有波带的作用成对地相互抵消，P 点是暗的；如果 BC 是半波长的奇数倍时，即狭缝处波阵面可分成奇数个波带时，相互抵消的结果只留下一个波带的作用，那么 P 点处是亮的。

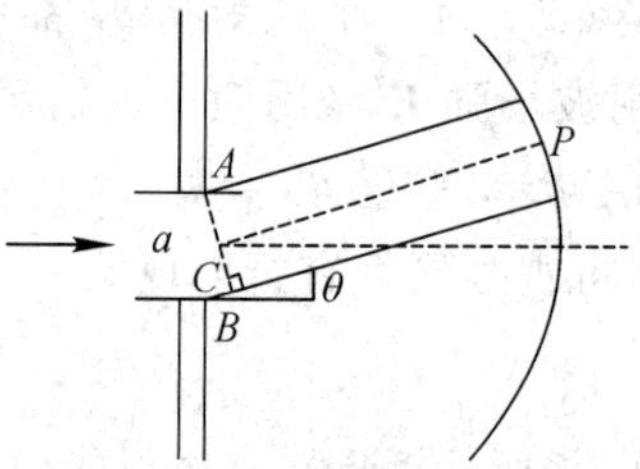

图 9-5　单缝衍射原理图

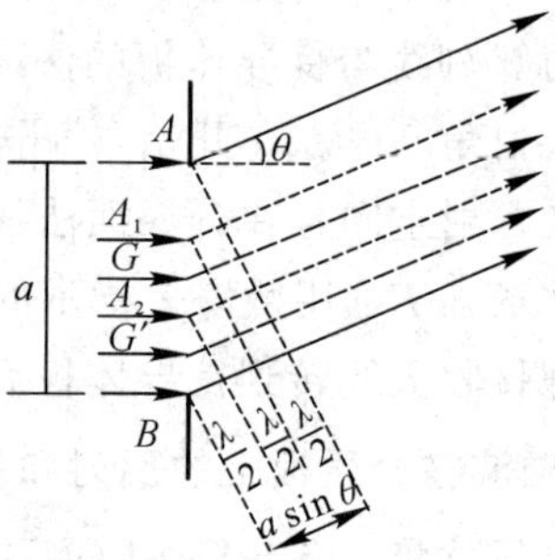

图 9-6　单缝衍射条纹计算

(1) 当 θ 满足 $-\lambda<a\sin\theta<\lambda$ 时，为中央明区，称作零级明纹。如果 $\sin\theta=\frac{\lambda}{a}$，$\theta$ 值则对应中央明纹的角的范围的一半，称为半角宽度，即

$$\theta=\arcsin\left(\frac{\lambda}{\alpha}\right) \tag{9-16a}$$

式中当 θ 很小时，$\theta\approx\frac{\lambda}{a}$。

(2) 当 θ 满足式：

$$a\sin\theta=\pm(2K)\frac{\lambda}{2}\quad k=1,\ 2,\ \cdots \tag{9-16b}$$

屏幕上为暗纹，从 $K=1$，2，…，在屏幕上为第一级暗纹中心、第二级暗纹中心……。

(3) 当 θ 满足式：

$$a\sin\theta=\pm(2K+1)\frac{\lambda}{2}\quad K=1,\ 2,\ \cdots \tag{9-16c}$$

屏幕上为亮纹，从 $K=1$，2，…，在屏幕上为第一级明纹中心、第二级明纹中心……。

对任意衍射角来说，AB 一般不能恰巧分成整数个波带，即 BC 不等于$\frac{\lambda}{2}$的整数倍，衍射光束形成屏幕上亮度介于最明和最暗之间的中间区域。衍射强度与 θ 角的关系如图 9－7 所示，中央明区即零级明纹最亮、最宽。中央明纹两侧，亮度逐渐减小，直至一级暗纹；其后亮度又逐渐增大成为第一级明纹，依次类推。由于随着 θ 角的增大，分成的波带数增多，未被抵消的波带面积仅占狭缝面积的一小部分，所以各级明纹的亮度随着级数的增大而逐渐减小。

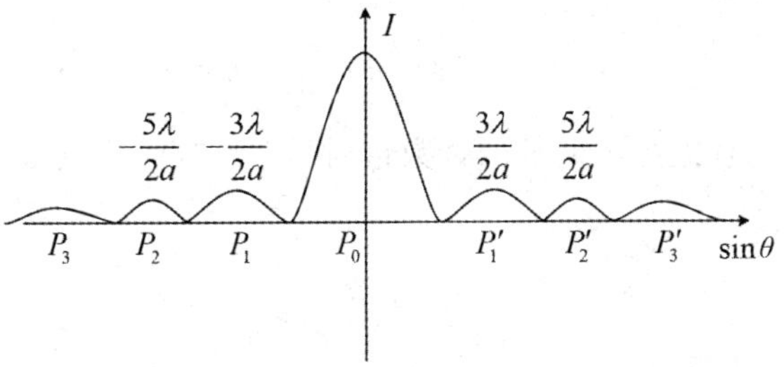

图 9－7　单缝衍射的亮度分布

利用微波代替平行单色光做单缝衍射时，P_{r1} 为 3 cm 发射喇叭天线，P_{r2} 为 3 cm 接收喇叭天线。当发射喇叭口面宽边与水平面平行时，发射信号电矢量的偏振方向是垂直的。当某一平面波入射到和波长可比拟的狭缝时，就要发生衍射现象，直至出现衍射波的一级极小。一级极小的衍射角为 $\theta=\arcsin\left(\frac{\lambda}{a}\right)$；再随衍射角增大，衍射强度又逐渐增大，直至出现一级极大值，一级极大值的衍射角为 $\theta=\arcsin\left(\frac{3}{2}\cdot\frac{\lambda}{a}\right)$。

9.2.2　双缝干涉原理

如图 9－8 所示，当某一平面波垂直入射到金属板的两条狭缝上时，则每一条狭缝就是次级波波源，由两缝发出的次级波是相干波，因此在金属板的背面空间中，将产生干涉现象。

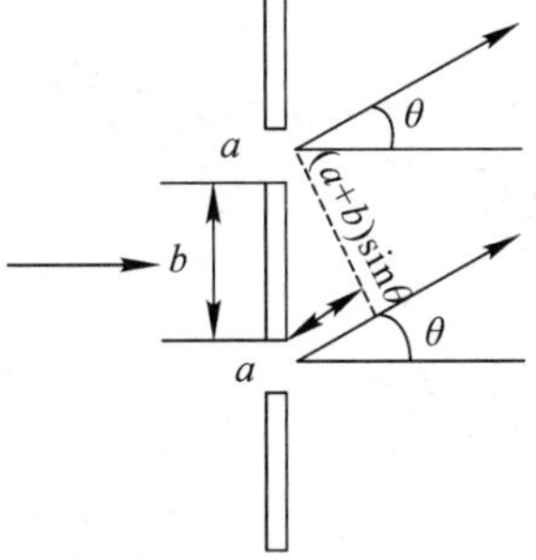

图 9－8　双缝干涉原理图

当然，电磁波通过每个缝也有衍射现象。因此实验将是衍射和干涉两者结合的结果。为了只观察双缝的两束中央衍射波相互干涉的结果，令双缝的缝宽 a 接近 λ，例如 $\lambda=32$ mm，$a=40$ mm。这时由单缝衍射的一级极小公式 $a\sin\theta=\lambda$，得 $\theta=\arcsin\left(\frac{\lambda}{a}\right)\approx 53°$，我们在一级极小范围内研究两束衍射波相互干涉现象。

（1）当衍射角 θ 满足：

$$(a+b)\sin\theta=\pm(2K)\frac{\lambda}{2} \quad K=1, 2, \cdots \tag{9-17a}$$

两狭缝射出的光波的光程差是波长的整数倍，因而相互加强，形成明纹。

（2）当衍射角 θ 满足：

$$(a+b)\sin\theta=\pm(2K+1)\frac{\lambda}{2} \quad K=1, 2, \cdots \tag{9-17b}$$

两狭缝射出的子波的光程差是半波长的奇数倍时，干涉减弱形成暗纹。所以干涉加强的角度为

$$\theta=\arcsin\left(K\frac{\lambda}{a+b}\right) \tag{9-18a}$$

干涉减弱的角度为

$$\theta=\arcsin\left(\frac{2k+1}{2}\cdot\frac{\lambda}{a+b}\right) \tag{9-18b}$$

9.2.3 衍射强度与衍射角和干涉强度与干涉角的关系测量

根据 9.2.1 节的单缝衍射原理和 9.2.2 节的双缝干涉原理，下面通过对不同衍射角下的衍射强度和不同干涉角下的干涉强度进行测量，研究电磁波的衍射现象和干涉现象。

1. 衍射角与衍射强度测量

测量原理示意图如图 9-9 所示。发射端采用波长为 3 cm 信号源，调整单缝衍射板的缝宽，将该板放到平台支座上，使狭缝平面与工作平台上的 90°刻线对齐，即单缝衍射板的法线方向与平台上的 0°和 180°刻线一致，使发射喇叭天线和接收喇叭天线的轴线在一条直线上，调整信号电平使接收喇叭天线的表头指示接近满刻度。

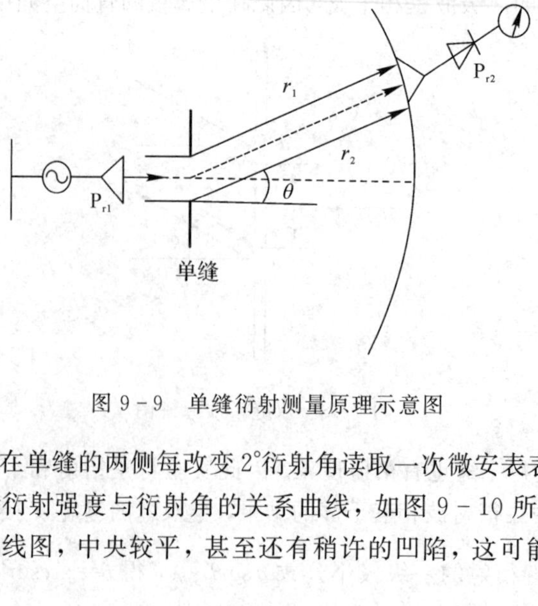

图 9-9 单缝衍射测量原理示意图

从衍射角 0°开始，在单缝的两侧每改变 2°衍射角读取一次微安表表头读数，并记录下来，根据记录数据做出单缝衍射强度与衍射角的关系曲线，如图 9-10 所示为当 $a=70$ mm 时，根据测量数据画出的曲线图，中央较平，甚至还有稍许的凹陷，这可能是由于衍射板还不够大之故。

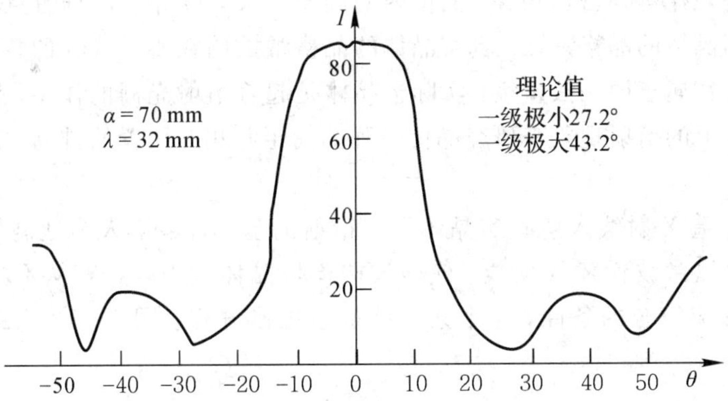

图 9 - 10　单缝衍射的 $I-\theta$ 曲线

2. 干涉角与干涉强度测量

将单缝衍射板换成双缝干涉板后，双缝干涉测量原理示意图和单缝衍射相同，调整双缝宽度，将该板放到支座上，使狭缝平面与工作平台上的 90°刻线对齐，即双缝干涉板的法线方向与平台上的 0°和 180°刻线一致，调整信号电平使接收喇叭天线的表头指示接近满刻度。

从 0°开始，在双缝两侧使干涉角每改变 1°读取一次表头读数，并记录下来，根据记录数据做出干涉强度与干涉角度的关系曲线，如图 9 - 11 所示为 $a=40$ mm、$b=30$ mm 时的曲线图。

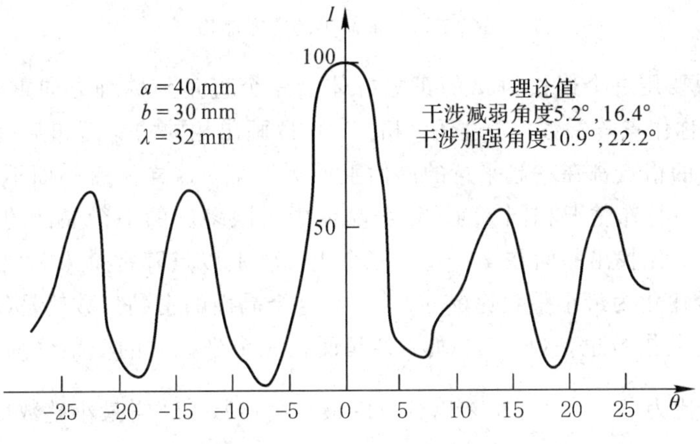

图 9 - 11　双缝干涉的 $I-\theta$ 曲线

9.3　布拉格衍射

观察从不同晶面上点阵的反射波产生干涉应符合的条件，这个条件就是布拉格方程。下面研究衍射强度随入射角 θ 变化的情况，即产生干涉应符合的条件。

9.3.1　布拉格衍射的实验原理

任何真实晶体都具有自然外形和各向异性的性质，这和晶体的离子、原子或分子在空间按一定的几何规律排列密切相关。晶体内的离子、原子或分子占据着点阵的结构，两相邻结点的距离叫晶体的晶格常数。真实晶体的晶格常数约在 10^{-8} cm 的数量级，X 射线的波长与晶体的常数属于同一数量级，实际上晶体是起着衍射光栅的作用，因此可以利用 X 射线在晶体点阵上的衍射现象来研究晶体点阵的间距和相互位置的排列，以达到对晶体结构的了解。

本实验是仿造 X 射线入射真实晶体发生衍射的基本原理，人为地制作了一个方形点阵的模拟晶体，以微波代替 X 射线，使微波向模拟晶体入射，观察从不同晶面上点阵的反射波产生干涉应符合的条件，这个条件就是布拉格方程。图 9-12 为最简单的立方晶格形状。

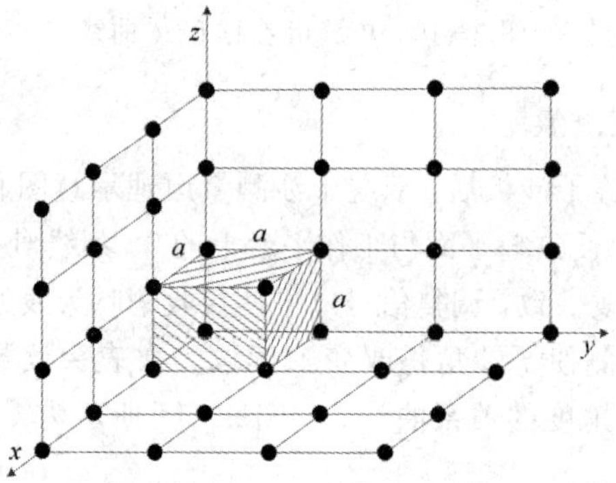

图 9-12 最简单的立方晶格

这种晶格只要用一个边长为 a 的正立方体沿三个直角坐标轴方向重复即可得到整个空间点阵，a 就称作点阵常数。通过任一格点，可以画出相同的晶面和某一晶面平行，构成一组晶面，所有的格点都在一簇平行的晶面上而无遗漏。这样一簇晶面不仅平行，而且等距，各晶面上格点分布情况相同。为了区分晶体中无限多族的平行晶面的方位，人们采用密勒指数标记法。先找出晶面在 x、y、z 三个坐标轴上以点阵常量为单位的截距值，再取三截距值的倒数比化为最小整数比($h:k:l$)，这个晶面的密勒指数就是(hkl)。当然与该面平行的平面密勒指数也是(hkl)。如：某晶面在三个坐标轴的截距分别为 3、4、2(见图 9-13)，取倒数比为$\frac{1}{3}:\frac{1}{4}:\frac{1}{2}$，乘以分母的最小公倍数 12，得最小整数比为 $4:3:6$，所以此平面的密勒指数为(4，3，6)。再如截距为 $x=1$，$y=\infty$，$z=\infty$的平面，密勒指数为(100)。利用密勒指数可以很方便地求出一簇平行晶面的间距。对于立方晶格，密勒指数为(hkl)的晶面簇，其面间距 d_{hkl} 可按下式计算：

$$d_{hkl}=\frac{a}{\sqrt{h^2+k^2+l^2}} \tag{9-19}$$

图 9-14 表示立方晶格在 xy 平面上的投影，其中实线表示(100)面与 xy 平面的交线，虚线与点画线分别表示(110)面和(120)面与 xy 平面的交线。由图不难看出：

$$d_{100}=a=\frac{a}{\sqrt{1^2+0^2+0^2}} \tag{9-20a}$$

$$d_{110}=\frac{a}{\sqrt{2}}=\frac{a}{\sqrt{1^2+1^2+0^2}} \tag{9-20b}$$

$$d_{120}=\frac{a}{\sqrt{5}}=\frac{a}{\sqrt{1^2+2^2+0^2}} \tag{9-20c}$$

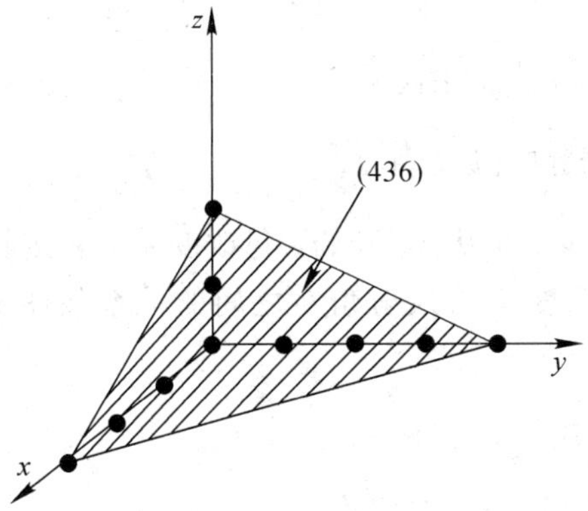

图 9－13　一个晶面的密勒指数

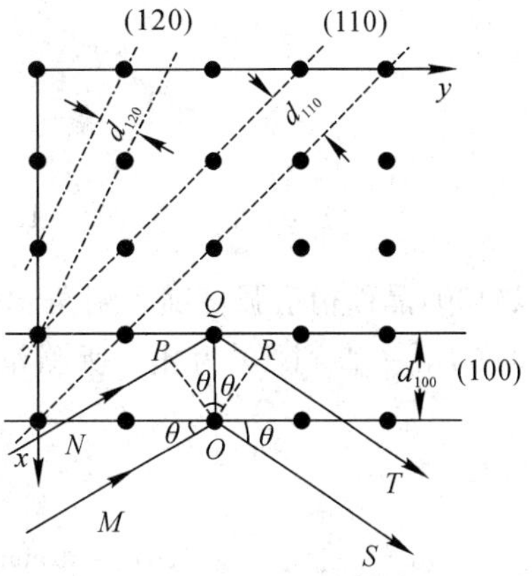

图 9－14　布拉格反射

根据用 X 射线在晶体内原子平面簇的反射来解释 X 射线衍射效应的理论。如有一单色平行于 X 射线束以掠射角 θ 入射于晶格点阵中的(100)晶面簇产生反射(如图 9－14 所示)，相邻晶面间的波程差为

$$PQ+QR=2d_{100}\sin\theta \tag{9-21}$$

式中 d_{100} 是(100)晶面簇的面间距。若波程差是波长的整数倍，则这两束反射波有干涉出现，即因满足：

$$2d\sin\theta=n\lambda \quad n=0, 1, 2, \cdots \tag{9-22a}$$

干涉波得到加强，此式称为布拉格方程，它规定了衍射的射线从晶体射出的方位。在布拉格实验中采用入射线与晶面的夹角为 θ(即通称的入射角)而不采用掠射角为 θ，是为了在实验时方便，因为当被研究晶面的法线与分光仪上度盘的 0°刻线一致时，入射线与反射线的方向在度盘上有相同的示数，不容易搞错，操作方便。因此，在布拉格实验中采用

$$2d\cos\theta=n\lambda \tag{9-22b}$$

作为布拉格方程，其中 θ 为入射线与晶面的夹角。

9.3.2　衍射强度与入射角 θ 的关系测量

旋转工作平台使 0°～80°刻线作为测试晶面的法线，打开 3 cm 固态信号源，分别微调发射喇叭天线和接收喇叭天线的方向，使连接在接收喇叭天线上的微安表指示最大，这时发射天线与接收天线就互相对齐了，它们的轴线应在一条直线上。

用模片调整模拟晶体球，使得模拟晶体球上下左右成为方形点阵，安装模拟晶体架，使模拟晶体架下面小圆盘上的一条与所研究晶面法线一致的刻线与度盘上的 0°刻线一致，为了避免两喇叭之间电磁波的直接入射，入射角取值范围最好在 30°～70°。测量原理框图如图 9－15 所示。

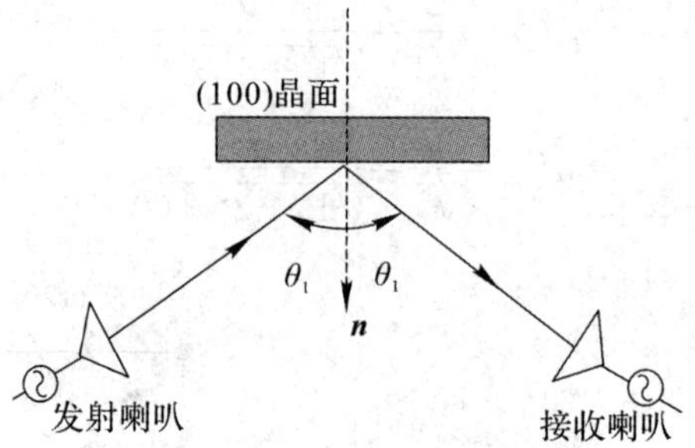

图 9-15 布拉格衍射测量原理图

以(100)晶面衍射强度随入射角 θ 变化为例，θ 角从 30°开始，每改变 1°，从接收微安表中读数 I，一直到 70°为止，所测量的衍射强度 I 与入射角 θ 之间的关系如图 9-16 所示。

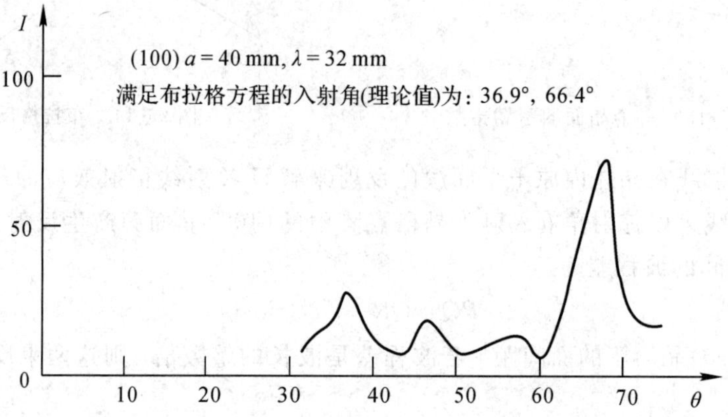

图 9-16 布拉格衍射 I-θ 关系曲线

9.4 电磁波极化特性研究

当电磁波在无限大均匀媒质中传播时，在空间某点位置上，电场强度矢量 $\boldsymbol{E}$ 末端如果总在一直线上周期变化，就形成线极化波；当 $\boldsymbol{E}$ 末端轨迹是圆(或椭圆)时，就形成圆(或椭圆)极化波。下面研究线极化波、圆极化波以及椭圆极化波的形成和特点。

9.4.1 电磁波极化原理

无论是线极化波、圆极化波或是椭圆极化波，都可由两个同频率的正交线极化波组合而成。设两个同频率的正交线极化波为

$$E_x = E_{xm}\cos(\omega t - kz + \phi_x) \tag{9-23a}$$

$$E_y = E_{ym}\cos(\omega t - kz + \phi_y) \tag{9-23b}$$

式中，ϕ_x、ϕ_y 分别为电场 E_x、E_y 的初相角，kz 为空间相位。我们研究 $z=0$ 处电场的变化关系。

1. 线极化波

当 $\phi_x=\phi_y=\phi$ 时，两个波在空间叠加，如图 9-17 所示，合成波为

$$\boldsymbol{E}=\boldsymbol{e}_xE_x+\boldsymbol{e}_yE_y$$

$$|\boldsymbol{E}|=\sqrt{E_{xm}^2+E_{ym}^2}\cos(\omega t+\phi)=E_m\cos(\omega t+\phi) \tag{9-24a}$$

合成波矢量 $\boldsymbol{E}$ 与 x 轴夹角不变，即

$$\theta=\arctan\left(\frac{E_y}{E_x}\right)=\arctan\left(\frac{E_{ym}}{E_{xm}}\right)=\text{const}(常数) \tag{9-24b}$$

若 $\left|\dfrac{E_{ym}}{E_{xm}}\right|$ 比值不同，则 θ 角为不同的定值，从而获得合成波矢量末端沿直线轨迹周期变化的线极化波。若 $E_{ym}=0$，则 $\theta=0$，这时线极化波为在空间某点的场，且仅在 x 轴方向上周期变化。不难理解，线极化波也可以分成频率相同，场垂直的两个线极化波。

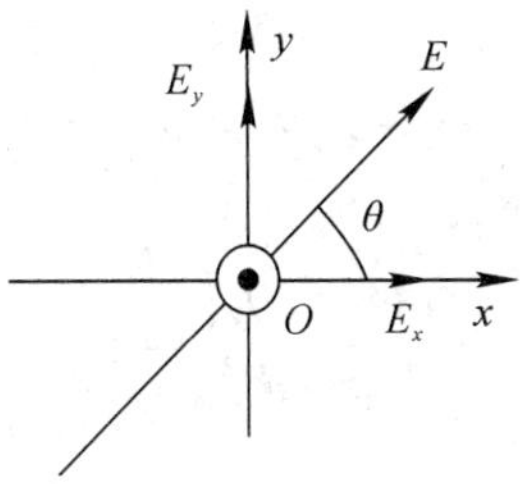

图 9-17　线极化波的合成

2. 圆极化波

当两个同频率的线极化波振幅相等且相位相差 $\frac{\pi}{2}$ 时，有 $E_{xm}=E_{ym}=E_m$，$\phi_x=0$，$\phi_y=-\frac{\pi}{2}$，$E_x=E_{xm}\cos(\omega t)$，$E_y=E_{ym}\cos\left(\omega t-\frac{\pi}{2}\right)$，这时合成波为

$$\boldsymbol{E}=\boldsymbol{e}_xE_x+\boldsymbol{e}_yE_y$$

合成波电场 $\boldsymbol{E}$ 的矢量末端满足下式：

$$\boldsymbol{E}_x^2+\boldsymbol{E}_y^2=\boldsymbol{E}_m^2 \tag{9-25a}$$

合成波电场 $\boldsymbol{E}$ 与 x 轴的夹角为

$$\theta=\arctan\left(\frac{E_y}{E_x}\right)=\arctan\left[\frac{\cos\left(\omega t-\frac{\pi}{2}\right)}{\cos(\omega t)}\right]=\omega t \tag{9-25b}$$

由式(9-25b)可知，在 xOy 平面内，随着时间增加，θ 值向正值增大，合成场矢量末端按右手螺旋规则做圆周运动，故称为右旋圆极化波，如图 9-18 左图所示。

同理，当 $E_{xm}=E_{ym}=E_m$，及 $\phi_x=0$，$\phi_y=\frac{\pi}{2}$，$\phi_x-\phi_y=-\frac{\pi}{2}$ 时，可得左旋圆极化波，如图 9-18 右图所示。合成波电场 $\boldsymbol{E}$ 与 x 轴的夹角为

$$\theta=\arctan\left(\frac{E_y}{E_x}\right)=-\omega t \tag{9-25c}$$

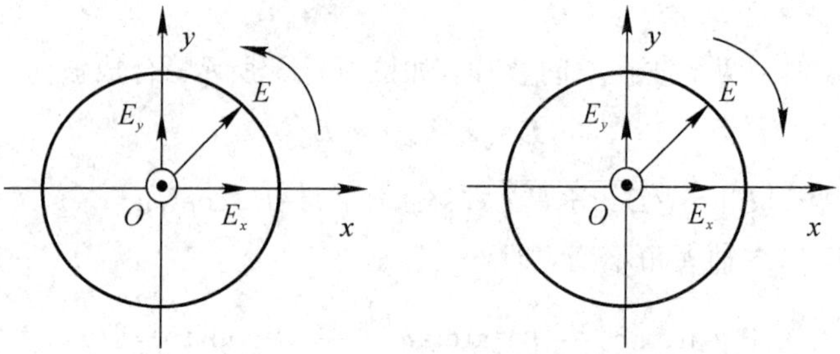

图 9-18　圆极化波的合成

3. 椭圆极化波

当 $E_{xm}\neq E_{ym}$，$\phi_x=0$，$\phi_y=-\dfrac{\pi}{2}$时，有 $E_x=E_{xm}\cos(\omega t)$，$E_y=E_{ym}\cos\left(\omega t-\dfrac{\pi}{2}\right)$，这时合成波为

$$\boldsymbol{E}=\boldsymbol{e}_x E_x+\boldsymbol{e}_y E_y$$

合成波电场 $\boldsymbol{E}$ 的矢量末端满足下式：

$$\frac{\boldsymbol{E}_x^2}{\boldsymbol{E}_{xm}^2}+\frac{\boldsymbol{E}_y^2}{\boldsymbol{E}_{ym}^2}=1 \tag{9-26a}$$

合成波电场 $\boldsymbol{E}$ 与 x 轴的夹角为

$$\theta=\arctan\left(\frac{E_y}{E_x}\right)=\arctan\left[\frac{E_{ym}}{E_{xm}}\tan(\omega t)\right] \tag{9-26b}$$

由式(9-26a)可以看出，合成波电场矢量末端的轨迹是一个椭圆，如图 9-19 所示。

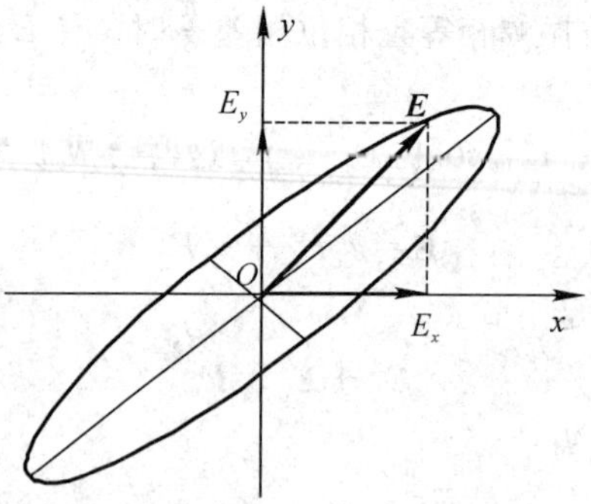

图 9-19　椭圆极化波的合成

9.4.2　电磁波极化的测量

电磁波极化的测量原理如图 9-20 所示。两个同频率、电场空间矢量相互垂直的线极化波是研究线极化波、圆极化波和椭圆极化波的基础。这两种线极化波可以通过多种方法获得，如使同一束波经过多次反射、折射、滤波后在空间合成而得到。

固定反射板 P_{r1} 板是垂直金属栅网，反射垂直极化波(滤除水平极化波)；可动反射板 P_{r2} 是水平金属栅网，反射水平极化波(滤除垂直极化波)。将发射喇叭 P_{r0} 转动一个角度

θ，使入射场分成同频率的两个正交场：

$$E_{i\perp}=E_i\sin\theta,\ E_{i//}=E_i\cos\theta$$

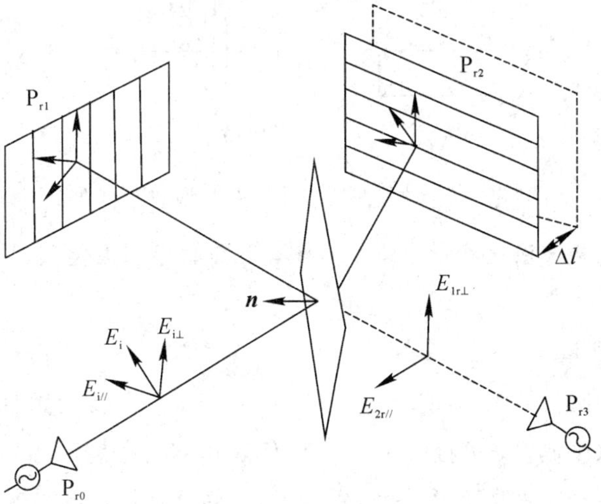

图 9-20　电磁波极化测量原理示意图

$E_{i\perp}$经介质板的反射、P_{r1}板的反射和介质板的折射传到接收喇叭天线P_{r3}，场强为$E_{1r\perp}$；$E_{i//}$经介质板的折射、P_{r2}板的反射和介质板的反射传到接收喇叭天线P_{r3}，场强为$E_{2r//}$。

$$E_{1r\perp}=-E_{i\perp}R_\perp T_\perp T'_\perp e^{-jkz_1}=E_{1m\perp}e^{-j\phi_1} \tag{9-27a}$$

$$E_{2r//}=-E_{i//}R_{//}T_{//}T'_{//}e^{-jkz_2}=E_{2m//}e^{-j\phi_2} \tag{9-27b}$$

式中，$R_\perp$和$R_{//}$表示介质板的反射系数，$T_\perp$、$T_{//}$和$T'_\perp$、$T'_{//}$分别表示由空气进入介质板和由介质板进入空气的折射系数。适当调整θ，如图 9-21 所示，当图中$\theta=45°$时，$E_{i\perp}=E_{i//}$，但这并不意味着$|E_{1m\perp}|=|E_{2m//}|$，其理由是$R_\perp\neq R_{//}$，$T_\perp\neq T_{//}$。

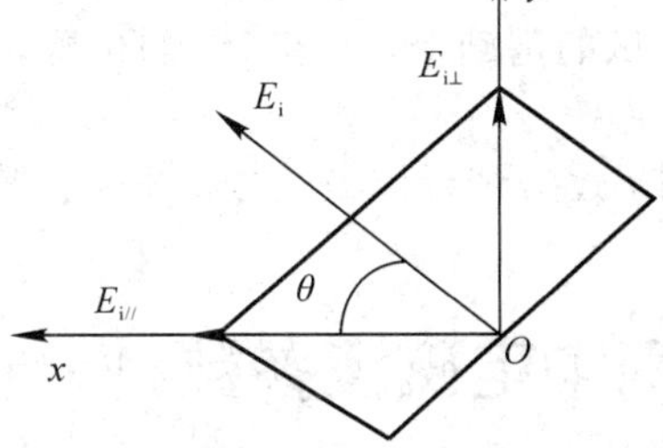

图 9-21　P_{r0}偏离x轴θ角

改变P_{r2}的位置，就可以改变$E_{1r\perp}$和$E_{2r//}$的相位差$\Delta\phi$，当$\Delta\phi=\pm\dfrac{\pi}{2}$时，获得圆极化波，$\Delta\phi=\pm\pi$时，获得线极化波。其他情况下可获得椭圆极化波。

下面对电磁波极化测试中常用的角锥喇叭天线的E平面和H平面进行说明，如图 9-22 所示。E平面是天线的最大辐射方向和电场矢量所在的平面，H平面是天线的最大辐射方向和磁场矢量所在的平面。yz平面是E平面(E平行于短边)，xz平面是H平面。

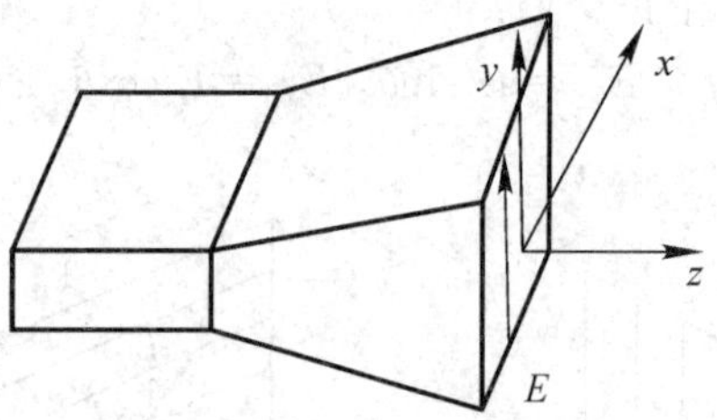

图 9-22　角锥喇叭天线的 E 平面和 H 平面

根据图 9-20 电磁波极化测量原理示意图，下面简述圆极化波、线极化波和椭圆极化波的测试过程。

1. 圆极化波的测试

首先调整发射喇叭天线 P_{r0}，使转角 $\theta\approx50°$，再使 P_{r3} 的 E 面垂直放置，可接收 $E_{1r\perp}$；然后把 P_{r3} 的 E 面水平放置，可接收 $E_{2r/\!/}$，若 $E_{1r\perp}$ 和 $E_{2r/\!/}$ 幅度不相等，可适当调整 θ，使 $E_{1r\perp}$ 和 $E_{2r/\!/}$ 大致相等；最后改变 P_{r2} 的位置，使 P_{r3} 转动任何角度时输出指示都相等，这就是圆极化波。当 P_{r3} 转动角度 0°、10°、…、170°时，逐一记录测量数据，由于各种误差使 $|E_{1m\perp}|$ 与 $|E_{2m/\!/}|$ 总有差别，我们可用圆极化波的椭圆度 $e=\sqrt{\dfrac{I_{min}}{I_{max}}}$ 来表示，I_{min} 是输出指示的最小值，I_{max} 是输出指示的最大值。

2. 线极化波的测试

利用圆极化波所测数据 $|E_{1m\perp}|=|E_{2m/\!/}|$ 及改变 P_{r2} 位置，使 $\Delta\varphi=\pm\pi$ 即可获得线极化波。对于线极化波，P_{r3} 转到某一位置时场强为 0，转到与其垂直的位置时，场强最大。当 P_{r3} 转动角度 0°、10°、…、170°时，逐一记录测量数据。

3. 椭圆极化波的测试

在圆极化波和线极化波测试的基础上，改变 P_{r2} 的位置，即可产生椭圆极化波。当 P_{r3} 转动角度 0°、10°、…、170°时，逐一记录测量数据，并计算椭圆度 $e=\sqrt{\dfrac{I_{min}}{I_{max}}}$。

9.5　自由空间中电磁波参数(λ、k 和 v)的测量

当两束幅值相等、频率相同的均匀平面电磁波，在自由空间中以相同(或相反)方向传播时，由于初始相位不同，它们互相之间发生干涉，干涉导致波在传播路径上形成驻波分布，下面利用相干波原理，通过测定驻波场结点的分布，求得自由空间中电磁波波长 λ 的值，再由 $k=\dfrac{2\pi}{\lambda}$ 和 $v=\lambda f=\dfrac{\omega}{k}$ 得到电磁波的主要参数 k 和 v。

1. λ、k 和 v 的测量原理

如图 9-23 所示为自由空间中电磁波波长 λ 的测量原理示意图。

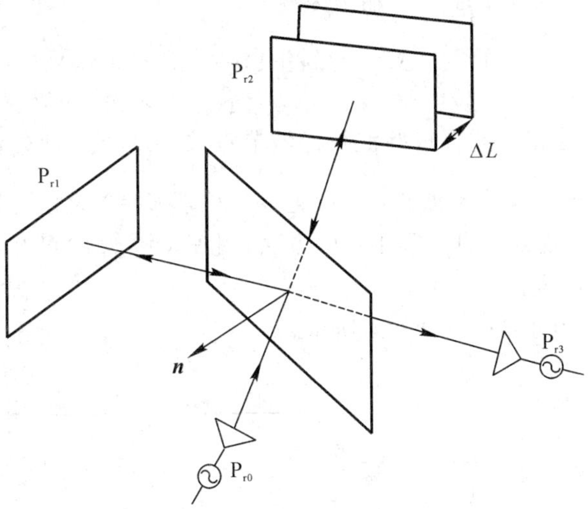

图 9-23　自由空间中电磁波波长 λ 的测量原理示意图

设入射波的电场强度为

$$\boldsymbol{E}_i = \boldsymbol{E}_{0i} e^{-jkz} \tag{9-28}$$

当入射波以入射角 θ_1(实验中为 45°)向介质板斜入射时，则在分界面上产生反射波 E_r 和透射波 E_t，设入射波为垂直极化波，用 $R_\perp$ 表示介质板的反射系数，用 $T_{\perp 0}$ 和 $T_{\perp\varepsilon}$ 分别表示由空气进入介质板和由介质板进入空气的透射系数。另外，可移动板 P_{r2} 和固定板 P_{r1} 都是金属板，其电场反射系数为－1。在一次近似的条件下，接收喇叭处的相干波分别为

$$E_r = -R_\perp T_{\perp 0} T_{\perp\varepsilon} E_i e^{-j\phi_1} \tag{9-29a}$$

$$E_t = -T_{\perp 0} T_{\perp\varepsilon} R_\perp E_i e^{-j\phi_2} \tag{9-29b}$$

由以上两式可知，E_r 和 E_t 的幅值相等，相位差为 $\phi_1 - \phi_2$，其中

$$\phi_1 = k(L_{r1} + L_{r3}) = kL_1 \tag{9-30a}$$

$$\phi_2 = k(L_{r1} + L_{r2}) = k(L_{r1} + \Delta L + L_{r3}) = kL_2 \tag{9-30b}$$

根据式(9-30a)和式(9-30b)可得

$$\Delta\phi = \phi_1 - \phi_2 = k(L_2 - L_1) = k\Delta L \tag{9-30c}$$

又因 L_1 为定值，L_2 可移动板位移 ΔL 而变化，当 P_{r2} 移动 ΔL 值，使 P_{r3} 具有最大输出指示时，则有 E_r 和 E_t 为同相叠加；当 P_{r2} 移动 ΔL 值，使 P_{r3} 输出指示为零时，必有 E_r 和 E_t 反相，故可采用改变 P_{r2} 的位置(L 值)，使 P_{r3} 输出最大或零指示重复出现，测出电磁波的波长 λ，从而测出相位常数 k 和波速 v。

由式(9-29a)和式(9-29b)可得到 P_{r3} 处的相干波合成为

$$E = E_r + E_t = -R_\perp T_{\perp 0} T_{\perp\varepsilon} E_i (e^{-j\phi_1} + e^{-j\phi_2}) = -2R_\perp T_{\perp 0} T_{\perp\varepsilon} E_i \cos\left(\frac{\Delta\phi}{2}\right) e^{-j\left(\frac{\phi_1+\phi_2}{2}\right)} \tag{9-31}$$

(1) E_r 和 E_t 为同相叠加时，P_{r3} 输出最大。

$$\cos\left(\frac{\Delta\phi}{2}\right) = 1,\ \Delta L = 2m\lambda,\ m = 0,\ 1,\ 2,\ \cdots \tag{9-32a}$$

(2) E_r 和 E_t 为反相叠加时，P_{r3} 输出为零。

$$\cos\left(\frac{\Delta\phi}{2}\right)=0,\ \Delta L=(2m+1)\frac{\lambda}{2},\ m=0,\ 1,\ 2,\ \cdots \tag{9-32b}$$

式中 $\Delta\phi=\dfrac{2\pi}{\lambda}\Delta L$，$m$ 为相干波合成驻波场的波节点($E=0$)数。此外，除 $m=0$ 以外的 m 值，又表示相干波合成驻波的半波长数。故把 $m=0$ 时 $E=0$ 的驻波节点作为参考节点位置 L_0。为测准 λ 值，一般采用 P_{r3} 零指示的方法，由式(9-32b)可知，只要确定驻波节点数，就可方便地确定 λ 值。

相干波 E_r 和 E_t 的分布如图 9-24 所示。

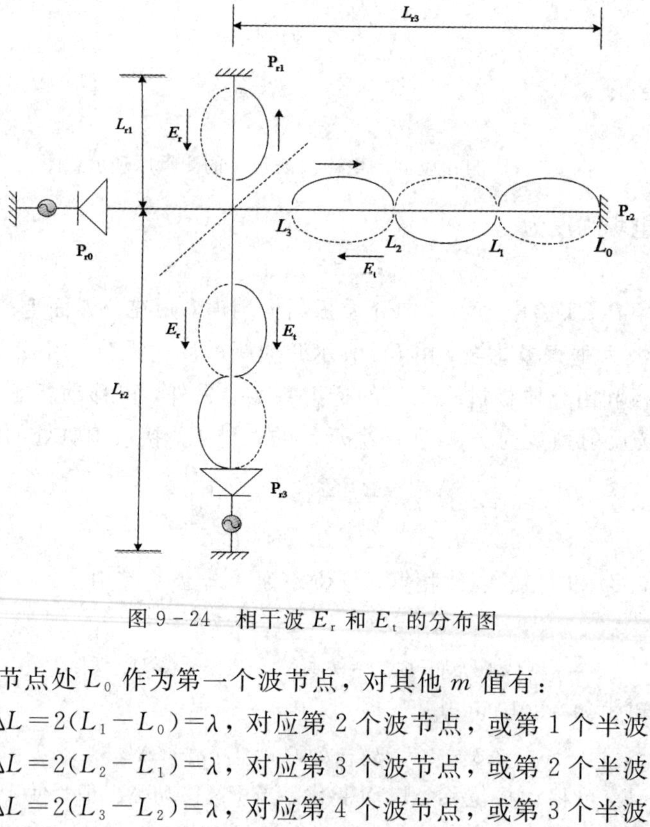

图 9-24　相干波 E_r 和 E_t 的分布图

图中 $m=0$ 的节点处 L_0 作为第一个波节点，对其他 m 值有：

(1) $m=1$，$2\Delta L=2(L_1-L_0)=\lambda$，对应第 2 个波节点，或第 1 个半波长数。

(2) $m=2$，$2\Delta L=2(L_2-L_1)=\lambda$，对应第 3 个波节点，或第 2 个半波长数。

(3) $m=3$，$2\Delta L=2(L_3-L_2)=\lambda$，对应第 4 个波节点，或第 3 个半波长数。

依次类推，$m=n$，$2\Delta L=2(L_n-L_{n-1})=\lambda$，对应第 $n+1$ 个波节点，或第 n 个半波长数。把以上各项相加得 $2(L_n-L_0)=n\lambda$，取波长数的平均值有

$$\lambda=\frac{2(L_n-L_0)}{n} \tag{9-33a}$$

把上式代入

$$k=\frac{2\pi}{\lambda} \tag{9-33b}$$

$$v=\lambda f=\frac{\omega}{k} \tag{9-33c}$$

就可以得到被测电磁波的参量 λ、k 和 v 的值。

2. λ、k 和 v 参数测量

测量时，首先旋转平台，使发射喇叭与 0°刻线对正，接收喇叭与 180°刻线对正，打开信号源，微调发射喇叭天线，使收、发喇叭在一条直线上，并使接收喇叭天线信号最大；然后固定发射喇叭，将接收喇叭与 90°刻线对正，按照图 9-23 安装玻璃介质板、全反射板，固定 P_{r1}，移动 P_{r2}，使 P_{r3} 表头指示为零，记下 P_{r3} 处 L_0 的位置。

事实上，移动 P_{r2} 时，不可能出现无限多个驻波节点。测试时，根据实验装置情况取得 n 值，一般可取 $n=4$，它相当于 5 个驻波节点，这时被测电磁波长的平均值为

$$\lambda=\frac{2(L_4-L_0)}{4} \tag{9-34}$$

上式表示在 5 个波节点距离内，L_4-L_0 相应于 4 个半波长，从而测得该距离内波长平均值 $\bar{\lambda}$。将其代入式(9-33b)和式(9-33c)就可以得到被测电磁波的参量 k 和 v 的值。

从理论上讲，n 值越大，测出 λ 值的精度应越高。由于 P_{r3} 所测得的合成驻波场处于近区场分布的范围内，因此 P_{r3} 的移动，不仅影响驻波节点位置均匀分布，而且驻波幅度也有起伏。

9.6 均匀无耗介质参数($k_{介}$、$\lambda_{介}$和 ε_r)的测量

介质介电常数 ε 由特性方程 $\boldsymbol{D}=\varepsilon\boldsymbol{E}$ 来表征。对于损耗介质来说，ε 为复数，而且与频率有关。本节仅对均匀无耗介质的介电常数 ε 进行讨论($\mu_r=1$)，以测定相对介电常数 $\varepsilon_r=\dfrac{\varepsilon}{\varepsilon_0}$来了解介质的特性和参量。

1. $k_{介}$、$\lambda_{介}$和 ε_r 测量原理

利用 9.5 节原理可以确定自由空间中电磁波参量 λ_0、k_0。对于具有 $\varepsilon_r(\mu_r=1)$的均匀无损耗介质，无法直接测量介质中的 $k_{介}$、$\lambda_{介}$和介质参量 ε_r 值，但是可以利用类似相干波原理，间接测得 ε_r 值，图 9-25 为介质 ε_r 测量原理的示意图。从发射喇叭发出一列电磁波，

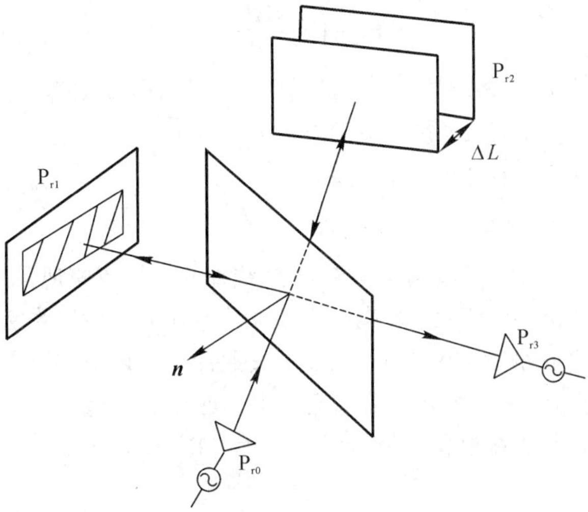

图 9-25 介质参数 $k_{介}$、$\lambda_{介}$和 ε_r 测量原理示意图

经过与其传播方向成45°的分波板反射形成反射波，反射波再经过金属板 P_{r1} 垂直反射回来，经分波板折射后到达接收喇叭；另一列波经分波板折射后，到达金属板 P_{r2}，再经过金属板 P_{r2} 垂直反射回来，经分波板再次反射也到达接收喇叭。若固定金属板 P_{r1}，移动金属板 P_{r2}，当两列波的波程差满足一定关系时，这两列同频率的电磁波将发生干涉。

设两列波干涉后在接收喇叭输出指示中合成振幅是最小点，这时紧贴金属板 P_{r1} 插入厚度为 d 的待测介质板，则第一列波将引起一个相移变化量为

$$\Delta\phi_1=2(k_{介}-k_0)d \tag{9-35a}$$

式中，$k_{介}$ 和 k_0 分别为介质中的相位常数和真空中的相位常数，可分别表达为

$$k_{介}=\frac{2\pi}{\lambda_{介}} \tag{9-35b}$$

$$k_0=\frac{2\pi}{\lambda_0} \tag{9-35c}$$

式中，$\lambda_{介}$ 和 λ_0 分别为介质中的波长和真空中的波长。

由于介质板插入造成相移影响，使两列波合成振幅在原空间各点不再是最小值，反映到接收喇叭输出指示中也不再是最小值。为了使合成波振幅在接收系统输出指示仍为最小值(或最大值)，必须使第二列波也造成一个相应的相移变化量 $\Delta\phi_2$。这个相移变化量可由移动金属板 P_{r2} 来实现。设金属板 P_{r2} 移动 ΔL 后相移变化量为 $\Delta\phi_2=2k_0\Delta L$，此时合成振幅达到最小值，则相移变化量应满足下列关系：

$$k_0 2\Delta L=2(k_{介}-k_0)d \tag{9-36}$$

则有

$$k_{介}=k_0\left(1+\frac{\Delta L}{d}\right) \tag{9-37a}$$

上式结合式(9-35b)，可得

$$\lambda_{介}=\frac{\lambda_0}{1+\Delta L/d} \tag{9-37b}$$

将 $k_0=\omega\sqrt{\mu_0\varepsilon_0}$ 和 $k_{介}=\omega\sqrt{\mu_0\varepsilon_0\varepsilon_r}$ 代入式(9-37b)中，可得

$$\varepsilon_r=\left(1+\frac{\Delta L}{d}\right)^2 \tag{9-37c}$$

可见，在介质厚度 d 已知的情况下，通过测出可移动金属板插入介质板前后位移变化量 ΔL，便可根据式(9-37a)、式(9-37b)和式(9-37c)确定电磁波在介质中的相位常数 $k_{介}$、波长 $\lambda_{介}$ 及介质板的相对介电常数 ε_r。

2. $k_{介}$、$\lambda_{介}$ 和 ε_r 参数测量

测量时，首先旋转平台，使发射喇叭与0°刻线对正，接收喇叭与180°刻线对正，打开信号源，微调发射喇叭天线，使收、发喇叭在一条直线上，并使接收喇叭天线信号最大；然后固定发射喇叭，将接收喇叭与90°刻线对正，按照图9-25安装玻璃介质板、全反射板，固定 P_{r1}，移动 P_{r2}，使 P_{r3} 表头指示为零，记下 P_{r3} 处 L_0 的位置。将具有厚度为 d 的待测介质板紧贴 P_{r1} 放置，那么在放置待测介质板之后，P_{r2} 仍处于波节点 L_0 的位置，但此时 P_{r3} 指示不再为零。

移动 P_{r2}，使 P_{r2} 由 L_0 移动到 L'_0 处时使 P_{r3} 再次指示为零，得到 $\Delta L=|L_0-L'_0|$，测量3次，取平均值。

根据式(9－37a)、式(9－37b)和式(9－37c)便可得到相位常数 $k_{介}$、波长 $\lambda_{介}$ 及介质板的相对介电常数 ε_r。

9.7　介质板的厚度和湿度的测量

下面研究利用微波衰减测量介质板的湿度和厚度。

1. 测量原理

利用微波衰减测量介质的湿度基本原理是：被测样品通常是某种介质和水的混合物，其复合介电常数在水和某种物质(脱水物质)的介电常数之间。在频率 1～30 GHz 时，常温下水的介电常数为 30～77，损耗角正切 $\tan\delta_c$ 为 0.17～0.12，而大多数脱水物质的介电常数为 1～5，损耗角正切 $\tan\delta_c$ 为 0.001～0.05。因此，在微波阶段，水的介电常数和损耗角正切 $\tan\delta_c$ 比大多数脱水物质高得多。被测样品中含水量(湿度)的少量变化将导致其复合介电常数的巨大变化，因此，根据被测样品介电常数的大小，便可确定其含水量的大小。

利用微波衰减测量介质的厚度基本原理与 9.6 节中的测试原理相同。

2. 厚度和湿度的测量

1) 厚度的测量

通过 9.6 节中测得介质板材料的相对介电常数 ε_r 可查得该介质的材料属性，实验中换同种材料、未知厚度的介质板，用 9.6 节中完全相同的测量方法测出可移动金属板插入该介质板前后位移变化量 ΔL，由式(9－37c)可知介质板的厚度 d 可由下式测得

$$d=\frac{\Delta L}{\sqrt{\varepsilon_r}-1} \tag{9-38}$$

2) 湿度的测量

通过 9.6 节中测得介质板材料的相对介电常数 ε_r 与湿度对照表对照，便可判明待测介质板的湿度。

附　录

附录1　重要的数学公式

1. 矢量恒等式

$$\boldsymbol{A}\times\boldsymbol{B}=-\boldsymbol{B}\times\boldsymbol{A} \tag{A1-1}$$

$$\boldsymbol{A}\cdot(\boldsymbol{B}\times\boldsymbol{C})=\boldsymbol{B}\cdot(\boldsymbol{C}\times\boldsymbol{A})=\boldsymbol{C}\cdot(\boldsymbol{A}\times\boldsymbol{B}) \tag{A1-2}$$

$$\boldsymbol{A}\times(\boldsymbol{B}\times\boldsymbol{C})=(\boldsymbol{A}\cdot\boldsymbol{C})\boldsymbol{B}-(\boldsymbol{A}\cdot\boldsymbol{B})\boldsymbol{C} \tag{A1-3}$$

$$\nabla(\varphi\psi)=\varphi\,\nabla\psi+\psi\,\nabla\varphi \tag{A1-4}$$

$$\nabla\cdot(\psi\boldsymbol{A})=\boldsymbol{A}\cdot\nabla\psi+\psi\,\nabla\cdot\boldsymbol{A} \tag{A1-5}$$

$$\nabla\times(\psi\boldsymbol{A})=\nabla\psi\times\boldsymbol{A}+\psi\,\nabla\times\boldsymbol{A} \tag{A1-6}$$

$$\nabla(\boldsymbol{A}\cdot\boldsymbol{B})=(\boldsymbol{A}\cdot\nabla)\boldsymbol{B}+(\boldsymbol{B}\cdot\nabla)\boldsymbol{A}+\boldsymbol{A}\times(\nabla\times\boldsymbol{B})+\boldsymbol{B}\times(\nabla\times\boldsymbol{A}) \tag{A1-7}$$

$$\nabla\cdot(\boldsymbol{A}\times\boldsymbol{B})=\boldsymbol{B}\cdot\nabla\times\boldsymbol{A}-\boldsymbol{A}\cdot\nabla\times\boldsymbol{B} \tag{A1-8}$$

$$\nabla\times(\boldsymbol{A}\times\boldsymbol{B})=\boldsymbol{A}\,\nabla\cdot\boldsymbol{B}-\boldsymbol{B}\,\nabla\cdot\boldsymbol{A}+(\boldsymbol{B}\cdot\nabla)\boldsymbol{A}-(\boldsymbol{A}\cdot\nabla)\boldsymbol{B} \tag{A1-9}$$

$$\nabla\cdot\nabla\varphi=\nabla^2\varphi \tag{A1-10}$$

$$\nabla\times\nabla\varphi=0 \tag{A1-11}$$

$$\nabla\cdot\nabla\times\boldsymbol{A}=0 \tag{A1-12}$$

$$\nabla\times\nabla\times\boldsymbol{A}=\nabla(\nabla\cdot\boldsymbol{A})-\nabla^2\boldsymbol{A} \tag{A1-13}$$

$$\nabla R--\nabla' R=\frac{\boldsymbol{R}}{R}=\boldsymbol{e}_R \tag{A1-14}$$

$$\nabla\frac{1}{R}=-\nabla'\frac{1}{R}=-\frac{\boldsymbol{R}}{R^3}=-\boldsymbol{e}_R\,\frac{1}{R^2} \tag{A1-15}$$

$$\int_V \nabla\cdot\boldsymbol{A}\,\mathrm{d}V=\oint_S \boldsymbol{A}\cdot\mathrm{d}\boldsymbol{S} \tag{A1-16}$$

$$\int_S \nabla\times\boldsymbol{A}\cdot\mathrm{d}\boldsymbol{S}=\oint_C \boldsymbol{A}\cdot\mathrm{d}\boldsymbol{l} \tag{A1-17}$$

$$\int_V \nabla\times\boldsymbol{A}\,\mathrm{d}V=\oint_S (\boldsymbol{e}_n\times\boldsymbol{A})\,\mathrm{d}S \tag{A1-18}$$

$$\int_V \nabla\psi\,\mathrm{d}V=\oint_S \psi\boldsymbol{e}_n\,\mathrm{d}S \tag{A1-19}$$

$$\int_S \boldsymbol{e}_n\times\nabla\psi\Delta S=\oint_C \psi\,\mathrm{d}\boldsymbol{l} \tag{A1-20}$$

2. 三种坐标系中的梯度、散射、旋度和拉普拉斯运算

1）直角坐标系

$$\nabla\psi=\boldsymbol{e}_x\,\frac{\partial\psi}{\partial x}+\boldsymbol{e}_y\,\frac{\partial\psi}{\partial y}+\boldsymbol{e}_z\,\frac{\partial\psi}{\partial z} \tag{A1-21a}$$

$$\nabla \cdot \boldsymbol{A}=\frac{\partial A_x}{\partial x}+\frac{\partial A_y}{\partial y}+\frac{\partial A_z}{\partial z} \tag{A1-21b}$$

$$\nabla \times \boldsymbol{A}=\begin{vmatrix} \boldsymbol{e}_x & \boldsymbol{e}_y & \boldsymbol{e}_z \\ \dfrac{\partial}{\partial x} & \dfrac{\partial}{\partial y} & \dfrac{\partial}{\partial z} \\ A_x & A_y & A_z \end{vmatrix} \tag{A1-21c}$$

$$\nabla^2 \psi=\frac{\partial^2 \psi}{\partial x^2}+\frac{\partial^2 \psi}{\partial y^2}+\frac{\partial^2 \psi}{\partial z^2} \tag{A1-21d}$$

2）圆柱坐标系

$$\nabla \psi=\boldsymbol{e}_\rho \frac{\partial \psi}{\partial \rho}+\boldsymbol{e}_\phi \frac{1}{\rho}\frac{\partial \psi}{\partial \phi}+\boldsymbol{e}_z \frac{\partial \psi}{\partial z} \tag{A1-22a}$$

$$\nabla \cdot \boldsymbol{A}=\frac{1}{\rho}\frac{\partial}{\partial \rho}(\rho A_\rho)+\frac{1}{\rho}\frac{\partial A_\phi}{\partial \phi}+\frac{\partial A_z}{\partial z} \tag{A1-22b}$$

$$\nabla \times \boldsymbol{A}=\begin{vmatrix} \dfrac{\boldsymbol{e}_\rho}{\rho} & \boldsymbol{e}_\phi & \dfrac{\boldsymbol{e}_z}{\rho} \\ \dfrac{\partial}{\partial \rho} & \dfrac{\partial}{\partial \phi} & \dfrac{\partial}{\partial z} \\ A_\rho & \rho A_\phi & A_z \end{vmatrix} \tag{A1-22c}$$

$$\nabla^2 \psi=\frac{1}{\rho}\frac{\partial}{\partial \rho}\left(\rho \frac{\partial \psi}{\partial \rho}\right)+\frac{1}{\rho^2}\left(\frac{\partial^2 \psi}{\partial \phi^2}\right)+\frac{\partial^2 \psi}{\partial z^2} \tag{A1-22d}$$

3）球坐标系

$$\nabla \psi=\boldsymbol{e}_r \frac{\partial \psi}{\partial r}+\boldsymbol{e}_\theta \frac{1}{r}\frac{\partial \psi}{\partial \theta}+\boldsymbol{e}_\phi \frac{1}{r\sin\theta}\frac{\partial \psi}{\partial \phi} \tag{A1-23a}$$

$$\nabla \cdot \boldsymbol{A}=\frac{1}{r^2}\frac{\partial}{\partial r}(r^2 A_r)+\frac{1}{r\sin\theta}\frac{\partial}{\partial \theta}(\sin\theta A_\theta)+\frac{1}{r\sin\theta}\frac{\partial A_\phi}{\partial \phi} \tag{A1-23b}$$

$$\nabla \times \boldsymbol{A}=\begin{vmatrix} \dfrac{\boldsymbol{e}_r}{r^2\sin\theta} & \dfrac{\boldsymbol{e}_\theta}{r\sin\theta} & \dfrac{\boldsymbol{e}_\phi}{r} \\ \dfrac{\partial}{\partial r} & \dfrac{\partial}{\partial \theta} & \dfrac{\partial}{\partial \phi} \\ A_r & rA_\theta & r\sin\theta A_\phi \end{vmatrix} \tag{A1-23c}$$

$$\nabla^2 \psi=\frac{1}{r^2}\frac{\partial}{\partial r}\left(r^2 \frac{\partial \psi}{\partial r}\right)+\frac{1}{r^2\sin\theta}\frac{\partial}{\partial \theta}\left(\sin\theta \frac{\partial \psi}{\partial \theta}\right)+\frac{1}{r^2\sin^2\theta}\frac{\partial^2 \psi}{\partial \phi^2} \tag{A1-23d}$$

3. 格林定理

1）格林第一定理

$$\int_V (\varphi\, \nabla^2 \psi+\nabla \psi \cdot \nabla \varphi)\mathrm{d}V=\oint_S (\varphi\, \nabla \psi) \cdot \mathrm{d}\boldsymbol{S}=\oint_S \varphi \frac{\partial \psi}{\partial n}\mathrm{d}S \tag{A1-24a}$$

式中 S 是包围体积 V 的封闭曲面，$\mathrm{d}\boldsymbol{S}$ 的方向是封闭曲面外法线方向。此式对于在体积 V 内具有连续二阶偏导数的标量函数 φ 和 ψ 都成立。

2）格林第二定理

$$\int_V (\varphi\ \nabla^2\psi - \psi\ \nabla^2\varphi)\mathrm{d}V = \oint_S (\varphi\ \nabla\psi - \psi\ \nabla\varphi)\cdot \mathrm{d}\boldsymbol{S} = \oint_S \left(\varphi\ \frac{\partial\psi}{\partial n} - \psi\ \frac{\partial\varphi}{\partial n}\right)\mathrm{d}S \tag{A1-24b}$$

式中 S、$\mathrm{d}\boldsymbol{S}$ 以及 φ、ψ 的含义和条件与格林第一定理相同。

4. 级数

$$(1\pm x)^n = 1 \pm nx + \frac{n(n-1)}{2!}x^2 \pm \frac{n(n-1)(n-2)}{3!}x^3 + \cdots \quad (|x|<1) \tag{A1-25}$$

$$\frac{1}{1\pm x} = 1 \mp x + x^2 \mp x^3 + x^4 + \cdots \quad (|x|<1) \tag{A1-26}$$

$$(1\pm x)^{\frac{1}{2}} = 1 \pm \frac{1}{2}x - \frac{1}{2\times4}x^2 \pm \frac{1\times3}{2\times4\times6}x^3 - \frac{1\times3\times5}{2\times4\times6\times8}x^4 + \cdots \quad (|x|\leqslant1) \tag{A1-27}$$

$$(1\pm x)^{-\frac{1}{2}} = 1 \mp \frac{1}{2}x + \frac{1\times3}{2\times4}x^2 \mp \frac{1\times3\times5}{2\times4\times6}x^3 + \frac{1\times3\times5\times7}{2\times4\times6\times8}x^4 \mp \cdots \quad (|x|<1) \tag{A1-28}$$

$$\sinh x = \frac{e^x - e^{-x}}{2} = x + \frac{x^3}{3!} + \frac{x^5}{5!} + \frac{x^7}{7!} + \cdots \quad (-\infty<x<+\infty) \tag{A1-29}$$

$$\cosh x = \frac{e^x + e^{-x}}{2} = 1 + \frac{x^2}{2!} + \frac{x^4}{4!} + \frac{x^6}{6!} + \cdots \quad (-\infty<x<+\infty) \tag{A1-30}$$

$$e^{\pm x} = \cosh x \pm \sinh x = 1 \pm x + \frac{x^2}{2!} \pm \frac{x^3}{3!} + \frac{x^4}{4!} \pm \frac{x^5}{5!} + \cdots \quad (-\infty<x<+\infty) \tag{A1-31}$$

5. 积分

下列式中 C 为简化的积分常数。

$$\int \sqrt{x}\,\mathrm{d}x = \frac{2}{3}\sqrt{x^3} + C \tag{A1-32}$$

$$\int \frac{1}{\sqrt{x}}\mathrm{d}x = 2\sqrt{x} + C \tag{A1-33}$$

$$\int \sqrt{a^2+x^2}\,\mathrm{d}x = \frac{1}{2}x\sqrt{a^2+x^2} + \frac{a^2}{2}\ln\left|x+\sqrt{a^2+x^2}\right| + C \tag{A1-34}$$

$$\int x\sqrt{a^2+x^2}\,\mathrm{d}x = \frac{1}{3}\left(\sqrt{a^2+x^2}\right)^3 + C \tag{A1-35}$$

$$\int \frac{1}{\sqrt{a^2+x^2}}\mathrm{d}x = \ln\left(x+\sqrt{a^2+x^2}\right) + C \tag{A1-36}$$

$$\int \frac{x}{\sqrt{a^2+x^2}}\mathrm{d}x = \sqrt{a^2+x^2} + C \tag{A1-37}$$

$$\int \frac{1}{\left(\sqrt{a^2+x^2}\right)^3}\mathrm{d}x = \frac{1}{a^2}\frac{x}{\sqrt{a^2+x^2}} + C \tag{A1-38}$$

$$\int \frac{x}{\left(\sqrt{a^2+x^2}\right)^3}\mathrm{d}x = -\frac{1}{\sqrt{a^2+x^2}} + C \tag{A1-39}$$

$$\int_0^{\infty} e^{-ax}\,dx = \frac{1}{a} \quad (a > 0) \tag{A1-40}$$

$$\int_0^{\infty} x^n e^{-ax}\,dx = \frac{n!}{a^{n+1}} \quad (a > 0,\ n > -1) \tag{A1-41}$$

$$\int_0^{2\pi} \sin(ax)\,dx = 0 \quad \int_0^{2\pi} \sin^2(ax)\,dx = \pi \quad (a = 1, 2, 3, \cdots) \tag{A1-42}$$

$$\int_0^{2\pi} \cos(ax)\,dx = 0 \quad \int_0^{2\pi} \cos^2(ax)\,dx = \pi \quad (a = 1, 2, 3, \cdots) \tag{A1-43}$$

$$\int_0^{l} \sin\left(\frac{n\pi}{l}x\right) \cdot \sin\left(\frac{m\pi}{l}x\right) dx = \begin{cases} \dfrac{l}{2} & (m = n) \\ 0 & (m \neq n) \end{cases} \tag{A1-44}$$

$$\int_0^{l} \cos\left(\frac{n\pi}{l}x\right) \cdot \cos\left(\frac{m\pi}{l}x\right) dx = \begin{cases} \dfrac{l}{2} & (m = n) \\ 0 & (m \neq n) \end{cases} \tag{A1-45}$$

$$\int_0^{l} \sin\left(\frac{n\pi}{l}x\right) \cdot \cos\left(\frac{m\pi}{l}x\right) dx = 0 \tag{A1-46}$$

6. 对数

$$\lg x = \log_{10} x = (\log_e x)\log_{10} e = 0.434\ 294 \ln x \tag{A1-47}$$

$$\ln x = \log_e x = (\log_{10} x)\log_e 10 = 2.302\ 585 \lg x \tag{A1-48}$$

$$\text{dB(分贝)} = 10\lg \frac{P_2}{P_1} = 20\lg \frac{E_2}{E_1},\ x(\text{dB}) = 0.115(\text{Np}) \tag{A1-49}$$

$$\text{Np(奈培)} = 10\lg \frac{E_2}{E_1},\ x(\text{Np}) = 8.686x(\text{dB}) \tag{A1-50}$$

7. 三角恒等式

$$e^{j\theta} = \cos\theta + j\sin\theta \quad j = \sqrt{-1} \tag{A1-51}$$

$$\cos\theta = \frac{1}{2}(e^{j\theta} + e^{-j\theta}) \tag{A1-52}$$

$$\sin\theta = \frac{1}{2j}(e^{j\theta} - e^{-j\theta}) \tag{A1-53}$$

$$\sin(-\theta) = -\sin\theta \quad \sin\theta = \cos\left(\theta - \frac{\pi}{2}\right) \tag{A1-54}$$

$$\cos(-\theta) = \cos\theta \quad \cos\theta = -\sin\left(\theta - \frac{\pi}{2}\right) \tag{A1-55}$$

$$\sinh(j\theta) = j\sin\theta \quad \sin(j\theta) = j\sinh\theta \tag{A1-56}$$

$$\cosh(j\theta) = \cos\theta \quad \cos(j\theta) = \cosh\theta \tag{A1-57}$$

附录 2　常用的物理常数

物理量	符　号	数　值
真空中的光速	c	3×10^{8} m/s
电子的电荷(幅值)	$\|e\|$	1.602×10^{-19} C
电子的质量	m	9.109×10^{-31} kg
电子的电荷与质量比	$\|e\|/m$	1.759×10^{11} C/kg
真空中的介电常数	ε_0	$\frac{1}{36\pi}\times10^{-9}\approx8.854\times10^{-12}$ F/m
真空中的磁导率	μ_0	$4\pi\times10^{-7}$ H/m

附录 3　有损介质中 TEM 波的一些精确和近似表达式

物理量	精确表达式	良介质 $\frac{\sigma}{\omega\varepsilon}\ll1$	良导体 $\frac{\sigma}{\omega\varepsilon}\gg1$
衰减常数(Np/m)	$\alpha=\mathrm{Re}\left[\mathrm{j}\omega\sqrt{\mu\varepsilon\left(1-\mathrm{j}\frac{\sigma}{\omega\varepsilon}\right)}\right]$	$\alpha\approx\frac{\sigma}{2}\sqrt{\frac{\mu}{\varepsilon}}$	$\alpha=\sqrt{\frac{\omega\mu\sigma}{2}}$
相位常数 (rad/m)	$\beta=\mathrm{Im}\left[\mathrm{j}\omega\sqrt{\mu\varepsilon\left(1-\mathrm{j}\frac{\sigma}{\omega\varepsilon}\right)}\right]$	$\beta\approx\omega\sqrt{\mu\varepsilon}$	$\beta=\sqrt{\frac{\omega\mu\sigma}{2}}$
本征阻抗 (Ω)	$\eta_c=\sqrt{\frac{\mathrm{j}\omega\mu}{\sigma+\mathrm{j}\omega\varepsilon}}$	$\eta_c\approx\sqrt{\frac{\mu}{\varepsilon}}$	$\eta_c=\sqrt{\frac{\omega\mu}{\sigma}}\mathrm{e}^{\mathrm{j}\frac{\pi}{4}}$
波长(m)	$\lambda=\frac{2\pi}{\beta}$	$\lambda=\frac{2\pi}{\omega\sqrt{\mu\varepsilon}}$	$\lambda=2\pi\sqrt{\frac{2}{\omega\mu\sigma}}$
波速(m/s)	$v_p=\frac{\omega}{\beta}$	$v_p=\frac{1}{\sqrt{\mu\varepsilon}}$	$v_p=\sqrt{\frac{2\omega}{\mu\sigma}}$
趋肤深度(m)	$\delta=\frac{1}{\alpha}$	$\delta=\frac{2}{\sigma}\sqrt{\frac{\varepsilon}{\mu}}$	$\delta=\sqrt{\frac{2}{\omega\mu\sigma}}$

附录4　参考答案

思考题1

1-1　长度元：在点 $M(x, y, z)$，沿任意方向长度元表示为 $\mathrm{d}\boldsymbol{l}$，则 $\mathrm{d}\boldsymbol{l}=\boldsymbol{e}_x\mathrm{d}x+\boldsymbol{e}_y\mathrm{d}y+\boldsymbol{e}_z\mathrm{d}z$。

面积元：$\boldsymbol{e}_x$ 方向面元：$\mathrm{d}\boldsymbol{S}_x=\boldsymbol{e}_x\mathrm{d}y\mathrm{d}z$

$\boldsymbol{e}_y$ 方向面元：$\mathrm{d}\boldsymbol{S}_y=\boldsymbol{e}_y\mathrm{d}x\mathrm{d}z$

$\boldsymbol{e}_z$ 方向面元：$\mathrm{d}\boldsymbol{S}_z=\boldsymbol{e}_z\mathrm{d}x\mathrm{d}y$

体积元：$\mathrm{d}V=\mathrm{d}x\mathrm{d}y\mathrm{d}z$

1-2　长度元：在点 $M(\rho, \phi, z)$，沿任意方向长度元表示为 $\mathrm{d}\boldsymbol{l}$，则 $\mathrm{d}\boldsymbol{l}=\boldsymbol{e}_\rho\mathrm{d}\rho+\boldsymbol{e}_\phi\rho\mathrm{d}\phi+\boldsymbol{e}_z\mathrm{d}z$。

面积元：$\boldsymbol{e}_\rho$ 方向面元：$\mathrm{d}\boldsymbol{S}_\rho=\boldsymbol{e}_\rho\rho\mathrm{d}\phi\mathrm{d}z$

$\boldsymbol{e}_\phi$ 方向面元：$\mathrm{d}\boldsymbol{S}_\phi=\boldsymbol{e}_\phi\mathrm{d}\rho\mathrm{d}z$

$\boldsymbol{e}_z$ 方向面元：$\mathrm{d}\boldsymbol{S}_z=\boldsymbol{e}_z\rho\mathrm{d}\phi\mathrm{d}\rho$

体积元：$\mathrm{d}V=\rho\mathrm{d}\rho\mathrm{d}\phi\mathrm{d}z$

1-3　长度元：在点 $M(r, \theta, \phi)$，沿任意方向长度元表示为 $\mathrm{d}\boldsymbol{l}$，则 $\mathrm{d}\boldsymbol{l}=\boldsymbol{e}_r\mathrm{d}r+\boldsymbol{e}_\theta r\mathrm{d}\theta+\boldsymbol{e}_\phi r\sin\theta\mathrm{d}\phi$。

面积元：$\boldsymbol{e}_r$ 方向面元：$\mathrm{d}\boldsymbol{S}_r=\boldsymbol{e}_r r^2\sin\theta\mathrm{d}\theta\mathrm{d}\phi$

$\boldsymbol{e}_\theta$ 方向面元：$\mathrm{d}\boldsymbol{S}_\theta=\boldsymbol{e}_\theta r\sin\theta\mathrm{d}r\mathrm{d}\phi$

$\boldsymbol{e}_\phi$ 方向面元：$\mathrm{d}\boldsymbol{S}_\phi=\boldsymbol{e}_\phi r\mathrm{d}r\mathrm{d}\theta$

体积元：$\mathrm{d}V=r^2\sin\theta\mathrm{d}r\mathrm{d}\theta\mathrm{d}\phi$

1-4　不一定。因为 $\boldsymbol{A}\cdot\boldsymbol{B}=|\boldsymbol{A}|\cdot|\boldsymbol{B}|\cdot\cos\theta_{AB}$，$\boldsymbol{A}\cdot\boldsymbol{C}=|\boldsymbol{A}|\cdot|\boldsymbol{C}|\cdot\cos\theta_{AC}$，若 $\boldsymbol{B}$、$\boldsymbol{C}$ 相位不同，则 $\boldsymbol{B}\neq\boldsymbol{C}$。

1-5　因为 $\boldsymbol{A}\times\boldsymbol{B}=\boldsymbol{A}\times\boldsymbol{C}$，所以 $\boldsymbol{B}$、$\boldsymbol{C}$ 相位相同，因此 $\boldsymbol{B}=\boldsymbol{C}$。

1-6　力线是一簇空间有向曲线，矢量场较强处力线稠密，矢量场较弱处力线稀疏，力线上的切线方向代表该处矢量场的方向。

直角坐标系中的力线方程为 $\dfrac{\mathrm{d}x}{F_x}=\dfrac{\mathrm{d}y}{F_y}=\dfrac{\mathrm{d}z}{F_z}$。

圆柱坐标系中的力线方程为 $\dfrac{\mathrm{d}r}{F_r}=\dfrac{r\mathrm{d}\phi}{F_\phi}=\dfrac{\mathrm{d}z}{F_z}$。

球坐标系中的力线方程为 $\dfrac{\mathrm{d}r}{F_r}=\dfrac{r\mathrm{d}\theta}{F_\theta}=\dfrac{r\sin\theta\mathrm{d}\phi}{F_\phi}$。

1-7　方向导数用来分析标量场沿不同方向上变化率及最大变化率与方向。

梯度的方向就是函数变化率最大的方向，它的模为函数 u 在该点的最大变化率的数值。

二者之间的关系是：标量函数 u 在给定点沿任意 $\boldsymbol{l}$ 方向的方向导数，等于 u 的梯度在 $\boldsymbol{l}$ 方向上的投影，即 $\dfrac{\partial u}{\partial l}=\mathrm{grad}u\cdot\boldsymbol{e}_l$。

1-8　在矢量场 $\boldsymbol{A}$ 中，任取一个微分面元 $\mathrm{d}\boldsymbol{S}$，$\boldsymbol{A}$ 和 $\mathrm{d}\boldsymbol{S}$ 的标量积为 $\boldsymbol{A}\cdot\mathrm{d}\boldsymbol{S}=A\cos\theta\mathrm{d}S$，称为 $\boldsymbol{A}$ 穿过 $\mathrm{d}\boldsymbol{S}$ 的通量，通常用 $\mathrm{d}\Phi$ 表示。通量也可看成是穿过曲面 S 的力线总数，力

线也叫通量线。$\boldsymbol{A}$ 可称为通量面密度矢量，它的模 A 等于单位面积上垂直通过的力线总数。

在矢量场 $\boldsymbol{A}$ 穿过闭合曲面 S 的通量 Φ 的意义：

(1) 当 $\Phi>0$ 时，表明穿出闭合曲面 S 的通量多于穿入 S 的通量，说明 S 内必有产生通量的源，为正源，称为通量源，也叫标量源。

(2) 当 $\Phi<0$ 时，表明穿入闭合曲面 S 的通量多于穿出 S 的通量，说明 S 内有吸收通量的源，为负源，是负通量源。

(3) 当 $\Phi=0$ 时，表明穿入闭合曲面 S 的通量等于穿出 S 的通量，这时 S 内的正源和负源相等，称为无通量源。

1-9　设某一矢量场 $\boldsymbol{A}$ 中，矢量 $\boldsymbol{A}$ 沿任一闭合路径的线积分，定义为该矢量沿此闭合路径的环量，也叫环流。

如果某一矢量场的环量不等于零，那么必有产生这种场的漩涡源，也叫矢量源；

如果某一矢量场的环量恒等于零，那么这种场不会有漩涡源，该场称为保守场，或叫无旋场。

1-10　设有一矢量场 $\boldsymbol{A}$，在场 $\boldsymbol{A}$ 中过点 M 有一闭合曲面 S，S 所包围体积为 V，则散度定理公式：$\oint_C \boldsymbol{A}\cdot \mathrm{d}\boldsymbol{S}=\int_V \nabla\cdot\boldsymbol{A}\cdot\mathrm{d}\boldsymbol{V}$。

作用：表明矢量场 $\boldsymbol{A}$ 的散度在体积 $\boldsymbol{V}$ 上的体积分等于矢量场 $\boldsymbol{A}$ 在限定该体积的闭合曲面 S 上的面积分，是矢量散度的体积分与该矢量沿闭合曲面积分之间的一个变换关系。

1-11　设有一矢量场 $\boldsymbol{A}$，在场 $\boldsymbol{A}$ 中过点 M 有一闭合曲线 C，$\boldsymbol{S}$ 为回路 C 所围成的面积。斯托克斯定理：$\oint_C \boldsymbol{A}\cdot\mathrm{d}\boldsymbol{l}=\int_S \nabla\times\boldsymbol{A}\cdot\mathrm{d}\boldsymbol{S}$。

作用：表明矢量场 $\boldsymbol{A}$ 的旋度在曲面 $\boldsymbol{S}$ 上的面积分等于矢量场在限定曲面的闭合曲线 C 上的线积分，是矢量旋度的曲面积分与该矢量沿闭合曲线积分之间的一个变换关系。

1-12　是无散场。

1-13　是无旋场。

1-14　亥姆霍兹定理：矢量场 $\boldsymbol{F}(\boldsymbol{r})$ 可能既有散度，又有旋度，该矢量场可由一无旋场分量 $\boldsymbol{F}_1(\boldsymbol{r})$ 和一无散场 $\boldsymbol{F}_2(\boldsymbol{r})$ 分量之和表示，即：$\boldsymbol{F}(\boldsymbol{r})=\boldsymbol{F}_1(\boldsymbol{r})+\boldsymbol{F}_2(\boldsymbol{r})$。

亥姆霍兹定理告诉我们，研究一个矢量场，从研究矢量场散度和旋度两方面入手，若矢量场的散度微分和旋度微分确定，这个矢量场的场源确定，那么该矢量场唯一确定。亥姆霍兹定理给我们研究矢量场指明了方法，为矢量场的数学建模提供了模型。

1-15　研究一个矢量场，从研究矢量场散度和旋度两方面入手，即建立矢量场的散度微分方程和旋度微分方程，得到该矢量场的两个场源，那么该矢量场唯一确定。

习题 1

1-1　(1)$\boldsymbol{e}_x-2\boldsymbol{e}_y-2\boldsymbol{e}_z$　(2)$\sqrt{53}$　(3) -11　(4)$-4\boldsymbol{e}_x-13\boldsymbol{e}_y-10\boldsymbol{e}_z$　(5) -42　-42

1-2　$\theta=68.6°$　$\dfrac{12}{\sqrt{77}}$

1-3　(1)不是直角三角形　(2)$\frac{\sqrt{65}}{2}$

1-4　(1)$(-2, 2\sqrt{3}, 3)$　(2)$\left(5, \arcsin\frac{3}{5}, \frac{2\pi}{3}\right)$

1-5　(1)$\frac{1}{2}$　$\frac{-3}{10\sqrt{2}}$　(2)$\arccos\frac{-19}{15\sqrt{2}} \approx 153.6°$

1-6　$\nabla\varphi = 2xyz\boldsymbol{e}_x + x^2z\boldsymbol{e}_y + x^2y\boldsymbol{e}_z$　$\left.\frac{\partial\varphi}{\partial l}\right|_M = \frac{112}{\sqrt{50}}$

1-7　(1)$\nabla u = 2xy^3z^4\boldsymbol{e}_x + 3x^2y^2z^4\boldsymbol{e}_y + 4x^2y^3z^3\boldsymbol{e}_z$　(2)$\nabla u = 6x\boldsymbol{e}_x - 4y\boldsymbol{e}_y - 6z\boldsymbol{e}_z$

1-8　(1)$\nabla\cdot\boldsymbol{A} = 6$　(2)$\nabla\cdot\boldsymbol{A} = 8$　(3)$\nabla\cdot\boldsymbol{A} = 36$

1-9　$\oint_S \boldsymbol{A}\cdot d\boldsymbol{S} = 1200\pi$　$\int_V \nabla\cdot\boldsymbol{A}\,dV = 1200\pi$，验证散度定理成立。

1-10　(1)$\nabla\cdot\boldsymbol{A} = 2x - 2x^2y + 72x^2y^2$　(2)$\int_V \nabla\cdot\boldsymbol{A}\,dV = \frac{1}{24}$

(3)$\oint_S \boldsymbol{A}\cdot d\boldsymbol{S} = \frac{1}{24}$，验证散度定理成立。

1-11　(1)$\nabla\times\boldsymbol{A} = 0$　(2)$\nabla\times\boldsymbol{A} = 0$

1-12　$\oint_C \boldsymbol{A}\cdot d\boldsymbol{l} = 8$　$\int_V \nabla\times\boldsymbol{A}\cdot d\boldsymbol{S} = 8$，验证了斯托克斯定理成立。

1-13　$\boldsymbol{A}$ 矢量可以由一个标量的梯度表示，$\boldsymbol{B}$ 矢量不可以由一个标量的梯度表示。

1-14　$\frac{dx}{x} = \frac{dy}{x^2} = \frac{dz}{y^2z}$

1-15　略

1-16　略

思考题 2

2-1　都是描述电荷分布的密度，它们的关系为：$\rho(\boldsymbol{r})dV = \rho_S(\boldsymbol{r})dS = \rho_l(\boldsymbol{r})dl$

2-2　单位正电荷在电场中所受到的电场力。

2-3　电位定义为电场力将单位正电荷从某一点搬运到另一点能量的改变量。

$\boldsymbol{E} = -\nabla\varphi$ 中的负号指电势下降的方向。

2-4　不正确。因为电场强度大小是该点电位的变化率，如电偶极子中垂线上的电位为零，但电场强度最大。

2-5　不正确。因为电场强度大小是该点电位的变化率，如导体内部电场强度为零，但导体为等势体，导体上任一点的电位都不为零。

2-6　静电场性质有：(1)静电场是一个有散度源而无旋涡源的矢量场；

(2) 静电场的散度源为静止电荷或电荷分布；

(3) 静电场的旋度处处为零，静电场线不构成闭合回路，总是从正电荷发出，止于负电荷；

(4) 在静电场中将单位正电荷沿任一闭合路径移动一周，静电力做功为零，即静电场为保守场。

2-7　不一定。某封闭面内的电通量为零，可能有以下两种情况：

(1) 该封闭面内没有电荷；

(2) 该封闭面内正负电荷是等量的，即总电荷的代数和为零。

2-8　适用的情况有：(1)静电场具有球对称分布的情况，如均匀带电的球面、球体和多层同心球壳等；

(2) 静电场具有轴对称分布的情况，如无限长均匀带电的直线、圆柱面、圆柱壳等；

(3) 静电场具有平面对称分布的情况，如无限大的均匀带电平面、平板等。

2-9　静电场中自由电荷指可以到处自由移动的电荷，如正电荷、负电荷、导体中的自由电子等；

束缚电荷指电介质中的正负电荷，在电场力作用下只能在原子或分子范围内做微小位移，不能离开电介质到其他带电体，也不能在电介质内部自由移动。

2-10　特点有：(1)导体内部的电场强度处处为零；

(2) 导体内部无净电荷，导体所带电荷只能分布在导体的外表面上；

(3) 导体表面的电场线与表面垂直，且电场强度大小满足 $E=\frac{\rho_S}{\varepsilon}$。

2-11　介质极化指在外电场作用下，原本宏观上呈电中性的电介质显示电性的现象。

2-12　极化强度定义为单位体积内分子电偶极矩的矢量和。

极化电荷密度与极化强度的关系是：$\rho_{\mathrm{p}}=-\nabla'\cdot\boldsymbol{P}$，$\rho_{\mathrm{pS}}=\boldsymbol{P}\cdot\boldsymbol{e}_n$。

2-13　介质击穿指施加在电介质上的外电场超过某临界值时，电介质内部的束缚电荷脱离束缚，使电介质丧失固有的绝缘性能成为导体的现象。

介质材料的耐压与其击穿场强的关系：$U=Ed$，当介质材料和厚度确定后，击穿场强决定击穿电压。

2-14　将导体壳放置于外电场中，由于静电感应产生感应电荷，感应电荷形成了与外电场方向相反、大小相等的另一电场，根据场强的矢量叠加原理，感应电荷在导体壳内部产生的电场与外电场相互抵消，从而使导体壳内部的电场强度为零。

2-15　二者之间可以相互转换。二者在求总静电场能量时是一致的。

前者的物理意义：电荷携带能量，有电荷之处就有能量，电荷系统的静电能等于系统的电势能和所有带电体的自能之和。

后者的物理意义：电场携带能量，有电场之处就有能量，静电场能量存在于所有电场不为零的空间内。

习题 2

2-1　(1)$Q=-4.72\times10^{-10}\,\mathrm{C}$　(2)$Q=-0.97\times10^{-11}\,\mathrm{C}$

2-2　$\boldsymbol{E}=\dfrac{\boldsymbol{e}_x+\boldsymbol{e}_y-2\boldsymbol{e}_z}{32\sqrt{2}\,\pi\varepsilon_0}$

2-3　$\boldsymbol{E}(\rho)=\boldsymbol{e}_z\,\dfrac{\rho_l za}{2\varepsilon_0(z^2+a^2)^{\frac{3}{2}}}$

2-4　$U_{PQ}=3$

2-5　$\varphi(r,\theta)=-E_0 r\cos\theta+E_0 a^3\,\dfrac{\cos\theta}{r^2}$

2-6　$r>b$，$\boldsymbol{E}=\frac{\rho}{2\varepsilon_0}\left(\frac{b^2 r}{r^2}-\frac{a^2 r'}{r'^2}\right)$　$a<r<b$，$\boldsymbol{E}=\frac{\rho}{2\varepsilon_0}\left(r-\frac{a^2 r'}{r'^2}\right)$　$r<a$，$\boldsymbol{E}=\frac{\rho}{2\varepsilon_0}\boldsymbol{c}$

2-7　$r\geqslant a$，$\boldsymbol{E}=\boldsymbol{e}_r\frac{2\rho_0 a^3}{15\varepsilon_0 r^2}$、$\varphi=\frac{2\rho_0 a^3}{15\varepsilon_0 r}$　$r<a$，$\boldsymbol{E}=\boldsymbol{e}_r\frac{\rho_0}{\varepsilon_0}\left(\frac{r}{3}-\frac{r^3}{5a^2}\right)$、$\varphi=\frac{\rho_0}{\varepsilon_0}\left(\frac{a^2}{4}-\frac{r^2}{6}+\frac{r^4}{20a^2}\right)$

2-8　$a<r<a+b$，$\boldsymbol{E}=\boldsymbol{e}_r\frac{q}{4\pi\varepsilon r^2}$　$r>a+b$，$\boldsymbol{E}=\boldsymbol{e}_r\frac{q}{4\pi\varepsilon_0 r^2}$　$\varphi(a)=\frac{q}{4\pi\varepsilon}\left(\frac{1}{a}+\frac{\varepsilon_r-1}{a+b}\right)$

2-9　(1)是保守场　(2)$\varphi=x^2-xyz+C$

2-10　(1)$r<a$，$\boldsymbol{E}_1=-\boldsymbol{e}_r A\theta-\boldsymbol{e}_\theta A$，$\boldsymbol{D}_1=\varepsilon_1\boldsymbol{E}_1=-\varepsilon_1 A(\boldsymbol{e}_r\theta+\boldsymbol{e}_\theta)$；

$r\geqslant a$，$\boldsymbol{E}_2=\frac{Aa^2}{r^2}(\boldsymbol{e}_r\theta-\boldsymbol{e}_\theta)$，$\boldsymbol{D}_2=\varepsilon_2\boldsymbol{E}_2=\frac{\varepsilon_2 Aa^2}{r^2}(\boldsymbol{e}_r\theta-\boldsymbol{e}_\theta)$

(2) $r<a$，$\rho_1=-\frac{\varepsilon_1 A}{r}(2\theta+\cot\theta)$；$r>a$，$\rho_2=-\frac{\varepsilon_2 Aa^2}{r^3}\cot\theta$；

$r=a$，$\rho_S=A(\varepsilon_2+\varepsilon_1)\theta$

2-11　$\rho_{\mathrm{p}}=-\nabla\cdot\boldsymbol{P}=0$　$\rho_{S\mathrm{p}上}=P_0$，$\rho_{S\mathrm{p}下}=-P_0$

2-12　$E_\rho=\frac{D_\rho}{\varepsilon}=\frac{\rho_l}{2\pi\varepsilon\rho}$

2-13　可以求出 $z=0$ 处的 $\boldsymbol{E}_2$ 和 $\boldsymbol{D}_2$；

$\boldsymbol{E}_2(x, y, 0)=\boldsymbol{e}_x 2y-\boldsymbol{e}_y 2x+\boldsymbol{e}_z\left(\frac{10}{3}\right)$，$\boldsymbol{D}_2(x, y, 0)=\varepsilon_0(\boldsymbol{e}_x 6y-\boldsymbol{e}_y 6x+\boldsymbol{e}_z 10)$

2-14　(1)$\boldsymbol{E}(x)=e_x\left(\frac{\rho_0 x^2}{2\varepsilon_0 d}-\frac{U_0}{d}-\frac{\rho_0 d}{6\varepsilon_0}\right)$

(2) $\rho_S(0)=-\frac{U_0\varepsilon_0}{d}-\frac{\rho_0 d}{6}$，$\rho_S(d)=\frac{U_0\varepsilon_0}{d}-\frac{\rho_0 d}{3}$

2-15　$\varphi_1(x)=\frac{\rho_S(a-b)}{\varepsilon_0 a}x$，$\varphi_2(x)=\frac{\rho_S b}{\varepsilon_0 a}(a-x)$；$\boldsymbol{E}_1(x)=-\boldsymbol{e}_x\frac{\rho_S(a-b)}{\varepsilon_0 a}$，$\boldsymbol{E}_2(x)=-\boldsymbol{e}_x\frac{\rho_S b}{\varepsilon_0 a}$

2-16　(1) $\boldsymbol{E}=\boldsymbol{e}_r\frac{Uab}{r^2(b-a)}$，$\varphi_r=\frac{aU(b-r)}{r(b-a)}$；

(2) $r=a$ 球面上，$\rho_{S1a}=\varepsilon_1 E|_{r=a}=\frac{Ub\varepsilon_1}{a(b-a)}$，$\rho_{S2a}=\varepsilon_2 E|_{r=a}=\frac{Ub\varepsilon_2}{a(b-a)}$；

$r=b$ 球面上，$\rho_{S1b}=-\varepsilon_1 E|_{r=b}=-\frac{Ua\varepsilon_1}{a(b-a)}$，$\rho_{S2b}=-\varepsilon_2 E|_{r=b}=-\frac{Ua\varepsilon_2}{a(b-a)}$

分界面上，$\rho_S=0$

(3) $C=\frac{2\pi ab(\varepsilon_1+\varepsilon_2)}{b-a}$

2-17　$\boldsymbol{E}_1=\boldsymbol{E}_2=\frac{U}{\ln\frac{b}{a}}\left(\frac{1}{r}\right)\boldsymbol{e}_r$；$C_0=\frac{\varepsilon\theta_1+\varepsilon_0(2\pi-\theta_1)}{\ln\frac{b}{a}}$

2-18　$\frac{b}{a}=\mathrm{e}$ 时，电缆可承受最大击穿电压。

2-19　(1)$W_{\mathrm{e}}=\frac{Q^2}{8\pi}\left(\frac{R_{12}-R_1}{\varepsilon_1 R_1 R_{12}}+\frac{R_2-R_{12}}{\varepsilon_2 R_2 R_{12}}\right)$　(2)$C=\frac{4\pi\varepsilon_1\varepsilon_2 R_1 R_2 R_{12}}{\varepsilon_2 R_2(R_{12}-R_1)+\varepsilon_1 R_1(R_2-R_{12})}$

2-20　(1)$W_e=\frac{U^2}{2d}(\varepsilon_1 S_1+\varepsilon_2 S_2)$　(2)$C=\frac{\varepsilon_1 S_1+\varepsilon_2 S_2}{d}$

2-21　$\boldsymbol{J}=\boldsymbol{e}_\varphi \frac{3Q\omega}{4\pi a^3} r\sin\theta$

2-22　$I=10.5$ A

2-23　(1) $v_x=1.875\times10^7$ m/s　(2) $a_z=7.03\times10^{15}$ m/s^2　(3) $v_z=5.624\times10^6$ m/s
(4) $z=4.725$ cm

2-24　$Q=45$ μC

2-25　$\frac{dC}{d\theta}=0.75\times10^{-4}\pi$ F/rad

思考题 3

3-1　安培环路定理：在真空中，恒定磁场的磁感应强度 $\boldsymbol{B}$ 沿任何闭合曲线的线积分值等于曲线包围的电流与真空磁导率 μ_0 的乘积。
当电流呈轴对称分布时，可利用安培环路定律求解空间磁场分布若存在一闭合路径 C，使得在其上 $\boldsymbol{B}\cdot d\boldsymbol{l}$ 整段或分段为定值，则可以用安培环路定律求解。

3-2　磁化前，分子极矩取向杂乱无章，磁介质宏观上无任何磁特性。外加磁场时，大量分子的分子磁矩取向与外加磁场趋于一致，宏观上表现出磁特性，即磁性介质被磁化。

3-3　磁化强度矢量 $\boldsymbol{M}$：描述介质磁化的程度，等于单位体积内的分子磁矩之和；
若磁介质磁化强度为 $\boldsymbol{M}$，则其体磁化电流密度为：$\boldsymbol{J}_m=\boldsymbol{M}\times\boldsymbol{n}$
在磁介质表面上，磁化电荷面密度为：$\boldsymbol{J}_{mS}=\nabla\times\boldsymbol{M}$

3-4　设回路 C_1 中的电流为 I_1，所产生的磁场与回路 C_1 交链的磁链为 Ψ_1，则磁链 Ψ_1 与回路 C_1 中的电流 I_1 有正比关系，其比值回路 C_1 的自感系数，简称自感。
对两个彼此邻近的闭合回路 C_1 和回路 C_2，当回路 C_1 中通过电流 I_1 时，不仅与回路 C_1 交链的磁链与 I_1 成正比，而且与回路 C_2 交链的磁链 Ψ_{21} 也与 I_1 成正比，其比例系数称为回路 C_1 对回路 C_2 的互感系数，简称互感。

3-5　磁场能量为：$W_m=\frac{1}{2}\int_V \boldsymbol{J}\cdot\boldsymbol{A}\,dV$；磁场力为：$\boldsymbol{F}=\nabla W_m\big|_{I=常数}$。

习题 3

3-1　(1)$\boldsymbol{B}=\frac{\mu_0 I}{2a}\boldsymbol{e}_z$　(2)$\boldsymbol{B}=\frac{\mu_0 I}{4a}\boldsymbol{e}_z$　(3) $\boldsymbol{B}=\frac{(\pi-\alpha)\mu_0 I}{2\pi a}+\frac{\mu_0 I(1-\cos\alpha)}{2\pi a\sin\alpha}$

3-2　(1)$\nabla\cdot\boldsymbol{B}=0$，是磁场矢量，$\boldsymbol{J}=\frac{1}{\mu_0}\nabla\times\boldsymbol{B}=\frac{2\mathrm{k}}{\mu_0}\boldsymbol{e}_z$；

(2) $\nabla\cdot\boldsymbol{B}=0$，是磁场矢量，$\boldsymbol{J}=\frac{1}{\mu_0}\nabla\times\boldsymbol{B}=0$；

(3) $\nabla\cdot\boldsymbol{B}=2k\neq0$，不是磁场矢量；

(4) $\nabla\cdot\boldsymbol{B}=\frac{k\phi}{r}\cot\theta$，不是磁场矢量。

3-3　$\boldsymbol{B}=-4xz\boldsymbol{e}_x+4yz\boldsymbol{e}_y+(y^2-x^2)\boldsymbol{e}_z$

3-4　$I=1.59\pi$

3-5　略

3-6　$\boldsymbol{B}=-\boldsymbol{e}_y\dfrac{\mu_0 J_S}{\pi}\arctan\dfrac{w}{2d}$

3-7　$\boldsymbol{B}=\boldsymbol{e}_z\dfrac{\mu_0 I a^2}{2(a^2+h^2)^{\frac{3}{2}}}$

3-8　当 $\rho<a$ 时，$\boldsymbol{B}=\boldsymbol{e}_\varphi\mu_0\left(\dfrac{1}{4}\rho^3+\dfrac{4}{3}\rho^2\right)$；当 $\rho\geqslant a$ 时，$\boldsymbol{B}=\boldsymbol{e}_\varphi\dfrac{\mu_0}{\rho}\left(\dfrac{1}{4}a^4+\dfrac{4}{3}a^3\right)$

3-9　(1)$\boldsymbol{B}=(\boldsymbol{e}_x 2500-\boldsymbol{e}_y 10)$ mT　(2)$\boldsymbol{B}_0=(\boldsymbol{e}_x 0.002+\boldsymbol{e}_y 0.5)$ mT

3-10　略

3-11　(1)$\dfrac{B_{1n}}{\mu_1}=\dfrac{B_{2n}}{\mu_2}$　(2) $\boldsymbol{B}_{1n}=\boldsymbol{e}_\phi\dfrac{\mu_1 I}{2\pi\rho}$，$\boldsymbol{B}_{2n}=\boldsymbol{e}_\phi\dfrac{\mu_2 I}{2\pi\rho}$

3-12　略

3-13　(1) $\boldsymbol{B}_1=\mu_0\boldsymbol{H}=\boldsymbol{e}_\varphi\dfrac{\mu_0 I}{2\pi\rho}$，$\boldsymbol{B}_2=\mu_1\boldsymbol{H}=\boldsymbol{e}_\varphi\dfrac{\mu_1 I}{2\pi\rho}$　(2)$I_m=\left(\dfrac{\mu}{\mu_0}-1\right)I$

3-14　$F_x=\dfrac{1}{2}(\mu-\mu_0)n^2 I^2 S$

3-15　略

思考题 4

4-1　基本思想：将待求偏微分方程的解表示为三个函数的乘积，每个函数仅是一个坐标的函数。然后代入偏微分方程进行变量分离，这样将偏微分方程化为常微分方程进行求解，并利用场域和边界条件确定其中的待定常数，从而得到位函数的解。

条件：要求给定边界与一个适当坐标系的坐标面相重合，或分段重合。

4-2　基本思想：用放置在所求场域之外的假想电荷(即像电荷)等效地替代导体表面(或介质分界面)上的感应电荷(或极化电荷)对场分布的影响，在保持边界条件不变的情况下，将边界面移去，从而将求解实际的边值问题转换为求解无界空间的问题。

理论依据：唯一性定理。

4-3　镜像法求解的关键在于根据感应电荷与点电荷激发的场在边界上所满足的边值关系和边界条件，确定像电荷的位置和电荷量。

4-4　基本思想：把求解的场域用网格划分，将电位函数满足的拉普拉斯方程或泊松方程转化为网格节点的电位的有限差分方程组，然后用迭代法求出待求区域内各点的电位。

习题 4

4-1　$\varphi(x,y)=\dfrac{4U_0}{\pi}\sum\limits_{n=1,3,5,\cdots}\dfrac{1}{n\sinh\left(\dfrac{n\pi b}{a}\right)}\sinh\left(\dfrac{n\pi y}{a}\right)\sin\left(\dfrac{n\pi x}{a}\right)$

4-2　$\varphi(x,y)=\dfrac{4U_0}{\pi}\sum\limits_{n=1,3,5,\cdots}\dfrac{1}{n}\sin\left(\dfrac{n\pi x}{a}\right)\mathrm{e}^{-\frac{n\pi y}{a}}$

4-3　$\varphi_1(r,\varphi)=-\dfrac{2\varepsilon}{\varepsilon+\varepsilon_0}E_0 r\cos\varphi$　$(r<a)$，$\varphi_2(r,\varphi)=-\left[1+\dfrac{\varepsilon-\varepsilon_0}{\varepsilon+\varepsilon_0}\left(\dfrac{a}{r}\right)^2\right]E_0 r\cos\varphi$　$(r\geqslant a)$

4-4　$\varphi_1(x, y)=\frac{q_l}{\pi\varepsilon_0}\sum_{n=1}^{\infty}\frac{1}{n}\sin\left(\frac{n\pi d}{a}\right)e^{-\frac{n\pi x}{a}}\sin\left(\frac{n\pi y}{a}\right)\quad(x>0)$,

$\varphi_2(x, y)=\frac{q_l}{\pi\varepsilon_0}\sum_{n=1}^{\infty}\frac{1}{n}\sin\left(\frac{n\pi d}{a}\right)e^{\frac{n\pi x}{a}}\sin\left(\frac{n\pi y}{a}\right)\quad(x\geqslant 0)$

4-5　以 $x=x_0$ 为界将场空间分割为 $0<x<x_0$ 和 $0\leqslant x<a$ 两个区域，

$$\varphi_1(x, y)=\frac{2q_l}{\pi\varepsilon_0}\sum_{n=1}^{\infty}\frac{1}{n\sinh\left(\frac{n\pi a}{b}\right)}\sinh\left[\frac{n\pi}{b}(-x_0)\right]\cdot$$

$$\sin\left(\frac{n\pi y_0}{b}\right)\sinh\left(\frac{n\pi x}{b}\right)\sin\left(\frac{n\pi y}{b}\right)\quad(0<x<x_0)$$

$$\varphi_2(x, y)=\frac{2q_l}{\pi\varepsilon_0}\sum_{n=1}^{\infty}\frac{1}{n\sinh\left(\frac{n\pi a}{b}\right)}\sinh\left(\frac{n\pi x_0}{b}\right)\cdot$$

$$\sin\left(\frac{n\pi y_0}{b}\right)\sinh\left[\frac{n\pi}{b}(a-x)\right]\sin\left(\frac{n\pi y}{b}\right)\quad(x_0\leqslant x<a)$$

若以 $y=y_0$ 为界将场空间分割为 $0<y<y_0$ 和 $0\leqslant y<b$ 两个区域，则可类似地得到

$$\varphi_1(x, y)=\frac{2q_l}{\pi\varepsilon_0}\sum_{n=1}^{\infty}\frac{1}{n\sinh\left(\frac{n\pi b}{a}\right)}\sinh\left[\frac{n\pi}{a}(b-y_0)\right]\cdot$$

$$\sin\left(\frac{n\pi x_0}{a}\right)\sinh\left(\frac{n\pi y}{a}\right)\sin\left(\frac{n\pi x}{a}\right)\quad(0<y<y_0)$$

$$\varphi_2(x, y)=\frac{2q_l}{\pi\varepsilon_0}\sum_{n=1}^{\infty}\frac{1}{n\sinh\left(\frac{n\pi b}{a}\right)}\sinh\left(\frac{n\pi y_0}{a}\right)\cdot$$

$$\sin\left(\frac{n\pi x_0}{a}\right)\sinh\left[\frac{n\pi}{a}(b-y)\right]\sin\left(\frac{n\pi x}{a}\right)\quad(y_0\leqslant y<b)$$

4-6　$\varphi(r, \varphi)=(-r+a^2r^{-1})E_0\cos\varphi+C$

$$\boldsymbol{E}=-\nabla\varphi(r, \varphi)=-\boldsymbol{e}_r\frac{\partial\varphi}{\partial r}-\boldsymbol{e}_\varphi\frac{1}{r}\frac{\partial\varphi}{\partial\varphi}=-\boldsymbol{e}_r\left(1+\frac{a^2}{r^2}\right)E_0\cos\varphi+\boldsymbol{e}_\varphi\left(-1+\frac{a^2}{r^2}\right)E_0\sin\varphi$$

$$\sigma=-\varepsilon_0\frac{\partial\varphi(r, \phi)}{\partial r}\bigg|_{r=a}=2\varepsilon_0E_0\cos\phi$$

4-7　$\varphi(x, y, z)=-\frac{8b^2}{\pi^5\varepsilon_0}\sum_{n=1, 3, 5, \cdots}^{\infty}\frac{1}{n^3\left[\left(\frac{1}{a}\right)^2+\left(\frac{n}{b}\right)^2+\left(\frac{1}{c}\right)^2\right]}\sin\left(\frac{\pi x}{a}\right)\sin\left(\frac{n\pi y}{b}\right)\sin\left(\frac{\pi z}{c}\right)$

4-8　$\varphi(r, \varphi)=\frac{2U_0}{\pi}\sum_{n=1, 3, 5, \cdots}^{\infty}\frac{1}{n}\left(\frac{r}{b}\right)^n\left[\sin(n\varphi)+(-1)^{\frac{n+3}{2}}\cos(n\varphi)\right]\quad(r\leqslant b)$

4-9　$\varphi_1(r, \varphi)=-\frac{1}{2\pi\varepsilon_0}\frac{2\varepsilon_0q_l}{\varepsilon+\varepsilon_0}\ln R-\frac{q_l(\varepsilon-\varepsilon_0)}{2\pi\varepsilon_0(\varepsilon+\varepsilon_0)}\ln r_0$

$\varphi_2(r, \varphi)=-\frac{q_l}{2\pi\varepsilon_0}\ln R-\frac{1}{2\pi\varepsilon_0}\frac{-(\varepsilon-\varepsilon_0)q_l}{\varepsilon+\varepsilon_0}\ln R'-\frac{1}{2\pi\varepsilon_0}\frac{(\varepsilon-\varepsilon_0)q_l}{\varepsilon+\varepsilon_0}\ln r$

4-10　$\varphi(r, \varphi)=-\frac{q_l}{2\pi\varepsilon_0}\ln R+\frac{q_l}{2\pi\varepsilon_0}\ln R'-\frac{q_l}{2\pi\varepsilon_0}\ln r+C+\frac{q_l}{2\pi\varepsilon_0}\ln r_0$

4-11　(1)$\varphi(r,\theta)=-E_0 r\cos\theta+a^3E_0r^{-2}\cos\theta+aU_0r^{-1}$

(2) $\varphi(r,\theta)=-E_0 r\cos\theta+a^3E_0r^{-2}\cos\theta+\dfrac{Q}{4\pi\varepsilon_0 r}$

4-12　$\boldsymbol{E}_1=-\nabla\varphi_1(r,\theta)=\dfrac{3\varepsilon}{2\varepsilon+\varepsilon_0}\boldsymbol{E}_0$

$$\boldsymbol{E}_2=-\nabla\varphi_2(r,\theta)=\boldsymbol{E}_0-\frac{(\varepsilon-\varepsilon_0)E_0}{2\varepsilon+\varepsilon_0}\left(\frac{a}{r}\right)^3(e_r2\cos\theta+e_\theta\sin\theta)$$

$$\sigma_{\rm p}=-\boldsymbol{n}\cdot\boldsymbol{P}_2\big|_{r=a}=-(\varepsilon-\varepsilon_0)\boldsymbol{e}_r\cdot\boldsymbol{E}_2\big|_{r=a}=-\frac{3\varepsilon_0(\varepsilon-\varepsilon_0)}{2\varepsilon+\varepsilon_0}E_0\cos\theta$$

4-13　$\varphi_1(r,\theta)=\dfrac{Q}{4\pi\varepsilon_0 r_2}+\dfrac{p}{4\pi\varepsilon_0}\left(\dfrac{1}{r^2}-\dfrac{r}{r_1^3}\right)\cos\theta$

$$\sigma_1=-\varepsilon_0\frac{\partial\varphi_1}{\partial n}\bigg|_{r=r_1}=\varepsilon_0\frac{\partial\varphi_1}{\partial r}\bigg|_{r=r_1}=-\frac{3p}{4\pi r_1^3}\cos\theta$$

4-14　球面上的绕线密度正比于 $\sin\theta$，则将在球内产生均匀场。

4-15　略

4-16　$\varphi(r,\theta)=\dfrac{q}{4\pi\varepsilon_0 R}-\dfrac{q}{4\pi\varepsilon_0}\sum\limits_{n=0}^{\infty}\dfrac{a^{2n+1}}{(r_1r)^{n+1}}P_n(\cos\theta)$

4-17　略

4-18　略

4-19　$W_{\rm o}=-W_{\rm e}=\dfrac{q^2}{16\pi\varepsilon_0 d}$

4-20　(1) $q_1'=-q,\begin{cases}x'_1=\sqrt{2}\cos75^\circ\approx0.366\\y'_1=\sqrt{2}\sin75^\circ\approx1.366\end{cases},\ q_2'=q,\begin{cases}x'_2=\sqrt{2}\cos165^\circ\approx-1.366\\y'_2=\sqrt{2}\sin165^\circ\approx0.366\end{cases},$

$q_3'=-q,\begin{cases}x'_3=\sqrt{2}\cos195^\circ\approx-1.366\\y'_3=\sqrt{2}\sin195^\circ\approx-0.366\end{cases},\ q_4'=q,\begin{cases}x'_4=\sqrt{2}\cos285^\circ\approx0.366\\y'_4=\sqrt{2}\sin285^\circ\approx-1.366\end{cases},$

$q_5'=-q,\begin{cases}x'_5=\sqrt{2}\cos315^\circ\approx1\\y'_5=\sqrt{2}\sin315^\circ\approx-1\end{cases}$

(2) 2.89×10^9q V

4-21　$q=4h\sqrt{\pi\varepsilon_0 mg}\approx5.9\times10^{-8}$ C

4-22　(1) $\dfrac{q}{4\pi\varepsilon_0}\left\{\dfrac{Q+\left(\dfrac{R}{D}\right)q}{D^2}-\dfrac{Rq}{D\left[D-\left(\dfrac{R}{D}\right)^2\right]^2}\right\}$　(2)略

4-23　节点电势值矩阵：

100.0000	100.0000	100.0000	100.0000	100.0000	0
100.0000	93.1818	85.4167	74.0530	52.2727	0
100.0000	87.3106	74.4318	58.5227	35.0379	0
100.0000	81.6288	66.4773	50.5682	29.3561	0
100.0000	72.7273	59.2803	47.9167	31.8182	0
100.0000	50.0000	50.0000	50.0000	50.0000	0

思考题 5

5-1　随时间变化的电场和磁场叫时变电磁场。

5-2　产生的原因：传导电流是电荷的定向运动；而位移电流的本质是变化着的电场。

存在的区域：传导电流只能存在于导体中；而位移电流可以存在于真空、导体、电介质中。

引起的效应：传导电流通过导体时会产生焦耳热，产生恒定电场；而位移电流不会产生焦耳热，产生时变的电场。

5-3　微分形式　　　　积分形式

$$\nabla\times\boldsymbol{H}=\boldsymbol{J}+\frac{\partial\boldsymbol{D}}{\partial t}\qquad \oint_C\boldsymbol{H}\cdot\mathrm{d}\boldsymbol{l}=\int_S\left(\boldsymbol{J}+\frac{\partial\boldsymbol{D}}{\partial t}\right)\cdot\mathrm{d}\boldsymbol{S}$$

$$\nabla\times\boldsymbol{E}=-\frac{\partial\boldsymbol{B}}{\partial t}\qquad \oint_C\boldsymbol{E}\cdot\mathrm{d}\boldsymbol{l}=-\int_S\frac{\partial\boldsymbol{B}}{\partial t}\cdot\mathrm{d}\boldsymbol{S}$$

$$\nabla\cdot\boldsymbol{B}=0\qquad \oint_S\boldsymbol{B}\cdot\mathrm{d}\boldsymbol{S}=0$$

$$\nabla\cdot\boldsymbol{D}=\rho\qquad \oint_S\boldsymbol{D}\cdot\mathrm{d}\boldsymbol{S}=Q$$

本构关系为：$\boldsymbol{D}=\varepsilon\boldsymbol{E}$，$\boldsymbol{B}=\mu\boldsymbol{H}$，$\boldsymbol{J}=\sigma\boldsymbol{E}$

物理意义：第1个方程为全电流定律。表明电流和时变电场都会产生磁场，变化的电场和电流是磁场的旋涡源；

第2个方程为法拉第电磁感应定律。表明时变磁场产生电场，变化的磁场是电场的旋涡源；

第3个方程为磁通连续性原理。表明磁场无通量源，即磁场是无散场，磁场线是闭合的；

第4个方程为高斯定理。表明电场是有通量源的场，即电场是有散场，其散度源是该点的体电荷分布，电场线起始于正电荷，终止于负电荷。

5-4　能。推导略。

5-5　两种介质均为理想介质($\sigma\to0$)的情况时，其分界面上没有自由面电流和自由面电荷存在，即 $\boldsymbol{J}_S=0$，$\rho_S=0$。边界条件满足：

$\boldsymbol{n}\times(\boldsymbol{H}_1-\boldsymbol{H}_2)=0$ 或 $H_{1t}=H_{2t}$；$\boldsymbol{n}\times(\boldsymbol{E}_1-\boldsymbol{E}_2)=0$ 或 $E_{1t}=E_{2t}$；

$\boldsymbol{n}\cdot(\boldsymbol{B}_1-\boldsymbol{B}_2)=0$ 或 $B_{1n}=B_{2n}$；$\boldsymbol{n}\cdot(\boldsymbol{D}_1-\boldsymbol{D}_2)=0$ 或 $D_{1n}=D_{2n}$。

物理意义：在两种理想介质界面上磁场强度和电场强度的切向分量连续，磁感应强度和电位移矢量的法向分量连续。

5-6　考虑两种介质中1区为理想介质($\sigma\to0$)，2区为理想导体($\sigma\to\infty$)的情况。在时变条件下，理想导体内部不存在电磁场，即所有场量为零，$H_{2t}=0$，$E_{2t}=0$，$B_{2n}=0$ 和 $D_{2n}=0$。理想导体表面边界条件满足：

$\boldsymbol{n}\times\boldsymbol{H}_1=\boldsymbol{J}_S$ 或 $H_{1t}=J_S$；$\boldsymbol{n}\times\boldsymbol{E}_1=0$ 或 $E_{1t}=E_{2t}=0$；

$\boldsymbol{n}\cdot\boldsymbol{B}_1=0$ 或 $B_{1n}=B_{2n}=0$；$\boldsymbol{n}\cdot\boldsymbol{D}_1=\rho_S$ 或 $D_{1n}=\rho_S$。

5-7　坡印廷矢量即为能流密度矢量 $\boldsymbol{S}$，表达为 $\boldsymbol{S}=\boldsymbol{E}\times\boldsymbol{H}$。

物理意义：表示单位时间内穿过与能量流动方向相垂直的单位截面上的能量，方向表示该点能量流动的方向，即表示该点的瞬时功率流密度。

5－8　能量流动的方向总是垂直于电场 $\boldsymbol{E}$ 和磁场 $\boldsymbol{H}$，且服从从 $\boldsymbol{E}$ 到 $\boldsymbol{H}$ 的右手螺旋法则。

5－9　在电磁场中的任意闭合面上，单位时间内流入该闭合面的总功率，等于该闭合面所包围的体积中电磁能量随时间的增加率和该体积中的热损耗功率之和。

5－10　由式 $P=\int_S \boldsymbol{E}\times\boldsymbol{H}\cdot d\boldsymbol{S}$ 进行计算。

习题 5

5－1　(1)$\varepsilon_{in}=-\omega B_0 h\omega\cos(\omega t)\cos\alpha$　(2)$\varepsilon_{in}=-\omega B_0 hw\cos(2\omega t)$

5－2　略

5－3　(1) $\dfrac{J_m}{J_{dm}}=0.64\times10^{16}$　(2)$\dfrac{J_m}{J_{dm}}=0.28\times10^3$　(3)$\dfrac{J_m}{J_{dm}}=0.45\times10^{-8}$

5－4　$\boldsymbol{J}_d=\boldsymbol{e}_x 0.5\sin(\pi t)\sin(2\pi z)$

5－5　$\boldsymbol{H}=-\boldsymbol{e}_x\dfrac{1}{3\pi\times10^8\mu_0}\cos(6\pi\times10^9 t-2z)$

5－6　(1)$\boldsymbol{H}=-\dfrac{1}{3\sqrt{2}\pi\times10^9\mu_0}\Big[\boldsymbol{e}_z\pi\cos(10\pi x)\sin(3\sqrt{2}\pi\times10^9 t-kz)+$

$\boldsymbol{e}_x 0.1k\sin(10\pi x)\cos(3\sqrt{2}\pi\times10^9 t-kz)\Big]$

(2) $k=10\pi$ rad/m

5－7　(1)$\boldsymbol{E}=-\boldsymbol{e}_z\dfrac{\rho_0}{\varepsilon_0}\cos(\omega t)$，$\boldsymbol{H}=\boldsymbol{e}_\varphi\dfrac{\omega\rho_0}{2\varepsilon_0}r\sin(\omega t)$　(2)该场不满足电磁场基本方程。

5－8　$\boldsymbol{E}_2=2\boldsymbol{e}_x+\boldsymbol{e}_z$

5－9　$\boldsymbol{H}_2=-2\boldsymbol{e}_x+3\boldsymbol{e}_y+3\boldsymbol{e}_z$

5－10　$\boldsymbol{H}_t=\boldsymbol{e}_x\sin(\omega t)-\boldsymbol{e}_y\cos(\omega t)$

5－11　(1)$\boldsymbol{J}_S=\boldsymbol{e}_y H_0\cos(\omega t-ky)$　(2)$\rho_S=\dfrac{H_0 k}{\omega}\cos(\omega t-ky)$

(3) $\boldsymbol{D}=\boldsymbol{e}_z\dfrac{H_0 k}{\omega}\cos(\omega t-ky)$，$\boldsymbol{E}=\dfrac{\boldsymbol{D}}{\varepsilon_0}=\boldsymbol{e}_z\dfrac{H_0 k}{\omega\varepsilon_0}\cos(\omega t-ky)$

5－12　$y=0$，$\rho_S=-\varepsilon_0 E_{y0}\sin\left(\dfrac{\pi}{a}x\right)\cos(\omega t-\beta z)$，

$\boldsymbol{J}_S=\boldsymbol{e}_x H_{z0}\cos\left(\dfrac{\pi}{a}x\right)\sin(\omega t-\beta z)-\boldsymbol{e}_z H_{x0}\sin\left(\dfrac{\pi}{a}x\right)\cos(\omega t-\beta z)$

$y=b$，$\rho_S=\varepsilon_0 E_{y0}\sin\left(\dfrac{\pi}{a}x\right)\cos(\omega t-\beta z)$，

$\boldsymbol{J}_S=-\boldsymbol{e}_x H_{z0}\cos\left(\dfrac{\pi}{a}x\right)\sin(\omega t-\beta z)+\boldsymbol{e}_z H_{x0}\sin\left(\dfrac{\pi}{a}x\right)\cos(\omega t-\beta z)$

$x=0$，$\rho_S=0$，$\boldsymbol{J}_S=-\boldsymbol{e}_y H_{z0}\sin(\omega t-\beta z)$

$x=a$，$\rho_S=0$，$\boldsymbol{J}_S=-\boldsymbol{e}_y H_{z0}\sin(\omega t-\beta z)$

5－13　$P=UI$；$\boldsymbol{S}=\boldsymbol{e}_z\dfrac{UI}{2\pi r^2\ln\left(\dfrac{b}{a}\right)}$

5－14　(1)$\boldsymbol{S}_{av}=\boldsymbol{e}_z\dfrac{1}{2}E_{xm}H_{ym}$　(2)$=\dfrac{1}{2}abE_{xm}H_{ym}[\cos(2\omega t)-\cos2(\omega t-\beta c)]$，0

思考题 6

6-1 对于正弦电磁场，若场源以一定的角频率随时间呈正弦变化，则所产生的电磁场也以同样的角频率随时间呈正弦变化。利用复数形式描述正弦电磁场场量，就只与空间有关，而与时间无关，且它与正弦电磁场场量的瞬时值矢量是唯一对应的。故复数形式表示正弦场降低了场矢量运算的维数，使问题的分析和数学运算得以简化。

6-2 复坡印廷矢量定义为 $\boldsymbol{S}_{c}=\frac{1}{2}\boldsymbol{E}\times\boldsymbol{H}^{*}$，表示复功率流密度。

其实部为 $\boldsymbol{S}_{av}=\mathrm{Re}[\boldsymbol{S}_{c}]=\mathrm{Re}\left[\frac{1}{2}\boldsymbol{E}\times\boldsymbol{H}^{*}\right]$，表示平均功率流密度(有功功率流密度)。

其虚部为 $\mathrm{Im}[\boldsymbol{S}_{c}]=\mathrm{Im}\left[\frac{1}{2}\boldsymbol{E}\times\boldsymbol{H}^{*}\right]$，表示无功功率流密度。

6-3 均匀平面电磁波是指电磁波的电场和磁场矢量只沿着它的传播方向变化，在垂直于传播方向的无限大平面内，电场和磁场的振幅、方向和相位都保持不变的电磁波。
在距离电磁波源很远的观察点附近的小范围，电磁波的等相位面就可近似看成是平面，这样球面电磁波或柱面电磁波均可分解成许多均匀平面电磁波。
平面波与均匀平面波的区别在于：平面波是指场矢量的等相位面是平面的电磁波，在等相位面上振幅不相等；均匀平面波是平面波的一种特殊形式。

6-4 相位常数、相速度、本征阻抗、坡印廷矢量、能量传输速度等。

6-5 不相同。

6-6 不相同。

6-7 关系：$\boldsymbol{H}=\frac{1}{\eta}\boldsymbol{e}_{z}\times\boldsymbol{E}$ 或 $\boldsymbol{E}=\eta\boldsymbol{H}\times\boldsymbol{e}_{z}$。

6-8 TEM 波是指电磁波的电场 $\boldsymbol{E}$ 和磁场 $\boldsymbol{H}$ 都在垂直于传播方向 $\boldsymbol{e}_{z}$ 的平面上的一种电磁波。
均匀平面电磁波是 TEM 波。

6-9 波的极化是指在电磁波传播过程中场矢量方向随时间变化的规律。一般利用电场强度 $\boldsymbol{E}(r, t)$的矢端(大小和方向)随时间变化而形成的轨迹形状来描述电磁波的极化。

线极化的条件：$\varphi_{x}-\varphi_{y}=0$ 或 $|\varphi_{x}-\varphi_{y}|=\pi$。

圆极化的条件：$E_{xm}=E_{ym}$且 $\varphi_{x}-\varphi_{y}=\pm\frac{\pi}{2}$。

椭圆极化的条件：不满足线极化或圆极化的条件。

6-10 (1)电磁波在良导体中衰减极快，故良导体的趋肤深度非常小，电磁波大部分能量集中于良导体表面的薄层内；
(2) 电场 $\boldsymbol{E}$、磁场 $\boldsymbol{H}$ 与传播方向 $\boldsymbol{e}_{z}$ 之间相互垂直；波阻抗为复数，电场 $\boldsymbol{E}$ 和磁场 $\boldsymbol{H}$ 不同相，存在色散现象；
(3) 传入导体的电磁波实功率全部转化为热损耗功率。

6-11 导电介质的损耗角 δ_{c} 正切定义为复介电常数$\left(\varepsilon_{c}=\varepsilon-\mathrm{j}\,\frac{\sigma}{\omega}\right)$的虚部与实部之比，即

$\tan|\delta_c|=\dfrac{\sigma}{\omega\varepsilon}$。

导电介质的特性一般用传导电流密度振幅与位移电流密度振幅之比$\dfrac{|\sigma \boldsymbol{E}|}{|\mathrm{j}\omega\varepsilon \boldsymbol{E}|}$，即$\dfrac{\sigma}{\omega\varepsilon}$的比值与1的关系来分类，故能用损耗角正切来判断导电介质的特性。

6-12　趋肤深度δ定义为电磁波场强振幅衰减到表面处的$\dfrac{1}{\mathrm{e}}$时电磁波传播的深度。它与衰减常数α满足关系$\delta=\dfrac{1}{\alpha}$。

6-13　分界面上的反射系数R为反射波电场振幅与入射波电场振幅之比；
分界面上的透射系数T为透射波电场振幅与入射波电场振幅之比；
它们之间满足关系：$1+R=T$。

6-14　驻波是指频率相同、传输方向相反的两种波(入射波与反射波)，沿传输线形成的波形在波节点和波腹点的位置始终不变，但其瞬时值随时间而改变的一种分布状态。
区别：驻波在空间中没有移动，只是在原来位置震动，而行波会沿传输方向行进；驻波不能传输电磁能量，而只存在电场能量和磁场能量的相互转换，而行波可以传输电磁能量。

6-15　根据合成波分析可知，电场在$z=-n\dfrac{\lambda}{2}$ $(n=0, 1, 2, \cdots)$处为波节点，显然相邻电场波节点之间相距为$\dfrac{\lambda}{2}$。

6-16　(1)合成电磁场的振幅随空间坐标z按正弦函数分布，而在空间一点，电磁场随时间作简谐振动，这是一种驻波分布；入射波和反射波的叠加在入射空间中形成驻波；

(2) 在$kz=-n\pi$或$z=-n\dfrac{\lambda}{2}$ $(n=0, 1, 2, \cdots)$处，电场为零，磁场为最大值；

(3) 在$kz=-(2n+1)\dfrac{\pi}{2}$或$z=-(2n+1)\dfrac{\lambda}{4}$处，磁场为零，电场为最大值；

(4) $\boldsymbol{E}$和$\boldsymbol{H}$的驻波在空间位置上错开$\dfrac{\lambda}{4}$，而在时间上$\boldsymbol{E}$和$\boldsymbol{H}$又有$\dfrac{\pi}{2}$的相差；

(5) 驻波不能传输电磁能量，而只存在电场能量和磁场能量的相互转换。

6-17　群速v_g的定义是调幅包络的速度，即包络波上某一恒定相位点推进的速度。
群速与相速的区别在于：相速v_p是指电磁波的等相位面行进的速度，一般指单色波传播速度，而群速v_g指合成波传播速度；在无色散媒质中，$v_g=v_p$；正常色散$v_g<v_p$；非正常色散$v_g>v_p$。

6-18　波的色散是指电磁波在色散介质(相速v_p与频率ω有关)中传播时产生色散现象。
色散对信号传输的影响表现在：信号通过色散介质传输时会发生畸变失真。

习题 6

6-1　(1)$\boldsymbol{E}(x, y, z, t)=\boldsymbol{e}_x E_0\cos(\omega t+\varphi_x)$　(2)$\boldsymbol{E}(x, y, z, t)=\boldsymbol{e}_x E_0\cos\left(\omega t-kz+\dfrac{\pi}{2}\right)$

(3) $\dot{\boldsymbol{E}}=(\boldsymbol{e}_x-\boldsymbol{e}_y 2\mathrm{j})E_0 \mathrm{e}^{-\mathrm{j}kz}$

6-2 (1) $\boldsymbol{E}(z)=\boldsymbol{e}_x 0.3\mathrm{e}^{-\mathrm{j}\left(kz+\frac{\pi}{2}\right)}+\boldsymbol{e}_y 0.2\mathrm{e}^{-\mathrm{j}\left(kz+\frac{\pi}{4}\right)}$

(2) $\boldsymbol{H}=\boldsymbol{e}_y \dfrac{0.3k}{\omega\mu_0}\mathrm{e}^{-\mathrm{j}\left(kz-e_x\frac{\pi}{2}\right)}-\boldsymbol{e}_x \dfrac{0.2k}{\omega\mu_0}\mathrm{e}^{-\mathrm{j}\left(kz+\frac{\pi}{4}\right)}$,

$\boldsymbol{H}(z,t)=-\boldsymbol{e}_y \mathrm{j}\dfrac{0.3k}{\omega\mu_0}\cos(\omega t-kz)-\boldsymbol{e}_x \dfrac{0.2k}{\omega\mu_0}\cos\left(\omega t-kz-\dfrac{\pi}{4}\right)$

6-3 $\boldsymbol{H}(t)=-\boldsymbol{e}_z \dfrac{k_x E_0}{\omega\mu_0}\cos(k_x x)\sin(\omega t-kz)-\boldsymbol{e}_x \dfrac{kE_0}{\omega\mu_0}\sin(k_x x)\cos(\omega t-kz)$

6-4 $k=10\pi$ rad/m；$\boldsymbol{E}=-\mathrm{j}\boldsymbol{e}_x 120\pi\cos(10\sqrt{3}\pi x)\mathrm{e}^{-\mathrm{j}10\pi z}+\boldsymbol{e}_z 120\sqrt{3}\pi\sin(10\sqrt{3}\pi x)\mathrm{e}^{-\mathrm{j}10\pi z}$

6-5 (1)$\varepsilon_r=2.25$ (2) $\boldsymbol{H}(x,t)=\boldsymbol{e}_z 1.5\cos(10^9 t-5x)$ A/m (3) $\boldsymbol{S}_{av}=\boldsymbol{e}_x 282.75$ W/m^2

6-6 略

6-7 (1)$\boldsymbol{H}=\boldsymbol{e}_y \dfrac{kE_0}{\omega\mu_0}\cos(\omega t-kz)$ (2)略 (3)$\boldsymbol{S}_{av}=\boldsymbol{e}_z \dfrac{1}{2}\dfrac{kE_0^2}{\omega\mu_0}$

6-8 (1)$\lambda=1$ m；$\eta=120\pi\Omega$；$v=3\times10^8$ m/s；$f=3\times10^8$ Hz

(2) $\boldsymbol{H}=\boldsymbol{e}_y \dfrac{5}{6\pi}\cos(\omega t-2\pi z)$ A/m (3)$\boldsymbol{S}_{av}=\boldsymbol{e}_z \dfrac{125}{3\pi}$ W/m^2

6-9 $P=\dfrac{A_0^2}{90}$ W

6-10 $\boldsymbol{E}=(\boldsymbol{e}_x+\boldsymbol{e}_y)10^{-4}\ \mathrm{e}^{\mathrm{j}\frac{4}{3}\pi z}\ \mathrm{e}^{-\mathrm{j}\frac{\pi}{6}}$ V/m；$\boldsymbol{H}=(\boldsymbol{e}_x-\boldsymbol{e}_y)\dfrac{10^{-4}}{60\pi}\mathrm{e}^{\mathrm{j}\frac{4}{3}\pi z}\ \mathrm{e}^{-\mathrm{j}\frac{\pi}{6}}$ A/m

6-11 $\boldsymbol{E}=\boldsymbol{e}_x 40\cos(9\times10^9 t+30z)$ V/m；$\boldsymbol{H}=-\boldsymbol{e}_y \dfrac{1}{3\pi}\cos(9\times10^9 t+30z)$ A/m

$f=1.43\times10^9$ Hz；$\lambda=0.21$ m

6-12 $\boldsymbol{H}(z,t)=-\boldsymbol{e}_x 2.65\sin(\omega t-kz)$ A/m

6-13 $f=5\times10^7$ Hz；$\lambda=1$ m；$\mu_r=3$，$\varepsilon_r=12$

6-14 (1)$\boldsymbol{k}=4\pi\boldsymbol{e}_x+3\pi\boldsymbol{e}_z$ rad/m；$\lambda=0.4$ m (2)$A=3$ (3)$\boldsymbol{E}=\boldsymbol{e}_y 600\pi\mathrm{e}^{-\mathrm{j}\pi(4x+3z)}$ V/m；

(4) $\boldsymbol{S}_{av}=(1200\pi\boldsymbol{e}_x+900\pi\boldsymbol{e}_z)$ W/m^2

6-15 (1)沿$-\boldsymbol{e}_z$方向传播的右旋圆极化波 (2)沿$\boldsymbol{e}_z$方向传播的左旋圆极化波

(3) 沿$\boldsymbol{e}_z$方向传播的右旋圆极化波 (4)沿$\boldsymbol{e}_z$方向传播的线极化波

(5) 沿$\boldsymbol{e}_z$方向传播的左旋椭圆极化波 (6)沿$\boldsymbol{e}_z$方向传播的左旋椭圆极化波

6-16 (1)$f=3\times10^9$ Hz (2)$\boldsymbol{H}=\dfrac{1}{120\pi}(\boldsymbol{e}_y+\mathrm{j}\boldsymbol{e}_x)10^{-4}\ \mathrm{e}^{-\mathrm{j}20\pi z}$ V/m

(3) $\boldsymbol{S}(z,t)=\dfrac{10^{-8}}{120\pi}[\boldsymbol{e}_z\cos^2(\omega t-kz)+\boldsymbol{e}_z\sin^2(\omega t-kz)]$；$\boldsymbol{S}_{av}=\boldsymbol{e}_z \dfrac{10^{-8}}{120\pi}$

(4)右旋圆极化波

6-17 $\lambda=15.8$ m，$\alpha=0.126\pi$，$\eta_c=0.0316\pi(1+\mathrm{j})$；$\lambda=1.58$ m，$\alpha=1.26\pi$，

$\eta_c=0.316\pi(1+\mathrm{j})$；$\lambda=0.03$ m，$\alpha=24.69\pi$，$\eta_c=\dfrac{41.89}{\sqrt{1-\mathrm{j}0.89}}$

6-18 (1) 该波沿$+z$方向传播 (2)$f=3$ GHz (3)沿$+z$方向传播的左旋圆极化波

(4) $\boldsymbol{H}=\frac{1}{120\pi}[-\boldsymbol{e}_x 10^{-4}\ \mathrm{e}^{\mathrm{j}\left(\omega t-20\pi z+\frac{\pi}{2}\right)}+\boldsymbol{e}_y 10^{-4}\ \mathrm{e}^{\mathrm{j}(\omega t-20\pi z)}]\mathrm{A/m}$

(5) $P_{\mathrm{av}}=\frac{1}{120\pi}\times 10^{-8}\ \mathrm{W}$

6-19　(1) $\boldsymbol{E}_{\mathrm{i}}=\boldsymbol{e}_x 0.006\ \mathrm{e}^{-\mathrm{j}\frac{2\pi}{3}z}\ \mathrm{V/m}$；$\boldsymbol{E}_{\mathrm{i}}(z,t)=\boldsymbol{e}_x 0.006\cos\left(2\pi\times 10^8 t-\frac{2\pi}{3}z\right)\mathrm{V/m}$；

$\boldsymbol{H}_{\mathrm{i}}=\boldsymbol{e}_y\frac{10^{-4}}{2\pi}\mathrm{e}^{-\mathrm{j}\frac{2\pi}{3}z}\ \mathrm{A/m}$；$\boldsymbol{H}_{\mathrm{i}}(z,t)=\boldsymbol{e}_y\frac{10^{-4}}{2\pi}\cos\left(2\pi\times 10^8 t-\frac{2\pi}{3}z\right)\mathrm{A/m}$

(2) $E_{\mathrm{r}}=-\boldsymbol{e}_x 0.006\ \mathrm{e}^{\mathrm{j}\frac{2\pi}{3}z}\ \mathrm{V/m}$；$E_{\mathrm{r}}(z,t)=\boldsymbol{e}_x 0.006\cos\left(2\pi\times 10^8 t+\frac{2\pi}{3}z+\pi\right)\mathrm{V/m}$；

$\boldsymbol{H}_{\mathrm{r}}=\boldsymbol{e}_y\frac{10^{-4}}{2\pi}\mathrm{e}^{\mathrm{j}\frac{2\pi}{3}z}\ \mathrm{A/m}$；$\boldsymbol{H}(z,t)=\boldsymbol{e}_y\frac{10^{-4}}{2\pi}\cos\left(2\pi\times 10^8 t+\frac{2\pi}{3}z\right)\mathrm{A/m}$

(3) $\boldsymbol{E}=-\boldsymbol{e}_x \mathrm{j}0.012\sin\left(\frac{2\pi}{3}z\right)\mathrm{V/m}$；$\boldsymbol{E}(z,t)=\boldsymbol{e}_x 0.012\sin\left(\frac{2\pi}{3}z\right)\sin(2\pi\times 10^8 t)\mathrm{V/m}$

$\boldsymbol{H}=\boldsymbol{e}_y\frac{10^{-4}}{\pi}\cos\left(\frac{2\pi}{3}z\right)\mathrm{A/m}$；$\boldsymbol{H}(z,t)=\boldsymbol{e}_y\frac{10^{-4}}{\pi}\cos\left(\frac{2\pi}{3}z\right)\cos(2\pi\times 10^8 t)\mathrm{A/m}$

(4) $z=-\frac{3}{2}\mathrm{m}$

6-20　(1) $\beta=5.33\ \mathrm{rad/m}$；$\lambda=1.178\ \mathrm{m}$；$v_{\mathrm{p}}=2.12\times 10^6\ \mathrm{m/s}$

(2) $\alpha=5.33\ \mathrm{Np/m}$；$\delta=0.188\ \mathrm{m}$　(3) $\eta=3.01\mathrm{e}^{\mathrm{j}45^\circ}\ \Omega$

6-21　$f\leqslant 176\ \mathrm{Hz}$

6-22　(1) $\alpha=0.126\ \mathrm{Np/m}$，$\beta=0.126\ \mathrm{rad/m}$；$\eta_{\mathrm{c}}=4.44\times 10^{-2}\mathrm{e}^{\mathrm{j}\frac{\pi}{4}}\ \Omega$；

$v_{\mathrm{p}}=4.98\times 10^4\ \mathrm{m/s}$；$\lambda=49.8\ \mathrm{m}$

(2) $\boldsymbol{E}(z,t)=\boldsymbol{e}_x\mathrm{e}^{-0.126z}\cos(2\pi\times 10^3 t-0.126z+\varphi_0)\ \mathrm{V/m}$

$\boldsymbol{H}(z,t)=\boldsymbol{e}_y\frac{10^2}{4.44}\mathrm{e}^{-0.126z}\cos\left(2\pi\times 10^3 t-0.126z+\varphi_0-\frac{\pi}{4}\right)\ \mathrm{A/m}$

6-23　(1) $R=-0.2$，$T=0.8$　(2) $\boldsymbol{E}_{\mathrm{i}}=\boldsymbol{e}_x 0.1\mathrm{e}^{-\mathrm{j}\frac{2}{3}z}\ \mathrm{V/m}$，$\boldsymbol{H}_{\mathrm{i}}=\boldsymbol{e}_y\frac{0.1}{60\pi}\mathrm{e}^{-\mathrm{j}\frac{2}{3}z}\ \mathrm{A/m}$；

$\boldsymbol{E}_{\mathrm{r}}=\boldsymbol{e}_x 0.02\mathrm{e}^{\mathrm{j}\frac{2}{3}z}\ \mathrm{V/m}$，$\boldsymbol{H}_{\mathrm{r}}=-\boldsymbol{e}_y\frac{0.02}{60\pi}\mathrm{e}^{\mathrm{j}\frac{2}{3}z}\ \mathrm{A/m}$；$\boldsymbol{E}_{\mathrm{t}}=\boldsymbol{e}_x 0.8\mathrm{e}^{-\mathrm{j}z}\ \mathrm{V/m}$，

$\boldsymbol{H}_{\mathrm{t}}=\boldsymbol{e}_y\frac{0.8}{40\pi}\mathrm{e}^{-\mathrm{j}z}\ \mathrm{A/m}$

(3) $\boldsymbol{S}_{\mathrm{av,i}}=\boldsymbol{e}_z 26.54\ \mu\mathrm{W/m^2}$，$\boldsymbol{S}_{\mathrm{av,r}}=-\boldsymbol{e}_z 1.06\ \mu\mathrm{W/m^2}$，$\boldsymbol{S}_{\mathrm{av,t}}=25.48\ \mu\mathrm{W/m^2}$

6-24　(1)到达铁氧体材料表面时的电磁波不会发生反射　(2)约 16 dB　(3)略

6-25　(1)0.74 mm　(2) 3.3 mm

思考题 7

7-1　长线；短线。

7-2　根据导波系统中电磁波按纵向场分量的有无，可分为三种波型：

(1) 横磁波(TM 波)，又称电波(E 波)：0HZ，0EZ；

(2) 横电波(TE 波)，又称磁波(H 波)：0EZ，0HZ；

(3) 横电磁波(TEM)：0EZ，0HZ。

7-3　截止波长：对于TEM波，传播常数γ为虚数；对于TE波和TM波，对于一定的k_c和μ、ε，随着频率的变化，传播常数γ可能为虚数，也可能为实数，还可以等于零。当$\gamma=0$时，系统处于传输与截止状态之间的临界状态，此时对应的波长为截止波长。

当$\lambda<\lambda_c$时，导波系统中传输该种波型；

当$\lambda>\lambda_c$时，导波系统中不能传输该种波型。

7-4　相速v_p是指导波系统中传输的电磁波的等相位面沿轴向移动的速度，公式表示$v_p=\dfrac{\omega}{\beta}$。

相波长λ_p，是等相位面在一个周期T内移动的距离，有$\lambda_p=\dfrac{2\pi}{\beta}$。

欲使电磁波传输信号，必须对波进行调制，调制后的波不再是单一频率的波，而是一个含有多种频率的波。这些多种频率成分构成一个"波群"又称为波的包络，其传播速度称为群速，用v_g表示，即$v_g=\dfrac{v}{\sqrt{1-\left(\dfrac{\lambda}{\lambda_c}\right)^2}}$。

TE波和TM波：相速$v_p=\dfrac{v}{\sqrt{1-\left(\dfrac{\lambda}{\lambda_c}\right)^2}}$；相波长$\lambda_p=\dfrac{\lambda}{\sqrt{1-\left(\dfrac{\lambda}{\lambda_c}\right)^2}}$；群速$v_g=v\sqrt{1-\left(\dfrac{\lambda}{\lambda_c}\right)^2}$。

TEM波：相速$v_p=\dfrac{\omega}{\omega\sqrt{\mu\varepsilon}}=\dfrac{1}{\sqrt{\mu\varepsilon}}=v$；相波长$\lambda_p=\dfrac{2\pi}{\omega\sqrt{\mu\varepsilon}}=\dfrac{v}{f}=\lambda$；群速$v_g=\lambda_p=v$；

即导波系统中TEM波的相速等于电磁波在介质中的传播速度，而相波长等于电磁波在介质中的波长(工作波长)。

7-5　波导中波的相速和群速都是频率(或波长)的函数。这种相速随频率的变化而改变的特性称为波的色散特性。因此，波导中传输的导行波属于色散型波。

波导中电磁波产生色散的原因是由波导系统本身的特性所导致的，即波导传输结构特定的边界条件使得波导内只能传输这种相速与频率有关的导行波。

导电媒质中的色散只与媒质特性有关，波导中的色散是由边界条件引起的。

7-6　矩形波导中的波型用m和n标志。

m和n分别代表场强沿x轴和y轴方向分布的半波数。

矩形波导中不存在TM_{m0}和TM_{0n}。

7-7　圆波导中的波型用m和n标志。

m代表场沿圆周方向分布的整驻波数，n代表沿半径方向场分量出现的最大值个数。

圆波导中不存在H_{10}和E_{m0}。

7-8　波导中不同的波型具有相同的截止波长的现象称为波型简并现象。

矩形波导，除TE_{m0}与TM_{0n}外，均存在波型简并现象。对于$a>b$情况，TE_{mn}与$TM_{mn}(m\neq0,\ n\neq0)$简并——二重简并；当$a=b$(正方波导)则TE_{mn}、TE_{nm}、

TM_{mn}、TM_{nm} 简并——四重简并；当 $b=0.5a$ 时，则 TE_{01} 与 TE_{20} 简并，TE_{02} 与 TE_{40} 简并，TE_{50} 与 TE_{32}、TM_{32} 简并——三重简并。

圆波导中，除具有模式简并外，还有极化简并。TE_{0n} 与 TM_{1n} 为模式简并。除 $m=0$ 的模式外都具有极化简并。

7-9　$t=2.667\times10^{-7}$ s。

7-10　可选用 BJ-100，其模横截面尺寸为：$a\times b=22.86\ \text{mm}\times10.16\ \text{mm}$

选定尺寸后，相速 $v_p=3.975\times10^{11}$ mm/s，群速 $v_g=2.264\times10^{11}$ mm/s，相波长 $\lambda_g=39.75$ mm。

7-11　矩形波导中能传输的波型有：TE_{10}，TE_{20}，TE_{01}，TE_{11}，TM_{11}，TE_{21}，TM_{21}，TE_{30}，TE_{31}，TM_{31}。

7-12　当 $\lambda=8$ cm 时，传 TE_{11} 模；当 $\lambda=6$ cm 时，传 TE_{11}、TM_{01} 模式；当 $\lambda=3$ cm 时，传 TE_{11}、TE_{01}、TM_{01}、TM_{11} 模式。

7-13　当电磁波的工作频率为 37.5 GHz 时，其波长为 $\lambda_1=8$ mm，则矩形波导的尺寸范围应为 4 mm$<a<$8 mm，$b<$4 mm。

当电磁波的工作频率为 9.375 GHz 时，其波长为 $\lambda_1=3.2$ mm，则矩形波导的尺寸范围应为 1.6 mm$<a<$3.2 mm，$b<$1.6 mm。

7-14　圆波导半径为 1.466 cm$<R<$1.91 cm。

7-15　$\lambda_0=7.682$ cm

习题 7

7-1　(1)3.08　(2)$0.51e^{j74.3°}$　(3)48−j64 Ω

7-2　(1)de 段上为纯驻波，其驻波比为 $\rho=\infty$；cd 段上为行驻波，其驻波比为 $\rho=1.5$；bc 段上为行波，其驻波比为 $\rho=1$；bg 段上为行波，其驻波比为 $\rho=1$；ab 段上为行波，其驻波比为 $\rho=2$。

(2) $|U|=\dfrac{50}{3}$ V；$|I|=\dfrac{1}{3}$ A　(3)$P_{11}=P_{12}=\dfrac{25}{18}$ W

7-3　公式 $l_{\min}\approx0.11$ m；$Z_{01}=506.2\ \Omega$；圆图法 $l_{\min}\approx0.11$ m；$Z_{01}=505.1\ \Omega$

7-4　$R_1=\dfrac{1}{3}$；$R(0.2\lambda)=\dfrac{1}{3}e^{-j0.8\pi}$；$R(0.25\lambda)=-\dfrac{1}{3}$；$R(0.5\lambda)=\dfrac{1}{3}$；

$Z_{in}(0.2\lambda)=29.43e^{-j23.79°\pi}$；$Z_{in}(0.25\lambda)=25\pi$；$Z_{in}(0.5\lambda)=100\pi$

7-5　$Z_0=65.9\pi$；$Z'_0=43.9\pi$；$\lambda=0.67$ m

7-6　略

7-7　(1)$l=0.5$ m　(2)$R_1=-\dfrac{49}{51}$　(3)$R_{in}=\dfrac{49}{51}$　(4)$Z_{in}=2500\ \Omega$

7-8　$Z_1=82.4e^{j64.3°}$

7-9　(a)情况下 $Z_{01}=88.38\ \Omega$，$l=0.287\lambda$；(b)情况下 $Z_{01}=70.7\ \Omega$，$l=0.148\lambda$

7-10　位置 $l_1=0.22\lambda$；长度 $l_2=0.42\lambda$

7-11　位置 $l_1=2.5$ cm；长度 $l_2=3.5$ cm

7-12　d、d'表示离负载的距离，l、l'表示长度。

Smith 圆图法：$d=0.28\lambda$，$l=0.068\lambda$ 和 $d'=0.396\lambda$，$l'=0.432\lambda$

公式法：$d=0.28\lambda$，$l=0.068\lambda$ 和 $d'=0.396\lambda$，$l'=0.432\lambda$

7-13 (1)只有波长为 3.2 cm 的信源能通过波导；波导内只存在 TE_{10} 模。

(2) 此时，三种波长的信源均可以通过波导。当 $\lambda=10$ cm 和 $\lambda=8$ cm 时，波导中只存在主模 TE_{10}；当 $\lambda=3.2$ cm 时，波导中存在 TE_{10}、TE_{20}、TE_{01}、TE_{11} 和 TM_{11} 五种模式。

7-14 (1)波导中只能传输 TE_{10} 模 (2)$\lambda_c=14.4$ cm；$\beta=45.2$；$\lambda_g=13.9$ cm；$v_p=4.17\times10^8$ m/s；$v_g=2.16\times10^8$ m/s；$Z_w=166.8\pi\ \Omega$

7-15 (1)$\lambda_{cTE_{11}}=12.968$ cm；$\lambda_{cTE_{01}}=6.231$ cm；$\lambda_{cTM_{01}}=9.928$ cm；

(2) $\lambda_g=15.707$ cm；(3)2.31 GHz$<f<$3.02 GHz

7-16 $\lambda_0=7.68$ cm；$Q_0=2125$

思考题 8

8-1 辐射是随时间交变的电磁波脱离波源电路向自由空间传播，不回到波源的现象。也是电磁能量脱离波源在自由空间向外传输的过程。

8-2 滞后位的意义：对离开源点距离为 $|\boldsymbol{r}-\boldsymbol{r}'|$ 的场点 P，某一时刻 t 的矢量位 $\boldsymbol{A}$ 和标量位 φ 并不是由时刻 t 的场源(电荷或电流)所决定，而是由略早时刻 $t-\dfrac{|\boldsymbol{r}-\boldsymbol{r}'|}{v}$ 的场源(电荷或电流)所决定。即场点位函数的变化滞后于场源的变化，滞后的时间 $\dfrac{|\boldsymbol{r}-\boldsymbol{r}'|}{v}$ 就是电磁波传播距离 $|\boldsymbol{r}-\boldsymbol{r}'|$ 所需要的时间。基于这种位函数的滞后，我们把式(8-4a)和(8-4b)的矢量位 $\boldsymbol{A}$ 和标量位 φ 均称为滞后位。

滞后位满足的方程：$\boldsymbol{A}(r,t)=\dfrac{\mu_0}{4\pi}\displaystyle\int_V \dfrac{\boldsymbol{J}(r')}{|\boldsymbol{r}-\boldsymbol{r}'|}e^{j\omega\left(t-\frac{|\boldsymbol{r}-\boldsymbol{r}'|}{v}\right)}dV$，

$\varphi(r,t)=\dfrac{1}{4\pi\varepsilon_0}\displaystyle\int_V \dfrac{\rho(r')}{|\boldsymbol{r}-\boldsymbol{r}'|}e^{j\omega\left(t-\frac{|\boldsymbol{r}-\boldsymbol{r}'|}{v}\right)}dV$。

8-3 近区场：$E_r\approx -j\dfrac{2Idl\cos\theta}{4\pi\omega\varepsilon_0 r^3}=-j\dfrac{Idl}{2\pi\varepsilon_0 r^3}\cos\theta$，$E_\theta\approx -j\dfrac{Idl}{4\pi\omega\varepsilon_0 r^3}\sin\theta$，$H_\phi\approx\dfrac{Idl\sin\theta}{4\pi r^2}$。

远区场：$E_r\approx E_\phi\approx H_r\approx H_\theta\approx 0$，$E_\theta\approx j\dfrac{Idl}{4\pi\omega\varepsilon_0 r}k^2e^{-jkr}\sin\theta=j\dfrac{Idl}{2\lambda r}\eta_0 e^{-jkr}\sin\theta$，

$$H_\phi=j\frac{kIdl}{4\pi r}e^{-jkr}\sin\theta=j\frac{Idl}{2\lambda r}e^{-jkr}\sin\theta。$$

近区场特性：在近场区，只存在电场和磁场之间的能量交换，没有电磁能量向外辐射，故称该区域中的场为感应场。

远区场特性：

场的方向：电场只有 E_θ 分量，磁场只有 H_ϕ 分量。电偶极子的远区场是横电磁波(TEM 波)；

场的相位：等相位面是 r 为常数的球面，所以远区辐射场是球面波；

场的振幅：远区场的振幅与 r 成反比，与 I、$\dfrac{dl}{\lambda}$ 成正比；

场的方向性：远区场的振幅还正比于 $\sin\theta$，在垂直于天线轴的方向($\theta=90°$)辐射场最大，沿着天线轴的方向($\theta=0°$)，辐射场为零，这说明电偶极子的辐射具有方向

性，这种方向性也是天线的一个主要特性。

8-4　磁偶极子辐射场与电偶极子辐射场的 $\boldsymbol{E}$、$\boldsymbol{H}$ 的取向互换。

8-5　天线方向图的参数：主瓣宽度，旁瓣电平，前后比，方向系数。

主瓣宽度：主瓣宽度分为半功率波瓣宽度和零功率波瓣宽度。在主瓣中辐射功率密度下降为最大值的一半的两个矢径的夹角称为主瓣的半功率波瓣宽度；在主瓣中辐射功率密度下降为零的两个矢径的夹角称为主瓣的零功率波瓣宽度。

旁瓣电平：旁瓣最大值与最主瓣最大值之比。

前后比：最大辐射方向(前向)电平与其相反方向(后向)电平之比。

方向系数：在辐射功率相同的条件下，天线在其最大辐射方向上某一距离处的辐射功率密度，与无方向性天线在同一距离处辐射功率密度之比。

8-6　理想无方向性天线是指在全部方向上辐射强度都相等的天线，又称理想的点源天线，它向四面八方辐射的强度都相等。

它的方向函数为：$F(\theta, \phi)=1$。

8-7　天线方向图通常为立体图形，但有时为方便，常采用与场矢量相平行的两个平面表示方向图。

E 平面方向图为电场矢量所在平面的方向图。

H 平面方向图为磁场矢量所在平面的方向图。

习题 8

8-1　根据距离 r 与$\dfrac{\lambda}{2\pi}$的关系，可将电偶极子场区划分为近区场和远区场。

近区场：$r\ll\dfrac{\lambda}{2\pi}$，在近场区，只存在电场和磁场之间的能量交换，没有电磁能量向外辐射，故称该区域中的场为感应场；

远区场：$r\gg\dfrac{\lambda}{2\pi}$，在远区场，电磁能量向外辐射，辐射方向是半径方向，故把远区场称为辐射场。

8-2　(1) 当 $r=50$ cm 时，$E_r=0$，$E_\theta\approx -\mathrm{j}\dfrac{Il}{4\pi\omega\varepsilon_0 r^3}\approx -\mathrm{j}1.4\times10^4$ V/m，

$H_\phi\approx\dfrac{Il}{4\pi r^2}\approx 3.98$ A/m

当 $r=10$ km 时，$E_r=0$，$E_\theta\approx\mathrm{j}\dfrac{Il}{2\lambda r}\eta_0\mathrm{e}^{-\mathrm{j}kr}\approx 7.854\times10^{-3}\mathrm{e}^{-\mathrm{j}\left(2.1\times10^3-\frac{\pi}{2}\right)}$ V/m，

$H_\phi\approx\mathrm{j}\dfrac{Il}{2\lambda r}\mathrm{e}^{-\mathrm{j}kr}\approx 20.83\times10^{-6}\mathrm{e}^{-\mathrm{j}\left(2.1\times10^3-\frac{\pi}{2}\right)}$ A/m

(2) 当 $r=10$ km 时，$\boldsymbol{S}_{\mathrm{av}}=\mathrm{Re}\left[\dfrac{1}{2}\boldsymbol{E}\times\boldsymbol{H}^*\right]=\boldsymbol{e}_r 81.8\times10^{-9}$ W/m^2

(3) $R_r\approx 0.22\ \Omega$

8-3　$P\geqslant\dfrac{\pi}{3}\eta_0\left(\dfrac{I\mathrm{d}l}{\lambda}\right)^2\geqslant\dfrac{\pi}{3}\eta_0\left(\dfrac{2\times10^5\times100\times10^{-6}\times\sqrt{2}}{\eta_0}\right)^2\approx 2.22$ W

8-4　$R_r\approx 31.58\ \Omega$

8-5　$2\theta_{0.5}=90°$，$2\theta_0=180°$。

8-6　$D=1$

8-7　电偶极子的方向性更好。

8-8　E平面方向图如下：

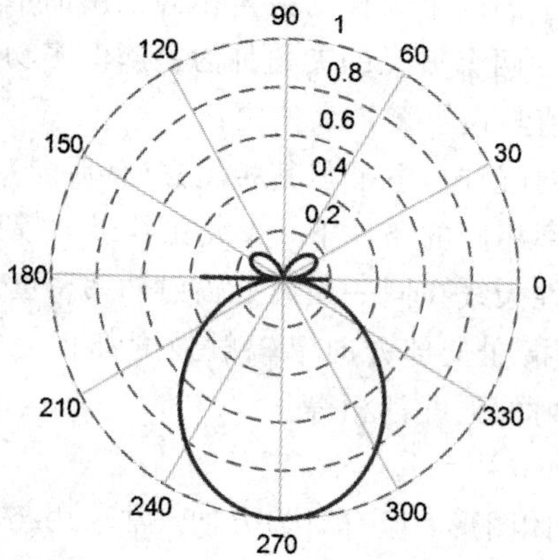

8-9　H平面方向图如下：

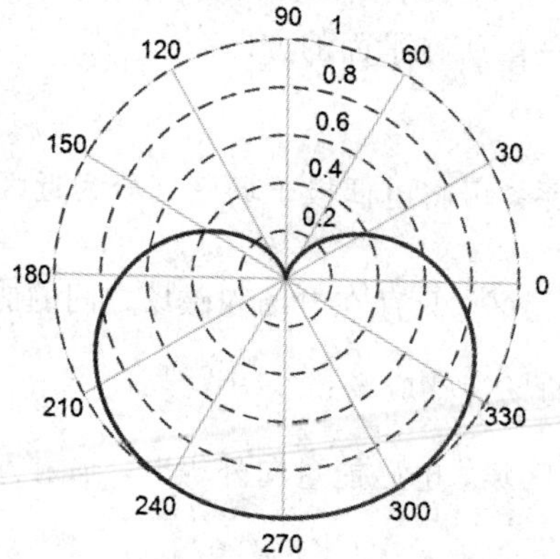

8-10　$D=10$

8-11　E平面方向图如下：

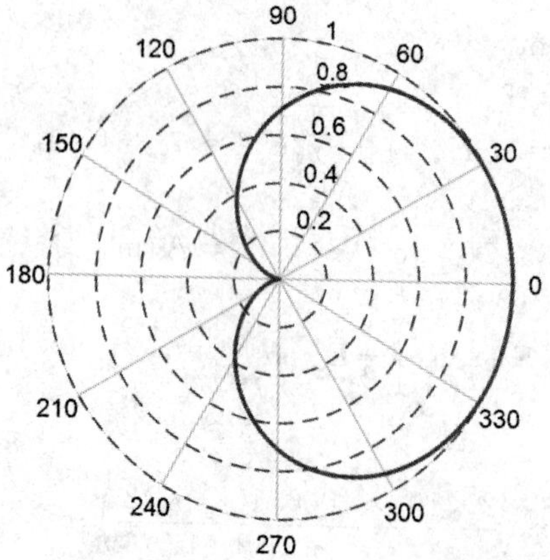

8-12　$2\theta_0=180°$

参考文献

[1] 邹澎，马力，周晓萍，等. 电磁场与电磁波.3 版. 北京：清华大学出版社，2020.

[2] 梅中磊，李月娥，马阿宁. MATLAB 电磁场与微波技术仿真. 北京：清华大学出版社，2020.

[3] 柯亨玉，龚子平，张云华，等. 电磁场理论基础. 3 版. 武汉：华中科技大学出版社，2020.

[4] 卢智远，朱满座，侯建强. 电磁场与电磁波教程. 西安：西安电子科技大学出版，2020.

[5] 郭辉萍，刘学观. 电磁场与电磁波. 5 版. 西安：西安电子科技大学出版社，2020.

[6] 刘文楷. 电磁场与电磁波简明教程. 2 版. 北京：北京邮电大学出版社，2020.

[7] 郑宏兴，张志伟. 电磁场与微波工程实验指导书. 武汉：华中科技大学出版社，2020.

[8] 谢处方，饶克谨，杨显清，等. 电磁场与电磁波. 5 版. 北京：高等教育出版社，2019.

[9] 焦其祥，顾畹仪. 电磁场与电磁波. 3 版. 北京：科学出版社，2019.

[10] 丁君，郭陈江. 工程电磁场与电磁波. 2 版. 北京：高等教育出版社，2019.

[11] 付琴，刘岚，黄秋元，等. 电磁场与电磁波基础. 3 版. 北京：电子工业出版社，2019.

[12] 杨儒贵，刘运林. 电磁场与电磁波. 3 版. 北京：高等教育出版社，2019.

[13] 邵小桃，李一玫，王国栋. 电磁场与电磁波. 北京：北京交通大学出版社，2018.

[14] 徐立勤，曹伟. 电磁场与电磁波理论. 3 版. 北京：科学出版社，2018.

[15] 路宏敏，赵永久，朱满座. 电磁场与电磁波基础. 2 版. 北京：科学出版社，2018.

[16] 雷文太，赵亚湘，董健. 电磁场与电磁波. 北京：中国铁道出版社，2018.

[17] David K. Cheng. 电磁场与电磁波. 2 版. 何业军，桂良启，译. 北京：清华大学出版社，2017.

[18] 赵玲玲，杨亮，张玉玲，等. 电磁场与微波仿真实验教程. 北京：清华大学出版社，2017.

[19] 张洪欣，沈远茂，韩宇南. 电磁场与电磁波. 2 版. 北京：清华大学出版社，2016.

[20] 冯恩信. 电磁场与电磁波. 4 版. 西安：西安交通大学出版社，2016.

[21] 符果行. 电磁场与电磁波基础教程. 3 版. 北京：电子工业出版社，2016.

[22] 杨德强，潘锦，陈波. 电磁场与电磁波实验教程. 北京：高等教育出版社，2016.

[23] 周希朗. 电磁场与波基础教程. 北京：机械工业出版社，2014.

[24] Dikshitulu K. Kalluri. 电磁场与波——电磁材料及 MATLAB 计算. 马西奎，沈瑶，邹建龙，译. 北京：机械工业出版社，2014.

[25] 王琦. 电磁场与微波技术实验教程. 北京：北京邮电大学出版社，2013.

[26] 法林，申宁，张延冬，等. 电磁场与电磁波. 2 版. 北京：人民邮电出版社，2013.

[27] 张育，张福恒，王磊. 电磁场与电磁波(英文版). 广州：中山大学出版社，2013.

[28] 金立军. 电磁场与电磁波. 北京：中国电力出版社，2012.

[29] 程成. 电磁场与电磁波. 北京：机械工业出版社，2012.

[30] 苏新彦，徐美芳，李新娥，等. 电磁场与电磁波. 北京：国防工业出版社，2010.

[31] 李凯. 分层介质中的电磁场和电磁波. 杭州：浙江大学出版社，2010.

[32] 张惠娟，杨文荣，李玲玲. 工程电磁场与电磁波基础. 北京：机械工业出版社，2010.

[33] 陈抗生. 电磁场理论与微波工程基础. 杭州：浙江大学出版社，2010.

[34] 王家礼，朱满座，路宏敏. 电磁场与电磁波. 3 版. 西安：西安电子科技大学出版社，2009.

[35] Bhag Singh Guru，Huseyin R. Hiziroglu. 电磁场与电磁波(英文版). 北京：机械工业出版社，2009.

[36] 苏东林，陈爱新，谢树果，等. 电磁场与电磁波. 北京：高等教育出版社，2009.

[37] 游佰强，周建华，徐伟明，等. 电磁场与微波技术实验教程. 厦门：厦门大学出版社，2008.

[38] Cheng D. K. 电磁场与电磁波. 2 版. 北京：清华大学出版社，2007.

[39] 黄玉兰. 电磁场与微波技术. 北京：人民邮电出版社，2007.

[40] 陈抗生. 电磁场与电磁波. 2 版. 北京：高等教育出版社，2007.

[41] Robert R. G. Yang，Thomas T. Y. Wong. 电磁场与电磁波(英文版). 北京：高等教育出版社，2006.

[42] 邱景辉，李在清，王宏，等. 电磁场与电磁波. 哈尔滨：哈尔滨工业大学出版社，2004.